C. Remigius Fresenius

Anleitung zur quantitativen chemischen Analyse

C. Remigius Fresenius

Anleitung zur quantitativen chemischen Analyse

ISBN/EAN: 9783337358013

Hergestellt in Europa, USA, Kanada, Australien, Japan

Cover: Foto ©berggeist007 / pixelio.de

Weitere Bücher finden Sie auf **www.hansebooks.com**

ANLEITUNG
ZUR
QUANTITATIVEN

CHEMISCHEN ANALYSE

oder

die Lehre von der Gewichtsbestimmung und Scheidung der
in der Pharmacie,
den Künsten, Gewerben und der Landwirthschaft häufiger
vorkommenden Körper in einfachen und
zusammengesetzten Verbindungen.

Für

ANFÄNGER UND GEÜBTERE

bearbeitet von

Dr. C. REMIGIUS FRESENIUS,

Professor der Chemie und Physik am landwirthschaftlichen
Institute zu Wiesbaden
und Vorsteher des chemischen Laboratoriums daselbst.

DRITTE
SEHR VERMEHRTE UND
VERBESSERTE AUFLAGE.

Mit in den Text eingedruckten Holzschnitten.

Braunschweig,

Druck und Verlag von Friedrich Vieweg und Sohn.

SEINER HOHEIT

ADOLPH,

HERZOGE VON NASSAU,

IN TIEFSTER
EHRERBIETUNG UND UNTERTHÄNIGKEIT
GEWIDMET.

Vorrede zur ersten Auflage.

Das Studium der Chemie hat in der neueren Zeit eine von der früherer Decennien wesentlich verschiedene Richtung angenommen. — Während man es sonst für ausreichend hielt, den Jüngern der Chemie bei dem Unterrichte die R e s u l t a t e der Wissenschaft mitzutheilen, verwendet man jetzt die grösste Sorgfalt darauf, dieselben a u c h   m i t   d e n M e t h o d e n vertraut zu machen, nach denen die Resultate gefunden wurden, und mittelst welcher man neue zu gewinnen vermag.

Diesem Umstande verdanken die für den praktischen Unterricht bestimmten Laboratorien ihr Entstehen, und ihr Emporblühen beweist die Richtigkeit des Princips.

Seit man dasselbe beim Unterrichte aufstellte, seit die Schüler der Chemie nicht nur in den Hörsälen, sondern auch in den Laboratorien gebildet werden, fing die Chemie an, die Bedeutung für das Leben zu gewinnen, welche ihr

4

zukommen muss; denn das Wissen allein war ein todtes Capital, sobald sich aber die Kenntniss hinzugesellte, wie man es anwendet und nutzbar macht, gewann es Leben und Bewegung, und trug reiche und herrliche Früchte.

Das Studium der praktischen Chemie umfasst vornehmlich drei Gebiete:

Die qualitative Analyse, die quantitative Analyse und die Darstellung chemischer Präparate.

Alle chemischen Arbeiten, grosse wie kleine sind zusammengesetzt aus einzelnen Arbeiten, welche einem dieser Gebiete angehören.

Es konnte nun nicht fehlen, dass mit dem veränderten Gesichtspunkte auch die Methoden des Unterrichts in der praktischen Chemie sich ändern mussten; denn während früher ein Lehrer einen oder zwei Schüler hatte, die er unter seinen Augen operiren oder an seinen eigenen Arbeiten Theil nehmen liess, handelt es sich jetzt darum, dass ein Lehrer viele Schüler überwacht, und dass diese bei dem Unterrichte Vieles und Viel mit möglichst geringem Zeitaufwande erlernen. — Dieser Zweck wird aber am sichersten erreicht, wenn man die Erlernung in Bezug auf Reihenfolge und Auswahl des Einzelnen nicht dem Zufalle überlässt, sondern den Unterricht im Allgemeinen wie im Besonderen nach systematischem Plane anordnet. So macht man jetzt beim praktischen Unterrichte fast überall mit der qualitativen Analyse den Anfang und lässt dann Präparatendarstellung und quantitative Analyse folgen, — so lässt man in der qualitativen Analyse nicht, wie früher, von vornherein unbekannte Verbindungen untersuchen, sondern von dem Lehrer selbst gemischte oder demselben in Bezug auf ihre Bestandteile aufs Genaueste bekannte, und zwar erst einfache, dann zusammengesetztere bis zu den schwierigsten in consequenter Reihenfolge.

Um den Unterricht, wie die Selbstbelehrung in der chemischen Analyse im eben erwähnten Sinne zu erleichtern, schrieb ich meine „Anleitung zur qualitativen chemischen Analyse". Die gute Aufnahme, welche derselben geworden ist, schien mir zu beweisen, dass ich meinen Zweck nicht ganz verfehlt habe. — In gleicher Absicht lege ich jetzt dem Publicum eine „Anleitung zur quantitativen chemischen Analyse" vor. — Dieselbe reiht sich ihrem ganzen Plane nach der erstgenannten Schrift (mit deren dritter Auflage sie in Betracht äusserer Ausstattung ganz übereinstimmt) als zweiter Theil an, so dass beide zusammen eine vollständige Anleitung zur einfacheren chemischen Analyse enthalten. Eben so gut aber kann sie auch als für sich verständliches, selbstständiges Ganzes gelten, wenn man davon absieht, dass zur Vermeidung von Wiederholungen, bei den Capiteln über Operationen und Reagentien das darüber in der „qualitativen Analyse" Gesagte hier als bekannt vorausgesetzt wurde.

Bei der Ausarbeitung der vorliegenden Schrift hatte ich einerseits im Auge, sie zu einem geeigneten Leitfaden beim praktischen Unterrichte in den chemischen Laboratorien zu machen, andererseits aber sollte sie auch denjenigen jungen Chemikern, welche (wie z. B. ein grosser Theil der Pharmaceuten) auf Selbstbelehrung angewiesen sind, ein treuer Führer und Rathgeber bei ihren Arbeiten sein und ihnen den Mangel des Lehrers so viel als möglich ersetzen.

Um meine doppelte Absicht zu erreichen, musste Manches, namentlich die Lehre von den Operationen, mit einer Ausführlichkeit behandelt werden, welche vielleicht nicht nothwendig gewesen wäre, wenn ich nur den ersten Zweck im Auge gehabt hätte. — Im Allgemeinen blieb ich den Grundsätzen getreu, welche ich bei meiner „Anleitung zur qualitativen Analyse" einhielt, d. h. ich strebte darnach, das Wichtigere von dem minder Wichtigen zu sondern und durch Consequenz, klare Darstellung und passende theoretische Erläuterung die Uebersicht über das ganze Gebiet, wie das Verständniss des Einzelnen nach Möglichkeit zu erleichtern. Um aber das Werkchen nicht nur in Hinsicht auf Methodik und Darstellung, sondern auch in Betreff seines reellen und praktischen Werthes möglichst auszuzeichnen, war ich genöthigt, eine grosse Anzahl eigener Experimentaluntersuchungen zu machen, denn ich fand häufiger, als ich geglaubt hatte, dass die in den Büchern niedergelegten Angaben mit der Wahrheit im Widerspruche waren. Alle einzelnen Methoden selbst experimentell zu prüfen, war mir natürlich unmöglich, getrost und zuversichtlich aber darf ich sagen, dass ich bei weitem die meisten Angaben nach eigener Erfahrung machte.

Bei der Anordnung bin ich einem neuen, in dem Buche selbst motivirten Plane gefolgt. Derselbe ist so natürlich und einfach, und der Zusammenhang unter den einzelnen Theilen so leicht verständlich, dass ich es für unnöthig erachte, hier noch besonders darauf einzugehen.

Was die in dem Buche angenommenen Aequivalentzahlen betrifft, so habe ich mit grösster Sorgfalt darnach gestrebt, bei den mit abweichendem Resultat bestimmten eine möglichst gute Wahl zu treffen. Es war ferner nothwendig, sehr viele aus den ursprünglichen Versuchen neu zu berechnen, z. B. die des Magnesiums, Mangans, Phosphors, Nickels, Kobalts, Golds, Platins, Fluors, Arsens und vieler anderen, weil inzwischen die Aequivalente der Körper berichtigt worden sind, die bei jenen Bestimmungen zu Hülfe genommen wurden, namentlich die des Schwefels, Chlors, Quecksilbers etc. — Ich habe zu meiner Rechtfertigung in der Tabelle I. die Gewährsmänner der angenommenen Zahlen genannt und im Anhang die von mir ausgeführten Rechnungen beigefügt.

Aus dem Gesagten ergiebt sich, dass sämmtliche Tabellen neu berechnet werden mussten. Ich kann die Versicherung geben, dass jede Zahl doppelt berechnet worden und auf die Correctur die grösste Sorgfalt verwendet worden ist.

Und somit übergebe ich mein Buch. Möge es dazu beitragen, die für alles tiefere und gründlichere Eindringen in die Chemie so unentbehrliche quantitative Analyse zum Gemeingut eines grösseren Publicums zu machen, — möge es namentlich auch den Pharmaceuten, Technikern und Landwirthen, für welche ich das Buch vornehmlich bestimmt habe, die Schwierigkeiten überwinden helfen, welche sich gleich beim Eingange in das für sie so wichtige Gebiet wirklich und scheinbar entgegenstellen, und möge es somit für die Chemie überhaupt den Nutzen stiften, den zu erreichen ich redlich bestrebt war.

W i e s b a d e n, im Januar 1846.

Vorrede zur zweiten Auflage.

Bei der Herausgabe der zweiten Auflage meiner „Anleitung zur quantitativen chemischen Analyse" habe ich nicht Ursache gefunden, von den früher befolgten Principien abzuweichen. — Das Buch in seiner jetzigen Gestalt ist daher in der Hauptsache ein unveränderter Abdruck der ersten Auflage. Veränderungen habe ich nur da vorgenommen, wo sich in Folge neuer Untersuchungen frühere Angaben mit Gewissheit verbessern liessen. Sie beziehen sich jedoch nur auf Einzelnheiten, z. B. auf die Atomgewichte des Chroms und Goldes, auf die Bestimmung des Kobalts etc.

Wiesbaden, im November 1846.

Vorrede zur dritten Auflage.

In dem kurzen Zeitraume, welcher zwischen dem Erscheinen der beiden ersten Auflagen der vorliegenden „Anleitung zur quantitativen chemischen Analyse" lag, war auf dem Gebiete der analytischen Chemie nur wenig Neues zu Tage gefördert worden, und es konnte daher die zweite Auflage ein fast unveränderter Abdruck der ersten sein. — Zwischen der zweiten und dritten Auflage aber liegen sechs Jahre und zwar für die chemische Analyse in hohem Grade fruchtbringende. Es fallen in sie nicht allein die zahlreichen und wichtigen Arbeiten H. Rose's, welche derselbe zum Zwecke der Herausgabe seines klassischen Werkes „Ausführliches Handbuch der analytischen Chemie" angestellt hat, sondern auch sehr viele und bedeutende Anderer; wie sich denn die Zahl der Kräfte überhaupt sehr gemehrt hat, die zur gemeinsamen Förderung aller Zweige der Chemie thätig sind. — Von besonderer Wichtigkeit für den genannten Zeitraum war namentlich noch der Aufschwung, welchen die Maassanalyse während desselben genommen hat. Benutzte man auch früher maassanalytische Methoden, so standen solche doch ziemlich vereinzelt da und wurden mehr bei technischen Gehaltsbestimmungen als bei wissenschaftlichen Untersuchungen angewandt, — während jetzt das Streben der Zeit dahin geht, auch bei letzteren mit Hülfe der Maassanalyse, unbeschadet der Genauigkeit, ungleich rascher zum Ziele zu kommen, als dies bei Anwendung gewichtsanalytischer Bestimmungsmethoden möglich ist.

Aus dem Gesagten ergiebt sich leicht, dass vorliegende dritte Auflage gänzlich umgearbeitet werden musste, um den Fortschritten der Wissenschaft und ihrem gegenwärtigen Standpunkte zu entsprechen. Die Umarbeitungen, Vermehrungen und Verbesserungen beziehen sich auf alle Theile des Buches. Ueberall habe ich durch strenge Sichtung und praktische kritische Prüfung die zuverlässigen Methoden zu unterscheiden gesucht von den ungenauen und unpraktischen. Vielfach unterstützt wurde ich bei dieser mühsamen und langwierigen Arbeit durch die Assistenten und Schüler meines Laboratoriums.

Wesentlich erweitert habe ich den speciellen Theil des Buches durch Hinzufügung genau dargelegter Verfahrungsweisen zur Analyse solcher Mineralien und technischen Producte, welche besonders häufig Gegenstand chemischer Untersuchung werden, sowie zur Analyse der Düngerarten. Ich habe dies gethan, um auch dem praktischen Bedürfnisse der Fabrikanten, der Berg- und Hüttenleute, sowie der Landwirthe nach Möglichkeit zu genügen.

Was die chemischen Aequivalente anbetrifft, so habe ich mich eifrig bemüht, die wahren Werthe derselben mit Hülfe der darüber erschienenen neueren Arbeiten aufs Genaueste festzustellen; auch wurden — da sich dies ohne alle Volumvermehrung des Buches thun liess — neben die sich auf Sauerstoff = 100 beziehenden Zahlen, die auf Wasserstoff = 1 bezüglichen gesetzt, auf dass nunmehr Jeder diejenigen gebrauchen kann, welche ihm die geeigneteren scheinen oder an welche er gewöhnt ist.

Die Tabellen sind alle — soweit nöthig — neu berechnet und mit der grössten Sorgfalt controlirt und corrigirt.

Wiesbaden, im October 1853.

Dr. R. Fresenius.

Inhalt.

Erste Abtheilung.

Allgemeiner Theil.

Erste Unterabtheilung.

Ausführung der Analyse.

Erster Abschnitt.

17

Fünfter Abschnitt.

Zweite Abtheilung.
Specieller Theil.

25

26

27

Dritte Abtheilung.

Anhang.

Einleitung.

Die gesammte chemische Analyse zerfällt, wie wir in der Einleitung zum ersten Theile dieses Werkes gesehen haben, in die qualitative und in die quantitative Analyse. Die Aufgabe der ersteren ist, wie am angeführten Orte bereits erwähnt wurde, die Erforschung der Art, die Aufgabe der letzteren die Ermittelung der Menge der einzelnen Bestandtheile eines zusammengesetzten Körpers.

Die qualitative Analyse führt zum Ziele, indem sie uns lehrt, die unbekannten Bestandteile in schon bekannte Formen überzuführen, so dass wir aus diesen sichere Schlüsse auf jene zu machen im Stande sind. Die quantitative Analyse erfüllt ihre Aufgabe in der Regel (die Ausnahmen, welche namentlich bei Maassanalysen und indirecten Bestimmungen stattfinden, sollen erst später besprochen werden), wenn sie uns die Mittel und Wege angiebt, die ihrer Art nach bekannten Bestandtheile in Formen oder Verbindungen zu bringen, welche erstens eine möglichst scharfe Quantitätsbestimmung zulassen und die ferner in Bezug auf das Mengenverhältniss ihrer Bestandteile aufs Genaueste bekannt sind.

Diese Formen oder Verbindungen der Körper, welche sich den angegebenen Eigenschaften zufolge zur Quantitätsbestimmung eignen, sind entweder Educte aus der analysirten Verbindung oder dem zerlegten Gemenge, oder es sind Producte. Im ersteren Falle ist das gefundene Gewicht des educirten Bestandtheiles der directe Ausdruck der Menge, in welcher er in dem untersuchten Körper enthalten war, im anderen Falle ergiebt sich uns die wirkliche Menge des in einer neuen Verbindung abgeschiedenen Bestandtheiles (die Quantität, in welcher er im untersuchten Körper ursprünglich enthalten war) nicht direct, sondern erst durch eine einfache Rechnung. Ein Beispiel diene zur Erläuterung.

Gesetzt, wir wollten im Quecksilberchlorid die Menge des Quecksilbers bestimmen, so könnten wir dieses erstens, indem wir aus der Lösung des Quecksilberchlorids das Quecksilber z. B. durch Zinnchlorür regulinisch ausfällten; wir könnten es ferner, indem wir die Lösung mit Schwefelwasserstoff niederschlügen und das gefällte Quecksilbersulfid dem Gewichte nach bestimmten. 100 Theile Quecksilberchlorid bestehen aus 73,83 Quecksilber und 26,17 Chlor; bei absolut genauer Ausführung müssen wir demnach durch Fällung mit Zinnchlorür von 100 Theilen Quecksilberchlorid 73,83 Th. metallisches Quecksilber erhalten; bei gleich genauer Ausführung der anderen Methode würden wir von derselben Menge Quecksilberchlorid 85,638 Th. Quecksilbersulfid bekommen. Im ersteren Falle finden wir demnach die Zahl 73,83 (das ist die Menge des Quecksilbers, welche in der zur Analyse verwendeten Quantität Quecksilberchlorid enthalten war) direct, im zweiten Falle müssen wir sie erst durch die folgende einfache Gleichung ermitteln: 100 Th. Quecksilbersulfid enthalten 86,213 Quecksilber, wie viel enthalten 85,638 Th.; — $x = 73{,}83$. —

Als unumgänglich nothwendige Eigenschaften der Formen und Verbindungen, welche zur Quantitätsbestimmung dienen sollen, sind also festzuhalten, dass sie erstlich genaues Wägen zulassen und dass sie ferner ihrer Zusammensetzung nach bekannt sind. Fehlt jene Eigenschaft, so ist genaue Ausführung der Analyse an und für sich unmöglich, fehlt diese, so mangelt, im Falle man mit producirten Verbindungen zu thun hat, der zur Aufstellung der Rechnung nothwendige Ausgangspunkt. —

Der Begriff und die Aufgabe der quantitativen Analyse wäre nunmehr festgestellt, ebenso die Art, auf welche sie im Allgemeinen ihre Aufgabe erfüllt. Ehe wir weiter gehen, müssen vor Allem die Eigenschaften in Betracht gezogen werden, welche denen zukommen müssen, die quantitativen Analysen mit Erfolg obliegen wollen. Diese Eigenschaften sind von dreierlei Art; erstens nämlich werden theoretische Kenntnisse, zweitens manuelle Geschicklichkeit und drittens strenge Gewissenhaftigkeit erfordert.

Was nun zuerst das W i s s e n betrifft, so muss zu den Vorkenntnissen, welche wir als zum Studium der qualitativen Analyse erforderlich anführten, das Innehaben dieser letzteren hinzukommen. Fügen wir alsdann noch einige Gewandtheit in der Ausführung einfacher Rechnungen bei, so haben wir die Summe der zum Beginn des Studiums der quantitativen Analyse nöthigen Vorkenntnisse. Sie befähigen uns, im Verlaufe desselben die Methoden kennen und verstehen zu lernen, nach welchen Körper ihrem Gewichte nach bestimmt oder geschieden werden, — sie machen es uns möglich, die Berechnungen auszuführen, durch welche wir aus den analytischen Resultaten die Zusammensetzung der Verbindungen nach Aequivalenten finden können und durch die wir andererseits die Richtigkeit der angewendeten Trennungsmethoden zu prüfen, die gefundenen Resultate zu controliren vermögen.

M i t d e m W i s s e n m u s s d a s K ö n n e n s i c h v e r e i n i g e n. — Dieser Satz gilt im Allgemeinen bei den gesammten angewandten Wissenschaften; wenn er aber bei irgend einer insbesondere hervorgehoben zu werden verdient, so ist es bei der quantitativen Analyse der Fall. Mit den gründlichsten Kenntnissen ausgerüstet, ist man nicht im Stande zu bestimmen, wie viel Kochsalz in einer Lösung ist, wenn man nicht eine Flüssigkeit aus einem Gefäss in ein anderes giessen kann, ohne dass etwas wegspritzt oder ein Tropfen am Rande des Gefässes hinabläuft u. s. w. — Die Hand muss sich die Fähigkeit erwerben, die bei quantitativen Analysen vorkommenden Operationen mit Umsicht und Geschick auszuführen, eine Fähigkeit, welche einzig und allein durch praktische Uebung erworben werden kann. —

Das Wissen und Können muss das Wollen, das redliche Streben nach der Wahrheit, die strengste Gewissenhaftigkeit ergänzen. — Jeder, der sich nur einigermaassen mit quantitativen Analysen beschäftigt hat, weiss, dass sich, besonders am Anfange, zuweilen Fälle ereignen, in denen man Zweifel hegt, ob das Resultat genau ausfallen wird, oder in denen man gewiss ist, dass es nicht sehr genau ausfallen kann. Bald ist ein wenig verschüttet worden, bald hat man durch Decrepitation einen Verlust erlitten, — bald zweifelt man, ob man sich im Wägen nicht geirrt habe, — bald stimmen zwei Analysen nicht recht überein. In solchen Fällen handelt es sich darum, dass man die Gewissenhaftigkeit habe, die Arbeit alsobald noch einmal zu machen. Wer diese Selbstüberwindung nicht hat, wer Mühe scheut, wo es sich um Wahrheit handelt, wer sich auf schätzen und muthmassen einlässt, wo es die Erlangung positiver Gewissheit gilt, dem muss Fähigkeit und Beruf zur Ausführung quantitativer Analysen ebenso gut abgesprochen werden, als wenn es ihm an Kenntnissen oder Geschicklichkeit gebräche. Wer seinen Arbeiten selbst nicht volles Vertrauen schenken, wer auf seine Resultate nicht schwören kann, der mag immerhin zu seiner Uebung analysiren, nur hüte er sich, seine Resultate als sicher zu veröffentlichen oder anzuwenden, es dürfte ihm nicht zum Vortheil, der Wissenschaft aber würde es nur zum Nachtheil gereichen.

Fragen wir nun, mit welchen Körpern sich die quantitative Analyse beschäftige, so können wir, abgesehen davon, dass in der vorliegenden Anleitung nur die in der Pharmacie, den Künsten, Gewerben und der Landwirthschaft vorkommenden Stoffe berücksichtigt werden, allgemeinhin antworten, sie beschäftige sich mit Allem, was überhaupt körperlich sei. Will man aber eintheilen, so kann man, ohne die Materie specieller ins Auge zu fassen, sagen, sie beschäftige sich einerseits mit der Analyse von gemengten Substanzen, andererseits mit der Zerlegung chemischer Verbindungen. So unbegründet diese Eintheilung auch auf den ersten Blick erscheinen mag, so muss sie doch festgehalten werden, wenn wir uns von dem Werthe und Nutzen der quantitativen Analyse ein klares Bild verschaffen wollen; sie muss es um so mehr, da in den beiden Fällen der Zweck der Analyse ein verschiedener ist, da in beiden die Richtigkeit der Analysen auf verschiedene Art controlirt wird, und da die quantitative Analyse im einen Falle, man kann so sagen, in der Regel der Wissenschaft, im anderen Falle aber im Durchschnitt Zwecken des Lebens dient. Analysire ich z. B. die Salze einer Säure, so kann ich aus den Resultaten die Constitution der Säure, ihr Mischungsgewicht, ihre Sättigungscapacität u. s. w. finden, oder mit anderen Worten, ich kann eine Reihe von Fragen beantworten, welche für die Theorie von Wichtigkeit sind. Analysire ich hingegen Schiesspulver, Metalllegirungen, gemengte Arzneimittel, Pflanzenaschen u. s. w., so ist mein Zweck ein anderer, ich will alsdann durch meine Resultate keine theoretischen Fragen der Chemie lösen, sondern ich strebe danach, entweder Künsten und Gewerben, oder auch anderen Wissenschaften einen Dienst zu leisten. Will ich meine Resultate einer Controle unterwerfen, so kann ich im ersten Falle meistens den Weg

33

der stöchiometrischen Berechnung wählen, im letzteren aber müssen die Resultate durch Wiederholung der Analyse Bestätigung erhalten.

Wenn wir das eben Angeführte richtig erwägen, so muss uns die ausserordentliche Wichtigkeit der quantitativen Analyse klar vor Augen treten, es muss uns deutlich werden, wie sie die Chemie erst zur Wissenschaft gemacht hat, indem sie uns die Ausgangspunkte, zur Ermittelung der Gesetze bot, nach welchen sich die Elemente vereinigen und umsetzen. Die ganze Stöchiometrie ist auf ihre Resultate gegründet, alle rationellen Ansichten über die Constitution der Verbindungen stützen sich darauf, als auf die einzige feste und sichere Basis. —

Für die Chemie als Wissenschaft ist sonach die quantitative Analyse der stärkste und mächtigste Hebel, für die Chemie in ihrer Anwendung auf das Leben, auf andere Wissenschaften, Künste und Gewerbe ist sie es in nicht geringerem Grade. Dem Mineralogen giebt sie Aufschluss über die wahre Natur der Mineralien, sie giebt ihm Haltpunkte zur Erkennung und Eintheilung derselben; dem Physiologen ist sie ein nicht zu entbehrendes Hülfsmittel; der Landwirthschaft wird daraus, Niemand kann daran zweifeln, in kurzer Frist unberechenbarer Vortheil erwachsen. Der Nutzen, den sie der Medicin, der Pharmacie und Technik direct und indirect gewährt, bedarf am wenigsten der Auseinandersetzung. — Jede Wirkung aber hat ihre Gegenwirkung. Die quantitative Analyse gab der Stöchiometrie ihre Begründung, die stöchiometrischen Gesetze aber geben uns ein Mittel ab, die Resultate der Analysen auf eine Weise zu controliren, wodurch sie erst den Grad von Zutrauen erhalten konnten, welchen wir ihnen jetzt in den meisten Fällen zu schenken berechtigt sind. — Die quantitative Analyse förderte die Industrie, dafür erhalten wir jetzt Platin-, Glas-, und Porzellan-Gefässe

u. s. w. von einer Vollkommenheit und Zweckmässigkeit, ohne welche eine so genaue Ausführung chemischer Analysen, wie wir sie jetzt gewohnt sind, ausserordentlich schwierig, um nicht zu sagen unmöglich wäre.

So sehr aber auch hierdurch die quantitative Analyse erleichtert wird, so bleibt sie immerhin ein sehr zeitraubendes Geschäft, besonders da man von Anfang bei ihrer Ausführung nicht Vielerlei zugleich vornehmen kann, ohne die Genauigkeit des Resultats mehr oder weniger zu beeinträchtigen. Jedem, der sich mit ihrer Erlernung beschäftigen will, rathe ich daher, sich mit einem gehörigen Vorrath von Geduld zu wappnen, damit sie ihm auf dem Wege alsdann nicht mangle.

Die Erwerbung der nothwendigen Sicherheit in der quantitativen Analyse, die Aneignung des unentbehrlichen, auf erhaltene Resultate gegründeten Selbstvertrauens ist ein Ziel, welches nicht stürmend erreicht werden kann, sondern zu dem man nur allmälig und Schritt vor Schritt gelangt. — So mechanisch und somit ermüdend und langweilig nun aber auch die Ausführung in der Regel erscheinen mag, so lohnend sind gute Resultate, so unangenehm freilich andererseits ungenaue. Wer sich daher das Studium der quantitativen Analyse zu einem nach Möglichkeit angenehmen machen will, der bestrebe sich, durch strenges, fast scrupulöses Einhalten aller Bedingungen, gleich von Anfang, wenn auch mit grösserem Zeitaufwande, gute Resultate zu erhalten. Ich kenne kaum einen aus praktischen Arbeiten unmittelbar hervorgehenden Lohn, welcher angenehmer wäre als der, recht übereinstimmende Analysen, recht genaue Resultate zu erhalten. Sie tragen ihren Lohn in sich und sind, selbst abgesehen von den dadurch zu erreichenden Zwecken, eine schöne Genugthuung für die verwendete Zeit und Mühe.

Die Körper, mit denen wir uns in dieser Anleitung

beschäftigen werden, sind folgende:

I. Metalloide.

Sauerstoff, Wasserstoff, Schwefel, Phosphor, Chlor, Jod, Brom, Fluor, Stickstoff, Bor, Kiesel, Kohlenstoff.

II. Metalle.

Kalium, Natrium, Baryum, Strontium, Calcium, Magnesium, Aluminium, Mangan, Eisen, Nickel, Kobalt, Zink, Cadmium, Wismuth, Zinn, Kupfer, Blei, Silber, Gold, Platin, Quecksilber, Chrom, Antimon, Arsenik.

Bevor wir nun zur Betrachtung des Einzelnen übergehen, ist es vor Allem nothwendig, eine deutliche Uebersicht über das ganze Gebiet, über die Summe des zu Erlernenden zu erlangen. Diese Uebersicht gewinnen wir, indem wir die dem Werke zu Grunde liegende Eintheilung in's Auge fassen.

Es zerfällt vor Allem in drei Hauptabtheilungen. Die erste handelt von der quantitativen Analyse im Allgemeinen und bespricht in 2 Unterabtheilungen zuerst die Ausführung, sodann die Berechnung der Analysen, — die zweite umfasst die Darlegung specieller analytischer Methoden, und die dritte enthält eine Anzahl sorgfältig ausgewählter Aufgaben, welche bei Erlernung der quantitativen Analyse zweckmässig zu Grunde gelegt werden können.

Ein klareres Bild dieser Eintheilung wird die folgende Uebersicht gewähren.

I. Allgemeiner Theil.

A. Ausführung der Analyse.

1. Operationen.

Erste Abtheilung.
Allgemeiner Theil.

Erste Unterabtheilung.
Ausführung der Analyse.

Erster Abschnitt.
Die Operationen.

§. 1.

Die meisten der bei quantitativen chemischen Analysen vorkommenden Operationen sind ihrem Begriff und ihrer Aufgabe nach bereits in dem ersten Abschnitte des propädeutischen Theiles meiner Anleitung zur qualitativen chemischen Analyse abgehandelt worden; wir haben daher hier nur die der quantitativen Analyse eigenthümlichen in Betracht zu ziehen, wobei uns zugleich Gelegenheit gegeben sein wird, auf das aufmerksam zu machen, was, in Erwägung des besonderen Zwecks, bei der Ausführung der allgemeinen chemischen Operationen berücksichtigt werden muss. — Operationen, welche nur bei gewissen besonderen Bestimmungs- oder Scheidungsmethoden vorkommen, werden nicht hier, sondern unten an den betreffenden Stellen besprochen.

§. 2.

I. Die Quantitätsbestimmung.

Die Quantitätsbestimmung der Körper geschieht bei der chemischen Analyse in der Regel durch Wägen, bei Gasen und Flüssigkeiten in manchen Fällen durch Messen. Die Richtigkeit der Resultate ist von der Genauigkeit des Wägens und Messens sowohl des zur Untersuchung verwendeten Körpers, als auch der erhaltenen Educte oder Producte geradezu abhängig; es muss daher beiden Operationen von Seiten des Analytikers die grösste Aufmerksamkeit geschenkt werden. Die Wichtigkeit des Gegenstandes mag es entschuldigen, wenn wir demselben etwas mehr Raum gestatten, als es vielleicht die Consequenz erheischt.

§. 3.

1. Die Gewichtsbestimmung.

Die genaue Ausführung dieser Operation wird durch den Besitz einer guten Wage und richtiger Gewichte bedingt. Bevor wir daher das bei dem Wägen selbst zu Bemerkende in Betracht ziehen, müssen wir vor Allem die Apparate dazu näher ins Auge fassen.

a. Die Wage.

Wenngleich die Theorie der Wage in das Gebiet der Physik und daher eine ausführliche Auseinandersetzung derselben nicht hierher gehört, so dürfte doch eine Hervorhebung dessen, was man vor Allem im Gedächtnisse haben muss, sowohl wenn man eine Wage auf ihre Brauchbarkeit zu analytischen Zwecken prüfen, als auch wenn man beim Wägen sich vor Fehlern sicher stellen will, nicht am unrechten Orte sein. Die Erfahrung spricht dafür, dass nicht alle jungen Chemiker davon die nöthige völlig klare Anschauung haben.

Die Brauchbarkeit und Güte einer Wage ist von zwei Punkten abhängig, nämlich erstens von ihrer Richtigkeit und zweitens von ihrer Empfindlichkeit.

§. 4.

Die Richtigkeit einer Wage ist durch folgende Umstände bedingt:

α. Die Drehungsaxe der Wage muss über ihrem Schwerpunkte liegen. — Dieser Umstand bedingt weniger die Richtigkeit einer Wage, als vielmehr die Thatsache, dass man mit einer Wage überhaupt wägen kann. Denn fiele der Schwerpunkt der Wage in die Drehungsaxe, wäre also die Schwere des ganzen Systems gleichförmig um dieselbe vertheilt, so würde ja die Wage bei gleicher Belastung beider Schalen in jeder Stellung verharren, die sie bekäme; es wäre ja alsdann kein Grund vorhanden, warum der Wagbalken horizontale Lage annehmen sollte, die Wage würde nicht schwingen, das Wägen wäre somit unmöglich. — Fiele aber der Schwerpunkt gar über die Drehungsaxe, so wäre es kaum möglich, den Wagbalken horizontal zu stellen, das heisst, er würde in dieser Lage nur so lange beharren, als sich der Schwerpunkt ganz senkrecht über der Axe befände. Jede Belastung auf der einen Seite, jeder Hauch oder Anstoss, der dieses Balanciren störte, würde zur Folge haben, dass der Wagbalken auf die eine Seite fiele, ohne in seine ursprüngliche Stellung zurückzukehren. — Fällt aber der Schwerpunkt unter die Drehungsaxe, so muss der Wagbalken bei gleicher Belastung der Schalen horizontale Lage annehmen. Die Wage stellt ja alsdann ein Pendel dar, dessen Länge gleich der Länge der Linie ist, welche den Schwerpunkt mit dem Stützpunkt verbindet, und dessen Richtungslinie mit dem Wagbalken in jeder Stellung desselben rechte Winkel bildet. Wie nun eine an einem Faden aufgehängte Kugel, wenn sie einen Anstoss erhält, nach vollendeten Schwingungen stets wieder senkrecht unter den Aufhängepunkt zu stehen kommt, so muss auch eine Wage, welche einmal in's Gleichgewicht gesetzt ist, wenn sie einen

Anstoss bekommt, immer wieder in die ursprüngliche Gleichgewichtsstellung zurückkehren, das heisst, ihr Schwerpunkt muss senkrecht unter den Stützpunkt fallen, ihr Balken folglich die wagerechte Stellung einnehmen.

Um aber die Kraft richtig zu beurtheilen, mit der dies geschieht, darf man nicht vergessen, dass sie kein einfaches, sondern ein zusammengesetztes Pendel ist, d. h. ein solches, bei dem sich nicht ein, sondern viele materielle Punkte um den Drehpunkt bewegen. Die träge zu bewegende Masse ist also gleich der Summe derselben, die bewegende Kraft aber gleich der Differenz, um welche die unter der Drehungsaxe liegenden mehr betragen, als die darüber befindlichen.

β. Die Aufhängepunkte der Wagschalen müssen mit der mittleren Drehungsaxe in einer Ebene liegen; denn fallen sie über dieselbe, so wird bei zunehmender Belastung der Schalen der Schwerpunkt des ganzen Systems, welcher ursprünglich unter der Drehungsaxe liegt, fortwährend in die Höhe rücken, er wird sich dem Stützpunkte fortwährend nähern; denn das Gewicht, welches auf die Schalen drückt, vereinigt sich ja in den relativ hochgelegenen Aufhängepunkten derselben. Bei einem gewissen Maass der Belastung wird sonach die Wage plötzlich zu schwingen aufhören, nämlich dann, wenn der Schwerpunkt bis in den Stützpunkt hinaufgerückt ist; bei noch grösserer Belastung wird der Schwerpunkt über den Stützpunkt fallen, die Wage wird überschnappen. — Sind hingegen die Aufhängepunkte der Schalen tiefer gelegen als der Stützpunkt, so wird der Schwerpunkt des Systems bei zunehmender Belastung der Schalen fortwährend tiefer rücken, die Pendellinie wird somit verlängert, es wird grössere Kraft erfordert, das längere Pendel nunmehr zu gleichem Ausschlag zu bringen, die Wage wird bei wachsender Belastung mehr und mehr unempfindlich und träge. — Liegen aber alle drei Schneiden in einer Ebene, so hat zunehmende Belastung zwar eine fortwährende Näherung des Schwerpunktes zum Stützpunkt zur Folge, niemals aber kann er ihn ganz erreichen, niemals wird die Wage ganz zu schwingen aufhören, ebensowenig wird ihre Empfindlichkeit abnehmen, sie wird im Gegentheile gesteigert, eine Steigerung, welche jedoch durch andere Umstände compensirt wird. —

γ. Der Wagbalken muss eine solche Festigkeit und Starrheit haben, dass er bei dem Maximum des Gewichts, womit die Wage hinsichtlich ihrer ganzen Construction überhaupt belastet werden darf, durchaus keine merkliche Biegung erleidet, — denn biegt sich der Balken, so kommen die Endschneiden ja tiefer zu liegen, als die Mittelschneide, die Wage wird also bei zunehmender Belastung fortwährend träger werden, wie wir soeben gesehen haben. Durch zweckmässige Construction des Balkens muss diesem Uebelstande daher vorgebeugt sein. Die geeignetste Form desselben ist die eines gleichschenkeligen, stumpfwinkeligen Dreiecks, oder einer Raute.

δ. Die Arme der Wage müssen gleichlang d. h. die Aufhängepunkte der Schalen müssen gleichweit vom mittleren Stützpunkte entfernt sein, — denn ist die Entfernung eine ungleiche, so wirkt ja, wenn man beide Schalen mit zwei gleichen Gewichten belastet, das eine an einem längeren Hebelarm, folglich wird die Wage alsdann nicht einstehen, sondern nach der Seite des längeren Arms ausschlagen.

§. 5.

Die Empfindlichkeit einer Wage hängt vorzüglich

43

von drei Umständen ab.

α. Die Reibung der Schneiden auf ihren Pfannen muss möglichst gering sein, — was sowohl durch die Form beider, als auch durch das Material, aus dem sie gemacht sind, bedingt ist. Die Schneiden müssen von gutem Stahl, die Pfannen können aus demselben gearbeitet sein; besser ist es aber, wenn wenigstens die mittlere Schneide auf Steinunterlagen und zwar völlig ebenen liegt. Um es sich klar zu machen, warum auch die Endschneiden so wenig wie möglich Reibung haben dürfen, braucht man sich nur zu erinnern, was vorgehen würde, wenn die Schalen an starren Stäben in unbeweglichen Punkten befestigt wären. Eine Wage könnte dann unmöglich empfindlich sein; denn legte man auf die eine Seite ein Gewicht, so würde dies zwar Veranlassung sein, dass sich die belastete Schale senkte, dass man also einen Ausschlag erhielte; diese Veranlassung würde aber alsobald dadurch compensirt werden, dass sich die belastete Schale, da sie mit dem Balken fortwährend einen rechten Winkel zu machen gezwungen ist, nach innen, die entgegengesetzte aber nach aussen richtete, wodurch begreiflicherweise die Wage in der Art ungleicharmig würde, dass das aufgelegte Gewicht am kürzeren Arm wirkte. — Je grösser nun die Reibung an den Endschneiden ist, um so mehr nähert sich die Wage dem beschriebenen Zustande, um so unempfindlicher muss sie folglich werden.

β. Der Schwerpunkt der Wage muss dem Stützpunkte möglichst nahe liegen. — Je näher er demselben liegt, um so kürzer wird ja das Pendel. Wie nun eine an einem kleinen Faden aufgehängte Kugel durch gleichen Anstoss in einem weit grösseren Winkel von ihrer senkrechten Lage entfernt wird, als eine an einem langen Faden befindliche, so muss ja auch eine Wage durch ein gleiches Uebergewicht auf einer Seite um so mehr aus ihrer Gleichgewichtsstellung entfernt werden, je kürzer die Linie, an der das Pendel schwingt, je kleiner der Abstand des Schwerpunktes vom Stützpunkt. — Wir haben oben gesehen, dass bei einer Wage, deren mittlerer Stützpunkt mit den Aufhängepunkten der Schalen in einer Ebene liegt, durch Belastung der Schalen der Schwerpunkt fortwährend hinaufrückt; eine gute Wage wird also durch Belastung einerseits empfindlicher, andererseits durch Zunahme der zu bewegenden Masse und vermehrte Reibung ungefähr in demselben Grade minder empfindlich, d. h. ihre Empfindlichkeit wechselt nicht mit der Belastung.

γ. Der Wagbalken muss möglichst leicht sein. — In wiefern dies auf die Empfindlichkeit der Wage influirt, geht aus den eben angestellten Betrachtungen hervor. Wir haben gesehen, dass eine Wage bei zunehmender Belastung einerseits empfindlicher werden muss, wenn ihre Empfindlichkeit im Ganzen nicht abnehmen soll, und dass dieses dadurch geschieht, dass sich der Schwerpunkt mit zunehmender Belastung dem Stützpunkt fortwährend nähert. Je grösser nun das Gewicht des Wagbalkens an und für sich, um so weniger wird eine auf beide Schalen aufgelegte gleiche Belastung den Schwerpunkt des ganzen Systems ändern, um so langsamer wird sich der Schwerpunkt dem Stützpunkt nähern, um so weniger die vermehrte Reibung compensirt werden, um so unempfindlicher die Wage sein. — Weiter kommt dabei in Betracht, dass bei gleicher bewegender Kraft eine geringere Masse leichter bewegt wird als eine grössere (§. 4, α).

$$\S. \ 6.$$

Nach diesen Vorausschickungen können wir nun ohne Weiteres zur Prüfung einer Wage hinsichtlich ihrer Brauchbarkeit zu analytischen Zwecken übergehen, nachdem wir zuvor auf folgende der Erfahrung entnommene und durch den blossen Augenschein wahrzunehmende Umstände aufmerksam gemacht haben.

1) Für bei Weitem die meisten Zwecke genügt eine Wage, welche mit 70–80 Grammen auf jeder Schale belastet werden kann.

2) Die Wage muss zum Schutz gegen Staub mit einem Glaskasten umgeben sein. Man sehe darauf, dass derselbe nicht zu klein, namentlich seine Seitenwände nicht zu nahe an den Schalen sind. Es ist nothwendig, dass man nach dem Auflegen der Gewichte das Glasgehäuse mit Leichtigkeit schliessen und somit bei Abhaltung allen Luftzuges wägen kann; es muss daher entweder der vordere Theil aus einem feststehenden Mittelstück und zwei seitlichen Thürchen bestehen, oder es müssen, sofern die Vorderseite ein Ganzes und zum Aufschieben eingerichtet ist, die Seitenwände des Kastens mit Thürchen versehen sein.

3) Es ist unerlässlich, dass die Wage eine gute Arretirung habe, das heisst, dass sie, während des Auflegens der Gewichte, in unbeweglichen Zustand versetzt werden kann. Die gewöhnlichste Art der Arretirung ist die, dass der Wagbalken gehoben und somit die Mittelschneide von der Pfanne genommen wird, während die Schalen in der Schwebe bleiben; — andere Einrichtungen setzen die Schalen auf, ohne die Mittelschneide von der Pfanne zu entfernen[1]. Sehr zweckmässig ist es, wenn die Arretirungen bei völligem Verschluss des Glaskastens, also von aussen, geleitet werden können.

4) Es ist nothwendig, dass die Wage einen Index habe, welcher ihre Schwankungen an einem Gradbogen anzeigt, und angenehmer, wenn dieser sich unten, als wenn er sich zur Seite befindet.

5) Es ist nothwendig, dass die Wage mit einem Pendel oder einer Wasserwage versehen ist, damit die drei Schneiden in eine Horizontalebene gelegt werden können, und zweckmässig, wenn der Kasten zu diesem Behuf auf drei Schrauben ruht.

6) Es ist sehr bequem und zeitersparend, wenn der Wagbalken eine Decimaltheilung hat, so dass mit Centigrammhäkchen Milligramme und deren Bruchtheile gewogen werden können. — Die neueren Wagen haben meist die empfehlenswerthe Einrichtung, dass die Häkchen mittelst eines in der Seitenwandung verschiebbaren Armes bei völligem Verschluss des Glasgehäuses versetzt werden können.

7) Es ist nothwendig, dass die Wage mit einer Schraube zur Regulirung des Schwerpunktes, ferner mit zwei anderen zur Herstellung der Gleicharmigkeit und endlich mit solchen versehen ist, durch welche das etwa gestörte Gleichgewicht der Schalen sogleich wieder in Ordnung gebracht werden kann.

§. 7.

Die Richtigkeit und Empfindlichkeit einer Wage erforscht man durch folgende Versuche:

1) Man bringt die Wage, falls die Schalen nicht völlig gleich sind, entweder mittelst der dazu angebrachten Schrauben, durch Stanniolstreifchen oder dergl. ganz genau ins Gleichgewicht und beschwert alsdann eine Schale mit einem Milligramm. Soll die Wage brauchbar sein, so muss sie einen deutlichen, beträchtlichen Ausschlag geben. Gute chemische Wagen zeigen noch $\frac{1}{10}$ Milligramm an.

2) Man beschwere die Wage auf beiden Seiten mit dem Maximum der Gewichte, welche sie nach ihrer ganzen Construction zu tragen bestimmt ist, mache

die Schalen völlig gleich und lege alsdann auf die eine 1 Milligramm. Der zu erhaltende Ausschlag muss dem in 1 erhaltenen etwa gleich sein. (Bei den meisten Wagen ist er etwas kleiner.)

3) Man bringe die Wage (wenn nöthig) durch eine während des ganzen Versuchs unverrückt bleibende Tara in völliges Gleichgewicht, lege alsdann auf jede der beiden Schalen ein gleichnamiges Gewicht, z. B. 50 Gramm, und bringe die Wage nöthigenfalls durch zugelegte kleine Gewichte völlig ins Gleichgewicht. Alsdann vertausche man die Gewichte, so dass dasjenige, welches zuvor auf der linken Schale lag, nunmehr auf die rechte kommt und umgekehrt, und beobachte, ob sich ein Ausschlag zeigt. Eine völlig gleicharmige Wage darf keinen zeigen.

4) Man bringe die Wage völlig ins Gleichgewicht, arretire sie alsdann, lasse wieder schwingen bis zum Einstehen und wiederhole dies öfter. Eine gute Wage wird natürlich immer wieder völliges Gleichgewicht zeigen. Eine solche, deren Endschneiden dem darauf ruhenden Haken zu viel Spielraum gewähren, so dass er seine Lage ein wenig ändern kann, zeigt merkliche Differenzen. Dieser Fehler ist nur bei manchen Constructionen möglich.

Von diesen Proben muss eine brauchbare Wage die erste, zweite und letzte bestehen, eine geringe Ungleicharmigkeit hingegen schadet wenig, da sich die Fehler, welche daraus hervorgehen können, durch die Art des Wägens völlig beseitigen lassen.

§. 8.

b. Die Gewichte.

Es ist an und für sich völlig gleichgültig, welche Einheit den anzuwendenden Gewichten zu Grunde liegt. Die grosse

Bequemlichkeit jedoch, welche das Grammgewicht beim Aufschreiben, sowie bei den Rechnungen mit Bruchtheilen gewährt, hat veranlasst, dass sich die meisten Chemiker keines anderen als des erwähnten bedienen.

Ob das Gramm, seine Multipla und Bruchtheile in der That einem normalen Grammgewichte völlig gleichkommen oder nicht, ist für den wissenschaftlichen Gebrauch in der Regel völlig gleichgültig, — absolut nothwendig aber ist es, dass die Gewichte unter sich genau übereinstimmen, das heisst, dass 1 Milligramm wirklich genau der tausendste, 1 Centigramm genau der hundertste Theil, das Fünfgrammstück genau das Fünffache etc. des Grammstückes ist.

Ehe wir von der Prüfung der Gewichte auf ihre Richtigkeit in diesem Sinne sprechen, machen wir noch auf folgende Punkte aufmerksam:

1) Gewichte, welche von 50 Gramm herab bis auf 1 Milligramm gehen, sind für bei Weitem die meisten Zwecke völlig ausreichend.

2) Es ist nothwendig, dass die Gewichte in einem gut schliessenden Etui aufbewahrt werden, und zweckmässig, wenn auch von den kleinen Gewichten jedes ein abgesondertes Fach hat.

3) In Bezug auf die Form der Gewichte bemerke ich, dass mir die der sogenannten Berliner Gewichte (aus den Werkstätten von Oertling, Kleiner etc.) für häufigen Gebrauch die zweckmässigste scheint. Die grösseren Gewichte bilden Cylinder mit oben befindlicher Handhabe, die kleinen viereckige, an einem Eck aufgebogene Blechstücke. Zweckmässig ist es, wenn das Blech, aus dem sie gefertigt sind, nicht zu dünn und die Gefache, in denen sie liegen, nicht zu klein sind, denn im anderen Falle bekommen sie, meist

schon nach kurzem Gebrauche, ein zerknittertes und unkenntliches Aussehen. Jedes Gewicht (die Milligramme ausgenommen) muss deutlich bezeichnet sein.

4) In Bezug auf das Material bemerke ich, dass, wenn sich auch Bergkrystall zur Darstellung von Normalgewichten sicher am besten eignet, er doch zur Anfertigung der zum Gebrauch bei chemischen Arbeiten bestimmten Gewichte der Kostspieligkeit und der unbequemen Form der Stücke halber minder passend erscheint. — Gewichte von Platin würden, wenn sie nicht zu theuer wären, ihrer Unveränderlichkeit halber sicher allgemein im Gebrauch sein; in der Regel begnügt man sich damit, die Gewichte von 1 oder 0,5 Gramm herab von Platinblech, die anderen von Messing zu machen. — Solche Gewichte müssen gegen saure etc. Dämpfe sorgfältig geschützt werden, wenn sie richtig bleiben sollen, auch dürfen sie nie mit den Fingern, sondern sie müssen stets mit einer feinen Pincette angefasst werden; unhaltbar aber ist die Meinung, dass Gewichte, welche schwach angelaufen sind (es lässt sich dies auf die Dauer kaum vermeiden), unbrauchbar seien. Ich habe viele derartige Gewichte nachgewogen und dieselben unter einander noch in derselben Uebereinstimmung gefunden wie vorher. Der Ueberzug, der das Angelaufensein bedingt, ist so unendlich dünn, dass die dadurch verursachte Gewichtsdifferenz selbst auf sehr feinen Wagen noch nicht merklich ist. — Sehr zweckmässig ist es, die Messinggewichte vor dem letzten Justiren galvanisch zu vergolden.

Die Prüfung der Gewichte auf ihre Uebereinstimmung unter einander wird gar häufig in falscher Weise vorgenommen. Nur folgendermaassen erlangt man das gewünschte Resultat:

Man legt auf die eine Schale einer fein ziehenden Wage 1 Grm. und bringt die Wage durch Auflegen einer beliebigen Tara (Messingblech, zuletzt Stanniol, — nicht Papier, was Feuchtigkeit anzieht) völlig ins Gleichgewicht, alsdann nimmt man das Gramm weg, vertauscht es zuerst mit den anderen Grammstücken, dann mit derselben Gewichtsgrösse in kleinen Gewichten und beobachtet jedesmal, ob die Wage einen Ausschlag giebt und welchen. In gleicher Weise vergleicht man sodann, ob das Zweigrammstück so viel wiegt als 2 einzelne Gramme, das Fünfgrammstück so viel als die drei einzelnen Gramme und das Zweigrammstück, das Zehngrammstück so viel als 10 Gramme in kleinem Gewicht u. s. w. — Soll das Gewicht brauchbar sein, so dürfen sich bei den kleineren Gewichten auf einer $^1/_{10}$ Milligramm ausschlagenden Wage gar keine Differenzen zeigen; bei Vergleichung der grösseren Gewichte mit allen kleineren mögen Differenzen von $^1/_{10}$–$^2/_{10}$ Milligramm eher übersehen werden. Stellt man seine Anforderungen höher, so muss man sich die Mühe nehmen, die Gewichte selbst zu justiren; denn die aus den Werkstätten selbst sehr renommirter Mechaniker hervorgehenden Gewichte werden alsdann selten die Probe bestehen. — Ich mache darauf aufmerksam, dass man die Prüfung der Gewichte niemals unterlassen darf, wenn sie auch aus einer berühmten Werkstätte hervorgegangen sind. Die Erfahrung hat mich gelehrt, dass man auch unter solchen oft ziemlich ungenaue, ja völlig unbrauchbare findet. — Beim Ankauf wahrhaft guter Gewichte lasse man sich durch den Preis, wenn er auch hoch ist, nicht zurückschrecken, denn gute Gewichte sind viel, ungenaue nichts werth.

§. 9.

c. Das Wägen.

Es wird unten von den besonderen Methoden gesprochen werden, welche beim Abwägen verschiedenartiger Substanzen zu befolgen sind; hier handeln wir nur von dem Wägen als solchem.

Man kann zwei verschiedene Methoden anwenden, um das Gewicht eines Körpers zu bestimmen; die eine könnte man directe Wägung nennen, die andere heisst Wägung durch Substitution.

Bei der directen Wägung kommt die Substanz auf die eine Wagschale zu liegen, das Gewicht auf die andere; es ist dabei Mancherlei zu beobachten.

Wenn eine Wage ganz gleicharmig und die Schalen völlig gleich sind, so ist es gleichgültig, auf welche Seite man bei verschiedenen, zu einem Versuch gehörigen Wägungen die Substanz legt. Man kann sie jetzt auf der rechten, dann auf der linken Seite wägen ohne Nachtheil. Ist aber eine oder die andere der angegebenen Bedingungen nicht erfüllt, so muss die Substanz immer auf dieselbe Schale gelegt werden, wenn man richtig wägen will.

Setzen wir den Fall, wir wollten 1 Gramm einer Substanz abwägen und dieselbe dann in zwei gleiche Theile theilen. Unsere Wage aber sei zwar im Gleichgewicht, aber ungleicharmig, so zwar, dass der linke Schenkel 99 Millimeter, der rechte 100 Millimeter lang sei. Wir legen zuerst auf die linke Schale ein Grammgewicht und bringen dann auf die rechte Schale Substanz bis zum Gleichgewicht.

Nach dem Satze „am Hebel sind die Massen im Gleichgewicht, wenn die Producte derselben in ihre Entfernungen vom Unterstützungspunkte gleich sind," haben wir demnach auf der rechten Schale 0,99 Grm. Substanz, denn $99 \times 1,00 = 100 \times 0,99$.

Wenn wir nun, um die Hälfte abzuwägen, auf die linke Schale 0,5 Grm. legen und von der auf der rechten befindlichen Substanz bis zum Gleichgewicht wegnehmen, so bleiben darauf 0,495, und ebensoviel haben wir weggenommen, das heisst mit anderen Worten, wir haben unseren Zweck in Bezug auf relative Gewichtsgrössen vollkommen erreicht, und dass es auf absolute bei wissenschaftlichen Arbeiten in der Regel nicht ankommt, haben wir bereits oben erwähnt. — Legten wir aber, um die Hälfte abzuwägen, auf die rechte Schale 0,5 Grm. und brächten von den 0,99 Grm. der abgewogenen Substanz auf die linke bis zum Gleichgewicht, so hätten wir darauf 0,505 Grm.; denn

$$100 . 0,500 = 99 . 0,505.$$

Wir hätten also 0,505 - 0,495, d. i. 0,10 Grm. falsch gewogen.

Wenn eine Wage gleicharmig, aber nicht genau im Gleichgewicht ist, so kann auf derselben nur dann eine Substanz richtig abgewogen werden, wenn man dieselbe in einem Gefässe wägt (siehe §. 10. 5). Dass man hierbei die Gewichte immer auf dieselbe Schale legen müsse, und dass die Differenz der Schalen sich während einer Versuchsreihe nicht ändern dürfe, liegt auf der Hand.

Aus dem Gesagten ergeben sich zwei Regeln:

1) Es ist unter allen Umständen am besten, sich daran zu gewöhnen, die Substanz beim Wägen immer auf dieselbe Schale zu legen.

2) Es ist, wenn man eine Wage zum alleinigen Gebrauch hat und demnach sicher sein kann, dass sich während der Dauer einer Analyse in keiner Weise etwas daran ändert, nicht nothwendig, sie am Anfang ins Gleichgewicht zu bringen, während dies ohne Widerrede geschehen muss, wenn in Bezug auf

den Gleichgewichtszustand der Wage dadurch, dass Viele daran wägen, eine Veränderung vorgehen kann.

Nicht allein relativ, sondern auch absolut genaue Wägungen erhält man durch die Substitutionswägung. Es ist hierbei völlig gleichgültig, ob die Wage ganz gleicharmig ist oder nicht, eben so ob die Schalen gleich oder ungleich schwer sind.

Um sie auszuführen, bringt man das Abzuwägende, sagen wir einen Platintiegel, auf die eine Schale, auf die andere eine beliebige Tara bis zum völligen Gleichgewicht, alsdann nimmt man den Tiegel weg und legt an seine Stelle Gewichte bis zum Gleichgewicht. Man ersieht auf den ersten Blick, dass die aufgelegten Gewichte jedenfalls das wirkliche Gewicht des Tiegels mit absoluter Schärfe angeben. Bei Wägungen, die eine möglichst grosse Genauigkeit erfordern, z. B. bei Atomgewichtsbestimmungen, bedient man sich immer dieser Methode. Ihre Ausführung kann man abkürzen, wenn man sich eine ihrem Wirkungswerthe auf der einen, sagen wir der rechten, Schale nach genau bekannte Tara für die linke hält, welche schwerer ist, als die abzuwägende Substanz. Man ersieht leicht, dass man durch Abziehen der zu letzterer bis zum Gleichgewicht zu legenden Gewichte von dem bekannten Gewicht der Tara die absolute Gewichtsgrösse der Substanz und zwar durch e i n e Wägung erfährt. Denken wir uns z. B. die linke Schale mit einer solchen Tara belastet, welche völliges Gleichgewicht herstellt, wenn auf die rechte 50 Grm. gelegt werden. Wir bringen auf diese einen Platintiegel und legen Gewichte zu bis zum Gleichgewicht, beispielsweise 10 Grm. Tiegel und Gewichte sind also dann genau gleich 50 Grm. und der Tiegel wiegt 50–10, d. i. 40 Grm.

§. 10.

Als wohl zu beachtende R e g e l n beim W ä g e n

erwähne ich folgende:

1) Wenn man bei dem Auflegen der Gewichte das Ziel schnell und sicher erreichen will, muss man dabei nicht bald ein grosses, bald ein kleines Gewicht probiren, sondern streng systematisch verfahren, so dass man das zu findende Gewicht in immer engeren Grenzen kennen lernt, bis man es zuletzt genau hat. Ein Tiegel wiegt z. B. 6,627 Grm. Wir legen auf die andere Schale 10 Grm. Es ist zu viel, die nachfolgende Grösse 5 Grm. ist zu wenig, jetzt 7 Grm. zu viel, dann 6 Grm. zu wenig, 6,5 zu wenig, 6,7 zu viel, 6,6 zu wenig, 6,65 zu viel, 6,62 zu wenig, 6,63 zu viel, 6,625 zu wenig, 6,627 recht. Ich habe, um das Princip klar zu machen, einen möglichst complicirten Fall gewählt; ich kann aber bestimmt versichern, dass man durch diese Art des Gewichtauflegens im Durchschnitt in der halben Zeit wägt, als wenn man ohne Regel probirt. Zu einer Wägung bis auf $\frac{1}{10}$ Milligramm genau braucht man nach diesem Verfahren auf einer nicht allzu langsam schwingenden Wage bei einiger Uebung nie länger als ein paar Minuten.

2) Es ist bei gleicher Genauigkeit überaus viel bequemer und fördernder, die Milligramme und deren Bruchtheile durch ein an oder zwischen den Theilstrichen des Wagebalkens aufzuhängendes Centigrammhäkchen, als durch unmittelbares Auflegen von Milligrammgewichtchen zu bestimmen.

3) Beim Aufschreiben der Gewichte kann man nicht vorsichtig genug sein. Zweckmässig ist es, die Aufschreibung zuerst nach den Lücken im Gewichtskästchen vorzunehmen und sie sodann beim Abnehmen der Gewichte von der Wage und Einlegen ins Kästchen zu controliren.

4) An der Wage darf nie irgend eine Veränderung (Darauflegen des zu Wägenden, Auflegen oder Wegnehmen von Gewichten) vorgenommen werden, wenn sie nicht arretirt ist; im anderen Falle würde sie in kurzer Zeit verdorben sein.

5) Eine Substanz darf nie, es müsste denn ein Stückchen Metall oder dergleichen sein, unmittelbar auf die Wage gelegt werden, sondern alles Abwägen geschieht in passenden Gefässen von Platin, Silber, Glas, Porzellan etc., nie auf Papier oder einer Karte, da diese durch Anziehen von Feuchtigkeit ihr Gewicht fortwährend verändern. — Die gewöhnlichste Methode des Abwägens besteht darin, dass man zuerst den Tiegel, überhaupt das Gefäss, wägt, dann die Substanz in denselben bringt, wieder wägt, und das erste Gewicht von dem letzten abzieht. In manchen Fällen, namentlich wenn man mehrere Portionen von einer und derselben Substanz abzuwägen hat, bestimmt man zuerst das Gewicht des Gefässes sammt der Substanz, schüttet dann von derselben eine gewisse Portion heraus, wägt wieder und findet so das Gewicht des Herausgeschütteten als Gewichtsabnahme.

6) Substanzen, welche leicht Feuchtigkeit aus der Luft anziehen, müssen immer in verschlossenen Gefässen (in einem bedeckten Tiegel, zwischen zwei Uhrgläsern, in einem verstopften Glasröhrchen) abgewogen werden. Flüssigkeiten wägt man in mit Glasstöpseln verschlossenen Fläschchen.

7) Ein Gefäss darf niemals gewogen werden, wenn es noch warm ist, weil es in dem Falle immer und zwar aus zwei Gründen zu leicht wiegt. Einmal nämlich verdichtet jeder Körper auf seiner Oberfläche eine gewisse Portion Luft und Feuchtigkeit, deren Menge

abhängig ist von der Temperatur und dem Feuchtigkeitszustande der Luft, wie auch von der Temperatur des Körpers selbst. Hat man nun einen Tiegel am Anfang kalt gewogen, wägt ihn später mit Substanz warm und rechnet die Differenz als Gewicht der Substanz, so bekommt man dasselbe zu klein, weil man für den Tiegel zu viel abzieht. — Die zweite Ursache ist die, dass von einem warmen Körper fortwährend die umgebende Luft erwärmt, dadurch aber leichter wird und aufsteigt. Indem nun die kalte Luft nachdringt, entsteht ein Luftstrom, der die Wagschale hebt und demnach leichter erscheinen lässt, als sie wirklich ist.

8) Wenn man bedenkt, dass, sofern man an die beiden Endschneiden einer Wage an dünnen gleichschweren Drähten an die eine 10 Gramm Platin, an die andere 10 Gramm Glas hängt (so dass also Gleichgewicht stattfindet) und jetzt den Platin- und Glaskörper in Wasser ganz einsenkt, alsdann das Gleichgewicht nicht bleiben kann, weil jetzt nur die Differenz der 10 Gramm und des verdrängten Wassers (welches beim Glas weit mehr beträgt als beim Platin) als Gewicht wirkt, so muss man einsehen, dass alle Wägungen, welche wir in der Luft vornehmen, ebenfalls mit einem Fehler behaftet sind, sofern die Volumina des Gewogenen und der Gewichtsstücke nicht gleich sind. Dieser Fehler ist aber wegen des im Verhältniss zu festen Körpern geringen specifischen Gewichts der Luft so unbedeutend, dass er bei allen gewöhnlichen analytischen Versuchen vernachlässigt werden kann; bei absolut genauen hingegen bringt man die Volumina der Körper mit in Rechnung, addirt das Gewicht der entsprechenden Lufträume zu der Grösse des Gewichts und des Gewogenen und reducirt so die Gewichte auf den leeren Raum.

§. 11.

2. Die Volumbestimmung.

Gemessen werden bei analytisch-chemischen Arbeiten in der Regel nur Gase und Flüssigkeiten. Im Allgemeinen kann man annehmen, dass Quantitätsbestimmungen durch Wägung genauer sind, als solche durch Messung; doch ist, wie durch G a y - L u s s a c das Messen der Flüssigkeiten, so durch B u n s e n, wie auch durch R e g n a u l t und R e i s e t das der Gase so sehr vervollkommnet worden, dass seine Genauigkeit die des Wägens fast noch übertrifft. So genaue Messungen erfordern aber einen Aufwand von Zeit und Sorgfalt, welchen man nur den feinsten wissenschaftlichen Untersuchungen zuwenden kann[2]. Die Genauigkeit der Messungen hängt einmal ab von den Messgefässen, dann von der Art des Messens.

a. Das Messen der Gase.

Zum M e s s e n d e r G a s e bedient man sich starker, auf einer Seite rund zugeschmolzener, graduirter Glasröhren von grösserem oder geringerem Inhalte.

Man ist für die in diesem Werkchen zu besprechenden Gasmessungen hinlänglich ausgerüstet, wenn man sie in folgender Auswahl besitzt.

1) Eine 150–250 Cubikcentimeter fassende Glasglocke von etwa 4 Centimeter Durchmesser, eingetheilt in Cubikcentimeter, so dass für je zwei ein Theilstrich gemacht ist.

2) Fünf bis sechs Glasröhren von 30–40 Cubikcentimeter Inhalt und etwa 12–15 Millimeter Durchmesser im Lichten, eingetheilt in ⅕ Cubikcentimeter.

Die Dicke der Wandungen bei den genannten Röhren sei nicht zu gering, sonst zerbrechen sie, namentlich bei

Messungen über Quecksilber, leicht. Sie betrage bei 1) etwa 4–6 Millimeter, bei 2) etwa 2–3 Millimeter.

Die Hauptsache bei diesen Messinstrumenten ist, dass sie vollkommen richtig eingetheilt sind; denn hiervon ist die Genauigkeit der Resultate unmittelbar abhängig.

Ich unterlasse es zu beschreiben, in welcher Weise man sich geeignete Röhren selbst kalibriren kann, indem ich auf B e r z e l i u s' „Lehrbuch der Chemie" 4. Aufl. Bd. 10, Artikel Messen, sowie F a r a d a y's „Chemische Manipulationen", Artikel Hohlmaasse, verweise, und gehe gleich zu der Prüfung der Messröhren über.

Bei einer solchen Prüfung sind drei Fragen in Betracht zu ziehen.

1) Stimmen die Grade einer Röhre unter einander überein?

2) Stimmen die Grade jeder einzelnen Röhre mit denen der anderen überein?

3) Stimmen die Volumina, welche durch die Grade ausgedrückt werden, mit den Gewichten überein, welche man hat?

Diese drei Fragen werden durch folgende Versuche beantwortet.

a) Man bringt die Röhre in senkrechte Lage, giesst genau abgemessene kleine Quecksilbermengen ein, bis zuletzt die Röhre angefüllt ist, und beobachtet genau (die Regeln beim Ablesen der Grade siehe unten), ob die Graduirung den eingegossenen gleichen Quecksilberräumen proportional ist. — Zum Abmessen bedient man sich eines an einem Ende zugeschmolzenen, am anderen wohl abgeschliffenen Glasröhrchens. Man füllt es durch Eintauchen unter Quecksilber mit der Vorsicht, dass keine Luftbläschen darin bleiben, zum Ueberfliessen und entfernt den Ueberschuss durch Auflegen und Andrücken einer kleinen Glasplatte.

b) Man misst in einer der engen Röhren nach einander verschiedene Quantitäten von Quecksilber ab, giesst sie in die anderen Röhren und beobachtet, ob der durch dieselbe Menge Flüssigkeit erfüllt werdende Raum bei allen durch die Theilstriche übereinstimmend angezeigt wird.

Zeigen sich Röhren bei diesen Versuchen als gut, so sind sie zu allen Analysen, bei denen nur die relativen Volumina verschiedener Gase bestimmt werden sollen, geradezu anwendbar, will man sie aber bei Versuchen gebrauchen, bei denen aus dem Volum eines Gases dessen Gewicht berechnet werden soll, so muss noch die obige Frage 3 beantwortet werden. Zu diesem Behufe füllt man

c) die leer gewogene Röhre bis an den letzten Theilstrich mit destillirtem Wasser von +4° und bestimmt dessen Gewicht.

Stimmen die Röhren mit den Gewichten überein, so muss die Anzahl der Cubikcentimeter gleich sein der Zahl der aufgelegten Gramme. Stimmen sie nicht überein, gleichgültig ob den Gewichten oder den Messröhren eine falsche Einheit zu Grunde liegt, so müssen nach dem gefundenen Verhältnisse die bei Analysen erhaltenen Maasse reducirt werden. Wogen z. B. 99 Cubikcentimeter Wasser 100 Grm., entsprechen demnach 99 auf der Messröhre angegebene C.C. 100 mit den Gewichten harmonirenden, so muss man die bei den Versuchen gefundenen Cubikcentimeter erst mit $^{100}/_{99} = 1,0101$ multipliciren, ehe man das Volum in Gewicht verwandeln kann.

Zeigten sich die Röhren bei den Versuchen a und b gut, so

genügt es, sich dieses Verhältniss zu bemerken; zeigten sich hingegen die Grade unter einander selbst abweichend, so muss man, wenn man sich der Röhren dennoch bei genauen Versuchen bedienen will, für jede einzelne eine Reductionstabelle entwerfen, aus der man ersehen kann, wie vielen mit den Gewichten übereinstimmenden Raumtheilen jede beliebige Anzahl der auf der Röhre verzeichneten Theilstriche entspricht.

Bunsen's Messröhren sind alle bloss mit einer Millimetertheilung versehen, welche denselben mittelst einer sehr sinnreich construirten Theilmaschine gegeben wird. Welchen Raumtheilen die einzelnen Theilstriche entsprechen, wird alsdann durch Einmessen gleicher Quecksilbervolumina bestimmt und auf einer Tabelle notirt. — Diese Einrichtung der Messgefässe ist unstreitig die beste.

Beim Messen der Gase kommen folgende Punkte in Betracht:

1) Richtiges Ablesen; 2) die Temperatur des Gases; 3) der Druck, unter dem es sich befindet; 4) der Umstand, ob es trocken oder feucht ist. Die drei letzten Punkte verstehen sich leicht, wenn man sich erinnert, dass eine und dieselbe Gewichtsmenge eines Gases durch eine Veränderung der Temperatur, durch veränderten Druck, wie durch geringere oder grössere Tension beigemischten Wasserdampfes eine bedeutende Volumveränderung erleidet.

ad 1. Wenn man Quecksilber in eine Röhre schüttet, so steht es darin, seiner Cohäsion halber, mit einer convexen Oberfläche; am auffallendsten ist dies bei engen Röhren. — Wasser hingegen zeigt eine concave Oberfläche, indem es sich an den Glaswänden ein wenig hinaufzieht. Diese beiden Umstände erschweren das genaue Ablesen. — Unter allen Verhältnissen bringt man dabei die Röhre in senkrechte Lage und das Auge mit der Oberfläche der Flüssigkeit in eine

Ebene. Ersteres wird erreicht, indem man nach zwei in einiger Entfernung aufgehängten Lothen, deren Richtungen sich in der verticalen Axe des Messcylinders kreuzen, oder nach so gelegenen senkrechten Thür- oder Fensterkanten visirt, — Letzteres, indem man dem Gesichte gegenüber einen Spiegelstreifen fest an das Rohr anlegt und genau über die Fläche der Flüssigkeit den Mittelpunkt des Auges im Spiegel fixirt. Hat so das Auge die richtige Stellung angenommen, so wird der Spiegel entfernt und abgelesen.

Liest man über Wasser ab, so hat man die Mitte der durch das am Glase sich hinaufziehende Wasser gebildeten dunkeln Zone als wirkliche Oberfläche anzunehmen, — bei Quecksilber hingegen die Ebene, welche zwischen dem Scheitelpunkt der convexen Oberfläche und den Punkten, an denen sie das Glas berührt, in der Mitte liegt. Es können jedoch so nur annähernde Resultate erhalten werden.

Wirklich genaue Ablesungen lassen sich über Wasser und anderen das Glas benetzenden Flüssigkeiten gar nicht ausführen, wohl aber über Quecksilber, wenn man den Fehler des Meniscus bestimmt und beim Ablesen über die Kuppe des Quecksilbers visirt. — Die Bestimmung des Fehlers geschieht ein- für allemal für jede Messröhre, indem man sie zum Theil mit Quecksilber füllt und dessen Stand über die Kuppe hin abliest. Man giesst alsdann einige Tropfen Quecksilberchloridlösung darauf, wodurch sogleich die Convexität aufgehoben wird, beobachtet wieder und findet so die Differenz. Da beim Kalibriren die Röhre aufrecht, beim Messen von Gasen verkehrt steht, so muss jedem beobachteten Gasvolumen der doppelte Betrag der beobachteten Differenz zugezählt werden (Kolbe a. a. O.).

Das bei Gasmessungen anzuwendende Quecksilber muss rein, namentlich von Blei und Zinn, welche ihm die Eigenschaft ertheilen, an Glas zu adhäriren, möglichst frei sein. Sind dieselben zugegen, so entfernt man sie am leichtesten dadurch, dass man das Quecksilber in einer flachen Schale mit verdünnter Salpetersäure übergiesst und unter häufigem Umrühren einen Tag lang damit in Berührung lässt. Von Staub u. s. w. befreit man dasselbe, indem man es durch ein Tuch filtrirt.

ad 2. Die Temperatur zu messender Gase bestimmt man, indem man sie auf gleichen Wärmegrad mit der Sperrflüssigkeit bringt und die Temperatur dieser misst.

Gestatten es die Gefässe, dass man die Messröhre ganz in die Sperrflüssigkeit untertaucht, so wird hierdurch eine übereinstimmende Temperatur am leichtesten und schnellsten hergestellt; im anderen Falle ist es nothwendig, dass die umgebende Luft und die Sperrflüssigkeit gleiche Temperatur haben und dass man die Röhre dem Einfluss beider geraume Zeit aussetzt, ehe man abliest. — Man hat ferner zu beobachten, dass das auf gleiche Temperatur gebrachte Gas beim Ablesen nicht wieder ausgedehnt werde. Man vermeide also, den Versuch in der Nähe eines Ofens, im directen Sonnenlicht etc. vorzunehmen; man umfasse die Röhre nicht mit der warmen Hand, sondern drücke sie nur mit dem Finger oder noch besser mit einer hölzernen Klammer nieder.

ad 3. Wenn ein Gas durch eine Flüssigkeit abgesperrt ist, und das Niveau dieser ist in der Röhre und ausser derselben gleich, so befindet sich das Gas bloss unter dem herrschenden Druck der Atmosphäre. Derselbe wird demnach durch Ablesen des Barometerstandes geradezu gefunden. Steht hingegen die Sperrflüssigkeit in der Röhre höher als ausserhalb, so ist das Gas unter geringerem, steht sie tiefer, unter grösserem Druck, als dem der herrschenden Atmosphäre. Der letztere Umstand lässt sich durch Heben der Röhre immer, der erstere jedoch durch Senken derselben nur dann beseitigen, wenn die die Sperrflüssigkeit enthaltende Wanne die geeignete Tiefe hat. Operirt man über

Wasser, so lässt sich der genannte Gleichgewichtszustand meist ohne Schwierigkeit herstellen; ist aber das Gas durch Quecksilber abgesperrt, so ist dies namentlich bei weiten Röhren sehr häufig nicht wohl möglich (Fig. 1).

Fig. 1.

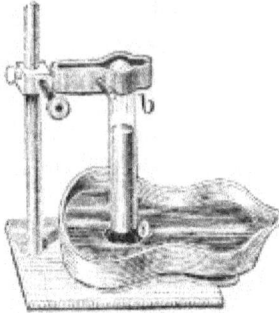

In diesem Falle befindet sich das Gas unter dem Drucke der Atmosphäre *minus* dem Drucke einer Quecksilbersäule von der Länge der Linie *ab*. Man findet denselben demnach, indem man die Länge der Linie *ab* möglichst genau misst und von dem gefundenen Barometerstand abzieht. Beträgt z. B. dieser 26 Zoll und ist die Linie *ab* = 3 Zoll, so befindet sich das Gas unter einem wirklichen Drucke von 26 - 3 = 23 Zoll Quecksilber.

Befindet sich über dem Quecksilber Wasser oder eine andere Flüssigkeit, z. B. Kalilauge, so verfährt man in der Regel so, als ob dies nicht der Fall wäre, indem man entweder das Quecksilber innen und aussen gleichstellt, oder die Differenz der Queeksilberoberflächen misst. Der Druck der Wasser- etc. Säule ist meist so unbedeutend, dass er vernachlässigt werden kann. Eigentlich müsste er gemessen, nach dem specif. Gewicht der Flüssigkeit auf Quecksilberdruck reducirt und dieser von dem Barometerstand abgezogen werden. Man kann aber diese Correction deshalb sparen, weil, wie schon oben erwähnt, ein ganz genaues Messen unter solchen Verhältnissen doch nicht möglich ist.

ad 4. Wird ein mit Wasserdampf gesättigtes Gas gemessen,

so erfährt man nicht unmittelbar sein wahres Volumen, weil das Wassergas vermöge seiner Tension auf die absperrende Flüssigkeit einen Druck ausübt. Da man aber die Tension des Wasserdampfes für die verschiedenen Temperaturen kennt, so lässt sich leicht die nothwendige Correction machen. Dies ist aber nur dann möglich, wenn das Gas wirklich gesättigt ist. Man hat also bei Gasmessungen darauf zu sehen, dass das Gas entweder mit Wasserdampf gesättigt oder ganz trocken ist.

Dass Gasvolumina nur dann verglichen werden können, wenn sie auf gleiche Temperatur, gleichen Druck und gleichen Feuchtigkeitszustand reducirt worden sind, erhellt aus dem oben Gesagten. In der Regel reducirt man sie auf 0°, 0,76 Meter Barometerstand und völlige Trockenheit. Wie dies geschieht und wie man aus dem Volumen der Gase ihr Gewicht findet, wird unten bei der Berechnung der Analysen gezeigt werden.

§. 12.

b. Das Messen von Flüssigkeiten.

Da das Messen von Flüssigkeiten sich rascher ausführen lässt, als das Wägen, so wendet man es namentlich bei analytisch-technischen Untersuchungen gern an.

Man bedient sich dazu der folgenden Gefässe.

Fig. 2.

a.　　b.　　Fig. 3.

Fig. 4.

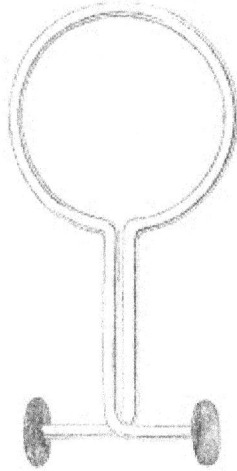

Fig. 5.

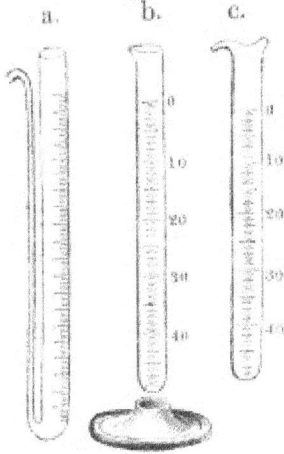

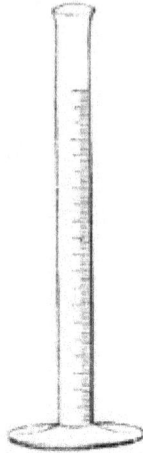

Fig. 6.

Fig. 7.

1. Die graduirte Pipette.

Ihre Einrichtung ist entweder von der Art, dass man nur
e i n e bestimmte Flüssigkeitsmenge mit derselben abmessen
kann, also etwa 50, 20, 10 C.C., oder aber von der Art, dass
man jede beliebige Menge abmessen kann. Im ersteren Falle
hat die Pipette nur eine Marke (Fig. 2 a), im anderen ist sie
ganz graduirt (Fig. 2 b). — Die untere Oeffnung von

Fig. <u>2 b</u> hat einen Durchmesser von 1,5 MM., die obere von 3–4 MM. Sie fasst bis an die obere Marke 50 C.C. und ist in 100 Grade eingetheilt. Demnach beträgt jeder Grad 0,5 C.C. Beim Messen taucht man a in die Flüssigkeit, saugt an b, bis etwas mehr als nöthig Flüssigkeit eingedrungen ist, verschliesst b mit dem ein wenig feuchten (aber nicht nassen) Finger und lässt nun, indem man die Pipette in verticale Lage und das Auge mit der Oberfläche der Flüssigkeit in eine Ebene bringt, so viel aus tröpfeln, bis der gewünschte Stand erreicht ist. — Die Einrichtung der Pipette gestattet, die so abgemessene Flüssigkeit ohne Verluste in jedes beliebige Gefäss zu bringen.

Auch bei diesem Abmessen muss die durch die Adhäsion der Flüssigkeit an die Glaswandung gebildete dunkle Zone wohl berücksichtigt werden, indem es nicht einerlei ist, ob die Marke mit dem unteren Rand, mit der Mitte der Zone oder mit dem oberen Rand derselben zusammenfällt. Am genauesten fallen die Messungen aus, wenn man die Marke ins Niveau mit dem unteren geraden Rand der dunklen Zone bringt, welcher sich bei guter Beleuchtung, namentlich bei durchfallendem Lichte am schärfsten einstellen lässt, somit bei a der Fig. <u>3</u>. — Nur muss vorausgesetzt werden, dass die Marke der Pipette auch nach dieser Art angebracht ist, wie dies denn auch jetzt meistens geschieht. Ebenso ist zu beachten, ob die Pipette so graduirt ist, dass man den letzten Tropfen, der nach einiger Zeit sich in der Mündung sammelt und durch Anlegen an die Gefässwand und Ausblasen entleert werden kann, mitnehmen muss oder nicht.

Die Pipette dient in dieser ihrer Einrichtung nur, um b e s t i m m t e Flüssigkeitsmengen abzumessen.

Will man sie benutzen, um von einer Flüssigkeit bis zur Erreichung eines bestimmten Punktes, z. B. des Neutralitätspunktes zu einer anderen zu setzen und nachher die Menge der verwendeten zu messen, so versieht man sie entweder an der unteren Röhre mit einem kleinen Glashahn oder aber nach M o h r's Angabe (Verhandlungen der 29. Versammlung deutscher Naturforscher und Aerzte) mit einem Quetschhahn.

Diese einfache und höchst praktische Vorrichtung besteht aus einem kurzen Stückchen vulcanisirten Kautschukrohres, welches durch eine Drahtklammer zusammengepresst und hierdurch fest verschlossen ist, aber durch einen geringeren oder stärkeren Druck nach Belieben mehr oder weniger geöffnet werden kann. —

Das Röhrchen wird mit seinem einen Ende über die Spitze der Pipette gestülpt und festgebunden, in das andere befestigt man ein kurzes Stück eines in eine mässig feine Spitze ausgezogenen starken Glasröhrchens. Die Gestalt der Drahtklammer zeigt Fig. 4.

Die so vorgerichtete Pipette wird nun vertical in einen geeigneten Halter gespannt und so gestellt, dass, wenn man davor steht oder sitzt, der Nullpunkt mit dem Auge in einer Ebene liegt. Die Vorrichtung gestattet nun nicht allein ein sehr genaues und ruhiges Ablesen vor und nach dem Versuche, sondern auch ein geschwinderes oder langsameres Entleeren und ein ganz sicheres Ausfliessenlassen einzelner Tropfen.

Zu demselben Zwecke wie die mit Hahn versehene Pipette, dient auch und zwar gewöhnlich

2. Die graduirte Bürette.

Dieselbe ist in gebräuchlichster Form in Fig. 5 a dargestellt. — Die Tropföffnung hat etwa 1,5 MM. Durchmesser und muss so viel tiefer liegen als die Oeffnung des weiteren Rohres, dass sich bequem austropfen lässt, ohne dass die Flüssigkeit oben aus dem Rohre ausfliesst. Zweckmässig versieht man die Bürette mit einem festen

Holzfusse.

In der Regel fassen die Büretten etwa 50 oder 100 C.C. und sind im ersteren Falle in 100, im anderen in 200 Grade getheilt, so dass ein Grad einem halben C.C. entspricht.

Da die Büretten nicht wie die Pipetten von unten nach oben, sondern von oben nach unten graduirt sind, so kann man mit denselben nur in der Art messen, dass man sie erst bis an den Nullpunkt füllt, dann die Flüssigkeit ausgiesst oder auströpfelt und die rückständige Menge wiederum misst. — Andere Formen der Bürette stellen Fig. 5 b und 5 c dar.

3. Der graduirte Cylinder.

Denselben stellt die Fig. 6 dar. Er dient dazu, eine gegebene Flüssigkeit mit einer anderen zu vermischen, wenn es sich darum handelt, das Ganze auf ein bestimmtes Volumen zu bringen, also z. B., wenn man eine Lösung bereiten will, welche in einem bestimmten Volumen eine bekannte Menge Kochsalz oder dergl. enthalten soll. — Man bringt beim Gebrauch erst die zu verdünnende Flüssigkeit in den Cylinder, giesst dann die andere zu bis zum gewünschten Theilstrich, legt auf den abgeschliffenen Rand eine abgeschliffene Glasplatte fest auf und mischt vorsichtig durch Umkehren und Schütteln. — Statt des graduirten Cylinders kann man sich in vielen Fällen auch der nachstehend beschriebenen Messkolben bedienen, welche noch dazu ein genaueres Messen zulassen, da an engerer Stelle gemessen wird.

4. Die Messkolben.

Nicht selten kommt es bei Analysen vor, dass man eine zusammengesetzte Substanz in einer Flüssigkeit löst, diese auf ein bestimmtes Volumen bringt und dann in einzelnen abgemessenen Mengen die verschiedenen Bestimmungen vornimmt. — Zu solchem Behufe wendet man zweckmässig mit einem am Hals angebrachten Theilstrich versehene Kolben (Messkolben) an (Fig. 7). Man kann sich dieselben sehr leicht selbst darstellen und zwar auf folgende Art.

Man sucht sich zunächst einen kleinen Kolben mit etwas langem Halse aus, der, wie man durch einen vorläufigen Versuch bestimmt, in der Art 100 C.C. Wasser fasst, dass dasselbe nur bis an eine geeignete Stelle des Halses reicht, lässt denselben völlig austropfen (getrocknet dürfen aber die inneren Wände nicht werden), wägt genau 100 Grm. Wasser von +4°C. (oder 99,9 von 16° C.) ein, stellt ihn auf eine feste, vollkommen wagerechte Unterlage, visirt richtig und bezeichnet den oberen wie den unteren Rand der dunklen Zone mit kleinen Pünktchen, was mit Hülfe einer in dicken Asphaltfirniss oder dergl. getauchten Spitze leicht gelingt. Man giesst alsdann das Wasser aus, legt den Kolben bequem vor sich und ritzt, von den Pünktchen ausgehend, mittelst eines Diamantes feine deutliche Striche in das Glas.

Auf gleiche Art stellt man sich Kolben dar, welche 200, 300, 400 Grm. Wasser von 4°, d. h. C.C., ausfliessen lassen, wenn sie bis an die Marken gefüllt und dann bis zum völligen Austropfen entleert werden. — Diese Kolben gehören zu einem System und sind ausser mit der Zahl der C.C., auf welche sich die Marken beziehen, mit a zu bezeichnen, weil sie beim Ausfliessen die beistehende Anzahl Cubikcentimeter entleeren.

Ausser diesen Kolben gebraucht man nun Kolben eines zweiten Systems; wir wollen sie mit e bezeichnen, weil sie, wenn bis an die Marken Flüssigkeit eingegossen wird, die angegebene Anzahl C.C. fassen. — Man stellt sie dar, indem man in die innen völlig trockenen Kolben 200, 300, 400, 1000 etc. Grm. Wasser von 4° C. einwägt und dessen Stand bezeichnet. —

Wie man beim Gebrauch der Kolben zu verfahren hat,

mag ein Beispiel lehren. — Gesetzt wir haben 10 Grm. eines Gemenges von Chlornatrium und schwefelsaurer Magnesia in Wasser gelöst und wollen in getrennten Theilen der Lösung Chlor, Schwefelsäure, Natron und Magnesia bestimmen; so bringen wir die Lösung etwa in den 500 C.C. fassenden Kolben des Systems *e*, füllen mit Wasser bis an die Marken, mischen genau (der Kolben wird dabei mit dem Ballen der Hand verschlossen, eine abgeschliffene Glasplatte auf abgeschliffenem Rand ist noch besser) und fällen nun mit der Flüssigkeit den 100 C.C. fassenden Kolben des Systems *a* bis an die Marken, entleeren ihn zur Schwefelsäurebestimmung, füllen ihn wieder und entleeren ihn in ein zweites Gefäss zur Chlorbestimmung etc.

Um die Nothwendigkeit beider Systeme klar zu machen, wollen wir einmal ins Auge fassen, was geschehen müsste, wenn der 100 C.C. fassende Kolben nicht einer des Systems *a*, sondern einer des Systems *e* gewesen wäre. — Man hätte ihn alsdann nach dem ersten Entleeren ausspülen und das Spülwasser zur Flüssigkeit hinzufügen müssen, — der Kolben aber wäre innen wieder vollständig zu trocknen oder aber mit der zu analysirenden Flüssigkeit auszuspülen gewesen, ehe man ihn zur zweiten Abmessung hätte gebrauchen können etc.

Der Umstand, dass diese beiden Systeme von Messgefässen nur selten gehörig unterschieden wurden, war Veranlassung, dass solche Messungen weit weniger genau ausgefallen sind, als sie ausfallen können. —

Bei Prüfung der graduirten Pipette, Bürette und des Cylinders ist zu beachten, dass die beiden ersten dem System *a*, der letzte dem *e* angehören muss.

Um den Unterschied hervorzuheben, welcher zwischen gleich bezeichneten Kolben der beiden Systeme herrscht, führe ich an, dass mein mit 100 C.C. bezeichneter Kolben des

74

Systems *a* in Wirklichkeit 100,2 C.C. fasst.

Handelt es sich nur darum, mehrmals dasselbe Volumen einer Flüssigkeit abzumessen, so kann man sich auch einer mit einem unten abgerundeten Glasstopfen versehenen Flasche bedienen.

II. Das Ueberführen zu untersuchender Körper in Zustände, in welchen sie sich zur Analyse eignen.

§. 13.

1. Die Auswahl der Substanz.

Ehe man zur quantitativen Analyse eines Körpers schreitet, kann man nicht sorgfältig genug überlegen, ob auch der erwünschte Erfolg wirklich erreicht ist, wenn man die Menge eines jeden einzelnen Bestandtheiles des vorliegenden Körpers kennt. — Nur zu häufig wird dieser erste Punkt vernachlässigt und somit auch durch die sorgfältigste Analyse statt einer richtigen eine falsche Vorstellung erweckt. Es bezieht sich dies wie auf wissenschaftliche, so auf technische Untersuchungen.

Man verwende daher bei Mineralien, deren Constitution durch die Analyse festgestellt werden soll, die grösste Sorgfalt darauf, Gangart und eingesprengte Substanzen zu entfernen, schaffe zuerst äusserlich Anhängendes durch Abreiben oder Abwaschen weg, zerschlage alsdann die in starkes Papier gewickelte Substanz auf einem Stahlambos und suche mit der Pincette die reinsten Stückchen aus, — künstlich darstellbare krystallisirte Körper reinige man durch Umkrystallisiren, Niederschläge durch vollständiges Auswaschen u. s. w. — Bei technischen Untersuchungen, z. B. der Ermittelung des Hyperoxydgehaltes eines Braunsteins, des Eisengehaltes in einem Eisensteine, ziehe man in Erwägung, ob die zu untersuchenden Proben auch soweit möglich dem mittleren Durchschnitt der herausgeförderten oder zu fördernden Erze entsprechen; denn was würde es dem Käufer einer Braunsteingrube nützen, den Gehalt eines ausgewählten, vielleicht besonders reinen Stückes zu kennen etc.

Man ersieht leicht, dass sich in Betreff der Wahl der Substanz allgemein gültige Regeln nicht geben lassen; man muss vielmehr in jedem einzelnen Falle, einerseits die Substanz genau prüfen, namentlich auch unter dem Mikroskope oder mit der Lupe betrachten, andererseits den Zweck der Untersuchung klar ins Auge fassen und dann die geeigneten Maassregeln ergreifen.

§. 14.

2. Die mechanische Zertheilung.

Um einen Körper zur Analyse vorzubereiten, um ihn der Einwirkung von Lösungs- oder Aufschliessungsmitteln zugänglich zu machen, ist in der Regel die erste und wesentlichste Bedingung, denselben in einen Zustand feiner Zertheilung überzuführen. Indem man hierdurch dem Lösungsmittel viele Berührungspunkte bietet und den hindernden Einfluss der Cohäsionskraft nach Möglichkeit beseitigt, erfüllt man alle Bedingungen, welche erfordert werden, wenn eine Lösung vollständig und schnell zu Stande kommen soll.

Je nach der Natur der Körper sind die Mittel verschieden, deren man sich bedient, um den genannten Zweck zu erreichen. In vielen Fällen genügt es, die Substanzen zu zerstossen oder zu zerreiben, in anderen hingegen ist es erforderlich, das durch Reiben erhaltene Pulver durch Beuteln oder Schlämmen auf den höchsten Grad der Feinheit zu bringen.

Das Stossen und Reiben geschieht in Mörsern oder Reibschalen. Als erste Regel ist dabei festzuhalten, dass das Material des Mörsers oder der Reibschale weit härter sein muss, als die zu pulvernde Substanz, damit letztere nicht, oder zum mindesten so wenig als möglich, mit Bestandtheilen jener verunreinigt werde. So kann man sich zum Zerreiben von Salzen, überhaupt von weniger harten Körpern, der Reibschalen von Porzellan bedienen, zum Pulvern härterer Substanzen aber (zum Zerreiben der meisten Mineralien) sind Reibschalen von Achat, Chalcedon oder Feuerstein unentbehrlich. Man zerschlägt alsdann in der Regel die grösseren Stücke zuerst, mehrfach in Schreibpapier eingewickelt, auf einer Stahl- oder auch Eisenplatte mittelst eines Hammers, und reibt alsdann das gröbere Pulver in kleinen Portionen in dem Achatmörser, bis es in ein unfühlbares Pulver verwandelt ist.

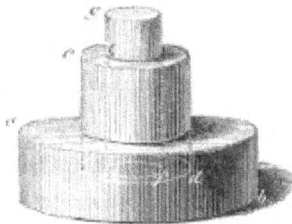

Fig. 8.

Bei Mineralien, von denen man nur wenig hat, überhaupt wenn Verlust vermieden werden soll, bedient man sich zum Zerstossen eines Stahlmörsers. Fig. 8 *ab* und *cd* sind die zwei leicht auseinander zu nehmenden Theile des Mörsers. Die zu zerstossende, wo möglich schon in kleine Stückchen zerschlagene Substanz bringt man in die cylindrische Höhlung des letzteren *ef*. Als Pistill dient der in die Höhlung passende Stahlcylinder *fg*. Bei der Operation stellt man den Mörser auf eine feste Unterlage und führt mit einem Hammer wiederholt senkrechte Schläge auf das Pistill, bis der Zweck erreicht ist.

Sehr schwer zerstossbare Mineralien können, wenn sie in der Glühhitze keinen wesentlichen Bestandtheil verlieren und an Wasser nichts abgeben, dadurch zum Zerkleinern vorbereitet werden, dass man sie zum heftigen Glühen erhitzt, dann plötzlich in kaltem Wasser abkühlt und endlich nochmals glüht.

Bei dem Ankauf von Achatmörsern sehe man darauf, dass sie keine fühlbaren Sprünge oder Vertiefungen haben. Geringe, unfühlbare Sprünge machen die Reibschalen zwar weniger dauerhaft, im Uebrigen aber nicht unbrauchbar.

In Säuren unlösliche Mineralien, welche auf trockenem Wege aufgeschlossen werden sollen, müssen, wenn man auf vollständige Zersetzung rechnen will, besonders fein zertheilt werden. Es ist dies durch Abreiben mit Wasser, Schlämmen oder Beuteln zu erreichen. Die beiden letzten Operationen sind nur bei vollkommen gleichförmigen Substanzen zu empfehlen.

Das Abreiben mit Wasser geschieht, indem man zu dem in der Reibschale befindlichen Pulver etwas Wasser setzt und die breiartige Masse so lange reibt, bis kein Laut mehr hörbar ist. Schneller erreicht man dieses Ziel, wenn man die letztere Operation nicht im Mörser, sondern auf einer Achat-, Feuerstein- oder Porphyr-Platte vornimmt und mit einem Läufer reibt. Man spült alsdann mit der Spritzflasche in eine halbkugelförmige glatte Porzellanschale, verdunstet das Wasser im Wasserbad und mischt den Rückstand aufs Sorgfältigste mit dem Pistill. (Man kann auch die breiartige Masse im Achatmörser eintrocknen lassen, doch muss dies bei ganz gelinder Wärme geschehen, weil derselbe sonst springen kann.)

Zum Behufe des Schlämmens spült man die mit Wasser aufs Feinste abgeriebene breiige Masse in ein

Becherglas, rührt mit destillirtem Wasser an, lässt etwa eine Minute ruhig stehen und giesst alsdann die trübe Flüssigkeit von dem die gröberen Theile enthaltenden Bodensatze in ein zweites Becherglas ab. Der letztere wird wiederum gerieben, von Neuem geschlämmt u. s. w. Die trübe Flüssigkeit lässt man stehen, bis das suspendirte Pulver sich zu Boden gesetzt hat, was meist erst nach vielen Stunden der Fall ist, giesst das Wasser ab und trocknet das Pulver in dem Becherglas.

Das B e u t e l n wendet man statt des Schlämmens bei Substanzen an, welche durch Wasser verändert (theilweise gelöst) werden. Man bindet das möglichst fein geriebene Pulver in ein Säckchen von dichter Leinwand und beutelt, zerreibt den im Beutel bleibenden Theil aufs Neue, beutelt wieder u. s. f.

Würde man das Schlämmen oder Beuteln bei aus verschiedenen Gemengtheilen bestehenden Substanzen anwenden, so entstünde ein sehr bedeutender Fehler, wenn man das beim ersten Schlämmen oder Beuteln erhaltene Pulver zur Analyse verwendete, weil dies die leichter zerreiblichen Gemengtheile im Vergleich mit den schwieriger pulverisirbaren in weit grösserem Verhältniss enthält, als die ursprüngliche Substanz. Da nun beim Schlämmen und Beuteln ein Verlust an Substanz nur schwer zu vermeiden ist und dieser sich leicht ungleichmässig auf die verschieden feinen Partien vertheilt, so ziehe ich es vor, solchen Substanzen nur durch lange fortgesetztes trockenes oder nasses Abreiben die nöthige Feinheit zu geben.

Wenn es sich darum handelt, den mittleren Gehalt eines nicht völlig gleichförmigen Körpers, also z. B. eines Eisenerzes etc. zu ermitteln, so verwandelt man zuerst eine grössere, den mittleren Durchschnitt darstellende Portion in gröbliches Pulver, mengt dies gleichförmig, und verwandelt alsdann einen Theil des gröblichen Pulvers in feines. Zum

Zerschlagen und gröblichen Pulvern grösserer Erzproben etc. empfiehlt sich am meisten ein Stahlambos. — Der, welcher in meinem Laboratorium gebraucht wird, besteht aus einer 85 Centimeter hohen, 26 Centimeter im Durchmesser haltenden Holzsäule, in welche eine Stahlplatte von 20 Centimeter Durchmesser und 3 Centimeter Dicke zur Hälfte eingelassen ist. Um dieselbe wird ein Messingring von 5 Centimeter Höhe gesetzt. Der gut verstählte Hammer hat an der Schlagfläche 5 Centimeter Durchmesser. Ein solcher Ambos empfiehlt sich namentlich dadurch, dass die Stahlflächen sehr leicht blank gescheuert werden können.

§. 15.

3. Das Trocknen.

Bei jedem Körper, den man quantitativ analysiren will, muss man einen bestimmten Ausgangspunkt für die Analyse haben, man muss den Körper in einem bestimmt charakterisirten Zustande zur Analyse verwenden, in einem Zustande, in welchem man ihn immer wieder erhalten kann.

Als Bedingung der quantitativen Analyse haben wir oben festgesetzt, dass man die Bestandteile der zu analysirenden Körper ihrer Art nach genau kennen müsse, bevor man zu ihrer Gewichtsbestimmung schreitet. Die wesentlichen Bestandtheile sind aber in der Regel von einem unwesentlichen begleitet, nämlich von einer grösseren oder geringeren Menge Wasser, welches die Substanzen entweder in ihren Lamellen einschliessen, das ihnen von der Bereitung noch anhängt, oder welches sie aus der Luft angezogen haben. Es ist ersichtlich, dass wir von der wirklichen Menge einer Substanz keinen richtigen Begriff bekommen können, wenn wir nicht zuerst diese variable Menge Wasser hinweggeschafft haben. Die meisten festen Körper müssen demnach getrocknet werden, ehe man sie zur Analyse verwendet.

Diese Operation ist für die Richtigkeit der Resultate von grösster Wichtigkeit; man kann sagen, dass ein sehr grosser Theil der bei Analysen vorkommenden Differenzen daher rührt, dass die Körper in verschiedenem Zustande der Trockenheit angewendet werden.

Viele Körper enthalten, wie bekannt, Wasser, welches ihnen entweder als zu ihrer Constitution gehörig, oder als Krystallwasser eigenthümlich ist. Im Gegensatze zu diesem wollen wir das variable, anhängende oder mechanisch eingeschlossene Wasser, auf dessen Entfernung sich das Trocknen in dem Sinne, der uns hier vor Augen sehwebt, allein bezieht, F e u c h t i g k e i t nennen.

Als Zweck beim Trocknen ist also festzuhalten, dass man alle Feuchtigkeit entfernen muss, ohne gleichzeitig gebundenes Wasser oder irgend einen anderen Bestandtheil des Körpers hinwegzunehmen. Wenn wir demnach einen Körper trocknen wollen, müssen wir seine Eigenschaften im trocknen Zustande mit Sicherheit kennen, wir müssen wissen, ob er beim Glühen, ob er bei 100°, ob er in getrockneter Luft, oder gar schon in Berührung mit der Atmosphäre Wasser oder sonstige Bestandteile verliert. Aus diesen Daten lässt sich alsdann für jede Substanz die zweckmässigste Art des Trocknens abnehmen.

a. K ö r p e r , w e l c h e s c h o n i n B e r ü h r u n g m i t d e r a t m o s p h ä r i s c h e n L u f t W a s s e r v e r l i e r e n, z. B. Glaubersalz, kohlensaures Natron etc. — Sie sind daran leicht zu erkennen, dass sie an der Luft liegend erst matt und trübe werden und endlich ganz oder theilweise zu einem weissen Pulver zerfallen.

Bei diesen Körpern ist es schwieriger als bei vielen

anderen, den Zweck des Trocknens ganz zu erreichen. Um es zu bewerkstelligen, presst man die zerriebenen Salze zwischen dicken Lagen feinen weissen Fliesspapieres unter ziemlich starkem Druck, und wiederholt dies so oft mit erneutem Papier, bis die letzten Blätter durchaus keine Feuchtigkeit mehr aufnehmen. Es ist in der Regel zweckmässig, zwischen den einzelnen Pressungen nochmals zu zerreiben.

b. Körper, welche in Berührung mit der atmosphärischen Luft, falls sie nicht ganz trocken ist, kein Wasser verlieren, welche aber in künstlich getrockneter Luft verwittern, z. B. schwefelsaure Magnesia, Seignettesalz etc.

Man zerreibt dieselben, presst das Pulver, falls es sehr feucht ist, zwischen Papier (wie in a.) und lässt es nach dem Pressen noch eine Zeit lang in dünner Schicht auf Fliesspapier an einem vor Staub und directem Sonnenlicht geschützten Ort liegen.

c. Körper, welche in getrockneter Luft keine Veränderung erleiden, aber bei 100° Wasser verlieren, z. B. weinsteinsaurer Kalk etc.

Man zerreibt sie fein, bringt in dünner Schicht auf ein Uhrglas oder in ein flaches Schälchen und stellt in einen durch Schwefelsäure trocken zu erhaltenden Luftraum. Man bewerkstelligt dies entweder mit dem in Fig. 9 oder mit dem in Fig. 10 abgebildeten Apparat.

In Fig. 9 ist *a* eine ebene, am besten matt geschliffene Glasplatte, *b* eine unten matt geschliffene Glocke, welche am Rande mit Talg bestrichen wird, *c* ein flaches Glas mit concentrirter Schwefelsäure, *d* eine Scheibe von Eisenblech, welche auf drei Füssen ruht und mit runden Oeffnugen von verschiedener Weite versehen ist, auf welche die die

Substanz enthaltenden Uhrgläser gestellt werden.

In Fig. 10 ist *a* ein am Rande abgeschliffenes und daselbst mit Talg bestrichenes, zum dritten oder vierten Theil mit concentrirter Schwefelsäure gefülltes Becherglas, *b* eine ebenfalls abgeschliffene Glasplatte, *c* ist ein gebogener Bleidraht, auf welchem *e* das Uhrglas mit der Substanz ruht.

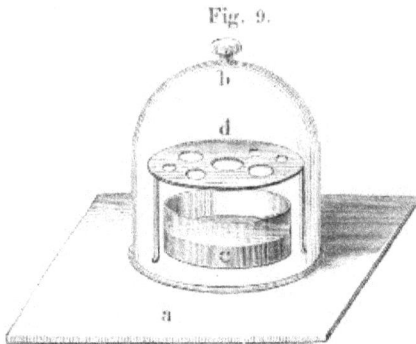

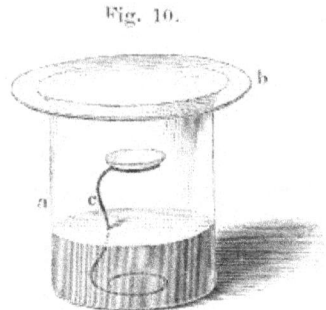

Fig. 9. Fig. 10.

Den zu trocknenden Körper setzt man der Einwirkung der trocknen Luft so lange aus, bis er an Gewicht nicht mehr abnimmt. — Körper, auf welche der Sauerstoff der Luft verändernd einwirkt, werden auf ähnliche Weise unter der Glocke einer Luftpumpe getrocknet. — Körper, welche in trockner Luft zwar kein Wasser, aber Ammoniak verlieren, werden über gebranntem Kalk, welchem man etwas gepulverten Salmiak beigemischt hat, also in einer wasserfreien, ammoniakhaltigen Luft, getrocknet.

d. K ö r p e r, w e l c h e b e i 100° k e i n e V e r ä n d e r u n g e r l e i d e n, d i e a b e r b e i m G l ü h e n z e r s e t z t w e r d e n, z. B. Weinstein, Zucker u. s. w., werden im Wasserbade getrocknet und zwar entweder ohne Mitwirkung eines trocknen Luftstromes oder, bei schwieriger zu trocknenden Substanzen, mit gleichzeitiger Anwendung eines solchen. — Zum Trocknen mancher Substanzen, welche bei 100° ihre Feuchtigkeit noch nicht vollständig oder erst nach sehr langer Zeit verlieren, wendet man Luft- oder Oel-Bäder an.

Fig. 11.

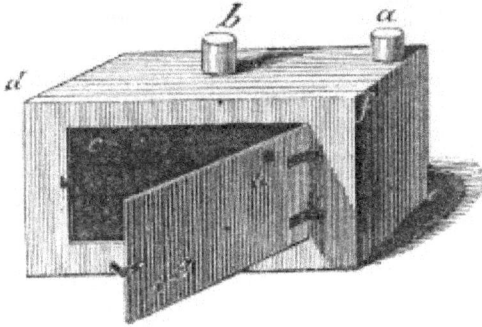

Fig. 11 stellt das am häufigsten in Gebrauch gezogene Wasserbad dar. Es ist entweder aus Weissblech, zweckmässiger aber aus Kupferblech gefertigt und, damit es auch als Oelbad benutzt werden kann (in welchem Falle in die Oeffnung *a* ein Thermometer mittelst eines Korks eingesetzt wird), mit Messing gelöthet. Die Zeichnung macht jede ausführliche Auseinandersetzung überflüssig. Der innere Raum *c* ist auf 5 Seiten von der äusseren Hülle *de* umgeben, ohne damit zu communiciren. Die Löcher *g* und *h* haben zum Zwecke, Luftwechsel zu veranlassen, und erreichen denselben hinlänglich gut. Der äussere Raum wird bei dem Gebrauche etwa zur Hälfte mit Regenwasser gefüllt, die Oeffnung *b* ganz, die Oeffnung *a* hingegen durch einen Kork verschlossen, in welchen eine Glasröhre eingepasst ist. — Soll das Wasserbad über Kohlenfeuer erhitzt werden, so giebt man ihm von *d* nach *f* eine Ausdehnung von etwa 22 Centimeter, zum Erhitzen über der Spiritus- oder Oellampe von etwa 13 Centimeter.

Die zu trocknenden Substanzen kommen auf Uhrgläsern in den inneren Raum. Während des Trocknens stellt man die letzteren in einander, beim Wägen hingegen deckt man eins mit dem anderen. Ehe man sie auf die Wage stellt, müssen sie kalt geworden sein. Bei hygroskopischen Substanzen beugt man dem Umstande, dass die Substanzen beim Erkalten wieder Wasser anziehen, dadurch vor, dass man sehr gut schliessende Uhrgläser wählt, dieselben zwischen eine Klammer schiebt, welche sie fest gegen einander presst, und sie sammt der darin getrockneten Substanz unter einer Glocke über Schwefelsäure (Fig. 9) erkalten lässt. — Diese letzteren Angaben haben allgemeine Geltung und werden daher bei der Beschreibung des Trocknens mit anderen Apparaten nicht wieder angeführt.

Die zum Gegeneinanderpressen der Uhrgläser dienenden Klammern, welche man, wenn die Gewichtsabnahme beim Trocknen ·bestimmt werden soll, von Anfang an als zu den Uhrgläsern gehörig betrachtet und mitwägt, bestehen aus 2 etwa 10 Centimeter langen und 1 Centimeter breiten Streifen von dünnem Messingblech, welche auf einander gelegt und an den Enden auf eine Strecke von 5 bis 6 Millimeter mit Schlagloth gut zusammengelöthet sind.

Die folgenden Apparate dienen dazu, in einem Luftstrome zu trocknen.

Fig. 12 A.

B.

Bei Fig. <u>12</u> A wird der Luftstrom bloss durch die Erwärmung der Luft bewirkt, daher die Anwendung dieses Apparates sehr bequem ist.

ab ist ein Kasten von Kupfer- oder Weissblech, in welchem der Canal *cd* eingelöthet ist; mit diesem steht der aufsteigende Canal *ef* in Verbindung, welcher von der mit dem Kasten *ab* communicirenden Hülle *gh* auf 3 Seiten umgeben ist. Diese Hülle ist oben nicht mit einer Oeffnung versehen. Bei *i* ist ein rundes, in den Canal führendes, mit einem Kork verschliessbares Loch, *jk* lässt sich mit einem in einer Falze laufenden, gut passenden Schieber verschliessen.

Beim Gebrauche wird durch die Oeffnung *m* die äussere Hülle mit Wasser halb angefüllt (die Oeffnung *n*, welche dazu dient, das Wasser abzulassen, ist mit einem Kork verschlossen) und dieses zum Kochen erhitzt. Die zu trocknenden Substanzen werden auf Uhrgläsern in die Höhlungen des in Fig. <u>12</u> B abgebildeten Schiebers gesetzt, dieser bei *lk* in den Canal eingebracht und der Canal alsdann durch das oben genannte vorzuschiebende Blech verschlossen.

In dem durch den ihn umgebenden Dampf erhitzten Schornsteine entsteht alsbald ein Strömen der erwärmten Luft nach oben, welches zur Folge hat, dass durch die Oeffnung *i* kalte Luft nachdringt, über die zu trocknenden Substanzen hinströmt und die verdunstende Feuchtigkeit mit hinwegführt.

Den nachtheiligen Umstand, dass die Substanzen durch die nachströmende kalte Luft immer etwas unter 100° erhalten werden, beseitigt man leicht, wenn man die Luft durch eine unter dem Canal seiner ganzen Länge nach angelöthete, hin- und zurückführende Röhre in diesen eintreten lässt. Die Luft ist alsdann schon auf 100° erhitzt, bevor sie mit den Substanzen in Berührung kommt. Es ist diese Röhre auf der Zeichnung weggelassen worden, um der Deutlichkeit letzterer keinen Eintrag zu thun. — Sehr zweckmässig kann man auch die Oeffnung *m* mit verschieden grossen, runden, in die Oberseite des Kastens geschnittenen und mit Deckeln verschliessbaren Ausschnitten vertauschen, auf die man kleine Schalen zum Abdampfen aufsetzt. — Dem Apparat giebt man je nach Bedürfniss eine Länge von 20 bis 30 Centimeter, eine Tiefe und Höhe von etwa 10 Centimeter. Der Canal sei 5 Centimeter breit und 2,5 Centimeter hoch. — Sollte man statt des durch den kleinen Schornstein bewirkten schwachen Luftstromes einen stärkeren wünschen, so bläst man mittelst eines Gasometers, eines Kautschukballons oder einer sonstigen Vorrichtung durch die Oeffnung *c* Luft ein, welche man durch Schwefelsäure oder ein Chlorcalciumrohr hat streichen lassen. — Wünscht man eine höhere Temperatur, als die des siedenden Wassers, so füllt man den (kupfernen) Apparat mit Oel und bestimmt die Temperatur durch ein Thermometer, welches man mit Hülfe eines Korks in die Oeffnung *m* steckt.

In Fig. 13 (s. f. S.) wird der Luftstrom durch ausfliessendes Wasser bewirkt.

a ist ein zum dritten Theil mit concentrirter Schwefelsäure gefüllter Kolben, *c* ein Glasgefäss (eine sogenannte L i e b i g'sche Trockenröhre), *d* ein Gefäss von Blech, bei *e* mit einem Hahn versehen, im Uebrigen so eingerichtet, wie die Figur zeigt. — Fig. 14 (s. f. S.) ist ein kleiner Kessel von Weissblech, verschliessbar durch den mit den Ausschnitten *a* und *b* versehenen Deckel.

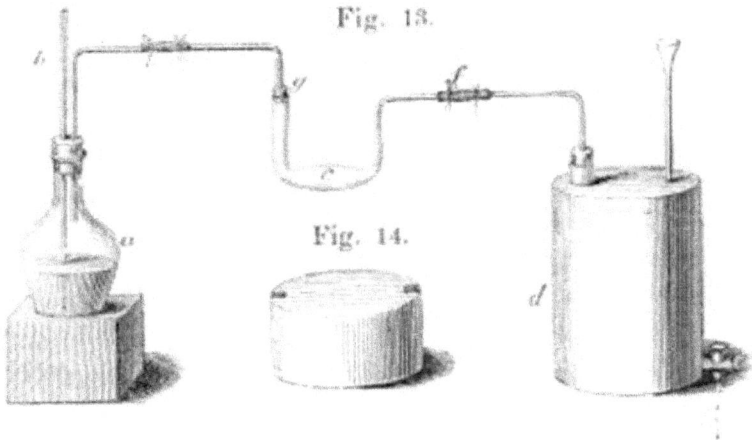

Fig. 13.

Fig. 14.

Beim Gebrauche kommt die zu trocknende Substanz in *c* und dieses in das Kesselchen Fig. 14, in welchem über einer Spirituslampe Wasser zum Kochen erhitzt wird, *d* wird mit Wasser gefüllt, alsdann *c* durch den Kork *g* mit dem Kolben *a*, durch das Kautschukröhrchen *f* mit *d* verbunden. Oeffnet man jetzt den Hahn *e*, so dass das Wasser ausfliesst, so dringt die Luft bei *b* ein, wird durch die Schwefelsäure entwässert und streicht alsdann trocken über die in *c* enthaltene erhitzte Substanz; diese war am Anfang sammt dem Glasgefässe *c* gewogen, sie wird nach dem Trocknen wieder in ihm gewogen und das Trocknen fortgesetzt, bis die letzten Wägungen nicht mehr differiren. — Da durch den Luftstrom die Substanz in *c* immer abgekühlt wird, so erreicht sie niemals wirklich 100°; es ist daher zuweilen zweckmässig, statt des Wassers eine gesättigte Kochsalzlösung in das Kesselchen zu bringen.

Berücksichtigt man diesen Umstand, so trocknen in dem zuletzt genannten Apparate Substanzen am schnellsten. Für solche, welche bei 100° schmelzen oder zusammensintern, ist er jedoch nicht geeignet.

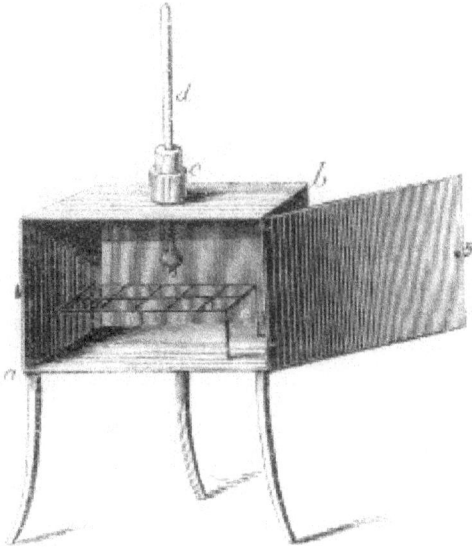

Fig. 15.

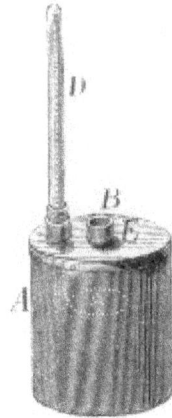

Fig. 16.

Bei manchen Substanzen reicht, wie oben erwähnt, eine Temperatur von 100° zur Entfernung des variablen Wassers nicht hin, sie müssen bei 110°, 120° und noch höheren Graden getrocknet werden. Man bedient sich hierzu eines Luft- oder Oelbades.

Fig. 15 und Fig. 16 sind Luftbäder von einfachster Construction, ersteres zum gleichzeitigen Trocknen mehrerer, dieses zum Trocknen einer Substanz besonders geeignet.

ab in Fig. 15 ist ein Kasten von starkem Kupferblech mit Messing gelöthet, von 15 bis 20 Centimeter Breite und Tiefe und entsprechender Höhe. Durch die Oeffnung *c* ragt das in einen Kork eingeklemmte Thermometer *d* in den inneren Raum des Kastens. *e* ist ein Gestell von Draht, auf welches die Uhrgläser mit den zu trocknenden Substanzen gesetzt werden. Das Erhitzen geschieht mit einer Gas-, Spiritus- oder Oellampe. Ist die Temperatur bis zu dem beabsichtigten Punkte gestiegen, so erhält man sie auf demselben durch

Regulirung der Flamme. Es gelingt leicht, die Hitze mit geringen Schwankungen constant zu erhalten. Zweckmässig ist es, um die Abkühlung von aussen möglichst zu beschränken, über den ganzen Apparat eine Hülle von Pappe zu stülpen, welche vorn eine bewegliche Wand hat.

Lässt man in die Seitenwände des Kastens runde Oeffnungen von etwa 2 Centimeter Durchmesser machen, so wird derselbe auch geeignet, in Kugelröhren enthaltene Substanzen zu trocknen. Die Enden derselben werden in die Oeffnungen mittelst Korken eingepasst, der nothwendige Luftwechsel aber mittelst eines Aspirators bewirkt (vergl. Fig. 13).

Fig. 16 besteht aus einer Büchse von starkem Kupferblech (*A*) von etwa 11 Centimeter Höhe und 9 Centimeter Durchmesser. Sie ist verschlossen durch den mit schmalem Rand versehenen, lose schliessenden Deckel *B*, welcher zwei Oeffnungen *C* und *E* hat. *C* ist bestimmt zur Aufnahme des mittelst eines Korks einzusetzenden Thermometers, *E* gestattet den Wasserdämpfen Ausgang und wird je nach Umständen gar nicht oder lose verschlossen. Innerhalb der Büchse sind in halber Höhe 3 Stifte angebracht; sie tragen ein Dreieck von mässig dickem Draht, auf welches der die Substanz enthaltende Tiegel unbedeckt gesetzt wird. Die Kugel des Thermometers befindet sich möglichst nahe am Tiegel, ohne aber das Drahtdreieck zu berühren. Die Erhitzung geschieht mittelst einer Gas- oder Weingeistlampe. Wenn der Apparat so weit erkaltet ist, dass man denselben gut anfassen kann, nimmt man den Deckel ab, bringt den noch warmen Tiegel heraus, bedeckt ihn und lässt ihn zum Behuf des Wägens unter dem Exsiccator erkalten.

Bei dem Luftbade Fig. 17 wird das Trocknen durch Luftwechsel und luftverdünnten Raum unterstützt.

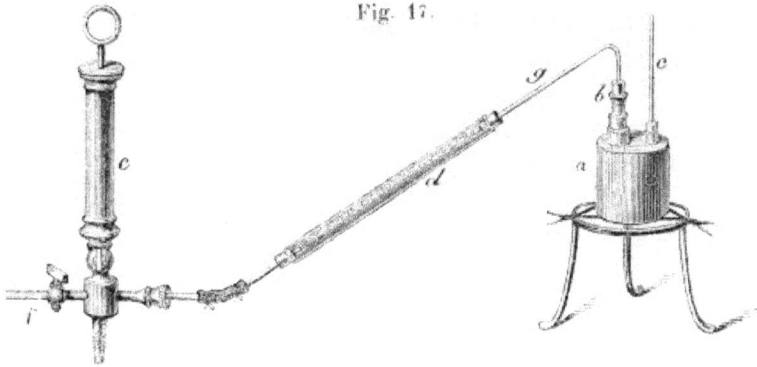

Fig. 17.

a ist ein oben mit 2 Oeffnungen versehenes, mit Messing gelöthetes Gefäss von starkem Kupferblech, b ein Glasröhrchen, in welchem sich die Substanz befindet, c ein Thermometer, d eine Chlorcalciumröhre, e eine kleine Handluftpumpe.

Beim Gebrauche erhitzt man a bis zum erwünschten Grade und pumpt alsdann b und d luftleer. Nach einigen Minuten lässt man durch den Hahn f wiederum Luft einströmen, welche über das Chlorcalcium streichend völlig getrocknet wird, pumpt wieder aus und fährt so fort, bis in der Röhre g sich nicht der mindeste Beschlag von Feuchtigkeit mehr zeigt, wenn man sie durch Umgeben mit äthergetränkter Baumwolle abkühlt. —

Als Oelbad bedient man sich am häufigsten des in Fig. 11 abgebildeten Apparates; man kann jedoch auch den zuletzt beschriebenen als solches benutzen. Man wähle zum Einfüllen ein möglichst geläutertes Brennöl.

e. Körper, welche beim Glühen keine Veränderung erleiden, z. B. schwefelsaurer Baryt, Kochsalz etc., sind am leichtesten von Feuchtigkeit zu befreien. Man bringt sie in einen Platin- oder Porzellantiegel und erhitzt sie über der Weingeistlampe, bis der Zweck erreicht ist. Nach einigem Abkühlen bringt man die noch heissen Tiegel unter den Exsiccator und wägt nach dem Erkalten.

III. Allgemeines Verfahren bei quantitativen Analysen.

§. 16.

Wenn man eine allgemeine analytische Methode mit einiger Schärfe aufstellen will, so muss der Kreis der Körper, für welche sie passend sein soll, ein wenigstens in seinen äusseren Umrissen begrenzter sein; denn wenn man einen Weg machen will, so muss man die Punkte kennen, die er berühren soll. Um uns in dieser Hinsicht sicher zu stellen, schicken wir voraus, dass wir bei Aufstellung des jetzt folgenden allgemeinen analytischen Verfahrens nur die Trennung und Gewichtsbestimmung der Metalle und ihrer Verbindungen mit Metalloiden, ferner der Säuren und salzartigen Verbindungen unorganischer Natur im Auge haben. Für andere Verbindungen lässt sich nicht gut eine allgemein gültige Methode entwerfen, man müsste denn das anführen wollen, dass ihre Bestandtheile in der Regel erst in Säuren oder Basen verwandelt werden müssen, ehe man zu ihrer Trennung und Gewichtsbestimmung übergehen kann, so bei Schwefelphosphor, Chlorschwefel, Chlorjod, Schwefelstickstoff etc.

Von den zu untersuchenden Substanzen wird vorausgesetzt, dass sie ihren Eigenschaften nach und nach der Qualität ihrer Bestandtheile genau bekannt sind. Aus diesen Daten lässt sich alsdann ersehen, ob die Bestimmung aller Bestandteile auf directe Weise nothwendig ist, ob dieselbe in einer und derselben Menge der Substanz vorgenommen werden kann, oder ob es zweckmässiger ist, zur Bestimmung der einzelnen Bestandtheile verschiedene Quantitäten der Substanz in Arbeit zu nehmen. Man hat

z. B. ein Gemenge von Chlornatrium und wasserfreiem schwefelsauren Natron; das Verhältniss, in dem sie gemengt sind, soll gefunden werden. Es wäre hier gewiss überflüssig, jeden einzelnen Bestandtheil direct zu bestimmen, eine einfache Betrachtung zeigt uns, dass die Kenntniss der Chlor- oder Schwefelsäure-Menge schon hinreicht, die gestellte Frage zu beantworten, — sie lehrt uns ferner, dass, sofern wir Chlor und Schwefelsäure bestimmen, wir sogar eine untrügliche Controle für die Richtigkeit der Analyse haben, indem beide sammt den ihnen äquivalenten Mengen Natrium und Natron, zusammen gleich sein müssen dem Gewichte der genommenen Mischung.

Diese Bestimmungen könnte man nun entweder mit einer und derselben Menge Substanz ausführen, indem man zuerst die Schwefelsäure mit salpetersaurem Baryt, dann im Filtrat die Salzsäure durch Silberlösung fällte, oder man könnte zu jeder der Bestimmungen eine besondere Quantität des Gemenges verwenden. — Hat man keinen Mangel an Substanz, so ist die letztere Verfahrungsweise, im Falle man mit völlig homogenen Substanzen zu thun hat, und sofern sie überhaupt angeht, bequemer und meist auch von genauerem Resultat, weil man bei der ersteren durch das bei Trennungen unvermeidliche Auswaschen immer so beträchtliche Mengen Flüssigkeit erhält, dass die Analyse dadurch verzögert und ein Verlust weniger leicht vermieden wird.

Wir gehen jetzt zu den einzelnen immer oder meist bei der eigentlichen Analyse vorkommenden Operationen über.

§. 17.

1. Das Abwägen der Substanz.

Die Menge des Körpers, welcher zur Analyse zu verwenden ist, hängt von der Art der Bestandtheile ab, und es ist demnach eigentlich unmöglich, dieselbe im Allgemeinen näher zu bezeichnen. Um in Kochsalz das Chlor zu bestimmen, ist ein halber Gramm und selbst noch weniger hinreichend, von obigem Gemenge von Glaubersalz und Kochsalz würde 1 Gramm genügen, von Pflanzenaschen, zusammengesetzteren Mineralien etc. ist es nothwendig, 3 bis 4 Gramm oder noch mehr zu nehmen etc. Eine Quantität von 1 bis 3 Gramm kann sonach als die in den meisten Fällen geeignete bezeichnet werden. —

Je mehr Substanz man nimmt, um so genauer fallen die Analysen aus, je weniger man verwendet, um so schneller kommt man in der Regel zum Ziel. Man strebe darnach, Genauigkeit und Zeitersparniss auf passende Weise zu verbinden. Je weniger Substanz man nimmt, um so genauer muss man wägen, je mehr man verwendet, um so weniger schadet eine Ungenauigkeit. Man pflegt bei Analysen in etwas grösserem Maassstabe bis auf 1 Milligramm, bei solchen ganz kleiner Mengen Substanz auf $\frac{1}{10}$ Milligramm genau zu wägen.

Sollen zur Bestimmung der einzelnen Bestandteile eines Körpers verschiedene Quantitäten desselben in Arbeit genommen werden, so ist es am zweckmässigsten, dieselben hinter einander abzuwägen. Man bestimmt zu dem Ende die Gesammtmenge der Substanz in einem Glasröhrchen oder dergl. und wägt die einzelnen Portionen auf die Weise, dass man aus dem Röhrchen in die geeigneten Gefässe in eins nach dem anderen die passende Menge herauaschüttet und dieselbe jedesmal durch die Gewichtsabnahme des Röhrchens bestimmt (vergl. auch §. 10. 5).

§. 18.

2. Die Wasserbestimmung.

Enthält der zu untersuchende Körper Wasser, so macht

95

man meistentheils mit der Bestimmung desselben den Anfang. Diese Operation ist in der Regel einfach, zuweilen schwieriger. Die geringere oder grössere Schwierigkeit ist davon abhängig, ob die Verbindungen ihr Wasser leicht abgeben oder nicht, ob sie Glühhitze vertragen ohne zersetzt zu werden und ob sie auch schon bei gelinderem Erhitzen ausser dem Wasser noch andere flüchtige Stoffe verlieren. —

Von der genauen Ausführung der Wasserbestimmung ist es häufig abhängig, ob die Constitution einer Verbindung richtig erkannt wird oder nicht; in vielen Fällen, z. B. bei der Analyse von Salzen bekannter Säuren, reicht die Bestimmung des Wassergehaltes allein hin, um die Formel der Salze aufzustellen. Die Bestimmung des Wassergehaltes ist daher eine der am häufigsten vorkommenden, wie eine der wichtigsten Aufgaben der quantitativen Analyse. Ihre Ausführung geschieht auf zweierlei Art, entweder nämlich aus dem Gewichtsverlust der Substanz, oder durch directe Wägung des Wassers.

a. Wasserbestimmung aus dem Gewichtsverlust.

Dieselbe wird ihrer Einfachheit halber am häufigsten angewendet. Je nach der Beschaffenheit des auf seinen Wassergehalt zu prüfenden Körpers befolgt man dabei eine oder die andere der folgenden Methoden.

α. Die Substanz lässt sich glühen, ohne anderweitige Bestandtheile zu verlieren und ohne Sauerstoff aufzunehmen.

Man wägt dieselbe in einem Platin- oder Porzellantiegel ab und erhitzt bei anfangs sehr gelinder, allmälig verstärkter Hitze über der Gas- oder Weingeistlampe. Nachdem der Tiegel einige Zeit im Glühen erhalten worden ist, lässt man ihn etwas abkühlen, bringt ihn noch warm unter den

Exsiccator und wägt nach dem Erkalten. Man glüht alsdann nochmals und wägt nach dem Erkalten wiederum. — Zeigt die letzte Wägung keine Gewichtsabnahme mehr, so ist die Bestimmung beendigt, andernfalls muss sie wiederholt werden, bis die beiden letzten Wägungen übereinstimmen.

Bei Silicaten hat man darauf zu sehen, dass das Glühen möglichst gesteigert werde, indem manche derselben (z. B. Talk, Speckstein, Nephrit) ihr Wasser erst in der Rothgluth abzugeben anfangen und es erst in der Gelbgluth vollständig verlieren (T h . S c h e e r e r, Jahresber. von L i e b i g und K o p p 1851. 610).

Bei Substanzen, welche sich stark blähen, oder zum Spritzen geneigt sind, nimmt man das Glühen zuweilen mit gutem Erfolge in einem kleinen Glaskolben oder Retörtchen vor. Man versäume nicht, den zuletzt im Gefässe bleibenden Wasserdampf durch Aussaugen mittelst einer Glasröhre zu entfernen.

Decrepitirende Salze (z. B. Kochsalz) bringe man — wo möglich fein zerrieben — in einen kleineren bedeckten Platintiegel, stelle diesen in einen grossen, ebenfalls bedeckten und erwärme nun erst längere Zeit gelinde, dann stärker.

β. Die Substanz giebt beim Glühen anderweitige Substanzen nicht ab, ist aber geneigt, Sauerstoff aufzunehmen (z. B. manche Eisenoxydulsalze). Man bringt alsdann die Substanz in die Kugel einer Kugelröhre von schwer schmelzbarem Glase, leitet durch diese einen langsamen Strom von durch Schwefelsäure getrockneter Kohlensäure und erhitzt die Substanz allmälig zum Glühen, erhält sie darin, bis alles Wasser ausgetrieben ist, lässt im Kohlensäurestrom erkalten und wägt. Bei Anwendung dieser Methode kann man das Wasser leicht in einem vorn mit einer leeren Kugel versehenen Chlorcalciumrohre auffangen und, zur Controle, wägen (vergl. §. 19).

γ. Die Substanz verliert beim Glühen anderweitige Substanzen (Kohlensäure, Schwefelsäure, Fluorkiesel etc.).

In diesem Falle ist zunächst zu überlegen, ob sich das Wasser nicht schon bei einer niedrigeren Temperatur austreiben lässt, bei welcher eine sonstige Zersetzung oder Verflüchtigung noch nicht stattfindet. — Ist dies der Fall, so erhitzt man die Substanz im Wasserbad, oder man setzt sie, wenn die Temperatur höher sein soll, der durch ein Thermometer zu bestimmenden Hitze eines Luft- oder Oelbades aus, indem man je nach Umständen die Verflüchtigung des Wassers durch einen Luftstrom unterstützt oder nicht (vergl. §. 15), — oder auch dadurch, dass man der Substanz, um sie porös zu erhalten, trocknen reinen Sand zusetzt (Annal. der Chem. und Pharm. 53. 233). — Auch unter diesen Verhältnissen darf der Versuch nie als beendigt betrachtet werden, bis die beiden letzten Wägungen übereinstimmen.

Genügt eine solche gelindere Erhitzung aus einem oder dem anderen Grunde nicht, so beachte man, ob sich der Zweck nicht etwa erreichen lässt, wenn man dem Körper eine Substanz zumischt, welche den zur Verflüchtigung geneigten Bestandteil bindet. — So lässt sich z. B. in der krystallisirten schwefelsauren Thonerde, welche beim Glühen mit dem Wasser Schwefelsäure verliert, dem Entweichen der letzteren vorbeugen, wenn man einen Ueberschuss (etwa die sechsfache Menge) von fein zertheiltem, frisch ausgeglühtem, reinem Bleioxyd zusetzt; während dagegen ein solcher Zusatz das Entweichen von Fluorkiesel aus Silicaten nicht zu hindern vermag (L i s t, Annal. der Chem. und Pharm. 81. 189); — so lässt sich der Wassergehalt im käuflichen Jod bestimmen, wenn man dasselbe mit der achtfachen Menge Quecksilber zusammenreibt und dann bei 100° trocknet (Bolley, Dingler's pol. J. 126. 39).

δ. Die Substanz enthält auf verschiedene Weise gebundenes und demnach bei verschiedenen Temperaturen sich verflüchtigendes Wasser. Solche Substanzen erhitzt man zuerst im Wasserbad, bis sie nicht mehr an Gewicht abnehmen, dann bei 150°, 200° oder 250° etc. im Oel- oder Luftbade und endlich über der Glühlampe.

Auf diese Art können die auf verschiedene Art gebundenen Wassermengen deutlich unterschieden und ihrem Gewichte nach bestimmt werden. So enthält z. B. das gewöhnliche, über Schwefelsäure getrocknete phosphorsaure Eisenoxyd 13 Aeq. Wasser; von diesen verflüchtigen sich 6 bei 100°, 4 zwischen 200 und 300° und 3 bei der Glühhitze.

§. 19.

b. Bestimmung des Wassers durch directe Wägung desselben.

Will man die Bestimmung des Wassers durch directe Wägung vornehmen, sei es zur Controle, sei es, dass die Substanz beim Glühen einen auch durch einen Zusatz nicht zurückzuhaltenden Bestandtheil verliert (z. B. Kohlensäure, Sauerstoff), so treibt man das Wasser in der Weise durch Glühen aus, dass die Dämpfe condensirt und das Wasser in einem geeigneten Apparate theils so, theils durch Vermittlung einer hygroskopischen Substanz aufgefangen wird. Die Gewichtszunahme dieses Apparates giebt alsdann die Menge des Wassers an.

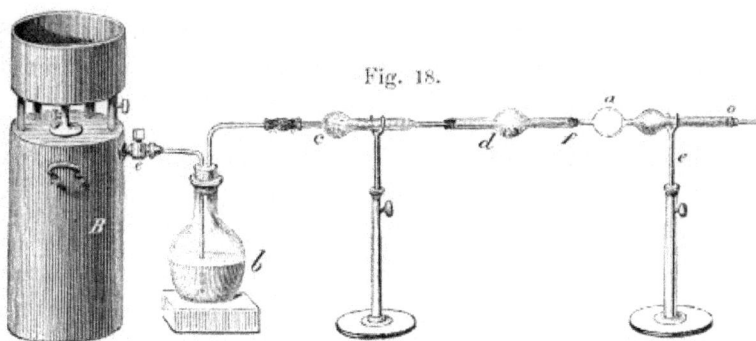

Fig. 18.

Die Ausführung kann man in mannigfacher Weise bewerkstelligen; eine der zweckmässigsten Methoden ist folgende:

B ist ein mit Luft gefüllter Gasometer, b ein zur Hälfte mit concentrirter Schwefelsäure angefüllter Kolben, c und ao Chlorcalciumröhren, d eine Kugelröhre. — Zur Ausführung der Operation wägt man die Substanz, deren Wassergehalt bestimmt werden soll, in der wohlgetrockneten Röhre d ab, verbindet alsdann d mit c und der genau gewogenen Chlorcalciumröhre ao durch gute, zuvor scharf getrocknete Korkstopfen, öffnet den Hahn des Gasometers ein wenig, so dass die in b und c vollständig entwässerte Luft langsam durch d streicht, erhitzt alsdann die Röhre d durch Unterhalten einer Weingeistlampe bei f bis über den Siedepunkt des Wassers (der Stopfen darf jedoch nicht anbrennen) und setzt zuletzt, während man bei f die angegebene Temperatur unterhält, die die Substanz enthaltende Kugel einer gelinden Glühhitze aus. Wenn alles Wasser ausgetrieben ist, lässt man die Luft noch einige Augenblicke länger durch den Apparat gehen, nimmt diesen dann auseinander und wägt das Chlorcalciumrohr ao (nach dem Erkalten) wieder. Seine Gewichtszunahme giebt die Menge des in der Substanz enthaltenen Wassers an. Die leere Kugel, in welcher sich der grösste Theil des Wassers ansammelt, hat nicht allein den Zweck, ein Zerfliessen des

Chlorcalciums zu verhindern, sondern gestattet auch, das verdichtete Wasser auszugiessen und auf seine Reaction und Reinheit zu untersuchen.

Anstatt einen mittelst eines Gasometers erzeugten Luftstrom zum Fortführen und zuletzt zum Verdrängen des Wasserdampfes aus der Röhre anzuwenden, kann man auch in einer trocknen Röhre die Substanz nebst kohlensaurem Bleioxyd glühen, da dessen Kohlensäure beim Glühen entweicht und somit derselbe Zweck erreicht wird. Man wendet diese Methode hauptsächlich dann an, wenn es sich darum handelt, eine Säure, welche sich sonst mit dem Wasser verflüchtigen würde, zurückzuhalten, z. B. bei der directen Bestimmung des Wassers im sauren schwefelsauren Kali etc.

Fig. 19 versinnlicht die Anordnung des Apparates.

Fig. 19.

ab ist ein gewöhnlicher Verbrennungsofen, *cf'* die zu glühende Röhre, von *c* bis *d* mit bis zum anfangenden Zersetzen geglühtem und in einer verschlossenen Röhre erkaltetem kohlensauren Bleioxyd gefüllt; von *d* bis *e* liegt die mit kohlensaurem Bleioxyd innig gemischte Substanz, von *e* bis *f* reines kohlensaures Bleioxyd. Durch den wohlgetrockneten Kork *f'* ist die Röhre mit dem gewogenen Chlorcalciumrohr *g* verbunden. Bei der Operation erhitzt man die Röhre von *f'* nach *c* fortschreitend, indem man sie mit glühenden Kohlen umgiebt. Der vordere Theil derselben muss dabei so heiss erhalten werden, dass man ihn eben noch, aber kaum, mit den Fingern kurze Zeit anfassen kann. Alles Nähere siehe unten bei der organischen Elementaranalyse. Das Mischen nimmt man zweckmässig in der Röhre mit einem Drahte vor. Die Röhre kann kurz und ziemlich eng sein.

Die angeführten Methoden der directen Wasserbestimmung sind jedoch immer noch nicht für alle Fälle ausreichend, in welchen die §. 18 beschriebenen unzulässig sind; sie können nämlich nur dann mit Erfolg angewendet werden, wenn die mit dem Wasser entweichenden Substanzen von der Art sind, dass sie nicht ebenfalls ganz oder theilweise in der Chlorcalciumröhre (oder einer Kaliröhre, mit welcher man diese vertauschen könnte) verdichtet werden; so wären sie z. B. ganz geeignet, um den Wassergehalt des basisch kohlensauren Zinkoxyds zu bestimmen, unzulässig aber zur Bestimmung des Wassers im schwefelsauren Natronammon. In Fällen, wie der zuletzt erwähnte, muss man die Substanzen entweder gerade wie bei einer organischen Elementaranalyse (siehe unten) behandeln oder sich damit begnügen, das Wasser auf indirecte Weise zu bestimmen.

§. 20.

3. Das Ueberführen in gelösten Zustand.

Ehe die Analyse weiter verfolgt werden kann, ist es in den meisten Fällen erforderlich, die Substanz zuerst in Lösung überzuführen. Der einfachere Fall ist hierbei der, dass der Körper durch directes Behandeln mit Wasser, mit einer Säure oder einem Alkali u. s. w. gelöst werden kann, umständlicher ist die Auflösung, wenn dieselbe durch vorhergehende Aufschliessung vorbereitet werden muss.

Hat man Substanzen zu analysiren, deren Bestandtheile zu Lösungsmitteln sich ganz verschieden verhalten, so ist es keineswegs nothwendig, die Substanz erst ganz zu lösen; im Gegentheil erreicht man die Trennung dann meistens am einfachsten und schnellsten durch die Lösungsmittel selbst. Hätte man z. B. ein Gemenge von salpetersaurem Kali, kohlensaurem Kalk und schwefelsaurem Baryt, so würde man diese Substanzen auf eine ganz genaue Weise trennen können, wenn man zuerst durch Wasser den Salpeter, dann durch Salzsäure den kohlensauren Kalk entfernte, der unlösliche schwefelsaure Baryt bliebe alsdann rein zurück.

§. 21.

a. D i r e c t e   A u f l ö s u n g .

Man nimmt sie je nach Umständen in Bechergläsern, Kolben oder Schalen vor und unterstützt die Einwirkung, wenn nöthig, durch Erwärmen. Das letztere geschieht am sichersten im Wasserbade. Nimmt man es über freiem Feuer oder im Sandbade vor, so hat man sich zu hüten, dass die Flüssigkeiten nicht in wallendes Kochen kommen, in welchem Falle ein Verlust durch Verspritzen fast unvermeidlich ist. Flüssigkeiten, in welchen sich ein unlöslicher oder noch nicht gelöster Bodensatz befindet, stossen und spritzen, über der Lampe erhitzt, oft bei einer vom Siedepunkte noch weit entfernten Temperatur.

Ist eine Auflösung von Gasentwicklung begleitet, so nimmt man sie in einem schief zu stellenden Kolben vor, damit die aufspritzenden Tröpfchen an die Wandung des Gefässes geworfen und nicht durch den Gasstrom herausgerissen werden; oder auch in einem Becherglase, welches mit einem grossen Uhrglase bedeckt wird. Ist die Auflösung erfolgt und hat man das Gas durch Erwärmen auf dem Wasserbade ausgetrieben, so spritzt man das Uhrglas vollständig mittelst der Spritzflasche ab.

§. 22.

b. A u f l ö s u n g   v e r m i t t e l t   d u r c h
A u f s c h l i e s s u n g .

Je nach der Art und den Bestandtheilen der aufzuschliessenden Substanz wählt man als Aufschliessungsmittel kohlensaures Natron oder auch kohlensaures Natron-Kali, kohlensauren Baryt oder Barythydrat, saures schwefelsaures Kali oder auch noch andere Zersetzungsmittel.

Will man allgemeine Regeln aufstellen, so kann man sagen, dass das kohlensaure Natron oder kohlensaure Natronkali angewendet wird, wenn Schwerspath, Cölestin oder Gyps, sowie wenn kieselsäurehaltige Mineralien, welche frei von Alkali sind, oder in denen man das Alkali nicht bestimmen will, aufgeschlossen werden sollen; — kohlensaurer Baryt oder Barythydrat dient zum Zerlegen alkalihaltiger Kieselsäureverbindungen auf trocknem Wege, behufs der Bestimmung der Alkalien, — und das saure schwefelsaure Kali endlich ist geeignet zur Aufschliessung gewisser in Salzsäure unlöslicher Thonerdeverbindungen. — Bedingung bei fast allen Aufschliessungen ist, dass die Substanz aufs Feinste gepulvert sei, im anderen Falle kann man nie hoffen, eine vollständige Zersetzung zu Stande zu bringen.

α. Aufschliessung mit kohlensaurem Natron.

Man mengt die aufzuschliessende gepulverte Substanz je nach ihrer Natur mit der 3- bis 4fachen Gewichtsmenge zerfallenen, völlig wasserfreien kohlensauren Natrons mittelst eines unten rund geschmolzenen Glasstabes in demselben Platintiegel, in welchem die Schmelzung vorgenommen werden soll, streicht den Glasstab an einer kleinen Menge auf einem Kartenblatte befindlichen kohlensauren Natrons ab und giebt dieses ebenfalls in den Tiegel. Derselbe wird alsdann wohlbedeckt je nach seiner Grösse entweder über der Gas- oder Weingeistlampe mit doppeltem Luftzug oder, eingesetzt in einen mit gebrannter

Magnesia fest gefüllten hessischen Tiegel, im Kohlenfeuer, einer anfangs gelinden, allmälig gesteigerten, zuletzt möglichst heftigen Glühhitze eine halbe bis ganze Stunde lang ausgesetzt, so dass die Mischung entweder geschmolzen oder zum wenigsten ganz zusammengesintert ist.

Beim Aufschliessen kieselsäurehaltiger Mineralien giebt man längere Zeit eine nur mässige Hitze, so dass die Masse nur zusammensintert. Es entweicht alsdann die Kohlensäure aus der porösen Masse leicht und ohne ein Spritzen zu verursachen. Später giebt man alsdann eine stärkere und zuletzt eine recht starke Hitze und beendigt das Schmelzen erst, wenn die schmelzende Masse ruhig fliesst und keine Blasen mehr giebt.

Der Platintiegel, in welchem man die Aufschliessung vornimmt, darf nicht zu klein sein; gut ist es, wenn die Mischung ihn nur halb füllt. Je grösser er ist, um so weniger leicht erleidet man Verlust. Damit man während des Schmelzens den Gang gehörig beobachten kann, muss der Deckel leicht abgenommen werden können, weshalb die concaven nur aufliegenden Deckel den übergreifenden weit vorzuziehen sind.

Beabsichtigt man, über der Gas- oder Weingeistlampe aufzuschliessen, so ist das kohlensaure Natronkali dem kohlensauren Natron vorzuziehen, weil jenes weit leichter schmilzt. — Der Glühring, welcher zum Halten des Tiegels bestimmt ist, habe einen Durchmesser von 8 Centimeter und bestehe aus Eisendraht von 2 bis 3 MM. Stärke. Auf denselben legt man ein Dreieck von Platindraht. Derselbe habe die Stärke dicken Haarnadeldrahtes. Man beachte, dass die Oeffnung des Dreiecks so beschaffen sei, dass der Tiegel bis stark zum Drittel darin steht, aber auch dann nicht hindurchfallen kann, wenn der Draht zum heftigen Glühen kommt. — Soll die Hitze möglichst gesteigert werden, so stellt man den Tiegel so, dass sein Boden etwas höher liegt als der obere Rand des ja nicht zu engen Schornsteines und stülpt alsdann über den Tiegel einen zweiten konischen Schornstein von dünnem Eisenblech, der unten so weit ist als der Glühring und auf diesem oder vielmehr auf den drei Enden des Drahtdreiecks ruht. Die Höhe dieses Schornsteines betrage 12 bis 14 Cm., seine obere Oeffnung kann etwa 4 Cm. Durchmesser haben. Mit Hülfe dieser einfachen Vorrichtung kann man so hohe Temperaturen hervorbringen, dass man nur selten genöthigt sein wird, seine Zuflucht zum Kohlenfeuer zu nehmen.

Nach dem Erkalten wird der Inhalt des Tiegels mit Wasser (bei schwefelsauren alkalischen Erden) oder mit verdünnter Salzsäure oder Salpetersäure (bei Silicaten) behandelt. Häufig kann man durch gelindes Drücken des Tiegels bewirken, dass der geschmolzene Kuchen sich von dem Tiegel ablöst. Hat man mit Silicaten zu thun, so bringt man die geschmolzene Masse (oder auch den Tiegel sammt Inhalt) in ein Becherglas, übergiesst mit der 10- bis 15fachen Menge Wasser, und setzt alsdann nach und nach Salzsäure zu, indem man das Becherglas mit einer Glasplatte, weit besser mit einem grossen Uhrglase oder auch einem aussen ganz reinen Porzellanschälchen bedeckt, damit die durch die entweichende Kohlensäure hinaufgerissenen Tropfen nicht verloren gehen, sondern zuletzt ins Glas gespült werden können. Den Tiegel spült man ebenfalls mit verdünnter Salzsäure aus und vereinigt die erhaltene Lösung mit der Hauptlösung.

Die Auflösung wird durch gelinde Wärme unterstützt. Auch wenn sie ganz erfolgt ist, setzt man das Erwärmen noch eine Zeit lang fort, damit die Kohlensäure vollständig ausgetrieben wird; im anderen Falle würde ihr Entweichen beim Abdampfen durch Spritzen Verlust veranlassen. — Setzt sich beim Behandeln mit Salzsäure ein Salzpulver

(Chlornatrium oder Chlorkalium) ab, so ist dies ein Zeichen, dass man zu wenig Wasser genommen hat und demnach noch welches zusetzen muss.

Ist die Aufschliessung vollständig gewesen, so ist die durch Salzsäure erhaltene Lösung entweder ganz klar oder es schwimmen darin leichte Flocken von Kieselsäure umher. Setzt sich am Boden ein schweres, beim Reiben mit einem Glasstabe sandig anzufühlendes Pulver ab (unaufgeschlossenes Mineral), so rührt dies in der Regel davon her, dass dasselbe nicht fein genug gepulvert war. Man kann in dem Falle das Unaufgeschlossene noch einmal mit kohlensaurem Alkali schmelzen; einfacher ist es aber in der Regel, die ganze Aufschliessung mit feiner geschlämmtem Mineralpulver noch einmal zu machen.

β. Aufschliessung mit Barythydrat oder kohlensaurem Baryt.

Um mit kohlensaurem Baryt allein aufzuschliessen, bedarf es einer sehr hohen, nur in einem S e f s t r ö m'schen Ofen zu erreichenden Temperatur; denn selbst in der stärksten Hitze, die ein Windofen zu geben im Stande ist, schmilzt derselbe nicht und nur im schmelzenden Zustande bewirkt er vollständige Aufschliessung. Dieselbe ist jedoch alsdann auch so energisch, dass selbst die am schwierigsten zu zerlegenden Fossilien leicht und vollständig zersetzt werden. Auf 1 Theil des Minerals nimmt man 4 bis 6 Theile kohlensauren Baryt. Die Schmelzung geschieht in einem Platintiegel, der in einen anderen, mit Magnesia gefüllten von feuerfestem Thon eingesetzt wird. Den Tiegel lässt man eine Viertelstunde im Feuer.

Bei leichter zerlegbaren Mineralien erreicht man denselben Zweck auf eine leichtere Art durch Anwendung von Barythydrat, welches von seinem Krystallwasser befreit ist. Man nimmt auf 1 Theil des Minerals 4 bis 5 Theile desselben und überdeckt das recht innig zu machende Gemenge zweckmässig mit einer Lage von kohlensaurem Baryt. Das Aufschliessen kann über einer guten Weingeistlampe ausgeführt werden; am besten geschieht es in Silbertiegeln; Platintiegel werden ein wenig angegriffen. Die Masse kommt entweder ganz in Fluss, oder sie sintert wenigstens völlig zusammen.

Gleichgültig, ob man mit kohlensaurem Baryt oder mit Barythydrat aufgeschlossen hat, nach dem Erkalten reinigt man die Aussenseite des Tiegels, übergiesst ihn dann in einem Becherglase mit 10 bis 15 Theilen Wasser, setzt Salzsäure oder Salpetersäure zu und verfährt überhaupt wie zuvor bei den Aufschliessungen mit kohlensaurem Alkali angegeben wurde. Man hat sich zu hüten, dass man nicht auf einmal zuviel Salzsäure zusetzt, weil das gebildete Chlorbaryum darin schwer löslich ist und demnach, indem es die noch unangegriffenen Theile als eine in der vorhandenen Flüssigkeit unlösliche Hülle umgiebt, die weitere Auflösung hemmt.

γ. Aufschliessung mit saurem schwefelsaurem Kali.

Man mengt 1 Theil des gepulverten und geschlämmten Minerals mit 5–6 Theilen zerriebenen sauren schwefelsauren Kalis in einem Platintiegel, bedeckt denselben, um das zu rasche Verdampfen des Säureüberschusses zu verhüten, mit seinem Deckel, erhitzt ihn über der Spiritusflamme bis zum Schmelzen seines Inhaltes und erhält ihn bei dieser Temperatur, bis Alles zu einer durchsichtigen Masse gelöst ist. Nach dem Erkalten wird dieselbe mit Wasser zum Kochen erhitzt, wobei sie sich je nach der Art des Minerals entweder ganz oder mit Hinterlassung eines Rückstandes löst. — Saures schwefelsaures Kali zum Aufschliessen von Silicaten anzuwenden, ist nicht zu empfehlen, da die Zersetzung weniger gut erreicht wird, als durch kohlensaures Alkali und die Kieselsäure nicht leicht rein zu erhalten ist.

Verschiedene anderweitige Methoden des Aufschliessens, — so das der Silicate durch Fluorwasserstoffsäure oder Fluorverbindungen, das der Chromerze durch oxydirende Mittel etc., sollen später beschrieben werden.

§. 23.

4. Das Ueberführen der aufgelösten Körper in wägbare Formen.

Um einen Körper aus seiner Lösung in eine zur Gewichtsbestimmung geeignete Form überzuführen, dienen zwei Operationen: das Abdampfen, oder die Fällung. Die erstere kann man nur dann anwenden, wenn der Körper, dessen Gewicht man bestimmen will, bereits in dem Zustande, in welchem er sich zur Gewichtsbestimmung eignet, in Lösung ist oder durch Abdampfen mit einem oder dem anderen Reagens in denselben versetzt werden kann. Als weitere Bedingung der Anwendbarkeit derselben ist zu bemerken, dass der Körper sich allein in Lösung befinden muss oder doch nur mit solchen Substanzen, welche beim Abdampfen oder Glühen entweichen. So würde schwefelsaures Natron in wässeriger Lösung durch ganz einfaches Abdampfen zu bestimmen sein, während man kohlensaures Kali besser durch Abdampfen mit Salmiaklösung in Chlorkalium verwandelte. — Der Fällung kann man sich immer bedienen, wenn sich ein Körper durch irgend ein Mittel aus seinem gelösten Zustande in einen im vorhandenen Lösungsmittel unlöslichen überführen lässt.

§. 24.

a. Abdampfen.

Beim Abdampfen als pharmaceutisch- oder technisch-chemische Operation kommt vor Allem Ersparniss an Zeit und Brennmaterial in Betracht; beim Abdampfen zum Behufe quantitativer Analysen sind diese Gesichtspunkte untergeordnet und dafür treten zwei andere hervor, nämlich Vermeidung allen Verlustes und Schützen gegen jede Verunreinigung.

Der einfachste Fall des Abdampfens ist der, w e n n   e i n e   k l a r e   F l ü s s i g k e i t   c o n c e n t r i r t,   a b e r   n i c h t   z u r   T r o c k n e   g e b r a c h t   w e r d e n   s o l l Man bringt alsdann die Flüssigkeit sehr zweckmässig in eine Schale, welche davon höchstens zu zwei Drittel angefüllt werden darf, und erhitzt dieselbe so, dass die Flüssigkeit nicht zum wallenden Kochen kommt, indem bei solchem fortwährend und unvermeidlich kleine Tröpfchen verloren gehen. Es geschieht dies entweder auf dem Wasserbade, auf dem Sandbade, auf einem Stubenofen oder auch direct über einer Gas- oder Weingeistlampe. Die letztere Art des Erhitzens ist bei gehöriger Vorsicht eine fördernde, sehr reinliche und daher für viele Fälle sehr zu empfehlende.

Will man im Wasserbade abdampfen und ist man im Besitze eines B e i n d o r ff'schen oder eines ähnlich construirten Dampfapparates, so stellt man die Schale ohne Weiteres in einen seiner Grösse entsprechenden Ausschnitt, im anderen Falle bedient man sich des in Fig. 20 abgebildeten Wasserbades.

Fig. 20.

Es besteht aus starkem Kupferblech, wird beim Gebrauch zur Hälfte mit Wasser gefüllt, und dieses durch eine Gas-, Weingeist- oder Oel-Lampe im Kochen erhalten. Um auf demselben in Schalen und Tiegeln von verschiedener Grösse abdampfen zu können, dienen Ringe mit entsprechenden Ausschnitten, welche geradezu aufgelegt werden. Man giebt dem Gefäss von *a* nach *b* eine Ausdehnung von 4–6 Zoll.

Hat man Gelegenheit, in einem Raume abzudampfen, in den während des Abdampfens Niemand kommt, und in welchem auch keine andere Ursache vorhanden ist, wodurch Staub in der Luft suspendirt wird, so ist dies eine Annehmlichkeit von grossem Belang, denn in dem Falle ist es ein Leichtes, die Flüssigkeit rein zu erhalten; es ist alsdann am besten, die Schalen gar nicht zu bedecken[3]. Arbeitet man aber in einem Laboratorium mit Anderen zusammen, hat man mit Zugluft zu kämpfen, befinden sich Kohlenfeuer in dem Raume, so kann man nicht sorgfältig genug sein, um die abdampfenden Flüssigkeiten gegen Staub, Asche und Schmutz zu sichern.

Fig. 21.

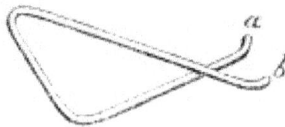

Fig. 22.

Zu dem Behufe dreht man entweder die Schale mit Fliesspapier zu, oder man legt ein aus einem Glasstabe gebogenes Dreieck auf dieselbe, breitet darüber ein Blatt

111

Fliesspapier und beschwert dieses durch einen Glasstab, welcher quer darüber gelegt und durch die etwas aufgebogenen Enden des Dreiecks a und b am Herabfallen gehindert wird. — Als die zweckmässigste Methode jedoch hat sich folgende bewährt.

Man lässt sich von einem Siebmacher zwei dünne Holzreifchen (Fig. 22) anfertigen, von denen das eine locker in das andere passt, legt über das kleinere ein Blatt Fliesspapier und schiebt das andere darüber. Man bekommt auf diese Art einen Deckel, der allen Anforderungen entspricht. Er schützt vollkommen gegen Staub, er lässt sich leicht abnehmen, das Papier kann nicht in die Flüssigkeit eintauchen, es hält lange, kann überaus leicht erneuert werden, und das Abdampfen geht ungehindert von Statten.

Trotzdem muss man auch bei dieser besten Art des Bedeckens sehr vorsichtig sein, dass nicht durch das Papier selbst die abdampfende Flüssigkeit verunreinigt werde. — Dampft man nämlich eine Flüssigkeit ab, welche saure Dämpfe entlässt, so lösen diese rasch die in dem gewöhnlichen Fliess- und Filtrirpapier nie fehlenden Mengen von Kalk, Eisenoxyd etc. auf, und da die so entstehende Lösung bald in die Abdampfschale heruntertropft, so ist die Ursache der Verunreinigung leicht ersichtlich. — Ist man daher durch die örtlichen Verhältnisse gezwungen, die Schale zu bedecken, so darf dies nur mit Papier geschehen, welches von den in Säuren löslichen Substanzen durch geeignetes Auswaschen befreit ist.

Statt in Porzellanschalen kann der vorliegende Zweck des Abdampfens auch in Glaskolben erreicht werden. Man füllt dieselben nur zur Hälfte an und stellt sie schief. Die Erhitzung kann im Sandbade über einer Gas- oder Weingeistlampe oder auch recht gut über glühenden Kohlen ausgeführt werden. — Die Flüssigkeit darf in gelindes Kochen kommen, indem bei der schiefen Lage des Kolbens die Tröpfchen, welche beim Sieden aufspritzen, nicht verloren gehen.

Befindet sich in der abzudampfenden Flüssigkeit ein Niederschlag so ist es stets am besten, das Abdampfen im Wasserbade vorzunehmen, indem beim Abdampfen über freier Lampe oder im Sandbade gar leicht durch Stossen Verlust entsteht. Das Stossen rührt von kleinen Dampfexplosionen her, welche dadurch entstehen, dass sich, gehemmt durch den Bodensatz, die Wärme nicht gleichförmig vertheilt.

Diesem Uebelstande beugt man mit ziemlichem Erfolge auch dadurch vor, dass man das Abdampfen in einem schief stehenden Tiegel vornimmt, wie Fig. 23 zeigt.

Fig. 23.

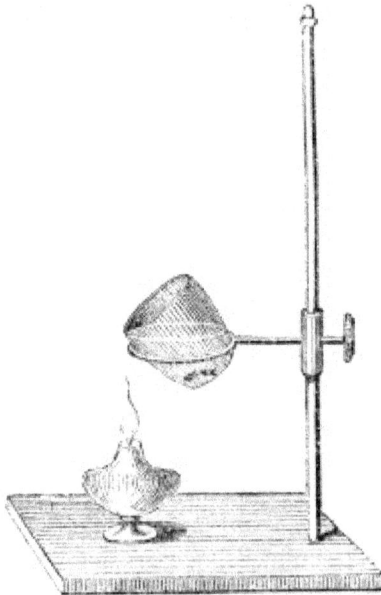

Man leitet dabei die Flamme immer so, dass sie den Tiegel über dem Niveau der Flüssigkeit trifft. Doch ist die

Anwendung des Wasserbades jedenfalls sicherer.

Soll eine Flüssigkeit ganz zur Trockne gebracht werden, wie dies so oft geschehen muss, so beendigt man das Abdampfen stets im Wasserbade, wenn es irgend möglich ist. Kann dies jedoch wegen der Beschaffenheit der aufgelösten Substanz nicht geschehen, so erreicht man oft seinen Zweck am besten, wenn man den Inhalt der Schale von oben erhitzt, indem man dieselbe in einem Trockenschranke, dessen obere Platte durch eine darüber gehende Flamme (etwa die des Wasser- oder Sandbades) geheizt wird, auf geeignete Art aufstellt.

Soll die Schale von unten erhitzt werden, so muss man eine Methode wählen, bei der die Hitze gleichmässig wirkt und leicht gemässigt werden kann. Ganz gut eignet sich zu diesem Zwecke ein Luftbad, als welches der Fig. 20 abgebildete Apparat benutzt werden kann (wenngleich er dadurch mit der Zeit schadhaft wird). Will man über der freien Lampe erhitzen, so stelle man die Schale hoch über die Flamme und zwar am besten auf ein Drahtnetz, welches zur gleichmässigen Vertheilung der Hitze beiträgt. — Das Erhitzen im Sandbade ist weniger zu empfehlen, da sich bei einem solchen die Hitze nicht so rasch mässigen lässt.

Mag man nun eine oder die andere Methode wählen, so darf man, sobald der Rückstand anfängt sich zu verdicken, die Schale nicht mehr aus den Augen lassen, damit man dem dann drohenden Spritzen durch Mässigung der Hitze und durch Zertheilung der sich bildenden Krusten mittelst eines Glasstabes oder Platindrahtes gehörig entgegenwirken kann.

Hat eine Salzlösung die Eigenschaft, sich beim Abdampfen an den Wänden des Gefässes hinaufzuziehen und diese dann zu übersteigen, wodurch natürlich sehr leicht Verlust herbeigeführt wird, so erhitzt man zweckmässig nach der zuvor besprochenen Weise von oben. Es werden alsdann die Gefässwände so heiss, dass die sich heraufziehende Flüssigkeit gleich verdampft, das aufgelöste Salz hinterlassend. — Beim Abdampfen auf gewöhnliche Art lässt sich dem Uebelstande in der Regel schon dadurch einigermaassen vorbeugen, dass man den Rand der Schale und den obersten Theil ihrer inneren Wandung mit einer überaus dünnen Talgschicht durch Bestreichen mit dem fettig gemachten Finger überzieht und so die Adhäsion zwischen Flüssigkeit und Gefäss verringert.

Entwickelt sich aus einer Flüssigkeit beim Abdampfen ein Gas in Blasen, so ist besondere Vorsicht nöthig, dass nicht durch Spritzen Verlust entstehe. Am sichersten erhitzt man eine solche in einem schief stehenden Kolben, oder auch in einem Becherglase, welches man, so lange noch Gas entweicht, mit einem grossen Uhrglase bedeckt, das zuletzt gut abgespritzt wird. — Muss das Abdampfen in einer Schale geschehen, so wähle man eine ziemlich geräumige und erhitze am Anfang und bis das Gas grösstentheils entwichen, sehr gelinde.

Soll eine Flüssigkeit bei Abschluss der Luft abgedampft werden, so bringt man sie unter die Glocke der Luftpumpe über ein Gefäss mit Schwefelsäure und evacuirt rasch; oder man bringt sie in eine tubulirte Retorte, durch deren Tubulus Wasserstoffgas oder Kohlensäure mittelst einer Röhre eingeleitet wird, die nicht ganz bis zum Spiegel der Flüssigkeit reicht.

Von viel grösserem Einflusse, als man gewöhnlich glaubt, ist das Material der Abdampfgefässe. Sehr viele Erscheinungen, die bei der Analyse befremdend entgegentreten, können Folge einer Verunreinigung der abgedampften Flüssigkeit durch den Stoff des Gefässes sein, wie denn auch ganz grobe Irrthümer dieser Quelle entstammen können.

Ich habe diesen Gegenstand seiner Wichtigkeit halber einer neuen und sorgfältigen Prüfung unterworfen (vergl. Belege 1–4).

Es ergiebt sich daraus, dass schon destillirtes Wasser, andauernd in Glas (Kolben von böhmischem Glas) gekocht, sehr wägbare Spuren daraus aufnimmt; in viel höherem Grade ist dies der Fall, wenn das Wasser etwas kaustisches oder kohlensaures Alkali enthält; auch kochende Salmiaklösung greift das Glas stark an; kochende verdünnte Säuren lösen weniger als reines Wasser. — Porzellan (Berliner Schalen) wird im Ganzen weniger angegriffen, als Glas. — Man ersieht hieraus, dass man sich bei sehr genauen Analysen zum Abdampfen hauptsächlich der Platin- und Silberschalen bedienen muss.

§. 25.

Es bleibt jetzt noch übrig, v o m W ä g e n d e r d u r c h A b d a m p f e n e r h a l t e n e n R ü c k s t ä n d e zu sprechen. Wir meinen darunter nur die in Wasser löslichen, denn von den anderen, welche durch Filtration getrennt werden, wird bei der Fällung die Rede sein. — Das Wägen geschieht in der Regel in dem Gefässe, in welchem das Abdampfen zu Ende geführt wurde, am besten in einer Platinschale von 2–3 Zoll Durchmesser, oder in einem grossen Platintiegel, weil diese bei gleichem Inhalte leichter sind als Porzellangefässe.

Meistens beträgt die Menge der Flüssigkeit so viel, dass es allzu lange aufhalten würde, dieselbe nach und nach in einer so kleinen Schale abzudampfen. Man concentrirt sie in dem Falle in einer grösseren und beendet das Abdampfen in der zum Wägen bestimmten kleineren. Beim Ueberfüllen bestreicht man den Ausguss der Schale ein wenig mit Talg und lässt die Flüssigkeit an einem Glasstabe herablaufen

(Fig. 24).

Fig. 24.

Zuletzt spült man die Schale vorsichtig mit Hülfe einer Spritzflasche aus, bis eine Probe des letzten Waschwassers auf Platinblech verdampft keinen Rückstand mehr hinterlässt.

Hat man das Salz nunmehr in der Schale, in welcher es gewogen werden soll, und ist es soweit abgedampft, als dies im Wasserbade zu erreichen ist, so hat man zu unterscheiden, ob das Salz geglüht werden kann oder nicht. Ist das Erstere der Fall, so bedeckt man die Schale am besten mit einem Deckel von dünnem Platinblech, in Ermangelung eines solchen wohl auch mit einer dünnen Glasplatte, und erhitzt hoch über der Lampe so lange ganz gelinde, bis alles in der Substanz etwa noch enthaltene Wasser ausgetrieben ist, alsdann stärker bis zum Glühen der Schale. (Eine Glasplatte muss dabei natürlich entfernt werden.) Nach dem Erkalten (was man bei Wasser anziehenden Substanzen unter einer Glocke neben Schwefelsäure, Fig. 2, geschehen lässt) wird sie nebst ihrem Inhalte bedeckt gewogen. Bei Substanzen, welche, wie z. B. Kochsalz, Decrepitationswasser enthalten, ist es sehr zweckmässig, dieselben nach dem Wegnehmen vom Wasserbade und vor dem Erhitzen auf der Lampe der etwas über 100° zu erhaltenden Hitze eines Luft- oder Sandbades oder eines Stubenofens auszusetzen. —

Kann der Rückstand nicht geglüht werden, wie z. B. eine organische Substanz, ein Ammoniaksalz etc., so wird er in dem Schälchen bei einer seiner Natur entsprechenden Hitze getrocknet. In manchem Falle reicht demnach schon die des Wasserbades hin, z. B. bei Salmiak, in anderen muss man ein Oel- oder Luftbad anwenden (siehe oben §. 15). Unter allen Umständen muss das Trocknen so lange fortgesetzt werden, bis die zwei letzten Wägungen der Substanz, zwischen welchen dieselbe eine viertel bis halbe Stunde der Trockenhitze ausgesetzt war, völlig übereinstimmen. Das Schälchen beim Wägen zu bedecken, ist dringend anzurathen.

Hat man, wie dies bei Analysen so häufig vorkommt, eine Flüssigkeit, welche eine kleine Menge eines zu wägenden Kali- oder Natronsalzes enthält, neben einer verhältnissmässig grossen eines Ammonsalzes, welches bei der Analyse hinzugekommen ist, so ziehe ich dem oben angegebenen Verfahren das nachstehende vor. Man bringt die Salzmasse in einer grösseren Schale im Wasserbade, zuletzt auch wohl bei einer 100° etwas übersteigenden Temperatur völlig zur Trockne und bringt dieselbe mit Hülfe eines Platinspatels in eine kleine Glasschale, welche man dann einstweilen unter die Glocke des Exsiccators stellt. Man spült nun die letzten Reste des Salzes mit etwas Wasser aus der grossen in die zum Wägen bestimmte kleine Schale oder den grossen Tiegel, und verdampft zur Trockne. Jetzt bringt man die in der Glasschale befindliche Masse portionenweise oder auf einmal hinzu, verjagt die Ammonsalze durch Glühen und wägt die zurückbleibenden fixen Salze. Sollten in der Glasschale kleine Reste der Masse hängen bleiben, so nimmt man diese am besten mit einer geringen Menge gepulverten Salmiaks oder eines anderen Ammonsalzes auf und bringt sie so ebenfalls in das zum Wägen bestimmte Gefäss; denn würde man die Salzmasse wieder mit Wasser benetzen, so wäre Verlust nur schwer zu vermeiden.

§. 26.

b. Fällung.

Weit häufiger noch als das Abdampfen kommt bei quantitativen Analysen die Fällung vor, indem sie nicht nur dazu dient, Substanzen in wägbare Formen zu bringen, sondern namentlich auch dazu, sie von einander zu scheiden. — Bei allen durch Fällung vermittelten quantitativen Bestimmungen ist die leitende Idee die, einen unlöslichen Niederschlag von einer Flüssigkeit zu trennen. Bei im Uebrigen gleich bleibenden Umständen müssen demnach die Resultate um so genauer ausfallen, je mehr die gefällte Substanz den Namen unlöslich verdient, und bei gleichem Grade der Löslichkeit wird bei dem Niederschlage der kleinste Verlust stattfinden, welcher mit der geringsten Menge Lösungsmittel zusammenkommt.

Hieraus ergiebt sich erstens, dass man bei durch sonstige Umstände nicht gehinderter Wahl einen Körper am besten in seiner unlöslichsten Verbindung fällt, — so schlägt man Baryt besser als schwefelsaures denn als kohlensaures Salz nieder; — zweitens, dass, wenn man mit Niederschlägen zu thun hat, die in der vorhandenen Flüssigkeit nicht unlöslich sind, man darnach trachten muss, diese durch Abdampfen erst so viel als thunlich zu entfernen, — so engt man eine verdünnte Strontianlösung erst ein, ehe man den Strontian durch Schwefelsäure fällt; — drittens, dass, wenn es sich um Niederschläge handelt, die zwar in der vorhandenen Flüssigkeit etwas auflöslich, in einer anderen aber, in welche sich die vorhandene durch irgend einen

120

Zusatz verwandeln lässt, unlöslich sind, man darnach strebe, diese Veränderung herbeizuführen, — so verwandelt man Wasser durch Zusatz von Alkohol in Weingeist, wenn man Platinsalmiak, Chlorblei, schwefelsauren Kalk etc. vollständig fällen will, so setzt man dem Wasser Ammon zu, um basisch phosphorsaures Bittererdeammon darin unlöslich zu machen etc. —

Zum Fällen bedient man sich meistens der Bechergläser. Muss jedoch kochend gefällt oder der Niederschlag mit der Flüssigkeit eine Zeit lang im Sieden erhalten werden, so wendet man Kolben oder Schalen an.

Je nach der Beschaffenheit der entstandenen Niederschläge werden dieselben von der Flüssigkeit, in welcher sie suspendirt sind, entweder durch Decantation, durch Filtration, oder aber durch mit Decantation verbundene Filtration geschieden.

Ehe man jedoch zu einer solchen Abscheidung schreitet, ist vor Allem ins Auge zu fassen, ob sich der Niederschlag auch schon vollständig gebildet hat. — Zur Entscheidung dieser Frage befähigt nur eine genaue Kenntniss der Eigenschaften der Niederschläge, zu deren Erwerbung im dritten Abschnitte die Mittel geboten werden sollen.

In der Regel trennt man die Niederschläge von der Flüssigkeit nicht sogleich, sondern erst nach mehrstündigem Stehen; namentlich ist dies bei krystallinischen, pulverigen und gelatinösen Niederschlägen der Fall, während käsige und flockige Niederschläge, zumal wenn die Fällung kochend geschah, oft sogleich abfiltrirt werden können. Doch haben in dieser Beziehung alle allgemeinen Regeln nur eine sehr bedingte Geltung.

§. 27.

α. Fällung mit darauf folgender Decantation.

Setzt sich ein Niederschlag in einer Flüssigkeit so gut ab, dass dieselbe völlig klar abgegossen werden kann, und geschieht dieses so schnell, dass zu dem Auswaschen nicht allzu lange Zeit erfordert wird, so wählt man, wie z. B. bei Chlorsilber, metallischem Quecksilber etc., zur Abscheidung und Aussüssung derselben die Decantation.

Will man diese, bei gehöriger Vorsicht ebenso fördernde als genaue, Abscheidungsmethode mit Erfolg ausführen, so ist es in den meisten Fällen nothwendig, gewisse Regeln zu beobachten, um zu bewirken, dass sich die Niederschläge vollständig und schnell absetzen. Als allgemeinen Satz kann man aufstellen, dass Erhitzen des Niederschlages mit der Flüssigkeit ersterem die gewünschten Eigenschaften verleihe; in mehreren Fällen genügt aber zu diesem Behufe Erhitzen allein nicht, in manchen muss geschüttelt werden, wie bei Chlorsilber, in anderen ist Zusatz irgend eines Reagens nothwendig, so der Salzsäure bei Quecksilberfällungen etc. Von diesen Regeln wird unten in dem vierten Abschnitte ausführlich die Rede sein, ebenso von den Gefässen, welche sich zu dieser Art der Fällung bei den verschiedenen Substanzen am besten eignen.

Ist der Niederschlag so oft mit erneuerten Mengen der geeigneten Flüssigkeit ausgewaschen, dass in den letzt abfliessenden Portionen keine Spur einer aufgelösten Substanz mehr zu entdecken ist, so bringt man ihn, wenn er sich noch nicht darin befindet, in einen geeigneten Tiegel oder ein Schälchen, giesst die Flüssigkeit so weit als möglich ab und trocknet oder glüht alsdann den Inhalt, je nachdem es seine Natur verlangt. — Da man bei der angeführten Art des Auswaschens eine viel grössere Menge Wasser braucht, als beim Aussüssen auf Filtern, so kann man mittelst Decantation nur dann genaue Resultate erhalten, wenn die Niederschläge ganz unlöslich sind. Aus demselben Grunde wendet man diese Operation nicht gern an, wenn in den abgegossenen Flüssigkeiten noch sonstige Bestandtheile bestimmt werden sollen.

Um sicher zu sein, dass in den Waschwassern keine Theilchen des Niederschlages mehr enthalten sind, ist es zweckmässig, diese 12 bis 24 Stunden ruhig stehen zu lassen und erst dann wegzugiessen, wenn sich nach dieser Zeit auf dem Boden kein Niederschlag zeigt. Sollte dies der Fall sein, so ist es in der Regel am besten, dessen geringe Menge für sich zu bestimmen, sei es nun, dass man ihn von der anwesenden Flüssigkeit durch Abgiessen oder Filtriren trennt.

§. 28.

β. Fällung mit darauf folgender Filtration.

In den Fällen, in welchen die Decantation nicht anwendbar ist, also bei Weitem in den meisten, wendet man zur Trennung der Niederschläge von Flüssigkeiten die Filtration an, sofern man hoffen kann, durch blosses Auswaschen auf dem Filter den Niederschlag von anhängenden Substanzen vollkommen reinigen zu können. — Ist dies nicht der Fall, so verbindet man die Filtration mit der Decantation (§. 31).

aa. Filtrirapparat. Das Filtriren geschieht mit sehr wenigen Ausnahmen bei quantitativen Bestimmungen ausschliesslich durch Papier.

Man wählt immer kreisrunde, glatte, nie faltige Filter. Auf die Beschaffenheit des Filtrirpapiers kommt sehr viel an. Es muss, wenn es vorzüglich sein soll, 3 Eigenschaften vereinigen; nämlich erstens auch feine Niederschläge völlig zurückhalten, zweitens schnell filtriren und drittens möglichst wenig unorganische Bestandtheile enthalten, namentlich aber keine in alkalischen oder sauren Flüssigkeiten lösliche.

Es hält ziemlich schwer, sich Filtrirpapier zu verschaffen, welches diesen Anforderungen genügend entspricht. — Für das beste wird das unter dem Namen „schwedisches Filtrirpapier" mit dem Wasserzeichen J. H. Munktell versehene gehalten und demgemäss am theuersten bezahlt. Doch entspricht auch dies nur den beiden ersten Bedingungen, genügt aber bei feinen Arbeiten keineswegs in Betreff der dritten, indem es etwa 0,3 Proc. Asche hinterlässt und an Säuren merkliche Spuren von Eisenoxyd, Kalk und Magnesia abgiebt. Zu genauen Versuchen ist es deshalb erforderlich, dasselbe zuerst mit verdünnter Salzsäure auszuziehen, dann die Säure mit Wasser vollständig auszuwaschen und das Papier wieder zu trocknen. — Bei Filtern von feinem Papier geschieht dies am besten bei den fertigen Filtern, indem man sie, gerade wie beim Filtriren, fest in einen Trichter setzt; recht gut können dabei mehrere in einander gelegt werden. — Man tränkt dieselben zuerst durch Beträpfeln mit einer Mischung von 1 Thl. gewöhnlicher reiner Salzsäure mit etwa 2 Thln. Wasser, lässt 10 Minuten stehen, wäscht alsdann durch wiederholtes Aufgiessen von Wasser, am besten warmem, aus, bis jede Spur saurer Reaction verschwunden ist, dreht den Trichter mit Papier zu und stellt ihn sammt seinem Inhalte zum Trocknen an einen warmen Ort.

Fig. 25.

In jeder Beziehung anzurathen ist es, geschnittene Filtra von verschiedener Grösse vorräthig zu halten. Man schneidet sie entweder nach kreisrunden Stücken Pappe oder Blech, oder noch zweckmässiger mit Hülfe der M o h r'schen Schablonen, Fig. 25, welche man von Blech in verschiedenen Grössen anfertigen lässt. Das Papierblatt, aus welchem das Filter geschnitten werden soll, wird doppelt zusammengefaltet, so dass die Kanten einen rechten Winkel bilden, alsdann in die Schablone *A* eingelegt, das Blech *B*, dessen Schenkel etwas weniges kürzer sind, als die der Grundfläche *A*, darüber geschoben und das überstehende Papier mit einer Scheere abgeschnitten. Auf diese Art gemachte Filtra sind völlig rund und einander ganz gleich.

Den Filtern (und somit auch den Schablonen) giebt man zweckmässig folgende Ausdehnungen im Radius: 3, 4, 5, 6,5 und 8 Decimeter, und wählt sie beim Gebrauche in der Art aus, dass sie von dem Niederschlage, nach dem Abtropfen der Flüssigkeit, nicht mehr als halb gefüllt werden.

Was die Trichter betrifft, welche man am besten von Glas nimmt, so ist es, wenn sie zu quantitativen Analysen geschickt sein sollen, ganz besonders wichtig, dass sie im geeigneten Winkel (60°) geneigt und nicht bauchig sind.

Die Filtra dürfen nicht über den Rand des Trichters herausragen; am besten ist es, wenn ihre Radien eine oder zwei Linien kleiner sind, als die der Trichter. Sie werden fest in diese eingedrückt, so dass das Papier an den Wänden überall anliegt, alsdann mit Wasser angefeuchtet und dieses abtröpfeln gelassen, nicht oben ausgegossen.

Die Trichter werden beim Filtriren auf ein Filtrirgestell gesetzt, welches ihnen nicht gestattet, ihre Lage zu verändern. Die Form und Einrichtung der Gestelle, welche mir von allen als die einfachste und praktischste erscheint, ist in Fig. 26 und 27 abgebildet.

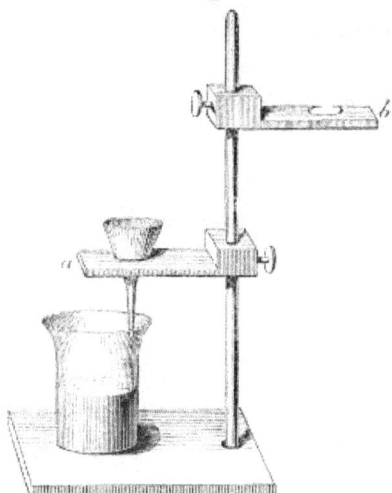

Fig. 26.

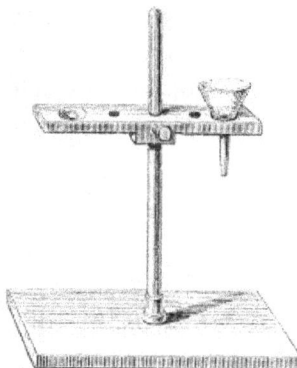

Fig. 27.

Das Gestell, welches Fig. 26 darstellt, eignet sich besonders für grössere Trichter und wird deshalb etwas massiver gemacht, als das zur Aufnahme kleinerer Trichter bestimmte, in Fig. 27 abgebildete.

Die Gestelle werden von festem Holze gemacht. Der den oder die Trichter tragende Arm muss sich ohne alle Mühe auf- und abschieben und mittelst der Schraube ganz feststellen lassen. Die Ausschnitte für die Trichter müssen, damit diese festsitzen, nach unten conisch verlaufen. Als eine grosse Bequemlichkeit dieser Gestelle ist zu rühmen, dass man die ganze Einrichtung mit grösster Leichtigkeit und ohne irgend etwas zu verändern, hin- und hertragen kann. Der Arm *b*, welcher für gewöhnlich weggenommen wird, dient zum Befestigen einer Auswaschflasche.

§. 29.

bb. Regeln beim Filtriren.

In Bezug auf die abzufiltrirenden Niederschläge ist ebenfalls Mancherlei zu beobachten. — Sind dieselben käsig, flockig, gelatinös oder krystallinisch, so hat man nicht zu

126

fürchten, dass die Flüssigkeit trüb durch's Filter gehe. — Bei feinpulverigen Niederschlägen hingegen ist es in der Regel nothwendig, immer aber rathsam, den Niederschlag sich setzen zu lassen, alsdann zuerst die überstehende Flüssigkeit durchzufiltriren und zuletzt den Niederschlag aufs Filter zu bringen. Wenn Nichts entgegensteht, ist es zweckmässig, heiss gefällte Niederschläge vor dem Erkalten abzufiltriren, denn heisse Flüssigkeiten filtriren schneller als kalte. — Dem sehr unangenehmen Umstande, dass Niederschläge mit durch die Filtra gehen, beugt man öfters mit Erfolg durch Abänderung der Flüssigkeit vor; so geht schwefelsaurer Baryt mit Wasser leicht durch's Filter, weit weniger leicht aber nach Zusatz von Salmiak. Findet man beim Filtriren, dass das Filter von dem Niederschlage viel mehr als halb voll werden würde, so nimmt man noch ein zweites; denn würde man das erste zu sehr anfüllen, so liesse sich der Niederschlag nicht gehörig auswaschen.

Beim Filtriren giesst man niemals eine Flüssigkeit direct, sondern immer mit Hülfe eines Glasstabes (siehe Fig. 24) aus und versäumt nie, den Rand des Gefässes, aus dem man ausgiesst, mit einer ganz dünnen Talgschicht zu überziehen. Den erforderlichen Talg giesst man am besten in eine kleine auf beiden Seiten offene Glasröhre. In dem Maasse, als er verbraucht wird, drückt man ihn mittelst eines kleinen Stempels nach. Das Anfetten selbst geschieht am einfachsten mit dem ein wenig am Talg geriebenen Finger. — Soll die Flüssigkeit abfiltrirt werden, ohne den Niederschlag aufzurühren, so darf man den Glasstab nicht in das Gefäss stellen, in welchem sich die abzufiltrirende Flüssigkeit befindet. Man stellt ihn daher zwischen dem Aufgiessen zweckmässig in einen feststehenden Reagirkelch und spült diesen zuletzt mit dem Waschwasser aus.

Den Strahl der aufzugiessenden Flüssigkeit richtet man immer an die Seite und nie in die Mitte des Filters, widrigenfalls durch Herausspritzen leicht Verlust entsteht. — Die durchlaufende Flüssigkeit wird, je nach dem Zwecke, zu dem sie bestimmt ist, in Kolben, Bechergläsern oder Schalen aufgefangen. Man hat streng darauf zu achten, dass die Tropfen am Rande heruntergleiten und nicht mitten in die Flüssigkeit fallen, wodurch leicht etwas herausgespritzt würde. Am besten legt man die Röhre des Trichters an den oberen Theil der inneren Wandung des Gefässes, wie es die Fig. 26 zeigt, an.

Filtrirt man an völlig staubfreien Orten, so ist es nicht nothwendig, den Trichter und das zur Aufnahme des Filtrats dienende Gefäss zu bedecken; in der Regel aber ist dies unerlässlich. Man bedient sich dazu runder Scheiben von Fensterglas. An denen, die das eben genannte Gefäss bedecken sollen, bringt man mit Hülfe eines Schlüssels, dessen Bart einen zum Herausbrechen geeigneten Einschnitt hat, an der Seite einen Ausschnitt an von der Weite der Trichterröhre. In der Mitte durchlöcherte Scheiben taugen zu diesem Behufe nichts.

Hat man Flüssigkeit und Niederschlag auf das Filter gebracht und das Gefäss, in dem sie enthalten waren, wiederholt mit Wasser ausgespült, so ist es doch in der Regel der Fall, dass noch kleine, mit dem Glasstab nicht herauszubringende Antheile des Niederschlages an den Wänden haften. Dieselben bringt man, sofern sie sich in einem Becherglase oder einer Schale befinden, vermittelst einer Feder, welcher man nur einen kleinen Rest ihrer Fahne gelassen und diesen gerade abgeschnitten hat, in der Regel leicht heraus. — Befindet sich hingegen der kleine Rest des Niederschlages in einem Kolben, wie dies bei kochend gefällten Substanzen, z. B. Eisenoxyd, der Fall sein kann, oder lässt er sich überhaupt auf mechanische Weise nicht herausbringen, so löst man ihn in einer geeigneten Flüssigkeit und fällt die Lösung neuerdings. Man kann daraus entnehmen, dass man bei Körpern, für welche man keine Lösungsmittel hat, z. B. bei schwefelsaurem Baryt, diesen Umstand vermeiden muss.

§. 30.

cc. A u s w a s c h e n . Nachdem der Niederschlag nunmehr vollständig auf dem Filter ist, hat man sein Augenmerk darauf zu richten, dass er gehörig ausgewaschen werde.

Das Auswaschen geschieht mittelst einer der bekannten Spritzflaschen, von welchen ich die in Fig. 29 dargestellte in jeder Hinsicht vorziehe. — Man sehe darauf, dass man nicht durch einen zu heftigen Wasserstrahl Verlust veranlasse. — Zu recht vorsichtigem Auswaschen kann auch der in Fig. 30 abgebildete Apparat mit gutem Erfolge benutzt werden, dessen Construction keiner weiteren Erläuterung bedarf. Die Spitze *a* ist an ihrem Ende ausgezogen und abgekneipt. Dreht man den Kolben um, so läuft aus derselben von selbst ein continuirlicher feiner Strahl aus.

Fig. 28.

Fig. 29.

Fig. 30.

Werden Niederschläge mit Wasser ausgewaschen, so bedient man sich, wenn sonst Nichts im Wege steht, am besten des heissen. Die Arbeit wird dadurch wesentlich gefördert. — Zum Auswaschen mit siedendem Wasser eignet sich besonders die Spritzflasche Fig. 29. Um das Anfassen zu erleichtern, dient die mit Draht an die Flasche befestigte hölzerne Handhabe.

Muss das Auswaschen von Niederschlägen sehr lange fortgesetzt werden, so wendet man zuweilen Waschflaschen an, welche die Mühe des wiederholten Aufgiessens ersparen. Fig. 31 und Fig. 32 zeigen solche.

Fig. 31.

Fig. 32.

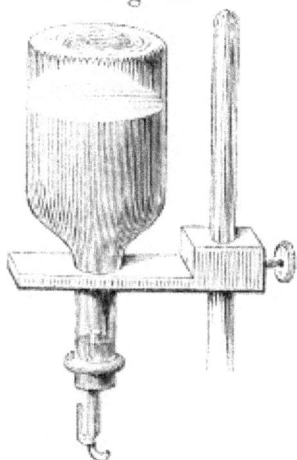 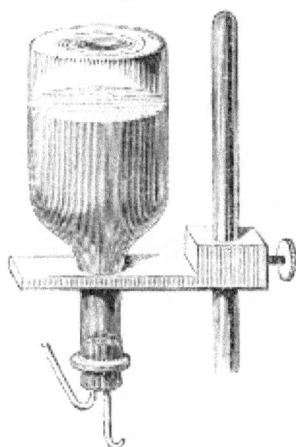

Das Princip beider ist, wie leicht zu ersehen, dasselbe. In Fig. 31 ist nur die Ausflussröhre nebst der, durch welche die den Raum des ausfliessenden Wassers ersetzende Luft eindringt, in einem Stücke, in Fig. 32 sind es getrennte Röhren. Die Einrichtung der Fig. 31 ist etwas schwieriger darzustellen, als die der Fig. 32. Es kommt nämlich bei diesen Vorrichtungen darauf an, dass aus den gefüllten und mit den die Röhren enthaltenden Stopfen verschlossenen Flaschen beim Umdrehen kein Wasser auslaufe, während dies sogleich vor sich gehen muss, wenn man den Finger oder ein Stückchen Papier etc. mit dem in der Spitze c (Figur 33) stehenden Wasser in Berührung bringt. Alsdann fliesst dasselbe unausgesetzt aus, während durch *ab* Luft in die

Flasche dringt; wird der Finger oder das Papier wieder weggenommen, so hört das Ausfliessen wieder auf. —

Fig. 33.

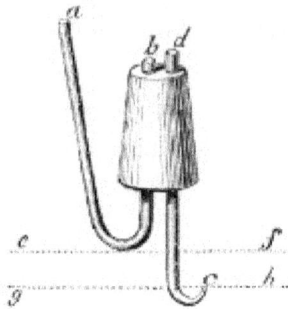

Es ist sowohl zur Anfertigung wie zum Gebrauche dieser Vorrichtungen wichtig, von der Ursache der angeführten Erscheinungen eine völlig klare Vorstellung zu haben. Zu dem Behufe ist erstens ins Auge zu fassen, dass das Nichtausfliessen aus c dadurch bedingt wird, dass der Druck der Wassersäule, welche zwischen den Linien ef und gh liegt, nicht, aber beinahe, hinreichend ist, die Capillaranziehung zu überwinden, welche die Röhre ab auf die Flüssigkeit ausübt; und zweitens, dass das Ausfliessen bei Berührung des in c enthaltenen Wassers mit einer Substanz, welche davon benetzt wird, daher rührt, dass nunmehr die Zugkraft der Wassersäule fh plus der Adhäsionskraft des benetzt werdenden Körpers die Capillaranziehung in ab überwindet. Wird die Spitze c unter Wasser getaucht, so hört das Ausfliessen auf, weil hierdurch die wirkende Wassersäule verkürzt wird. Rückt man die Röhre dc herunter, so dass c unter gh zu liegen kommt, so fliesst das Wasser ohne Aufhören aus, weil die Zugkraft der dadurch vergrösserten Wassersäule die Capillarattraction in ab übersteigt; rückt man hingegen cd hinauf, so genügt die hinzukommende Adhäsionskraft nicht zur Herstellung eines Uebergewichtes, und es fliesst gar kein Wasser aus. — Bei Darstellung eines Auswaschröhrchens zu Fig. 31 ist es also, wie ohne Mühe einzusehen, nicht ganz leicht, die Ausflussstelle gerade in der entsprechenden Entfernung unter der Anlöthungsstelle der Röhre *a* anzubringen, während man bei der anderen Vorrichtung die Röhre *dc* so lange hinein- oder herausdreht, bis der geeignete Punkt erreicht ist. Bei der Anfertigung der letzteren hat man darauf Rücksicht zu nehmen, dass die Oeffnung *a* der Röhre *ab* etwas höher liegen muss als *b*, im anderen Falle wird bei jedem Glucken Wasser herausgeworfen; ferner, dass *d* etwas höher liegen muss als *b*, sonst läuft zuletzt, sobald die Oberfläche des Wassers *b* nicht mehr schliesst, der Rest des Wassers ohne Aufhören aus.

Beim Gebrauche werden die Auswaschflaschen in den neben offenen Ausschnitt des an dem Filtrirgestelle befindlichen oberen Armes so über den Trichter gehängt, dass *c* eben unter den Wasserspiegel kommt. Bei gehöriger Einrichtung fliesst alsdann das Wasser aus der Waschflasche in demselben Maasse nach, als es aus dem Trichter abläuft. — Einen enghalsigen Kolben geradezu in den Trichter umzustürzen, ist beim Auswaschen zu wägender Niederschläge unzulässig, weil bei dieser Einrichtung immer Antheile des Niederschlages durch die Luftblasen mit in den Kolben hinaufgerissen werden. —

Bei dem Auswaschen hat man, gleichgültig ob es ohne oder mit einem Waschapparate geschieht, darauf zu sehen, dass sich in dem Niederschlage keine Canäle bilden, durch die die aufgegossene Flüssigkeit abläuft, ohne den ganzen Niederschlag zu durchsickern. Sollten solche entstanden sein, so rührt man den Niederschlag vorsichtig mit einem kleinen Glas- oder Platinspatel um.

Das Auswaschen ist beendigt, wenn alle zu entfernenden

löslichen Stoffe weggewaschen sind. Wer der Beendigung des Auswaschens die gehörige Aufmerksamkeit zuwendet, vermeidet eine der Klippen, an welchen Anfänger, zum Nachtheil der Genauigkeit zu erhaltender Resultate, am häufigsten anstossen. — In der Regel genügt es, einen Tropfen des letztablaufenden Waschwassers auf einem reinen Platinbleche langsam verdampfen zu lassen und sich hierdurch zu überzeugen, ob noch ein Rückstand bleibt oder nicht. Sind jedoch die auszuwaschenden Niederschläge im Waschwasser nicht ganz unlöslich, wie z. B. schwefelsaurer Strontian, so muss man zu specielleren Erkennungsmitteln, die unten angegeben werden sollen, seine Zuflucht nehmen. Niemals sollte man das Auswaschen nach blossem Dafürhalten und Meinen einstellen, — Gewissheit giebt nur die Prüfung.

§. 31.

γ. Fällung mit darauf folgender Decantation und Filtration.

Hat man mit Niederschlägen zu thun, welche sich vermöge ihrer gelatinösen Beschaffenheit oder weil ihnen mitgerissene Salze fest anhaften, auf dem Filter nicht vollständig oder nur mit Mühe würden auswaschen lassen, so lässt man den Niederschlag sich so gut als möglich absetzen, giesst die fast klare Flüssigkeit durch das Filter, rührt den Niederschlag mit der zum Auswaschen bestimmten Flüssigkeit auf, erhitzt damit wohl auch in geeigneten Fällen zum Sieden, lässt wieder absitzen und wiederholt dies, bis der Niederschlag fast ganz ausgewaschen ist. Man bringt ihn jetzt erst aufs Filter und vollendet das Auswaschen mit der Spritzflasche (vergl. §. 28). Diese Methode verdient häufiger angewendet zu werden, als es gewöhnlich geschieht; nur mit ihrer Hülfe lassen sich viele Niederschläge völlig auswaschen.

§. 32.

Weitere Behandlung der Niederschläge.

Ehe man nun zum Wägen der Niederschläge übergehen kann, hat man als letzte Bedingung noch die zu erfüllen, sie in eine ihrer Zusammensetzung nach völlig bekannte Form überzuführen. Es geschieht dies entweder durch Glühen oder durch Trocknen. Das letztere ist umständlicher und giebt leicht weniger genaue Resultate, als das erstere; daher man es in der Regel nur bei Niederschlägen anwendet, die ohne vollständige oder theilweise Verflüchtigung nicht geglüht werden können, und deren im letzteren Falle restirende Rückstände keine einen Rückschluss gestattende Zusammensetzung zeigen, — so bestimmt man z. B. Schwefelquecksilber, Schwefelblei und andere Schwefelmetalle durch Trocknen, ferner Cyansilber, Kaliumplatinchlorid etc. Ist zwischen Trocknen und Glühen der Niederschläge die Wahl gestattet, wie z. B. bei schwefelsaurem Baryt, schwefelsaurem Bleioxyd und vielen anderen Verbindungen, so zieht man das letztere dem ersteren fast immer vor.

§. 33.

aa. Trocknen der Niederschläge.

Wenn ein Niederschlag auf einem Filter gesammelt, ausgewaschen und getrocknet worden ist, so hängen kleine Theile desselben dem Papiere so fest an, dass sie nicht vollständig von demselben entfernt werden können. Das Wägen getrockneter Niederschläge setzt demnach bei allen genaueren Bestimmungen ein Mittrocknen und Mitwägen der Filtra voraus. Man bediente sich früher häufig zum Aufsammeln zu trocknender Niederschläge zweier gleich grosser, in einander liegender Filtra, nahm nach dem Trocknen das äussere weg und legte es als Gegengewicht des den Niederschlag enthaltenden auf die andere Wagschale.

Man ging dabei von der Voraussetzung aus, gleich grosse Filtra seien gleich schwer. Diese Annahme darf jedoch bei genauen Analysen nicht gestattet werden, denn jeder Versuch zeigt, dass 2 auf diese Art für gleich gerechnete Filtra selbst bei geringem Durchmesser um 20, 30 oder mehr Milligramme differiren. — Zur Erlangung genauer Resultate muss dasselbe Filter, in dem der Niederschlag gesammelt werden soll, vor dem Abfiltriren getrocknet und gewogen werden. Die Temperatur, bei der es getrocknet wird, muss jener gleich sein, welcher man später den Niederschlag aussetzen will. Eine weitere Bedingung ist die, dass das Papier des Filters keine Substanzen enthalten darf, welche von der zu filtrirenden Flüssigkeit gelöst werden würden.

Das Trocknen geschieht je nach der erforderlichen Temperatur im Wasser-, Luft- oder Oelbade, das Wägen immer in einem verschliessbaren Gefässe, meistens zwischen zwei durch eine Klammer zusammengepressten Uhrgläsern (§. 15) oder in einem Platintiegel. Ist das Filter dem Anscheine nach trocken, so bringt man es zwischen die erwärmten Uhrgläser, oder in den erwärmten Tiegel, lässt unter einer Glocke neben Schwefelsäure erkalten, wägt, setzt die Uhrgläser oder den Tiegel mit dem Filter nochmals eine Zeit lang der Trockenhitze aus und wägt nach dem Erkalten wieder.

Ist das Gewicht constant geblieben, so ist das Trocknen des Filters beendigt. Man hat sich nichts weiter zu notiren, als das Gewicht der durch die Klammer gehaltenen Uhrgläser oder des Tiegels und des trocknen Filters zusammen.

Nach dem Auswaschen des Niederschlages und nachdem das Waschwasser möglichst abgetropft ist, nimmt man das Filter mit dem Niederschlage vom Trichter, legt es zusammengefaltet auf Fliesspapier, lässt es vor Staub geschützt an einem mässig warmen Orte ziemlich trocken werden, bringt es zuletzt in eins der anfangs mitgewogenen Uhrgläser oder den nicht bedeckten Platintiegel und trocknet es bei der geeigneten Temperatur im Wasser-, Luft- oder Oelbade. Hält man das Trocknen für beendigt, so legt man das zweite Uhrglas oder den Deckel des Tiegels auf, schiebt bei Anwendung von Uhrgläsern die Klammer darüber, lässt unter dem Exsiccator erkalten und wägt. Man setzt alsdann das Filter mit dem Niederschlage aufs Neue der zum Trocknen bestimmten Temperatur aus und beendigt den Versuch erst, wenn die beiden Wägungen ganz genau, oder bis auf wenige Decimilligramme übereinstimmen. — Zieht man von dem gefundenen Gesammtgewichte das oben notirte ab, so bleibt das des getrockneten Niederschlages.

Füllt der Niederschlag das Filter ziemlich an, hält er viel Wasser zurück, oder ist das Papier sehr dünn, so dass man das Abnehmen des Filters vom Trichter nicht ohne Gefahr, ersteres zu zerreissen, bewerkstelligen kann, so lässt man es in dem Trichter fast trocken werden, indem man denselben, mit Fliesspapier zugedreht, in einem zerbrochenen Becherglase (Fig. 34) oder dergleichen auf das Sandbad oder den Ofen stellt. Sehr gut dienen zu diesem Zwecke unten und oben offene Kegel von Weissblech. Die kleineren lasse ich 10 Cm., die grösseren 12 Cm. hoch anfertigen. Der untere Durchmesser beträgt 7–8, der obere 4–6 Cm. (Fig. 35).

Fig. 35.

Fig. 34.

§. 34.

bb. Glühen der Niederschläge.

Es war in früheren Zeiten üblich, Niederschläge, deren
Gewicht man nach dem Glühen bestimmen wollte, mit dem
Filter zu trocknen, alsdann in einen Tiegel zu schütten, das
Filter rein abzuschaben und den so von letzterem
getrennten Niederschlag zu glühen. Man gab auf diese
Weise die, trotz des Abschabens, am Papier immer noch
haftenden Theilchen verloren. Die Erfahrung hat gelehrt,
dass man genauere Resultate erhält, wenn man das Filter
beim Glühen des Niederschlages verbrennen lässt und das
Gewicht der Filterasche in Rechnung bringt.

Wenn man, dem in §. 28 gegebenen Rathe folgend, immer
Filtra von derselben Grösse verwendet, so hat man, so lange
man dasselbe Papier benutzt, nur einmal nothwendig, die
Quantität der Asche für jede Filtergrösse zu bestimmen.
Man nimmt zu dem Behufe 10 Filtra (oder ein gleiches
Gewicht von Abfällen desselben Papiers) und lässt sie in
einem schief zu stellenden Platintiegel oder in einer
Platinschale verbrennen, glüht bis jede Spur Kohle
verbrannt ist, bestimmt die Menge der Asche und findet so,
indem man das erhaltene Gewicht mit 10 dividirt, die
Aschenquantität, welche ein Filter durchschnittlich
hinterlässt, mit hinreichender Genauigkeit.

Bei dem Glühen der Niederschläge selbst hat man folgende
Punkte besonders zu beachten:

1) dass in keiner Weise ein Verlust entsteht;
2) dass die geglühten Niederschläge wirklich die Körper
   sind, als welche man sie in Rechnung bringt;
3) dass die Filtra vollständig verbrennen;
4) dass die Tiegel nicht angegriffen werden.

Je nach den sogleich näher zu bezeichnenden Umständen
wählt man nun in der Regel eine der beiden folgenden

Methoden, die ich unter den verschiedenen in Vorschlag gekommenen für die einfachsten und besten halte. — Gleichgültig übrigens, welche man anwendet, dem Glühen muss ein vollständiges Trocknen der Niederschläge vorausgehen; denn glüht man sie feucht, so entsteht, namentlich bei denen, die im trocknen Zustande sehr leicht und locker sind, wie z. B. Kieselsäure, dadurch Verlust, dass die stürmisch entweichenden Wasserdämpfe kleine Theilchen des Niederschlages mitreissen. Auch bei solchen ist ein recht vollständiges Austrocknen unerlässlich, welche, wie z. B. Thonerde- oder Eisenoxydhydrat, harte Stückchen bilden; sie werden, wenn sie innen noch feucht sind, beim Glühen öfters mit Heftigkeit umhergeworfen. — Zum Behufe solches Trocknens lässt man das Filter am besten im Trichter und vollführt es, wie Fig. 34 oder 35 zeigt, auf einem Sandbad, Wasserbad, Stubenofen oder dergleichen.

Was Grad und Dauer des Glühens betrifft, so hängen diese von der Beschaffenheit der Niederschläge ab, und würde man deren Eigenschaften und Verhalten in der Glühhitze nicht kennen oder nicht berücksichtigen, so müssten durch zu viel oder zu wenig, durch zu kurz oder zu lang erhebliche Fehler entstehen. In der Regel ist ein mässiges und etwa fünf Minuten fortgesetztes Glühen ausreichend und entsprechend, doch erleidet die Regel mancherlei Ausnahmen, die unten bei den einzelnen Fällen besprochen werden sollen.

Ist zwischen Porzellan- und Platintiegel die Wahl gestattet, so greift man immer nach letzterem, weil er bei gleichem Inhalte von geringerem Gewicht, unzerbrechlich und leichter zum Glühen zu bringen ist. Man wähle dabei keinen zu kleinen Tiegel, weil bei Anwendung eines solchen weit leichter Verlust entsteht. In den meisten Fällen hat ein Tiegel von etwa 4 Cm. Höhe und 3,5 Cm. Durchmesser gerade die rechte Grösse. — Dass der Tiegel vollkommen rein sein müsse, innen wie aussen, versteht sich von selbst. Sollte es nicht der Fall sein und führt ein Auskochen mit Wasser, Salzsäure oder Natronlauge nicht zum Ziel, so schmelzt man im Tiegel etwas saures schwefelsaures Kali, schwenkt das Flüssige an den Wänden umher und kocht zuletzt den Tiegel nach dem Erkalten mit Wasser aus. Ist er aussen stark beschmutzt, so stellt man ihn entweder in einen grösseren, füllt den Zwischenraum mit saurem schwefelsaurem Kali aus und erhitzt zum Schmelzen, oder man legt ihn auf ein Platindreieck, erhitzt zum Glühen und bestreut ihn mit gepulvertem saurem schwefelsaurem Kali.

Ist der Tiegel rein, so stellt man ihn auf ein gleichfalls reines Dreieck von Platindraht, glüht, lässt unter dem Exsiccator erkalten und wägt. Es ist dies zwar nicht unerlässlich nöthig, aber gut, auf dass das Wägen des leeren und gefüllten Tiegels unter möglichst gleichen Umständen geschehe. — Man kann den leeren Tiegel allerdings auch n a c h dem Glühen des Niederschlags wägen, doch ist das Wägen v o r h e r meistens vorzuziehen.

Wir gehen nun zur Beschreibung der speciellen Methoden über.

§. 35.

Erste Methode (Glühen des Niederschlages mit dem Filter).

Man wendet dieselbe an, sofern durch Einwirkung der Kohle des Filters auf den Niederschlag eine Reduction desselben nicht zu befürchten ist und führt sie also aus:

Nachdem das Filter im Trichter vollkommen trocken geworden, biegt man die Wände desselben oben gegen einander, so dass sich der Niederschlag wie in einem kleinen Beutel befindet, setzt es in den Tiegel, bedeckt denselben und erhitzt über der Gas- oder Weingeistlampe mit doppeltem Luftzuge ganz gelinde, so dass das Filter langsam verkohlt,

139

nimmt nun den Deckel weg (der inzwischen zweckmässig auf eine Porzellanschale oder in einen Porzellantiegel gelegt wird), legt den Tiegel schief und erhitzt stärker, bis das Filter vollständig eingeäschert ist, bedeckt wieder, glüht, sofern nöthig, noch einige Zeit, lässt so weit erkalten, dass der Tiegel zwar noch heiss, aber nicht mehr glühend ist, bringt ihn mittelst einer geeigneten Zange von Messing[4] oder blankem Eisen (Fig. 36) unter den Exsiccator, lässt erkalten und bringt dann auf die Wage.

Fig. 36.

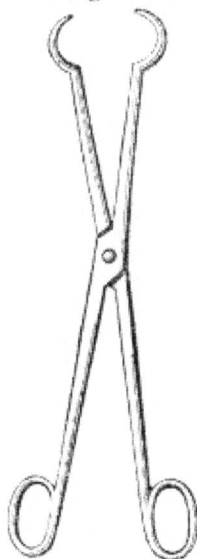

Fig. 37.

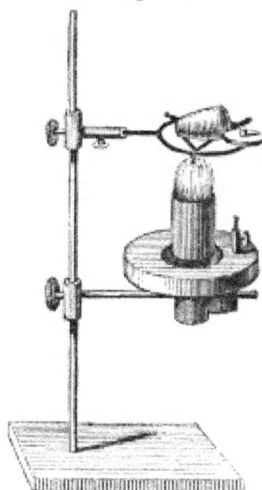

Verbrennt die Filterkohle schwierig, so hilft man sich, indem man mit einem glatten etwas dicken Platindraht die nicht verbrannten Theilchen dahin bringt, wo sie der Einwirkung der Hitze und der Luft am besten ausgesetzt sind. — Zur Mehrung des Luftstromes legt man auch wohl den Deckel in der Art an den Tiegel, wie es die Fig. 37 zeigt. — Sollten sich Kohletheilchen dem Verbrennen allzu hartnäckig widersetzen, so legt man auch wohl ein Stückchen geschmolzenes, trocknes salpetersaures Ammon in den Tiegel und erhitzt bei aufgelegtem Deckel anfangs gelinde, allmälig stark. — Lässt sich der Niederschlag seiner Hauptmasse nach leicht von dem Filter trennen, so ändert man das angegebene Verfahren zuweilen zweckmässig in der Art ab, dass man denselben in den Tiegel schüttet, dann das Filter sammt den noch daran hängenden Theilchen locker zusammenfaltet, es über den Niederschlag in den Tiegel bringt, im Uebrigen aber so verfährt, wie oben angegeben.

§. 36.

Zweite Methode (Gesondertes Glühen des Niederschlags und des Filters).

Man wendet dieselbe an, wenn man durch Einwirkung der Filterkohle auf den Niederschlag Reduction zu befürchten hat; auch wenn man den geglühten Niederschlag zu weiterer Untersuchung verwenden will, sofern dabei die Filterasche stören würde.

Man stellt den zur Aufnahme des Niederschlages bestimmten Tiegel auf einen Bogen Glanzpapier, nimmt das völlig trockne, den Niederschlag enthaltende Filter aus dem Trichter, drückt es über dem Bogen Papier gelinde zusammen, so dass sich der Niederschlag von dem Filter löst, und schüttet alsdann den Inhalt in den Tiegel. Die noch am Papiere haftenden Theile des Niederschlages löst man durch weiteres Drücken oder gelindes Aneinanderreihen des zusammengefalteten Filters so viel wie möglich ab und bringt sie gleichfalls in den Tiegel. Das Filter schneidet man alsdann mittelst einer reinen Scheere über dem Bogen Papier in 8 oder 10 Stückchen, erhitzt den Deckel des Tiegels über der Berzelius'schen Lampe zum Glühen und lässt eins der Filterstücke nach dem anderen darauf verbrennen, indem man sie mit einer Pincette darauf legt, zuletzt giebt man so lange gelinde Glühhitze, bis die letzte Spur Kohle verbrannt ist. — Ist der Tiegeldeckel gross und das Filter klein, so unterlässt man das Zerschneiden des letzteren besser, faltet es nur zusammen und verbrennt es so auf dem Deckel. Man stellt denselben alsdann auf einen Porzellantiegel und deckt ein Becherglas darüber.

Bei Niederschlägen, welche in dem Waschwasser nicht völlig unlöslich sind, wie z. B. das basisch phosphorsaure Bittererdeammon, in welchen Fällen demnach das Filter von einer, wenn auch überaus verdünnten, Salzlösung durchdrungen ist, gelingt ein ganz vollständiges Einäschern oft erst nach langer Zeit. Man kann es beschleunigen, wenn man mittelst eines glatten Platindrahtes oder eines dünnen Platinspatels die noch kohligen Theile durch gelindes Aufdrücken mit dem glühenden Deckel in innige Berührung bringt. Ein gewisses Maass von Geduld ist übrigens zu dieser Operation immer erforderlich. Es braucht kaum erwähnt zu werden, dass man sie an einem vor Zug geschützten Ort vornehmen muss, denn im anderen Falle wirbeln die halbverbrannten Filtertheilchen oft alle plötzlich in die Höhe.

Ist dieses Einäschern beendigt, so bringt man alle etwa auf den Bogen Glanzpapier gefallenen Theilchen des Niederschlages mit Hülfe einer kleinen glatt geschnittenen Federfahne in den Tiegel und glüht den Niederschlag so stark und lange als nöthig. Man bedeckt den Tiegel schliesslich mit seinem Deckel (wenn der oben angeführte zweite Zweck erreicht werden soll, natürlich in der Art, dass die Asche nicht in den Tiegel kommt), glüht noch einen Augenblick, lässt etwas abkühlen, bringt noch heiss unter den Exsiccator und wägt nach dem Erkalten. —

Ist ein zu wägender Niederschlag von der Art, dass sich seine Eigenschaften, z. B. seine Löslichkeit, durch Glühen wesentlich ändern, und soll der Niederschlag nach dem Wägen theilweise noch im ungeglühten Zustande verwendet werden, so kann man Trocknen und Glühen in folgender Weise verbinden. Man sammelt den Niederschlag auf einem bei 100° getrockneten Filter, trocknet ihn bei 100° und wägt (§. 33). Man schüttet alsdann einen beliebigen Theil des Niederschlages in einen gewogenen Tiegel, bestimmt erst seine Quantität, dann seine Gewichtsabnahme beim Glühen und berechnet dieselbe dann auf den ganzen Niederschlag.

§. 37.

5. Die Maassanalyse.

Aus dem Früheren ergiebt sich, dass die quantitative Bestimmung eines Körpers nach dem gewöhnlichen Verfahren, wonach er durch Abdampfung oder Fällung in eine wägbare Form übergeführt wird, immerhin eine ziemlich langwierige Arbeit ist, indem das Verdampfen, Absitzen, Filtriren, Auswaschen, Trocknen, Glühen, Wägen sämmtlich Operationen sind, welche ziemlich viel Zeit in Anspruch nehmen.

Man wendet daher in neuerer Zeit, namentlich bei Gehaltsbestimmungen für technische Zwecke, häufig Verfahrungsweisen mit bestem Erfolge an, bei denen alle oder fast alle diese Operationen vermieden werden, und die daher in weit kürzerer Zeit ausgeführt werden können.

Das Princip dieser Methoden wird uns am besten durch einige Beispiele klar.

Gesetzt, man hat sich eine Kochsalzlösung bereitet, welche in 100 Theilen 0,7307 Theile Chlornatrium enthält, so ist man im Stande, mit Hülfe derselben genau 1,3496 Grm. Silber aus seiner Lösung in Salpetersäure niederzuschlagen, denn das Aeq. des Chlornatriums ist 730,7, das des Silbers 1349,6. — Wägt man nun 1,3496 einer Legirung ab, welche aus Silber und Kupfer besteht und deren Silbergehalt unbekannt ist, löst vorsichtig in

Salpetersäure und tröpfelt von der obigen Chlornatriumlösung genau so lange zu, bis alles Silber ausgefällt ist, bis also ein weiterer Tropfen keinen Niederschlag mehr bewirkt, so erfährt man die Menge des Silbers einfach dadurch, dass man die Quantität der verbrauchten Chlornatriumlösung bestimmt. Hätte man z. B. 80 Theile gebraucht, so wäre der Silbergehalt der Legirung gleich 80 Proc.; denn da 100 Theile Chlornatriumlösung 1,3496 reines Silber, d. h. 100 procentiges ausfällen, so entspricht je ein Theil Chlornatriumlösung einem Procent Silber.

Jod und Schwefelwasserstoff können bekanntlich nicht neben einander bestehen, sie zerlegen sich sofort in S und Jodwasserstoff (J + SH = JH + S). Jodwasserstoff ist ohne Wirkung auf Stärkekleister, während die kleinste Spur freien Jods denselben blau färbt.

Bereitet man sich nun eine alkoholische Lösung, welche in 100 Theilen 7,463 Jod enthält, so kann man mit einer solchen genau 1 Grm. Schwefelwasserstoff zersetzen, denn

$$212,5 : 1586 = 1 : 7,463.$$

Denken wir uns jetzt eine Flüssigkeit von unbekanntem Schwefelwasserstoffgehalt; wir versetzen dieselbe mit ein wenig Stärkekleister und tröpfeln von der beschriebenen Jodlösung zu, so wird anfangs keine bleibende Färbung eintreten, so lange nämlich Jod und Schwefelwasserstoff sich noch gegenseitig zersetzen, plötzlich aber wird die Flüssigkeit blau werden von gebildetem Jodamylum. Wir wissen jetzt, dass aller Schwefelwasserstoff zersetzt ist, und finden dessen Menge leicht aus der Quantität der verbrauchten Jodlösung; denn da 100 Theile 1,00 Grm. Schwefelwasserstoff entsprechen, so entsprechen 50, welche beispielsweise verbraucht sein sollen, 0,50 Schwefelwasserstoff.

Das Wesen dieser Verfahrungsweisen besteht also darin, dass man irgend eine chemische Zersetzung vornimmt, deren Beendigung sich auf eine augenfällige Art erkennen lässt, — dass man diese Zersetzung ausführt mit Hülfe einer Flüssigkeit, deren Wirkungswerth aufs Genaueste bekannt ist und zwar so, dass man die Menge der verbrauchten mit Genauigkeit bestimmen kann.

Ob man diese Quantitätsbestimmung durch Wägen oder Messen ausführt, ist dabei an und für sich ganz gleichgültig. Da man sie aber der Zeitersparniss und Bequemlichkeit halber meistens durch Abmessen bestimmt, so fasst man die Gesammtheit dieser Methoden in der Regel unter dem Namen M a a s s a n a l y s e n zusammen.

Die Ausführung derselben im Einzelnen wird unten besprochen werden; hier will ich nur kurz hervorheben, von welchen Umständen die Genauigkeit der sogenannten Maassanalysen abhängt. Es sind dies folgende Punkte:

a) Die Zersetzung, auf deren Vollführung die Analyse beruht, muss sich stets gleich bleiben; es muss somit z. B. ein sich bildender Niederschlag genau dieselbe Zusammensetzung haben, ob er sich nun anfangs, bei noch vorhandenem Vorwalten einer Substanz, oder zuletzt bildet, wo dies nicht mehr stattfindet.

b) Die Beendigung der Zersetzung muss sich auf eine recht empfindliche, augenfällige und zweifellose Art zu erkennen geben.

c) Die zersetzende Flüssigkeit muss sich aufs Genaueste bereiten lassen, sei es nun, dass man eine abgewogene Menge einer Substanz von genau bekannter Beschaffenheit und Zusammensetzung in einem bestimmten Volumen Flüssigkeit löst, — sei es, dass man anfangs eine Lösung von nur annähernd bekannter Zusammensetzung herstellt, ihren Gehalt durch Versuche ermittelt und sie alsdann auf die gewünschte Verdünnung bringt. — Hält sich die einmal hergestellte Probeflüssigkeit unverändert, so ist dies ein grosser Vorzug derselben; denn sonst ist man bei jeder Analyse genöthigt, ihren Gehalt durch einen besonderen Versuch aufs Neue zu bestimmen.

d) Die Quantitätsbestimmung muss eine möglichst scharfe sein. Um in dieser Richtung das Mögliche zu leisten, stellt man sich bei genauen Maassanalysen ausser der eigentlichen Probeflüssigkeit noch eine zehnmal verdünntere dar, indem man 1 Thl. der ersten mit 9 Thln. Wasser, Weingeist oder dergl. mischt. Man vollbringt nun mit einer aufs Genaueste abgemessenen Menge der concentrirteren Lösung die Zersetzung nur beinahe und beendigt sie mit der verdünnteren. Man vermeidet so leicht nicht allein ein Zusetzen in zu grossem Ueberschuss, sondern gewinnt auch in Hinsicht auf genaues Messen.

e) Die Zersetzung muss so stattfinden und geleitet werden, dass von dem wirkenden oder gegenwirkenden Agens nichts verloren geht.

Fußnoten:

[1] Eine meiner Wagen (von dem verstorbenen ausgezeichneten Mechanicus H o s s in Giessen) hat die sehr zu empfehlende Einrichtung, dass durch e i n e Arretirung der Balken gehoben wird, während durch eine z w e i t e selbstständige, von der Seite zu regulirende, die Schalen von unten gestützt werden können. Die auf- und abgehenden Stützen sind oben mit gekreuzten Seidenbändern versehen und bewegen sich so stet, dass bei vorsichtiger Aufhebung der Arretirung die Schalen nicht schwanken. — Diese Einrichtung bietet erstens beim Auflegen des zu Wägenden und der Gewichte grosse Annehmlichkeit, gewährt den Vortheil, dass alles Schwanken der Schalen sogleich aufgehoben werden kann, und die Bequemlichkeit, dass man bei wiederholten Wägungen eines und desselben Körpers die Gewichte auf der Wagschale lassen kann, ohne der Wage zu schaden.

[2] Eine genaue Darstellung von B u n s e n's Methode findet sich im Handwörterbuch der Chemie von L i e b i g, P o g g e n d o r ff und W ö h l e r, II, 1053 (Artikel Eudiometer von K o l b e). Wer sich mit Gasanalysen beschäftigen will, wird daraus den grössten Nutzen ziehen.

[3] In meinem Laboratorium dienen zum Abdampfen bei quantitativen Analysen besondere Abdampfschränke. Dieselben bestehen ganz aus nicht angestrichenem Holze und haben vorn Glasfenster, welche sich entweder hinaufschieben oder nach Art gewöhnlicher Fenster öffnen lassen. Das von drei Seiten schief zulaufende Holzdach geht in einen hölzernen Canal über, welcher in den Schornstein führt. Etwa ½ Fuss unter der unteren Oeffnung dieses Canales befindet sich auf einem hölzernen Träger eine Schale, welche die Bestimmung hat, Flüssigkeit aufzufangen, die sich etwa in dem Canal verdichtet und die sonst heruntertropfen würde.

[4] Umfasst man den noch glühenden Tiegel mit der Messingzange, so erhält er leicht schwarze Ringe.

Zweiter Abschnitt.
Die Reagentien.

§. 38.

Hinsichtlich dessen, was von den Reagentien im Allgemeinen zu sagen ist, verweise ich auf das in meiner „Anleitung zur qualitativen Analyse" dem gleichnamigen Abschnitte Vorausgeschickte. Hier sollen nur die zur Gewichtsbestimmung oder Trennung der Körper hauptsächlich in Anwendung kommenden chemischen Substanzen mit Angabe ihrer Darstellung und Prüfung, sowie mit Hervorhebung der wichtigsten Zwecke, zu denen sie dienen, aufgeführt werden. — Da die meisten derselben auch bei der qualitativen Analyse in Anwendung kommen und demnach in Bezug auf die angeführten Punkte bereits abgehandelt sind, so genügt es bei sehr vielen derselben, nur die Namen zu nennen. — Wir behalten die bei der qualitativen Analyse aufgestellte Eintheilung der Reagentien zur Erleichterung der Uebersicht auch hier bei, wenngleich die Mangelhaftigkeit dieser wie jeder anderen Eintheilung der Reagentien leicht in die Augen fällt. — Solche Reagentien, welche — wie z. B. die bei Maassanalysen nöthigen Probeflüssigkeiten — bloss zu einem ganz speciellen Zwecke dienen, werden auch in Bezug auf ihre Bereitung und Prüfung erst da besprochen, wo von ihrer Anwendung die Rede ist.

A. Reagentien auf nassem Wege.

I. Allgemeine Reagentien.

a. Solche, welche vorzugsweise als einfache Lösungsmittel gebraucht werden.

§. 39.

1. Destillirtes Wasser (s. qual. An.).

Man sehe wohl darauf, dass es hinlänglich rein sei. — Aus Glasgefässen destillirtes Wasser ist zu manchen

Zwecken, z. B. zur genauen Bestimmung der Löslichkeit schwer löslicher Substanzen, nicht anwendbar, indem es beim Abdampfen ein wenig Rückstand hinterlässt (vergl. Vers. Nr. 5). Zu manchen Anwendungen muss das Wasser durch Auskochen von Luft und Kohlensäure befreit werden.

2. A l k o h o l (s. qual. An.).

Man bedarf sowohl absoluten Alkohols, als auch wasserhaltigen Weingeistes von verschiedener Stärke.

3. A e t h e r.

Man kann den gewöhnlichen officinellen Aether geradezu gebrauchen. — Er findet als Lösungsmittel höchst beschränkte Anwendung. Häufiger wird er dem Weingeist zugemischt, um dessen Auflösungsfähigkeit für gewisse Körper (z. B. Platinsalmiak) zu vermindern.

b. Solche, welche vorzugsweise als chemische Lösungsmittel gebraucht werden.

§. 40.

1. C h l o r w a s s e r s t o ff s ä u r e (s. qual. An.).

Zu den meisten Zwecken genügt eine Säure von 1,12 specif. Gew., — in manchen Fällen bedarf man einer stärkeren.

2. S a l p e t e r s ä u r e (s. qual. An.).

Zu den meisten Zwecken genügt eine Säure von 1,2 specif. Gew.

3. S a l p e t r i g e   S a l p e t e r s ä u r e (rothe rauchende Salpetersäure)

Bereitung. Man bringt in eine geräumige Retorte 2 Theile reinen, trocknen Salpeter, giesst durch den Tubulus, oder (sofern man eine nicht tubulirte Retorte genommen hat) mittelst eines langen, unten gebogenen Trichterrohrs durch den Hals derselben, vorsichtig, und so, dass dieser nicht beschmutzt wird, 1 Thl. Schwefelsäurehydrat darauf, verbindet die in ein Sandbad eingesetzte Retorte, nicht völlig luftdicht, mit einer Vorlage und destillirt bei allmälig verstärktem Feuer und gut abgekühlter Vorlage bis zur Trockne.

Prüfung. Die rothe rauchende Salpetersäure muss möglichst concentrirt und völlig frei von Schwefelsäure sein.

Anwendung. Sie dient als kräftiges Oxydations- und Auflösungsmittel, namentlich zur Ueberführung des Schwefels und der Schwefelmetalle in Schwefelsäure und schwefelsaure Salze.

4. K ö n i g s w a s s e r (s. qual. An.).

5. E s s i g s ä u r e (s. qual. An.).

6. C h l o r a m m o n i u m (s. qual. An.).

c. Solche, welche vorzugsweise zur Abscheidung von Körpergruppen dienen, oder überhaupt allgemeinere Anwendung finden.

§. 41.

1. S c h w e f e l s ä u r e.

a. C h e m i s c h r e i n e c o n c e n t r i r t e.

Bereitung. Man bringe in eine, mit einem Teige von Lehm und Kuhhaaren beschlagene, Glasretorte 3 oder 4 Pfund englische Schwefelsäure, werfe einen zusammengewickelten Platindraht oder einige Platinschnitzel hinein, setze sie tief in einen mit einer Kuppel zu bedeckenden Windofen, senke ihren Hals bis in den Bauch einer Vorlage, ohne zu lutiren, und erhitze alsdann den Inhalt der Retorte zum Kochen, indem man sie allmälig mit bereits glühenden Kohlen umgiebt. Man regulirt im Verlauf der Operation das Feuer so, dass die Retorte hauptsächlich von oben und neben und weniger von unten erhitzt wird. Verfährt man genau nach der angegebenen Vorschrift, so geht die Destillation ruhig und gefahrlos von Statten. Die zuerst übergehende Säure ist salpetersäurehaltig. Man wechselt daher zur Gewinnung völlig reiner Säure nach einiger Zeit die Vorlage und destillirt alsdann, bis etwa ¾ der angewendeten Säure übergegangen sind. — Zieht man es vor, die Retorte im Sandbade zu erhitzen, so setzt man sie in der Art ein, dass auf dem Boden der Kapelle sich viel Sand befindet, zwischen den Wänden der Retorte und der Kapelle dagegen nur ein kleiner Zwischenraum vorhanden ist. Man überschüttet die Retorte alsdann mit Sand, giebt dem Halse eine möglichst geneigte Lage und destillirt wie oben. Man kann auf diese letztere Art 10 Pfund Schwefelsäure und mehr ohne Gefahr destilliren.

Prüfung. Die reine Schwefelsäure darf, in einem reinen Platingefässe verdampft, keinen Rückstand lassen; wegen weiterer Prüfung s. qual. An.

b. Gewöhnliche englische Schwefelsäure.

c. Verdünnte Schwefelsäure aus 1 Thl. concentrirter (je nach Umständen reiner oder gewöhnlicher) Säure und 5 Thln. Wasser zu bereiten.

Die mannigfachen Zwecke, zu denen die Schwefelsäure in der Analyse angewendet wird, sind bereits in der qual. An. angeführt.

Ob man sich der reinen Säure bedienen müsse, oder ob auch unreine genommen werden könne, lehrt die Betrachtung der Umstände in jedem einzelnen Falle leicht.

2. Schwefelwasserstoff.

a. Schwefelwasserstoffgas. Dasselbe wird, bei

seltnerem Gebrauche und wenn nur verhältnissmässig geringe Mengen verwendet werden, in den Apparaten dargestellt, welche in der Anl. zur qual. An. angegeben und abgebildet sind (das Röhrchen von vulcanisirtem Kautschuk *c* in Fig. 8 ersetzt man zweckmässig durch einen kleinen messingenen Gashahn, welcher durch Röhrchen von vulcanisirtem Kautschuk mit den Glasröhren verbunden wird). Für grössere Laboratorien dagegen oder für diejenigen Chemiker, welche oft und viel mit Schwefelwasserstoff zu fällen haben, empfehle ich den von mir neu construirten Apparat von Blei, welchen ich in meinem Laboratorium mit dem besten Erfolge anwende[5].

abcd und *efgh* sind zwei gleich grosse cylindrische Gefässe von Blei, mit reinem Blei gelöthet. (Bei meinem Apparat beträgt der Durchmesser 30, die Höhe 33 Cm.), *i* ist ein Siebboden von Blei, welcher 4–5 Cm. vom wahren Boden entfernt ist und auf Bleifüssen ruht, die ihn sowohl an den Seiten, als namentlich auch in der Mitte stützen. Die zahlreichen Löcher im Siebboden haben einen Durchmesser von 1½ Millimeter. Bei *k* befindet sich die Oeffnung zum Einfüllen des Schwefeleisens. Sie hat bei meinem Apparat einen Durchmesser von 7 Cm. und wird dadurch verschlossen, dass auf den breit abgedrehten Rand eine gefettete Lederscheibe und auf diese der breite Rand des glatt abgedrehten Deckels mittelst dreier Flügelschrauben von Eisen oder Messing aufgepresst wird. *l* stellt die Oeffnung zum Ablassen der Eisenvitriollösung dar. Man erkennt aus der Zeichnung, dass dieselbe an einer etwas vertieften Stelle des Bodens *gh* angebracht ist. Die Oeffnung hat im Durchmesser 3 Cm. Sie wird dadurch geschlossen, dass auf ihren glatt abgedrehten breiten Bleirand ein glatt abgedrehter breiter und dicker Bleideckel mittelst einer Flügelschraube aufgepresst wird. Der Bügel, in welchem deren Mutter sitzt, ist beweglich und schlägt sich so herunter, dass derselbe von dem Strome der ausfliessenden Flüssigkeit beim Entleeren derselben nicht getroffen wird. Die Einrichtung des Füllrohrs m ergiebt sich aus der Zeichnung, ebenso die des Rohres dh, welches bestimmt ist, die Säure aus dem oberen Gefässe in das untere und aus diesem in jenes zu führen. — Man beachte, dass sie in die vertiefte Stelle des Bodens gh ragt, aber nicht ganz auf dem Boden aufsteht. Das Rohr ce ist oben verschlossen und communicirt somit in keiner Art mit dem oberen Gefässe. Es ist bestimmt, das in $efgh$ entwickelte Gas durchzulassen und zu dem Ende mit dem durch den Hahn n abschliessbaren Seitenrohre o versehen. Das Rohr q ist unten und oben verschlossen und dient nur als Träger. Die Röhren an meinem Apparat haben 16 MM. im Lichten.

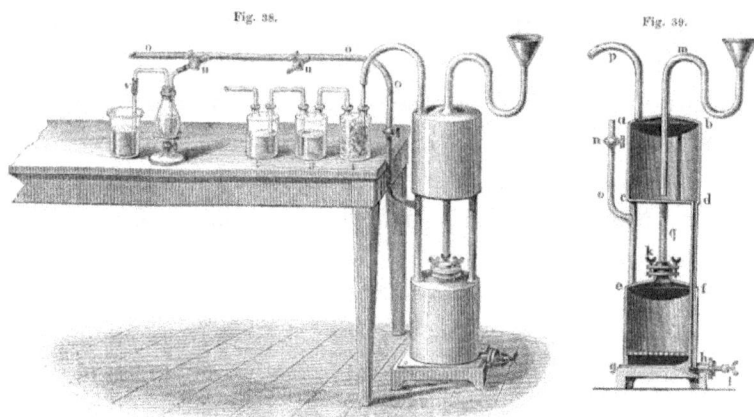

Fig. 38.   Fig. 39.

Die Füllung geschieht auf folgende Art (die Quantitäten beziehen sich auf einen Apparat von den angegebenen Dimensionen): Man bringt durch die Oeffnung k 3,3 Kilogramm geschmolzenes Schwefeleisen in groben Stücken auf den Siebboden i, verschraubt k und l sorgfältig, schliesst den Hahn n und giesst durch den Trichter von m erst 7 Liter Wasser, dann 1 Liter concentrirte englische Schwefelsäure, endlich nochmals 7 Liter Wasser. Die in $abcd$ enthaltene Luft

153

entweicht bei dem Einfüllen durch *p*, auch wenn dies schon mit den Flaschen *r*, *s*, *t* verbunden ist.

Oeffnet man jetzt den Hahn *n* und einen der Hähne *u*, so fliesst die Säure durch das Rohr *dh* nach *efgh*. Aus *o* entweicht anfangs Luft, später Schwefelwasserstoffgas. Wie man aus der Figur ersieht, biegt sich das Rohr *o* bald und geht wagerecht weiter. Man bringt an demselben nun so viel Hähne *uu* an, als man will. Die Hähne sind gewöhnliche, gut eingeschliffene messingene Gashähne. Man verbindet sie mit einer kleinen Waschflasche. An dem aus dieser ausführenden Glasrohre bringt man bei *v* ein vulcanisirtes Kautschukröhrchen an, auf dass das Glasrohr, welches in die zu fällende Flüssigkeit reicht, gerade sein kann, wodurch dessen Reinigung sehr erleichtert wird. Dreht man nun einen der Hähne *u* auf (der Haupthahn *n* muss natürlich auch geöffnet sein), so erhält man tagelang einen ganz constant bleibenden Gasstrom in jeder beliebigen Stärke. Schliesst man die Hähne *u* alle, so drückt das in *efgh* entwickelte Gas die Säure durch *hd* hinauf und die Entwickelung hört auf.

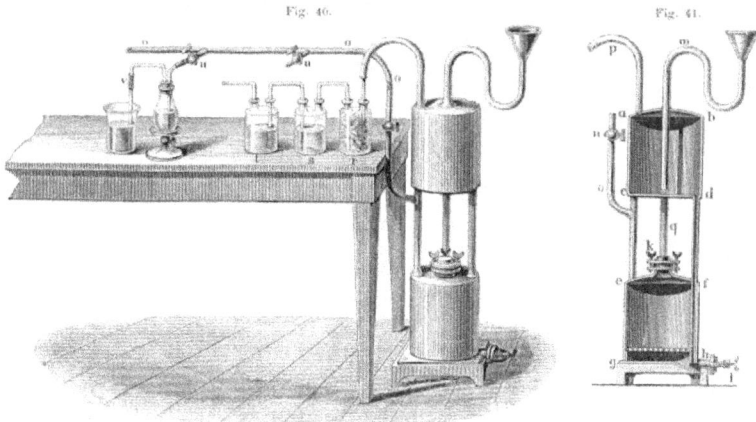

Fig. 40. Fig. 41.

Letzteres geschieht jedoch nicht momentan, denn das Schwefeleisen ist noch mit Säure befeuchtet, auch lösen sich immer kleine Partikelchen desselben ab, fallen durch das Sieb und bleiben so mit dem Rest der Säure in Berührung, welcher den Boden *gh* befeuchtet. Da nun durch *o* kein Gas mehr entweichen kann, so drückt das Gas die Flüssigkeit in *hd* in die Höhe, gluckt durch die in *abcd* enthaltene Säure und entweicht durch *p*. Damit nun dieses Gas nicht verloren geht und die Luft verpestet, sind die Flaschen *r*, *s*, *t* angebracht, *r* enthält Baumwolle und vertritt die Stelle einer Waschflasche (aus einer gewöhnlichen mit Wasser gefüllten würde das Wasser sehr bald zurücksteigen), *s* und *t* sind mit Salmiakgeist gefüllt, doch nur so weit, dass dessen Menge sowohl von *s* wie von *t* völlig aufgenommen werden kann; denn bei dem bald vorhandenen, bald nachlassenden Gasdruck steigt die Flüssigkeit bald von *s* nach *t*, bald wieder von *t* nach *s*. Man erkennt, dass man in diesen Flaschen nebenbei Schwefelammonium erhält.

Hört die Gasentwickelung endlich auf, so ist die Säure verbraucht, nicht aber das Schwefeleisen, denn dieses reicht für die doppelte Säuremenge hin. Man lässt daher die Eisenvitriollösung ab und füllt Wasser und Säure ein, wie oben angegeben.

b. S c h w e f e l w a s s e r s t o f f w a s s e r (s. qual. An.).

3. S c h w e f e l w a s s e r s t o f f -
S c h w e f e l a m m o n i u m (s. qual. An.).

4. S c h w e f e l w a s s e r s t o f f - S c h w e f e l n a t r i u m (s. qual. An.).

5. K a l i u n d N a t r o n (s. qual. An.).

Man kommt in den Fall, die drei Sorten der dort angegebenen Aetzlaugen zu gebrauchen, d. h. gewöhnliche Natronlauge, mit Alkohol gereinigtes und mit Baryt bereitetes Kalihydrat.

6. K o h l e n s a u r e s N a t r o n (s. qual. An.).

Man gebraucht es sowohl in Lösung, wie auch in reinen Krystallen. Letztere wendet man an, wenn man in einer Flüssigkeit einen Säureüberschuss abstumpfen will, ohne sie allzusehr zu verdünnen.

7. A m m o n (s. qual. An.).

8. K o h l e n s a u r e s A m m o n (s. qual. An.).

9. C h l o r b a r y u m (s. qual. An.).

10. S a l p e t e r s a u r e r B a r y t (s. qual. An.).

11. C y a n k a l i u m (s. qual. An.).

Es dient in der quantitativen Analyse in ausgedehnter Weise zur Scheidung der Metalle von einander. — Die erforderliche wässerige Lösung bereitet man sich erst vor dem jedesmaligen Gebrauche.

12. S a l p e t e r s a u r e s S i l b e r o x y d (s. qual. An.).

13. C h l o r (s. qual. An.).

II. B e s o n d e r e R e a g e n t i e n a u f n a s s e m W e g e.

a. Solche, welche vorzugsweise zur Bestimmung oder Abscheidung einzelner Basen dienen.

§. 42.

1. P h o s p h o r s a u r e s A m m o n.

Bereitung. Man versetzt reine aus Phosphor dargestellte verdünnte Phosphorsäure von 1,13 specif. Gew. (officinelle Phosphorsäure) mit der gleichen Menge Wasser, fügt reines Ammon zu bis zur stark alkalischen Reaction, lässt längere Zeit stehen, filtrirt, wenn nöthig, und hebt zum Gebrauche auf.

Das phosphorsaure Ammon sei frei von Arseniksäure, Salpetersäure und Schwefelsäure, namentlich aber von Kali oder Natron. Um es in letzterer Beziehung zu prüfen, setzt man so lange reine Bleizuckerlösung zu, als noch ein Niederschlag entsteht, filtrirt, fällt den Bleiüberschuss mit Schwefelwasserstoff, filtrirt, verdampft zur Trockne und glüht. Bleibt ein in Wasser löslicher, alkalisch reagirender Rückstand, so war Kali oder Natron zugegen.

In den meisten Fällen kann statt des phosphorsauren Ammons phosphorsaures Natron (s. qual. An.) angewendet werden.

2. Oxalsaures Ammon (s. qual. An.).

3. Bernsteinsaures Ammon.

Bereitung. Man sättigt, durch Umkrystallisiren aus Salpetersäure gereinigte, Bernsteinsäure mit verdünntem Ammon möglichst genau, in der Art, dass die Reaction eher ein wenig alkalisch, als sauer ist.

Anwendung. Es dient zuweilen zur Fällung des Eisenoxyds bei Scheidungen.

4. Barytwasser (s. qual. An.).

5. Kohlensaurer Baryt (s. qual. An.).

6. Schwefelsaures Eisenoxydul (s. qual. An.).

7. Quecksilberoxyd (s. qual. An.).

Es dient in der quantitativen Analyse namentlich zur Zerlegung des Chlormagnesiums, behufs der Trennung der Magnesia von den Alkalien. Es darf beim Glühen keinen Rückstand lassen.

8. Quecksilberchlorid (s. qual. An.).

9. Zinnchlorür (s. qual. An.).

10. Goldchlorid (s. qual. An.).

11. Platinchlorid (s. qual. An.).

12. K i e s e l f l u o r w a s s e r s t o f f s ä u r e (s. qual. An.).

13. W e i n s t e i n s ä u r e (s. qual. An.).

14. S c h w e f l i g s a u r e s   N a t r o n (s. qual. An.).

15. K u p f e r.

Darstellung. Das im Handel vorkommende Kupfer ist (mit Ausnahme des japanischen, welches man nicht immer haben kann) zu analytischen Zwecken häufig nicht rein genug. Man stellt sich daher das reine Kupfer am besten selbst dar, und zwar nach F u c h s am bequemsten, indem man Kupfervitriollösung durch blankes Eisen fällt, das niedergeschlagene Kupfer durch Auskochen mit Salzsäure von Eisen befreit, wäscht, trocknet und zusammenschmilzt. Den erhaltenen Regulus lässt man zu dünnem Blech auswalzen.

Prüfung. Reines Kupfer muss sich in Salpetersäure klar lösen, die Lösung darf nach Zusatz von überschüssigem Ammon auch nach längerem Stehen keinen Niederschlag (Eisen, Blei etc.), eben so wenig durch Salzsäure eine Trübung (Silber) geben. Schwefelwasserstoff muss daraus alles Fixe vollständig ausfällen.

Anwendung. Es dient in einigen Fällen zur indirecten Analyse, so zur Bestimmung des Kupfergehaltes einer Flüssigkeit, zur Bestimmung des Eisenoxyduls neben Eisenoxyd etc.

    b. Solche, welche vorzugsweise zur Bestimmung oder Abscheidung einzelner Säuren dienen.

§. 43.

1. E s s i g s a u r e s   N a t r o n (s. qual. An.).

2. M o l y b d ä n s a u r e s   A m m o n.

Darstellung. Man löst ein Theil Molybdänsäure, deren Bereitung in der Anl. zur qual. An. beschrieben ist, in 8

158

Thln. Ammon und fügt 30 Thle. Salpetersäure zu. Die klare Flüssigkeit bewahrt man in wohl verschlossenem Glase zum Gebrauche auf.

Anwendung. Das mit Salpetersäure übersättigte molybdänsaure Ammon dient in einigen schwierigeren Fällen zur Abscheidung der Phosphorsäure.

3. C h l o r c a l c i u m (s. qual. An.).

4. F l u o r c a l c i u m.

Man gebraucht dasselbe in der quantitativen Analyse erstlich zur Austreibung und Bestimmung der Borsäure. Zu diesem Zwecke kann nur völlig reiner, kieselsäurefreier Flussspath (wie der von Derbyshire) angewendet werden. Ausserdem braucht man unreineren Flussspath zur Entwicklung von Fluorwasserstoffsäure behufs der Zerlegung von Silicaten.

Prüfung. Man überzeugt sich im Zweifelsfalle am sichersten von der Reinheit des Flussspathes durch eine Analyse desselben, d. h. durch wiederholte Behandlung einer gewogenen Menge des höchst fein gepulverten Flussspathes mit reiner concentrirter Schwefelsäure in einem Platintiegel bei gelinder, allmälig zum Glühen gesteigerter Hitze, bis das Gewicht des Rückstandes constant bleibt. Erhält man die berechnete Menge Gyps, so ist der Flussspath rein.

5. S c h w e f e l s a u r e M a g n e s i a (s. qual. An.).

6. E i s e n c h l o r i d (s. qual. An.).

7. B l e i o x y d.

Man fällt reines salpetersaures oder essigsaures Bleioxyd mit kohlensaurem Ammon, wäscht den Niederschlag aus, trocknet und glüht ihn bis zu vollständiger Zersetzung gelinde.

Das Bleioxyd wird öfters angewendet, um eine Säure in der Art zu fixiren, dass sie auch in der Glühhitze nicht ausgetrieben wird.

8. Neutrales essigsaures Bleioxyd (s. qual. An.).

9. Natrium-Palladiumchlorür (s. qual. An.).

B. Reagentien auf trocknem Wege.

§. 44.

1. Kohlensaures Natron (s. qual. An.).

2. Kohlensaures Natron-Kali (s. qual. An.).

3. Barythydrat (s. qual. An.).

4. Saures schwefelsaures Kali.

Bereitung. Man rührt 87 Thle. neutrales schwefelsaures Kali (Bereit. s. qual. An.) in einem Platintiegel mit 49 Thln. reinem Schwefelsäurehydrat zusammen, erhitzt zum gelinden Glühen, bis die Masse gleichförmig und wasserhell fliesst, giesst sie sodann in eine in kaltem Wasser stehende Platinschale, einen Porzellanscherben oder dergl. aus, zerschlägt sie und bewahrt sie zum Gebrauche auf.

Anwendung. Dient zum Aufschliessen einiger in der Natur vorkommender Thonerde- und Chromoxydverbindungen. Zum Reinigen der Platintiegel bedient man sich des weniger reinen Salzes, welches man bei der Darstellung der gewöhnlichen Salpetersäure als Nebenproduct gewinnt.

5. Salpetersaures Kali (s. qual. An.).

6. Salpetersaures Natron (s. qual. An.).

7. Kohlensaures Ammon (festes).

Bereitung s. qual. An. — Es dient zur Ueberführung der sauren schwefelsauren Alkalien in neutrale. Man achte wohl darauf, dass es beim Erhitzen in einem Platinschälchen sich ganz vollständig verflüchtigen muss.

8. B o r a x (geschmolzener).

Man erwärme krystallisirten Borax (Bereit. s. qual. An.) in einer Platin- oder Porzellanschale, bis er sich nicht mehr weiter aufbläht, zerreibe die lockere Masse und erhitze das Pulver in einem Platintiegel, bis es zu einer klaren Masse geschmolzen ist. Man giesse die zähflüssige auf einen Porzellanscherben aus. Besser schmelzt man den Borax in einem Netz von Platindraht, indem man die Flamme des Gasgebläses darauf richtet. Die Tropfen sammelt man in einer Platinschale. Das Boraxglas bewahre man in einem gut verschlossenen Glase auf.

Anwendung. Es dient zur Austreibung der Kohlensäure und anderer flüchtiger Säuren in der Glühhitze.

9. W a s s e r s t o f f g a s .

Bereitung. Man entwickelt dasselbe aus granulirtem Zink mit verdünnter Schwefelsäure. — Völlig rein wird es erhalten, wenn man es zuerst durch eine lange Glasröhre, welche mit Sublimatlösung getränkte Baumwolle enthält, dann durch Kalilauge, endlich durch Schwefelsäurehydrat streichen lässt. Eine solche Reinigung ist jedoch in den meisten Fällen nicht erforderlich, sondern es genügt, das Gas, indem man es durch Schwefelsäure oder durch ein Chlorcalciumrohr leitet, zu trocknen.

Prüfung. Reines Wasserstoffgas ist geruchlos. Es muss mit farbloser, nicht leuchtender Flamme brennen. Die Flamme darf, durch eine hineingehaltene Porzellanschale abgekühlt, auf diese Nichts, als reines (nicht sauer reagirendes) Wasser absetzen.

Anwendung. Das Wasserstoffgas findet ziemlich häufige Anwendung zur Ueberführung von Oxyden, Chloriden,

Sulphiden etc. in Metalle.

10. C h l o r.

Darstellung s. qual. An. — Man reinigt und trocknet das Chlorgas, indem man es durch eine, concentrirte Schwefelsäure enthaltende, Waschflasche (wohl auch noch durch ein Chlorcalciumrohr) streichen lässt.

Anwendung. Es dient hauptsächlich zur Erzeugung von Chloriden und somit zur Trennung der flüchtigen von den nichtflüchtigen; ferner zur Austreibung und indirecten Bestimmung des Broms und Jods.

C. Reagentien zur organischen Elementaranalyse.

§. 45.

1. K u p f e r o x y d.

Bereitung. Man rührt in einer Porzellanschale reinen Kupferhammerschlag mit reiner Salpetersäure zu einem dicken Brei an, erwärmt, nach vorübergegangenem Aufbrausen, auf dem Sandbade gelinde und lässt auf demselben völlig eintrocknen. Man nimmt alsdann das erhaltene grüne basische Salz heraus und erhitzt es in einem hessischen Tiegel bei mässiger Rothglühhitze, bis keine Dämpfe von Untersalpetersäure mehr entweichen, wovon man sich schon durch den Geruch, genauer aber auf die Art überzeugt, dass man eine herausgenommene Probe in einem mit dem Finger verschlossenen Probecylinder zum Glühen erhitzt und dann der Länge nach hindurchsieht. — Die gleichmässigere Zersetzung des im Tiegel befindlichen Salzes wird befördert, wenn man dasselbe von Zeit zu Zeit mit einem heissen Glasstabe umrührt. — Nachdem der Tiegel halb erkaltet ist, führt man das zusammengebackene Oxyd in ein mässig feines Pulver über, indem man es in einem

Messing- oder Porzellanmörser zerreibt und durch ein Blechsieb schlägt, und bewahrt es in einem wohl verschlossenen Glase zum Gebrauche auf. Es ist zu empfehlen, einen kleinen Theil des Oxyds im Tiegel zu lassen und denselben von Neuem einer möglichst heftigen Hitze auszusetzen. Man hebt diesen Theil besonders auf. Er wird nicht fein zerrieben, sondern nur zu kleinen Stückchen zerklopft.

Prüfung. Das Kupferoxyd muss ein dichtes, schweres, tief schwarzes, sandig anzufühlendes Pulver darstellen, beim Glühen keine Untersalpetersäure oder (durch eingemengte Kohlentheilchen oder Staub bedingt) Kohlensäure liefern und an Wasser Nichts abgeben. — Das heftig geglühte Oxyd sei hart und grauschwarz.

Anwendung. Das Kupferoxyd dient zur Oxydation des Kohlenstoffs und Wasserstoffs der organischen Substanzen. Es wird dabei, indem es je nach den Umständen seinen Sauerstoff theilweise oder ganz verliert, zu Oxydul oder Metall reducirt. Das heftig geglühte ist bei Analysen von flüchtigen Flüssigkeiten von grossem Nutzen.

NB. Das gebrauchte Kupferoxyd wird wieder brauchbar gemacht, indem man es von Neuem mit Salpetersäure oxydirt etc. Enthält es alkalische Salze, so digerirt man es zuvor mit ganz verdünnter kalter Salpetersäure und wäscht es alsdann mit Wasser aus.

2. Chromsaures Bleioxyd.

Bereitung. Man fällt eine, mit Essigsäure ein wenig sauer gemachte, klar filtrirte Lösung von Bleizucker mit saurem chromsaurem Kali, so dass dieses gelinde vorwaltet, wäscht den Niederschlag durch Decantation, zuletzt auf einem leinenen Seihetuche vollständig aus, trocknet ihn, füllt ihn in einen hessischen Tiegel und erhitzt diesen zum lebhaften Glühen, bis die Masse geschmolzen ist. Man giesst dieselbe auf eine Stein- oder Eisenplatte aus, zerstösst, zerreibt, siebt durch ein feines Blechsieb und hebt das ziemlich feine Pulver zum Gebrauche auf.

Prüfung. Das chromsaure Bleioxyd stellt ein schmutzig gelbbraunes, schweres Pulver dar. Es darf beim Glühen keine Kohlensäure entwickeln (sonst enthält es organische Materien, Staub etc. beigemischt), an Wasser darf es Nichts abgeben.

Anwendung. Das chromsaure Bleioxyd dient, ebenso wie das Kupferoxyd, zur Verbrennung organischer Substanzen. Es geht dabei in Chromoxyd und basisch chromsaures Bleioxyd über. Dieselbe Zersetzung erleidet es unter Entwicklung von Sauerstoffgas, wenn es für sich über seinen Schmelzpunkt hinaus erhitzt wird. Der Umstand, dass das chromsaure Bleioxyd in der Glühhitze schmilzt, bedingt, dass es bei schwer verbrennlichen Substanzen als Oxydationsmittel dem Kupferoxyde vorzuziehen ist.

NB. Einmal gebrauchtes chromsaures Bleioxyd lässt sich ohne Anstand zum zweiten Male anwenden. Man schmelzt es zu diesem Behufe (wenn nöthig, nach vorhergegangenem Auswaschen) von Neuem und verfährt wie oben.

3. Chlorsaures Kali.

Das käufliche ist hinlänglich rein. Man erhitzt es in einem Platin- oder Porzellanschälchen bis eben zum vollständigen Schmelzen, giesst die geschmolzene Masse auf einen Porzellanscherben aus, zerschlägt sie noch heiss in kleine Stückchen und bewahrt diese in einem wohlverschlossenen Glase zum Gebrauche auf.

Anwendung. Das chlorsaure Kali dient, da es in der Hitze seinen gesammten Sauerstoff abgibt, zur vollständigen Oxydation schwer verbrennlicher organischer Körper. Wie es zu diesem Behufe angewendet wird, siehe unten.

4. Natron-Kalk.

Bereitung. Man stellt sich zuerst auf die in der Anl. zur qual. An. angegebene Art aus käuflichem krystallisirten kohlensauren Natron Natronlauge dar, ermittelt ihr specif. Gew., löscht mit einer gewogenen Quantität besten kaustischen Kalk und zwar eine solche Menge, dass auf 1 Theil in der verbrauchten Lauge enthaltenen Natronhydrats 2 Theile wasserfreier Aetzkalk kommen, verdampft in einem eisernen Gefässe zur Trockne, erhitzt den Rückstand in einem hessischen Tiegel, erhält einige Zeit im schwachen Glühen, zerreibt die noch warme Masse zu ziemlich feinem Pulver und hebt dies in einem wohlverschlossenen Glase auf.

Prüfung. Der Natron-Kalk darf, mit überschüssiger Salzsäure übergossen, nicht zu sehr brausen, und namentlich, mit reinem Zucker gemischt und zum Glühen erhitzt, kein Ammoniak entwickeln.

Anwendung. Er dient zur Analyse der stickstoffhaltigen organischen Körper. Die Theorie der Einwirkung auf dieselben wird unten erklärt werden.

5. Doppelt-kohlensaures Natron.

Bei einer Methode der organischen Elementaranalyse stickstoffhaltiger Körper dient das doppelt-kohlensaure Natron zur Entwicklung der Kohlensäure, mittelst welcher die atmosphärische Luft aus der Verbrennungsröhre ausgetrieben wird. Das käufliche ist hierzu vollkommen gut. Man sorge, dass es hinlänglich trocken sei.

6. Metallisches Kupfer.

Es dient bei der Analyse stickstoffhaltiger Körper zur Reduction etwa gebildeten Stickoxydgases.

Man wendet dasselbe entweder in der Form von Drehspänen, in der dichter Drahtspiralen oder in der kleiner aus dünnem Kupferblech dargestellter Rollen an. — Den Spiralen oder Rollen giebt man eine Länge von 7–10 Cm. und macht sie so dick, dass sie sich eben in die Verbrennungsröhre einschieben lassen. — Um das metallische Kupfer vollkommen frei von Staub, Oxydüberzug und dergl. zu erhalten, glüht man es zuerst an der Luft in einem Tiegel, bis seine Oberfläche oxydirt ist, füllt es alsdann in eine Glas- oder Porzellanröhre, leitet einen ununterbrochenen Strom von trocknem Wasserstoffgas darüber und erhitzt, wenn alle atmosphärische Luft aus dem Entwickelungsapparat und der Röhre vertrieben ist, diese ihrer ganzen Länge nach zum Glühen. Erhitzt man früher, so explodirt der Apparat, je nach Umständen, ganz oder theilweise.

7. Kali.

a. Kalilauge.

Man bereitet sich nach der in der Anl. zur qual. An. für Natronlauge angegebenen Weise aus gereinigter Potasche mit Hülfe von Kalkbrei Kalilauge (auf 1 Thl. Potasche nimmt man 12 Thle. Wasser, — Kalk sind etwa ⅔ Thle. erforderlich; derselbe wird mit seiner dreifachen Menge warmen Wassers zum Brei gelöscht), dampft die klar decantirte bis zu einem specifischen Gewichte von 1,27 bei raschem Feuer in einem eisernen Kessel ab, giesst sie noch warm in eine Flasche, lässt sie bei gutem Verschlusse derselben völlig absitzen, zieht die klare Lösung von dem Bodensatze ab und hebt sie zum Gebrauche auf.

b. Kalihydrat.

Man bedient sich am einfachsten des in Form von Stängelchen vorkommenden käuflichen Kalihydrates. — Will man dasselbe selbst bereiten, so dampft man die sub a. genannte Lauge in einem silbernen Kesselchen bei starkem Feuer ein, bis das zurückbleibende, ölig fliessende Hydrat als

Ganzes in weissen Nebeln zu verdampfen anfängt, giesst die geschmolzene Masse auf eine reine Eisenplatte aus, zerschlägt sie in Stückchen und hebt diese in wohlverschlossenem Glase zum Gebrauche auf.

Anwendung. Die Kalilauge dient zur Absorption und somit zur Gewichtsbestimmung der Kohlensäure. In manchen Fällen wird ausser dem mit Kalilauge gefüllten Apparate noch ein mit Kalihydrat angefülltes Rohr zu Hülfe genommen.

8. Chlorcalcium.

a. Rohes geschmolzenes.

Bereitung. Man digerirt den bei der Darstellung des Ammoniaks erhaltenen, aus Chlorcalcium und Kalk bestehenden Rückstand mit warmem Wasser, filtrirt, verdampft die Lösung in einem eisernen Kessel zur Trockne, schmilzt den Rückstand in einem hessischen Tiegel, giesst die geschmolzene Masse aus, zerschlägt dieselbe und bewahrt sie in gut schliessenden Gläsern.

b. Gereinigtes abgedampftes.

Bereitung. Man löst das in a. beschriebene rohe Chlorcalcium in Wasser, filtrirt die Lösung, sättigt sie, sofern sie alkalisch reagirt, mit ein paar Tropfen Salzsäure, verdampft sie in einer Porzellanschale zur Trockne und setzt den Rückstand einige Stunden lang im Sandbade einer ziemlich starken Hitze (von etwa 200°) aus. Die weisse poröse Masse, welche man auf diese Art erhält, ist $CaCl + 2$ aq. —

Anwendung. Das rohe geschmolzene Chlorcalcium dient zum Trocknen feuchter Gase, das gereinigte wendet man bei der Elementaranalyse zur Absorption und Bestimmung des aus dem Wasserstoff entstandenen Wassers an. Seine Lösung darf nicht alkalisch reagiren.

Fußnote:

[5] Derselbe ist von Herrn Mechanicus Stumpf in Wiesbaden verfertigt und entspricht sowohl in Hinsicht auf vortreffliche Arbeit wie auf mässigen Preis allen billigen Anforderungen.

Dritter Abschnitt.

Die Formen und Verbindungen der Körper,

in welchen sie von anderen abgeschieden, oder ihrem Gewichte nach bestimmt werden.

§. 46.

So wie qualitative Analysen nicht unternommen werden können, ehe man das Verhalten der Körper zu den Reagentien kennt, so können quantitative Analysen nicht mit Erfolg ausgeführt werden, wenn man nicht mit den Verbindungen genau bekannt ist, in welche man die einzelnen Bestandtheile bringen will, um sie von anderen zu trennen und ihrem Gewichte nach zu bestimmen. Eine solche genaue Bekanntschaft erfordert aber, dass man erstens die Eigenschaften und zweitens die Zusammensetzung der Verbindungen kennt. Unter den Eigenschaften sind besonders ins Auge zu fassen: das Verhalten zu Lösungsmitteln, das Verhalten an der Luft und das Verhalten beim Glühen. — Im Allgemeinen kann angenommen werden, dass eine Verbindung sich um so besser zur Gewichtsbestimmung eignet, je unlöslicher sie ist und je weniger sie sich an der Luft oder in höherer Temperatur verändert. —

Die Zusammensetzung eines Körpers wird entweder in Procenten oder in stöchiometrischen Formeln ausgedrückt; die letzteren machen es möglich, die Zusammensetzung der häufiger vorkommenden Verbindungen auf eine leichte Weise im Gedächtnisse zu behalten. Im folgenden Abschnitte ist die Zusammensetzung in der ersten Columne in Zeichen, in der zweiten in Aequivalenten (O = 100), in der dritten in Aequivalenten (H = 1), in der vierten in Procenten angegeben. — Eine Verbindung eignet sich in Betracht ihrer Zusammensetzung um so besser zur Gewichtsbestimmung eines Körpers, je geringer die relative Menge des zu bestimmenden Körpers in der Verbindung ist, weil alsdann jeder Operationsfehler, jeder Verlust, jede Ungenauigkeit beim Wägen sich auf eine grössere Masse vertheilt, und so der auf den zu bestimmenden Bestandtheil fallende Fehler um so geringer wird. Es eignet sich also, abgesehen von allen sonstigen Verhältnissen, Platinsalmiak besser zur Bestimmung des Stickstoffs, als Salmiak, weil in 100 Theilen des ersteren nur 6,27, in 100 Theilen Salmiak aber 26,2 Theile Stickstoff enthalten sind.

Denken wir uns eine stickstoffhaltige Substanz. Wir analysiren sie und bekommen bei absolut genauer Arbeit aus 0,300 Grm. 1,000 Grm. Platinsalmiak. — 100 Platinsalmiak enthalten 6,27 Theile Stickstoff, 1,000 demnach 0,0627 Theile. Diese sind geliefert von 0,300 Substanz, also enthalten 100 Theile derselben 20,90 Stickstoff.

Wir analysiren jetzt die Verbindung noch einmal und führen den Stickstoff in die Form von Salmiak über. Bei absolut genauer Arbeit erhalten wir von 0,300 Substanz 0,2394 Salmiak, entsprechend 0,0627 Stickstoff oder 20,90 Procent. — Nehmen wir jetzt an, wir hätten bei jeder der beiden Operationen einen Verlust von 10 Milligrammen gehabt, so werden wir im ersten Falle nicht 1,000 sondern 0,990 Platinsalmiak bekommen = 0,062073 Stickstoff. Hieraus berechnet sich der Procentgehalt der Substanz zu 20,69. Der Verlust beträgt sonach 20,90 weniger 20,69 = 0,21. Anstatt der oben angeführten 0,2394 Salmiak werden wir nach unserer Annahme nunmehr nur 0,2294 bekommen, entsprechend 0,0601 Stickstoff. Hieraus ergiebt sich als Procentgehalt der Substanz 20,03 und sonach als Verlust 0,87.

Der gleiche Fehler verursacht also in Bezug auf den Stickstoffgehalt im einen Fall einen Verlust von $^{21}/_{100}$; im anderen aber von $^{87}/_{100}$ Procent.

Nachdem wir so allgemeinhin die Erfordernisse besprochen haben, welche eine Verbindung haben muss, wenn sie sich zur Gewichtsbestimmung eignen soll, gehen wir zu den betreffenden Verbindungen der einzelnen Körper über, führen aber, wie natürlich, nicht alle und jede an, die möglicher Weise zur Gewichtsbestimmung dienen könnten, sondern nur diejenigen, welche dazu die geeignetsten sind, und die sonach in der Praxis allein in Anwendung kommen. — Der Natur der Sache nach werden die Verbindungen bei der Beschreibung der äusseren Form besonders in dem Zustande ins Auge gefasst, in welchem man sie bei der Analyse erhält. Bei Aufzählung der Eigenschaften wird auf die zu unserem besonderen Zwecke wissenswürdigen und wichtigen ausschliessliche Rücksicht genommen.

A. Die Formen und Verbindungen der Basen, in welchen sie von anderen abgeschieden oder ihrem Gewichte nach bestimmt werden.

Basen der ersten Gruppe.

§. 47.

1. Kali.

Die Verbindungen, in welchen das Kali am

zweckmässigsten gewogen wird, sind:

Schwefelsaures Kali, salpetersaures Kali, Chlorkalium, Kaliumplatinchlorid.

a. Das *schwefelsaure Kali*, welches bei ungestörter Krystallisation meistens kleine, harte, geschoben vierseitige Prismen, oder auch doppelt sechsseitige Pyramiden bildet, erhält man bei der Analyse als weisse Salzmasse. — Es löst sich ziemlich leicht in Wasser, von reinem Alkohol wird es so gut wie nicht, von Schwefelsäure enthaltendem leichter aufgenommen (Vers. Nr 6). Pflanzenfarben verändert es nicht, an der Luft ist es unveränderlich. Beim Erhitzen verknistern die Krystalle unter Ausgabe von ein wenig (mechanisch eingeschlossen gewesenem) Wasser. Waren sie lange getrocknet worden, so ist die Decrepitation weniger heftig. In starker Glühhitze schmilzt das Salz ohne zu verdampfen und ohne Zerlegung. — Beim Glühen mit Salmiak geht das schwefelsaure Kali unter Aufschäumen in Chlorkalium über und zwar bei mehrmaliger Wiederholung vollständig (H. R o s e).

Zusammensetzung:

KO	588,86	47,11	54,08
SO_3	500,00	40,00	45,92
	1088,86	87,11	100,00

Das saure schwefelsaure Kali (KO, SO_3 + HO, SO_3), welches man stets erhält, wenn neutrales mit freier Schwefelsäure zur Trockne verdampft wird, ist schon in gelinder Hitze schmelzbar; es verliert beim Glühen die Hälfte seiner Schwefelsäure nebst dem basischen Wasser, jedoch schwierig, und erst bei andauerndem und sehr heftigem Glühen vollständig. Wird es aber in einer Atmosphäre von kohlensaurem Ammon erhitzt (welche man auf die Weise leicht herstellt, dass man wiederholt in den schwach glühenden Tiegel, in welchem sich das doppeltschwefelsaure

Kali befindet, Stückchen reines kohlensaures Ammon wirft und den Deckel auflegt), so geht das saure Salz leicht und schnell in das neutrale über. Ist das zuvor leicht schmelzbare Salz bei schwacher Rothglühhitze völlig starr und fest geworden, so ist die Umwandlung beendigt.

b. Das *salpetersaure Kali* krystallisirt gewöhnlich in langen, gestreiften Prismen. Bei der Analyse erhält man es als weisse Salzmasse. Es löst sich leicht in Wasser. In absolutem Alkohol ist es so gut wie nicht, in Weingeist schwer löslich. — Es verändert Pflanzenfarben nicht, an der Luft ist es unveränderlich. — Beim Erhitzen schmilzt es noch weit unter der Rothglühhitze ohne Veränderung und Gewichtsverlust. Bei stärkerem Erhitzen geht es unter Ausgeben von Sauerstoff in salpetrigsaures Kali und bei sehr heftigem Glühen unter Entwicklung von Sauerstoff- und Stickgas in kaustisches Kali und Kaliumhyperoxyd über. Beim Glühen mit Salmiak geht es leicht und vollständig in Chlorcalcium über.

Zusammensetzung:

KO	588,86	47,11	46,59
NO_5	675,06	54,00	53,41
	1263,92	101,11	100,00

c. Das *Chlorkalium* krystallisirt in, oft säulenförmig verlängerten, Würfeln, selten in Octaëdern; bei der Analyse erhält man es entweder in der ersten Form oder als gestaltlose Masse. Es löst sich leicht in Wasser. In absolutem Alkohol ist es kaum, in Weingeist ziemlich schwer löslich. Gegen Pflanzenfarben verhält es sich indifferent. An der Luft ist es unveränderlich. Beim Erhitzen verknistert es (wenn es nicht lange getrocknet worden) unter Ausgabe von etwas (mechanisch eingeschlossen gewesenem) Wasser. In dunkler Rothglühhitze schmilzt es ohne Veränderung und Gewichtsverlust, bei höherer Temperatur verflüchtigt es sich in weissen Dämpfen und zwar um so schwieriger, je vollständiger die Luft abgehalten ist. — (Vers. Nro. 7.)

Zusammensetzung:

K	488,86	39,11	52,44
Cl	443,28	35,46	47,56
	932,14	74,57	100,00

d. Das *Kaliumplatinchlorid* stellt entweder kleine röthlich gelbe Octaëder oder ein citrongelbes Pulver dar. Es löst sich schwer in kaltem, leichter in heissem Wasser. In absolutem Alkohol ist es kaum, in wässerigem Weingeist schwer löslich, 1 Th. bedarf 12083 Thle. absoluten Alkohols, 3775 Thle. Spiritus von 76 Proc. — 1053 Thle. von 55 Proc. (Vers. Nr. 8 a.). Gegenwart von freier Salzsäure vermehrt die Löslichkeit merklich (Vers. Nr. 8 b.). In kaustischem Kali löst es sich vollständig zu einer gelben Flüssigkeit. An der Luft und bei 100° ist es unveränderlich. Bei heftigem Glühen entweicht alles an Platin gebunden gewesene Chlor, metallisches Platin und Chlorkalium bleiben zurück; aber selbst nach langem Schmelzen bleibt etwas Kaliumplatinchlorid unzersetzt. — Beim Glühen in einem Strome von Wasserstoffgas erfolgt die Zersetzung vollständig. — Nach A n d r e w s enthält das Kaliumplatinchlorid, selbst bei einer 100° bedeutend übersteigenden Temperatur getrocknet, noch 0,0055 seines Gewichtes an Wasser.

Zusammensetzung:

K	488,86	39,11	16,00
Pt	1236,75	98,94	40,48
3Cl	1329,84	106,38	43,52
	3055,45	244,43	100,00

KCl   932,14   74,57   30,51

PtCl$_2$ 2123,31 169,86   69,49

       3055,45 244,43 100,00

2. Natron.

Das Natron wird in der Regel gewogen als:

Schwefelsaures Natron, salpetersaures Natron, Chlornatrium oder kohlensaures Natron.

a. Das wasserfreie neutrale *schwefelsaure Natron* stellt ein weisses Pulver oder eine weisse, leicht zerreibliche Masse dar. Es löst sich leicht in Wasser, wenig in absolutem Alkohol, etwas mehr bei Gegenwart von freier Schwefelsäure, leichter in wässerigem Weingeist (Vers. Nr. 9). Gegen Pflanzenfarben ist es indifferent. An feuchter Luft zieht es langsam Wasser an (Vers. Nr. 10). Bei gelinder Hitze verändert es sich nicht, bei starker Rothglühhitze schmilzt es ohne Zersetzung oder Gewichtsverlust. — Mit Salmiak geglüht verhält es sich wie schwefelsaures Kali.

Zusammensetzung:

NaO 387,44 31   43,66

SO$_3$ 500,00 40   56,34

     887,44 71 100,00

Das saure schwefelsaure Natron (NaO, SO$_3$ + HO, SO$_3$), welches man stets erhält, wenn neutrales mit überschüssiger Schwefelsäure eingedampft wird, schmilzt schon bei gelinder Hitze. Es kann nach der beim sauren schwefelsauren Kali angeführten Methode leicht in neutrales Salz verwandelt werden.

b. Das *salpetersaure Natron* krystallisirt in stumpfen Rhomboëdern. Bei der Analyse erhält man es meistens als formlose Salzmasse. — Es löst sich leicht in Wasser, von absolutem Alkohol wird es so gut wie nicht, von Weingeist kaum aufgenommen. Gegen Pflanzenfarben verhält es sich indifferent. An der Luft ist es unter gewöhnlichen Umständen unveränderlich, an sehr feuchter zieht es Wasser an. Es schmilzt, weit unter der Rothglühhitze, ohne Zerlegung, bei höherer Temperatur wird es wie das salpetersaure Kali (§. 47 b) zerlegt (vergl. Vers. Nr. 11). Mit Salmiak geglüht verhält es sich wie das entsprechende Kalisalz.

Zusammensetzung:

$$
\begin{array}{llll}
\text{NaO} & 387,44 & 31 & 43,66 \\
\text{NO}_5 & 675,06 & 54 & 63,53 \\
& 1062,50 & 85 & 100,00
\end{array}
$$

c. Das *Chlornatrium* krystallisirt in Würfeln, Octaëdern und in hohlen quadratischen Pyramiden. Bei Analysen bekommt man es häufig als formlose Masse. Es löst sich leicht in Wasser; von absolutem Alkohol wird es kaum, von Weingeist schwer gelöst. Gegen Pflanzenfarben ist es indifferent. An der etwas feuchten Luft zieht es langsam Wasser an (Vers. Nr. 12). Beim Erhitzen decrepitirt es, wenn es nicht lange getrocknet worden, unter Ausgabe von etwas, mechanisch eingeschlossen gewesenem, Wasser. In der Rothglühhitze schmilzt es ohne Zerlegung, in der Weissglühhitze (in offenen Gefässen schon in heller Rothglühhitze) verflüchtigt es sich in weissen Dämpfen (vergl. Vers. Nr. 13).

Zusammensetzung:

$$
\text{Na} \quad 287,44 \quad 23,00 \quad 39,34
$$

Cl   443,28 35,46   60,66

730,72 58,46 100,00

d. Das wasserfreie *kohlensaure Natron* stellt ein weisses Pulver oder eine weisse, leicht zerreibliche Masse dar. Es löst sich leicht in Wasser. Von Alkohol wird es nicht aufgenommen. Es reagirt stark alkalisch. An der Luft zieht es sehr langsam Wasser an. Bei starker Rothglühhitze schmilzt es ohne Zerlegung und ohne sich zu verflüchtigen.

Zusammensetzung:

NaO 387,44 31   58,49

CO_2 275,00 22   41,51

662,44 53 100,00

§. 49.

3. A m m o n (NH_4, O).

Die Verbindungen, in welchen das Ammon am zweckmässigsten gewogen wird, sind:

C h l o r a m m o n i u m und

A m m o n i u m p l a t i n c h l o r i d. —

Unter gewissen Umständen wird es auch aus dem Volum des daraus abgeschiedenen S t i c k g a s e s bestimmt.

a. Das *Chlorammonium* krystallisirt in Würfeln, Octaëdern oder, und zwar am häufigsten, in federartigen Krystallen. Bei der Analyse erhält man es stets als weisse Salzmasse. Es löst sich leicht in Wasser, in Weingeist ist es schwer löslich. Es verändert Pflanzenfarben nicht und ist luftbeständig. Dampft man eine Salmiaklösung im Wasserbade ab, so verliert sie ein wenig Ammoniak und wird schwach sauer. Der Gewichtsverlust, welcher dadurch entsteht, ist sehr unbedeutend (vergl. Vers. Nr. 14). Bei 100° verliert der Salmiak nichts oder wenigstens fast nichts an seinem

Gewichte (vergl. dieselbe Nr.). Bei höherer Temperatur verdampft er leicht und ohne Zerlegung.

Zusammensetzung:

NH_4	225,06	18,00	33,67
Cl	443,28	35,46	66,33
	668,34	53,46	100,00

NH_3	212,56	17,00	31,80
ClH	455,78	36,46	68,20
	668,34	53,46	100,00

b. Das *Ammoniumplatinchlorid* stellt entweder ein schweres citronengelbes Pulver dar, oder es bildet hochgelb gefärbte, kleine, harte, octaëdrische Krystalle. Es ist in kaltem Wasser schwer, leichter in heissem löslich. Von absolutem Alkohol erfordert es 26535 Thle., von 76procentigem Weingeist 1406 Thle., von 55procentigem 665 Thle. zur Lösung. Gegenwart von freier Säure befördert seine Löslichkeit merklich (Vers. Nr. 15). An der Luft und bei 100° ist es unveränderlich. Beim Glühen entweicht Chlor und Chlorammonium, das Platin bleibt metallisch in Form einer porösen Masse (Platinschwamm) zurück.

Zusammensetzung:

NH_4	225,06	18,00	8,06
Pt	1236,75	98,94	44,30
3Cl	1329,84	106,38	47,64
	2791,65	223,32	100,00

NH_4Cl	668,34	53,46	23,94
$PtCl_2$	2123,31	169,86	76,06
	2791,65	223,32	100,00

178

NH$_3$	212,56	17,00	7,61
ClH	455,78	36,46	16,33
PtCl$_2$	2123,31	169,86	76,06
	2791,65	223,32	100,00

N	175,06	14,00	6,27
H$_4$	50,00	4,00	1,79
Cl$_3$	1329,84	106,38	47,64
Pt	1236,75	98,94	44,30
	2791,65	223,32	100,00

c. Das *Stickgas* ist ein farbloses, geruch- und geschmackloses, mit Luft ohne Färbung mischbares, gegen Pflanzenfarben indifferentes Gas von 0,9706 specif. Gew. (Luft = 1). — Ein Liter (1 Cubikdecimeter) Gas wiegt bei 0° und 0,76 Meter Luftdruck 1,2609 Grm. In Wasser ist es schwer löslich. 1 Vol. Gas erfordert bei 18° 24 Volumina.

Basen der zweiten Gruppe.

§. 50.

1. Baryt.

Die Formen, welche wir, als zur Bestimmung des Baryts dienlich, kennen lernen müssen, sind:

Schwefelsaurer Baryt, kohlensaurer Baryt und Kieselfluorbaryum.

a. Der *schwefelsaure Baryt* stellt, künstlich erzeugt, ein feines, weisses Pulver dar. In heissem und kaltem Wasser ist er fast absolut unlöslich, Gegenwart von freier Säure vermehrt seine Löslichkeit kaum um ein Minimum. In Königswasser löst er sich merklich. An der Luft, bei 100° und in der Glühhitze ist er völlig unveränderlich. Beim

Glühen mit Kohle geht er in Schwefelbaryum über. Diese Reduction erfolgt jedoch nur bei Abschluss der Luft, nicht aber, wenn derselben freier Zutritt gestattet ist. Mit Salmiak geglüht, wird derselbe unvollständig zersetzt.

Zusammensetzung:

BaO	957,32	76,59	65,69
SO_3	500,00	40,00	34,31
	1457,32	116,59	100,00

b. Der *kohlensaure Baryt* stellt, künstlich erhalten, ein weisses Pulver dar. Er löst sich in 14137 Theilen kalten und 15421 kochenden Wassers (Vers. Nr. 16), ungleich leichter in Lösungen von Chlorammonium oder salpetersaurem Ammon. Aus den durch diese Salze vermittelten Lösungen wird er jedoch (aber nicht vollständig) wieder niedergeschlagen durch kaustisches Ammon. Wasser, welches freie Kohlensäure enthält, löst ihn zu doppelt kohlensaurem Salz. In Wasser, welches Ammon und kohlensaures Ammon enthält, ist er fast absolut unlöslich, 1 Theil erfordert etwa (vergl. Vers. Nr. 17) 141000 Theile. Seine Lösung reagirt ganz schwach alkalisch. An der Luft und beim Rothglühen ist er unveränderlich. Beim Glühen mit Kohle bildet sich kaustischer Baryt, während Kohlenoxydgas entweicht.

Zusammensetzung:

BaO	957,32	76,59	77,69
CO_2	275,00	22,00	22,31
	1232,32	98,59	100,00

c. Das *Kieselfluorbaryum* stellt kleine, harte und farblose Krystalle, oder (in der Regel) ein krystallinisches Pulver dar. Es löst sich in 3800 Theilen kaltem, leichter in heissem

Wasser auf (Vers. Nr. 18). Gegenwart von freier Salzsäure vermehrt seine Löslichkeit beträchtlich (Vers. Nr. 19). In Weingeist ist es fast ganz unlöslich. An der Luft und bei 100° ist es unveränderlich, beim Glühen zerfällt es in Fluorsiliciumgas, welches entweicht, und in Fluorbaryum, welches zurückbleibt.

Zusammensetzung:

BaFl	1094,82	87,59	62,39
SiFl$_2$	660,18	52,81	37,61
	1755,00	140,40	100,00
Ba	857,32	68,59	48,85
Si	185,18	14,81	10,55
Fl$_2$	712,50	57,00	40,60
	1755,00	140,40	100,00

§. 51.

2. S t r o n t i a n.

Der Strontian wird entweder als s c h w e f e l s a u r e r oder als k o h l e n s a u r e r S t r o n t i a n bestimmt.

a. Der künstlich erhaltene *schwefelsaure Strontian* stellt ein weisses Pulver dar. Er löst sich in 6895 Theilen kalten und 9638 Theilen kochenden Wassers (Vers. Nr. 20), in Wasser, welches Schwefelsäure enthält, ist er weniger löslich und bedarf etwa 11000–12000 Theile (Vers. Nr. 21). Er löst sich in Kochsalzlösung, wird aber daraus durch Schwefelsäure wieder gefällt. In absolutem Alkohol, wie auch in wässerigem Weingeist ist er fast völlig unlöslich. Pflanzenfarben verändert er nicht. An der Luft und bei Rothglühhitze ist er unveränderlich, in heftigster Glühhitze ohne Zerlegung schmelzbar. Beim Glühen mit Kohle bei abgehaltener Luft geht er in Schwefelstrontium über.

Zusammensetzung:

SrO   645,93 51,67 56,37
SO$_3$ 500,00 40,00 43,63
      1145,93 91,67 100,00

b. Der *kohlensaure Strontian* stellt, künstlich erhalten, ein weisses, zartes, lockeres Pulver dar. Er löst sich bei gewöhnlicher Temperatur in 18045 Theilen Wasser (Vers. Nr. 22), Gegenwart von Ammon vermindert seine Löslichkeit (Vers. Nr. 23). In Lösungen von Salmiak und salpetersaurem Ammon löst er sich ziemlich leicht, er wird aber aus diesen Lösungen durch Ammon wieder gefällt, und zwar vollständiger als der kohlensaure Baryt. Kohlensäurehaltiges Wasser löst ihn zu doppelt-kohlensaurem Salz. Er reagirt sehr schwach alkalisch.

An der Luft und in Rothglühhitze ist er unschmelzbar, in heftigster Hitze schmilzt er und verliert allmälig seine Kohlensäure. Beim Glühen mit Kohle bildet sich kaustischer Strontian, während Kohlenoxydgas entweicht.

SrO   645,93 51,67 70,14
CO$_2$ 275,00 22,00 29,86
      920,93 73,67 100,00

§. 52.

3. Kalk.

Der Kalk wird entweder als s c h w e f e l s a u r e r oder als k o h l e n s a u r e r K a l k gewogen. Um ihn in letztere Form zu bringen, wird er in der Regel als oxalsaurer Kalk gefällt.

a. Der wasserfreie *schwefelsaure Kalk* erscheint, künstlich erhalten, als lockeres, weisses Pulver. Er löst sich bei gewöhnlicher Temperatur in 430, bei 100° in 460 Theilen

Wasser (P o g g i a l e). Salmiak, schwefelsaures Natron und Kochsalz vermehren die Löslichkeit. Die wässerige Lösung des Gypses verändert Pflanzenfarben nicht. In Alkohol wie auch in Weingeist ist er fast absolut unlöslich. An der Luft zieht er langsam Wasser an, bei dunkler Rothglühhitze ist er unveränderlich, bei sehr heftiger Hellrothglühhitze schmilzt er ohne Zerlegung. Mit Kohle bei abgehaltener Luft geglüht geht er in Schwefelcalcium über.

Zusammensetzung:

$$
\begin{array}{llll}
CaO & 350 & 28 & 41,18 \\
SO_3 & 500 & 40 & 58,82 \\
& 850 & 68 & 100,00
\end{array}
$$

b. Der *kohlensaure Kalk* stellt, künstlich erhalten, ein weisses, feines Pulver dar. Er löst sich in 10601 Theilen kaltem (Vers. Nr. 24) und in 8834 Theilen kochendem Wasser (Vers. Nr. 25). Die Lösung reagirt kaum merklich alkalisch. Wasser, welches Ammon und kohlensaures Ammon enthält, löst ihn viel weniger (26), 1 Theil erfordert etwa 65000 Theile. Diese Lösung wird durch kleesaures Ammon nicht gefällt. Salmiak und salpetersaures Ammon erhöhen seine Löslichkeit. Aus durch diese Salze vermittelten Lösungen wird er durch Ammon gefällt, und zwar vollständiger als der kohlensaure Baryt. — Neutrale Kali- und Natronsalze erhöhen seine Löslichkeit ebenfalls. — In kohlensäurehaltigem Wasser löst er sich zu doppelt-kohlensaurem Salz. — An der Luft, bei 100° und bei gelinder Glühhitze ist er unveränderlich, bei stärkerem Erhitzen verliert er allmälig seine Kohlensäure, bei Luftzutritt leichter als bei abgeschlossener Luft. Es gelingt jedoch nicht, kohlensauren Kalk in einem Platintiegel über der Weingeistlampe mit doppeltem Luftzug vollkommen kaustisch zu brennen (vergl. Vers. Nr. 27). Beim Glühen mit

Kohle verliert er seine Kohlensäure weit leichter, indem sie als Kohlenoxydgas entweicht.

Zusammensetzung:

$$
\begin{array}{lrrr}
CaO & 350,00 & 28 & 56,00 \\
CO_2 & 275,00 & 22 & 44,00 \\
& 625,00 & 50 & 100,00
\end{array}
$$

c. Der *oxalsaure Kalk* stellt ein feines, weisses, in Wasser fast absolut unlösliches Pulver dar. Gegenwart von freier Oxalsäure und Essigsäure vermehrt die Löslichkeit um ein Geringes, Ammonsalze sind ohne Einfluss. Stärkere Säuren (Salzsäure, Salpetersäure) lösen den oxalsauren Kalk leicht, aus den Lösungen wird er durch Alkalien, wie auch (wenn der Ueberschuss der Säure nicht allzu gross ist) durch überschüssig zugesetzte oxalsaure oder essigsaure Alkalien ohne Zersetzung gefällt. An der Luft und bei 100° ist er unveränderlich, bei letzterer Temperatur getrocknet hat er folgende Zusammensetzung (Vers. Nr. 28):

$$
\begin{array}{lrrr}
CaO & 350,00 & 28 & 38,36 \\
C_2O_3 & 450,00 & 36 & 49,32 \\
1 \ aq. & 112,50 & 9 & 12,32 \\
& 912,50 & 73 & 100,00
\end{array}
$$

Bei 180–200° verliert der oxalsaure Kalk sein Wasser, ohne Zersetzung zu erleiden, bei einer etwas höheren, noch kaum an die dunkle Rothglühhitze reichenden Temperatur zerfällt er ohne eigentliche Kohleabscheidung in Kohlenoxyd und kohlensauren Kalk. Das vorher schneeweisse Pulver nimmt auch im Zustande höchster Reinheit vorübergehend eine graue Farbe an. Bei fortdauerndem Erhitzen verschwindet dieselbe wieder. Hat man den oxalsauren Kalk in zusammenhängenden Stückchen, wie man ihn erhält, wenn er auf einem Filter getrocknet wird, so kann man an dem erwähnten Dunklerwerden den Beginn und Verlauf der Zersetzung deutlich beobachten. Bei vorsichtig geleitetem Erhitzen enthält der Rückstand keine Spur kaustischen Kalk.

§. 53.

4. M a g n e s i a.

Die Magnesia wird entweder als s c h w e f e l s a u r e, als p y r o p h o s p h o r s a u r e oder als r e i n e M a g n e s i a gewogen. Zur Ueberführung in phosphorsaures Salz fällt man sie als basisch phosphorsaure Ammon-Magnesia.

a. Die wasserfreie *schwefelsaure Magnesia* stellt eine weisse, undurchsichtige Masse dar. Sie löst sich leicht in Wasser. In absolutem Alkohol ist sie so gut wie unlöslich, von wässerigem wird sie etwas aufgenommen. Pflanzenfarben verändert sie nicht. An der Luft zieht sie rasch Wasser an. Bei mässiger Glühhitze erleidet sie keine, bei sehr heftiger eine partielle Zerlegung. Sie verliert dabei einen Theil ihrer Säure und löst sich alsdann in Wasser nicht mehr vollständig auf (Vers. Nr. 29). Mit Salmiak geglüht, zersetzt sich die schwefelsaure Magnesia nicht.

Zusammensetzung:

$$MgO \quad 250{,}19 \quad 20 \quad 33{,}33$$
$$SO_3 \quad 500{,}00 \quad 40 \quad 66{,}67$$
$$750{,}19 \quad 60 \quad 100{,}00$$

b. Die *basisch phosphorsaure Ammon-Magnesia* stellt ein weisses, krystallinisches Pulver dar. Sie löst sich bei gewöhnlicher Temperatur in 15293 Theilen kaltem Wasser (Vers. Nr. 30). In Ammon enthaltendem Wasser ist sie viel unlöslicher, 1 Theil erfordert etwa 45000 Theile (Vers. Nr. 31), Salmiak erhöht die Löslichkeit um ein Geringes

185

(Vers. Nr. 33 und 34). Gegenwart von phosphorsauren Alkalien ist ohne Einfluss. In Säuren, selbst Essigsäure löst sie sich leicht. Ihre Zusammensetzung wird durch die Formel PO_5, 2 MgO, NH_4O + 12 aq. ausgedrückt. Beim Trocknen bei 100° entweichen 10 Aeq. Wasser, beim Glühen entweicht alles Wasser nebst dem Ammon, PO_5, 2 MgO bleibt zurück. Der Uebergang der gewöhnlichen Phosphorsäure in Pyrophosphorsäure giebt sich durch ein lebhaftes Erglühen der Masse zu erkennen. — Löst man phosphorsaure Ammon-Magnesia in verdünnter Salzsäure oder Salpetersäure und versetzt die Flüssigkeit mit Ammon, so wird die Verbindung wieder vollständig niedergeschlagen, oder richtiger, so vollständig, als es der Löslichkeit des Salzes in Ammon, beziehungsweise Ammon und Ammonsalz, enthaltendem Wasser entspricht. — Da Weber (Pogg. 73, S. 152) diese meine früher gemachte Angabe nicht bestätigt fand, so stellte ich neue Versuche über diesen Gegenstand an (Nr. 32). Dieselben gaben mir genau dasselbe Resultat wie die früheren.

c. Die *pyrophosphorsaure Magnesia* stellt eine weisse, oft ein wenig ins Graue spielende Masse dar. Sie ist in Wasser kaum, in Salzsäure und Salpetersäure leicht löslich, an der Luft und beim Rothglühen unveränderlich, in sehr heftiger Hitze ohne Zerlegung schmelzbar. Feuchtes Curcumapapier verändert sie nicht, ebensowenig geröthetes Lackmuspapier. — Löst man dieselbe in Salzsäure oder Salpetersäure, setzt Wasser zu, kocht anhaltend und fällt dann mit Ammon im Ueberschuss, so erhält man einen Niederschlag von phosphorsaurer Ammonmagnesia, welcher, geglüht, nicht eben so viel wiegt, als man angewendet hatte; der Verlust beträgt nach Weber 1,3 bis 2,3 Proc. — Meine Versuche (Nr. 35) bestätigen dies und zeigen, unter welchen Umständen der Verlust am geringsten ist. (Vergleiche auch §. 106.) Durch andauerndes Schmelzen mit kohlensaurem

Natronkali wird die pyrophosphorsaure Magnesia vollständig zerlegt und die Phosphorsäure in den dreibasischen Zustand zurückgeführt. Behandelt man daher die geschmolzene Masse mit Salzsäure, fügt Wasser und Ammon zu, so erhält man beim Glühen des Niederschlages die ganze Menge wieder.

Zusammensetzung:

PO_5	892,04	71,36	64,06
$2MgO$	500,38	40,00	35,94
	1392,42	111,36	100,00

d. Die *reine Magnesia* stellt ein weisses, leichtes, lockeres Pulver dar. Sie löst sich in 55368 Theilen kaltem und in der gleichen Menge kochendem Wasser (Vers. Nr. 36). Die Lösungen reagiren sehr schwach alkalisch. In Salzsäure und anderen Säuren löst sie sich ohne Gasentwicklung. An der Luft zieht sie langsam Kohlensäure und Wasser an. In starker Rothglühhitze bleibt sie unverändert und nur bei den höchsten Hitzgraden schmilzt sie oberflächlich.

Zusammensetzung:

Mg	150,19	12	60,03
O	100,00	8	39,97
	250,19	20	100,00

Basen der dritten Gruppe.

§. 54.

1. Thonerde.

Die Thonerde wird in der Regel als Hydrat gefällt und stets im reinen Zustande gewogen.

a. Das *Thonerdehydrat* stellt, frisch gefällt, einen

gallertartigen Niederschlag dar, der immer kleine Antheile der Säure, an welche die Thonerde gebunden war, wie auch des Alkalis, durch welches sie abgeschieden wurde, zurückhält und sich durch Auswaschen nur schwierig davon befreien lässt.

Das Thonerdehydrat ist in reinem Wasser unlöslich, in Kali, Natron und Säuren leicht löslich, in Aetzammon schwer, in kohlensaurem Ammon nicht löslich. Die Löslichkeit desselben in Aetzammon wird durch gleichzeitig anwesende Ammonsalze sehr gemindert (Vers. Nr. 37). Die Richtigkeit meiner Angaben, welche ich auf die bei Ausarbeitung der ersten Auflage angestellten und sub 37 mitgetheilten Versuche stützte, ist inzwischen durch eine umfassendere Arbeit von M a l a g u t i und D u r o c h e r (Ann. de Chim. et de Phys. 3 Ser. 16. 421), sowie durch eine weitere, welche mein Assistent, Herr J. F u c h s ausführte, vollkommen bestätigt worden. Die ersteren geben weiter an, dass, wenn man eine Thonerdelösung mit Schwefelammonium fälle, die Flüssigkeit, auch wenn man sie schon nach 5 Minuten abfiltrire, frei von Thonerde sei. — F u c h s fand dies nicht bestätigt (Vers. Nr. 38). — Das Thonerdehydrat schwindet beim Trocknen sehr zusammen, und stellt alsdann entweder eine harte, durchscheinende, gelbliche, oder eine weisse, erdige Masse dar. Beim Glühen verliert es sein Wasser, häufig unter geringer Decrepitation, immer unter starker Volumverminderung.

b. Die nach a. durch Glühen des Hydrats erhaltene *Thonerde* erscheint nach mässigem Glühen als eine lockere, zart anzufühlende Masse, sehr heftig geglüht stellt sie harte zusammengebackene Stückchen dar. In heftigster Weissglühhitze schmilzt sie zu einem klaren Glas. Die geglühte Thonerde löst sich in Säuren sehr schwierig. Auf feuchtes rothes Lackmuspapier gelegt, bläut sie dasselbe nicht. Beim Glühen mit Salmiak entweicht Chloraluminium.

Zusammensetzung:

$$
\begin{array}{llll}
2Al & 340,84 & 27,26 & 53,19 \\
3O & 300,00 & 24,00 & 46,81 \\
& 640,84 & 51,26 & 100,00
\end{array}
$$

§. 55.

2. Chromoxyd.

Das Chromoxyd wird in der Kegel als Hydrat gefällt, stets in reinem Zustande gewogen.

a. Das *Chromoxydhydrat* stellt, frisch gefällt, einen grünlichgrauen gelatinösen Niederschlag dar, welcher in Wasser nicht, in Kali und Natronlauge in der Kälte leicht zur dunkelgrünen Flüssigkeit, in Ammon in der Kälte in ziemlich geringer Menge zur hellviolettrothen Flüssigkeit, in Säuren leicht mit dunkelgrüner Farbe, löslich ist. Gegenwart von Salmiak ist auf die Löslichkeit des Hydrats in Ammon ohne Einfluss. Beim Kochen scheidet sich sowohl aus der kalischen, als aus der ammoniakalischen Lösung alles Oxyd ab (Vers. Nr. 39). Getrocknet stellt das Hydrat ein grünlichblaues Pulver dar, welches beim gelinden Glühen sein Hydratwasser verliert.

b. Das *Chromoxyd* erscheint, durch Erhitzen des Hydrats bis zur dunkeln Rothglühhitze dargestellt, als dunkelgrünes Pulver, welches beim stärkeren Erhitzen ohne Gewichtsverminderung unter lebhaftem Erglühen eine hellere Farbe annimmt. Das schwach geglühte Oxyd ist in Salzsäure schwer löslich, das stark geglühte unlöslich, beim Glühen mit Salmiak erleidet es keine Veränderung.

Zusammensetzung:

$$
\begin{array}{llll}
2Cr & 669,40 & 53,56 & 69,05 \\
3O & 300,00 & 24,00 & 30,95
\end{array}
$$

189

969,40 77,56 100,00

Basen der vierten Gruppe.

§. 56.

1. Zinkoxyd.

Das Zinkoxyd wird immer a l s s o l c h e s gewogen. Man
vermittelt die Ueberführung entweder durch Fällung als
b a s i s c h   k o h l e n s a u r e s   Z i n k o x y d oder
Schwefelzink, oder auch durch Glühen.

a. Das basisch *kohlensaure Zinkoxyd* stellt, frisch gefällt,
einen weissen, flockigen Niederschlag dar, welcher in Wasser
fast unlöslich (ein Thl. erfordert 44600 Thle. Vers. Nr. 40), in
Kali, Ammon, kohlensaurem Ammon und Säuren leicht
löslich ist. Fällt man eine neutrale Zinklösung mit
kohlensaurem Natron oder Kali, so entweicht, weil der
entstehende Niederschlag nicht ZnO, CO_2, sondern ein
Gemenge von 2(ZnO, CO_2) + 3(ZnO, HO) mit kohlensaurem
Zinkoxydkali ist, unter allen Umständen Kohlensäure.
Durch ihre Vermittelung sowohl, als auch weil das
kohlensaure Zinkoxydkali in Wasser nicht unlöslich ist,
bleibt ein Theil des Zinkoxyds in Auflösung, daher die
Flüssigkeit, kalt abfiltrirt, mit Schwefelammonium einen
Niederschlag giebt. Nimmt man die Fällung jedoch in der
Kochhitze vor und erhitzt alsdann noch eine Zeit lang zum
Sieden, wobei weder Kohlensäure in der Flüssigkeit bleiben,
noch kohlensaures Zinkoxydkali sich bilden kann, so ist die
Fällung in der Art vollständig, dass das Filtrat durch
Schwefelammonium   nicht   getrübt   wird.   Nach
vielstündigem Stehen setzen sich jedoch aus der damit
vermischten Flüssigkeit fast unwägbare Flocken von
Schwefelzink ab. Verfährt man nach der angegebenen Weise,
so lässt sich der Niederschlag durch Auswaschen mit
heissem Wasser vollständig vom Kaligehalt befreien. — Bei

Gegenwart von Ammonsalzen ist die Fällung nicht eher in eben genannter Weise vollständig, bis alles Ammon ausgetrieben ist. — Verdampft man die Lösung eines Zinksalzes mit überschüssigem kohlensaurem Kali bei gelinder Hitze zur Trockne und behandelt den Rückstand mit kaltem Wasser, so kommt ein merkbarer Theil des Zinks als kohlensaures Zinkoxydkali in Auflösung, verdampft man kochend zur Trockne und übergiesst den Rückstand mit heissem Wasser, so ist die Fällung nach oben bezeichneter Art vollständig. — Getrocknet stellt das basisch kohlensaure Zinkoxyd ein blendend weisses, lockeres Pulver dar, welches beim Glühen in Zinkoxyd übergeht.

b. Das *Zinkoxyd* stellt, durch Glühen aus dem kohlensauren erhalten, ein weisses leichtes Pulver mit einem Stich ins Gelbliche dar. Beim Erhitzen wird es gelb, beim Erkalten wieder weiss. Beim Glühen mit Kohle entweicht Kohlenoxyd und Zinkdampf. In Wasser ist es unlöslich, auf feuchtes Curcumapapier gelegt, bewirkt es keine Bräunung. Von Säuren wird es leicht und ohne Gasentwicklung gelöst. Mit Salmiak geglüht liefert es geschmolzenes Chlorzink, das sich beim Ausschluss der Luft sehr schwer, beim Zutritt derselben aber und mit Salmiakdämpfen leicht gänzlich verflüchtigt (H. R o s e).

Zusammensetzung:

Zn	406,59	32,53	80,26
O	100,00	8,00	19,74
	506,59	40,53	100,00

c. Das *Schwefelzink* stellt, frisch gefällt, einen weissen lockeren Niederschlag (ZnS, HO) dar; derselbe löst sich weder in Wasser, noch in ätzenden oder kohlensauren Alkalien oder alkalischen Schwefelmetallen. Von Salzsäure und Salpetersäure wird er leicht und vollständig, von

Essigsäure höchst wenig gelöst. Getrocknet erscheint der Niederschlag als weisses Pulver, welches bei 100° die Hälfte, beim Glühen seinen ganzen Gehalt an Wasser verliert. Bei letzterer Operation entweicht etwas Schwefelwasserstoff und das zurückbleibende Schwefelzink enthält Zinkoxyd.

§. 57.

2. M a n g a n o x y d u l.

Das Mangan wird entweder als M a n g a n o x y d u l o x y d $[(MnO + Mn_2O_3) = Mn_3O_4]$ oder als s c h w e f e l s a u r e s M a n g a n o x y d u l gewogen. — Ausser diesen Verbindungen haben wir noch diejenigen kennen zu lernen, in welchen es, behufs seiner Bestimmung in ersterer Form, gefällt wird, nämlich k o h l e n s a u r e s M a n g a n o x y d u l, M a n g a n o x y d u l h y d r a t und S c h w e f e l m a n g a n.

a. Das *kohlensaure Manganoxydul* stellt, frisch gefällt, einen weissen, flockigen Niederschlag dar, welcher in reinem Wasser so gut wie nicht, in kohlensäurehaltigem etwas leichter, löslich ist. Kohlensaures Natron oder Kali vermehren seine Löslichkeit nicht. Salmiaklösung nimmt ihn im frisch gefällten Zustande ziemlich leicht auf, daher die Fällung einer Manganlösung durch kohlensaures Kali oder Natron bei Gegenwart von Salmiak (oder der eines anderen Ammonsalzes) nicht eher vollständig geschieht, bis derselbe völlig zerlegt ist. — Im feuchten Zustande der Luft ausgesetzt oder mit lufthaltigem Wasser ausgewaschen, nimmt der Niederschlag langsam eine schmutzig bräunlichweisse Farbe an, indem sich ein Theil in Manganoxydhydrat verwandelt. — Bei Abschluss der Luft getrocknet, stellt er ein zartes, weisses, luftbeständiges Pulver $[2(MnO, CO_2) + aq.]$, bei Zutritt der Luft getrocknet, ein mehr oder weniger schmutzig weisses bis bräunliches dar. — Beim Glühen an der Luft wird dasselbe zuerst

192

schwarz, dann geht es in braunes Manganoxyduloxyd über.

b. Das *Manganoxydulhydrat* stellt, frisch gefällt, einen weissen, flockigen, in Wasser und Alkalien unlöslichen, in Salmiak löslichen Niederschlag dar, welcher an der Luft schnell braun wird, indem sich Oxydhydrat bildet. Beim Trocknen an der Luft erhält man ein braunes, abfärbendes Pulver (Manganoxydhydrat), welches beim heftigen Glühen an der Luft in Manganoxyduloxyd übergeht.

c. Das *Schwefelmangan* erscheint, auf nassem Wege dargestellt, als ein fleischrother, in Wasser und Alkalien unlöslicher Niederschlag. Farbloses Schwefelwasserstoff-Schwefelammonium löst Spuren desselben auf, nicht aber das Fünffach-Schwefelammonium enthaltende gelbe. Gegenwart von Salmiak vermehrt seine Löslichkeit nicht. In wässerigen Säuren (Salzsäure, Schwefelsäure etc.) löst er sich unter Entwicklung von Schwefelwasserstoff. In feuchtem Zustande der Luft ausgesetzt, oder beim Auswaschen mit lufthaltigem Wasser wird er braun, es bildet sich Manganoxydhydrat und gleichzeitig etwas schwefelsaures Manganoxydul. Um dieses zu verhüten, muss man dem Waschwasser etwas Schwefelammonium (gelbes) zusetzen.

d. Das *Manganoxyduloxyd*, in welches alle Oxydationsstufen des Mangans beim Glühen an der Luft zuletzt übergehen, stellt, künstlich erhalten, ein rothbraunes Pulver dar. Beim jedesmaligen Erhitzen nimmt es eine schwarze Farbe an, ändert aber sein Gewicht nicht. Es ist in Wasser unlöslich, verändert Pflanzenfarben nicht, geht, mit Salmiak geglüht, in Chlorür über.

Zusammensetzung:

3Mn	1034,05	82,71	72,10
4O	400,00	32,00	27,90

1434,05 114,71 100,00

e. Das *schwefelsaure Manganoxydul* stellt im wasserfreien Zustande, wie man es durch Erhitzen des krystallisirten erhält, eine weisse, zerreibliche, in Wasser leicht lösliche Masse dar. — Es hält andauernde schwache Rothglühhitze ohne Zersetzung aus; bei heftigerem Glühen wird es mehr oder weniger vollständig zerlegt, indem Sauerstoff, schweflige Säure und wasserfreie Schwefelsäure, entweichen, und Manganoxyduloxyd zurückbleibt.

Zusammensetzung:

$$MnO \quad 444,68 \quad 35,57 \quad 47,07$$
$$SO_3 \quad 500,00 \quad 40,00 \quad 52,93$$
$$944,68 \quad 75,57 \quad 100,00$$

§. 58.

3. Nickeloxydul.

Das Nickel wird stets als Oxydul gewogen. Ausser dieser Verbindung haben wir noch das Nickeloxydulhydrat und das Schwefelnickel als die Formen kennen zu lernen, in welchen das Nickel gefällt wird.

a. Das *Nickeloxydulhydrat* stellt einen apfelgrünen, in Wasser fast ganz unlöslichen, in Ammon und kohlensaurem Ammon löslichen Niederschlag dar. Aus diesen Lösungen wird es durch überschüssig zugesetztes Kali vollständig gefällt, namentlich beim Erhitzen. An der Luft ist es unveränderlich, beim Glühen geht es in Nickeloxydul über.

b. Das *Nickeloxydul* stellt ein schmutzig graugrünes Pulver dar. Es verändert sein Gewicht beim Glühen an der Luft nicht, in Wasser ist es unlöslich, in Salzsäure leicht löslich, Pflanzenfarben verändert es nicht, mit Salmiak geglüht, geht es in metallisches Nickel über (H. R o s e).

Zusammensetzung:

Ni 369,33 29,55 78,69
O 100,00 8,00 21,31
469,33 37,55 100,00

c. Das auf nassem Wege dargestellte wasserhaltige *Schwefelnickel* stellt einen schwarzen, in Wasser unlöslichen Niederschlag dar. Er löst sich nicht in einem Ueberschuss von mit Schwefelwasserstoff vollkommen gesättigtem Schwefelammonium, ein wenig in Ammon, noch mehr in mit Schwefelwasserstoff nicht ganz gesättigtem Ammon. Aus diesen Lösungen, welche eine mehr oder minder braune Farbe haben, schlägt sich, wenn sie der Luft ausgesetzt werden, allmälig das Schwefelnickel nieder (siehe Versuche Nr. 41). — In feuchtem Zustande der Luft ausgesetzt, oxydirt sich das Schwefelnickel langsam zu schwefelsaurem Nickeloxydul. In Essigsäure löst es sich sehr wenig, etwas mehr in Salzsäure, leichter wird es von Salpetersäure, am besten von Königswasser gelöst. — Beim Glühen geht es in wasserfreies Schwefelnickel über, beim Glühen an der Luft in eine basische Verbindung von Nickeloxyd mit Schwefelsäure.

§. 59.

4. Kobaltoxydul.

Die Formen, in welche das Kobalt zum Behufe seiner Bestimmung am besten übergeführt wird, sind folgende: reines metallisches Kobalt, Kobaltoxyduloxyd, schwefelsaures Kobaltoxydul. Ausser den Eigenschaften dieser Verbindungen haben wir noch die des Kobaltoxydulhydrats und des Schwefelkobalts, als der Formen, welche die Bestimmung vermitteln, kennen zu lernen.

a. *Kobaltoxydulhydrat.* Fällt man eine Kobaltoxydullösung mit Kali, so erhält man zuerst einen blauen Niederschlag (basisches Salz), welcher beim Kochen mit Kaliüberschuss bei Abschluss der Luft in hellrothes Hydrat übergeht, bei Zutritt der Luft hingegen missfarbig wird, indem sich ein Theil des Oxydulhydrats in Oxydhydrat verwandelt. Das so dargestellte Hydrat enthält jedoch stets noch eine gewisse Quantität der Säure und selbst nach dem vollständigsten Auswaschen mit heissem Wasser noch eine beträchtliche Menge des zur Fällung angewendeten Alkalis (F r e m y, J. pr. Chem. 57. 81). Ich fand diese Angabe vollkommen bestätigt (Vers. Nr. 42). Glüht man daher den Niederschlag in Wasserstoffgas und bringt das erhaltene metallische Kobalt mit feuchtem Curcumapapier in Berührung, so bemerkt man eine starke alkalische Reaction. Dieses nicht zu vermeidenden Alkaligehaltes halber eignet sich das so erhaltene Oxyd oder Metall nicht zur Bestimmung des Kobalts. — Das Kobaltoxydulhydrat ist in Wasser wie auch in Kali unlöslich, in Ammonsalzen löslich, an der Luft getrocknet wird es unter Sauerstoffaufnahme bräunlich.

b. Glüht man reines Chlorkobalt oder salpetersaures Kobaltoxydul in einem Strome von Wasserstoffgas, so erhält man *reines metallisches Kobalt,* in Gestalt eines grauschwarzen Metallpulvers. Dasselbe schmilzt schwerer als Gold, wird vom Magneten angezogen. — Fand die Reduction bei schwacher Hitze statt, so verbrennt das fein zertheilte Metall an der Luft zu Oxyduloxyd. Dies findet nicht statt, wenn man beim Reduciren stark glüht. Das Kobalt wirkt bei gewöhnlicher Temperatur oder auch beim Sieden nicht zersetzend auf Wasser, bei Gegenwart von Schwefelsäure zersetzt es dasselbe. Mit Schwefelsäurehydrat erhitzt, liefert es unter Entbindung von schwefliger Säure schwefelsaures Kobaltoxydul; in Salpetersäure löst es sich leicht zu salpetersaurem Oxydul.

c. Glüht man salpetersaures Kobaltoxydul, so erhält man einen schwarzen Rückstand von constanter Zusammensetzung. Derselbe ist das dem Eisenoxyduloxyd entsprechende Kobaltoxyduloxyd und hat somit die Formel $CoO + Co_2O_3$ oder Co_3O_4 (Rammelsberg, Fremy). Er löst sich nicht in Wasser, in warmer Salzsäure unter Chlorentwickelung zu Chlorür; beim Glühen mit Salmiak bleibt metallisches Kobalt.

Zusammensetzung:

Co_3	1105,95	88,47	73,42
O_4	400,00	32,00	26,58
	1505,95	120,47	100,00

d. Das auf nassem Wege dargestellte *Schwefelkobalt* stellt einen schwarzen, in Wasser, Alkalien und alkalischen Schwefelmetallen unlöslichen Niederschlag dar. Es löst sich in Essigsäure und verdünnten Mineralsäuren wenig, leichter in concentrirten, am leichtesten in erwärmtem Königswasser. Im feuchten Zustande der Luft dargeboten, oxydirt es sich langsam zu schwefelsaurem Kobaltoxydul.

e. Das *schwefelsaure Kobaltoxydul* krystallisirt in Verbindung mit 7 aq. schwierig in schön rothen, schiefen, rhombischen Säulen. Die Krystalle verlieren bei mässigem Erhitzen sämmtliches Wasser und gehen in rosenrothes wasserfreies Salz über. Dieses erträgt gelinde Glühhitze, ohne Säure zu verlieren. Es löst sich etwas schwierig in kaltem, leichter in heissem Wasser. — In Wasserstoffgas geglüht, wird es nicht reducirt.

Zusammensetzung:

CoO	468,65	37,49	48,39
SO_3	500,00	40,00	51,61

197

968,65 77,49 100,00

§. 60.

5. E i s e n o x y d u l und 6. E i s e n o x y d.

Das Eisen wird immer als Oxyd gewogen. Ausser dieser
Verbindung haben wir das E i s e n o x y d h y d r a t, das
S c h w e f e l e i s e n und das b e r n s t e i n s a u r e
E i s e n o x y d als die Formen, welche seine Bestimmung
vermitteln, kennen zu lernen.

a. Das *Eisenoxydhydrat* stellt, frisch gefällt, einen
rothbraunen, in Wasser, Alkalien und Ammonsalzen
unlöslichen, in Säuren leichtlöslichen, beim Trocknen
ausserordentlich stark schwindenden Niederschlag dar.
Getrocknet erscheint derselbe als eine braune, harte Masse
von glänzendem muschligem Bruch. Der Niederschlag reisst
immer etwas von dem zum Fällen angewendeten Alkali mit
nieder, daher man bei Analysen nur mit Ammon fällen darf.

b. Beim Glühen geht das Oxydhydrat in *Eisenoxyd* über.
War das Oxydhydrat nicht sehr sorgfältig getrocknet, so
werden, durch die Gewalt des in den festen, aussen
getrockneten Stückchen erzeugten Dampfes, leicht Theilchen
des Oxyds umhergeworfen. Reines Eisenoxyd auf feuchtes
geröthetes Lackmuspapier gelegt, färbt dieses nicht blau. In
verdünnter Salzsäure löst es sich langsam, schneller in
concentrirter. Bei gelindem Erwärmen schneller als beim
Kochen. An der Luft geglüht, verändert es sein Gewicht
nicht, — mit Salmiak geglüht, entweicht Eisenchlorid, —
mit Kohle bei Abschluss der Luft geglüht, wird es mehr oder
weniger reducirt.

Zusammensetzung:

2Fe 700,00 56 70,00
3O 300,00 24 30,00

198

1000,00 80 100,00

c. Das *Schwefeleisen* stellt, auf nassem Wege erhalten, einen schwarzen, in lufthaltigem Wasser ein wenig (unter Zersetzung) löslichen, — in Wasser, welches alkalische Schwefelmetalle enthält, unlöslichen, in Mineralsäuren (auch verdünnten) leicht löslichen Niederschlag dar. In sehr verdünnten Lösungen sich ausscheidend, bleibt er sehr lange suspendirt und giebt der Flüssigkeit das Ansehen einer schwärzlichgrünen Lösung. Nach einiger Zeit setzt er sich jedoch stets vollständig ab. — Im feuchten Zustande der Luft dargeboten, nimmt er Sauerstoff auf und wird braun, es entsteht Eisenoxydhydrat und schwefelsaures Eisenoxydul.

d. Vermischt man eine neutrale Eisenoxydlösung mit einer neutralen Lösung von bernsteinsaurem Alkali, so erhält man einen heller oder dunkler zimmtbraunen Niederschlag von *bernsteinsaurem Eisenoxyd* (Fe_2O_3, S_2). Aus der Natur dieses Niederschlages ergiebt sich, dass mit dem Entstehen desselben 1 Aeq. Säure (und zwar bei Ueberschuss von bernsteinsaurem Ammon, Bernsteinsäure) frei werden muss, z. B. Fe_2O_3, $3SO_3 + 3NH_4O$, $S = Fe_2O_3$, $S_2 + 3NH_4O$, $SO_3 +$ S. — Die freie Bernsteinsäure in sehr verdünnter kalter Lösung löst den Niederschlag so gut wie nicht, eine warme Lösung nimmt ihn reichlicher auf. Auf diesem Umstande beruht es, dass man die präcipitirte Flüssigkeit nicht heiss filtriren darf, wenn der Niederschlag ungelöst bleiben soll. Früher wurde irriger Weise angenommen, der Niederschlag sei neutrales, durch heisses Wasser in eine basische unlösliche und eine saure lösliche Verbindung zerlegbares Salz. — In kaltem Wasser ist das bernsteinsaure Eisenoxyd unlöslich, in heissem ein wenig löslich, leicht löslich in Mineralsäuren. Ammon entzieht ihm seine Säure grossentheils, warmes vollständiger als kaltes, es bleiben

dem Eisenoxydhydrat ähnliche Verbindungen, welche auf
1S 9–15 Aeq. Fe_2O_3 enthalten (D ö p p i n g).

Basen der fünften Gruppe.

§. 61.

1. Silberoxyd.

Das Silber kann als metallisches Silber, als Chlorsilber, Schwefelsilber und Cyansilber gewogen werden.

a. Das *metallische Silber* stellt, aus Silbersalzen mit organischen Säuren etc. durch Glühen erhalten, eine leichte, hellweisse, blinkende, metallisch glänzende Masse dar; aus Chlorsilber etc. durch Zink auf nassem Wege reducirt, erscheint es als graues mattes Pulver. Es lässt sich über einer Berzelius'schen Lampe nicht schmelzen, verändert beim Glühen sein Gewicht nicht. — In verdünnter Salpetersäure löst es sich leicht und ohne Rückstand.

b. Das *Chlorsilber* stellt, frisch gefällt, einen weissen, käsigen, beim Trocknen pulverig werdenden Niederschlag dar. Es ist in Wasser und Salpetersäure ganz unlöslich, in concentrirter Salzsäure löst es sich ein wenig, beim Verdünnen fällt es fast vollständig daraus nieder. Die Lösungen von Salmiak (nicht von anderen Ammonsalzen), Chlornatrium und Chlorkalium nehmen (namentlich im concentrirten Zustande) ebenfalls ein wenig desselben auf. — Aetzammon löst es leicht. — Am Licht wird es bald violett, endlich schwarz, indem es Chlor verliert. Die Umwandlung ist jedoch so oberflächlich, dass man den Chlorverlust, selbst auf sehr feinen Wagen nicht nachweisen kann. — Beim Erhitzen färbt sich das Chlorsilber gelb, bei 260° schmilzt es zu einer durchsichtigen, gelben Flüssigkeit; in sehr starker Glühhitze verflüchtigt es sich unzersetzt. Erkaltet stellt das geschmolzene Chlorsilber eine farblose oder schwach gelbliche Masse dar. In Chlorgas geschmolzen absorbirt es ein wenig von demselben, beim Erkalten entweicht dasselbe vollständig. — Mit Kohle geglüht wird dasselbe nicht, in einem Strome von Kohlenoxydgas aber leicht zu Silber reducirt.

Zusammensetzung:

$$
\begin{array}{llll}
\text{Ag} & 1349{,}66 & 107{,}97 & 75{,}28 \\
\text{Cl} & 443{,}28 & 35{,}46 & 24{,}72 \\
& 1792{,}94 & 143{,}43 & 100{,}00
\end{array}
$$

c. Das *Schwefelsilber* stellt, auf nassem Wege erhalten, einen schwarzen, in Wasser, verdünnten Säuren, Alkalien und alkalischen Schwefelmetallen unlöslichen, an der Luft unveränderlichen Niederschlag dar, welcher sich ohne Zersetzung bei 100° trocknen lässt. Concentrirte Salpetersäure löst ihn unter Abscheidung von Schwefel.

Zusammensetzung:

$$
\begin{array}{llll}
\text{Ag} & 1349{,}66 & 107{,}97 & 87{,}07 \\
\text{S} & 200{,}00 & 16{,}00 & 12{,}93 \\
& 1549{,}66 & 123{,}97 & 100{,}00
\end{array}
$$

d. Das *Cyansilber* stellt, frisch gefällt, einen weissen, käsigen, in Wasser und verdünnter Salpetersäure unlöslichen, in Cyankalium wie auch in Ammon löslichen Niederschlag dar, welcher sich am Lichte nicht im mindesten schwärzt und, ohne Zersetzung zu erleiden, bei 100° getrocknet werden kann. — Beim Glühen zerfällt er in Silber, welches gemengt mit etwas Paracyansilber zurückbleibt, und in Cyangas.

Zusammensetzung:

$$
\begin{array}{llll}
\text{Ag} & 1349{,}66 & 107{,}97 & 80{,}60 \\
\text{C}_2\text{N} & 325{,}06 & 26{,}00 & 19{,}40 \\
& 1674{,}72 & 133{,}97 & 100{,}00
\end{array}
$$

§. 62.

2. Bleioxyd.

Die Formen, in denen das Blei gewogen wird, sind: Bleioxyd, schwefelsaures Bleioxyd, chromsaures Bleioxyd, Chlorblei, Schwefelblei. Ausser diesen Verbindungen müssen wir noch das kohlensaure, wie auch das oxalsaure Bleioxyd näher betrachten.

a. Das *neutrale kohlensaure Bleioxyd* stellt einen schweren, weissen, pulverigen Niederschlag dar. Es ist in reinem (ausgekochtem) Wasser sehr wenig löslich (1 Theil erfordert 50550 Theile, Vers. Nr. 43.), ein wenig leichter in solchem, welches Ammon und Ammonsalze enthält (vergl. Vers. Nr. 43.), auch in kohlensäurehaltigem Wasser löst es sich etwas mehr als in reinem. Beim Glühen verliert es seine Kohlensäure.

b. Das *kleesaure Bleioxyd* ist ein weisses, in Wasser sehr wenig lösliches Pulver. Seine Löslichkeit wird ein wenig erhöht durch die Gegenwart von Ammonsalzen (Vers. Nr. 44). In verschlossenen Gefässen erhitzt, hinterlässt es Bleisuboxyd, bei Luftzutritt geglüht, gelbes Oxyd.

c. Das *Bleioxyd* (durch Glühen des kohlensauren oder oxalsauren Salzes erhalten) stellt ein citronengelbes, zuweilen mehr röthlich- oder auch blassgelbes Pulver dar. Beim jedesmaligen Erhitzen nimmt es eine braunrothe Farbe an, ohne sein Gewicht zu verändern. In heftiger Rothglühhitze schmilzt es, beim Glühen mit Kohle wird es reducirt, erst in der Weissglühhitze verdampft es. Auf feuchtes, geröthetes Lackmuspapier gelegt, bläut es dasselbe. An der Luft zieht es langsam Kohlensäure an. Mit Salmiak geglüht verwandelt es sich in Chlorblei.

Zusammensetzung:

Pb 1294,64 103,57 92,83

O   100,00   8,00   7,17

1394,64 111,57 100,00

d. Das *schwefelsaure Bleioxyd* stellt ein schweres, weisses Pulver dar. Es löst sich bei gewöhnlicher Temperatur in 22800 Theilen reinem Wasser (Vers. Nr. 45), weniger in schwefelsäurehaltigem (1 Theil erfordert etwa 36500 Theile, Vers. Nr. 46), weit mehr in solchem, welches Ammonsalze enthält, daraus durch überschüssige Schwefelsäure wieder so gut wie völlig fällbar (Vers. Nr. 47), — nicht oder fast nicht in Alkohol und Weingeist. — In concentrirter Salzsäure löst es sich beim Erhitzen; in Salpetersäure um so mehr, je concentrirter und wärmer sie ist. Wasser fällt es nicht aus der salpetersauren Lösung, wohl aber verdünnte Schwefelsäure, wenn sie in reichlicher Menge zugesetzt wird. Je mehr Salpetersäure vorhanden ist, um so mehr Schwefelsäure wird erfordert. — Von concentrirter Schwefelsäure wird es in geringer Menge aufgenommen, beim Verdünnen mit Wasser (vollständiger bei Zusatz von Alkohol) fällt das gelöste nieder. In heisser Kali- oder Natronlauge löst sich das schwefelsaure Bleioxyd leicht, an der Luft und bei gelindem Glühen ist es unveränderlich, in stärkerer Hitze schmilzt es ohne Zerlegung (Vers. Nr. 48). Beim Glühen mit Kohle bildet sich anfangs Schwefelblei, dessen Schwefel die Schwefelsäure eines noch nicht zersetzten Antheils zu schwefliger Säure reducirt, wodurch auf beiden Seiten metallisches Blei abgeschieden wird.

Zusammensetzung:

PbO   1394,64 111,57 73,56

SO$_3$ 500,00   40,00 26,44

1894,64 151,57 100,00

e. Das *Chlorblei* stellt entweder kleine, glänzende Krystallnadeln, oder ein weisses Pulver dar. Es löst sich bei gewöhnlicher Temperatur in 135 Theilen Wasser, weit leichter in heissem, weniger leicht in salpetersäurehaltigem [1 Thl. bedarf 1636 Thle. (B i s c h o f)], reichlich in concentrirter Salzsäure, daraus durch Wasser fällbar, kaum in Weingeist von 70–80 Proc., nicht in absolutem Alkohol. — An der Luft ist es unveränderlich, noch unter der Glühhitze schmilzt es ohne Gewichtsverlust. Bei Luftzutritt stärker erhitzt, verflüchtigt es sich langsam, zum Theil wird es dabei zersetzt, es entweicht Chlor, Bleioxyd-Chlorblei bleibt zurück.

Zusammensetzung:

Pb	1294,64	103,57	74,49
Cl	443,28	35,46	25,51
	1737,92	139,03	100,00

f. Das *Schwefelblei* stellt, auf nassem Wege erhalten, einen schwarzen, in Wasser, verdünnten Säuren, Alkalien und alkalischen Schwefelmetallen unlöslichen Niederschlag dar. An der Luft ist derselbe unveränderlich, bei 100° lässt er sich ohne Zersetzung trocknen. In concentrirter heisser Salzsäure löst sich das Schwefelblei unter Entwicklung von Schwefelwasserstoff, in mässig concentrirter Salpetersäure beim Erhitzen unter Abscheidung von Schwefel (wenn die Säure ziemlich concentrirt ist, bildet sich auch etwas schwefelsaures Bleioxyd). Rauchende Salpetersäure verwandelt dasselbe ohne Abscheidung von Schwefel unter heftiger Einwirkung in schwefelsaures Bleioxyd. — Vergl. hierzu Versuch Nr. 49.

Zusammensetzung:

Pb	1294,64	103,57	86,61
S	200,00	16,00	13,39
	1494,64	119,57	100,00

Eigenschaften und Zusammensetzung des *chromsauren Bleioxyds* siehe bei Chromsäure §. 72.

§. 63.

3. Q u e c k s i l b e r o x y d u l und 4. Q u e c k s i l b e r o x y d.

Das Quecksilber wird im r e g u l i n i s c h e n Z u s t a n d e, als Q u e c k s i l b e r c h l o r ü r oder als Q u e c k s i l b e r s u l f i d, zuweilen auch als O x y d gewogen.

a. Das *regulinische Quecksilber* stellt, wie bekannt, ein bei gewöhnlicher Temperatur flüssiges, zinnweisses Metall dar. Im reinen Zustande zeigt es vollkommen blanke Oberfläche, an der Luft ist es bei gewöhnlicher Temperatur völlig unveränderlich. Es siedet bei 360°, verdampft auch schon bei mittlerer Sommertemperatur, jedoch höchst langsam. Kocht man es mit Wasser anhaltend, so verwandelt sich ebenfalls ein wenig in Dampf, von welchem Spuren mit den Wasserdämpfen entweichen, während eine höchst geringe Menge im Wasser vertheilt (nicht gelöst) bleibt (vergl. Vers. Nr. 50). Aus dieser Flüssigkeit schlägt sich bei sehr langem Stehen allmälig die Spur darin suspendirten Quecksilbers vollständig nieder. Wird Quecksilber aus einer Flüssigkeit in fein zertheilter Form niedergeschlagen, so vereinigen sich die kleinen Kügelchen leicht zu einer grösseren, wenn das Quecksilber vollkommen rein ist; hängen demselben aber fremde Materien, wenn auch in geringster Menge, an, z. B. Spuren von Fett, so wird das Zusammenfliessen des Quecksilbers dadurch verhindert. — Das Quecksilber löst sich in Salzsäure, selbst in concentrirter, nicht auf, in verdünnter kalter Schwefelsäure kaum, von Salpetersäure oder kochender concentrirter Schwefelsäure hingegen wird es leicht gelöst.

b. Das *Quecksilberchlorür* stellt, auf nassem Wege erhalten, ein schweres, weisses Pulver dar. In kaltem Wasser ist es fast

206

absolut unlöslich, von kochendem wird es allmälig zersetzt, die Lösung enthält Chlor und Quecksilber, der Rückstand wird bei andauerndem Kochen grau. — Sehr verdünnte Salzsäure löst das Quecksilberchlorür bei gewöhnlicher Temperatur nicht, bei erhöhter langsam, in der Siedehitze, unter Mitwirkung der Luft, allmälig vollständig; die Lösung enthält Quecksilberchlorid ($Hg_2Cl + ClH + O = 2HgCl +$ HO). Kochende concentrirte Salzsäure zersetzt das Quecksilberchlorür ziemlich schnell in zurückbleibendes Quecksilber und sich lösendes Chlorid. — Kochende Salpetersäure löst es zu Chlorid und salpetersaurem Oxyd, Chlorwasser und Königswasser lösen es schon in der Kälte zu Chlorid. — Lösungen von Salmiak, Chlornatrium und Chlorammonium zersetzen es, wenig in der Kälte, mehr in der Hitze, in Metall und sich lösendes Chlorid. — Das Quecksilberchlorür verändert Pflanzenfarben nicht, an der Luft ist es unveränderlich, bei 100° kann es ohne Gewichtsverlust getrocknet werden, bei stärkerem Erhitzen (noch unter der Glühhitze) verdampft es vollständig, ohne vorher zu schmelzen.

Zusammensetzung:

2Hg	2501,20	200,10	84,95
Cl	443,28	35,46	15,05
	2944,48	235,56	100,00

c. Das *Quecksilbersulfid* stellt, auf nassem Wege erhalten, ein schwarzes, in Wasser unlösliches Pulver dar. Salzsäure und Salpetersäure lösen es im verdünnten Zustande nicht, heisse concentrirte Salpetersäure greift es kaum, kochende Salzsäure nicht an. Von Königswasser wird es leicht gelöst. Kalilauge, selbst kochende, nimmt es nicht auf, Schwefelkalium löst es leicht (Vers. Nr. 51), Schwefelammonium sowie Cyankalium nicht. An der Luft

ist es (auch im feuchten Zustande) unveränderlich, bei 100°
erleidet es keine Veränderung. In höherer Temperatur
verdampft es vollständig ohne Zersetzung.

Zusammensetzung:

Hg	1250,6	100,05	86,21
S	200,0	16,00	13,79
	1450,6	116,05	100,00

d. Das *Quecksilberoxyd* stellt ein krystallinisches,
ziegelrothes Pulver dar, welches bei jedesmaligem Erhitzen
zinnoberroth, dann violettschwarz wird. Es erträgt ziemlich
starke Hitze, ohne zersetzt zu werden; bei anfangender
Glühhitze aber zerfällt es in Quecksilber und Sauerstoff. War
es rein, so bleibt zuletzt kein fixer Rückstand.

Zusammensetzung:

Hg	1250,6	100,05	92,59
O	100,0	8,00	7,41
	1350,6	108,05	100,00

§. 64.

5. K u p f e r o x y d.

Das Kupfer wird in der Regel als O x y d gewogen. In diese
Verbindung führt man es entweder geradezu über, oder man
fällt es zuerst als S c h w e f e l k u p f e r. Ausser diesen
Formen müssen wir noch das metallische Kupfer und das
Kupferoxydul genauer ins Auge lassen.

a. *Kupferoxyd.* Versetzt man eine verdünnte, kalte
wässerige Lösung eines Kupfersalzes mit überschüssigem
Kali oder Natron, so entsteht ein hellblauer, schwer
auszuwaschender Niederschlag von Kupferoxydhydrat,
welcher mit der Flüssigkeit, aus der er gefällt wurde, in

208

Berührung, schon bei Sommerwärme allmälig braunschwarz wird, indem er sein Hydratwasser fast vollständig verliert. Dass diese Veränderung sogleich vor sich geht, wenn man die Flüssigkeit bis fast zum Sieden erhitzt, ist bekannt. — Die von dem schwarzen Niederschlage abfiltrirte Flüssigkeit ist frei von Kupfer. — Mischt man die oben genannten Lösungen im concentrirten Zustande, so erhält man ausser einem blauen Niederschlage eine blaue Flüssigkeit, welche ihre Farbe sehr fein suspendirtem Hydrat, verdankt. Aus einer solchen lässt sich auch durch anhaltendes Kochen nicht alles Kupfer fällen, wohl aber nach vorhergegangener Verdünnung mit Wasser. — Enthält eine Kupferlösung nichtflüchtige organische Substanzen, so wird durch überschüssiges Alkali auch beim Kochen niemals alles Kupfer als Oxyd gefällt. — Das durch Fällung mit Kali oder Natron aus heisser verdünnter Lösung erhaltene Oxyd hält einen Antheil Alkali mit Hartnäckigkeit zurück. Durch Auswaschen mit kochendem Wasser kann es jedoch vollständig davon befreit werden. — Nach dem Glühen stellt das durch Fällung erhaltene Oxyd wie auch das durch Zersetzung von kohlensaurem oder salpetersaurem Salz in der Hitze dargestellte, ein braunschwarzes bis schwarzes Pulver dar, welches selbst bei heftigem Glühen über der Weingeistlampe an Gewicht weder ab- noch zunimmt (Vers. Nr. 52). Bei einer dem Schmelzpunkte des Kupfers nahe liegenden Temperatur jedoch schmilzt es, verliert Sauerstoff und geht in Cu_5O_3 über (F a v r e und M a u m e n é). — Mit Kohle geglüht, wird es überaus leicht reducirt. An der Luft erhitzt, verbrennt das entstandene metallische Kupfer wieder zu Oxyd. — In Berührung mit der Atmosphäre zieht das Kupferoxyd Wasser an, und zwar schwach geglühtes schneller als heftig geglühtes (Vers. Nr. 53). — In Wasser ist das Kupferoxyd so gut wie unlöslich, von Salzsäure, Salpetersäure etc. wird es leicht aufgenommen, weniger leicht von Ammon. — Gegen

Pflanzenfarben ist das Kupferoxyd indifferent.

Zusammensetzung:

Cu	396,00	31,68	79,84
O	100,00	8,00	20,16
	496,00	39,68	100,00

b. Das auf nassem Wege dargestellte *Schwefelkupfer* stellt einen braunschwarzen bis schwarzen, in Wasser so gut wie völlig unlöslichen Niederschlag dar. Im feuchten Zustande der Luft ausgesetzt, wird er grünlich und lackmusröthend, allmälig verwandelt er sich völlig in schwefelsaures Kupferoxyd. Das Schwefelkupfer löst sich unter Abscheidung von Schwefel leicht in kochender Salpetersäure, von Salzsäure wird es schwierig gelöst. Von Kali- und Schwefelkaliumlösung, namentlich kochender, wird es nicht, von Schwefelammonium merklich, von Cyankalium leicht aufgenommen.

c. Das *metallische Kupfer* stellt, wie bekannt, in reinem Zustande ein eigenthümlich gefärbtes Metall dar, welches erst in der Weissglühhitze schmilzt. An trockner oder feuchter kohlensäurefreier Luft verändert sich das Kupfer nicht, an feuchter kohlensäurehaltiger Luft läuft es allmälig, zuerst schwarzgrau, dann blaugrün an. — An der Luft geglüht, überzieht es sich mit einer schwarzen Oxydschicht. — In Salzsäure löst es sich, bei Luftabschluss, weder in der Kälte noch beim Kochen, bei Gegenwart von Luft langsam. Von Salpetersäure wird es leicht aufgenommen, von Ammon bei Luftabschluss nicht, bei Gegenwart von Luft langsam. — Bei Abschluss der Luft mit einer Lösung von Kupferchlorid in Salzsäure oder mit einer ammoniakalischen Kupferoxydlösung in Berührung, verwandelt es das Chlorid in Chlorür, das Oxyd in Oxydul, indem für je 1 Aeq. Chlorid oder Oxyd 1 Aeq. Metall gelöst wird.

d. Versetzt man die blaue Lösung, welche man erhält, wenn man zu Kupferoxydlösung Weinsäure, dann Natronlauge im Ueberschuss bringt, mit Trauben- oder Milchzuckerlösung und erwärmt, so entsteht ein pomeranzengelber Niederschlag von Kupferoxydulhydrat, welcher alles in der Lösung vorhanden gewesene Kupfer enthält und bald, namentlich bei stärkerem Erhitzen, roth wird, indem das Hydrat in Oxydul (Cu_2O) übergeht. Der in Wasser unlösliche Niederschlag hält hartnäckig Alkali zurück. Mit verdünnter Schwefelsäure behandelt, liefert er sich lösendes schwefelsaures Kupferoxyd und sich ausscheidendes Metall.

§. 65.

6. W i s m u t h o x y d.

Das Wismuth wird bei Analysen immer als O x y d gewogen. Ausser dieser Verbindung haben wir noch das b a s i s c h k o h l e n s a u r e W i s m u t h o x y d und das S c h w e f e l w i s m u t h kennen zu lernen, da diese Formen die Ueberführung des Wismuths in Oxyd in der Regel vermitteln.

a. Das *Wismuthoxyd* stellt, durch Glühen des kohlensauren oder salpetersauren Salzes erhalten, ein blasscitronengelbes, in der Hitze vorübergehend dunkler gelb bis rothbraun erscheinendes Pulver dar. In starker Rothglühhitze schmilzt es, ohne an Gewicht ab- oder zuzunehmen. Mit Kohle oder in Kohlenoxyd geglüht, wird es zu Metall reducirt. In Wasser ist es unlöslich, gegen Pflanzenfarben indifferent. In den Säuren, welche damit lösliche Salze bilden, löst es sich leicht. Beim Glühen mit Salmiak liefert es, unter Verpuffung, metallisches Wismuth.

Zusammensetzung:

Bi 2599,95 208 89,655

211

$$O_3 \quad 300,00 \quad 24 \quad 10,345$$
$$2899,95 \quad 232 \quad 100,00$$

b. *Kohlensaures Wismuthoxyd.*

Setzt man zu einer von Salzsäure freien Wismuthlösung kohlensaures Ammon im Ueberschuss, so entsteht sogleich ein weisser Niederschlag von kohlensaurem Wismuthoxyd (BiO_3, CO_2), von dem jedoch ein Theil vom Ueberschuss des Fällungsmittels wieder gelöst wird. Erhitzt man aber das Ganze vor dem Abfiltriren, so ist das Filtrat von Wismuth frei. — (Kohlensaures Kali schlägt ebenfalls Wismuthlösungen vollständig nieder. Der Niederschlag enthält jedoch bei Anwendung desselben immer Spuren von Kali, die sich durch Auswaschen nur schwierig entfernen lassen. — Kohlensaures Natron fällt Wismuthlösungen weniger vollständig.) Der Niederschlag lässt sich leicht aussüssen. In Wasser ist er so gut wie unlöslich, in Salzsäure und Salpetersäure löst er sich unter Aufbrausen mit Leichtigkeit. — Beim Glühen hinterlässt er Oxyd.

c. Das *Schwefelwismuth* stellt, auf nassem Wege erhalten, einen braunschwarzen bis schwarzen Niederschlag dar. Er löst sich nicht in Wasser, verdünnten Säuren, Alkalien, alkalischen Schwefelmetallen und Cyankalium. Mässig concentrirte Salpetersäure löst ihn in der Hitze unter Abscheidung des Schwefels zu salpetersaurem Salz. An der Luft ist er unveränderlich, bei 100° lässt er sich, ohne Veränderung zu erleiden, trocknen.

Zusammensetzung:

$$Bi \quad 2599,95 \quad 208 \quad 81,25$$
$$3S \quad 600,00 \quad 48 \quad 18,75$$
$$3199,95 \quad 256 \quad 100,00$$

§. 66.

7. Cadmiumoxyd.

Das Cadmium wird entweder als O x y d oder als S c h w e f e l c a d m i u m gewogen. Ausser diesen Verbindungen interessirt uns zunächst noch das k o h l e n s a u r e Cadmiumoxyd, da es die Ueberführung in Oxyd meistens vermittelt.

a. Das *Cadmiumoxyd* stellt, durch Glühen des kohlensauren oder salpetersauren Salzes erhalten, ein gelbbraunes bis rothbraunes Pulver dar. Es schmilzt, verdampft und zersetzt sich nicht in der Weissglühhitze, löst sich nicht in Wasser, leicht in Säuren, verändert Pflanzenfarben nicht. Beim Glühen mit Kohle wird es leicht reducirt, wobei das Cadmium dampfförmig entweicht.

Zusammensetzung:

Cd	696,77	55,74	87,45
O	100,00	8,00	12,55
	796,77	63,74	100,00

b. Das *kohlensaure Cadmiumoxyd* stellt einen weissen, in Wasser und fixen kohlensauren Alkalien unlöslichen, in kohlensaurem Ammon höchst wenig löslichen Niederschlag dar. Beim Trocknen verliert er sein Wasser vollständig, beim Glühen geht er in Oxyd über.

c. Das auf nassem Wege erhaltene *Schwefelcadmium* stellt einen citronengelben bis pomeranzengelben, in Wasser, verdünnten Säuren, Alkalien, alkalischen Schwefelmetallen und Cyankalium unlöslichen Niederschlag dar (Vers. Nr. 54). In concentrirter Salzsäure löst er sich unter Entwicklung von Schwefelwasserstoff, in mässig concentrirter erhitzter Salpetersäure unter Abscheidung von Schwefel. Er lässt sich ohne Zersetzung auswaschen und bei 100° trocknen.

Zusammensetzung:

$$
\begin{array}{lccc}
\text{Cd} & 696{,}77 & 55{,}74 & 77{,}78 \\
\text{O} & 200{,}00 & 16{,}00 & 22{,}22 \\
& 896{,}77 & 71{,}74 & 100{,}00
\end{array}
$$

Metalloxyde der sechsten Gruppe.

§. 67.

1. Goldoxyd.

Das Gold wird stets im regulinischen Zustande gewogen. Ausser dieser Form haben wir noch das Schwefelgold hier zu betrachten, da das Gold nicht selten als solches gefällt wird.

a. Das *metallische Gold* stellt, durch Fällung erhalten, ein mattes schwärzlich braunes Pulver dar, welches beim Drücken Metallglanz annimmt; in zusammenhängender Gestalt zeigt es die bekannte, ihm eigenthümliche hochgelbe Farbe. Es schmilzt erst in der Weissglühhitze und lässt sich demzufolge mittelst einer Weingeistlampe unter keinen Umständen zum Fluss bringen. An der Luft und beim Glühen ist es völlig unveränderlich, von Wasser und einfachen Säuren wird es nicht angegriffen, Königswasser löst es zu Chlorid.

b. *Schwefelgold.* Leitet man durch eine verdünnte, kalte Auflösung von Goldchlorid Schwefelwasserstoff, so scheidet sich alles Gold als Schwefelgold (AuS_3) in Gestalt eines braunschwarzen Niederschlages ab. Lässt man den Niederschlag unter der Flüssigkeit stehen, so verwandelt er sich allmälig in metallisches Gold und freie Schwefelsäure. Leitet man Schwefelwasserstoff durch eine warme Goldchloridlösung, so schlägt sich Goldsulfür (AuS) nieder, unter gleichzeitiger Bildung von Schwefelsäure und

Salzsäure ($2AuCl_3 + 3HS + 3HO = 2\ AuS + 6HCl + SO_3$). — Das Goldsulfid löst sich nicht in Wasser, Salzsäure oder Salpetersäure; von Königswasser wird es aufgenommen. Es löst sich nicht in farblosem, fast vollständig in gelbem Schwefelammonium; unter Abscheidung von Gold in Kali, vollständig in gelbem Schwefelkalium, oder in gelbem Schwefelammonium bei Zusatz von Kali. Bei gelindem Erhitzen verliert es seinen Schwefel und geht in Gold über.

§. 68.

2. P l a t i n o x y d .

Das Platin wird immer als solches gewogen. Gefällt wird es in der Regel als A m m o n i u m- oder K a l i u m p l a t i n c h l o r i d, selten als S c h w e f e l p l a t i n .

a. Das *metallische Platin* stellt, durch Glühen des Ammonium- oder Kaliumplatinchlorids erhalten, eine graue, glanzlose, poröse Masse (Platinschwamm) dar. Es ist nur bei den allerhöchsten Temperaturgraden schmelzbar, an der Luft und im stärksten Ofenfeuer völlig unveränderlich. Wasser und einfache Säuren greifen es nicht, wässerige Alkalien kaum an, Königswasser löst es zu Chlorid.

b. Die Eigenschaften des *Ammoniumplatinchlorids* haben wir bereits oben §. 49, die des Kaliumplatinchlorids §. 47 kennen gelernt.

c. *Schwefelplatin.*

Versetzt man eine concentrirte Lösung von Platinchlorid mit Schwefelwasserstoffwasser, oder leitet man in eine verdünntere Schwefelwasserstoffgas, so entsteht am Anfang kein Niederschlag, nach längerem Stehen bräunt sich die Lösung und endlich setzt sich der Niederschlag ab. Erhitzt man aber die mit Schwefelwasserstoff im Ueberschuss versetzte Lösung allmälig, zuletzt bis zum Kochen, so scheidet sich alles gelöst gewesene Platin als (von

Chlorplatin freies) Schwefelplatin ab. Dasselbe ist in Wasser unlöslich, ebenso in einfachen Säuren, von Königswasser wird es gelöst. Aetzende Alkalien lösen es theilweise (unter Abscheidung von Platin), alkalische Schwefelmetalle vollständig. Leitet man durch Wasser, in welchem Platinsulfid vertheilt ist, Schwefelwasserstoff, so wird das Platinsulfid unter Aufnahme von Schwefelwasserstoff (welches sich an der Luft wieder davon trennt) hell graubraun. — Setzt man feuchtes Schwefelplatin der Luft aus, so zerlegt es sich allmälig, Platin wird frei, während der Schwefel in Schwefelsäure übergeht. — Beim Glühen an der Luft verglimmt das Schwefelplatin zu metallischem Platin.

§. 69.

3. Antimonoxyd.

Das Antimon wird am häufigsten als Antimonsulfür, seltener als antimonige Säure oder im metallischen Zustand egewogen.

a. Fällt man eine mit Weinsäure versetzte Lösung von Antimonchlorür mit Schwefelwasserstoff, so erhält man einen orangerothen Niederschlag von *Antimonsulfürhydrat*, mit dem am Anfange etwas basisches Chlorantimon niederfällt. Sättigt man die Flüssigkeit jedoch vollständig mit Schwefelwasserstoff und erwärmt gelinde, so wird das mitgefällte Chlorantimon zersetzt und man erhält reines Antimonsulfürhydrat, welches beim Trocknen sein Hydratwasser verliert. Das Antimonsulfür ist in Wasser und verdünnten Säuren unlöslich, von concentrirter Salzsäure wird es unter Schwefelwasserstoffentwicklung aufgenommen. Mit rauchender Salpetersäure und etwas Salzsäure zusammengebracht, erleidet es stürmische Oxydation zu schwefelsaurem Oxyd. In Kalilauge, Schwefelammonium und Schwefelkalium löst es sich leicht, in Ammon wenig. — Es lässt sich ohne Zersetzung bei 100°

216

trocknen, getrocknet ist es an der Luft unveränderlich. Kocht man frisch gefälltes Antimonsulfür anhaltend mit Wasser, so zersetzt es sich in Antimonoxyd, welches sich im Wasser löst, und in Schwefelwasserstoff. Bei Gegenwart von Wasser längere Zeit der Luft dargeboten, nimmt es Sauerstoff auf und löst sich als schwefelsaures Salz. — Die der antimonigen und Antimonsäure entsprechenden Antimonsulfurete sind in Wasser ebenfalls unlöslich, in Schwefelwasserstoff enthaltendem lösen sie sich ein wenig.

Zusammensetzung:

Sb	1612,90	129	72,89
S_3	600,00	48	27,11
	2212,90	177	100,00

b. Die *antimonige Säure* stellt ein weisses, beim Erhitzen vorübergehend gelb werdendes, unschmelzbares, feuerbeständiges Pulver dar. Sie löst sich kaum in Wasser, sehr schwer in Salzsäure, mit Schwefelammonium übergossen erleidet sie keine Veränderung. Auf feuchtes Lackmuspapier gelegt, zeigt sie saure Reaction.

Zusammensetzung:

Sb	1612,90	129	80,13
4O	400,00	32	19,87
	2012,90	161	100,00

c. Das *metallische Antimon* stellt, durch Fällung auf nassem Wege erhalten, ein glanzloses schwarzes Pulver dar. Es ist an und für sich in Wasser unlöslich, oxydirt sich aber in Berührung mit demselben unter Mitwirkung der Luft langsam, wodurch das Wasser einen Gehalt an Oxyd bekommt. Das Antimonpulver lässt sich ohne Veränderung bei 100° trocknen. In mässiger Glühhitze schmilzt es, in einem Gasstrom, z. B. in Wasserstoff geglüht, verdampft es. Antimonwasserstoff bildet sich dabei nicht. Von Salzsäure, selbst kochender concentrirter, wird es kaum angegriffen, Salpetersäure verwandelt es je nach der Concentration derselben in mit mehr oder weniger antimoniger Säure gemengtes Antimonoxyd.

§. 70.

4. Z i n n o x y d u l und 5. Z i n n o x y d.

Das Zinn wird in der Regel als Z i n n o x y d gewogen. Ausser dieser Verbindung interessiren uns hier zunächst die beiden S u l f u r e t e, da sie die Ueberführung in Oxyd nicht selten vermitteln.

a. *Zinnoxyd.*

Oxydirt man metallisches Zinn durch Salpetersäure, oder dampft man eine Zinnlösung mit überschüssiger Salpetersäure ein, so erhält man das Hydrat des Zinnoxyds b. (Metazinnsäurehydrat) in Gestalt eines weissen Niederschlages. Derselbe löst sich nicht in Wasser, Salpetersäure und Schwefelsäure, wenig in Salzsäure, röthet auch nach vollständigem Auswaschen Lackmus. Fällt man dagegen Zinnchloridlösung durch ein Alkali, durch Glaubersalz oder salpetersaures Ammon, so erhält man das Hydrat des Zinnoxyds a., welches sich in Salzsäure leicht löst. — Beide Hydrate gehen beim Glühen in Zinnoxyd über. — Dieses stellt ein strohgelbes, beim Erhitzen vorübergehend hochgelb bis braun erscheinendes, Lackmus nicht veränderndes, in Wasser und Säuren unlösliches Pulver dar. Mit einem Ueberschuss von Salmiak geglüht, verflüchtigt es sich vollständig als Chlorid.

Zusammensetzung:

Sn	735,30	58,82	78,62
$2O_4$	200,00	16,00	21,38

218

935,30 74,82 100,00

b. Das *Zinnsulfürhydrat* stellt einen braunen, in Wasser, Schwefelwasserstoffwasser und verdünnten Säuren unlöslichen Niederschlag dar. Derselbe löst sich nicht in Ammon, ziemlich leicht (als Sulfid) in gelbem Schwefelammonium und Schwefelkalium, leicht in heisser concentrirter Salzsäure. — Bei abgehaltener Luft erhitzt, verliert er sein Wasser und geht in wasserfreies Sulfür über; bei Zutritt der Luft andauernd gelinde erhitzt, wird er in entweichende schweflige Säure und zurückbleibendes Oxyd verwandelt.

c. Das *Zinnsulfidhydrat* stellt einen hochgelben, beim Trocknen dunkler werdenden Niederschlag dar. Er ist in Wasser unlöslich, löst sich aber ein wenig in Schwefelwasserstoff enthaltendem. Ammon löst ihn schwierig, Kali und alkalische Schwefelmetalle, wie auch concentrirte heisse Salzsäure leicht. Bei abgehaltener Luft erhitzt, verliert er je nach der Temperatur zugleich mit dem Wasser ½ oder 1 Aeq. Schwefel und geht in Anderthalb- oder Einfach-Schwefelzinn über; bei Luftzutritt ganz langsam erhitzt, geht er in Oxyd über, während schweflige Säure entweicht.

§. 71.

6. A r s e n i g e S ä u r e und 7. A r s e n s ä u r e.

Das Arsen wägt man entweder als a r s e n s a u r e s B l e i o x y d, als A r s e n s u l f ü r, als a r s e n s a u r e A m m o n m a g n e s i a oder als b a s i s c h a r s e n s a u r e s E i s e n o x y d.

a. Das *arsensaure Bleioxyd* stellt im reinen Zustande ein weisses, in gelinder Glühhitze, in der es zusammenbackt, vorübergehend gelb erscheinendes, in stärkerer Hitze schmelzbares Pulver dar. Bei heftigem Glühen nimmt es an

Gewicht ab, indem es ein wenig Arsensäure, welche als arsenige Säure und Sauerstoff entweicht, verliert. Wir haben in der Analyse niemals mit diesem reinen Salze, sondern mit einem Gemenge desselben mit freiem Bleioxyd zu thun.

b. Das *Arsensulfür* stellt einen hochgelben, in Wasser unlöslichen, in Schwefelwasserstoffwasser spurenweise löslichen Niederschlag dar. Mit Wasser gekocht oder damit mehrere Tage lang in Berührung, erleidet er seine höchst oberflächliche Zersetzung, es löst sich eine Spur arsenige Säure, während sich ein klein wenig Schwefelwasserstoff entwickelt. Diese Umstände hindern nicht, dass man den Niederschlag vollkommen gut mit Wasser auswaschen kann. Er lässt sich, ohne Zerlegung zu erleiden, bei 100° trocknen, wobei er alles Wasser verliert. Bei höherer Temperatur nimmt das Schwefelarsen vorübergehend eine braunrothe Farbe an, schmilzt und verdampft unzersetzt. Alkalien und alkalische Schwefelmetalle lösen das Schwefelarsen leicht, concentrirte kochende Salzsäure kaum, Königswasser leicht. — Rothe rauchende Salpetersäure verwandelt es in Arsensäure und Schwefelsäure.

Zusammensetzung:

As	937,5	75	60,98
3S	600,0	48	39,02
	1537,5	123	100,00

c. Die *arsensaure Ammonmagnesia* stellt einen weissen, etwas durchscheinenden, feinkrystallinischen Niederschlag dar. Derselbe hat die Formel AsO_5, $2MgO$, $NH_4O + 12$ aq. Bei 100° verliert es 11 Aeq. Wasser und hat somit, bei dieser Temperatur getrocknet, die Formel AsO_5, $2MgO$, $NH_4O +$ aq. Beim Glühen verliert es sein Wasser und Ammon, und geht in AsO_5, $2MgO$ über. Da aber das entweichende Ammoniakgas reducirend auf die Arsensäure wirkt, so erhält man einen Gewichtsverlust, der um so bedeutender ist, je länger das Glühen fortgesetzt wird. Der Verlust beträgt 4–12 Proc. des Arsens, welches in dem Salze enthalten war (H. Rose). Die Verbindung löst sich sehr schwer in Wasser, 1 Thl. des bei 100° getrockneten Salzes erfordert 4926 Thle., 1 Thl. des wasserfreien Salzes 5154 Thle. Wasser von 15°. In ammonhaltigem Wasser löst es sich noch weit schwieriger, 1 Thl. des bei 100° getrockneten Salzes erfordert 9260 Thle., 1 Thl. des wasserfreien Salzes 9709 Thle. einer Mischung von 1 Thl. Ammonflüssigkeit (specif. Gewicht 0,96) und 7 Thln. Wasser bei 15° C. — In Salmiak enthaltendem Wasser ist der Niederschlag weit leichter löslich, 1 Thl. wasserfreies Salz bedarf 1600 Thle. einer Lösung von 1 Salmiak in 70 Wasser und 1044 Thle. einer solchen von 1 Salmiak in 7 Wasser. — Gehalt an Ammon verringert die Lösungsfähigkeit der Salmiaksolution. 1 Thl. des wasserfreien Salzes bedarf 2790 Thle. einer Flüssigkeit zur Lösung, welche aus 60 Thln. Wasser, 10 Ammon (0,96 specif. Gewicht) und 1 Salmiak gemischt ist und 1810 Thle. einer Mischung von 1 Salmiak, 1 Aetzammonflüssigkeit und 6 Wasser. (Vergl. J. pr. Chem. 56, 33.)

d. *Arsensaures Eisenoxyd.* Der weisse, schleimige Niederschlag, welchen man erhält, wenn Eisenchlorid mit dem gewöhnlichen arsensauren Natron gefällt wird, hat die Zusammensetzung $2Fe_2O_3, 3AsO_5$. Er löst sich in Ammonflüssigkeit mit gelber Farbe. Ausser dieser Verbindung existiren noch mehrere andere mit grösseren Eisenoxydgehalten; so Fe_2O_3, AsO_5, welches + 5 aq. niederfällt, wenn man Arsensäure mit essigsaurem Eisenoxyd fällt (Kotschoubey), so $2 Fe_2O_3, AsO_5$, welches man + 12 aq. erhält, wenn man halb-arsensaures Eisenoxydul mit Salpetersäure oxydirt und Ammon zufügt, so $16 Fe_2O_3, AsO_5$, welches sich + 24 aq. bildet, wenn die weniger basischen Verbindungen mit überschüssiger

Kalilauge gekocht werden (B e r z e l i u s). Die beiden letzten Verbindungen sind nicht in Ammon löslich, die letzte gleicht ganz dem Eisenoxydhydrat. — Bei der B e r t h i e r'schen Bestimmungsweise der Arsensäure erhält man Gemenge dieser verschiedenen Salze. Sie eignen sich, ihrer Unlöslichkeit in Ammon halber, um so besser, je basischer sie sind, auch lassen sie sich in dem Maasse besser auswaschen. — Beim Glühen entweicht, sofern die Hitze sehr allmälig gesteigert wird, nur das Wasser. Setzt man das Salz aber plötzlich einer starken Hitze aus (bevor das anhaftende Ammon entwichen ist), so wird hierdurch ein Theil der Arsensäure zu arseniger Säure reducirt (H. R o s e).

B. Formen und Verbindungen, welche zur Gewichtsbestimmung oder Scheidung der Säuren dienen.

S ä u r e n d e r e r s t e n G r u p p e.

§. 72.

1. A r s e n i g e und A r s e n s ä u r e siehe bei den Basen (§. <u>71</u>).

2. C h r o m s ä u r e.

Die Chromsäure wird entweder als C h r o m o x y d oder als c h r o m s a u r e s B l e i o x y d gewogen.

a. Eigenschaften des *Chromoxyds* siehe §. <u>55</u>.

b. Das *chromsaure Bleioxyd* stellt, durch Fällung erhalten, einen hochgelben Niederschlag dar. Derselbe löst sich nicht in Wasser und Essigsäure, kaum in verdünnter Salpetersäure, leicht in Kalilauge. Concentrirte Salzsäure zersetzt ihn beim Kochen leicht (namentlich bei Zusatz von Alkohol) zu Chlorblei und Chromchlorür. — An der Luft ist das chromsaure Bleioxyd unveränderlich, bei 100° lässt es sich vollkommen trocknen. Beim Erhitzen wird es vorübergehend rothbraun, in der Glühhitze schmilzt es, über den Schmelzpunkt hinaus erhitzt, verliert es Sauerstoff und wird zu einem Gemenge von Chromoxyd und halb chromsaurem Bleioxyd. Mit organischen Körpern erhitzt, giebt es mit Leichtigkeit Sauerstoff an dieselben ab.

Zusammensetzung:

PbO	1394,64	111,57	68,72
CrO$_3$	634,70	50,78	31,28
	2029,34	162,35	100,00

3. Schwefelsäure.

Die Schwefelsäure wird am besten als schwefelsaurer Baryt bestimmt. Die Eigenschaften desselben siehe §. 50.

4. Phosphorsäure.

Die Phosphorsäure kann als phosphorsaures Bleioxyd, pyrophosphorsaure Magnesia, basisch phosphorsaures Eisenoxyd, phosphorsaures Zinnoxyd, phosphorsaures und pyrophosphorsaures Silberoxyd gewogen werden. Ausserdem müssen wir das Verhalten des phosphorsauren Quecksilberoxyduls und des phosphorsauren Molybdänsäure-Ammons kennen lernen.

a. Das *phosphorsaure Bleioxyd* erhält man bei der Analyse in der Regel nicht rein, sondern gemengt mit freiem Bleioxyd. In diesem Gemenge haben wir demnach die basische Verbindung (PO$_5$, 3PbO). Dieselbe stellt im reinen Zustande ein weisses, in der Hitze ohne Zersetzung schmelzbares, in Wasser und Essigsäure, wie auch in Ammon unlösliches, in Salpetersäure leicht lösliches Pulver dar.

b. *Pyrophosphorsaure Magnesia* siehe §. 53.

c. *Basisch phosphorsaures Eisenoxyd.*

Fällt man Phosphorsäure mit überschüssigem essigsaurem Eisenoxyd oder mit einer Mischung von Eisenalaun und essigsaurem Natron, so erhält man nach R ä w s k y ein phosphorsaures Eisenoxyd, welches constant nach der Formel PO_5, Fe_2O_3 zusammengesetzt ist. Es wird dies bezweifelt (Jahresb. von L i e b i g und K o p p 1847 u. 1848. 946) und in Abrede gestellt von W a y u. O g s t o n (ebendaselbst 1849. 571). — W i t t s t e i n erhielt PO_5, Fe_2O_3, wenn er Phosphorsäure mit essigsaurem Eisenoxyd eben ausfällte, dagegen $3PO_5$, $4Fe_2O_3$, wenn essigsaures Eisenoxyd im Ueberschuss angewendet wurde.

Phosphorsaures Eisenoxyd von der Formel PO_5, Fe_2O_3 erhielt R a m m e l s b e r g (+ 4 aq.) und später W i t t s t e i n (+ 8 aq.) durch Vermischen von schwefelsaurem Eisenoxyd mit überschüssigem phosphorsaurem Natron, während letzterer bei unzureichender Menge von phosphorsaurem Natron einen mehr gelblichen Niederschlag erhielt, welcher die Formel $3(Fe_2O_3, PO_5 + 8 aq.) + (Fe_2O_3, 3HO)$ hatte.

Versetzt man eine v i e l überschüssige Phosphorsäure enthaltende saure Flüssigkeit mit wenig Eisenoxydlösung, dann mit essigsaurem Alkali, so erhält man einen Niederschlag von der Formel $3PO_5$, $2Fe_2O_3$, $3HO + 10$ aq., welcher beim Glühen $3PO_5$, $2Fe_2O_3$ hinterlässt. Diese Angabe stützt sich auf eine Analyse von W i l l und mir einerseits (Ann. Chem. Pharm. 50, 379), sowie auf eine weitere von mir ausgeführte, welche mit einem neu dargestellten Salze und zu ganz verschiedener Zeit angestellt wurde. Um einen Niederschlag von dieser Zusammensetzung zu erhalten, muss offenbar viel Phosphorsäure im Ueberschuss vorhanden sein, denn

Wittstein erhielt, als er schwefelsaures Eisenoxyd mit phosphorsaurem Natron bei Gegenwart von Essigsäure fällte, PO_5, Fe_2O_3.

Zusammensetzung:

PO_5	892,041	71,36	47,16
Fe_2O_3	1000,000	80,00	52,84
	1892,041	151,36	100,00

$3PO_5$	2676,12	214,08	57,22
$2Fe_2O_3$	2000,00	160,00	42,78
	4676,12	374,08	100,00

Löst man phosphorsaures Eisenoxyd in Salzsäure, übersättigt mit Ammon und erhitzt, so erhält man basischere Salze, $2PO_5$, $3Fe_2O_3$ (Rammelsberg), PO_5, $2Fe_2O_3$ (Wittstein, nach längerem Auswaschen). In der ablaufenden Flüssigkeit war bei Wittstein's Versuch Phosphorsäure enthalten. Das phosphorsaure Eisenoxyd von weisser Farbe löst sich nicht in Essigsäure, wohl aber in einer Lösung von essigsaurem Eisenoxyd.

Kocht man letztere Lösung, so schlägt sich mit dem basisch essigsauren Eisenoxyd alle Phosphorsäure als überbasisch phosphorsaures Eisenoxyd, PO_5, $15Fe_2O_3$ (Rammelsberg), nieder. Letztere Verbindung erhält man stets (mit freiem Eisenoxydhydrat gemengt), wenn man eine Lösung, welche Phosphorsäure und überschüssiges Eisenoxyd enthält, mit Ammon fällt. Dieser Niederschlag ist in Wasser, wie in Ammon unlöslich, oder richtiger sehr schwer löslich; Schwefelammonium färbt die von dem Niederschlage abfiltrirte Flüssigkeit nach einigem Stehen grünlich. Beim Aussüssen mit kaltem Wasser läuft dasselbe bald gelb ab. Dies ist in noch höherem Grade der Fall bei

Anwendung ammonhaltigen Wassers (H. R o s e).

d. Das *phosphorsaure Zinnoxyd* erhält man bei der Analyse niemals rein, sondern stets gemengt mit überschüssigem Zinnoxydhydrat und, nach dem Glühen, Zinnoxyd. Es hat im Allgemeinen dieselben Eigenschaften wie das reine Oxyd, beziehungsweise dessen Hydrate.

e. Das *dreibasische phosphorsaure Silberoxyd* stellt ein hochgelbes, in Wasser unlösliches, in Salpetersäure, wie auch in Ammon leicht lösliches, in Ammonsalzen schwierig lösliches Pulver dar. An der Luft ist es unveränderlich, beim Glühen färbt es sich vorübergehend rothbraun, in starker Glühhitze schmilzt es ohne Zersetzung.

Zusammensetzung:

$$3AgO \quad 4348,98 \quad 347,91 \quad 82,98$$
$$PO_5 \quad\quad 892,04 \quad 71,36 \quad 17,02$$
$$\quad\quad\quad 5241,02 \quad 419,27 \quad 100,00$$

f. Das *pyrophosphorsaure Silberoxyd* stellt ein weisses, in Wasser selbst beim Kochen unveränderliches und unlösliches, in Ammon wie auch in Salpetersäure leicht lösliches Pulver dar. Es ist an der Luft unveränderlich, beim Erhitzen schmilzt es, noch etwas unter der Glühhitze, ohne Zersetzung zu einer dunkelbraunen, beim Erkalten zu einer weissen strahligen Masse erstarrenden Flüssigkeit.

Zusammensetzung:

$$2AgO \quad 2899,32 \quad 231,94 \quad 76,47$$
$$bPO_5 \quad\; 892,04 \quad\; 71,36 \quad 23,53$$
$$\quad\quad\quad 3791,36 \quad 303,30 \quad 100,00$$

g. *Phosphorsaures Quecksilberoxydul.* Dieses Salz wird nicht benutzt, um die Phosphorsäure in dieser Form zu wägen; es vermittelt aber die Abscheidung derselben von vielen Basen nach H. Rose's Methode. Es stellt eine weisse krystallinische Masse oder ein solches Pulver dar, ist in Wasser unlöslich, in Salpetersäure löslich, geht beim Rothglühen unter Entwicklung von Quecksilberdämpfen in geschmolzenes phosphorsaures Quecksilberoxyd über. Mit kohlensauren Alkalien geschmolzen, liefert es phosphorsaures Alkali und entweichenden Quecksilberdampf.

h. *Phosphorsaures Molybdänsäure-Ammon.* Diese Verbindung dient ebenfalls als höchst wichtige Form, um die Phosphorsäure von anderen Körpern zu scheiden. Sie stellt einen hochgelben, sich leicht absetzenden Niederschlag dar, welcher nach S o n n e n s c h e i n (im Mittel) besteht aus

Ammoniumoxyd und Wasser	11,18
Phosphorsäure	3,02
Molybdänsäure	85,80
	100,00

Im reinen Zustande löst sie sich in kaltem Wasser wenig, in heissem ist sie löslich. Aetzende, kohlensaure und phosphorsaure Alkalien, Chlorammonium und oxalsaures Ammon lösen sie schon in der Kälte leicht, schwefelsaures Ammon wenig, salpetersaures Ammon sehr wenig, salpetersaures Kali und Chlorkalium wenig. In schwefelsaurem Kali und Natron, Chlornatrium und Chlormagnesium, Schwefelsäure (concentrirter wie verdünnter), Salzsäure (starker wie verdünnter), Salpetersäure (starker wie verdünnter) ist sie löslich. Die lösende Wirkung der genannten Körper wird durch Erhitzen nicht aufgehoben. — Das Verhalten gegen Lösungsmittel ändert sich total bei Gegenwart von molybdänsaurem Ammon, so dass sie dann in Säuren auch beim Kochen fast unlöslich ist. Die Auflösung in Säuren geschieht wahrscheinlich in allen Fällen unter Zersetzung und Abscheidung der Molybdänsäure, was bei Gegenwart von molybdänsaurem Ammon verhindert wird. (J. C r a w, Chem. Gaz. 1852. 216. — Pharm. Centralbl. 1852. S. 670.)

5. B o r s ä u r e.

Die Borsäure wird gewöhnlich indirect bestimmt. Die einzige Form, welche wir kennen lernen müssen, ist das *borsaure Bleioxyd*. Dasselbe stellt im reinen Zustande ein weisses, in Wasser schwer lösliches Pulver dar. Es schmilzt in der Hitze ohne Zerlegung zu einem klaren Glase. In der Analyse erhalten wir es niemals im reinen Zustande, sondern immer gemengt mit Bleioxyd.

6. O x a l s ä u r e.

Die Form, in der die Oxalsäure in der Regel gefällt wird, ist der *oxalsaure Kalk*. Zum Behufe der Bestimmung führt man diesen meist in kohlensauren Kalk über. — Die Eigenschaften dieser beiden Verbindungen siehe §. 52.

7. F l u o r w a s s e r s t o f f s ä u r e.

Die Flusssäure wird, wenn sie direct bestimmt wird, immer als *Fluorcalcium* gewogen. Dasselbe stellt, durch Fällung erhalten, einen gallertartigen, schwer auszuwaschenden Niederschlag dar. Vor dem Abfiltriren mit Ammon digerirt, wird er dichter und weniger gallertartig. In Wasser ist er völlig unlöslich, ebenso in wässerigen Alkalien. Verdünnte Salzsäure löst ihn kaum, concentrirte mehr. Schwefelsäure zerlegt ihn in Gyps und Fluorwasserstoffsäure. An der Luft und beim Glühen ist das Fluorcalcium unveränderlich, in sehr heftiger Glühhitze schmilzt es. Beim Glühen mit Salmiak nimmt das Gewicht des Fluorcalciums beständig ab, aber die Zersetzung ist unvollständig.

Zusammensetzung:

                Ca 250,0 20   51,28
                Fl 237,5 19   48,72
                    487,5 39 100,00

8. Kohlensäure.

Die Kohlensäure wird, wenn sie direct bestimmt wird, gewöhnlich als kohlensaurer Kalk gewogen. Die Eigenschaften desselben siehe §. 52.

9. Kieselsäure.

Die Kieselsäure wird stets als solche gewogen, und zwar in ihrer unlöslichen Modification.

Sie stellt in dieser, künstlich erhalten, ein weisses, in Wasser, wie auch in Säuren unlösliches, in Kalilauge, wie auch in den Lösungen der fixen kohlensauren Alkalien, lösliches Pulver dar. An der Luft und beim Glühen ist dieselbe völlig unveränderlich, nur in den stärksten Hitzgraden schmilzt sie. — Pflanzenfarben verändert sie nicht.

Dampft man die Lösung der löslichen Modification der Kieselsäure in Wasser oder einer flüchtigen Säure (Flusssäure ausgenommen) ab, so bleibt zuerst die Kieselsäure als gallertartiges Hydrat zurück. Dieses trocknet an der Luft zu $3SiO_2$, HO, bei 100° zu $4SiO_2$, HO aus (J. F u c h s) und stellt dann ein lockeres weisses Pulver dar, welches beim Glühen sein Wasser verliert. Beim Entweichen der Dämpfe wirbeln von dem höchst feinen Pulver leicht Theilchen auf. Künstlich bereitete Kieselsäure, mit Salmiak geglüht, verliert anfangs an Gewicht, später, wenn sie durch das Glühen dichter geworden, nicht mehr.

Zusammensetzung:

                Si 185,18 14,81 48,08
                2O 200,00 16,00 51,92

385,18 30,81 100,00

Das gallertartige (nicht das pulvrige) Kieselsäurehydrat ist in Wasser und Salzsäure etwas löslich. 1 Thl. Kieselsäure erfordert in diesem Zustande 7700 Thle. Wasser, 11000 kalte und 5500 kochende Salzsäure von 1,115 specif. Gewicht (J. Fuchs).

Säuren der zweiten Gruppe.

§. 73.

1. Chlorwasserstoffsäure.

Die Form, in der dieselbe fast allein bestimmt wird, ist das *Chlorsilber*. Die Eigenschaften desselben siehe §. 61.

2. Bromwasserstoffsäure.

Die Bromwasserstoffsäure bestimmt man immer als *Bromsilber*. Dasselbe stellt, auf nassem Wege erhalten, einen gelblich weissen Niederschlag dar. Es ist in Wasser und Salpetersäure völlig unlöslich, in Ammon ziemlich löslich, es löst sich in heisser Salmiaklösung, sehr wenig hingegen in salpetersaurem Ammon. Chlor zerlegt es auf nassem und trocknem Wege und verwandelt es unter Abscheidung des Broms in Chlorsilber. — Am Lichte wird es allmälig grau, endlich schwarz. Beim Erhitzen schmilzt es zu einem röthlichen, beim Erkalten eine gelbe hornähnliche Masse darstellenden Fluidum. — Mit Zink und Wasser in Berührung wird es zerlegt. Es entsteht ein Schwamm von metallischem Silber, die Lösung enthält Zinkbromür.

Zusammensetzung:

Ag 1349,66 107,97 57,46
Br   999,62 79,97 42,54
    2349,28 187,94 100,00

3. Jodwasserstoffsäure.

Die Jodwasserstoffsäure bestimmt man in der Kegel als Jodsilber, zuweilen als Palladiumjodür.

a. Das *Jodsilber* stellt, auf nassem Wege erhalten, einen hellgelben, in Wasser und verdünnter Salpetersäure unlöslichen, in Ammon kaum löslichen Niederschlag dar. Chlor zerlegt es auf nassem wie trocknem Wege. Heisse concentrirte Salpetersäure und Schwefelsäure verwandeln es etwas schwierig unter Austreibung des Jods in die entsprechenden Silberoxydsalze. — Am Lichte schwärzt sich das Jodsilber. Beim Erhitzen schmilzt es ohne Zersetzung zu einer röthlichen Flüssigkeit, welche beim Erkalten zu einer gelben schneidbaren Masse erstarrt. Von Zink wird es bei Gegenwart von Wasser unter Abscheidung metallischen Silbers und Bildung von Zinkjodür zerlegt.

Zusammensetzung:

Ag	1349,66	107,97	45,98
J	1586,00	126,88	54,02
	2935,66	234,85	100,00

b. Das durch Fällung eines Jodalkalimetalls mit Palladiumchlorür erhaltene *Palladiumjodür* stellt einen dunkel braunschwarzen, flockigen Niederschlag dar. Derselbe löst sich nicht in Wasser, ein wenig in Salzlösungen (Kochsalz, Chlormagnesium, Chlorcalcium etc.), nicht in verdünnter Salzsäure. An der Luft ist derselbe unveränderlich, an der Luft getrocknet enthält er 1 Aeq. Wasser = 5,05 Procent. Anhaltend im Vacuum oder bei höherer Temperatur (70–80°) getrocknet, verliert derselbe sein Wasser vollständig ohne Jodverlust. Bei 100° getrocknet, verliert er eine Spur, bei 300–400° alles Jod. Mit heissem Wasser kann er gewaschen werden, ohne Jod zu verlieren.

Zusammensetzung:

Pd	665,48	53,24	29,57
J	1586,00	126,88	70,43
	2251,48	180,12	100,00

4. Cyanwasserstoffsäure.

Die Cyanwasserstoffsäure wägt man, sofern man sie direct bestimmt, stets als C y a n s i l b e r. Die Eigenschaften desselben siehe §. 61.

5. Schwefelwasserstoffsäure.

Die Formen, in die man den Schwefelwasserstoff oder den Schwefel in Schwefelmetallen bei der Analyse überführt, sind das A r s e n s u l f ü r oder der s c h w e f e l s a u r e B a r y t. Die Eigenschaften des ersteren finden sich §. 71, die des letzteren §. 50.

S ä u r e n   d e r   d r i t t e n   G r u p p e.

§. 74.

1. S a l p e t e r s ä u r e und 2. C h l o r s ä u r e.

Beide Säuren werden niemals direct, das heisst in Verbindungen, in denen sie enthalten sind, sondern immer auf indirecte Weise bestimmt. Die Körper, mit denen man dabei zu thun bekommt, sind uns bereits im Früheren bekannt geworden.

V i e r t e r   A b s c h n i t t.
Die Gewichtsbestimmung der Körper[6].

§. 75.

Nachdem wir im vorhergehenden Abschnitte die Formen und Verbindungen der Körper, in welchen sie von anderen abgeschieden oder ihrem Gewichte nach bestimmt werden, in Bezug auf Eigenschaften und Zusammensetzung kennen gelernt haben, betrachten wir nunmehr die speciellen Methoden, nach denen die einzelnen Körper zum Behufe der Gewichtsbestimmung oder Trennung in diese Formen oder Verbindungen gebracht werden. Es ist nicht möglich, hierbei Vieles zusammenzufassen, indem man fast bei jedem Körper die oder jene Umstände zu beachten hat, welche, so kleinlich sie auch oft erscheinen mögen, so wichtig für die Gewinnung richtiger und genauer Resultate sind.

Fassen wir dies einerseits ins Auge und denken wir ferner daran, von welchem Belange es ist, bei der Trennung der Körper, dem eigentlichen End- und Zielpunkt der quantitativen Analyse, einen klaren Ueberblick zu gewinnen, so drängt sich uns die Meinung auf, dass es zweckmässig sein müsse, den Theil, in welchem vorzüglich die bei der Gewichtsbestimmung so nothwendigen praktischen Regeln abzuhandeln sind, von dem anderen, der die Lehre von der Trennung der Körper enthalten soll, zu scheiden. — Dieser Ueberzeugung folgend, handeln wir denn im gegenwärtigen Abschnitte nur von der Gewichtsbestimmung der Körper, worunter wir ihre Bestimmung in Verbindungen verstehen, die nur eine Basis und eine Säure oder ein Metall und ein Metalloid enthalten, und gehen erst im fünften Abschnitte, uns stützend auf die bis dahin weiter gewonnenen Kenntnisse, zu der Trennung der Körper über. — Wir wollen, wie wir es schon in der qualitativen Analyse gethan haben, die Säuren des Arsens, ihres Verhaltens zu Schwefelwasserstoff halber, bei den Basen abhandeln.

Bei jedem Körper werden wir zwei Punkte zu berücksichtigen haben, nämlich erstens die Art, wie er im isolirten Zustande oder in seinen verschiedenen Verbindungen am zweckmässigsten in Lösung gebracht wird, seine Auflösung und zweitens die Methoden, nach welchen er in wägbare Form übergeführt oder nach denen überhaupt — etwa auch mit Hülfe einer Maassmethode — seine Quantität ermittelt wird, seine Bestimmung. Bei der letzteren haben wir einmal die praktische *Ausführung* nebst ihrer Begründung, sodann die *Genauigkeit* der Bestimmungsmethode zu besprechen. Jeder nämlich, der sich nur irgend mit Ausführung quantitativer Analysen beschäftigt, lernt schon in den ersten Tagen, dass die gefundene Menge einer Substanz fast nie absolut genau mit derjenigen übereinstimmt, welche man hätte finden müssen, und dass es Zufall ist, wenn dies einmal eintritt. Man ersieht leicht, dass es wichtig ist, den Grund dieser Thatsache, sowie die Grenzen der Ungenauigkeit bei den einzelnen Methoden kennen zu lernen.

Was zuerst den Grund der Ungenauigkeit anbelangt, so liegt er entweder nur in der Ausführung oder er liegt gleichzeitig in der Methode Im letzteren Falle sagt man, die Methode sei mit einer Fehlerquelle behaftet. — Fragt man, ob denn durch grosse Sorgfalt die Ausführung nicht absolut genau gemacht werden könne, so muss geantwortet werden, dass man sich dem Ziele zwar bedeutend nähern könne, ohne aber im Stande zu sein, es je ganz zu erreichen. — Um sich davon zu überzeugen, darf man sich nur erinnern, dass unsere Gewichte und Messgefässe nie absolut genau, unsere Wagen nicht absolut richtig, unsere Reagentien nicht absolut rein sind, dass wir die Wägungen nicht auf den leeren Raum reduciren und dass, auch wenn wir dies thun, nur annähernde Grössen als Anhaltspunkte zur Berechnung gegeben sind, — dass sich der Feuchtigkeitszustand der Luft ändert zwischen dem Wägen des leeren und des die

Substanz enthaltenden Tiegels, — dass wir das Gewicht einer Filterasche nur annähernd wissen, — dass beim Abdampfen vieler Flüssigkeiten Spuren der gelösten sonst fixen Salze mit verdampfen, dass alles Ausspülen und Auswaschen, desgleichen das Abhalten von Staub etc. nicht absolut ist etc.

Was den zweiten Punkt, die Fehlerquellen der Methoden, betrifft, so sind diese meist darin begründet, dass Niederschläge nicht völlig unlöslich, zu glühende Verbindungen nicht völlig feuerbeständig sind, zu trocknende Körper ein wenig verdampfen etc. — Wollte man ganz streng verfahren, so könnte man wohl keine einzige Methode als völlig frei von solchen Mängeln bezeichnen, ist doch selbst der schwefelsaure Baryt nicht ganz unlöslich in Wasser. Wenn wir daher im Folgenden Methoden als von Fehlerquellen frei bezeichnen, so verstehen wir darunter, dass darin nicht die Ursachen erheblicher Unrichtigkeiten begründet sind. —

Bei allen Analysen sind wir demnach von Ursachen der Ungenauigkeit umgeben. Es ist begreiflich, dass diese sich bald addiren, bald compensiren, und dass hierdurch ein Schwanken zwischen zwei Grenzpunkten entsteht. Diese Punkte pflegt man die Fehlergrenzen einer Methode zu nennen. Bei ihrer Feststellung ist tadellose Arbeit vorausgesetzt, denn die Unrichtigkeiten, welche Folge schlechter Reagentien, falschen Wägens, unvollständigen Auswaschens, Trocknens oder Glühens sind, lassen sich ja einer Berechnung nicht einverleiben.

Die genannten Grenzpunkte liegen, wenn die Methode von Fehlerquellen frei ist, sehr nahe bei einander; so wird man bei Chlorbestimmungen, wenn man sich recht viel Mühe giebt, statt 100 Theilen Chlor jedesmal zwischen 99,9 und 100,1 bekommen können, während man bei weniger guten Methoden auf weit grössere Differenzen gefasst sein muss; so wird man bei Strontianbestimmungen mittelst Schwefelsäure leicht statt 100,0 Theilen Strontian nur 99,0 oder noch weniger bekommen. Wir werden auf die Kritik der Methoden in dieser Beziehung unser Augenmerk ganz besonders richten.

Bei den Angaben, welche Genauigkeit bei directen Versuchen erreicht wurde, behalte ich die Bezeichnung bei, welche ich soeben gewählt habe, d. h. ich werde angeben, wie viel statt 100 Theilen, welche hätten gefunden werden müssen, wirklich erhalten worden sind. Ich bemerke ein für allemal, dass die Zahlen sich auf die zu bestimmende Substanz, z. B. Chlor, Stickstoff, Baryt beziehen, nicht auf die Verbindungen, in denen dieselben gewogen wurden, z. B. Chlorsilber, Platinsalmiak, schwefelsauren Baryt; denn nur nach dieser Darstellungsweise wird die Genauigkeit verschiedener Bestimmungsmethoden vergleichbar.

Ehe wir nun zu den einzelnen Körpern übergehen, mache ich noch darauf aufmerksam, dass e i n e mit der Berechnung übereinstimmende Analyse nicht immer zu der Meinung berechtigt, man habe vortrefflich gearbeitet. Gar häufig ereignet es sich am Anfang, dass man hier etwas verschüttet, dafür an einem anderen Orte nicht vollständig auswäscht u. dergl., so dass das Endresultat doch scheinbar ganz richtig ausfällt. — Als Regel kann man feststellen, dass eine Analyse bessere Arbeit beurkundet, wenn sie einen kleinen Verlust zeigt, als wenn sie einen Ueberschuss ergiebt. —

Als ein allgemein anwendbares, gegen falsche Resultate schützendes Mittel verdient endlich noch aufs Nachdrücklichste empfohlen zu werden, dass man nach dem Wägen einer Substanz ihre Eigenschaften (Farbe, Zustand des Geschmolzenseins, Löslichkeit, Reaction etc.) mit denen vergleicht, welche sie zeigen m u s s. Ich lasse aus diesem Grunde alle Körper, welche im Laufe einer Analyse gewogen worden sind, zwischen Uhrgläsern aufheben, bis die ganze Arbeit fertig ist. Es bleibt so stets die Möglichkeit, jeden Körper nochmals auf eine Verunreinigung zu prüfen, auf deren mögliches Vorhandensein man manchmal erst später aufmerksam wird. — Da die Eigenschaften der zur Wägung kommenden Körper im vorigen Abschnitte ausführlich besprochen sind, begnüge ich mich hier damit, auf die bezüglichen Paragraphen zu verweisen. — Fälle, in welchen eine im ersten Abschnitt unter den allgemeinen Operationen aufgeführte Verfahrungsweise besondere Berücksichtigung verdient, werde ich dadurch bemerklich machen, dass ich den betreffenden Paragraphen in Parenthese beifüge.

I. Die Gewichtsbestimmung der Basen in Verbindungen, in welchen nur eine Base und eine Säure oder ein Metall und ein Metalloid enthalten ist.

Erste Gruppe.

Kali, Natron, Ammoniumoxyd(Ammon).

§. 76.

1. Kali.

a. Auflösung.

Das Kali und seine mit den hier in Betracht kommenden unorganischen Säuren gebildeten Salze werden in Wasser gelöst, von welchem sie alle leicht oder ziemlich leicht aufgenommen werden. — Kalisalze mit organischen Säuren werden durch andauerndes Glühen in bedeckten Tiegeln in kohlensaures Kali übergeführt.

b. Bestimmung.

Das Kali wird nach §. 47 entweder als *schwefelsaures* oder *salpetersaures Kali*, als *Chlorkalium* oder *Kaliumplatinchlorid* gewogen. —

Man verwandelt zweckmässig in

1. S c h w e f e l s a u r e s   K a l i Kalisalze mit starken flüchtigen Säuren, z. B. Chlorkalium, Bromkalium, salpetersaures Kali etc.

2. S a l p e t e r s a u r e s   K a l i Kaustisches Kali und Verbindungen des Kalis mit schwachen, flüchtigen, durch Salpetersäure nicht zerlegt werdenden Säuren, z. B. kohlensaures Kali (Kalisalze mit organischen Säuren).

3. C h l o r k a l i u m: Im Allgemeinen Kalisalze mit schwachen, flüchtigen, durch Salpetersäure zerlegt werdenden Säuren, z. B. Schwefelkalium; ferner im Besonderen schwefelsaures, chromsaures, chlorsaures und kieselsaures Kali.

4. K a l i u m p l a t i n c h l o r i d: Kalisalze mit nicht flüchtigen, in Alkohol löslichen Säuren, z. B. phosphorsaures, borsaures Kali.

Im borsauren Kali lässt sich das Kali auch als schwefelsaures Kali bestimmen (§. 107), im phosphorsauren Kali als Chlorkalium (§. 106).

Als Kaliumplatinchlorid kann man ausser in den angeführten, das Kali überhaupt in allen Salzen bestimmen, deren Säuren in Alkohol auflöslich sind. Diese Bestimmungsform des Kalis ist ferner deswegen besonders wichtig, weil es die ist, in welcher es vom Natron etc. geschieden wird.

1. *Bestimmung als schwefelsaures Kali.*

Hat man schwefelsaures Kali in wässeriger Lösung, so dampft man sie ab, glüht den Rückstand in einem

Platintiegel oder einer Platinschale und wägt ihn (§. 25). Vor dem Glühen muss der Salzrückstand längere Zeit getrocknet werden, die Glühhitze ist sehr allmälig zu steigern, der Tiegel oder die Schale muss wohl bedeckt sein, anderenfalls erleidet man durch Decrepitation Verlust. — Ist freie Schwefelsäure zugegen, bekommt man demnach beim Abdampfen doppelt schwefelsaures Kali, so ist der Ueberschuss der Schwefelsäure mit doppelt kohlensaurem Ammon hinwegzuschaffen (siehe §. 47). —

Eigenschaften des Rückstandes siehe ebendaselbst. Man beachte namentlich, dass sich derselbe klar lösen und dass die Lösung neutral reagiren muss. — Sollten Spuren von Platin zurückbleiben, so sind diese zu wägen und abzuziehen. — Die Methode erfordert vorsichtige Ausführung, schliesst aber keine Fehlerquelle ein. —

Um die oben bezeichneten Salze (Chlorkalium etc.) in schwefelsaures Kali zu verwandeln, wird ihre wässerige Lösung mit einer Quantität reiner Schwefelsäure versetzt, welche mehr als hinreicht, um alles Kali zu binden, die Flüssigkeit abgedampft und der Rückstand geglüht. Da das Austreiben grösserer Mengen von Schwefelsäurehydrat sehr unangenehm ist, so vermeide man einen bedeutenden Ueberschuss. Sollte man zu wenig genommen haben, so merkt man dies leicht daran, dass zuletzt keine Dämpfe von Schwefelsäurehydrat entweichen. Man befeuchtet alsdann den Rückstand aufs Neue mit verdünnter Schwefelsäure, verdampft und glüht wieder. Kleinere Mengen von Chlorkalium etc. kann man im trockenen Zustande im Platintiegel selbst vorsichtig mit verdünnter Schwefelsäure behandeln, vorausgesetzt, dass der Tiegel geräumig ist. — Bei Brom- und Jodkalium sind Platingefässe zu vermeiden.

2. *Bestimmung als salpetersaures Kali.*

Allgemeines Verfahren wie in 1. Das salpetersaure Kali

darf nur sehr gelinde erhitzt werden, bis es eben geschmolzen ist, sonst erleidet man in Folge entweichenden Sauerstoffs Verlust. — Eig. des Rückst. §. 47. Die Ausführung der Methode ist leicht, die Resultate sind genau. — Bei dem Ueberführen des kohlensauren Kalis in salpetersaures ist §. 21 zu berücksichtigen.

3. *Bestimmung als Chlorkalium.*

Allgemeines Verfahren wie in 1. Das Chlorkalium muss vor dem Glühen ebenso und aus demselben Grunde wie das schwefelsaure Kali behandelt werden. Es muss in wohlbedeckten Tiegeln und nicht zu stark geglüht werden, sonst erleidet man durch Verdampfung Verlust. Freie Säure erfordert keine besondere Rücksicht. — Eigenschaften des Rückstandes §. 47. Die Methode liefert bei gehöriger Vorsicht ganz genaue Resultate.

Will man bei Bestimmung des Kalis im kohlensauren Kali das Aufbrausen vermeiden, wie dies bei in Tiegeln befindlichen, geglühten Rückständen von Kalisalzen mit organischen Säuren oft der Fall ist, so bringt man das kohlensaure Salz mit Salmiaklösung zusammen. Die letztere muss etwas im Ueberschuss zugesetzt werden. Man erhält alsdann beim Abdampfen und Glühen Chlorkalium, während das entstandene kohlensaure Ammon und der Ueberschuss des Chlorammoniums entweichen. —

Wie die oben besonders angeführten Kaliverbindungen in Chlorkalium übergeführt werden, wird in der Abtheilung II. dieses Abschnittes bei den entsprechenden Säuren angegeben werden.

4. *Bestimmung als Kaliumplatinchlorid.*

α. Ist eine flüchtige Säure, z. B. Salpetersäure, Essigsäure etc. zugegen, so versetzt man die Lösung mit Salzsäure, fügt Platinchlorid im Ueberschuss zu und verdampft in einer Porzellanschale im Wasserbad bis fast zur Trockne. Den

Rückstand übergiesst man mit Weingeist von etwa 80 Procent, lässt eine Zeit lang stehen und bringt alsdann das ungelöst bleibende Kaliumplatinchlorid auf ein gewogenes Filter (was mit Hülfe einer mit Weingeist gefüllten Spritzflasche sehr leicht bewerkstelligt werden kann), süsst mit Weingeist aus, trocknet bei 100° und wägt, §. 33.

β. Ist eine nicht flüchtige Säure, z. B. Phosphorsäure oder Borsäure zugegen, so bringt man das Salz erst in concentrirte wässerige Lösung, fügt alsdann Salzsäure und Platinchlorid im Ueberschuss zu, versetzt mit einer ziemlichen Menge möglichst starken Alkohols, lässt 24 Stunden stehen, filtrirt alsdann und verfährt wie in α angegeben. —

Eig. des Niederschl. §. 47. Die Methode erfordert genaues Einhalten der angeführten Regeln, sie liefert befriedigende Resultate. In der Regel hat man einen unbedeutenden Verlust, weil das Chlorplatinkalium auch in starkem Alkohol nicht absolut unlöslich ist. Bei genauen Analysen verdampft man die Waschwasser im Wasserbade zur Trockne und übergiesst den Rückstand wiederum mit Weingeist. Man erhält so noch etwas weniges Kaliumplatinchlorid, welches man auf einem besonderen Filterchen sammelt und nach der sogleich anzugebenden Methode als Platin bestimmt. — Man vermeide die Einwirkung der oft ammoniakhaltigen Atmosphäre des Laboratoriums, damit sich nicht Platinsalmiak bildet, welcher das Gewicht des Kaliumplatinchlorids erhöhen würde.

Da das Sammeln eines Niederschlages auf einem gewogenen Filter zeitraubend und bei geringen Quantitäten auch ungenau ist, so sammelt man kleine Mengen Kaliumplatinchlorid (bis etwa 0,03 Grm.) besser auf einem ganz kleinen, nicht gewogenen Filter, trocknet, bringt den in das Filter eingewickelten Niederschlag in einen kleinen bedeckten Porzellantiegel, lässt das Filter langsam verkohlen, nimmt alsdann den Deckel weg, verbrennt die Filterkohle und lässt den Tiegel erkalten. Man legt jetzt eine ganz kleine Quantität reine Oxalsäure in denselben, bedeckt und glüht anfangs gelinde, zuletzt stark. Durch den Zusatz der Oxalsäure wird die vollständige Zersetzung des Kaliumplatinchlorids, welche durch blosses Glühen nicht gut zu erreichen ist, sehr erleichtert. Man übergiesst jetzt den Inhalt des Tiegels mit Wasser, wäscht das Platin aus, bis das letzte Waschwasser durch Silberlösung nicht mehr getrübt wird, trocknet, glüht und wägt das Platin. In der Regel kann dieses Auswaschen durch blosses Decantiren bewirkt werden. — Man sieht leicht ein, dass 1 Aeq. Platin einem Aeq. Kalium entspricht.

§. 77.

2. N a t r o n .

a. Auflösung.

Vom Natron und seinen Salzen gilt ohne Ausnahme das beim Kali (§. 76) Angeführte.

b. Bestimmung.

Das Natron wird nach §. 48 entweder als *schwefelsaures* oder *salpetersaures Natron*, als *Chlornatrium* oder als *kohlensaures Natron* bestimmt.

Man kann verwandeln in

1. S c h w e f e l s a u r e s N a t r o n, 2. S a l p e t e r s a u r e s N a t r o n,

3. C h l o r n a t r i u m :
   Im Allgemeinen die Natronsalze, welche den unter den analogen Kaliverbindungen angeführten Kalisalzen entsprechen.

4. K o h l e n s a u r e s N a t r o n:
   Kaustisches Natron, doppelt kohlensaures Natron

und Natronsalze mit organischen Säuren.

Im borsauren Natron bestimmt man das Natron am besten als schwefelsaures Natron (s. §. 107).

Die Bestimmung des Natrons im phosphorsauren Natron geschieht als Chlornatrium (s. §. 106).

Natronsalze mit organischen Säuren bestimmt man entweder wie die entsprechenden Kaliverbindungen als Chlormetall oder salpetersaures Salz, oder man wägt sie (was bei Kali weniger gut geht) als kohlensaures Salz. Letztere Methode ist vorzuziehen.

1. *Bestimmung als schwefelsaures Natron.*

Hat man es allein in wässeriger Lösung, so dampft man ab, glüht und wägt den Rückstand in einem bedeckten Platingefäss (§. 25). Man hat nicht wie bei dem schwefelsauren Kali durch Decrepitation einen Verlust zu befürchten. Freie Schwefelsäure wird wie bei jenem mit Hülfe von kohlensaurem Ammon entfernt (§. 48). In Betreff der Ueberführung von Chlornatrium etc. in schwefelsaures Salz gilt das beim Kali Angeführte. Eig. des Rückst. §. 48. — Die Methode ist leicht ausführbar und genau.

2. *Bestimmung als salpetersaures Natron.*

Verfahren wie in 1. Es gilt bei demselben das bei der Bestimmung des salpetersauren Kalis (§. 76) Angeführte. Eig. des Rückst. §. 48.

3. *Bestimmung als Chlornatrium.*

Verfahren wie in 1. Die bei der Bestimmung des Kalis als Chlorkalium angeführten Regeln gelten ohne Ausnahme auch hier. Eig. des Rückst. §. 48.

Die Ueberführung des schwefelsauren, chromsauren, chlorsauren und kieselsauren Natrons in Chlornatrium geschieht nach den in der Abtheilung II. dieses Abschnittes bei den entsprechenden Säuren anzugebenden Methoden.

4. *Bestimmung als kohlensaures Natron.*

Hat man es allein in wässeriger Lösung, so dampft man ab, glüht und wägt den Rückstand. Resultate völlig genau. Eig. des Rückst. §. 48.

Will man kaustisches Natron als kohlensaures Natron bestimmen, so versetzt man seine wässerige Lösung mit überschüssigem kohlensaurem Ammon, dampft bei gelinder Hitze ab und glüht den Rückstand.

Doppelt kohlensaures Natron führt man in einfach kohlensaures über, indem man es glüht. Die Wärme ist sehr langsam zu steigern, der Tiegel wohl bedeckt zu halten. — Ist das doppelt kohlensaure Natron in Lösung, so verdampft man dieselbe in einer geräumigen Silber- oder Platinschale zur Trockne und glüht.

Um das Natron in Salzen mit organischen Säuren als kohlensaures wägen zu können, glüht man dieselben in einem anfangs bedeckten, später offenen Platintiegel. Die Hitze ist sehr allmälig zu steigern. Wenn sich die Masse nicht mehr bläht, stellt man den Tiegel schief, legt den Deckel daran (siehe oben §. 35, Fig. 37), und giebt eine schwache Rothglühhitze, bis die Kohle möglichst verbrannt ist. Alsdann erwärmt man den Inhalt des Tiegels mit Wasser, filtrirt die ungelöst bleibende Kohle ab, wäscht sie vollständig aus, verdampft das Filtrat sammt den Waschwassern zur Trockne und glüht den Rückstand. — Beträgt die Quantität der Kohle nur sehr wenig (einige Milligramme), so kann man auch den Tiegel mit seinem Inhalt nach dem Glühen wägen, die Kohle auf einem kleinen gewogenen Filter sammeln, mit diesem trocknen, ihr Gewicht bestimmen und von dem erst erhaltenen (kohlensaures Natron + Kohle) abziehen. — Beide Methoden liefern bei sorgfältiger Ausführung genaue Resultate. Ein directer Versuch (Nr. 55), auf die letzte Weise ausgeführt, gab 99,7 statt 100. Beträgt die Kohle mehr als 10–20 Milligramme, so sind die Fehler, welche man beim Wägen derselben macht, zu bedeutend, daher man in solchen Fällen der ersten Methode den Vorzug giebt.

§. 78.

3. A m m o n i u m o x y d (Ammon).

a. Auflösung.

Das Ammon, sowie alle seine Salze mit hier in Betracht kommenden Säuren, können in Wasser gelöst werden; es ist jedoch, wie aus dem unten Stehenden zu ersehen, nicht bei allen Bestimmungsmethoden nothwendig, die Ammonsalze erst in Lösung zu bringen.

b. Bestimmung.

Das Ammon wird nach §. 49 entweder als *Chlorammonium* oder als *Ammoniumplatinchlorid* gewogen. In diese Formen kann man es entweder direct oder indirect (das heisst: nachdem man es als Ammoniak ausgetrieben und wieder an eine Säure gebunden hat) überführen. — Häufig wird das Ammon auch mittelst Maassanalyse, selten aus dem Volumen des Stickgases bestimmt.

1. In C h l o r a m m o n i u m lässt sich direct überführen das Ammoniak und das Ammon in wässeriger Lösung, sowie die Ammonsalze, welche schwache flüchtige Säuren enthalten (kohlensaures Ammon, Schwefelammonium etc.).

2. In A m m o n i u m p l a t i n c h l o r i d lassen sich direct alle diejenigen Salze überführen, welche in Alkohol lösliche Säuren enthalten, z. B. schwefelsaures, phosphorsaures Ammon etc.

3. Die A u s t r e i b u n g   d e s   A m m o n i a k s   a u s   d e n   A m m o n v e r b i n d u n g e n und die darauf

sich gründenden Bestimmungen können in allen Fällen ausgeführt werden, ebenso die Ermittelung des Ammons aus dem Volum des Stickstoffs.

Da die Austreibung des Ammoniaks auf trockenem Wege (durch Glühen mit Natronkalk) und die Bestimmung desselben aus dem Volum des Stickgases genau in derselben Weise ausgeführt werden, wie die Bestimmung des Stickstoffs in organischen Verbindungen, so verweise ich in Betreff dieser Methoden auf den Abschnitt über organische Elementaranalyse und führe hier nur die Methoden aus, welche sich auf Austreibung des Ammoniaks auf nassem Wege gründen.

1. *Bestimmung als Chlorammonium.*

Hat man Chlorammonium in wässeriger Lösung, so verdampft man im Wasserbad und trocknet den Rückstand bei 100°, bis er an Gewicht nicht mehr abnimmt (§. 25). Die Methode giebt genaue Resultate. Das vermeintliche Verdampfen des Salmiaks ist höchst unbedeutend. Der directe Versuch (Nr. 14) ergab 99,94 statt 100. Das Nähere siehe bei den Details des Versuches. — Gegenwart von freier Salzsäure verändert an dem Verfahren nichts, daher man zur Bestimmung von kaustischem Ammon dasselbe vor dem Abdampfen nur mit Salzsäure zu übersättigen braucht. Hat man mit kohlensaurem Ammon zu thun, so verfährt man in gleicher Weise, nimmt jedoch das Uebersättigen sowohl, wie auch das Erwärmen bis zur Austreibung des kohlensauren Gases in einem schief stehenden Kolben vor. Bei der Analyse von Schwefelammonium verfährt man gerade so, nur filtrirt man nach dem Entweichen des Schwefelwasserstoffs etwa ausgeschiedenen Schwefel ab, ehe man zur Trockne verdampft.

2. *Bestimmung als Ammoniumplatinchlorid.*

Man verfährt genau wie oben bei der Bestimmung des Kalis als Kaliumplatinchlorid (§. 76) und zwar bei Salzen mit flüchtigen Säuren nach α, bei solchen mit nicht flüchtigen Säuren nach β.

Die Methode giebt genaue Resultate. Zur Controle kann man das Filter mit dem Platinsalmiak glühen und das Ammon noch einmal aus dem rückbleibenden Platin berechnen. Die Resultate müssen übereinstimmen. Das Glühen muss in einem bedeckten Tiegel und bei sehr allmälig gesteigerter Hitze geschehen. Am besten ist es, den Niederschlag im Filter eingewickelt bei aufgelegtem Tiegeldeckel lange Zeit mässig zu erhitzen, darauf bei geöffnetem Deckel und schief gelegtem Tiegel die Filterkohle bei allmälig gesteigerter Hitze zu verbrennen (H. R o s e). — Ist der Platinsalmiak rein, wie schon aus seiner Farbe und Beschaffenheit zu ersehen, so kann diese Controle erspart werden. Erhitzt man nicht ganz behutsam, so erhält man bei der Bestimmung aus dem Platin einen kleinen Verlust, veranlasst durch mit den Salmiakdämpfen weggerissenen Platinsalmiak. — Sehr kleine Mengen von Ammoniumplatinchlorid sammelt man auf einem nicht gewogenen Filter und führt sie nach dem Trocknen durch Glühen ohne Weiteres in Platin über.

3. *Bestimmung durch Austreibung des Ammoniaks auf nassem Wege.*

Diese Methode, welche in allen Fällen angewendet werden kann, namentlich aber dann zur Anwendung kommt, wenn Ammonsalze mit organischen Materien oder auch mit anderen Salzen gemengt sind, zerfällt in die Austreibung und in die Bestimmung des Ammoniaks. — Die A u s t r e i b u n g kann entweder in der Art vorgenommen werden, dass man die Substanz mit Kalkmilch oder Natronlauge vermischt, in einer Retorte oder in einem Kolben andauernd kocht und die Dämpfe durch einen gläsernen Kühlapparat in eine etwas Salzsäure oder verdünnte Schwefelsäure enthaltende, fest angepasste tubulirte Vorlage leitet, aus deren Tubulus ein Schenkelrohr in ein etwas verdünnte Salzsäure oder verdünnte Schwefelsäure enthaltendes Kölbchen führt, — oder auch nach der folgenden, vor Kurzem von S c h l ö s i n g angegebenen Methode, deren Genauigkeit von ihm durch wiederholte Versuche dargethan worden ist. Dieselbe beruht auf der Thatsache, dass eine freies Ammon enthaltende wässerige Lösung an der Luft ihr Ammon bei gewöhnlicher Temperatur schon nach relativ kurzer Zeit gänzlich verdunsten lässt, und wird also ausgeführt.

Man bringt die das Ammonsalz enthaltende Flüssigkeit, deren Volumen nicht über 35 C.C. betragen soll, in ein flaches Gefäss mit niedrigen Rändern und einem Durchmesser von 10–12 Centimeter und stellt dasselbe auf einen Teller, dessen Höhlung mit Quecksilber erfüllt ist. Man biegt nun aus einem massiven Glasstab einen Dreifuss, stellt denselben in das die Ammonsalzlösung enthaltende Gefäss, setzt auf ihn eine Untertasse oder eine flache Schale, welche verdünnte Schwefelsäure enthält, stürzt über die ganze Vorrichtung ein Becherglas, hebt es auf der einen Seite so weit nöthig, lässt aus einer unten nicht ausgezogenen Pipette eine hinlängliche Menge Kalkmilch strömen, drückt dann das Becherglas rasch nieder und beschwert es durch eine Steinplatte. Man lässt nun 48 Stunden stehen, hebt dann die Glocke auf und bringt ein feuchtes rothes Lackmuspapier in dieselbe. Bleibt dasselbe roth, so ist die Austreibung des Ammoniaks beendigt, anderenfalls müsste man die Glocke nochmals aufsetzen. (Nach S c h l ö s i n g's Versuchen sind 48 Stunden immer hinreichend, um 0,1 bis 1,0 Grm. Ammoniak aus 25 bis 35 C.C. Lösung auszutreiben). Statt Becherglas und Quecksilberteller kann man recht gut auch eine abgeschliffene, am Rand gefettete

Glocke nehmen, welche luftdicht auf eine ebene Glasplatte aufgesetzt wird.

Was die B e s t i m m u n g des ausgetriebenen Ammoniaks betrifft, so kann sie, namentlich wenn das Ammoniak in Salzsäure aufgefangen wurde, recht gut als Ammoniumplatinchlorid geschehen (s. oben), aber auch auf folgende, zuerst von P é l i g o t angegebene und auch von S c h l ö s i n g angewendete Weise ausgeführt werden. Das Princip derselben ist sehr einfach. Man bindet das Ammoniak mittelst einer bestimmten (abgewogenen oder abgemessenen) überschüssigen Menge verdünnter Schwefelsäure von bekanntem Gehalt und ermittelt nachher die Menge der noch freien Säure, indem man eine titrirte Alkalilösung (Zuckerkalk oder Aetznatron) zusetzt, bis zur Neutralisation. Man erfährt so die Quantität der durch Ammoniak gesättigten Säure und somit auch die Menge des letzteren.

Man stellt sich zunächst die titrirte Schwefelsäure dar, indem man 200 Grm. Wasser mit etwa 28 Grm. Schwefelsäurehydrat mischt und den Gehalt dieser verdünnten Säure dadurch feststellt, dass man zweimal je 10 C.C. mittelst einer kleinen Pipette abmisst, nach Zusatz von Wasser mit Chlorbaryum fällt und den schwefelsauren Baryt wägt (vergl. §. 105). Stimmen beide Analysen hinlänglich überein, so nimmt man das Mittel als wahren Gehalt. — Gesetzt man hätte gefunden, dass 10 C.C. der verdünnten Säure 1,01 Grm. Schwefelsäure enthalten, so werden sie genau durch 0,429 Grm. Ammoniak (NH_3) gesättigt; somit entspricht je 1 C.C. der verdünnten Säure 0,0429 Grm. Ammoniak. — Die titrirte Säure wird in einem wohl verschlossenen Glase aufgehoben.

Als Alkalilösung kann man sehr gut verdünnte, gute Aetznatronlauge anwenden; man wählt solche von etwa 1,02 specif. Gewicht, d. h. von etwa 1,5 Proc. Natrongehalt, und bestimmt, eine wie grosse Menge derselben erforderlich ist, 10 C.C. obiger verdünnter Säure zu sättigen. Man bringt zu dem Ende 10 C.C. der Säure in ein Becherglas, setzt einige Tropfen Lackmustinctur oder Campecheholzabsud (Mitchel) zu und tröpfelt dann mittelst einer bis an den Nullpunkt gefüllten graduirten Pipette oder Bürette von der Natronlösung zu, bis die durch Lackmus rothe oder durch Campecheholz gelblichbraune Flüssigkeit eben blau, beziehungsweise schwarzblau, geworden ist. Nehmen wir den Fall, wir hätten gebraucht 53 C.C., so wissen wir hierdurch, dass in diesen 53 C.C. die zur Sättigung von 1,01 Grm. Schwefelsäure gerade erforderliche Menge Natron enthalten ist.

Ausser der eigentlichen Probesäure bereitet man sich auch noch eine zehnmal verdünnte, indem man 10 C.C. jener mit 90 C.C. Wasser vermischt.

Bei der Ausführung misst man nun je nach der Menge des Ammonsalzes 10 oder 20 C.C. der eigentlichen Probesäure ab und bietet sie dem ausgetriebenen Ammoniak dar. Nach Beendigung des Versuches neutralisirt man die noch ungebundene Säure aufs Genaueste mit Natronlauge nach der oben angegebenen Weise. Sollte man den Punkt etwas überschritten haben, so fügt man von der zehnfach verdünnten Probesäure zu, bis er genau erreicht ist.

Gesetzt wir hätten anfangs genommen 10 C.C. Probesäure, zum Neutralisiren verwendet 20 C.C. Natronlauge und zur Correction noch 0,5 C.C. verdünnte Säure, so ergiebt sich die Menge des Ammoniaks aus folgender Betrachtung:

Gesammtmenge der eigentlichen Probesäure 10 + 0,05 =	10,05 C.C.
20 Natronlauge entsprechen nach dem Ansatze 53 : 10 = 20 : x	3,77 C.C.

Rest: durch Ammoniak gebundene Säure $\qquad$ 6,28 C.C.

Da nun 1 C.C. Probesäure 0,0429 Grm. Ammoniak entspricht, so entsprechen 6,28 C.C. Probesäure 0,2694 Grm. Ammoniak.

Man ersieht leicht, dass man diese einfache Rechnung dadurch noch mehr vereinfachen kann, dass man die Säure gerade so herstellt, dass 10 C.C. 0,5 NH_3 entsprechen, und die Natronlauge so, dass 50 C.C. 10 C.C. der Säure sättigen; denn man hat alsdann von der in runden Zahlen ausdrückbaren Menge Ammoniak, welche der verwendeten Säure entspricht, einfach so viel Centigramm abzuziehen, als man C.C. Natronlauge gebraucht hat. — Da aber durch das Verdünnen einer genau titrirten Flüssigkeit leicht kleine Ungenauigkeiten hervorgerufen werden, so empfehle ich für genaue Bestimmungen den erst angegebenen Weg.

Bei Wiederholung der S c h l ö s i n g'schen Versuche in meinem Laboratorium sind sehr befriedigende Resultate erhalten worden.

Zweite Gruppe der Basen.

Baryt, Strontian, Kalk, Magnesia.

§. 79.

1. B a r y t.

a. Auflösung.

Der kaustische Baryt, sowie viele Barytsalze, sind in Wasser löslich. Die darin unlöslichen werden, mit Ausnahme des schwefelsauren Baryts, von verdünnter Salzsäure leicht aufgenommen. An Schwefelsäure gebundenen Baryt bringt man in Auflösung, indem man die Verbindung mit kohlensaurem Natron-Kali schmelzt etc. (s.

§. 105).

b. Bestimmung.

Der Baryt wird nach §. 50 entweder als *schwefelsaurer* oder *kohlensaurer Baryt*, selten (nur bei Trennung vom Strontian) als *Kieselfluorbaryum* bestimmt.

Man kann verwandeln in

1. Schwefelsauren Baryt
   a. *durch Fällung*:
   Alle Barytverbindungen ohne Ausnahme.
   b. *durch Abdampfen*:
   Alle Barytverbindungen mit flüchtigen Säuren, sofern kein nichtflüchtiger anderweitiger Körper zugegen ist.
2. Kohlensauren Baryt
   α. Alle in Wasser löslichen Barytverbindungen.
   β. Barytsalze mit organischen Säuren.

Die Bestimmung als schwefelsaurer Baryt durch Fällung wird bei Weitem am häufigsten angewendet, zumal auch zur Abscheidung des Baryts von anderen Basen diese Methode die geeignetste ist. Die Bestimmung durch Abdampfen ist, sofern man nicht zum Abdampfen grösserer Mengen Flüssigkeit genöthigt ist, wo sie angeht, sehr genau und bequem. — Als kohlensauren Baryt bestimmt man auf nassem Wege den Baryt meist nur dann, wenn man ihn aus irgend einem Grunde nicht als schwefelsauren niederschlagen kann oder will.

1. *Bestimmung als schwefelsaurer Baryt.*

a. Durch Fällung.

Man setzt zu der auf 100° erwärmten, mässig verdünnten, in einem Becherglase befindlichen, wässerigen oder salzsauren Lösung der betreffenden Barytverbindung

253

verdünnte Schwefelsäure, so lange noch ein Niederschlag entsteht, rührt mit einem Glasstäbchen um, spült dasselbe sogleich mit etwas Wasser in das Becherglas ab, bedeckt dieses und lässt es so lange (12 Stunden etwa) ruhig stehen, bis sich der gefällte schwefelsaure Baryt vollkommen abgesetzt hat, und die überstehende Flüssigkeit ganz klar geworden ist. Man giesst dieselbe nunmehr vorsichtig und so, dass der Niederschlag nicht aufgerührt wird, durch ein passendes Filter. Sobald sie vollkommen abgelaufen ist, rührt man den in dem Becherglase zurückgebliebenen Niederschlag mit wenig heissem Wasser (oder, wenn das Filtrirpapier zu porös sein sollte, mit heisser, mässig verdünnter Salmiaklösung) an und bringt ihn ebenfalls auf das Filter, lässt vollständig abtropfen, giebt in das Becherglas wiederum etwas heisses Wasser (beziehungsweise Salmiaklösung) und spült mit Hülfe eines Glasstäbchens eine weitere Portion des Niederschlages auf das Filter u. s. w. Man beobachtet dabei stets die Vorsicht, nicht eher eine neue Portion aufzugiessen, als bis die Flüssigkeit vom Filter vollständig abgetropft ist. — Kleine am Glase fester haftende Theilchen nimmt man mit einer Federfahne weg. — Wenn das Filtrirpapier nur einigermaassen gut ist, gelingt es auf diese Art immer, den Niederschlag von der Flüssigkeit vollständig zu trennen. Bei abweichendem Verfahren geht letztere meist trübe durchs Filtrum. — Den Niederschlag wäscht man mit heissem Wasser so lange aus, bis die ablaufende Flüssigkeit mit Chlorbaryum keine Trübung mehr giebt. Alsdann trocknet man ihn und verfährt nach der §. 36 angegebenen Methode. — Handelt es sich darum, Baryt mittelst Schwefelsäure rasch zu fällen, so erhitzt man die Barytlösung in einer Porzellanschale (oder auch einem geeigneten Glasgefässe) zum beginnenden Sieden, setzt verdünnte Schwefelsäure in genügender Menge zu und erhält einige Minuten in gelindem Sieden. Der schwefelsaure Baryt setzt sich dann sogleich vollständig ab. Man giesst erst die klare überstehende Flüssigkeit durchs Filter, übergiesst den Niederschlag mit Wasser (unter Umständen auch mit verdünnter Salzsäure), erhitzt nochmals und filtrirt dann ab. So erhalten, geht der Niederschlag selten trüb durchs Filter.

b. Durch Abdampfen.

Man dampft in einer gewogenen Platinschale die ganze Flüssigkeit nach Zusatz von in sehr geringem Ueberschusse zugesetzter reiner Schwefelsäure im Wasserbad ein, verjagt den Ueberschuss der Schwefelsäure durch vorsichtiges Erhitzen und glüht den Rückstand.

Die Eigenschaften des schwefelsauren Baryts siehe §. 50. — Beide Methoden geben bei sorgfältiger Ausführung fast absolut genaue Resultate.

2. *Bestimmung als kohlensaurer Baryt.*

a. In Lösungen.

Man versetzt die in einem Becherglase befindliche mässig verdünnte Lösung des Barytsalzes mit Ammon, fügt kohlensaures Ammon in geringem Ueberschuss hinzu, stellt das Ganze einige Stunden an einen warmen Ort, filtrirt alsdann, wäscht den Niederschlag mit Wasser aus, dem man etwas Ammon zugesetzt hat, trocknet und glüht (§. 36). Eigenschaften des Niederschlages §. 50. Diese Methode giebt einen kleinen, jedoch kaum nennenswerthen Verlust, weil der kohlensaure Baryt nicht absolut unlöslich ist. Der directe Versuch Nr. 56 ergab 99,79 statt 100,00. — Enthält die Lösung Ammonsalze in grösserer Menge, so ist der Verlust weit erheblicher, da solche die Löslichkeit des kohlensauren Baryts beträchtlich steigern.

b. In Salzen mit organischen Säuren.

Man erhitzt dieselben langsam in einem bedeckten Platintiegel, bis keine Dämpfe mehr entweichen, stellt nun den Tiegel schief, legt den Deckel daran, glüht, bis alle Kohle verbrannt und der Rückstand völlig weiss geworden ist, befeuchtet alsdann den Rückstand mit einer concentrirten Lösung von kohlensaurem Ammon, lässt verdunsten, glüht gelinde und wägt. Man erhält auf diese Art ganz befriedigende Resultate. Der directe Versuch Nr. 57 ergab 99,61 statt 100,00. Der Verlust, den man bei diesen Bestimmungen ziemlich constant beobachtet, rührt daher, dass bei dem Glühen Spuren des Salzes mitgerissen werden. Er ist um so geringer, je langsamer man anfangs erhitzt. — Unterlässt man das Befeuchten mit kohlensaurem Ammon, so hat man einen weiteren Verlust, weil durch das Glühen des kohlensauren Baryts mit Kohle etwas kaustischer Baryt entsteht, während Kohlenoxydgas entweicht.

§. 80.

2. S t r o n t i a n .

a. Auflösung.

Vom Strontian und seinen Verbindungen gilt genau das beim Baryt §. 79 Angeführte.

b. Bestimmung.

Der Strontian wird nach §. 51 entweder als *schwefelsaurer* oder als *kohlensaurer Strontian* bestimmt.

Man kann verwandeln in

1. S c h w e f e l s a u r e n S t r o n t i a n :
   a. *Durch Fällung*: Alle Strontianverbindungen ohne Ausnahme.
   b. *Durch Abdampfen*: Alle Strontiansalze mit flüchtigen Säuren, sofern keine nichtflüchtige Substanz zugegen ist.

2. K o h l e n s a u r e n S t r o n t i a n :
   α. Alle in Wasser löslichen Strontianverbindungen.

β. Strontiansalze mit organischen Säuren.

Die Bestimmung des Strontians als schwefelsaures Salz durch Fällung giebt nur in den Fällen völlig genaue Resultate, in welchen die Flüssigkeit, aus der der schwefelsaure Strontian niedergeschlagen werden soll, ohne Nachtheil mit Alkohol versetzt werden kann. Geht weder dies, noch eine Bestimmung durch Abdampfen mit Schwefelsäure an, und ist die Wahl frei gelassen, so ist die Bestimmung als kohlensaurer Strontian vorzuziehen.

1. *Bestimmung als schwefelsaurer Strontian.*

a. Durch Fällung.

Man setzt zu der in einem Becherglase befindlichen Strontianlösung, welche nicht zu verdünnt sein darf, verdünnte Schwefelsäure im Ueberschuss, fügt alsdann eine der vorhandenen Flüssigkeit wenigstens gleiche Menge Alkohol hinzu, lässt einige Stunden absitzen, filtrirt, wäscht mit schwachem Weingeist aus, trocknet und glüht (§. 36).

Verhindern die Umstände die Anwendung des Weingeistes, so trägt man Sorge, die Flüssigkeit in ziemlich concentrirtem Zustande zu fällen, lässt mindestens 24 Stunden in der Kälte stehen, filtrirt und wäscht den Niederschlag mit kaltem Wasser aus, bis das Ablaufende keinen merklichen Rückstand mehr hinterlässt und nicht mehr sauer reagirt. Bleibt noch freie Schwefelsäure am Filter, so wird dieses beim Trocknen schwarz und zerfällt. Wäscht man hingegen zu lange aus, so vermehrt man den Verlust.

Den Niederschlag darf man erst nach sehr gutem Austrocknen glühen, sonst werden leicht feine Theilchen emporgerissen. Man trägt ferner Sorge, von dem Niederschlage möglichst wenig an dem auf dem Tiegeldeckel zu verbrennenden Filter zu lassen, sonst erleidet man bei dieser Operation einen Verlust, wie man daraus deutlich erkennt, dass alsdann das Filter mit carminrother Flamme verbrennt.

Die Eigenschaften des Niederschlages siehe §. 51. Bei Zusatz von Alkohol und richtiger Einhaltung der angeführten Regeln fallen die Resultate sehr genau aus; beim Fällen aus wässeriger Lösung erleidet man Verlust, weil ein Theil des schwefelsauren Strontians alsdann in Lösung bleibt. Die directen Versuche Nr. 58 lieferten, auf letztere Art angestellt, 98,12 und 98,02 statt 100,00. — Bringt man jedoch, gestützt auf die Kenntniss der Löslichkeit des schwefelsauren Strontians in saurem und reinem Wasser, eine Correction an, indem man Filtrat und Waschwasser wägt oder misst, so lässt sich vollkommen genügende Genauigkeit erreichen. Der directe Versuch Nr. 59, aus dem das Einzelne der Correction zu ersehen ist, gab 99,77 statt 100,00.

b. Durch Abdampfen.

Verfahren und Genauigkeit, wie bei Baryt (§. 79. 1. b.) angegeben.

2. *Bestimmung als kohlensaurer Strontian.*

a. In Lösungen.

Man verfährt genau so, wie bei der Fällung des Baryts als kohlensaurer Baryt (§. 79. 2. a.) erwähnt wurde. Eigenschaften des Niederschlages §. 51. — Diese Methode giebt recht genaue Resultate, wenigstens weit genauere, als die Bestimmung des Strontians mit Schwefelsäure in wässeriger Lösung ohne Correction, indem der kohlensaure Strontian in Wasser, welches Ammon und kohlensaures Ammon enthält, so gut wie unlöslich ist. Der directe Versuch Nr. 60 ergab 99,82 anstatt 100,00. — Anwesenheit von Ammonsalzen ist von weniger nachtheiligem Einfluss als bei der Fällung des kohlensauren Baryts.

b. In Salzen mit organischen Säuren.

Man verfährt genau nach der beim Baryt (§. 79. 2. b.) angegebenen Weise. Auch das in Bezug auf die Genauigkeit dort Angeführte gilt hier.

§. 81.

3. K a l k .

a. Auflösung.

Vom Kalk und seinen Verbindungen gilt das beim Baryt (§. 79) Angeführte. Fluorcalcium verwandelt man durch Behandeln mit Schwefelsäure in schwefelsauren Kalk und zerlegt diesen, wenn nöthig, weiter durch Schmelzen mit kohlensaurem Alkali.

b. Bestimmung.

Der Kalk wird nach §. 52 entweder als *schwefelsaurer* oder als *kohlensaurer Kalk* gewogen. In erstere Form kann man ihn sowohl durch Abdampfen, als auch durch Präcipitation bringen; in letztere, indem man ihn als oxalsauren, oder geradezu als kohlensauren Kalk fällt, oder durch Glühen.

Man kann verwandeln in:

1. S c h w e f e l s a u r e n   K a l k
   a. *durch Fällung*: Alle Kalksalze, deren Säuren in Alkohol löslich sind, sofern keine anderweitigen in Alkohol unlöslichen Substanzen zugegen sind.
   b. *durch Abdampfen*: Alle Kalksalze, deren Säuren flüchtig sind, sofern kein nichtflüchtiger Stoff zugegen ist.

2. K o h l e n s a u r e n   K a l k
   a. *durch Fällung mit kohlensaurem Ammon*: Alle in Wasser löslichen Kalksalze.
   b. *durch Fällung mit oxalsaurem Ammon*: Alle in Wasser

259

oder Salzsäure löslichen Kalksalze ohne Ausnahme.

c. *durch Glühen*: Kalksalze mit organischen Säuren.

Von diesen Methoden wendet man die sub 2. b. am häufigsten an. Sie giebt nebst der sub 1. b. die genauesten Resultate. Die sub 1. a. wendet man in der Regel nur bei Scheidungen des Kalks von anderen Basen, die sub 2. a. meist nur dann an, wenn es sich darum handelt, Kalk zusammen mit anderen alkalischen Erden von den Alkalien zu trennen.

1. *Bestimmung als schwefelsaurer Kalk.*

a. Durch Fällung.

Man setzt zu der in einem Becherglase befindlichen Kalklösung verdünnte Schwefelsäure im Ueberschuss, fügt alsdann 2 Raumtheile Alkohol zu, lässt 12 Stunden stehen, filtrirt, wäscht mit Weingeist v o l l s t ä n d i g aus, trocknet und glüht mässig (§. 36). — Eigenschaften des Niederschlages §. 52. — Bei genauer Befolgung der gegebenen Vorschriften fällt das Resultat nur um eine Kleinigkeit zu gering aus. Der directe Versuch Nr. 61 ergab 99,64 statt 100,00.

b. Durch Abdampfen.

Man verfährt wie unter gleichen Umständen beim Baryt (§. 79. 1. b.).

2. *Bestimmung als kohlensaurer Kalk.*

a. Durch Fällung mit kohlensaurem Ammon.

Man verfährt nach der beim Baryt angegebenen Methode (§. 79. 2. a.) und trägt Sorge, den Niederschlag nur ganz gelinde, aber einige Zeit hindurch, zu glühen. Eigenschaften des Niederschlages §. 52. Die Methode giebt, richtig ausgeführt, einen kaum nennenswerthen Verlust. Enthält die Lösung Salmiak oder ähnliche Ammonsalze in beträchtlicher Menge, so ist derselbe weit grösser.

Wäscht man nicht mit ammonhaltigem, sondern mit reinem Wasser, so ist derselbe ebenfalls nicht unbeträchtlich. Der directe Versuch Nr. 62 ergab, auf letztere Art ausgeführt, 99,17 statt 100,00.

b. Durch Fällung mit oxalsaurem Ammon.

α. Man hat ein in Wasser lösliches Kalksalz.

Man setzt der in einem Becherglase befindlichen heissen Lösung kleesaures Ammon im mässigen Ueberschuss, alsdann etwas Ammon zu, so dass die Flüssigkeit nach letzterem riecht, bedeckt das Glas und stellt es mindestens 12 Stunden an einen warmen Ort, bis sich der Niederschlag vollständig abgesetzt hat. Man bringt alsdann denselben genau nach der bei dem schwefelsauren Baryt (§. 79. 1. a.) beschriebenen Weise mittelst heissen Wassers auf ein Filter. Sollten am Glase Theilchen des Niederschlages so fest haften, dass sie auf mechanische Weise nicht wegzubringen sind, so löst man sie in einigen Tropfen sehr verdünnter Salzsäure, fällt die Lösung in einem kleinen Gefäss mit Ammon und fügt den entstandenen Niederschlag zum ersten. — Wendet man beim Filtriren die angegebenen Vorsichtsmaassregeln nicht an, so geht die Flüssigkeit meist trüb durchs Filter. — Nach dem Auswaschen trocknet man das Filter im Trichter, bringt den Niederschlag in einen Platintiegel und verbrennt alsdann das Filter, an dem man so wenig wie möglich von dem Niederschlage gelassen hat, auf dem Deckel desselben. Man legt nunmehr den Tiegeldeckel verkehrt auf den Tiegel, damit die Filterasche nicht zu dem Niederschlage komme, und erhitzt den Tiegel am Anfange ganz gelinde, alsdann etwas stärker, bis der Boden desselben schwach roth glüht. Bei dieser Temperatur erhält man ihn 10 bis 15 Minuten, lässt erkalten und wägt. Nach dem Wägen befeuchtet man den Inhalt des Tiegels, welcher weiss sein muss und kaum einen Stich ins Graue zeigen darf, mit etwas Wasser und prüft dieses nach einiger Zeit mit einem sehr kleinen Streifchen Curcumapapier. Wird dasselbe braun (ein Zeichen, dass man zu stark erhitzt hat), so spült man das Papierchen mit ein wenig Wasser in den Tiegel ab, wirft ein Stückchen reines kohlensaures Ammon hinein, verdampft (am besten im Wasserbade) zur Trockne, glüht ganz gelinde, wägt und betrachtet das so gewonnene Resultat, welches um ein Geringes höher ausfällt als das erste, als gültig. Hat durch das Behandeln mit kohlensaurem Ammon Gewichtszunahme stattgefunden, so handelt man vorsichtig, wenn man noch einmal eine Zeit lang ganz gelinde glüht und wieder wägt. Man erfährt so mit Gewissheit, ob die Gewichtszunahme wirklich eine Folge von aufgenommener Kohlensäure war; denn möglichenfalls könnte sie auch in nicht völlig ausgetriebenem Wasser ihren Grund gehabt haben. — Ich bemerke ausdrücklich, dass man sich durch genaues Einhalten der oben in Bezug auf die Art des Glühens gegebenen Regeln des unangenehmen Abdampfens mit kohlensaurem Ammon immer überheben kann. — Eigenschaften des Niederschlages und Rückstandes §. 52. Diese Methode giebt fast absolut genaue Resultate. Der directe Versuch Nr. 63 ergab 99,99 statt 100,00.

Ist die Menge des erhaltenen Oxalsäuren Kalkes sehr gering, so ziehe ich es vor, denselben in schwefelsauren zu verwandeln. Man glüht ihn zu dem Ende in einem geräumigen Platintiegel sammt dem Filter heftig, setzt etwas Wasser, dann ein wenig Salzsäure zu bis zur Lösung, endlich reine verdünnte Schwefelsäure in möglichst geringem Ueberschuss. Man verdampft nun erst im Wasserbade, dann vorsichtig über der Lampe und glüht zuletzt mässig.

Manche Chemiker pflegen den oxalsauren Kalk wohl auch

auf einem gewogenen Filter zu sammeln und bei 100° getrocknet zu wägen. Der auf diese Art erhaltene Niederschlag ist nicht, wie oft angenommen wird, CaO, C_2O_3, sondern CaO, C_2O_3 + aq. und muss daher als solcher in Rechnung gebracht werden. Diese Methode ist umständlicher und weniger genau, als die erst angeführte. Der directe Versuch Nr. 64 ergab 100,45 anstatt 100,00.

β. *Man hat ein in Wasser unlösliches Kalksalz.*

Man löst dasselbe in verdünnter Salzsäure. Ist die Säure der Art, dass sie hierbei entweicht, wie z. B. Kohlensäure, oder dass sie durch Abdampfen entfernt werden kann, wie z. B. Kieselsäure, so verfährt man nach Entfernung der Säure nach α.; ist dies nicht der Fall, wie z. B. bei Phosphorsäure, so fällt man den Kalk in folgender Weise aus der sauren Lösung. Man stumpft die vorhandene freie Säure so lange mit Ammon ab, bis ein Niederschlag zu entstehen anfängt, löst diesen wieder durch einen Tropfen Salzsäure, fügt einen Ueberschuss von oxalsaurem Ammon und endlich essigsaures Natron zu, lässt absitzen und verfährt im Uebrigen nach α. Die vorhandene freie Salzsäure wird auf diese Weise an die Basen des essigsauren Natrons und Oxalsäuren Ammons gebunden und deren Säuren, welche den kleesauren Kalk kaum lösen, dafür in entsprechender Menge in Freiheit gesetzt. Man erleidet auf diese Art nur einen sehr geringen Verlust. Der directe Versuch Nr. 65 gab, auf die genannte Weise angestellt, 99,78 statt 100,00.

c. Durch Glühen.

Man verfährt genau nach der beim Baryt (§. 79. 2. b.) angegebenen Weise und trägt Sorge, dass man den Rückstand nach dem Abdampfen mit kohlensaurem Ammon (welches man zweckmässig zweimal vornimmt) nur ganz gelinde glüht. Das in Bezug auf Genauigkeit beim Baryt Erwähnte gilt auch hier.

§. 82.

4. Magnesia.

a. Auflösung.

Von den Magnesiaverbindungen lösen sich viele in Wasser; die darin unlöslichen werden (mit Ausnahme einiger Silicate) von Salzsäure aufgenommen.

b. Bestimmung.

Die Magnesia wird nach §. 53 entweder als *schwefelsaure*, als *pyrophosphorsaure* oder als *reine Magnesia* bestimmt.

Man kann verwandeln in:

1. Schwefelsaure Magnesia
   a. *direct*: Alle Magnesiaverbindungen mit flüchtigen Säuren, sofern keine sonstige nichtflüchtige Substanz zugegen ist.
   b. *indirect*: Alle in Wasser löslichen Magnesiaverbindungen und solche darin unlösliche, welche sich unter Abscheidung ihrer Säure in Salzsäure lösen (im Falle keine Ammonsalze zugegen sind).
2. Pyrophosphorsaure Magnesia
   Alle Magnesiaverbindungen ohne Ausnahme.
3. Reine Magnesia
   a. Magnesiasalze mit organischen Säuren, oder mit

leichtflüchtigen unorganischen Sauerstoffsäuren.

b. Chlormagnesium und die Magnesiaverbindungen, welche sich in dieses verwandeln lassen.

Die directe Bestimmung als schwefelsaure Magnesia ist, wo sie angeht, sehr zu empfehlen. — Die indirecte Bestimmung dient nur bei einigen Trennungen und wird wo möglich vermieden. — Die Bestimmung als pyrophosphorsaure Magnesia ist am häufigsten in Gebrauch, namentlich auch bei Scheidung der Magnesia von anderen Basen. Wir werden unten sehen, dass diese Methode früher ohne allen Grund als ungenau bezeichnet worden ist. — Die Bestimmung der Magnesia als reine Magnesia aus dem Chlormagnesium wendet man in der Regel nur zur Trennung der Magnesia von den fixen Alkalien an. — Verbindungen der Magnesia mit Phosphorsäure werden nach §. 106 analysirt.

1. *Bestimmung als schwefelsaure Magnesia.*

a. Directe.

Man setzt zu der Lösung verdünnte reine Schwefelsäure in solcher Menge, dass sie mehr als hinreichend ist, die vorhandene Magnesia zu binden, verdampft im Wasserbad in einer gewogenen Platinschale zur Trockne, erhitzt vorsichtig nach Auflegung des Deckels stärker, bis die überschüssige Schwefelsäure entwichen, bringt zuletzt über der Lampe eine Zeit lang zum gelinden Glühen, lässt erkalten und wägt. Sollten beim stärkeren Erhitzen keine Schwefelsäurehydratdämpfe entweichen, ein Zeichen, dass man nicht genug zugesetzt hat, so lässt man erkalten und fügt eine neue Portion hinzu. — Man erschwere sich die Arbeit nicht durch Zusatz von allzuviel Schwefelsäure, trage Sorge, den Rückstand nicht zu heftig zu glühen und wäge ihn rasch. — Eigenschaften des Rückstandes §. 53. Resultate genau.

b. Indirecte.

Man setzt zu der in einem Kolben befindlichen, auf 100° erhitzten Magnesialösung klares gesättigtes Barytwasser im Ueberschuss, erhält eine Zeit lang bei einer dem Kochpunkte nahen Temperatur, filtrirt ab, wäscht mit kochendem Wasser vollkommen aus, löst den Niederschlag auf dem Filter mit warmer, etwas verdünnter Salzsäure, wäscht letzteres sorgfältig aus und verfährt alsdann nach a. Sollte sich beim Zusatz der Schwefelsäure ein Niederschlag von schwefelsaurem Baryt bilden (ein Zeichen, dass man die Kohlensäure der Luft bei der Operation nicht hinlänglich von dem Barytwasser abgeschlossen hatte), so kann man entweder absitzen lassen, filtriren und das Filtrat eindampfen, — oder man dampft geradezu ein, wägt, löst in Wasser, filtrirt den ungelöst bleibenden schwefelsauren Baryt ab, bestimmt sein Gewicht (§. 79. 1. a.) und zieht dieses von dem erst erhaltenen ab. — Man erhält ein um ein Geringes zu niedriges Resultat, indem das Magnesiahydrat in Wasser nicht ganz unlöslich ist. Ausserdem ist die Methode ein wenig zu complicirt, um ganz genaue Resultate zu versprechen. (Vergl. hierzu §. 121. B. 4. a.)

2. *Bestimmung als pyrophosphorsaure Magnesia.*

Man versetzt die in einem Becherglase befindliche Magnesialösung mit Salmiak und fügt Ammon in einigem Ueberschuss zu. (Sollte hierdurch, aus Mangel an Salmiak, ein Niederschlag entstehen, so fügt man von diesem Salze noch so viel hinzu, dass er wieder verschwindet.) Alsdann vermischt man die Flüssigkeit mit einer Lösung von phosphorsaurem Natron im Ueberschuss, rührt in der Weise um, dass man mit dem Glasstäbchen die Wandungen des Glases nicht berührt (weil sich sonst an den geriebenen Stellen Theile des Niederschlages so fest anlegen, dass sie schwierig zu entfernen sind) und lässt 12 Stunden wohlbedeckt und ohne starkes Erwärmen stehen. Man schwierig zu entfernen sind) und lässt 12 Stunden wohlbedeckt und ohne starkes Erwärmen stehen. Man filtrirt nunmehr ab, bringt den Niederschlag auf das Filter und spült die letzten Partikelchen desselben mittelst einer kleinen Federfahne mit einem Theile der abfiltrirten Flüssigkeit auf das Filter. Nach vollständigem Abtropfen giesst man das Filter mit Wasser, dem man ⅕ Ammonflüssigkeit zugesetzt hat, voll, lässt wieder ganz ablaufen und wiederholt diese Operation noch vier- oder fünfmal oder überhaupt so lange, bis ein Tropfen der ablaufenden Flüssigkeit auf Platinblech keinen Rückstand mehr hinterlässt. Man trocknet vollständig, bringt den Niederschlag in einen Platintiegel (§. 36) und erhitzt ihn, bei aufgelegtem Deckel, anfangs längere Zeit ganz gelinde, zuletzt zum heftigen Glühen. Das Filter, welches man möglichst vollständig von dem Niederschlage befreit, verbrennt man auf dem Tiegeldeckel. Diese Operation erfordert Geduld, indem das Filter schwer verbrennt. Man kann die Einäscherung durch Aufdrücken der verkohlten Theile auf den glühenden Deckel mittelst eines kleinen Platinspatels oder eines starken Platindrahtes sehr beschleunigen. Man deckt zuletzt den Deckel auf den Tiegel, glüht nochmals, lässt erkalten und wägt. —

Natur und Eigenschaften des Niederschlages und Rückstandes §. 53. Die Methode giebt, bei genauer Befolgung obiger Regeln, höchst genaue Resultate. Man hüte sich vor zu kurzem, wie auch vor allzu langem Auswaschen und vergesse nie, dem Waschwasser Ammon zuzufügen.

Die directen Versuche Nr. 66. a. und b. ergaben 100,09 und 99,97 statt 100,00.

3. *Bestimmung als reine Magnesia.*

a. In Magnesiasalzen mit organischen Säuren.

Producte mehr entweichen, nimmt alsdann den Deckel ab, legt ihn an den schief gestellten Tiegel und glüht, bis der Rückstand völlig weiss geworden. — Eigenschaften des Rückstandes §. 53. Die Methode giebt um so genauere Resultate, je langsamer man von Anfang erhitzt. In der Regel erhält man ein Geringes zu wenig, weil mit den brenzlichen Producten Spuren des Salzes entweichen. Magnesiasalze mit leicht flüchtigen Sauerstoffsäuren (Kohlensäure, Salpetersäure) lassen sich in ähnlicher Art durch blosses Glühen in Magnesia überführen.

b. Aus Chlormagnesium.

Man versetzt die eingeengte, in einem Porzellantiegel befindliche Lösung mit reinem, durch Abreiben mit Wasser aufs Feinste zertheiltem und in Wasser aufgeschlämmtem Quecksilberoxyd in solcher Menge, dass dessen Sauerstoff mehr als hinreichend ist, alles vorhandene Chlormagnesium in Magnesia zu verwandeln, dampft im Wasserbade ab, trocknet scharf, bedeckt den Tiegel und glüht bei gesteigerter Hitze, bis das entstandene Quecksilberchlorid, sowie der Ueberschuss des Quecksilberoxyds, entfernt ist. (Man hüte sich, die beim Glühen entweichenden Dämpfe einzuathmen.) Im Rückstande bleibt Magnesia, welche entweder geradezu im Tiegel gewogen werden kann, oder welche man, sofern es sich um Scheidung von Alkalien handelt, auf einem Filter sammelt, mit heissem Wasser auswäscht, trocknet und glüht (§. 35).

Dritte Gruppe der Basen.

Thonerde, Chromoxyd.

§. 83.

1. Thonerde.

a. Auflösung.

Die Thonerdeverbindungen, welche sich nicht in Wasser lösen, werden fast ohne Ausnahme von Salzsäure aufgenommen. In der Natur vorkommende krystallisirte Thonerde (Sapphir, Rubin, Korund), wie auch künstlich dargestellte nach heftigem Glühen, nicht minder viele natürlich vorkommende Thonerdeverbindungen müssen durch Glühen mit kohlensaurem Natron, kaustischem Kali oder Barythydrat zur Lösung in Salzsäure vorbereitet werden. Manche Thonerdeverbindungen schliesst man zweckmässiger mit saurem schwefelsaurem Kali auf (vergl. §. 22).

b. Bestimmung.

Die Thonerde wird nach §. 54 nur in einer einzigen Form gewogen, nämlich als reine Thonerde. — In diese Form bringt man sie entweder durch Fällung als Hydrat und Glühen, oder durch blosses Glühen.

Man kann verwandeln in

Reine Thonerde

a. *durch Fällung*: Alle in Wasser löslichen Thonerdeverbindungen, sowie diejenigen unlöslichen, bei deren Lösung in Salzsäure ihre Säure entfernt wird.

b. *durch Glühen*: α. Alle Thonerdesalze mit leichtflüchtigen Säuren (Chloraluminium, salpetersaure Thonerde etc.). — β. Alle Thonerdesalze mit organischen Säuren.

Die Bestimmungsarten b. α. und β. können nur dann angewendet werden, wenn keine sonstigen fixen Substanzen vorhanden sind. In den Verbindungen der Thonerde mit Phosphorsäure, Borsäure, Kieselsäure und Chromsäure bestimmt man die Thonerde nach den in der Abtheilung II. dieses Abschnittes bei den entsprechenden

Säuren angegebenen Methoden.

Bestimmung als reine Thonerde.

a. Durch Fällung.

Man versetzt die in einem Becherglase befindliche, mässig
verdünnte Lösung mit ziemlich viel Salmiak, fügt Ammon
im g e r i n g e n Ueberschuss zu, erwärmt längere Zeit, bis
die Flüssigkeit nicht oder kaum mehr nach Ammoniak
riecht, filtrirt, wäscht mit heissem Wasser aus, trocknet
lange und sehr gut, glüht (§. 35) und wägt. Beim Glühen
giebt man am Anfange ganz gelindes Feuer und hält den
Tiegel wohl bedeckt, sonst erleidet man leicht durch
Umherspritzen, veranlasst durch nicht völlig trockne
Beschaffenheit des gummiartigen Thonerdehydrats, Verlust.
— War die Lösung eine schwefelsaure, so muss der
ausgewaschene Niederschlag in Salzsäure gelöst, mit
Ammon wieder gefällt und erst dann gewogen werden. —
Verfährt man nicht also, so bleibt der Niederschlag auch
beim stärksten Glühen schwefelsäurehaltig. —
Eigenschaften des Niederschlages und Rückstandes siehe §.
54. Die Methode giebt bei Befolgung der gegebenen Regeln
sehr genaue Resultate. Wendet man hingegen, namentlich
wenn weder Salmiak zugefügt worden, noch überhaupt
Ammonsalze zugegen sind, einen bedeutenden Ueberschuss
von Ammon an, so kann man unter Umständen sehr
beträchtlichen Verlust erleiden. Derselbe wird um so
bedeutender, je verdünnter die Lösung ist, und je kürzer die
Zeit zwischen Fällen und Abfiltriren (§. 54).

b. Durch Glühen.

α. *Man hat Thonerdeverbindungen mit flüchtigen Säuren.* Man
verdampft, sofern sie in Lösung sind, diese im Wasserbade
und bringt den Rückstand oder, im Falle man ein festes Salz
hat, geradezu dieses (bei Chloraluminium nach Zusatz von
Wasser) in einen Platintiegel und glüht bei anfangs gelinder,

270

allmälig aufs Höchste gesteigerter Hitze, bis der Tiegel nicht mehr an Gewicht abnimmt. Eigenschaften des Rückstandes §. 54. Man sehe wohl darauf, dass derselbe rein sei. Fehlerquellen keine.

β. *Man hat ein Thonerdesalz mit einer organischen Säure.* Verfahren genau wie unter gleichen Umständen bei Magnesia (§. 82. 3. a.).

§. 84.

2. C h r o m o x y d.

a. Auflösung.

Viele Verbindungen des Chromoxyds lösen sich in Wasser. Das Chromoxydhydrat nebst den meisten in Wasser unlöslichen Chromoxydsalzen werden von Salzsäure aufgenommen. Das Chromoxyd, sowie viele seiner Salze werden durch Glühen in Säuren unlöslich. Hat man sie in diesem Zustande, so müssen sie zur Auflösung in Salzsäure durch Schmelzen mit kohlensaurem Natron (§. 22. α.) vorbereitet werden. Die kleine Menge Chrom, welche bei dieser Behandlung durch Einfluss der Luft in Chromsäure übergegangen ist, wird beim Erhitzen mit Salzsäure wieder in Oxyd zurückgeführt. Zusatz von etwas Alkohol erleichtert diese Reduction bedeutend.

b. Bestimmung.

Das Chromoxyd wird bei directer Bestimmung immer im reinen Zustande gewogen. In diese Form bringt man es entweder durch Fällung als Hydrat und Glühen, oder durch blosses Glühen. Es kann aber auch bestimmt werden, indem man es in Chromsäure verwandelt und deren Menge ermittelt, zu welchem Zwecke einfache Gewichts- und Maassmethoden zu Gebote stehen, die bei der Chromsäure beschrieben werden sollen.

Man kann verwandeln in

271

Man kann verwandeln in

1. Reines Chromoxyd
   a. *durch Fällung*: Alle in Wasser löslichen Chromoxydverbindungen, sowie diejenigen unlöslichen, bei deren Auflösung in Salzsäure ihre Säure entfernt wird.
   b. *durch Glühen*: α. Alle Chromoxydsalze mit flüchtigen Sauerstoffsäuren, sofern keine nichtflüchtigen Substanzen zugegen sind. — β. Chromoxydsalze mit organischen Säuren.
2. Chromsäure, oder genauer chromsaures Alkali: das Chromoxyd und alle seine Verbindungen.

Die Verbindungen des Chromoxyds mit Chromsäure, Phosphorsäure, Borsäure und Kieselsäure werden nach den in der Abtheilung II. dieses Abschnittes bei den betreffenden Säuren angegebenen Methoden analysirt.

1. *Bestimmung als Chromoxyd.*

a. Durch Fällung.

Man fügt zu der in einem Becherglase befindlichen, nicht zu concentrirten, auf 100° erhitzten Lösung Ammon im geringen Ueberschuss, setzt eine halbe Stunde lang einer der Kochhitze nahen Temperatur aus, filtrirt, süsst mit heissem Wasser wohl aus, trocknet vollkommen und glüht (§. 35). Es ist nothwendig, beim Glühen die Hitze allmälig zu steigern und den Tiegel bedeckt zu halten, sonst erleidet man leicht bei dem den Uebergang der löslichen Modification des Chromoxyds in die unlösliche bezeichnenden Erglühen durch Umherspritzen Verlust. Man achte ferner wohl darauf, dass man die gefällte Flüssigkeit nicht eher aufs Filter bringe, als bis dieselbe völlig farblos ist. Würde man sie abfiltriren, so lange sie noch röthlich erwärmt wurde), so erlitte man einen bemerkbaren Verlust. — Eigenschaften des Niederschlages und Rückstandes §. 55. Die Methode giebt, wenn die oben angegebenen Regeln genau befolgt werden, sehr genaue Resultate.

b. Durch Glühen.

a. Man hat ein Chromoxydsalz mit einer flüchtigen Säure. Verfahren wie unter gleichen Umständen bei Thonerde (§. 83).

b. Man hat ein Chromoxydsalz mit einer organischen Säure. Verfahren wie unter gleichen Umständen bei Magnesia (§. 82).

2. *Ueberführung des Chromoxyds in chromsaures Alkali.* (Die Bestimmung der Chromsäure siehe §. 104.)

Es sind zu diesem Zwecke die beiden folgenden Methoden vorgeschlagen und empfohlen worden.

a. Man versetzt die Lösung des Chromoxydsalzes mit Kali- oder Natronlauge im Ueberschuss, bis zur Wiederauflösung des Oxydhydrats, leitet in die kaltgehaltene Flüssigkeit Chlor, bis die Farbe gelbroth geworden ist, versetzt mit überschüssigem Kali oder Natron, verdampft zur Trockne und glüht im Platintiegel. Alles chlorsaure Kali wird hierdurch zersetzt und der Rückstand besteht somit aus chromsaurem Alkali und Chloralkalimetall (V o h l).

b. Man erhitzt im Silbertiegel Kalihydrat bis zum ruhigen Schmelzen, mässigt die Hitze etwas und trägt die zu oxydirende völlig wasserfreie Chromoxydverbindung ein. Sobald dieselbe vollständig vom Kalihydrat benetzt ist, fügt man kleine Stückchen geschmolzenen chlorsauren Kalis zu. Es erfolgt ein lebhaftes Aufschäumen von entweichendem Sauerstoff, zugleich färbt sich die

Masse immer gelber und endlich wird sie klar und durchsichtig. Vor Verlusten muss man sich sorgfältig hüten (H. S c h w a r z).

Vierte Gruppe der Basen.

Z i n k o x y d ,   M a n g a n o x y d u l ,   N i c k e l o x y d u l ,
K o b a l t o x y d u l ,   E i s e n o x y d u l ,   E i s e n o x y d.

§. 85.

1. Z i n k o x y d.

a. Auflösung.

Viele Zinksalze sind in Wasser auflöslich. Das metallische Zink, das Zinkoxyd, sowie die in Wasser unlöslichen Salze werden von Salzsäure aufgenommen.

b. Bestimmung.

Das Zinkoxyd wird nach §. 56 stets als solches gewogen. Die Ueberführung in diese Form wird vermittelt entweder durch Fällung als kohlensaures Zinkoxyd oder Schwefelzink, oder aber durch Glühen.

Man kann verwandeln in

Z i n k o x y d:

a. *durch Fällung als kohlensaures Zinkoxyd*:

Alle in Wasser löslichen Zinksalze, — diejenigen unlöslichen, deren Säure sich beim Auflösen entfernen lässt, und alle Salze mit flüchtigen organischen Säuren.

b. *durch Fällung als Schwefelzink*:

Alle Zinkverbindungen ohne Ausnahme.

c. *durch Glühen*:

Salze mit unorganischen flüchtigen Sauerstoffsäuren.

Die letzte Methode ist, was die häufiger vorkommenden Zinkverbindungen betrifft, nur für kohlensaures und salpetersaures Zinkoxyd zu empfehlen. Schwefelzink und schwefelsaures Zinkoxyd lassen sich zwar auch durch Glühen (ersteres bei Luftzutritt) in Zinkoxyd verwandeln, es ist aber zur vollständigen Ueberführung Weissglühhitze erforderlich. Die Methode b. wendet man nur in den Fällen an, in welchen a. unzulässig ist. Sie dient namentlich zur Trennung des Zinkoxyds von anderen Basen. — Zinksalze mit organischen Säuren kann man nicht durch Glühen in Oxyd verwandeln, indem sich hierbei ein wenig Zink reduciren und verflüchtigen würde. Sind die Säuren flüchtig, so kann man das Zink unmittelbar nach a. bestimmen, sind sie nicht flüchtig, so fällt man dasselbe entweder als Schwefelzink, oder man glüht das Salz ganz gelinde, zieht den Rückstand mit Salpetersäure aus und verfährt mit der Lösung nach a. oder c. Die Analyse des chromsauren, phosphorsauren, borsauren und kieselsauren Zinkoxyds siehe bei den entsprechenden Säuren. —

Bestimmung als Zinkoxyd.

a. Durch Fällung als kohlensaures Zinkoxyd.

Man erhitzt die mässig verdünnte Lösung in einem hohen, geräumigen Kolben bis fast zum Kochen, fügt tropfenweise kohlensaures Natron im Ueberschuss hinzu, kocht einige Minuten bei schiefer Lage, filtrirt, wäscht den Niederschlag mit heissem Wasser vollständig aus, trocknet und glüht ihn nach der §. 36 angegebenen Methode, indem man Sorge trägt, das Filter vor dem Einäschern so viel wie möglich vom Niederschlage zu befreien. — Enthält die Auflösung Ammonsalze, so muss man das Kochen so lange fortsetzen, bis nach neuem Zusatz von kohlensaurem Natron die entweichenden Dämpfe Curcumapapier nicht mehr bräunen. Bei Gegenwart von viel Ammonsalzen ist man genöthigt, die Flüssigkeit im schief stehenden Kolben kochend zur Trockne einzudampfen; es ist daher bequemer, in solchen Fällen das Zink als Schwefelzink zu fällen (siehe b.). —

Man vermeide wo möglich einen grossen Säureüberschuss in der Zinklösung, damit das durch die entweichende Kohlensäure entstehende Aufbrausen nicht zu stark sei. — Die vom kohlensauren Zinkoxyd abfiltrirte Flüssigkeit muss man jedesmal durch Zusatz von Schwefelammonium prüfen, ob die Fällung vollständig ist. Es entsteht hierdurch unter allen Umständen ein geringer Niederschlag. Derselbe ist jedoch (vergl. §. 56) bei normalem Verfahren so gering, dass er erst nach vielstündigem Stehen in Gestalt leichter unwägbarer Flocken sichtbar wird und in der Regel vernachlässigt werden kann. Ist er bedeutender, so behandelt man ihn nach b. und addirt das Gewicht des erhaltenen Zinkoxyds zu dem der Hauptquantität. — Eigenschaften des Niederschlages und Rückstandes §. 56. — Die erhaltenen Resultate sind bei gelungener Ausführung, der nicht absolut vollständigen Fällung halber, und weil von dem dem Filter noch anhängenden Niederschlage ein Theilchen reducirt und als Metall verflüchtigt werden kann, meist um ein Unbedeutendes zu niedrig. Nicht selten werden in Folge unvollständigen Auswaschens zu hohe Resultate erhalten. In solchen Fällen findet man den Rückstand alkalisch.

b. Durch Fällung als Schwefelzink.

Man versetzt die Lösung mit Ammon, bis der entstandene Niederschlag sich wieder gelöst hat, fügt Schwefelammonium im Ueberschuss hinzu, lässt absitzen, giesst ohne aufzurühren zuerst die Flüssigkeit, zuletzt den Niederschlag aufs Filter, süsst mit Schwefelammonium enthaltendem Wasser aus, bringt das noch feuchte Filter sammt dem Niederschlage in ein Becherglas, übergiesst mit concentrirter Salzsäure in geringem Ueberschuss, stellt an sammt dem Niederschlage in ein Becherglas, übergiesst mit concentrirter Salzsäure in geringem Ueberschuss, stellt an einen mässig warmen Ort, bis die Lösung nicht mehr nach Schwefelwasserstoff riecht, verdünnt mit ein wenig Wasser, filtrirt, wäscht das zurückbleibende Filter mit heissem Wasser aus und fällt die erhaltene Chlorzinklösung nach a.

Aus einer Lösung von essigsaurem Zinkoxyd kann, auch bei Ueberschuss von Essigsäure, wofern nur keine andere Säure zugegen ist, das Zink durch Schwefelwasserstoffgas vollständig oder wenigstens so gut wie vollständig gefällt werden. Nach dem Auswaschen mit Schwefelwasserstoff enthaltendem Wasser behandelt man das Schwefelzink, wie bereits erwähnt. — Vergl. hierzu die Versuche Nr. 67. Kleine Mengen von Schwefelzink lassen sich auch direct in Oxyd überführen, wenn man sie in einem Platintiegel bei Luftzutritt möglichst stark glüht.

c. Durch Glühen.

Man erhitzt das Salz im bedeckten Platintiegel anfangs bei gelinder, zuletzt bei möglichst gesteigerter Hitze, bis der Rückstand an Gewicht nicht mehr abnimmt.

§. 86.

2. M a n g a n o x y d u l .

a. Auflösung.

Viele Manganoxydulsalze werden von Wasser gelöst. Das reine Manganoxydul, sowie seine in Wasser unlöslichen Salze werden von Chlorwasserstoffsäure aufgenommen. — Die höheren Oxydationsstufen des Mangans lösen sich ebenfalls in Salzsäure. Bei der Auflösung entwickelt sich Chlor, die Flüssigkeit enthält nach vorhergegangener Erwärmung Manganchlorür.

b. Bestimmung.

Form bringt man es entweder durch Fällung als Manganoxydulhydrat, oder als kohlensaures Manganoxydul, der zuweilen noch eine Präcipitation als Schwefelmangan vorhergeht, oder endlich durch Glühen.

Man kann verwandeln in

1. Manganoxyduloxyd:

a. *durch Fällung als kohlensaures Manganoxydul*:

Alle in Wasser löslichen Salze mit unorganischen Säuren, ferner diejenigen unlöslichen, deren Säure sich beim Auflösen entfernen lässt, und endlich alle Salze mit flüchtigen organischen Säuren.

b. *durch Fällung als Manganoxydulhydrat*:

Alle Manganverbindungen, ausgenommen die Salze mit organischen nicht flüchtigen Säuren.

c. *durch Fällung als Schwefelmangan*:

Alle Manganverbindungen ohne Ausnahme.

d. *durch Glühen*:

Alle Sauerstoffverbindungen des Mangans, — Mangansalze mit leicht flüchtigen, sowie solche mit organischen Säuren.

2. Schwefelsaures Manganoxydul

Alle Oxyde des Mangans, sowie alle Salze mit flüchtigen Säuren, sofern keine nichtflüchtigen Substanzen zugegen sind.

Die Methode 1. d. ist die einfachste und genaueste; wo sie angeht, wird sie den anderen vorgezogen. Die Methode 2. ist bequem und schneller zum Ziele führend, kann aber nicht angewendet werden, wenn es sich um absolut genaue Resultate handelt. Die Methode 1. c. wird nur angewendet, wenn keine der übrigen zulässig ist. — Von den beiden ersten zieht man, bei freigestellter Wahl, a. in der Regel b.

vor. Enthält die Manganlösung Zucker oder eine ähnliche nicht flüchtige organische Substanz, so sind beide nicht anwendbar und c. muss gewählt werden. — Im phosphorsauren und borsauren Manganoxydul bestimmt man letzteres entweder nach der Methode 1. b., indem die Salze, aus saurer Lösung durch Kali niedergeschlagen, beim Kochen mit Kaliüberschuss vollständig zerlegt werden, — oder nach 1. c. Im kieselsauren Salze bestimmt man das Mangan nach Abscheidung der Kieselsäure (§. 111) nach 1. a. — Chromsaures Manganoxydul zerlegt man nach §. 104.

1. *Bestimmung als Manganoxyduloxyd.*

a. Durch Fällung als kohlensaures Manganoxydul.

Man versetzt die auf 100° erwärmte Lösung mit kohlensaurem Natron im Ueberschuss, erwärmt noch eine kurze Zeit (Kochen ist nicht nothwendig), filtrirt, wäscht aus, trocknet und glüht den Niederschlag nach der §. 35 angegebenen Methode. Man giebt so lange bei abgenommenem Deckel heftige Hitze, bis der Rückstand an Gewicht sich gleich bleibt. — Enthält die Lösung Ammonsalze, so nimmt man die Fällung in einem Kolben vor und verfährt genau wie unter gleichen Umständen bei Zink, §. 85. — Eigenschaften des Niederschlages und Rückstandes §. 57. Die Methode giebt bei sorgfältiger Ausführung genaue Resultate. Das Hauptaugenmerk ist darauf zu richten, dass man das Glühen lange genug fortsetzt und hinlängliche Hitze giebt.

b. Durch Fällung als Manganoxydulhydrat.

Man fällt mit Natron- oder Kalilauge, indem man im Uebrigen wie in a. verfährt. Bei Gegenwart von Phosphorsäure oder Borsäure nimmt man die Fällung im Kolben vor und kocht eine Zeit lang mit überschüssigem Alkali. — Eigenschaften des Niederschlages §. 57. Genauigkeit wie bei a.

279

c. Durch Fällung als Schwefelmangan.

Man versetzt die Lösung mit Salmiak, dann mit Ammon bis zum Vorwalten, fügt gelbes Schwefelammonium im mässigen Ueberschuss zu, lässt absitzen, bringt erst die Flüssigkeit, zuletzt den Niederschlag aufs Filter, wäscht mit Wasser, dem man ein wenig gelbes Schwefelammonium zugemischt hat, ohne Unterbrechung vollständig aus, übergiesst das sammt dem feuchten Niederschlage vom Trichter genommene Filter in einem Becherglase mit Salzsäure, erwärmt, bis der Geruch nach Schwefelwasserstoff verschwunden, filtrirt, wäscht das zurückbleibende Papier sorgfältig aus und fällt die Lösung nach a.

d. Durch Glühen.

Man erhitzt anfangs im gut bedeckten Platintiegel gelinde, zuletzt bei lose aufgelegtem Deckel möglichst heftig, bis das Gewicht des Rückstandes constant bleibt. Zur Ueberführung der höheren Oxydationsstufen in Manganoxyduloxyd ist eine länger andauernde und heftigere Hitze erforderlich, als zu der des Oxyduls und Oxyds. — Hatte man Salze mit organischen Säuren, so sehe man wohl darauf, ob alle Kohle verbrannt sei. Ist dies nicht der Fall, so löst man den Rückstand entweder in Salzsäure und fällt nach a., oder man dampft denselben bis zur Oxydation der Kohle wiederholt mit Salpetersäure ab. — Die Resultate fallen bei sorgfältiger Ausführung ganz genau aus, bei mangelhafter muss man auf bedeutende Differenzen gefasst sein. — Bei Zerlegung organischsaurer Salze erhält man aus dem bei Magnesia §. 82 angeführten Grunde meistens eine Kleinigkeit zu wenig.

2. *Bestimmung als schwefelsaures Manganoxydul.*

Verfahren wie unter gleichen Umständen bei Magnesia. Man hüte sich vor zu grossem Schwefelsäureüberschuss und trage Sorge, beim Erhitzen nur schwache Glühhitze zu geben. — Eigenschaften des Rückstandes §. 57. Die Resultate fallen in der Regel etwas zu niedrig aus, weil bei irgend heftigem Glühen ein wenig Schwefelsäure entweicht.

§. 87.

3. N i c k e l o x y d u l .

a. Auflösung.

Viele Nickeloxydulsalze sind in Wasser auflöslich. Die in Wasser unlöslichen, sowie das reine Oxydul, werden von Salzsäure ohne Ausnahme aufgenommen. Das metallische Nickel löst sich beim Erwärmen mit verdünnter Salzsäure oder Schwefelsäure unter Entwickelung von Wasserstoffgas langsam auf. Salpetersäure löst dasselbe mit Leichtigkeit. — Schwefelnickel wird von Salzsäure wenig, von Königswasser leicht gelöst. — Nickelsuperoxyd löst sich in Salzsäure beim Erwärmen unter Chlorentwickelung zu Chlorür.

b. Bestimmung.

Das Nickeloxydul wird nach §. 58 immer im *reinen Zustande* gewogen. Man bringt es in diese Form entweder durch Fällung als Oxydulhydrat, welcher zuweilen eine Präcipitation als Schwefelnickel vorhergeht, oder durch Glühen.

Man kann verwandeln in

N i c k e l o x y d u l :

a. *Durch Fällung als Nickeloxydulhydrat*:

Alle in Wasser löslichen Salze mit unorganischen Säuren, — diejenigen unlöslichen, deren Säure sich beim Auflösen entfernen lässt, — alle Salze mit flüchtigen organischen Säuren.

b. *Durch Fällung als Schwefelnickel*:

flüchtigen organischen Säuren.

b. *Durch Fällung als Schwefelnickel*:

Alle Nickelverbindungen ohne Ausnahme.

c. *durch Glühen*:

Die Salze des Nickels mit leicht flüchtigen oder in der Hitze zersetzbaren Sauerstoffsäuren (CO_2, NO_5), wie auch solche mit organischen Säuren.

Die Bestimmungsweise c. ist, wenn sie zulässig, namentlich bei den bezeichneten unorganischen Salzen, jeder anderen vorzuziehen. Die Methode a. wird am häufigsten angewendet. Bei Gegenwart von Zucker oder anderen nicht flüchtigen organischen Substanzen ist sie unzulässig, daher man solche entweder vor der Fällung durch Glühen zerstören oder aber die Methode b. wählen muss, welche ausserdem fast nur bei Scheidungen in Anwendung kommt. — Die Verbindungen des Nickeloxyduls mit Chrom-, Phosphor-, Bor- und Kieselsäure werden nach den bei den betreffenden Säuren anzugebenden Methoden analysirt.

Bestimmung als Nickeloxydul.

a. Durch Fällung als Nickeloxydulhydrat.

Man versetzt die in einem Becherglase befindliche Lösung mit reiner Natron- oder Kalilauge im Ueberschuss, erhitzt eine Zeit lang bis nahe zum Sieden, decantirt und filtrirt (§. 31), wäscht mit heissem Wasser aus, trocknet und glüht (§. 35). Gegenwart von Ammonsalzen oder von freiem Ammon beeinträchtigt die Fällung nicht. — Eigenschaften des Niederschlages und Rückstandes §. 58. — Die Methode giebt bei behutsamer Ausführung ganz genaue Resultate. Man achte sorgfältig darauf, dass das Auswaschen vollständig sei.

b. Durch Fällung als Schwefelnickel.

grösste Aufmerksamkeit. Man verfährt am besten also:

Zu der mässig verdünnten Lösung setzt man, wenn nöthig, Ammon bis zur Neutralität (die Reaction sei eher ein wenig sauer, als alkalisch), fügt dann farbloses, völlig gesättigtes Schwefelwasserstoff-Schwefelammonium hinzu, so lange noch ein Niederschlag entsteht (man vermeide einen zu grossen Ueberschuss), rühre tüchtig um, filtrire durch ein genässtes Filter ab und wasche ohne Unterbrechung mit destillirtem Wasser, dem man einen oder zwei Tropfen farbloses, völlig mit Schwefelwasserstoff gesättigtes Schwefelammonium zugesetzt hat, vollständig aus. (Filtrat und Waschwasser müssen ganz farblos sein.) Man trocknet alsdann den Niederschlag im Trichter (§. 33) und schüttet ihn, so vollständig wie möglich, in ein Becherglas. Das Filter äschert man auf dem Deckel eines Platin- oder Porzellantiegels ein und bringt die Asche zu dem getrockneten Niederschlage. Man übergiesst denselben nunmehr mit concentrirtem Königswasser, digerirt in gelinder Wärme, bis alles Schwefelnickel gelöst ist und der ungelöst bleibende Schwefel rein gelb erscheint, verdünnt, filtrirt und fällt die Lösung nach a. — Eigenschaften des Niederschlages §. 58. Bei sorgfältigem Verfahren fallen die Resultate genau aus. Nimmt man zum Fällen gelbes Schwefelammonium, oder enthält die Lösung freies Ammon, so ist die vom Schwefelnickel abfiltrirte Flüssigkeit immer mehr oder weniger bräunlich gefärbt und enthält Schwefelnickel, was alsdann (durch Stehenlassen an der Luft) nur schwierig ganz daraus entfernt werden kann. — Würde man den Niederschlag sammt dem Filter mit Königswasser behandeln, so liesse sich aus der erhaltenen Lösung (weil sie organische Substanzen enthielte) das Nickel nicht vollständig durch Kali fällen.

c. Durch Glühen.

Man verfährt wie bei Mangan §. 86.

4. Kobaltoxydul.

a. Auflösung.

Das Kobaltoxydul und seine Verbindungen, sowie das metallische Kobalt, verhalten sich zu Lösungsmitteln wie die entsprechenden Nickelverbindungen.

b. Bestimmung.

Die genaue Bestimmung des Kobalts ist mit besonderen Schwierigkeiten verbunden, da es sich, wie F r e m y neuerlichst gezeigt hat, durch Alkalien nicht als reines Kobaltoxydulhydrat fällen lässt, wie man früher annahm. Der dafür gehaltene Niederschlag enthält nicht allein stets kleine Mengen der Säure, sondern auch nicht unbeträchtliche Theile des Alkalis, welche durch Auswaschen nicht zu entfernen sind. — Ich hoffte, dasselbe nach der Reduction des Oxyds mittelst Wasserstoffgases durch Auskochen mit Wasser entfernen zu können, aber auch dies gelingt nicht. Das wiederholt ausgekochte Metallpulver bräunt Curcuma immer noch stark, wenn man es eine Zeit lang damit in Berührung lässt. — Man muss in Folge dieses Umstandes bei genauen Kobaltbestimmungen diese ältere Methode ganz verlassen.

Die besten Formen, in welche das Kobaltoxydul zum Behufe der Wägung übergeführt wird, sind das metallische Kobalt, das Kobaltoxyduloxyd und das schwefelsaure Kobaltoxydul; häufig geht letzterer Bestimmung eine Fällung als Schwefelkobalt voraus.

Man kann verwandeln:

1. In metallisches Kobalt alle Kobaltsalze, welche durch Wasserstoffgas unmittelbar reducirt werden können (Chlorkobalt, salpetersaures, kohlensaures Kobaltoxydul etc.).

2. In Kobaltoxyduloxyd (Co_2O_3, CoO):

Kobaltoxyd und salpetersaures Kobaltoxydul.

3. In schwefelsaures Kobaltoxydul alle Kobaltverbindungen ohne Ausnahme.

1. *Bestimmung als metallisches Kobalt.*

Man verdampft die Auflösung des Chlorkobalts oder salpetersauren Kobaltoxyduls (welche frei von Schwefelsäure und von Alkali sein muss) in einem gewogenen Platintiegel zur Trockne, bedeckt den Tiegel mit einem Deckel, welcher in der Mitte eine kleine Oeffnung hat, leitet durch diese einen mässigen Strom trockenen, reinen Wasserstoffgases und erhitzt alsdann den Tiegel anfangs sehr gelinde, allmälig stärker, zuletzt zum heftigen Glühen. Hält man die Reduction für beendigt, so lässt man im Wasserstoffstrome erkalten, wägt, glüht auf dieselbe Art nochmals und beendigt den Versuch erst dann, wenn die zwei letzten Wägungen übereinstimmen. — Resultate genau. Eigenschaften des Kobalts §. 59. b.

Die Einrichtung des Apparates zeigt Fig. 42.

Fig. 42.

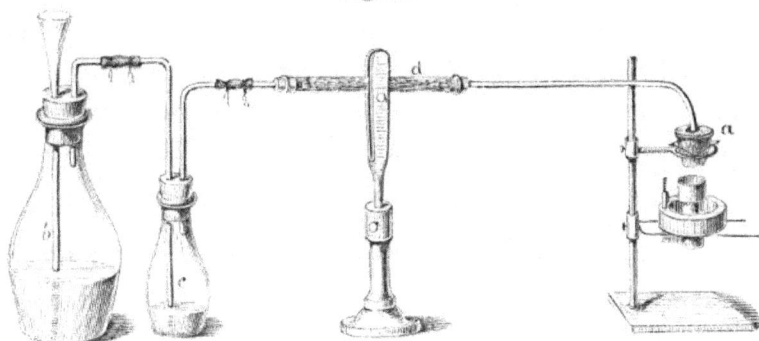

a ist der die Kobaltverbindung enthaltende Tiegel, *b* die Entwickelungsflasche, *c* enthält englische Schwefelsäure, *d* Chlorcalcium.

2. *Bestimmung als Kobaltoxyduloxyd.*

Man glüht das salpetersaure Kobaltoxydul oder reine Kobaltoxyd heftig bis zu völlig constant bleibendem Gewicht. — Eigenschaften des Rückstandes §. 59. — Resultate genau.

3. *Bestimmung als schwefelsaures Kobaltoxydul.*

a. Durch directe Ueberführung.

Enthält eine Lösung schwefelsaures Kobaltoxydul, so verdampft man dieselbe geradezu, enthält sie eine flüchtige Säure, nach Zusatz einer geeigneten Menge Schwefelsäure (dieselbe sei im Ueberschuss, aber nur in geringem). Das Abdampfen geschieht entweder von vorn herein, oder wenigstens gegen Ende in einer Platinschale oder einem Platintiegel. Man erhitzt zuletzt vorsichtig bei allmälig gesteigerter Temperatur, die man gegen Ende bis zum gelinden Rothglühen verstärkt, bis keine Dämpfe mehr entweichen und das Gewicht des Tiegels constant bleibt.

Nach dem Wägen behandelt man das Salz mit heissem Wasser. Sollte sich der Rückstand nicht völlig lösen (ein

Zeichen, dass das Salz basisch geworden ist), so löst man ihn in Salzsäure, bestimmt in dieser Lösung die Schwefelsäure nach §. 105 und findet dann die Menge des Kobaltoxyduls aus der Differenz. — Resultate genau. — Eigenschaften des schwefelsauren Kobaltoxyduls §. 59.

b. Durch vorhergehende Fällung als Schwefelkobalt.

Man versetzt die Lösung mit etwas Salmiak, fügt Ammon hinzu bis zum Vorwalten, vermischt mit Schwefelammonium, so lange ein Niederschlag entsteht, lässt absitzen, filtrirt, wäscht mit Wasser aus, dem man etwas Schwefelammonium zugesetzt hat, trocknet und verfährt nach der bei Schwefelnickel (§. 87) angegebenen Weise, um das Kobalt wieder in Auflösung zu bekommen. — In der erhaltenen Lösung, welche stets schwefelsäurehaltig ist, bestimmt man das Kobalt nach 3. a. — Die Fällung mit Schwefelammonium schliesst keine Fehlerquelle ein. — Eigenschaften des Schwefelkobalts §. 59.

§. 89.

5. E i s e n o x y d u l.

a. Auflösung.

Viele Verbindungen des Eisenoxyduls lösen sich in Wasser. Das reine Eisenoxydul, sowie seine in Wasser unlöslichen Verbindungen, werden von Salzsäure fast ohne Ausnahme aufgenommen. Die Lösungen enthalten, wenn sie nicht bei völlig abgehaltener Luft und mit absolut luftfreien Lösungsmitteln bereitet werden, stets mehr oder weniger Chlorid. — Einige in der Natur vorkommende Verbindungen müssen mit kohlensaurem Natron aufgeschlossen werden, um sie erfolgreich mit Salzsäure behandeln zu können. — Die so erhaltenen Lösungen enthalten wenig oder kein Chlorür mehr, sondern fast nur Chlorid. — Das metallische Eisen löst sich in Salzsäure und verdünnter Schwefelsäure unter Entwickelung von

Wasserstoff zu Chlorür oder schwefelsaurem Oxydul, in warmer Salpetersäure zu salpetersaurem Oxyd, in Königswasser zu Chlorid.

b. Bestimmung.

Die Menge des Eisenoxyduls in einer Verbindung kann entweder durch Ueberführung desselben in Oxyd und Wägen desselben, oder mittelst einer Maassanalyse bestimmt werden. — Beide Methoden sind in allen Fällen ausführbar. — Die Bestimmung des Eisenoxyduls aus der Quantität des Goldes, welche es aus Goldchlorid zu reduciren vermag, soll bei der Trennung des Eisenoxyduls vom Eisenoxyd besprochen werden, da dieselbe nur zu diesem Zwecke angewendet zu werden pflegt.

1. *Bestimmung als Eisenoxyd.*

Man verwandelt die Oxydullösung in Oxydlösung und verfährt alsdann wie §. 90 gezeigt werden wird. Zuweilen und zwar in den beim Eisenoxyd anzugebenden Fällen, sowie namentlich auch bei Scheidungen des Eisenoxyduls von anderen Oxyden, wird das Eisenoxydul zuerst als Schwefeleisen gefällt. Das Verfahren hierbei kommt mit dem beim Eisenoxyd (§. 90) anzugebenden völlig überein. Es bleibt sonach hier nur zu besprechen, auf welche Weise man das Eisenoxydul in seinen Lösungen oxydirt. Man verfährt am besten folgendermaassen:

Die in einem Kolben befindliche Oxydullösung versetzt man mit etwas Salzsäure, sofern sie nicht schon solche enthält, fügt etwas Salpetersäure hinzu und erwärmt bis zum anfangenden Kochen. Ob die Menge der Salpetersäure hinreichend war, erkennt man leicht an der Farbe der Lösung. Ein Ueberschuss von Salpetersäure bringt keinen Nachtheil, es ist jedoch der nachherigen Fällung halber unklug, eine allzugrosse Menge zuzusetzen. Bei concentrirten Lösungen entsteht beim Zusatz der

Salpetersäure eine dunkelbraune, beim Erwärmen verschwindende Färbung. Es wird daran erinnert, dass diese der Auflösung des gebildeten Stickoxyds in noch nicht zersetzter Oxydullösung ihr Entstehen verdankt.

Auch durch Einleiten von Chlorgas, Zusatz von Chlorwasser bis zum Vorwalten oder Erhitzen der salzsauren Lösung mit chlorsaurem Kali kann die Ueberführung des Oxyduls in Oxyd bewerkstelligt werden.

2. *Bestimmung durch Maassanalyse.*

a. Verfahren von Marguerite.

Das Princip derselben ist folgendes. Setzt man zu Eisenoxydullösung, welche überschüssige Säure enthält, übermangansaures Kali, so wird jene oxydirt, dieses reducirt. [10 FeO, SO_3 + 8 SO_3 + KO, Mn_2O_7 = 5 (Fe_2O_3, 3 SO_3) + KO, SO_3 + 2 (MnO, SO_3).] Hat man nun eine Auflösung von übermangansaurem Kali, von der man weiss, wie viele Raumtheile erforderlich sind, um 1 Grm. Eisen aus dem Zustande des Oxyduls in den des Oxyds überzuführen, so kann man damit eine unbekannte Menge Eisen leicht bestimmen; man bringt es nämlich zuerst als Oxydul in saure Lösung, oxydirt diese genau und bestimmt, wie viel Raumtheile der Auflösung von übermangansaurem Kali man hierzu verbraucht hat.

aa. *Darstellung der Lösung des übermangansauren Kalis.*

Man fügt zu einem feinen Gemenge von 8 Theilen bestem Braunstein und 7 Theilen chlorsaurem Kali die ganz concentrirte Lösung von 10 Theilen Kalihydrat, verdampft unter Umrühren zur Trockne, bringt den Rückstand, ehe er feucht geworden, in einen hessischen, besser in einen Platintiegel und erhitzt gelinde (höchstens bis zum dunklen Rothglühen), bis das chlorsaure Kali völlig zersetzt ist. Die zusammengesinterte grüne Masse zerreibt man und kocht sie mit Wasser, bis die grüne Farbe des mangansauren Kalis unter Abscheidung von Manganhyperoxydhydrat in die violette des übermangansauren Kalis übergegangen ist. Sollte die Zersetzung nicht rasch genug eintreten, so lässt sie sich durch vorsichtigen Zusatz von ein wenig Salpetersäure sogleich hervorrufen. — Man trennt den Niederschlag (welcher zur nächsten Bereitung ein sehr gutes Material abgiebt) von der Lösung durch Decantiren oder Filtration durch Asbest und hebt diese in wohl verschlossener Flasche auf.

bb. *Titrirung der Lösung.*

Man wägt etwa 1 Grm. feinen, rostfreien Klaviersaitendraht genau ab, wickelt ihn fest zusammen, bringt ihn in einen etwa 1000 C.C. fassenden Kolben, fügt ungefähr 25 C.C. reine Salzsäure und etwas Wasser zu, verstopft den Kolben mittelst eines Korkes, in dem eine an beiden Seiten offene Glasröhre steckt, erwärmt bis zur Lösung und verdünnt diese alsdann mit etwa 500 C.C. kalten Wassers.

Man füllt nun die Bürette mit der Lösung des übermangansauren Kalis und tröpfelt sie, unter stetem Umschwenken, in kleinen Portionen zu der farblosen Eisenchlorürlösung, bis dieselbe eben hellroth geworden ist und auch nach dem Umschütteln so bleibt. — Man liest die verbrauchten Raumtheile ab und verdünnt alsdann die Hauptlösung in der Art, dass 50 C.C. = 100° g e n a u 1 G r m. E i s e n e n t s p r e c h e n.

Es geschieht dies in folgender Weise: Gesetzt wir hätten angewendet 0,95 Eisen und verbraucht 80° Chamäleonlösung.

Die Gleichung

$$0,95 : 80 = 1,00 : x. \quad — \quad x = 84,2$$

lehrt uns, dass wir 84,2° gebraucht hätten, wenn genau 1 Grm. Eisen wäre abgewogen worden (was viel schwerer thun, als sagen ist).

$$100° - 84,2° = 15,8°.$$

Wir müssen somit zu je 84,2° unserer Lösung noch 15,8° Wasser setzen, um ihr die richtige Verdünnung zu geben. — Einen Theil der concentrirten Lösung bewahrt man auf, um damit nachhelfen zu können, wenn die Lösung eine geringe Zersetzung erlitten hat.

Man wird ungestraft in keinem Punkte von den gemachten Angaben weit abweichen können. Verdünnt man z. B. die Eisenlösung nicht, oder wendet man sie warm an, so entwickelt sich Chlor, — macht man dieselbe nicht hinlänglich sauer oder setzt man die Chamäleonlösung zu rasch zu, so scheidet sich ein brauner Niederschlag (Manganhyperoxyd + Eisenoxyd) ab, der sich jedoch beim Umschwenken meist wieder löst. — Der Umstand, dass die durch den letzten Tropfen geröthete Lösung sich nach einiger Zeit wieder entfärbt, darf nicht befremden; es geschieht dies stets, denn eine verdünnte Lösung von freier Uebermangansäure erhält sich nicht lange unzersetzt.

Hat man sehr verdünnte Eisenlösungen zu prüfen, z. B. eisenhaltige Mineralwasser, so bereitet man sich der Natur der Sache nach zehn oder hundertmal verdünntere Chamäleonlösungen, von denen somit 100° 0,1 oder 0,01 Grm. Eisen entsprechen.

Da sich die Chamäleonlösung auch beim sorgfältigsten Aufbewahren allmälig zersetzt, so muss jeder Versuchsreihe eine neue Titrirung vorhergehen. — Man setzt alsdann vor der Prüfung etwas von der aufbewahrten concentrirten Lösung zu. — Man sehe darauf, dass man beim Titriren die Eisenlösung mit Wasser bis zu demselben Volumen verdünnt, welches man von der zu prüfenden Eisenlösung anwenden will. Es ist dies namentlich nöthig, wenn man sehr verdünnte Lösungen, z. B. eisenhaltige Mineralwasser prüfen will, weil man dann die Chamäleonlösung sehr verdünnt anwenden muss, und weil von einer so verdünnten Lösung schon einige Grade verbraucht werden, um ganz reinem Wasser eine deutliche Färbung zu geben. Sind nun die Wassermengen beim Titriren und wirklichen Prüfen nicht gleich, so entsteht hieraus eine Ungenauigkeit.

Am genauesten fallen die Resultate aus, wenn man die Grade der verdünnten Chamäleonlösung durch einen Versuch feststellt, welche erforderlich sind, um einem der zu titrirenden oder zu prüfenden Eisenoxydullösung gleichen Volumen reinen Wassers die gewünschte blassrothe Färbung zu geben. Die hierzu nöthigen Grade werden alsdann von den beim Titriren und Prüfen verbrauchten Graden der Chamäleonlösung abgezogen. Verfährt man nicht nach dieser Angabe, so stehen die zum Färben erforderlichen Grade zu denen, die die Oxydation vollbringen, nicht in gleichem Verhältniss, wenn man z. B. beim Titriren 90°, beim Prüfen eines Mineralwassers aber nur 40° verbraucht, woraus nothwendigerweise eine Ungenauigkeit entspringt.

cc. *Ausführung des Versuchs.*

Dieselbe ergiebt sich aus bb. von selbst. — Man verdünnt die hinlänglich angesäuerte Eisenoxydullösung und setzt von der Chamäleonlösung zu bis zur beginnenden Röthung der Flüssigkeit.

Hat man von der Substanz genau 1 Grm. abgewogen und zu Oxydul gelöst, so geben die verbrauchten Grade direct die Procente an metallischem Eisen an, im anderen Falle findet man diese durch eine kleine Rechnung. — Wie man zu verfahren habe, wenn die Lösung neben Eisenoxydul Oxyd enthält, wird, sofern man den Eisengehalt im Ganzen kennen lernen will, in §. 90, sofern man die Menge des

Oxyds und des Oxyduls ermitteln will, im fünften Abschnitt gezeigt werden.

b. Verfahren von Penny (später empfohlen von Schabus).

Setzt man zu einer sauren Eisenoxydullösung zweifach chromsaures Kali, so wird das Eisenoxydul in Oxyd übergeführt, während die Chromsäure in Chromoxyd übergeht. (6 FeO + 2 CrO$_3$ = 3 Fe$_2$O$_3$ + C$_2$O$_3$.)

1 Grm. Eisen wird nun durch 0,8849 Grm. saures chromsaures Kali aus dem Zustande des Oxyduls in den des Oxyds übergeführt. Löst man daher 8,849 Grm. saures chromsaures Kali mit Wasser zu 500 C.C. oder 17,698 Grm. zu 1000 C.C. Flüssigkeit, so entsprechen 50 C.C. derselben = 100° genau 1 Grm. metallischem Eisen.

Man achte wohl darauf, dass das saure chromsaure Kali vollkommen rein sei, und trockne es vor dem Abwägen bei 100° vollkommen. — Ausser der genannten Lösung bereitet man sich auch eine zehnfach und — namentlich für Mineralwasserprüfungen — eine hundertfach verdünnte Lösung.

Sehr zu empfehlen ist es, die fertige Lösung auf ihre Richtigkeit zu prüfen, indem man mit Hülfe derselben eine bekannte Menge zu Oxydul gelösten reinen Eisens oxydirt.

Bei der Ausführung verdünnt man die Oxydullösung hinlänglich, versetzt mit Salzsäure oder verdünnter Schwefelsäure und tröpfelt alsdann unter Umrühren die Lösung des chromsauren Kalis aus der Bürette zu. Die anfangs fast farblose Lösung wird bald anfangs hell, allmälig dunkler chromgrün. Man nimmt nun von Zeit zu Zeit mittelst des zum Umrühren dienenden feinen Glasstabes einen Tropfen heraus und vereinigt ihn mit einem Tropfen einer Lösung von Ferridcyankalium, deren man viele auf einen Porzellanteller gesprengt hat. Ist die entstehende Blaufärbung noch dunkel, so braucht man mit dem weiteren Zufügen der chromsauren Kalilösung noch nicht ängstlich zu sein; fängt sie aber an schwach zu werden, so setzt man behutsamer zu, und zuletzt prüft man nach Zusatz von je zwei oder je einem Tropfen. Sobald keine Blaufärbung mehr eintritt, ist die Oxydation beendigt. — Da die Reaction so empfindlich ist, so lässt sich der Punkt auf einen Tropfen genau mit Leichtigkeit treffen. Während man am Anfange ganz kleine Tröpfchen der Lösung zur Prüfung verwendet (um den hierdurch entstehenden Substanzverlust möglichst gering zu machen), nimmt man zuletzt grössere Tropfen, damit man die Reaction recht deutlich sehen kann. — Die Genauigkeit der Resultate wird gesteigert, wenn man von der concentrirteren Lösung von chromsaurem Kali nur so lange zusetzt, bis die Oxydation fast beendigt ist, dann aber bis zum Schlüsse die zehnfach verdünnte anwendet.

Bringt man von der eisenhaltigen Substanz genau 1 Grm. in Lösung, so geben die verbrauchten Grade der concentrirteren Lösung die Procente, die der verdünnteren die Zehntelprocente von im Zustande des Oxyduls vorhandenem reinem Eisen an. — Wie bei Anwesenheit von Oxyd zu verfahren ist, wird in §. 90 gesagt werden.

Von den beiden Maassmethoden hat die erste den Vorzug, dass man ohne besondere Prüfung die Beendigung der Oxydation an der eintretenden Röthung der Flüssigkeit wahrnimmt, während der zweiten der sehr wesentliche zukommt, dass sich die Lösung des chromsauren Kalis billig und bequem beschaffen und unverändert aufbewahren lässt.

§. 90.

6. Eisenoxyd.

a. Auflösung.

Viele Verbindungen des Eisenoxyds lösen sich in Wasser, das reine Eisenoxyd, sowie die in Wasser unlöslichen Verbindungen desselben, werden meist von Salzsäure aufgenommen. In manchen Fällen geht die Lösung schwierig von Statten, daher man die Verbindung im feinzertheilten Zustande und die Salzsäure concentrirt anwenden muss. Man nimmt alsdann die Auflösung in einem Kolben vor und beschleunigt sie durch andauerndes Erwärmen, welches oft viele Stunden lang fortgesetzt werden muss. Erhitzung bis zum Kochen ist zweckwidrig. — In Salzsäure unlösliche Eisenerze werden durch Glühen mit kohlensaurem Natron aufgeschlossen.

b. Bestimmung.

Das Eisenoxyd wird nach §. 60 immer als solches gewogen. Es kann ausserdem mittelst einer indirecten Methode und endlich, nach vorhergegangener Reduction zu Oxydul, mittelst Maassanalyse bestimmt werden. — Das Ueberführen in Oxyd geschieht entweder durch Fällung als Oxydhydrat, welcher zuweilen eine Präcipitation als Schwefeleisen oder bernsteinsaures Eisenoxyd vorhergeht, oder durch Glühen. — Während die indirecte Methode und die Maassanalysen in fast allen Fällen anwendbar sind, lassen sich verwandeln in

Eisenoxyd:

a. *Durch Fällung als Oxydhydrat*:

Alle in Wasser löslichen Salze mit unorganischen oder flüchtigen organischen Säuren, — diejenigen unlöslichen, deren Säure sich beim Auflösen entfernen lässt.

b. *Durch Fällung als Schwefeleisen*:

Alle Eisenverbindungen ohne Ausnahme.

c. *Durch Fällung als bernsteinsaures Eisenoxyd*:

Sämmtliche sub a. genannte Verbindungen.

c. *Durch Glühen*:

Alle Eisenoxydsalze mit flüchtigen Sauerstoffsäuren.

Die Methode d. wird, wo sie angeht, der Schnelligkeit in der Ausführung wie auch der Genauigkeit halber, den anderen vorgezogen. Die Methode b. dient hauptsächlich zur Scheidung des Eisenoxyds von anderen Basen. Sie wird ferner in den Fällen angewendet, in welchen a. nicht zulässig ist, so namentlich bei Gegenwart von Zucker oder anderweitigen nicht flüchtigen organischen Substanzen, sowie zur Bestimmung des Eisenoxyds in seinen Verbindungen mit Phosphorsäure und Borsäure. — Die Methode c. wird lediglich bei Scheidungen angewendet. — Im chromsauren und kieselsauren Salze bestimmt man das Eisenoxyd nach §. 104 und §. 111.

1. *Bestimmung als Eisenoxyd.*

a. Durch Fällung als Oxydhydrat.

Man versetzt die in einer Schale oder einem Becherglase befindliche Lösung mit Ammon im Ueberschuss, erwärmt bis zum Kochen, filtrirt, wäscht mit heissem Wasser sorgfältig aus, trocknet vollständig (wobei der Niederschlag ausserordentlich zusammenschwindet) und glüht nach der §. 35 angegebenen Methode, indem man am Anfang bei wohl bedecktem Tiegel ganz gelinde, und erst zuletzt bei geöffnetem Deckel und schiefer Lage des Tiegels (Fig. 37) stärkere Hitze giebt. Verfährt man genau wie angegeben, so hat man weder einen Verlust durch Umherspritzen zu befürchten, noch zu besorgen, dass ein Theil des Oxyds durch die Kohle des Filters reducirt werde. Fürchtet man, letzteres sei geschehen, so braucht man nur den Inhalt des Tiegels mit Salpetersäure zu befeuchten, abzudampfen und zu glühen, um die Gewissheit zu erlangen, alles Eisen in der Form von Oxyd zu haben.

Eigenschaften des Niederschlages und Rückstandes §. 60. Die Methode ist frei von Fehlerquellen. — Man trage Sorge, den Niederschlag unter allen Umständen, selbst dann, wenn keine feuerbeständigen Substanzen auszuwaschen sind, vollkommen auszusüssen; denn enthält derselbe noch Salmiak, so erleidet man Verlust, indem sich Eisen als Chlorid verflüchtigt.

b. Durch Fällung als Schwefeleisen.

Man versetzt die in einem Becherglase befindliche Lösung mit Ammon, bis alle freie Säure abgestumpft ist (bei Abwesenheit organischer nicht flüchtiger Substanzen schlägt sich hierbei ein wenig Eisenoxydhydrat nieder, was jedoch keinen Nachtheil bringt), fügt Schwefelammonium im Ueberschuss zu, rührt wohl um und erwärmt ein wenig. Man wird nunmehr in den meisten Fällen einen schwarzen Niederschlag in einer farblosen oder gelblichen Flüssigkeit haben. Ist dies der Fall, so filtrirt man ab. Zeigt hingegen die Flüssigkeit eine grünliche Farbe, was namentlich dann der Fall ist, wenn die Eisenlösung sehr verdünnt war, und von äusserst fein zertheiltem Schwefeleisen herrührt, so lässt man das Becherglas, mit einer Glasplatte bedeckt, an einem mässig warmen Orte so lange stehen, bis die Flüssigkeit gelb geworden, und filtrirt erst dann. Das Filtriren und Auswaschen darf nicht unterbrochen werden. Den Trichter hält man wohl bedeckt. Zum Auswaschen bedient man sich mit etwas Schwefelammonium vermischten Wassers. — Unterlässt man eine dieser Vorsichtsmaassregeln, so erleidet man Verlust, indem sich das Schwefeleisen durch den Sauerstoff der Luft allmälig oxydirt und als schwefelsaures Eisenoxydul in das Filtrat kommt. Da es in diesem durch das darin vorhandene Schwefelammonium wieder niedergeschlagen wird, so färbt sich das Filtrat in solchen Fällen erst grünlich, allmälig setzt sich darin ein schwarzer Niederschlag ab.

Sowie das Auswaschen beendigt ist, bringt man den feuchten Niederschlag sammt dem Filter in ein Becherglas, übergiesst ihn mit etwas Wasser und fügt alsdann Salzsäure hinzu, bis alles Schwefeleisen gelöst ist. Man erwärmt nunmehr, bis der Geruch nach Schwefelwasserstoff verschwunden, filtrirt in einen Kolben, wäscht das rückbleibende Papier sorgfältig aus, erwärmt das Filtrat mit Salpetersäure (§. 89) bis zur erfolgten Oxydation und fällt endlich mit Ammon nach a. —

Enthält eine Lösung von weinsaurem Eisenoxyd-Alkali einen bedeutenden Ueberschuss von kohlensaurem Alkali, so wird, nach Blumenau, die Fällung des Eisens als Schwefeleisen mehr oder weniger verhindert. Man hat daher in solchem Falle die Flüssigkeit mittelst einer Säure fast zu neutralisiren, bevor man mit Schwefelammonium fällt.

c. Durch Fällung als bernsteinsaures Eisenoxyd.

Man versetzt die in einem Kolben befindliche Eisenoxydlösung tropfenweise mit sehr verdünntem Ammon, bis sich ein kleiner Theil des Eisens als Oxydhydrat niedergeschlagen hat, und erwärmt alsdann gelinde, um zu sehen, ob der Niederschlag wieder gelöst wird oder nicht. Wird er gelöst, so fügt man von Neuem einige Tropfen verdünnten Ammons zu und verfährt auf dieselbe Weise, wird er nicht gelöst und zeigt die Flüssigkeit noch braunrothe Farbe, so sind die zur weiteren Fällung erforderlichen Bedingungen erfüllt; ist hingegen die Flüssigkeit farblos, so ist zuviel Ammon hinzugefügt worden, daher man behutsam wieder zuerst etwas Salzsäure, dann neuerdings Ammon hinzusetzt, bis der bezeichnete Punkt erreicht ist. Man fügt alsdann eine ganz neutrale Lösung von bernsteinsaurem Ammon hinzu, so lange noch ein Niederschlag entsteht, erwärmt gelinde, lässt vollständig erkalten, filtrirt, wäscht mit kaltem Wasser, zuletzt mit warmer Ammonflüssigkeit aus, wodurch der

Niederschlag, indem er seine Säure grösstentheils verliert, dunkler wird, trocknet endlich das Filter im Trichter, bringt es in einen Platintiegel, erhitzt denselben zuerst bedeckt, dann unbedeckt und indem man einen Luftstrom anbringt, bis das Filter vollständig eingeäschert und der Niederschlag in rothes Oxyd übergegangen ist. — Das Auswaschen des Niederschlages mit Ammon hat zum Zwecke, einen Theil der Säure zu entfernen, da im anderen Falle, wenn man das nur mit Wasser ausgewaschene Salz glüht, leicht ein Theil des Eisenoxyds reducirt wird. — Eigenschaften der Niederschläge §. 60. Die Resultate sind genau.

d. Durch Glühen.

Man erhitzt im bedeckten Tiegel anfangs gelinde, allmälig möglichst heftig, bis das Gewicht des rückbleibenden Oxyds nicht mehr abnimmt.

2. *Indirecte Bestimmung nach* F u c h s (Journ. f. prakt. Chem. 17. 160).

Dieselbe beruht darauf, dass gelöstes Eisenchlorid, mit metallischem Kupfer gekocht, zu Eisenchlorür wird, während sich eine entsprechende Menge Kupfer als Chlorür auflöst ($Fe_2Cl_3 + 2\ Cu = 2\ FeCl + Cu_2Cl$). Kennt man somit die Menge des aufgelösten Kupfers, so lässt sich daraus die des Eisens mit Leichtigkeit berechnen, indem je 1 Aeq. gelöstes Kupfer (396) einem Aeq. Eisen (350) oder einem halben Aeq. Eisenoxyd (500) entspricht.

Man bringt die auf ihren Eisengehalt zu prüfende Substanz zunächst in der Art in Lösung, dass alles Eisen als Chlorid vorhanden ist. Die Salzsäure muss stark vorwalten, damit das sich bildende Kupferchlorür in Lösung bleibt. Sollte sich ein Theil des Eisens als Chlorür gelöst haben, so setzt man Chlorwasser oder chlorsaures Kali zu, um es in Chlorid überzuführen, und kocht sodann im schiefliegenden Kolben, bis alles freie Chlor oder alle zweifach chlorsaure chlorige Säure entwichen ist. — Salpetersäure darf zur Oxydation des Oxyduls nicht angewendet werden. — Sollte bei Auflösung der Substanz ein unlöslicher Rückstand (Thon, Kieselsäure) geblieben sein, so braucht man deshalb nicht abzufiltriren. —

Man verdünnt nun die Auflösung mit heissem Wasser, so dass der Kolben mehr als zur Hälfte angefüllt ist, bringt blank gescheuertes, eisenfreies, genau gewogenes, nicht zu dünnes Kupferblech, in Streifen von etwa 6 Cm. Länge und 2 Cm. Breite, in hinlänglicher Menge hinein (hat man 2–3 Grm. Eisenoxyd in Lösung, so nimmt man 15–20 Grm. Kupfer), verschliesst den Kolben mit einem Korke, welcher eine Glasröhre von nicht zu grossem Durchmesser enthält, legt den Kolben schief und jedenfalls so, dass das Kupfer sich ganz unter der Flüssigkeit befindet, und bringt die Flüssigkeit rasch zum Sieden.

Die Lösung ändert bald ihre Farbe, sie erscheint erst dunkelbraun, hellt sich allmälig auf und wird endlich blassgrün. Aendert sich die Farbe nicht mehr weiter, so verschliesst man die Glasröhre mit etwas Wachs oder einem Kautschukröhrchen, in dessen einem Ende ein Stückchen Glasstab steckt, lässt etwas erkalten, füllt den Kolben mit heissem Wasser, giesst die Flüssigkeit ab, füllt den Kolben nochmals mit heissem Wasser, giesst wieder ab, nimmt das Kupfer heraus, spült es erst mit etwas verdünnter Salzsäure, dann mit Wasser gut ab, legt und wendet es auf Fliesspapier, ohne es aber zu reiben (der dunkle Ueberzug, welchen es zuweilen zeigt, darf nicht entfernt werden), trocknet es an einem warmen Orte und wägt es.

Die angegebenen Regeln müssen wohl eingehalten werden, wenn man genaue Resultate erhalten will.

3. *Bestimmung durch Maassanalyse.*

Dieselbe wird in der Weise ausgeführt, dass man das

Eisenoxyd in Oxydul verwandelt und die Oxydullösung alsdann mittelst einer zu bestimmenden Menge eines Oxydationsmittels von bekanntem Wirkungswerthe wieder oxydirt. Wir haben daher hier nur die Reduction der Oxydlösung zu besprechen, denn das Uebrige wurde bereits beim Eisenoxydul (§. 89) auseinandergesetzt.

a. Reduction durch Schwefelwasserstoff. — Man versetzt die in einem Kolben befindliche, warme salzsaure Lösung mit einem Ueberschuss von gesättigtem Schwefelwasserstoffwasser oder leitet — bei grösseren Quantitäten — Schwefelwasserstoffgas ein, bis die Flüssigkeit stark danach riecht, erhitzt — bei schiefer Lage des Kolbens — zum gelinden Sieden und erhält darin, bis aller Schwefelwasserstoff ausgetrieben ist. Die Lösung kann zur Maassanalyse angewendet werden, ohne dass man den gefällten Schwefel abzufiltriren braucht.

b. Reduction durch Zink. Man bringt in die salzsaure Lösung Streifen von reinem — eisenfreiem — Zinkblech. Es entwickelt sich etwas Wasserstoffgas und — bei Gegenwart von Salpetersäure — Stickoxydulgas. Die Farbe der Lösung wird blässer in dem Maasse, als das Oxyd in Oxydul übergeht. Enthält die Lösung Kupfer oder Arsen, so scheiden sich die Metalle in Form kleiner Blättchen oder als Metallpulver ab. Ist die Reduction vollendet, so filtrirt man ab. Sollte man sich eisenfreies Zink nicht verschaffen können, so bestimmt man die Menge des darin enthaltenen Eisens mittelst Maassanalyse, wägt die Zinkstreifen vorher und nachher und zieht das im gelösten Zink enthaltene Eisen von dem im Ganzen gefundenen ab.

c. Reduction durch schwefligsaures Natron. Man versetzt die in einem Kolben befindliche salzsaure Lösung mit einer concentrirten Lösung von schwefligsaurem Natron und kocht. Sollte durch die erste Portion die Reduction noch nicht vollendet werden, so fügt man eine neue zu. Zuletzt muss das Kochen fortgesetzt werden, bis keine Spur von schwefliger Säure mehr entweicht.

Von diesen Methoden ziehe ich a. vor, indem bei c. die Reduction etwas schwieriger erfolgt und fremde, der Reaction nachtheilige, Metalle nicht gefällt werden, während b. Filtriren und Auswaschen, sowie Rücksichtnahme auf einen Eisengehalt des Zinkes erfordert.

Fünfte Gruppe.

Silberoxyd, Bleioxyd, Quecksilberoxydul, Quecksilberoxyd, Kupferoxyd, Wismuthoxyd, Cadmiumoxyd.

§. 91.

1. Silberoxyd.

a. Auflösung.

Die Verbindungen des Silbers, welche in Wasser unlöslich sind, sowie metallisches Silber, werden am besten in Salpetersäure gelöst, wenn sie darin auflöslich sind. In der Regel genügt verdünnte, Schwefelsilber erfordert concentrirte Säure. Die Auflösung nimmt man am besten in einem Kolben vor. — Chlor-, Brom- und Jodsilber werden weder von Wasser noch von Salpetersäure aufgenommen; um das in denselben enthaltene Silber in Lösung zu bringen, übergiesst man sie, am besten im geschmolzenen Zustande, mit Wasser, legt ein Stückchen reines Zink oder Eisen darauf und setzt etwas Schwefelsäure oder Salzsäure zu. Nach erfolgter Reduction wird der erhaltene Silberschwamm erst mit verdünnter Schwefelsäure, dann mit Wasser ausgewaschen und zuletzt in Salpetersäure gelöst. Zum Behufe ihrer Analyse ist es jedoch nicht nöthig, die genannten Verbindungen in Auflösung zu bringen, wie sogleich gezeigt werden wird.

b. Bestimmung.

Das Silber kann nach §. 61 als *Chlorsilber, Schwefelsilber, Cyansilber* oder *im metallischen Zustande* bestimmt werden. Ausserdem wendet man häufig zu seiner Bestimmung eine Maassanalyse an.

Man kann verwandeln in

1. Chlorsilber: 2. Schwefelsilber: 3. Cyansilber:

Alle Silberverbindungen ohne Ausnahme.

4. Metallisches Silber.

Silberoxyd und einige seiner Verbindungen mit leicht flüchtigen Säuren, ferner die Salze mit organischen Säuren, endlich Chlorsilber.

Die Methode 4. wird, wo sie angeht, als die bequemste gern angewendet. Die Methode 1. ist die gewöhnlichste, 2. und 3. dienen meistens nur bei Scheidungen des Silberoxyds von anderen Basen.

Die Bestimmung des Silbers mittelst Maassanalyse ist die in den Münzstätten gebräuchliche.

1. *Bestimmung des Silbers als Chlorsilber.*

a. Auf nassem Wege.

Um das Silber als Chlorsilber zu bestimmen, kann man dieses von der Flüssigkeit, aus welcher es gefällt wurde, entweder durch Filtration oder aber durch Decantation trennen. Das letztere Verfahren ist bei grösseren Mengen des Niederschlages, das erstere bei geringeren vorzuziehen.

α. Bestimmung durch Decantation.

Man bringt die mässig verdünnte Silberlösung in einen hohen Kolben mit langem Halse und enger Mündung, fügt etwas Salpetersäure zu, erwärmt auf etwa 60°, setzt Salzsäure zu, so lange noch ein Niederschlag entsteht, verschliesst die Mündung des Kolbens mit einem ganz glatten Korke (besser mit einem gut eingeriebenen Glasstopfen) und schüttelt so lange mit Heftigkeit, bis sich das gefällte Chlorsilber in zusammenhängende Klumpen vereinigt hat, und die überstehende Flüssigkeit klar geworden ist. Man reinigt alsdann den Hals des Kolbens von anhängendem Chlorsilber durch Aufschwenken der klaren Flüssigkeit, spült die letzten Theilchen mit der Spritzflasche hinunter und stellt alsdann den Kolben mit lose aufgesetztem Stopfen aufs Sandbad an einen mässig heissen Ort, bis die über dem Niederschlage stehende Flüssigkeit absolut klar geworden ist, was meistens erst nach Verlauf mehrerer Stunden der Fall ist. Die Flüssigkeit wird nunmehr langsam und vorsichtig, so dass kein Theilchen des Niederschlages mit herausgerissen wird, so weit wie möglich in ein Becherglas abgegossen, das Chlorsilber aber behutsam in einen Porzellantiegel mit glatten und steilen Wänden herausgespült. Die allerletzten Theilchen bringt man auf die Weise heraus, dass man in den Kolben wenig Wasser bringt und mittelst desselben, während man die mit dem Finger zu verschliessende Oeffnung nach unten kehrt, die Wandungen vollständig abspült. Die Chlorsilbertheilchen sammeln sich alsdann im Hals und können leicht in den Tiegel gebracht werden, wenn man die Mündung des Kolbens dicht über den Tiegel hält und die Flüssigkeit ausfliessen lässt. — Wenn sich das Chlorsilber in dem Tiegel vollständig abgesetzt hat, was durch Erhitzung im Wasserbade sehr beschleunigt wird, giesst man die überstehende klare Flüssigkeit mit Hülfe eines Glasstabes in das nämliche Becherglas ab, in welchem sich die erst abgegossene befindet, übergiesst das Chlorsilber mit ein paar Tropfen Salpetersäure, dann mit heissem destillirtem Wasser, lässt wieder klar absitzen, giesst neuerdings ab und wäscht auf diese Art so lange aus, bis eine Probe der zuletzt abgegossenen Flüssigkeit mit Silberlösung keine Trübung mehr giebt. Man entfernt alsdann die Flüssigkeit so vollständig als möglich mittelst einer Pipette oder auch durch behutsames Abgiessen, trocknet das Chlorsilber im Wasserbade völlig aus, erhitzt es behutsam bei anfangs ganz gelinder, zuletzt verstärkter Hitze über der Lampe, bis es am Rande zu schmelzen anfängt, lässt erkalten und wägt.

Um nun die angeschmolzene Masse, ohne den Tiegel zu verletzen, herauszubringen, legt man ein Stückchen Eisen oder Zink auf das Chlorsilber und übergiesst mit ganz verdünnter Salz- oder Schwefelsäure. Nach beendigter Reduction reinigt, trocknet und wägt man den Tiegel. — Im Falle die von dem Chlorsilber abgegossenen Flüssigkeiten nicht absolut klar sein sollten, lässt man sie an einem warmen Orte stehen, bis sich die Chlorsilbertheilchen vollständig abgesetzt haben (was unter solchen Umständen oft erst nach vielen Stunden der Fall ist), giesst die klare Flüssigkeit ab, vereinigt den Niederschlag mit der Hauptmasse des Chlorsilbers, wäscht aus, und verfährt wie oben, — oder — und diese Methode führt rascher zum Ziele — man sammelt die kleine Menge des Niederschlages auf einem Filterchen, verfährt damit nach β. und addirt die nachträglich erhaltene kleine Quantität Chlorsilber zur Hauptmenge.

β. Bestimmung durch Filtration.

Man verfährt in Bezug auf die Art des Fällens und Absitzenlassens wie in α., giesst alsdann zuerst die über dem Niederschlage stehende Flüssigkeit durch ein kleines Filter, spült mit Hülfe von heissem Wasser, dem man etwas Salpetersäure zusetzt, das Chlorsilber vollständig darauf, wäscht es zuerst mit salpetersäurehaltigem, zuletzt mit reinem Wasser aus, trocknet scharf, glüht nach §. 36 und wägt. Wenn man nach Vorschrift verfährt, lässt sich das Chlorsilber ohne Schwierigkeit klar abfiltriren. — Man trage Sorge, das Filter vor dem Verbrennen soviel wie möglich von anhängendem Chorsilber zu befreien.

Die Eigenschaften des Niederschlages siehe §. 61. Beide Methoden geben sehr genaue Resultate. — Bei gleich sorgfältiger Ausführung fallen jedoch die nach α. erhaltenen noch etwas genauer aus, als die nach β. gewonnenen, indem man bei letzterer Methode dadurch einen kleinen Verlust erleidet, dass ein wenig des am Filter hängenden Chlorsilbers beim Glühen (durch die reducirende Wirkung des Kohlenoxyds) reducirt wird. (Manche Chemiker bringen das bei der Filterasche befindliche Silber geradezu als metallisches Silber in Rechnung.) Will man diese Fehlerquelle vermeiden, so bringt man die silberhaltige Filterasche in den Tiegel zu dem Chlorsilber, setzt ein wenig verdünnte Salpetersäure zu, erwärmt eine Zeit lang, fügt ein Paar Tropfen Salzsäure zu, dampft ab, trocknet und glüht wie in α.

b. Auf trockenem Wege.

Fig. 43.

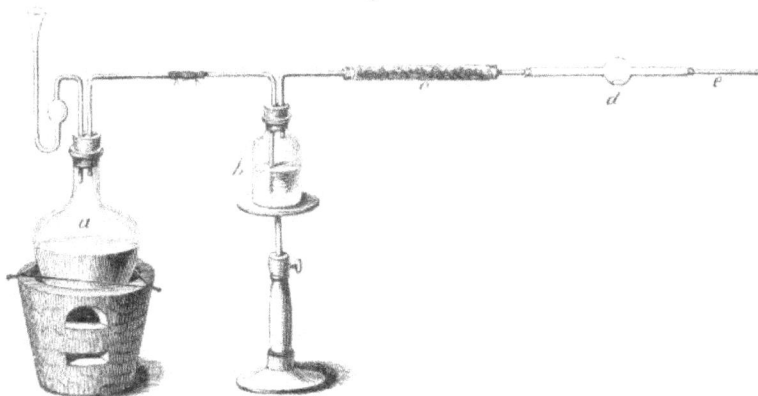

Diese Methode, obgleich auch bei anderen Verbindungen anwendbar, dient in der Regel nur zur Analyse des Brom-

oder Jodsilbers. Man bringt zu diesem Behufe die zu analysirende Verbindung in die Kugel einer Kugelröhre, schmilzt sie darin, wägt und leitet reines und trockenes Chlorgas in ganz langsamem Strome darüber. Dem Apparat giebt man folgende Einrichtung: *a* ist ein Chlorentwickelungsapparat, *b* enthält concentrirte Schwefelsäure, *c* Chlorcalcium, *d* ist die das Jod- oder Bromsilber enthaltende Kugelröhre, *e* führt das entweichende Chlor zum Fenster hinaus. Wenn die Chlorentwickelung eine Zeit lang im Gange ist, erhitzt man den Inhalt der Kugel zum Schmelzen und erhält ihn darin ein Viertelstunde, während man die geschmolzene Masse dann und wann in der Kugel ein wenig bewegt. Nach Hinwegnahme der Röhre und nach dem Erkalten hält man sie schief, damit das Chlorgas durch Luft verdrängt werde, und wägt. Man leitet alsdann nochmals, wie oben, über die geschmolzene Masse einige Minuten lang Chlor und wägt wiederum. Blieb das Gewicht unverändert, so ist der Versuch beendigt. — Die Resultate fallen bei gehöriger Vorsicht ausserordentlich genau aus.

2. *Bestimmung des Silbers als Schwefelsilber.*

Das Silber kann man aus sauren, neutralen und alkalischen Lösungen durch Schwefelwasserstoff, sowie aus neutralen und alkalischen Lösungen durch Schwefelammonium vollständig niederschlagen. Soll es mit Schwefelwasserstoff gefällt werden, so kann man sich bei kleinen Mengen von Silber eines frisch bereiteten, völlig klaren Schwefelwasserstoffwassers bedienen; bei grösseren Quantitäten leitet man in die mässig verdünnte, nicht zu saure Lösung gewaschenes Schwefelwasserstoffgas. Nach erfolgter Ausfällung erwärmt man die Flüssigkeit ein wenig, bringt das gefällte Schwefelsilber auf ein gewogenes Filter, wäscht aus, trocknet bei 100° und wägt. Eigenschaften des Niederschlages §. 61. Diese Methode giebt bei sorgfältiger

Ausführung recht genaue Resultate. — Man trage Sorge, bei der Filtration die Luft möglichst abzuhalten und dieselbe schnell zu vollführen, damit sich aus dem Schwefelwasserstoffwasser kein Schwefel niederschlage, wodurch das Gewicht des Schwefelsilbers zu hoch ausfallen würde.

In eben beschriebener Weise darf das Schwefelsilber jedoch nur dann gewogen werden, wenn man überzeugt sein kann, dass sich mit dem Schwefelsilber kein Schwefel niedergeschlagen hat, wie dies der Fall sein würde, wenn in der Flüssigkeit Eisenoxyd oder eine andere den Schwefelwasserstoff zersetzende Substanz enthalten gewesen wäre. Im Falle also der Niederschlag freien Schwefel enthält, digerirt man ihn sammt dem Filter mit mässig verdünnter Salpetersäure bei gelinder Wärme bis zur vollständigen Zersetzung (bis der ungelöste Schwefel rein gelb erscheint), filtrirt, spült gut nach und verfährt nach 1.

3. *Bestimmung des Silbers als Cyansilber.*

Man versetzt die neutrale oder saure Silberlösung mit Cyankalium, bis sich der entstandene Niederschlag von Cyansilber wieder gelöst hat, fügt alsdann Salpetersäure in geringem Ueberschuss zu und erwärmt eine Zeit lang gelinde. Das abgeschiedene Cyansilber sammelt man auf einem gewogenen Filter, wäscht aus, trocknet bei 100° und wägt. Eigenschaften des Niederschlags §. 61. Die Resultate sind ganz genau.

4. *Bestimmung als metallisches Silber.*

Hat man Silberoxyd, kohlensaures Silberoxyd etc., so glüht man ganz einfach in einem Porzellantiegel bis zu erfolgter Reduction. Bei Salzen mit organischen Säuren ist es zweckmässig, das erste Erhitzen im bedeckten Tiegel vorzunehmen; alsdann nimmt man den Deckel ab und erhitzt stärker, bis alle Kohle verbrannt ist. Eigenschaften des Rückstandes §. 61. Die Methode giebt bei Silberoxyd etc. absolut genaue Resultate. Bei Salzen mit organischen Säuren bekommt man nicht selten ein Unbedeutendes zu viel in Folge eines Kohlengehaltes des reducirten Silbers.

Will man Chlorsilber behufs seiner Analyse in metallisches Silber überführen, so bringt man es in die Kugel einer Kugelröhre, schmilzt es und wägt. Man passt alsdann die Kugelröhre an einen Apparat (Fig. 44), aus dem sich trockenes Wasserstoffgas entwickelt.

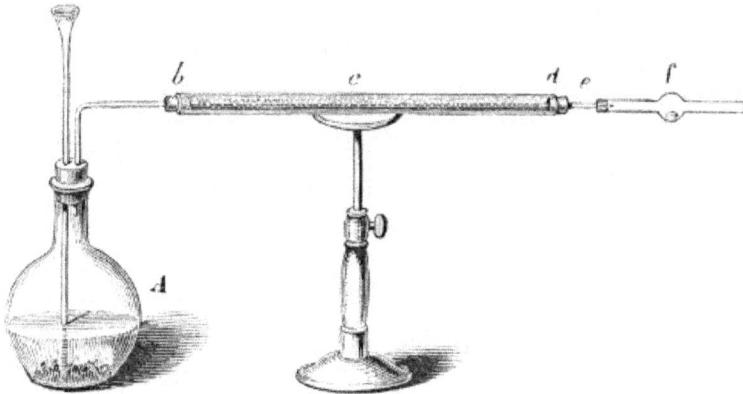

Fig. 44.

A ist die granulirtes Zink enthaltende Entbindungsflasche, *b d* ein langes Glasrohr, welches bis *c* mit Löschpapier und von *c* bis *d* mit Chlorcalcium gefüllt ist. — Sobald der Apparat ganz mit Wasserstoff erfüllt und der Gasstrom ruhig und langsam geworden ist, erhitzt man das Chlorsilber zum Schmelzen und erhält es bei mässiger Glühhitze, bis sich keine Salmiaknebel mehr erzeugen, wenn man ein mit Ammon befeuchtetes Glasstäbchen an die Mündung hält, aus der das Gas austritt. Nach dem Erkalten nimmt man die Kugelröhre ab, hält schief, damit das Wasserstoffgas durch Luft verdrängt wird, und wägt. Die Resultate sind ganz genau.

5. *Bestimmung durch Maassanalyse.*

Das Princip derselben ist folgendes: Man ermittelt die Menge einer Kochsalzlösung von bekanntem Gehalt, welche erforderlich ist, um alles Silber auszufällen, welches in einer Lösung enthalten ist, und erfährt so auch die Menge des Silbers, denn 1 Aeq. Chlornatrium fällt 1 Aeq. Silber aus. — Diese Methode, welche G a y - L u s s a c an die Stelle der Silberprüfung durch Cupellation setzte und in allen ihren Einzelnheiten aufs Genaueste erforschte, findet sich ausführlich beschrieben in „G a y - L u s s a c, vollständiger

Unterricht über das Verfahren, Silber auf nassem Wege zu probiren, deutsch bearbeitet von J. L i e b i g, Braunschweig bei Vieweg." Ich theile dieselbe hier nur soweit mit, als es für den Gebrauch in chemischen Laboratorien erforderlich ist.

a. *Bereitung der Kochsalzlösung.* 1 Gramm reines Silber verbindet sich mit 0,32844 Grm. Chlor zu Chlorsilber. Diese Menge Chlor ist enthalten in 0,54142 Grm. Chlornatrium. Löst man daher 5,4142 Grm. chemisch reines Chlornatrium in Wasser zu 1 Liter Flüssigkeit auf, so entsprechen 100 C.C. dieser Lösung genau 1 Grm. Silber, oder jeder C.C. der Lösung entspricht 0,01 Grm. Silber. Ausser dieser einen Lösung bereitet man sich noch eine zehnfach verdünnte, indem man 1 Raumtheil jener mit 9 Raumtheilen Wasser mischt. Jeder C.C. dieser Zehntellösung entspricht somit 0,001 Grm. Silber.

b. *Bereitung der gleichfalls nöthigen titrirten Silberlösung.* Man löst 1 Grm. chemisch reines Silber in reiner Salpetersäure und verdünnt mit Wasser genau zu 1 Liter Flüssigkeit. Jeder C.C. enthält somit 0,001 Grm. Silber und wird genau ausgefällt durch 1 C.C. der Zehntelkochsalzlösung.

c. *Prüfung der titrirten Lösungen.* Man löst 1 Grm. chemisch reines Silber in 6 C.C. reiner Salpetersäure bei gelinder Wärme auf und zwar in einer weissen Flasche, die sich durch einen Glasstopfen gut verschliessen lässt, bläst mittelst einer gebogenen Glasröhre die salpetrigen Dämpfe heraus, setzt genau 100 C.C. der concentrirteren Kochsalzlösung zu, dreht den angefeuchteten Glasstopfen fest ein, schüttelt, bis sich das Chlorsilber gut zusammengeballt hat, und die Flüssigkeit klar geworden ist, und fügt nun 1 C.C. der verdünnten Kochsalzlösung zu. Ist die Lösung richtig, so darf hierdurch keine Trübung entstehen. Man bringt jetzt 1 C.C. der titrirten Silberlösung hinzu, schüttelt wiederum, bis die Flüssigkeit klar erscheint, und prüft nun durch Zusatz eines weiteren C.C. der

311

Silberlösung. Die richtig titrirte Lösung darf, wie leicht zu erkennen, auch hierdurch nicht getrübt werden.

d. *Ausführung*. Soll dieselbe möglichst genau ausfallen, so muss man den Gehalt der zu prüfenden Substanz an Silber einigermaassen genau kennen, wie dies bei Prüfung von Münzen etc. schon an und für sich der Fall ist. — Kennt man denselben gar nicht, so wägt man eine Portion ab, löst erforderlichen Falles in Salpetersäure, tröpfelt zu der Lösung aus einer Bürette von der concentrirteren Kochsalzlösung zu, schüttelt, setzt weiter zu und sucht so möglichst annähernd den Punkt, bei dem keine weitere Fällung mehr erfolgt.

Man wägt nun so viel von der Silberlegirung oder Verbindung ab, dass darin etwa 1 Gramm Silber enthalten ist, löst — sofern man eine Legirung oder ein Silbersalz hat — in der in c. bezeichneten Flasche in reiner Salpetersäure, entfernt etwaige salpetrigsaure Dämpfe durch Einblasen, bringt mittelst einer Pipette genau 100 C.C. der concentrirteren Kochsalzlösung hinzu, dreht den angefeuchteten Glasstopfen fest ein und schüttelt heftig, bis das Chlorsilber gut abgeschieden und die Flüssigkeit klar geworden ist. Man hat nun zu ermitteln, ob in der Flüssigkeit noch Silber oder noch Kochsalz ist. Zu dem Behufe setzt man 1 C.C. der Zehntelkochsalzlösung zu. Entsteht eine Trübung, so ist dies ein Zeichen, dass in der abgewogenen Menge der Substanz mehr als 1 Grm. Silber enthalten war. Man schüttelt, setzt wieder einen C.C. zu und fährt so fort, bis der letzte C.C. keine Trübung mehr giebt. Man kann dann auch annehmen, dass der vorletzte nur zur Hälfte nöthig war, und pflegt daher von den verbrauchten C.C. der Zehntellösung 1,5 C.C. abzuziehen. Die noch übrig bleibenden C.C. geben die Milligramme Silber an, die mehr als 1 Grm. in der abgewogenen Substanz enthalten gewesen sind.

Hat der erste C.C. der Zehntelkochsalzlösung keine Trübung bewirkt, so fügt man zunächst 1 C.C. der titrirten Silberlösung zu, um jenen zu fällen, schüttelt und verfährt dann mit der Silberlösung wie dies zuvor für die verdünnte Kochsalzlösung angegeben worden ist. Die Anzahl der nun noch zugesetzten C.C. (der erste darf natürlich nicht mitgezählt werden), nach Abzug von 1,5 C.C. bezeichnet die Milligramme Silber, welche die abgewogene Substanz weniger enthielt als 1 Gramm.

§. 92.

2. B l e i o x y d.

a. Auflösung.

Die Verbindungen des Bleioxyds sind kleinerentheils in Wasser löslich. Von den darin unlöslichen wird der grössere Theil, ebenso wie das reine Oxyd und das metallische Blei, von verdünnter Salpetersäure aufgenommen. (Wendet man dieselbe zu concentrirt an, so erfolgt weder vollständige Zersetzung, noch vollständige Lösung, weil das salpetersaure Bleioxyd in concentrirter Salpetersäure unlöslich ist und sonach das zuerst gebildete die noch nicht angegriffenen Theile des zu lösenden Salzes schützt.) Die Löslichkeitsverhältnisse des Chlorbleies und schwefelsauren Bleioxyds siehe §. 62. Es ist zur Analyse dieser Verbindungen nicht erforderlich, sie zuvor zu lösen, wie sogleich gezeigt werden wird. — Jodblei löst sich nicht in kalter verdünnter Salpetersäure, aber leicht beim Erwärmen unter Abscheidung von Jod. Chromsaures Bleioxyd löst sich ohne Zersetzung nur in Kalilauge. Behufs der Analyse verwandelt man es am besten in Chlorblei (siehe unten.)

b. Bestimmung.

Das Blei kann nach §. 62 als *Bleioxyd, schwefelsaures Bleioxyd, chromsaures Bleioxyd, Schwefelblei, Chlorblei,* als

Bleioxyd + *Blei* und endlich durch Maassanalyse bestimmt werden.

Man kann zweckmässig verwandeln in

1. B l e i o x y d:
   a. *Durch Fällung*: Die in Wasser löslichen Bleisalze und diejenigen unlöslichen, deren Säure beim Auflösen in Salpetersäure entfernt wird.
   b. *Durch Glühen*: α. Bleioxydsalze mit leichtflüchtigen oder zersetzbaren unorganischen Säuren. — β.Bleisalze mit organischen Säuren.

2. S c h w e f e l s a u r e s B l e i o x y d
   a. *Durch Fällung*: Die in Wasser unlöslichen, in Salpetersäure löslichen Salze, deren Säure sich aus der Lösung nicht entfernen lässt.
   b. *Durch Abdampfen*: α. Sämmtliche Oxyde des Bleies, sowie die Bleioxydsalze mit flüchtigen Säuren, ferner Jod- und Brom-Blei. — β. Manche organische Bleiverbindungen.

3. C h r o m s a u r e s B l e i o x y d
   Die in Wasser oder Salpetersäure löslichen Bleiverbindungen.

4. C h l o r b l e i:
   Chromsaures Bleioxyd, Jod- und Brom-Blei.

5. B l e i o x y d + B l e i
   Viele organische Bleiverbindungen.

6. S c h w e f e l b l e i:
   Sämmtliche gelöste Bleisalze bei Scheidungen.

In dieser übersichtlichen Darstellung sind für die verschiedenartigen Bleiverbindungen die Formen angegeben, in welche man sie behufs der Bleibestimmung zweckmässig überführt. Es soll jedoch damit nicht gesagt sein, dass nicht auch andere Verbindungen als die speciell verzeichneten nach der oder jener Methode zweckmässig bestimmt werden könnten, — so lassen sich z. B. sämmtliche sub 1 genannten Verbindungen auch als schwefelsaures Bleioxyd, alle sub 1, 2 und 5 angeführten als Schwefelblei bestimmen etc. — Chlorblei verwandelt man, sofern man nicht vorzieht, es in Wasser zu lösen, behufs seiner Analyse am zweckmässigsten durch Reduction mit Wasseratoffgas nach der §. 91 für Chlorsilber angegebenen Methode in metallisches Blei. Man trage dabei Sorge, es nicht zu stark zu erhitzen, weil sich sonst etwas Chlorblei verflüchtigt. — Die Bleisuperoxyde gehen durch Glühen in Bleioxyd über. Dieser Umstand giebt ein Mittel zu ihrer Analyse, wie auch zu ihrer Auflösung an die Hand. Ohne Glühen bringt man sie am einfachsten in Lösung durch Behandeln mit verdünnter Salpetersäure unter Zusatz von etwas Alkohol. — Die Analyse des schwefelsauren und chromsauren Bleioxyds, wie auch die des Jod- und Bromblеies siehe bei den betreffenden Säuren.

1. *Bestimmung des Bleies als Bleioxyd.*

a. Durch Fällung.

α. Durch Fällung als kohlensaures Bleioxyd.

Man versetzt die mässig verdünnte Lösung mit kohlensaurem Ammon im geringen Ueberschuss, fügt etwas kaustisches Ammon hinzu, erwärmt gelinde und filtrirt nach einiger Zeit ab. Man wäscht alsdann mit reinem Wasser aus, trocknet und glüht in einem Porzellantiegel, nachdem man das Filter auf dessen Deckel verbrannt hat. Eigenschaften des Niederschlages und Rückstandes §. 62. Die Resultate fallen sehr befriedigend, in der Regel um ein Geringes zu niedrig aus. Der Verlust rührt daher, dass das kohlensaure Bleioxyd nicht absolut unlöslich ist, namentlich in Flüssigkeiten, welche reich an Ammonsalzen sind (Vers. Nr. 43). — Man wähle ein kleines dünnes Filter und trage Sorge, den Niederschlag so vollständig vom Filter zu trennen als möglich, damit man nicht einen weiteren Verlust dadurch erleide, dass ein Theilchen des Oxyds beim Einäschern zu Metall reducirt werde.

β. Durch Fällung als kleesaures Bleioxyd.

Man versetzt die Lösung mit oxalsaurem Ammon im Ueberschuss und fügt Ammon hinzu bis zum geringen Vorwalten, lässt absitzen, filtrirt und verfährt wie in α. Der Porzellantiegel bleibt, während man den Niederschlag glüht, unbedeckt. In Betracht der Genauigkeit steht diese Methode der vorigen gleich.

b. Durch Glühen.

Verbindungen, wie kohlensaures oder salpetersaures Bleioxyd, glüht man behutsam in einem Porzellantiegel, bis sie an Gewicht nicht mehr abnehmen. — In welcher Weise man Bleisalze mit organischen Säuren in Oxyd überführt, soll in diesem §. sub 5 gezeigt werden.

2. *Bestimmung des Bleies als schwefelsaures Bleioxyd.*

a. Durch Fällung.

α. Man versetzt die nicht zu verdünnte Auflösung mit mässig verdünnter reiner Schwefelsäure in geringem Ueberschuss, mischt das doppelte Volum Weingeist hinzu, lässt einige Stunden absitzen, filtrirt, wäscht mit Weingeist aus, trocknet und glüht nach der §. 36 angegebenen Methode. Man kann zwar bei gehöriger Vorsicht das Glühen in einem Platintiegel vornehmen, die Anwendung eines dünnen Porzellantiegels ist jedoch räthlicher. — Man beobachte ferner die oben bei 1. a. angegebenen Vorsichtsmaassregeln.

β. Im Falle der Zusatz von Alkohol nicht angeht, setze man einen nicht zu geringen Ueberschuss von Schwefelsäure zu, filtrire den Niederschlag nach längerem Absetzen geradezu ab, wasche mit Wasser, dem man einige Tropfen Schwefelsäure zugesetzt hat, aus, verdränge zuletzt die saure Flüssigkeit durch mehrmaliges Waschen mit Weingeist und verfahre wie oben.

Eigenschaften des Niederschlages §. 62. Die Methode giebt bei dem Verfahren α. sehr genaue Resultate, kaum weniger genaue bei dem Verfahren β., sofern man die angegebene Vorschrift genau befolgt. — Versäumt man es jedoch, einen gehörigen Ueberschuss von Schwefelsäure zuzusetzen, so wird, z. B. bei Gegenwart von Ammonsalzen, Salpetersäure etc., das Blei nicht vollständig ausgefällt, und wäscht man mit reinem Wasser aus, so lösen sich merkliche Spuren des Niederschlages wieder auf. — Diese Umstände haben veranlasst, dass man bisher die Methode β. für wenig genau hielt.

b. Durch Abdampfen.

α. Man bringt die abgewogene Substanz in ein gewogenes Schälchen, löst sie in schwacher Salpetersäure, fügt mässig verdünnte reine Schwefelsäure im geringen Ueberschuss zu, verdampft bei gelinder Wärme, zuletzt hoch über der Lampe, bis alle überschüssige Schwefelsäure entwichen ist. Die Operation kann, wenn keine organische Substanz zugegen ist, ganz getrost in einem Platinschälchen vorgenommen werden, im anderen Falle wählt man ein leichtes Porzellanschälchen. Die Resultate fallen bei vorsichtigem Abdampfen völlig genau aus.

β. Um organische Bleiverbindungen in schwefelsaures Bleioxyd zu verwandeln, übergiesst man sie in einem Porzellantiegel mit reiner concentrirter Schwefelsäure im Ueberschuss, verdampft vorsichtig im wohlbedeckten Tiegel, bis alle Schwefelsäure entwichen, glüht und wägt. Sollte der Rückstand bei einmaligem Abdampfen nicht ganz weiss sein, so befeuchtet man nochmals mit Schwefelsäure und wiederholt die Operation. — Die Resultate fallen bei gehöriger Vorsicht genau aus, in der Regel erleidet man aber einen geringen Verlust, indem mit dem entweichenden schwefligsauren und kohlensauren Gas leicht Spuren des Salzes hinweggeführt werden.

3. *Bestimmung als chromsaures Bleioxyd.*

Man versetzt die neutrale oder schwach saure Lösung mit neutralem chromsaurem Kali im Ueberschuss, fügt, sofern freie Salpetersäure zugegen gewesen ist, essigsaures Natron in genügender Menge zu, auf dass an die Stelle der freien Salpetersäure freie Essigsäure tritt, lässt in gelinder Wärme absitzen, filtrirt durch ein bei 100° getrocknetes, gewogenes Filter, wäscht mit Wasser aus, trocknet bei 100° und wägt. Eigenschaften des Niederschlages §. 72. Resultate genau.

Anstatt den Niederschlag von chromsaurem Bleioxyd zu wägen, hat H. S c h w a r z (Annal. d. Chem. u. Pharm. 84, 92) empfohlen, die Chromsäure darin maassanalytisch zu bestimmen, indem man dasselbe nach dem Auswaschen sammt dem Filter mit einer salzsauren Auflösung einer abgewogenen, überschüssigen Menge Eisen zusammenbringt und erwärmt. Man erhält so Chlorblei, Chromchlorür und Eisenchlorid neben überschüssigem Eisenchlorür, indem je 1 Aeq. Chromsäure 3 Aeq. Eisen aus dem Zustande des Oxyduls oder Chlorürs in den des Oxyds oder Chlorids überführen [$2(PbO, CrO_3) + 6FeCl + 8ClH = 3Fe_2Cl_3 + 2PbCl + Cr_2Cl_3 + 8HO$]. Bestimmt man nun durch Chamäleonlösung oder durch chromsaures Kali (§. 89. 2.), wie viel Eisen noch als Oxydul vorhanden ist, so erfährt man, wie viel oxydirt wurde. Hieraus ergiebt sich die Menge der Chromsäure und folgeweise die des Bleies.

Je 3 Aeq. Eisen (1050 Thle.), welche aus dem Zustande des Oxyduls in des den Oxyds übergeführt wurden, entsprechen 1 Aeq. Blei (1294,6 Thle.). — Die Fällung nimmt man in einer Porzellanschale vor, nachdem die Flüssigkeit im Wasserbade gelinde erwärmt worden ist. Die in der Schale fester haftenden Theile des Niederschlages braucht man nicht auf das Filter zu bringen, da man dieses, zur Behandlung mit der Eisenchlorürlösung, doch wieder in die Schale zurückbringt. — Der Ueberschuss der Salzsäure in letzterer darf nicht zu gering sein. — Die dunkelgrüne Lösung wird noch heiss filtrirt, die Filter gut ausgewaschen. Da die grüne Farbe der Lösung das Erkennen der Rothfärbung (bei Anwendung von übermangansaurem Kali) etwas erschwert, so räth S c h w a r z, den letztzugefügten Tropfen nicht mitzuzählen. — Man erkennt auf den ersten Blick, dass diese maassanalytische Bestimmung des chromsauren Bleioxyds nur vortheilhaft sein kann, wenn eine grössere Anzahl von Bestimmungen hinter einander gemacht werden soll. Man bereitet sich in dem Fall eine für alle genügende Menge Eisenchlorürlösung, bestimmt deren Gehalt an Oxydul und setzt bei den einzelnen Proben abgemessene Mengen derselben zu.

4. *Bestimmung als Chlorblei.*

Bei einigen Scheidungen bestimmt man das Blei als Chlorblei, indem man die Auflösung mit überschüssiger Salzsäure versetzt, im Wasserbade stark einengt, den Rückstand mit absolutem Alkohol, dem man etwas Aether zugemischt hat, behandelt, absitzen lässt, abfiltrirt, mit ätherhaltigem Weingeist auswäscht, trocknet und gelinde erhitzt. Das Erhitzen darf nicht bis zum Glühen gesteigert werden, sonst verflüchtigt sich etwas Chlorblei. Im Uebrigen wird die Operation nach der in 1. α. angegebenen Weise ausgeführt.

5. *Bestimmung als Bleioxyd + Blei.*

Man erhitzt die organische Blei Verbindung (1–2 Grm.) in einem kleinen gewogenen Porzellanschälchen ganz gelinde und zwar lässt man die Hitze zuerst auf den Rand des Schälchens wirken, so dass die stattfindende Zersetzung an einer Seite ihren Anfang nimmt und langsam fortschreitet. Wenn die ganze Masse zersetzt ist, erhitzt man etwas stärker, bis man kein verglimmendes Theilchen mehr bemerkt, und bis der Rückstand als ein kohlefreies Gemenge von Bleioxyd und Bleikügelchen erscheint. Man wägt denselben nunmehr, erwärmt ihn alsdann mit Essigsäure, bis das Oxyd vollständig gelöst ist, was leicht erfolgt, wäscht durch Decantation aus, giesst zuletzt ab, erwärmt bis zum Entfernen des Wassers und wägt das rückbleibende metallische Blei. Zieht man sein Gewicht von dem erst erhaltenen ab, so erfährt man die Menge des im Rückstand enthalten gewesenen Oxyds. Berechnet man dessen Gehalt an Metall und addirt ihn zu dem Gewichte des direct erhaltenen Bleies, so bekommt man die Totalmenge des in der Verbindung enthaltenen Metalls.

Man hat bei diesem Verfahren zwei Umstände besonders zu beobachten; einmal muss man die Zersetzung langsam einleiten, denn bei rascher Verbrennung der Kohle und des Wasserstoffs der Verbindung auf Kosten des Sauerstoffs im Bleioxyd entsteht eine so hohe Temperatur, dass sich Blei in sichtbaren Dämpfen verflüchtigt, — und ferner muss man Sorge tragen, dass keine Kohle im Rückstande bleibt, was man beim Behandeln mit Essigsäure mit Gewissheit erfährt. Die Vernachlässigung des ersten Umstandes erniedrigt, die des letzten erhöht die zu findende Zahl. Die Methode ist im Uebrigen sehr bequem und ihre Resultate bei vorsichtiger Ausführung recht genau.

In der neueren Zeit hat D u l k folgende Modification des ursprünglich von B e r z e l i u s herrührenden Verfahrens angegeben. Man glüht die Verbindung in einem bedeckten

Porzellantiegel gelinde bis zum vollständigen Verkohlen der organischen Substanz, lüftet alsdann den Deckel und rührt mit einem Eisendraht um. Die Masse kommt ins Erglühen, es entsteht ein Gemenge von Blei und Bleioxyd, welches noch unverbrannte Kohle enthalten kann. Man legt nun einige Krystalle von trockenem salpetersaurem Ammon in den Tiegel, welchen man zuvor aus der Flamme entfernt hat, und bedeckt ihn. Das Salz schmilzt, oxydirt das Blei und verwandelt es theilweise in salpetersaures Oxyd. Man glüht nun den Tiegel, bis keine Dämpfe von Untersalpetersäure mehr sichtbar sind, und wägt das erhaltene Oxyd. — Bei diesem Verfahren ist man sicher, dass alle Kohle verbrannt wird, auch spart man eine Wägung. Seine Genauigkeit hat D u l k nachgewiesen. Es verdient empfohlen zu werden.

6. *Bestimmung des Bleies als Schwefelblei.*

α. Dieselbe geschieht genau in der nämlichen Weise und mit derselben Genauigkeit, wie die des Schwefelsilbers, nur darf man bei Fällung aus sauren Lösungen nicht erwärmen, sonst löst sich wieder ein Theil des Schwefelbleies auf. Eigenschaften des Niederschlages §. 62.

β. Ist der Niederschlag verunreinigt durch mit niedergefallenen Schwefel, so dass er nicht als Schwefelblei gewogen werden kann, so verwandelt man ihn auf folgende Weise in schwefelsaures Bleioxyd. Man trocknet im Filter, schüttet den Inhalt in ein Becherglas, in welches man dann auch das Filter wirft, und setzt tropfenweise reine rauchende Salpetersäure zu, indem man das Glas mit einer Glasplatte bedeckt hält. Nach beendigter Oxydation erwärmt man eine Zeit lang gelinde, bringt den Inhalt des Becherglases in ein kleines Porzellanschälchen, spült nach, fügt einige Tropfen reine Schwefelsäure hinzu, verdampft vorsichtig und glüht zuletzt. Die Genauigkeit des Resultates hängt ganz von der angewendeten Sorgfalt ab. — Nimmt man zur Oxydation keine rauchende Säure, so scheidet sich Schwefel ab, der sich beim Erwärmen mit Salpetersäure nur äusserst langsam oxydirt.

7. *Bestimmung des Bleies durch Maassanalyse.*

Ausser der in neuester Zeit angegebenen, unter 3. dieses §. angeführten S ch w a r z'schen Methode sind früher noch folgende Verfahrungsweisen empfohlen worden.

a. Von F l o r e s D o m o n t e

Man versetzt die Bleilösung mit Kali- oder Natronlauge in Ueberschuss und erhitzt zum Kochen, bis das niedergefallene basische Salz wieder gelöst ist. Man fügt nun zu der kochenden Lösung eine titrirte verdünnte Lösung von Schwefelnatrium, so lange noch ein Niederschlag erfolgt. Um diesen Punkt gehörig zu treffen, ist es erforderlich, die Flüssigkeit von Zeit zu Zeit sich klären zu lassen.

Die Schwefelnatriumlösung bereitet man, indem man eine abgemessene Menge Natronlauge mit Schwefelwasserstoff vollkommen sättigt (wodurch man Schwefelwasserstoff-Schwefelnatrium erhält) und dann eine gleiche Menge Natronlauge zumischt. Man verdünnt die Lösung so weit, dass sie etwa 8 Gramm wasserfreies Schwefelnatrium im Liter enthält. (Wäre daher das specif. Gewicht der Natronlauge 1,15 = 10 Proc. Natron, so hätte man 28 C.C. derselben mit Schwefelwasserstoff zu sättigen, dann 28 C.C. weiter zuzufügen und das Ganze auf 1000 C.C. zu verdünnen.) 50 C.C. = 100° der so bereiteten Lösung fällen alsdann etwa 1 Gramm Blei. — Um nun den Gehalt der Lösung genau festzustellen, wendet man sie in oben beschriebener Weise auf eine 1 Gramm Blei enthaltende abgemessene Menge einer Bleilösung von bekanntem Gehalte an. Da sich die Schwefelnatriumlösung leicht verändert, muss dieselbe für jede neue Reihe von Versuchen aufs Neue titrirt werden. — Die Zersetzung, welche der angeführten Methode zu Grunde liegt, wird ausgedrückt durch die Gleichung PbO + NaS = PbS + NaO.

b. Von Marguerite.

Man fügt zu einer kochenden stark alkalischen Bleioxydlösung so lange eine Lösung von übermangansaurem Kali, bis alles Blei als Bleihyperoxyd gefällt ist. Die Uebermangansäure geht dabei in Manganhyperoxyd über. $3PbO + Mn_2O_7 = 3PbO_2 + 2MnO_2$. Sobald man sich dem genannten Punkte nähert, färbt sich die Flüssigkeit grün, wird aber bei längerem Kochen wieder farblos. Verschwindet endlich die grüne Farbe auch bei andauerndem Kochen nicht mehr, so ist die Hyperoxydation des Bleies vollendet. — Die Ausführung dieser Methode wird lästig durch das unangenehme Stossen der Flüssigkeit, welches durch die entstandenen Niederschläge bedingt wird; auch gelingt es nur schwierig, den fraglichen Punkt ganz genau zu treffen. Die Darstellung der Lösung des übermangansauren Kalis siehe §. 89. Das Titriren derselben geschieht mit Hülfe einer Bleilösung von bekanntem Gehalte und muss vor jeder Versuchsreihe wiederholt werden. — Wendet man die zur Eisenbestimmung titrirte Lösung an, von welcher 50 C.C. 1 Grm. Eisen entsprechen, so kann man sich merken, dass 50 C.C. 1,11 Grm. Blei aus Oxyd in Hyperoxyd überführen.

§. 93.

3. Quecksilberoxydul.

a. Auflösung.

Das Quecksilberoxydul und seine Verbindungen löst man zum Behufe der Quecksilberbestimmung stets am zweckmässigsten in der Weise auf, dass man eine Oxydlösung bekommt, weil es schwierig ist, sie so zu lösen, dass man eine völlig von Oxyd freie Oxydullösung erhält.

Man erwärmt sie demzufolge zuerst eine Zeit lang mit überschüssiger Salpetersäure, setzt etwas Salzsäure zu und fährt mit dem Erwärmen fort, bis man eine völlig klare Lösung erlangt hat. Auf diese Weise können alle Quecksilberoxydulverbindungen, wie auch das metallische Quecksilber in Lösung gebracht werden.

b. Bestimmung.

Dem Gesagten zufolge kommt die Bestimmung des Quecksilberoxyduls mit der des Quecksilberoxyds überein und wir können daher auf den folgenden Paragraphen verweisen. Wie man Quecksilberoxydul neben Oxyd bestimmt, wird im fünften Abschnitte gezeigt werden.

§. 94.

4. Q u e c k s i l b e r o x y d.

a. Auflösung.

Das Quecksilberoxyd und die in Wasser unlöslichen Verbindungen desselben werden je nach Umständen in Salzsäure oder in Salpetersäure gelöst, Quecksilbersulfid erwärmt man mit Salzsäure und fügt Salpetersäure hinzu bis zur erfolgten Lösung.

b. Bestimmung.

Das Quecksilber kann nach §. 63 als *metallisches Quecksilber*, *Quecksilberchlorür*, *Quecksilbersulfid*, oder *Quecksilberoxyd* gewogen werden; bei Scheidungen bestimmt man es zuweilen als Glühverlust. — Auch durch Maassanalyse lässt es sich bestimmen.

Die drei ersten Bestimmungsarten lassen sich in allen Fällen anwenden. Die Bestimmung als Oxyd dagegen ist nur bei Verbindungen des Quecksilberoxyds oder Oxyduls mit Salpetersäure möglich. — Die Methode, das Quecksilber als Sulfid zu bestimmen, verdient ihrer Genauigkeit,

Einfachheit und leichten Ausführbarkeit wegen in den meisten Fällen den Vorzug. Die maassanalytische Methode setzt voraus, dass die Lösung keine Salzsäure, überhaupt keine Chlorverbindung enthalte.

1. *Bestimmung als metallisches Quecksilber.*

Dieselbe kann ausgeführt werden:

a. Auf trockenem Wege.

Man bringt in ein, 1½ Fuss langes, 3–4 Linien weites, am hinteren Ende zugeschmolzenes Rohr von schwer schmelzbarem Glase hinten hin eine zwei Zoll betragende Schicht trockenes Kalkhydrat, darauf das innige Gemenge der zu analysirenden Quecksilberverbindung mit einem Ueberschuss von Natronkalk (§. 45. 4.), sodann den Natronkalk, mit dem man den Mischungsmörser nachgespült hat, ferner eine Schicht reinen Natronkalk und endlich, einen lockeren Pfropf von reinem Asbest, zieht alsdann die Röhre vorn aus und biegt sie in einem etwas stumpfen Winkel um. — Die Manipulationen beim Mischen und Einfüllen sind dieselben, welche bei der organischen Analyse angewendet werden, daher dieselben hier nicht ausführlicher beschrieben worden sind.

Die so zugerichtete Röhre legt man, nachdem man durch Aufklopfen derselben einen Canal über der Füllung erzeugt hat, in einen Verbrennungsofen und senkt die Spitze in einen Wasser enthaltenden Kolben, so dass die Oeffnung durch das Wasser halb geschlossen ist.

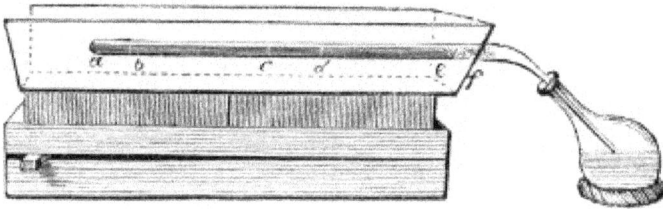

Fig. 45.

Die Anordnung des Apparates wird durch Fig. 45 veranschaulicht. $a — b$ enthält Kalkhydrat, $b — c$ die Mischung, $c — d$ den zum Nachspülen verwendeten, $d — e$ reinen Natronkalk, $e — f$ den Asbestpfropf.

Man umgiebt die Röhre wie bei einer organischen Analyse, von e nach a langsam fortschreitend, mit glühenden Kohlen, treibt zuletzt durch Erhitzung des im hinteren Theile der Röhre liegenden Kalkhydrats den letzten Rest der Quecksilberdämpfe aus der Röhre, schneidet, noch während dieselbe im vollen Glühen ist, den Hals bei f ab, spült den abgeschnittenen Theil mit Hülfe einer Spritzflasche in den Kolben vollständig ab, vereinigt die überdestillirten Quecksilberkügelchen durch Umschütteln, giesst nach längerem Stehen das ganz klare Wasser ab, das Quecksilber aber in einen gewogenen Porzellantiegel, nimmt den grössten Theil des noch dabei befindlichen Wassers mit Löschpapier weg und trocknet zuletzt unter einer Glocke neben Schwefelsäure, bis das Gewicht constant bleibt. Wärme darf nicht angewendet werden. Eigenschaften des Quecksilbers §. 63.

Diese Methode kann auch bei organischen Verbindungen angewendet werden. — Die Genauigkeit der Resultate ist von der Sorgfalt bei der Ausführung geradezu abhängig. — Dieselbe wird auf die Spitze getrieben durch Anwendung des etwas complicirteren Verfahrens, welches E r d m a n n und **Marchand** zum Behufe der Atomgewichtsbestimmung des Quecksilbers und Schwefels angewendet haben, und hinsichtlich dessen ich auf die Originalarbeit verweisen muss. Journ. f. prakt. Chem. XXXI, S. 385; auch: Pharmaceut. Centralblatt. 1844. S. 354.

b. Auf nassem Wege.

Man fällt die mit freier Salzsäure versetzte, von etwa anwesender Salpetersäure durch wiederholtes Abdampfen mit Salzsäure befreite, in einem Kolben befindliche Lösung mit einer klaren, freie Salzsäure enthaltenden Auflösung von Zinnchlorür, welche man im Ueberschuss zusetzt, kocht kurze Zeit und lässt erkalten.

Die nach längerem Stehen völlig klar gewordene Flüssigkeit giesst man von dem metallischen, im günstigen Falle zu einer Kugel zusammengeflossenen Quecksilber ab, wäscht dieses durch Decantation erst mit Salzsäure enthaltendem, dann mit reinem Wasser ab und bestimmt es sodann wie in a.

Haben sich die Quecksilbertheilchen nicht zu einer Kugel vereinigt, so giesst man die klare Lösung ab, giebt etwas mässig verdünnte Salzsäure in den Kolben und kocht kurze Zeit, wodurch man seinen Zweck in der Regel bald erreicht. — Eigenschaften des Quecksilbers §. 63.

Statt des Zinnchlorürs kann man sich auch anderer Reductionsmittel, so der phosphorigen Säure, der schwefligen Säure etc. bedienen.

Diese Methode giebt nur bei sehr sorgfältiger Ausführung genaue Resultate. In der Regel wird zu wenig erhalten, vergleiche Versuch Nro. 68. (Derselbe rührt nicht von mir selbst, sondern von einem meiner Schüler her.) Der Verlust ist jedoch nicht in der Methode begründet, wie gewöhnlich angenommen wird, d. h. er rührt nicht von dem beim Kochen und Trocknen verdampfenden Quecksilber her

(Vers. Nro. 50), sondern seine Ursache ist die, dass man in der Regel das Quecksilber nicht ganz vollständig absitzen lässt und überhaupt durch Mangel an Sorgfalt beim Decantiren, Abtrocknen mit Papier etc. Verlust veranlasst. — Enthält eine Lösung viel Salpetersäure, so ist es jedenfalls besser, das Quecksilber als Schwefelquecksilber zu bestimmen.

2. *Bestimmung als Quecksilberchlorür.*

Man versetzt die Quecksilberlösung mit Salzsäure, sofern sie solche noch nicht enthält, fügt Kalilauge zu, bis der Ueberschuss der Säure beinahe, aber noch nicht ganz, gesättigt ist, vermischt mit einer Lösung von ameisensaurem Natron im Ueberschuss und stellt 4 Tage lang an einen 60 bis 80° C. warmen Ort. Nach dieser Zeit filtrirt man die Lösung von dem gefällten Quecksilberchlorür ab und bringt dieses auf ein bei 100° getrocknetes und gewogenes Filter. Das Filtrat lässt man nochmals 24 Stunden bei 60 bis 80° C. stehen. Bildet sich in dieser Zeit wiederum ein Niederschlag von Calomel, so filtrirt man denselben zum ersten und lässt das Filtrat noch einmal in der Wärme stehen, — bleibt hingegen das Filtrat klar, so ist man sicher, alles Quecksilber auf dem Filter zu haben. Man wäscht alsdann aus, trocknet bei 100° und wägt. — Uebersteigt die Temperatur beim Fällen 80° um ein Erhebliches, so fällt der Niederschlag durch eingemengtes Quecksilber grau aus. Der Versuch ist in solchem Falle zu verwerfen.

Diese Methode schreckt durch ihre Langwierigkeit ab und giebt nur bei grösster Vorsicht genaue Resultate. — Wirklichen Werth hat sie nur für die Scheidung des Quecksilbers von einigen anderen Metallen.

3. *Bestimmung als Quecksilbersulfid.*

a. Hat man eine von Salpetersäure freie

Quecksilberoxydlösung, so macht man sie, wenn sie es noch nicht ist, mit ein wenig Salzsäure sauer, bringt sie in eine mit einem Glasstopfen verschliessbare Flasche und versetzt mit frisch bereitetem klaren und gesättigten Schwefelwasserstoffwasser im geringen Ueberschuss, so dass nach dem Umschütteln der Geruch nach Schwefelwasserstoff deutlich hervortritt, verstopft die Flasche und lässt absitzen.

b. Ist der Quecksilbergehalt so bedeutend, dass man eine zu grosse Menge Schwefelwasserstoffwasser nöthig hätte, so leitet man in die mässig verdünnte Lösung gewaschenes Schwefelwasserstoffgas.

c. Enthält die Lösung Salpetersäure, so versetzt man sie mit Kali, bis dieselbe fast abgestumpft ist (die Säure muss jedoch noch vorwalten), fügt alsdann eine klare Cyankaliumlösung im Ueberschuss zu und fällt das Quecksilber aus dieser Lösung durch Schwefelwasserstoffwasser, durch eingeleitetes Gas oder auch durch farbloses Schwefelammonium.

Nach dem Absitzen filtrirt man den Niederschlag auf einem gewogenen Filter ab, wäscht ihn rasch mit kaltem Wasser aus, trocknet bei 100° und wägt.

Sollte durch irgend eine Veranlassung, z. B. durch die Gegenwart von Eisenoxyd, Chromsäure etc., der Niederschlag freien Schwefel enthalten, so bringt man ihn noch feucht sammt dem Filter in einen kleinen Kolben, erwärmt ihn darin mit Salzsäure und fügt tropfenweise Salpetersäure zu, bis der ausgeschiedene Schwefel eine rein gelbe Farbe angenommen hat; man verdünnt alsdann mit Wasser, filtrirt und fällt neuerdings als Schwefelquecksilber und zwar nach c.

Eigenschaften des Niederschlages siehe §. 63.

Diese Methode verdient nach meiner Erfahrung vor den

übrigen den Vorzug. Ihre Resultate sind bei gehöriger Sorgfalt höchst genau.

4. *Bestimmung als Quecksilberoxyd.*

Handelt es sich darum, Quecksilber in Verbindungen seiner Oxyde mit den Säuren des Stickstoffs zu bestimmen, so kann dies — nach M a r i g n a c (Jahresb. von L i e b i g und K o p p 1849. S. 594) — sehr gut in Form von Oxyd geschehen. — Man erhitzt zu dem Behuf das Salz in einer Kugelröhre, deren eines in eine Spitze ausgezogenes Ende in Wasser taucht, während das andere mit einem Gasometer in Verbindung steht, mittelst dessen man, so lange erhitzt wird, trockene Luft durchleitet, wodurch man leicht die völlige Zersetzung des Salzes vollbringt, ohne doch die zu erreichen, bei welcher das Oxyd selbst zerlegt werden würde.

5. *Bestimmung durch Maassanalyse* (nach L i e b i g, Annal. der Chem. und Pharm. 85, 307).

Dieselbe beruht darauf, dass phosphorsaures Natron zwar aus salpetersaurer Quecksilberoxydlösung, nicht aber aus Quecksilberchloridlösung phosphorsaures Quecksilberoxyd in Gestalt eines anfangs flockigen, bald aber krystallinisch werdenden, weissen Niederschlages fällt, und dass daher Chlornatrium den in ersterer Lösung entstandenen Niederschlag — so lange er noch nicht krystallinisch geworden — mit Leichtigkeit wieder löst, indem sich phosphorsaures Natron und Quecksilberchlorid bilden. Kennt man daher die zur Lösung des Niederschlages erforderliche Menge Kochsalz, so ergiebt sich daraus auch die des Quecksilbers; denn je 1 Aeq. Chlornatrium löst 1 Aeq. Quecksilberoxyd (in Form von phosphorsaurem Oxyd), somit sind 0,54103 Grm. Chlornatrium erforderlich, um 1 Grm. des Oxyds zu lösen.

a. *Bereitung der titrirten Chlornatriumlösung.* Man löst 10,8206

Grm. reines Chlornatrium in Wasser zu 1 Liter Flüssigkeit (L i e b i g mischt 20 C.C. bei gewöhnlicher Temperatur gesättigte Kochsalzlösung mit 566,8 C.C. Wasser). Jeder C.C. der auf eine oder die andere Art bereiteten Lösung entspricht 0,020 Grm. Quecksilberoxyd.

b. *Herstellung der Quecksilberoxydlösung.* Dass dieselbe frei von Chlorverbindungen sein und alles Quecksilber als Oxyd enthalten müsse, ergiebt sich aus dem Gesagten von selbst; aber auch eine gewisse Verdünnung ist nöthig, wenn der Versuch gut gelingen soll. Nach L i e b i g's Angabe ist es gut, wenn die zur Probe dienende Quecksilberlösung in 10 C.C. nicht mehr als etwa 0,2 Grm. Oxyd enthält. — Findet man daher bei einem ersten vorläufigen Versuch, dass die Concentration zu stark ist, so verdünnt man sie entsprechend, ehe man zur eigentlichen Bestimmung schreitet. — Die Quecksilberlösung darf ferner nicht zu viel freie Säure enthalten; sie enthält die richtige Menge, wenn nach dem Zusatz der sogleich anzugebenden Menge von phosphorsaurer Natronlösung die Mischung nicht mehr sauer reagirt. Eine zu stark saure Lösung versetzt man mit kohlensaurem Natron, bis sich basisches Salz niederschlägt und löst dieses mit einem oder zwei Tropfen Salpetersäure wieder auf.

c. *Ausführung.* Dieselbe lässt sich in zweierlei Art bewerkstelligen; am besten wendet man beide an, da die erste ein etwas zu hohes, die zweite ein etwas zu niedriges Resultat liefert, und sich somit bei Combinirung beider die Fehler ausgleichen.

Methode I. Man misst 10 C.C. von der Quecksilberlösung in ein Becherglas ab, setzt 3–4 C.C. einer gesättigten Lösung von phosphorsaurem Natron zu und lässt sogleich, ehe der Niederschlag krystallinisch geworden, Kochsalzlösung — zuletzt sehr behutsam — zufliessen, bis der Niederschlag eben verschwunden ist.

Angenommen, man habe hierzu 12,5 C.C. Kochsalzlösung verbraucht, so misst man (Methode II.) jetzt 12,5 derselben Kochsalzlösung ab, setzt 3 bis 4 C.C. phosphorsaure Natronlösung zu und lässt zu dieser Mischung aus einer Bürette von der nämlichen Quecksilberlösung fliessen, bis ein bleibender Niederschlag sich eben einstellt. Gesetzt, man habe dazu 10,25 C.C. Quecksilberlösung verbraucht, so ergiebt sich der wahre Gehalt derselben aus der Betrachtung, dass 12,5 + 12,5 = 25 C.C. Kochsalzlösung 10 + 10,25 = 20,25 Quecksilberoxydlösung entsprochen haben. Da nun 1 C.C. Kochsalzlösung 0,020 Grm. Quecksilberoxyd entspricht, so entsprechen 25 C.C. 0,5 Grm. — Diese waren in den 20,25 C.C. der Quecksilberlösung enthalten.

Das Verfahren, in dieser Weise ausgeführt, liefert, wie L i e b i g durch zahlreiche Belege erwiesen hat, sehr annähernde Resultate, z. B. 0,1878 Grm. statt 0,1870, — 0,174 Grm. statt 0,1748 Grm, — 0,1668 Grm. statt 0,1664 Grm. etc.

§. 95.

5. K u p f e r o x y d.

a. Auflösung.

Die meisten Verbindungen des Kupferoxyds lösen sich in Wasser. Das metallische Kupfer, das Oxyd und seine in Wasser unlöslichen Salze löst man in verdünnter Salpetersäure. Schwefelkupfer erwärmt man so lange mit mässig verdünnter Salpetersäure, bis der ausgeschiedene Schwefel rein gelb erscheint. Durch Zusatz von etwas Salzsäure kann man die vollständige Zersetzung sehr beschleunigen.

b. Bestimmung.

Das Kupfer wird nach §. 64 in der Kegel als Oxyd

gewogen. In diese Form bringt man es entweder geradezu durch Fällung oder Glühen, oder nach vorhergegangener Fällung als Schwefelkupfer. — Ausser diesen Methoden kann man noch ein indirectes Verfahren, sowie verschiedene maassanalytische Methoden anwenden. — Während letztere fast in allen Fällen anwendbar sind, kann man bestimmen

1. Als Kupferoxyd

    a. durch Fällung als solches

α. *direct*:

Sämmtliche in Wasser lösliche Kupferoxydsalze, sowie diejenigen unlöslichen, deren Säuren sich beim Auflösen in Salpetersäure entfernen lassen, sofern keine nichtflüchtige organische Substanz zugegen ist.

β. *nach vorhergegangenem Glühen der Verbindung*:

Die in α. genannten Salze, sofern eine nichtflüchtige organische Substanz beigemischt ist; also namentlich Kupfersalze mit nichtflüchtigen organischen Säuren.

    b. durch Fällung als Schwefelkupfer.:

Sämmtliche Verbindungen ohne Ausnahme.

    c. durch Glühen.

Die Sauerstoffsalze mit leicht flüchtigen oder in der Hitze leicht zersetzbaren Säuren (kohlensaures, salpetersaures Kupferoxyd).

Die indirecte Methode, mehr noch die maassanalytischen eignen sich namentlich für technisch-chemische Zwecke.

1. *Bestimmung als Kupferoxyd.*

    a. Durch directe Fällung als solches.

α. *Aus neutraler oder saurer Lösung.*

Man erhitzt die am zweckmässigsten in einer

Porzellanschale befindliche, ziemlich verdünnte Kupferlösung zum anfangenden Kochen, fügt reine etwas verdünnte Natron- oder Kalilauge zu, so lange ein Niederschlag entsteht, erhält noch einige Minuten bei einer dem Siedepunkte nahen Temperatur, lässt kurze Zeit absitzen, filtrirt die Flüssigkeit, übergiesst den Niederschlag mit Wasser, erhitzt zum Kochen, lässt etwas absitzen und wiederholt die eben beschriebene Operation. Zuletzt bringt man den gesammten Niederschlag auf das Filter, wäscht ihn mit heissem Wasser vollkommen aus, trocknet und glüht in einem Platintiegel nach §. 36. Nach heftigem Glühen und nachdem man die Filterasche mit dem Inhalt des Tiegels vereinigt hat, bringt man diesen unter eine Glocke neben Schwefelsäure, stellt ihn auf die Wage, wenn er sich noch ein wenig warm anfühlt, und wägt möglichst schnell.

Sollten sich Theilchen des Kupferoxyds so fest an die Schale angesetzt haben, dass sie auf mechanische Weise sich nicht wegbringen lassen (was jedoch bei genauer Befolgung der oben beschriebenen Methoden nicht leicht der Fall sein wird), so löst man dieselben nach vollständigem Auswaschen der Schale mit ein paar Tropfen Salpetersäure und dampft die so erhaltene Lösung über dem Oxyd ab, bevor man dasselbe glüht.

Eigenschaften des Niederschlages §. 64. Diese Methode giebt bei genauer Befolgung der gegebenen Regeln ganz genaue Resultate.

Bei Nichtbeachtung der gegebenen Regeln kann das Resultat zu hoch oder zu niedrig ausfallen. So schlägt sich nicht alles Kupferoxyd nieder, wenn man eine concentrirte Lösung fällt, — so bleibt der Niederschlag kalihaltig, wenn man nicht sehr sorgfältig mit heissem Wasser auswäscht, — so erhält man ein zu grosses Gewicht, wenn man den geglühten Niederschlag vor dem Wägen eine Zeit lang an der Luft stehen lässt etc., — so ein zu niedriges, wenn man das Filter mit dem Oxyd glüht, da hierdurch letzteres mehr oder wenig reducirt wird. — Hat sich Oxyd reducirt, so befeuchtet man mit etwas Salpetersäure, verdampft vorsichtig zur Trockne und erhitzt behutsam, zuletzt heftig.

Man mache es sich zur Regel, die von dem Niederschlag abfiltrirte Flüssigkeit mit Schwefelwasserstoffwasser auf einen Kupfergehalt zu prüfen. Erfolgt hierdurch Bräunung oder Niederschlag, während man doch genau nach Angabe gefällt hat, so ist ein Gehalt der Flüssigkeit an organischer Substanz die Ursache. Man engt in diesem Falle Filtrat und Waschwasser durch Abdampfen ein, fällt mit Schwefelwasserstoffwasser, verfährt mit dem ausgewaschenen Schwefelkupfer nach c. und filtrirt das erhaltene Oxyd zur Hauptmenge.

β. *Aus alkalischer Lösung.*

Auch aus ammoniakalischer Auflösung kann das Kupferoxyd durch Kali gefällt werden. Man verfährt in der Hauptsache wie in a. Nach dem Fällen erhitzt man, bis die über dem Niederschlage stehende Flüssigkeit völlig farblos geworden, und filtrirt alsdann so rasch wie möglich ab. Lässt man die Flüssigkeit mit dem Niederschlage erkalten, so löst sich wieder ein wenig von demselben auf und man erleidet Verlust.

b. Durch Fällung als Oxyd nach vorhergegangenem Glühen der Substanz.

α. Man erhitzt in einem Porzellantiegel bis zur Zerstörung der organischen Substanz, löst den Rückstand in verdünnter Salpetersäure, filtrirt, wenn nöthig, und verfährt nach a. α. oder (nach vorhergegangenem Abdampfen) nach d. —

β. Bei Kupfersalzen mit organischen Säuren lässt sich die Bestimmung häufig auch in der Art vornehmen, dass man den geglühten Rückstand mit Salpetersäure befeuchtet, eindampft, nochmals befeuchtet, wieder eindampft und endlich vorsichtig glüht.

Man hat bei dieser letzteren Methode aus dem §. 79. 2. b. angeführten Grunde in der Regel einen unbedeutenden Verlust.

c. Durch Fällung als Schwefelkupfer.

Man versetzt die Lösung, welche alkalisch, neutral oder mässig sauer sein kann, aber keinen grossen Ueberschuss von Salpetersäure enthalten darf, je nach der Menge des Kupfers, entweder mit starkem Schwefelwasserstoffwasser, oder man fällt sie durch Einleiten von Schwefelwasserstoffgas, filtrirt nach völliger Ausscheidung rasch ab, wäscht den Niederschlag ohne Pause mit schwefelwasserstoffhaltigem Wasser aus und trocknet ihn im Filter. Alsdann schüttet man dessen Inhalt in ein Becherglas, verbrennt das Filter in einem kleinen Porzellanschälchen, vereinigt die Asche mit dem Niederschlage, übergiesst mit mässig verdünnter Salpetersäure, setzt etwas Salzsäure zu und erwärmt gelinde, bis der ausgeschiedene Schwefel rein gelb geworden. Man verdünnt nun mit Wasser, filtrirt und fällt nach a.

d. Durch Glühen.

Man erhitzt das zu zersetzende Salz in einem Platin- oder Porzellantiegel bei anfangs ganz gelinder, allmälig zum heftigen Glühen gesteigerter Hitze und wägt den Rückstand. Da das salpetersaure Kupferoxyd bei der Zersetzung stark spritzt, so bringt man es zweckmässig in einen kleineren bedeckten Platintiegel, stellt diesen in einen grossen, ebenfalls bedeckten und glüht so. Resultate bei gehöriger Vorsicht sehr genau.

2. *Indirecte Bestimmung mittelst metallischen Kupfers.*

a. (Nach L e v o l.) Man bringt die Kupferoxydlösung in

ein mit einem Glasstopfen verschliessbares Glas, fügt Ammon im Ueberschuss hinzu, so dass man eine klare lasurblaue Lösung bekommt, füllt das Glas mit ausgekochtem Wasser beinahe voll, stellt einen völlig blanken, genau gewogenen Kupferstreifen hinein, verstopft fest und lässt bei gewöhnlicher Temperatur stehen, bis die Flüssigkeit völlig farblos geworden. Man nimmt alsdann den Kupferstreifen heraus, spült ihn ab, trocknet und wägt ihn. Sein Gewichtsverlust giebt die Menge des in der Lösung enthalten gewesenen Kupfers und zwar bei sorgfältiger Ausführung mit grosser Genauigkeit an. — Unangenehm, ist der Umstand, dass der Versuch 3–4 Tage und oft noch länger dauert. — Dass bei dieser Bestimmung in der Flüssigkeit neben dem Kupfer keine Metalle aufgelöst sein dürfen, die durch Kupfer gefällt werden, liegt auf der Hand. [Während R i e g e l (Archiv der Pharm. 56, 40) befriedigende Resultate bei Anwendung dieser Methode gewann, erhielt P h i l i p p s (Annal. d. Chem. und Pharm. 81, 208) 15 bis 20 Proc. zuviel.]

b. (Nach R u n g e.) Hat man eine von Salpetersäure (und Eisenoxyd) freie Kupferchloridlösung, so kann man ihren Kupfergehalt auch in der Weise bestimmen, dass man sie, in ziemlich verdünntem Zustande und mit freier Salzsäure versetzt, in einem langhalsigen Kolben mit einem gewogenen Kupferstreifen gelinde kocht, bis die Lösung farblos geworden, alsdann den Kupferstreifen herausnimmt, gut abspült, trocknet und wägt (vergl. §. 90). Resultate nach R i e g e l's Versuchen befriedigend.

Dieses Verfahren ist fördernder, als das sub 2. a. angegebene.

3. *Bestimmung durch Maassanalyse.*

a. M e t h o d e v o n P e l o u z e Versetzt man eine mit Ammon übersättigte Kupferoxydlösung bei gewöhnlicher

Temperatur mit Schwefelnatrium, so entsteht ein schwarzer Niederschlag von Schwefelkupfer (CuS), der sich schwierig absetzt und an der Luft rasch Sauerstoff aufnimmt. Fällt man dagegen zwischen 65° und 85° C., so entsteht zwar ein schwarzer Niederschlag; derselbe ist aber eine Verbindung von Schwefelkupfer mit Kupferoxyd (5 CuS + CuO), setzt sich leicht ab und oxydirt sich schwierig. Enthält die ammoniakalische Lösung fremde Metalle, so fällt von diesen Nichts nieder, so lange noch Kupfer gelöst ist. — Erhitzt man andauernd und so stark, dass die Temperatur höher steigt, so nimmt obige Verbindung noch mehr Kupferoxyd auf; auch geht ein Theil in Oxydul über, welches in der ammoniakalischen Lösung bleibt, indem der abgegebene Sauerstoff mit dem Schwefel des Schwefelkupfers zu unterschwefliger Säure zusammentritt. — Kennt man daher die Menge einer Schwefelnatriumlösung von bekanntem Gehalt, welche nöthig ist, um aus einer ammoniakalischen Kupferoxydlösung alles Kupfer bei etwa 75° C. auszufällen, so ergiebt sich deren Gehalt.

Die Schwefelnatriumlösung bereitet man nach der in §. 92. 7. a. angegebenen Methode. Ihren Gehalt stellt man auf folgende Weise fest.

Man löst etwa 1 Grm. reines Kupfer in der nöthigen Menge Salpetersäure, oder eine entsprechende Menge reinen Kupfervitriols in Wasser, setzt etwa 30 C.C. starke Ammonflüssigkeit hinzu und erhitzt die in einem Kolben befindliche klare, lasurblaue Lösung mittelst einer kleinen Weingeistlampe mit kurz abgeschnittenem Docht zum gelinden Sieden. Wenn dies anfängt, zeigt ein eingetauchtes Thermometer 50–60°C. Man setzt nun, während das Erhitzen fortgesetzt wird (ein Ueberschreiten der Grenze von 85° C. ist nicht leicht zu fürchten, wenn man der Flüssigkeit von Zeit zu Zeit etwas Ammon zusetzt, da dieses beim Verdunsten viel Wärme bindet), von der

Schwefelnatriumlösung zu. Sobald die blaue Farbe der Lösung sich so nicht mehr deutlich erkennen lässt, nimmt man die Lampe kurze Zeit weg, wäscht die Wandungen des Kolbens mittelst einer Spritzflasche mit etwas Ammon ab und lässt ein wenig absitzen. Hat man sich so überzeugt, dass die Flüssigkeit noch blau ist, stellt man die Lampe wieder unter und setzt einige Tropfen Schwefelnatriumlösung zu. So fährt man fort, bis die Flüssigkeit auch nach dem Absitzen farblos erscheint.

Zum Behuf der Analyse verfährt man nun mit der sauren Lösung einer abgewogenen Menge der Kupferverbindung genau so, wie dies eben beschrieben worden ist. Man wägt zweckmässig so viel der Kupferverbindung ab, dass darin etwa 1 Grm. Kupfer enthalten ist.

Vor jeder neuen Versuchsreihe muss der Gehalt der Schwefelnatriumlösung wiederum festgestellt werden. — Ein Versuch erfordert etwa 10 Minuten. Die Resultate sind bei gehöriger Vorsicht befriedigend.

b. Methode von Schwarz (Annal. der Chem. u. Pharm. 84, 84). Versetzt man eine Kupferoxydlösung mit einer genügenden Menge eines weinsauren Alkalis und fügt Natronlauge zu, so erhält man eine tief dunkelblaue Flüssigkeit. Erwärmt man dieselbe und fügt eine hinreichende Menge Traubenzucker zu, so fällt nach kurzer Zeit alles Kupfer als Oxydul nieder. — Erwärmt man dieses mit Eisenchlorid und Salzsäure, so löst es sich, indem folgende Umsetzung stattfindet:

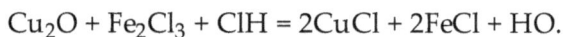

$$Cu_2O + Fe_2Cl_3 + ClH = 2CuCl + 2FeCl + HO.$$

Je 1 Aeq. Kupfer reducirt somit 1 Aeq. Eisen aus Chlorid zu Chlorür. Bestimmt man daher die Menge des letzteren, so ergiebt sich auch die Menge des Kupfers.

Man löst die abgewogene Kupferverbindung in Wasser

oder Salpetersäure, versetzt sie in einer geräumigen Porzellanschale in der Kälte mit einer Auflösung von neutralem weinsaurem Kali, dann mit Natron- oder Kalilauge im Ueberschuss, fügt zu der dunkelblauen Flüssigkeit eine wässerige Lösung von Trauben- oder Milchzucker in genügender Menge und erwärmt im Wasserbade, bis die Flüssigkeit am Rande eine braune Färbung zeigt, zum Beweis, dass alles Kupfer gefällt ist, und das Kali nun auf den Zucker bräunend wirkt. Nachdem sich der Niederschlag abgesetzt hat, wird filtrirt. Es läuft meistens eine tiefbraune Flüssigkeit ab, welche, wenn Waschwasser hinzukommt, eine gelblichtrübe Berührungsschicht darbietet. Beim Mischen verschwindet dieselbe sogleich und rührt somit nicht von durchs Filter gedrungenem Kupferoxydul her. — Das Kupferoxydul wird mit heissem Wasser ausgewaschen, bis dieses farblos abläuft; in der Schale fest haftendes Kupferoxydul lässt man darin. Man bringt nun das Filter mit dem Oxydul in die Schale, setzt reine (von Salpetersäure und von Chlorür freie) Eisenchloridlösung in einigem Ueberschuss nebst etwas Salzsäure zu und erwärmt unter Umrühren gelinde, wodurch sich das anfangs entstandene Kupferchlorür leicht löst. Die entstandene grüne Lösung filtrirt man in einen geräumigen Kolben, wäscht die Reste des ersten Filters mit heissem Wasser wohl aus und bestimmt nun — nach Abkühlung bis zu etwa 30° C. — die Menge des entstandenen Eisenchlorürs nach §. 89. 2. Je 350 Theile Eisen, welche im Zustande von Oxydul oder Chlorür vorhanden sind, entsprechen 396 Theilen Kupfer. — Die Resultate sind befriedigend.

§. 96.

6. Wismuthoxyd.

a. Auflösung.

Das metallische Wismuth, das Oxyd und alle sonstigen Wismuthverbindungen löst man am zweckmässigsten in mehr oder weniger verdünnter Salpetersäure.

b. Bestimmung.

Das Wismuth wird nach §. <u>65</u> als Oxyd gewogen. In diese Form führt man die Verbindungen entweder durch Fällung als kohlensaures Salz oder durch Glühen über. Der ersteren lässt man zuweilen eine Abscheidung als Schwefelwismuth vorhergehen.

Man führt über

in Wismuthoxyd.

a. *durch Fällung als kohlensaures Wismuthoxyd*: Sämmtliche Wismuthverbindungen, welche sich in Salpetersäure zu salpetersaurem Wismuthoxyd lösen, so dass gleichzeitig k e i n e andere Säure in der Lösung bleibt.

b. *durch Glühen*: α. Wismuthsalze mit leichtflüchtigen Sauerstoffsäuren. — β. Wismuthsalze mit organischen Säuren.

c. *durch Fällung als Schwefelwismuth*: Die Verbindungen des Wismuths in allen Fällen, in welchen sie nicht nach a. oder b. in Oxyd übergeführt werden können.

Bestimmung des Wismuths als Oxyd.

a. Durch Fällung als kohlensaures Wismuthoxyd.

Man versetzt die Wismuthlösung, nachdem man sie, sofern sie zu concentrirt sein sollte, mit Wasser verdünnt hat, mit kohlensaurem Ammon im Ueberschuss (ob durch die Verdünnung mit Wasser basisch salpetersaures Wismuthoxyd niedergeschlagen worden ist oder nicht, ist für die Bestimmung völlig gleichgültig), erhitzt eine kurze Zeit bis fast zum Kochen, filtrirt alsdann, trocknet und glüht. Man verfährt hierbei genau wie beim Glühen, des kohlensauren Bleioxyds (§. 92). Das kohlensaure Wismuthoxyd geht durch das Glühen in reines Oxyd über. — Eigenschaften des Niederschlages und Rückstandes §. 65. — Die Methode giebt, wenn die angegebenen Bedingungen ihrer Zulässigkeit erfüllt sind, sehr genaue Resultate. Dieselben sind in der Regel um ein Unbedeutendes zu gering, da das kohlensaure Wismuthoxyd in kohlensaurem Ammon nicht absolut unlöslich ist. — Würde man auf die angegebene Art das Wismuth aus einer Schwefelsäure oder Salzsäure enthaltenden Lösung fällen, so bekäme man ein unrichtiges Resultat, weil im ersten Falle das Oxyd einen Gehalt an basisch schwefelsaurem Salze, im letzten von basischem Chlorwismuth haben würde. — Filtrirte man den Niederschlag ohne zu erwärmen ab, so würde man einen bedeutenden Verlust erleiden, weil in dem Falle sich noch nicht alles basisch kohlensaure Wismuthoxyd ausgeschieden hätte (Vers. Nr. 69).

b. Durch Glühen.

α. Verbindungen wie kohlensaures oder salpetersaures Wismuthoxyd glüht man in einem Porzellantiegel, bis sie an Gewicht nicht mehr abnehmen.

β. Bei Verbindungen mit organischen Säuren verfährt man wie bei den entsprechenden Kupferoxydverbindungen §. 95. 1. b. β.

c. Durch Fällung als Schwefelwismuth.

Man fällt die verdünnte Lösung mit Schwefelwasserstoff-Wasser oder Gas. (Dem zum Verdünnen bestimmten Wasser setzt man etwas Essigsäure zu, so dass kein basisches Salz gefällt wird.) Den Niederschlag filtrirt man und wäscht ihn aus; — oder man versetzt mit Ammon bis zur Abstumpfung der freien Säure, dann mit Schwefelammonium im Ueberschuss.

Hätte man die feste Ueberzeugung, dass mit dem Schwefelwismuth kein freier Schwefel gefällt worden ist, so könnte man es als solches wägen. Da man aber bei Wismuthverbindungen meist mit sehr sauren, salpetersäurehaltigen Lösungen zu thun hat, so dass leicht etwas Schwefelwasserstoff zersetzt werden kann, so ist es am sichersten, das Schwefelwismuth in Oxyd zu verwandeln.

Man bringt zu diesem Behuf das Filter mit dem Niederschlage nach dem Auswaschen noch feucht in ein Becherglas, erwärmt mit mässig starker Salpetersäure bis zur völligen Zersetzung, verdünnt mit Wasser, dem man etwas Essigsäure oder Salpetersäure zugesetzt hat, filtrirt, wäscht mit eben solchem Wasser das Filter aus und fällt das Filtrat nach a.

§. 97.

7. C a d m i u m o x y d .

a. Auflösung.

Cadmium, Cadmiumoxyd und alle in Wasser unlöslichen Cadmiumverbindungen löst man in Salzsäure oder Salpetersäure.

b. Bestimmung.

Das Cadmium wird nach §. 66 entweder als *Oxyd* oder als *Schwefelcadmium* gewogen.

Man kann verwandeln in

1. C a d m i u m o x y d
   a. *durch Fällen*: Die in Wasser löslichen Verbindungen,
      — diejenigen unlöslichen, deren Säure beim
      Auflösen in Salzsäure entfernt wird, —
      Cadmiumsalze mit organischen Säuren.
   b. *durch Glühen*: Die Cadmiumsalze mit leicht
      flüchtigen oder leicht zersetzbaren unorganischen

343

Sauerstoffsäuren.

2. Schwefelcadmium

Sämmtliche Cadmiumverbindungen ohne Ausnahme.

1. *Bestimmung als Cadmiumoxyd.*

a. Durch Fällung.

Man fällt mit kohlensaurem Kali und glüht den ausgewaschenen Niederschlag von kohlensaurem Cadmiumoxyd, wodurch er in reines Oxyd übergeht. Verfahren beim Fällen und Glühen wie bei Zink §. 85. — Eigenschaften des Niederschlages und Rückstandes §. 66. Genauigkeit und Fehlerquellen wie bei Zink §. 85.

b. Durch Glühen.

Verfahren wie bei Zink §. 85.

2. *Bestimmung als Schwefelcadmium.*

Man fällt neutrale oder saure Lösungen mit Schwefelwasserstoff-Wasser oder Gas, alkalische mit Schwefelammonium, sammelt den Niederschlag auf einem gewogenen Filter, wäscht aus, trocknet bei 100° und wägt. — Eigenschaften des Niederschlages §. 66. Resultate genau.

Sollte das Schwefelcadmium freien Schwefel enthalten, so verwandelt man es in salpetersaures Cadmiumoxyd oder Chlorcadmium und fällt als kohlensaures Salz. Verfahren wie bei Zink §. 85. b.

Sechste Gruppe.

Goldoxyd, Platinoxyd, Antimonoxyd, Zinnoxyd, Zinnoxydul, arsenige und Arseniksäure.

§. 98.

1. Goldoxyd.

a. Auflösung.

Metallisches Gold und sämmtliche in Wasser unlösliche Goldverbindungen erwärmt man mit Salzsäure und fügt nach und nach Salpetersäure zu bis zur erfolgten Lösung, oder man digerirt wiederholt mit starkem Chlorwasser. Letztere Methode wendet man namentlich dann an, wenn man kleine Mengen Gold lösen und beigemengte fremde Oxyde ungelöst lassen will.

b. Bestimmung.

Das Gold wird nie anders als im reinen Zustande gewogen. In diesen Zustand bringt man seine Verbindungen entweder durch Glühen, oder durch Fällen als Gold oder Schwefelgold.

Man verwandelt in

G o l d:

a. *durch Glühen*: Sämmtliche Verbindungen des Goldes, in welchen keine an und für sich fixe Säure enthalten ist.

b. *durch Fällung als Gold*: Alle Verbindungen ohne Ausnahme, bei denen a. sich nicht anwenden lässt.

c. *durch Fällung als Schwefelgold*: Goldverbindungen, wenn sie sich mit gewissen anderen Metallen in einer Lösung befinden, behufs der Scheidung.

Bestimmung als metallisches Gold.

a. Durch Glühen.

Man erhitzt in einem bedeckten Porzellan- oder Platintiegel anfangs sehr gelinde, zuletzt zum Glühen und wägt das rückbleibende reine Gold. — Eigenschaften des Rückstandes §. 67. Resultate höchst genau.

b. Durch Fällung als Gold.

α. Ist die Goldlösung frei von Salpetersäure, so versetzt man sie mit etwas Salzsäure, sofern sie noch keine solche im freien Zustande enthält, fügt eine klare Auflösung von schwefelsaurem Eisenoxydul im Ueberschuss zu, erwärmt gelinde ein paar Stunden hindurch, bis sich das gefällte feine Goldpulver abgesetzt hat, filtrirt, wäscht aus, trocknet und glüht nach §. 35. Die Fällung nimmt man am besten in einer Porzellanschale vor, weil man aus einer solchen das schwere feine Pulver leichter abspülen kann, als aus einem Becherglase. — Die Genauigkeit der Resultate hängt lediglich von der Sorgfalt bei der Ausführung ab, denn Fehlerquellen hat die Methode nicht.

β. Enthält die Goldlösung Salpetersäure, so dampft man sie unter von Zeit zu Zeit erneutem Zusatze von Salzsäure im Wasserbade bis zur Syrupconsistenz ab, nimmt den Rückstand mit Salzsäure enthaltendem Wasser auf und verfährt mit der Lösung nach α. Sollte sich der Rückstand nicht klar lösen, d. h. sollte Goldpulver ungelöst bleiben, herrührend von in Chlorür und Gold zerlegtem Chlorid, so ändert dies das Verfahren in keiner Weise.

γ. In Fällen, in welchen man kein Eisen in das Filtrat zu bekommen wünscht, reducirt man das Gold mit Oxalsäure in folgender Weise. Man versetzt die, nöthigenfalls von Salpetersäure nach β. befreite, in einem Becherglase befindliche Lösung mit oxalsaurem Ammon im Ueberschuss, fügt etwas Salzsäure hinzu, falls solche noch nicht zugegen sein sollte, und stellt das Glas, mit einer Glasplatte bedeckt, zwei Tage an einen mässig warmen Ort. Nach dieser Zeit findet sich alles Gold in gelben Blättchen ausgeschieden, welche man abfiltrirt, wäscht, trocknet und glüht.

c. Durch Fällung als Schwefelgold.

Man leitet in die verdünnte Lösung Schwefelwasserstoff im Ueberschuss, filtrirt den Niederschlag ohne zu erwärmen rasch ab und glüht ihn nach dem Auswaschen und Trocknen in einem Porzellan- oder Platintiegel. Eigenschaften des Niederschlages §. 67. — Fehlerquellen keine.

§. 99.

2. Platinoxyd.

a. Auflösung.

Metallisches Platin, sowie sämmtliche in Wasser unlösliche Platinverbindungen löst man durch Digestion mit Königswasser in gelinder Wärme.

b. Bestimmung.

Das Platin wird unter allen Umständen im reinen Zustande gewogen. Man führt es in denselben entweder durch Fällung als Kalium-Platinchlorid, Ammonium-Platinchlorid oder Schwefelplatin, oder durch Glühen über.

Sämmtliche Platinverbindungen lassen sich in den meisten Fällen auf jede der angeführten Weisen in Platin überführen. Welche in speciellen Fällen die zweckmässigste ist, ergiebt die Betrachtung der Umstände leicht. Wenn sie zulässig ist, verdient die Ueberführung in Platin durch blosses Glühen den Vorzug. Die Fällung als Schwefelplatin wendet man nur bei Scheidung des Platins von anderen Metallen an.

Bestimmimg als Platin.

a. Durch Fällung als Ammonium-Platinchlorid.

Man versetzt die in einem Becherglase befindliche Lösung mit Ammon, bis der Ueberschuss der Säure (sofern welcher vorhanden) grösstentheils, aber nicht ganz, gesättigt ist, fügt Salmiak im Ueberschuss hinzu und versetzt mit einer ziemlich bedeutenden Menge absoluten Alkohols. (Ist die Platinlösung zu verdünnt, so concentrirt man sie zuvor.) Man lässt nunmehr den Niederschlag in dem mit einer Glasplatte zu bedeckenden Glase 24 Stunden stehen, filtrirt ihn alsdann (auf einem nicht gewogenen Filter) ab, wäscht ihn mit Weingeist von etwa 80 Proc. aus, bis die Substanzen, von denen man das Platin trennen will, weggewaschen sind, trocknet sorgfältig, glüht und wägt. — Bei dem Glühen verfährt man folgendermaassen. Man bringt den Niederschlag im Filter eingehüllt in einen gewogenen Platintiegel, bedeckt denselben und erhitzt ihn längere Zeit ganz gelinde, bis kein Salmiak mehr entweicht, alsdann nimmt man den Deckel weg, legt den Tiegel schief (§. 35) und lässt das Filter verbrennen. Sollte dies nicht leicht geschehen, so kann man mit ein wenig trocknem salpetersaurem Ammon nachhelfen. — Zuletzt giebt man eine Zeit lang starke Hitze und wägt dann. — Eigenschaften des Niederschlages und Rückstandes §. 68. Die Resultate fallen befriedigend aus, in der Regel um ein Unbedeutendes zu gering, weil der Platinsalmiak in Weingeist nicht ganz unlöslich ist (Vers. Nr. 15), und weil bei nicht ganz vorsichtigem Erhitzen mit den Salmiakdämpfen leicht eine Spur des unzerlegten Doppelsalzes weggeführt wird.

Ungenaue Resultate würde man erhalten, wenn man den Platinsalmiak als solchen wöge, indem es, wie ich mich durch directe Versuche überzeugte, nicht möglich ist, denselben durch Auswaschen mit Weingeist von allem mit niedergefallenen Salmiak zu befreien, ohne gleichzeitig einen merklichen Antheil Platinsalmiak aufzulösen. — In der Regel fallen aber so erhaltene Resultate um einige Procent zu hoch aus.

b. Durch Fällung als Kalium-Platinchlorid.

Man versetzt die in einem Becherglase befindliche Lösung (sofern nöthig) mit Kali, bis der grösste Theil der freien Säure abgestumpft ist, alsdann mit Chlorkalium im geringen Ueberschuss und fügt — nöthigenfalls nach vorherigem Concentriren — eine ziemliche Menge absoluten Alkohols hinzu. Nach 24 Stunden filtrirt man den Niederschlag auf einem gewogenen Filter ab, wäscht ihn mit 70procentigem Spiritus aus, trocknet ihn vollkommen bei 100° und wägt ihn. — Man wägt alsdann eine Kugelröhre leer, bringt einen Theil des getrockneten Niederschlages in die Kugel, reinigt die Röhrenansätze mittelst einer Federfahne und bestimmt das Gewicht des Inhalts der Kugel. Man verbindet die Kugelröhre nunmehr mit einem Apparat, aus dem sich trockenes Wasserstoffgas entwickelt (Fig. 42), erhitzt den Niederschlag in dem Wasserstoffstrome zum Glühen, bis sich keine salzsauren Dämpfe mehr entbinden (was durch Annäherung eines mit Ammon befeuchteten Stäbchens leicht zu ersehen), lässt erkalten, füllt die Röhre mit Wasser, giesst die entstandene Chlorkaliumlösung vorsichtig ab, wäscht das rückbleibende Platin sorgfältig aus, trocknet alsdann die Röhre (was am einfachsten mit Hülfe des Wasserstoffstromes geschieht) durch Erhitzen vollständig aus, wägt das erhaltene Platin und berechnet daraus die Gesammtmenge des im erst gewogenen Niederschlag enthaltenen.

Eigenschaften des Niederschlages und Rückstandes §. 68. Die Resultate fallen genauer aus, als bei der sub a. genannten Methode, indem einerseits das Kalium-Platinchlorid unlöslicher ist als der Platinsalmiak, und indem andererseits beim Glühen minder leicht ein Verlust entsteht. Weniger genau fallen dieselben aus, wenn man das Glühen nicht in einem Wasserstoffstrome, sondern im Tiegel vornimmt, indem alsdann die Zersetzung (wenigstens bei grösseren Mengen) nicht ganz vollständig ist. — Das Kalium-Platinchlorid als solches zu wägen, ist nicht ausführbar, da man es — ohne einen Theil zu lösen — nicht vollständig durch Auswaschen mit Weingeist von mit niedergefallenem Chlorkalium befreien kann.

c. Durch Fällung als Schwefelplatin.

Man fällt die Platinlösung je nach Umständen durch Schwefelwasserstoff-Wasser oder Gas, erhitzt die Mischung bis zum beginnenden Kochen, filtrirt, wäscht aus und glüht den getrockneten Niederschlag nach §. 35. — Eigenschaften des Niederschlages und Rückstandes §. 68. — Resultate genau.

d. Durch Glühen.

Verfahren wie unter gleichen Umständen bei Gold §. 98. — Eigenschaften des Rückstandes §. 68. Resultate höchst genau.

§. 100.

3. Antimonoxyd.

a. Auflösung.

Das Antimonoxyd sowie sämmtliche in Wasser unlösliche, oder durch Wasser zersetzbare Antimonverbindungen löst man in mehr oder weniger concentrirter Salzsäure, metallisches Antimon am besten in Königswasser. Beim Kochen einer salzsäuren Lösung des Antimonchlorürs verflüchtigen sich Spuren des letzteren. Concentrirt man daher eine solche Lösung durch Abdampfen, so entsteht daraus Verlust. — Wäre bei sehr verdünnten Lösungen Abdampfen geboten, so übersättige man jene mit Kalilauge.

b. Bestimmung.

Das Antimon wird entweder als *Schwefelantimon*, im *regulinischen Zustande* oder als *antimonige Säure* (SbO_4) gewogen.

Man kann verwandeln in

1. Schwefelantimon:
   Alle Antimonverbindungen ohne Ausnahme.
2. Metallisches Antimon:
   Alle Antimonoxydverbindungen ohne Ausnahme.
3. Antimonige Säure
   Die Oxyde des Antimons und ihre Verbindungen mit leicht flüchtigen oder zersetzbaren Sauerstoffsäuren.

Die Methode 2. wird in der Regel nur bei der Scheidung des Antimons vom Zinn zu Hülfe genommen und wir verweisen deshalb hinsichtlich ihrer auf den fünften Abschnitt.

1. *Fällung als Schwefelantimon.*

351

a. Man ist überzeugt, Antimonoxyd oder die ihm entsprechende Chlorverbindung in Auflösung zu haben, und es ist keine den Schwefelwasserstoff zersetzende Substanz in Lösung[7]. Man versetzt die Antimonlösung mit etwas Salzsäure, sofern sie solche noch nicht enthält, dann mit Weinsäure und verdünnt sie, wenn nöthig, mit Wasser in ziemlichem Grade. In die klare Lösung leitet man alsdann Schwefelwasserstoffgas bis zum starken Vorwalten, stellt das Becherglas mit einer Glasplatte bedeckt eine halbe Stunde an einen mässig warmen Ort, filtrirt den Niederschlag ohne Unterbrechung auf einem gewogenen Filter ab, wäscht mit Wasser vollständig aus, trocknet bei 100° und wägt. — Eigenschaften des Niederschlages §. 69. Die Resultate fallen in der Regel um ein Unbedeutendes zu hoch aus, indem es leicht geschieht, dass sich aus dem Schwefelwasserstoff eine Spur Schwefel niederschlägt.

Man versäume nie, nach dem Wägen einen kleinen Theil des Niederschlages in Salzsäure in der Hitze zu lösen. Bleibt hierbei kein Schwefel oder nur eine nicht nennenswerthe Spur, so ist das Resultat als zuverlässig zu betrachten, im anderen Falle hat man mit dem Niederschlage nach b. zu verfahren.

b. Es ist neben dem Antimonoxyd antimonige Säure oder Antimonsäure in Lösung, oder dieselbe enthält eine den Schwefelwasserstoff zersetzende Substanz. Man verfährt wie in a., mit dem Unterschiede, dass man, ehe man abfiltrirt, die gefällte Flüssigkeit so lange mit Papier bedeckt an einem mässig warmen Orte stehen lässt, bis der Geruch nach Schwefelwasserstoff verschwunden ist.

Der Niederschlag, welchen man wie in a. gewogen hat, ist eine unbekannte Schwefelungsstufe des Antimons, gemengt mit freiem Schwefel, also in anderem Ausdrucke Antimon + x Schwefel.

Ehe man demnach einen Schluss auf die Menge des Antimons machen kann, muss man entweder das Antimon vom Schwefel getrennt wägen, oder man muss die Menge des im Niederschlage enthaltenen Schwefels kennen lernen.

Das Erstere kann geschehen, wenn man das Schwefelantimon in einer Kugelröhre, durch welche Wasserstoffgas strömt, erhitzt, bis kein Schwefelwasserstoff mehr gebildet wird. Da aber hierbei ein Verlust von Antimon kaum vermieden werden kann, indem sehr leicht ein kleiner Theil dem Wasserstoffgas mechanisch folgt, so wendet man statt dieser besser die Methode der Schwefelbestimmung an und verfährt also:

Nachdem man den im Filter bei 100° getrockneten Niederschlag in einem Platintiegel gewogen hat, schüttet man den Inhalt des Filters, so weit er sich ohne viel Reiben losmachen lässt, vorsichtig in einen trocknen Kolben, bringt alsdann das Filter mit dem noch anhängenden Niederschlag in den Tiegel zurück, bestimmt sein Gewicht und findet demnach so als Differenz die Menge des im Kolben befindlichen Niederschlages. Man übergiesst denselben nunmehr in dem Kolben mit rother rauchender Salpetersäure, welche von Schwefelsäure ganz frei sein muss, tropfenweise. Wenn die heftigste Einwirkung vorüber ist, fügt man noch etwas mehr Salpetersäure sowie etwas Salzsäure zu und erwärmt; oder man bringt zu dem im Kolben befindlichen Schwefelantimon chlorsaures Kali, dann Salpetersäure (welche nicht rauchend zu sein braucht) oder auch starke Salzsäure, und lässt anfangs in der Kälte, später in mässiger Wärme einwirken. — Sobald Alles gelöst ist, oder etwa ausgeschiedener Schwefel rein gelb erscheint, fügt man ungesäumt Weinsäure in hinlänglicher Menge zu und verdünnt sodann mit Wasser. — Es sind nunmehr zwei

353

Fälle möglich.

α. *Man hat eine völlig klare Lösung, in der auch kein ausgeschiedener Schwefel mehr schwimmt.* Man fügt alsdann eine Auflösung von Chlorbaryum im geringen Ueberschuss hinzu und bestimmt den niederfallenden schwefelsauren Baryt nach §. 105. Man vergesse nicht, denselben sorgfältig auszusüssen und nach dem Glühen nochmals mit Salzsäure und Wasser zu behandeln. Man berechnet jetzt die Quantität Schwefel, welche im erhaltenen schwefelsauren Baryt enthalten ist. Dieselbe ist gleich der in dem oxydirten Antheil des Schwefelantimons enthalten gewesenen. Da das Verhältniss dieses Theils zu der ganzen Quantität des Schwefelantimon-Niederschlages bekannt ist, so ist demnach auch der Schwefelgehalt, also auch der Antimongehalt des letzteren durch eine einfache Rechnung zu finden.

β. *In der an und für sich klaren Lösung befindet sich ausgeschiedener Schwefel.* Man filtrirt alsdann durch ein kleines gewogenes Filter, wäscht den darauf gespülten Schwefel aus, trocknet denselben bei 100° und wägt ihn. Mit dem Filtrat verfährt man wie in α. Bei der Berechnung addirt man den im schwefelsauren Baryt gefundenen Schwefel zu dem direct erhaltenen.

2. *Bestimmung als antimonige Säure.*

Man dampft die fragliche Verbindung mit Salpetersäure vorsichtig ab und glüht zuletzt längere Zeit, bis ihr Gewicht constant bleibt. Der Versuch kann ohne Gefahr im Platintiegel gemacht werden. Hat man mit Antimonsäure zu thun, so ist das Abdampfen mit Salpetersäure nicht nöthig. — Eigenschaften des Rückstandes §. 69. Fehlerquellen keine.

§. 101.

4. Zinnoxydul und 5. Zinnoxyd.

a. Auflösung.

Bei Auflösung der in Wasser löslichen Zinnverbindungen setzt man, um eine klare Lösung zu erhalten, etwas Salzsäure zu. Die in Wasser unlöslichen Verbindungen lösen sich fast alle in Salzsäure oder Königswasser. Die unlösliche Modifikation des Zinnoxyds, sowie die Verbindungen desselben lassen sich dadurch, dass man sie feingepulvert mit überschüssigem Kali- oder Natronhydrat im Silbertiegel schmilzt, zur Auflösung in Salzsäure vorbereiten. — Metallisches Zinn löst man am besten in Königswasser. In der Regel wird es aber bei seiner Bestimmung in Oxyd verwandelt, ohne vorher gelöst worden zu sein. — Saure Zinnlösungen, welche Salzsäure oder ein Chlormetall enthalten, lassen sich weder so, noch nach Zusatz von Salpetersäure oder Schwefelsäure durch Abdampfen concentriren, ohne dass sich Zinnchlorid verflüchtigt.

b. Bestimmung.

Das Zinn wird als Oxyd gewogen oder mittelst Maassanalyse bestimmt. In die Form des Oxyds bringt man es entweder durch Behandlung mit Salpetersäure, durch Fällung als Oxydhydrat oder durch Fällung als Schwefelzinn.

Man kann verwandeln in

Zinnoxyd:

a. durch Behandeln mit Salpetersäure metallisches Zinn und diejenigen Zinnverbindungen, welche keine fixen Säuren enthalten, sofern keine Chlorverbindungen zugegen sind;

b. durch Fällung als Oxydhydrat alle Zinnverbindungen, welche flüchtige Säuren enthalten, sofern nichtflüchtige organische

Substanzen und Eisenoxyd nicht zugegen sind;

c. durch Fällung als Schwefelzinn: alle Zinnverbindungen ohne Ausnahme.

Bei den Methoden a. und c. ist es gleichgültig, ob das Zinn als Oxydul oder Oxyd zugegen ist; die Methode b setzt Oxyd, die maassanalytischen Methoden setzen Oxydul voraus. — Wie man Zinnoxydul und Zinnoxyd neben einander bestimmt, wird im fünften Abschnitte gezeigt werden.

1. *Bestimmung des Zinns als Oxyd.*

a. Durch Behandeln mit Salpetersäure.

Diese Methode ist hauptsächlich üblich, um metallisches Zinn in Oxyd überzuführen. — Man übergiesst das fein zertheilte Metall in einem geräumigen Kolben nach und nach mit ziemlich starker reiner Salpetersäure (1,3 specif. Gew. etwa), den Kolben bedeckt man mit einem Uhrglase. — Nachdem die heftigste Einwirkung vorüber, erhitzt man den Kolben längere Zeit gelinde, bis das entstandene Oxyd rein weiss erscheint und keine weitere Einwirkung der Säure mehr zu bemerken ist. Man fügt Wasser zu, filtrirt, wäscht aus, trocknet, glüht und wägt. Das Glühen vollbringt man am besten in einem kleinen Porzellantiegel nach §. 35. Doch lassen sich auch Platintiegel anwenden. — Zinnverbindungen, welche frei von fixen Substanzen sind, lassen sich auch in der Art in Oxyd überführen, dass man sie in einem Porzellantiegel mit Salpetersäure übergiesst, zur Trockne verdampft und den Rückstand glüht. Bei Anwesenheit von Schwefelsäure unterstützt man zuletzt deren Entfernung durch kohlensaures Ammon wie bei saurem schwefelsaurem Kali (vergl. §. 76). — Eigenschaften des Rückstandes §. 70. Fehlerquellen keine.

b. Durch Fällung als Oxydhydrat.

Diese Methode setzt voraus, dass alles Zinn als Chlorid oder Oxyd vorhanden ist. Enthält daher eine Lösung Oxydul, so versetzt man sie mit Chlorwasser, leitet Chlor ein oder erwärmt gelinde mit chlorsaurem Kali, bis das Oxydul in Oxyd übergeführt ist. — Man fügt nunmehr Ammon zu, bis eben ein bleibender Niederschlag entsteht, dann tropfenweise Salzsäure, bis er sich wieder klar gelöst hat, und sorgt so, dass die Lösung nur eine kleine Menge überschüssiger Salzsäure enthält. Zu der so vorbereiteten Flüssigkeit bringt man eine concentrirte Auflösung von schwefelsaurem Natron (oder auch von salpetersaurem Kali, Natron oder Ammon) und erhitzt einige Zeit. Es schlägt sich hierdurch alles Zinn als Oxydhydrat nieder. Man filtrirt ab, wäscht aus (§. 31), trocknet und glüht. — Um gewiss zu sein, dass die Ausscheidung des Zinns vollendet ist, kann man vor dem Abfiltriren ein Paar Tropfen der über dem Niederschlag stehenden klaren Flüssigkeit in erwärmte Glaubersalzlösung bringen. Entsteht hierdurch kein Niederschlag mehr, so ist die Zersetzung beendigt.

Dieses Verfahren, welches von J. L ö w e n t h a l herrührt, ist von demselben in meinem Laboratorium wiederholt geprüft worden (Journ. f. prakt. Chem. 56, 366). Es liefert sehr genaue Resultate. Die Ausführung ist leicht und bequem. Die Zersetzung wird ausgedrückt durch die Gleichung: $SnCl_2 + 4NaO, SO_3 + 4HO = SnO_2, 2HO + 2NaCl + 2(NaO, HO, 2SO_3)$.

c. Durch Fällen als Schwefelzinn.

Man fällt die verdünnte neutrale oder saure Lösung mit Schwefelwasserstoff-Wasser oder Gas. War Oxydulsalz in der Lösung, ist der Niederschlag demnach braunes Zinnsulfür, so stellt man die mit Schwefelwasserstoff übersättigte Lösung eine halbe Stunde an einen mässig warmen Ort und filtrirt dann; war hingegen Oxydsalz zugegen, ist der

Niederschlag somit gelbes Zinnsulfid, so stellt man nach dem Fällen die Flüssigkeit so lange leicht bedeckt in gelinde Wärme, bis der Geruch nach Schwefelwasserstoff verschwunden, und filtrirt dann. — Den noch nicht ganz trockenen Niederschlag bringt man mit dem Filter in einen Porzellantiegel und erhitzt bei Luftzutritt lange Zeit ganz gelinde, bis kein Geruch nach schwefliger Säure mehr wahrzunehmen ist; dann erhitzt man stärker, endlich stark und behandelt — um etwaige Schwefelsäure zu entfernen — den Rückstand wiederholt mit etwas kohlensaurem Ammon (siehe a.). — Erhitzt man im Anfange sehr stark, so entweicht Zinnsulfid, dessen Dämpfe zu Oxyd verbrennen (H. R o s e). — Eigenschaften der Niederschläge §. 70. Resultate genau.

2. *Bestimmung durch Maassanalyse.*

Alle Methoden, das Zinn durch Maassanalyse zu bestimmen, beruhen darauf, dass man die Menge eines oxydirenden Mittels bestimmt, welche erforderlich ist, Zinnoxydul in Oxyd überzuführen. G a u l t i e r d e C l a u b r y benutzt als solches Jodtinctur, M è n e Eisenchlorid, P e n n y saures chromsaures Kali, S c h w a r z (bei Abwesenheit von Eisen) übermangansaures Kali.

Findet sich daher das Zinn bereits gänzlich als Oxydul in Lösung, oder soll nur die Menge bestimmt werden, welche dem vorhandenen Oxydul entspricht, so bieten diese Methoden keine Schwierigkeiten; ist dagegen das zu bestimmende Zinn ganz oder theilweise als Oxyd gelöst, so steigern sich dieselben beträchtlich.

Sie werden am besten überwunden bei Anwendung des Jodes als Oxydationsmittel.

Die Thatsachen, auf welchen dieselbe beruht, sind folgende:

1 Aeq. Jod führt 1 Aeq. Zinn aus dem Zustande des

Oxyduls oder Chlorürs in den des Oxyds oder Chlorids über, — und: Jod zu einer Eisenchlorürlösung gesetzt, veranlasst nicht die Bildung von Eisenchlorid.

Bei der Ausführung achte man auf Folgendes:

a. Die Lösung der Zinnverbindung wird wo möglich bloss durch Salzsäure bewirkt; gelingt dies nicht, so setzt man der Salzsäure Salpetersäure zu, aber so wenig als möglich.

b. Die salzsaure Auflösung wird mit einem Ueberschuss kleiner Drahtstiften gekocht, um vorhandenes Zinnchlorid in Chlorür zu verwandeln. Glaubt man, dass der Zweck erreicht ist, so giesst man die erkaltete Flüssigkeit in einen Messkolben und spült die ungelösten Stiftchen mit salzsäurehaltigem ausgekochtem Wasser ab. Von der auf ein bestimmtes Volumen gebrachten und gleichmässig gemischten Flüssigkeit giesst man nun eine Probe in kochende concentrirte Glaubersalzlösung. Entsteht hierdurch keine Trübung, so ist die Zinnlösung frei von Chlorid. Man nimmt daher mittelst einer graduirten Pipette eine Portion heraus, welche etwa 0,1 Grm. Zinn enthält, verdünnt mit etwas ausgekochtem Wasser, setzt ein wenig ganz dünnen Stärkekleister zu und tröpfelt nun eine Lösung von Jod in Jodkalium zu, bis der letzte Tropfen eine dauernde Blaufärbung hervorbringt. — Hat man die Jodlösung in der Bunsen'schen Verdünnung (siehe Jodbestimmung) bereitet (5 Grm. Jod mittelst 25 Grm. Jodkalium und dem nöthigen Wasser zu 1000 C.C. gelöst), enthält demnach jeder C.C. 0,005 Grm. Jod, so entspricht 1 C.C. verbrauchter Jodlösung 0,002317 Zinn, oder 50 C.C. = 100° entsprechen 0,116 Zinn.

c. Wäre bei der in b. besprochenen Prüfung die Glaubersalzlösung trüb geworden, so bringt man die mit der Pipette herauszunehmende, zur Prüfung bestimmte Portion in einen kleinen Kolben, setzt Salzsäure und Drahtstiftchen zu, legt den Kolben schief, kocht nochmals längere Zeit gelinde, giesst ab, spült nach und prüft wie oben. —

Zu der Penny'schen Methode bemerke ich, dass die Zersetzung nach der Gleichung erfolgt: $3SnCl + KO, 2CrO_3 + 7ClH = 3SnCl_2 + KCl + Cr_2Cl_3 + 7HO$. 1 Aeq. saures chromsaures Kali = 1858,26 entspricht somit 3 Aeq. Zinn = 2206, oder 0,8424 Grm. saures chromsaures Kali entsprechen 1,000 Zinn. (Nach Penny entsprechen 0,832 $KO, 2CrO_3$ 1 Grm. Zinn.)

Löst man daher 8,424 Grm. chemisch reines saures chromsaures Kali mit Wasser zu 500 C.C. auf, so entsprechen 50 C.C.= 100° 1,000 Grm. Zinn, d. h. sie reichen gerade hin, 1 Grm. Zinn aus dem Zustand des Oxyduls in den des Oxydes überzuführen.

Um den Punkt der beendigten Ueberführung des Chlorürs in Chlorid genau zu treffen, setzt man am besten der stark verdünnten Zinnlösung etwas dünnen Stärkekleister und einige Tropfen Jodkaliumlösung zu. Sobald das Chlorür gänzlich in Chlorid übergeführt ist, verwandelt der erste weitere Tropfen chromsaure Kalilösung die durchsichtige grüne Lösung in eine undurchsichtige blauviolette.

Dass man bei Anwendung des chromsauren Kalis eine Reduction des Chlorids zu Chlorür nicht durch Eisen vollführen kann, versteht sich von selbst. Man muss vielmehr hierzu eisenfreies Zink anwenden, durch welches jedoch leicht eine Ausscheidung von metallischem Zinn erfolgt. Findet dies Statt, so muss man unter Zusatz von Salzsäure erhitzen, bis dasselbe wieder gelöst ist.

§. 102.

6. Arsenige Säure und 7. Arsensäure.

a. Auflösung.

Die Verbindungen der arsenigen und Arsen-Säure, welche nicht in Wasser löslich sind, werden in Salzsäure oder Königswasser gelöst. Einige in der Natur vorkommende arsensaure Metalloxyde bereitet man zur Auflösung durch Schmelzen mit kohlensaurem Natron vor. — Metallisches Arsen sowie Arsenmetalle löst man in Königswasser, darin unlösliche schmelzt man mit Soda und Salpeter und verwandelt sie dadurch in lösliches arsensaures Alkali und unlösliches Metalloxyd. — Sofern die Auflösung irgend einer Arsenverbindung durch Erwärmung mit überschüssigem Königswasser bereitet worden ist, enthält dieselbe immer Arsensäure. Eine Auflösung von arseniger Säure in Chlorwasserstoffsäure kann nicht durch Eindampfen bei Siedhitze concentrirt werden, denn es entweicht mit den salzsauren Dämpfen Chlorarsen. Weit weniger leicht geschieht dies, wenn die Auflösung Arsensäure enthält. Doch ist es in allen Fällen anzurathen, wenn eine arsenhaltige salzsaure Lösung concentrirt werden soll, dieselbe zuvor alkalisch zu machen.

b. Bestimmung.

Das Arsen wird entweder als *arsensaures Bleioxyd*, als *arsensaure Ammon-Magnesia*, als *arsensaures Eisenoxyd* oder als *Schwefelarsen* gewogen. Es lässt sich aber auch auf *indirecte Weise*, sowie mittelst *Maassanalyse*, bestimmen.

Man kann überführen in

1. Arsensaures Bleioxyd

Arsenige Säure und Arsensäure, wenn sie allein in wässeriger oder salpetersaurer Lösung sind. (Säuren oder Salzbildner, welche mit Bleioxyd oder Blei fixe

Salze bilden, dürfen nicht zugegen sein.)

2. A r s e n s a u r e A m m o n - M a g n e s i a:

Arsensäure in allen Lösungen, die frei sind von
solchen Säuren oder Basen, die durch Magnesia oder
Ammon gefällt werden würden.

3. A r s e n s a u r e s E i s e n o x y d

Arsensäure in Lösungen, die frei sind von solchen
Substanzen, die mit niederfallen, wenn zu ihrer
Lösung Eisenchlorid, dann Ammon, beziehungsweise
kohlensaurer Baryt, gesetzt wird.

4. A r s e n s u l f ü r:

Alle Arsenverbindungen ohne Ausnahme.

Die indirecte Methode dient hauptsächlich zur Scheidung
der arsenigen Säure von der Arsensäure (vergl. Abschnitt
V.).

1. *Bestimmung als arsensaures Bleioxyd.*

a. Man hat Arsensäure in wässeriger Lösung.

Man bringt eine abgewogene Menge der Lösung in ein
Platin- oder Porzellanschälchen, fügt eine gewogene Menge
frisch geglühten reinen Bleioxyds hinzu (etwa fünf- bis
sechsmal soviel als Arsensäure vorhanden), verdampft
vorsichtig zur Trockne, erhitzt den Rückstand zum gelinden
Rothglühen und erhält ihn einige Zeit in dieser Temperatur.
— Der Rückstand ist arseniksaures Bleioxyd + Bleioxyd.
Zieht man von seiner Menge das Gewicht des zugesetzten
Bleioxyds ab, so resultirt das Quantum der Arsensäure. —
Eigenschaften des arsensauren Bleioxyds §. 71. Die Resultate
sind vollkommen genau, sofern man die bezeichnete
Temperatur nicht überschreitet.

b. Man hat arsenige Säure in Lösung.

Man versetzt die Lösung mit Salpetersäure, dann mit

einer gewogenen Menge überschüssigen Bleioxyds, verdampft und glüht im bedeckten Tiegel aufs Vorsichtigste, bis alles salpetersaure Bleioxyd zersetzt ist. Der Rückstand besteht alsdann ebenfalls aus Arsensäure + Bleioxyd. — Diese Methode erfordert grosse Vorsicht, denn beim Glühen des salpetersauren Bleioxyds entsteht leicht durch Decrepitiren Verlust.

2. *Bestimmung als arsensaure Ammon-Magnesia.*

Diese zuerst von L e v o l empfohlene Methode setzt voraus, dass alles Arsen als Arsensäure in Lösung ist. Wenn dies nicht der Fall, erwärmt man die Lösung in einem geräumigen Kolben gelinde mit Salzsäure und fügt chlorsaures Kali in kleinen Portionen zu, bis die Flüssigkeit stark nach chloriger Säure riecht, worauf man sie in gelinder Wärme stehen lässt, bis der angeführte Geruch nur noch schwach ist.

Man versetzt nun die Arsensäurelösung zuerst mit Ammon im Ueberschuss, wodurch sie — auch nach einigem Stehen — nicht getrübt werden darf, und fügt sodann eine Auflösung von schwefelsaurer Magnesia zu, welche soviel Salmiak enthält, dass sie durch Ammon nicht mehr getrübt wird. (Am besten ist es, eine solche bereits mit Ammon versetzte Magnesialösung vorräthig zu halten.) Die stark nach Ammon riechende Flüssigkeit lässt man 12 Stunden kalt stehen, filtrirt dann durch ein gewogenes Filter, wäscht den Niederschlag mit einer Mischung von 3 Wasser und 1 Ammonflüssigkeit aus, trocknet ihn bei 100° und wägt ihn. Er hat die Formel $AsO_5, 2MgO, NH_4O$ + aq. — Seine Eigenschaften siehe §. 71. Dieses Verfahren liefert recht gute Resultate. (Journ. f. prakt. Chem. 56, 32.)

3. *Bestimmung als arsensaures Eisenoxyd* (nach B e r t h i e r und v. K o b e l l).

a. Die Lösung enthält keine anderen fixen Basen als

Alkalien.

Man setzt eine bestimmte Menge Eisenoxydlösung von bekanntem Gehalte hinzu und fällt dann mit Ammon. (Der Niederschlag muss rothbraun sein, sonst war die Menge der zugesetzten Eisenoxydlösung zu gering.) Man lässt längere Zeit in gelinder Wärme stehen, filtrirt, wäscht aus, trocknet und erhitzt anfangs höchst gelinde (damit das Ammon bei einer Temperatur ausgetrieben wird, bei welcher es noch nicht reducirend auf die Arsensäure wirkt), allmälig stärker, endlich zum starken Glühen, bis das Gewicht constant bleibt. Der Rückstand ist basisch arsensaures Eisenoxyd + Eisenoxyd, oder, in anderem Ausdrucke, Eisenoxyd + Arsensäure. Zieht man die bekannte Menge des ersteren ab, so bleibt die Menge der letzteren. — Eine Eisenoxydlösung von bekanntem Gehalte erhält man entweder durch Auflösen einer gewogenen Menge von Claviersaitendraht in Salpetersäure (wobei man annimmt, dass 100 Draht 142,6 Oxyd liefern), oder durch Fällen einer salpetersauren Eisenoxydlösung von unbekanntem Gehalt mit Ammon, Auswaschen, Trocknen und Glühen (§. 90). Resultate genau. (Journ. f. prakt. Chem. 56. 32.)

b. Die Lösung enthält anderweitige fixe Basen.

Man ändert alsdann nach v. K o b e l l das B e r t h i e r'sche Verfahren in folgen der Weise, vorausgesetzt, dass die vorhandenen Basen durch kohlensauren Baryt in der Kälte nicht gefällt werden. Zu der mit der Eisenoxydlösung von bekanntem Gehalte versetzten Flüssigkeit fügt man statt des Ammons überschüssigen kohlensauren Baryt (ein grosser Ueberschuss von freier Säure kann vorher zweckmässig mit kohlensaurem Natron fast neutralisirt werden, doch muss die Flüssigkeit noch klar bleiben), lässt in der Kälte mehrere Stunden stehen und wäscht den Niederschlag (der alles Eisenoxyd, alle Arsensäure und überschüssigen kohlensauren Baryt enthält) mit kaltem Wasser erst durch

Decantation, dann auf dem Filter aus, trocknet ihn, glüht gelinde, aber längere Zeit, und wägt. Man löst den Rückstand in Salzsäure, bestimmt darin die Barytmenge mittelst Schwefelsäure, berechnet den erhaltenen schwefelsauren Baryt auf kohlensauren und zieht diesen nebst der bekannten Quantität des Eisenoxyds von dem Gesammtrückstande ab. Es resultirt so das Gewicht der Arsensäure. — Dies Verfahren setzt die Abwesenheit von Schwefelsäure voraus. Sollte solche zugegen sein, so müsste man sie mit Chlorbaryum ausfällen und den Niederschlag abfiltriren, bevor der kohlensaure Baryt zugesetzt wird.

4. *Bestimmung als Arsensulfür.*

a. Man hat in Auflösung arsenige Säure oder ein arsenigsaures Salz, frei von Arsensäure.

Man versetzt die in einer mit einem Glasstopfen verschliessbaren Flasche befindliche Lösung mit etwas Salzsäure, und fällt je nach Umständen mit Schwefelwasserstoff-Wasser oder Gas. — Man verstopft die Flasche, lässt sie eine Stunde stehen, leitet alsdann gewaschenes kohlensaures Gas hindurch, bis der Geruch nach Schwefelwasserstoff ziemlich verschwunden, lässt nochmals einige Zeit stehen, filtrirt auf einem gewogenen Filter ab, wäscht aus, trocknet bei 100° und wägt. — Eigenschaften des Niederschlages §. 71. Resultate genau.

Sollte die Lösung eine den Schwefelwasserstoff zersetzende Substanz (Eisenoxyd, Chromsäure etc.) enthalten, so dass das Gewicht des Niederschlages seines Gehaltes an freiem Schwefel halber keinen richtigen Schluss auf die Menge des darin enthaltenen Arsens gestattet, so verfährt man entweder genau so wie unter gleichen Umständen bei Schwefelantimon §. 100, d. h. man bestimmt den Schwefel im Niederschlage als solchen und als schwefelsauren Baryt, und zieht die Quantität des Schwefels von dem

Gesammtgewicht des Niederschlags ab; — oder man filtrirt das Schwefelarsen auf ungewogenem Filter ab, bringt es nach dem Auswaschen mit dem Filter in einen grossen Kolben und behandelt es mit chlorsaurem Kali und Salpetersäure in mässiger Wärme, bis alles Arsen gelöst ist. Man verdünnt, filtrirt, wäscht aus und bestimmt im Filtrat die Arsensäure nach 2. — Behandlung des mit Schwefel gemengten Niederschlages mit Ammon, wodurch Schwefelarsen gelöst werden, Schwefel ungelöst bleiben soll, giebt nur annähernde Resultate, da die ammoniakalische Schwefelarsenlösung etwas Schwefel aufnimmt.

b. Man hat in Auflösung Arsensäure, ein arsensaures Salz, oder ein Gemisch von beiden Oxydationsstufen.

Man versetzt die in einem Kolben befindliche Lösung mit einer starken wässerigen Lösung von schwefliger Säure im Ueberschuss, erhitzt bei schiefer Stellung des Kolbens langsam bis fast zum Kochen, erwärmt alsdann bei einer unter dem Siedepunkte liegenden Temperatur, bis die Flüssigkeit nicht mehr nach schwefliger Säure riecht, und verfährt mit der Lösung, die nunmehr nur noch arsenige Säure enthält, nach a.

5. *Bestimmung durch Maassanalyse.*

a. Nach B u n s e n[8].

Diese sinnreiche Methode gründet sich auf folgende Thatsachen:

aa. Wenn man saures chromsaures Kali mit concentrirter Chlorwasserstoffsäure kocht, so entweichen auf je 2 Aeq. Chromsäure 3 Aeq. Chlor ($2 CrO_3 + 6ClH = Cr_2Cl_3 + 3Cl + 6HO$).

bb. Geschieht dies aber bei Gegenwart von nicht überschüssiger arseniger Säure, so entweicht nicht die der Chromsäure entsprechende Menge Chlor, sondern soviel weniger, als nothwendig ist, um aus der arsenigen Säure Arsensäure zu machen ($AsO_3 + 2Cl + 2HO = AsO_5 + 2ClH$). Folglich hat man für 2 Aeq. Chlor, welche man mittelst der Chromsäure zu wenig erhalten hat, 1 Aeq. arsenige Säure in Rechnung zu bringen.

cc. Die Quantität des Chlors wird bestimmt, indem man die Menge des Jods bestimmt, welche dadurch aus Jodkalium freigemacht wird.

Ich begnüge mich hier damit, die Principien auseinander gesetzt zu haben. Auf die Ausführung komme ich bei der Bestimmung der Chromsäure zurück.

b. P. K o t s c h o u b e y hat die von R ä w s k y (§. 106. I. f.) angewendete Methode, die Phosphorsäure maassanalytisch zu bestimmen, auf Arsensäure angewandt (Journ. f. prakt. Chem. 49, 185). Die aus der essigsauren Lösung der arsensauren Verbindung (oder aus der salzsauren, nachdem man Ammon bis zur alkalischen, dann wieder Essigsäure bis zur sauren Reaction zugefügt hat) durch essigsaures Eisenoxyd (oder die im §. 106. I. f. angegebene Mischung von Eisenammonalaun und essigsaurem Natron) niedergeschlagene Verbindung hat, nach K o t s c h o u b e y, die Formel Fe_2O_3, $AsO_5 + 5HO$, somit ist für je 2 Aeq. Eisen (700 Gewichtstheile) 1 Aeq. Arsensäure (1437,5) in Rechnung zu bringen. — Die Reduction vollbringt K o t s c h o u b e y mit Zink, wodurch das Arsen theils niedergeschlagen, theils als Arsenwasserstoff verflüchtigt wird. — Nach meiner Ansicht sind gegen diese Methode dieselben Bedenken zu erheben, wie gegen die R ä w s k y'sche Methode der Phosphorsäurebestimmung.

II. Die Gewichtsbestimmung der Säuren in Verbindungen, in welchen nur eine — frei oder gebunden — enthalten ist, und ihre Scheidung von den Basen.

Erste Gruppe.

Arsenige Säure, Arsensäure, Chromsäure,
Schwefelsäure, Phosphorsäure, Borsäure,
Oxalsäure, Fluorwasserstoffsäure,
Kohlensäure, Kieselsäure.

§. 103.

1. Die arsenige Säure und Arsensäure

haben wir ihres Verhaltens zu Schwefelwasserstoff wegen
bei den Basen (§. 102) abgehandelt und erwähnen sie hier
nur, um die Stelle anzuzeigen, an welche sie eigentlich
gehören. Ihre Scheidung von Basen werden wir im fünften
Abschnitte besprechen.

§. 104.

2. Chromsäure.

I. Bestimmung.

Man bestimmt die Chromsäure entweder als *Chromoxyd*
oder als *chromsaures Bleioxyd*. Sie lässt sich aber auch aus der
Menge Kohlensäure bestimmen, die sie bei Einwirkung auf
überschüssige Oxalsäure entwickelt, sowie durch
maassanalytische Verfahrungsweisen.

a. *Bestimmung als Chromoxyd.*

α. Man reducirt die Chromsäure zu Oxyd und bestimmt
dieses (§. 84). — Die Reduction geschieht entweder, indem
man die Auflösung mit Salzsäure und Alkohol erwärmt, —
indem man Schwefelwasserstoff in die mit Salzsäure
versetzte Lösung leitet, — oder indem man eine starke
Lösung von schwefliger Säure zumischt und gelinde
erwärmt. — Bei concentrirten Lösungen wendet man meist
die erste, bei verdünnten eine der letzteren Methoden an. In
Bezug auf die erste ist zu bemerken, dass der Alkohol

verjagt werden muss, bevor man das Chromoxyd mit Ammon fällen kann, — in Bezug auf die zweite, dass man die mit Schwefelwasserstoff übersättigte Lösung so lange an einen gelinde warmen Ort stellt, bis sich der ausgeschiedene Schwefel abgesetzt hat.

β. Man fällt die neutrale, oder durch Salpetersäure schwach saure Lösung mit salpetersaurem Quecksilberoxydul, filtrirt den entstandenen rothen Niederschlag von chromsaurem Quecksilberoxydul ab, wäscht ihn mit einer verdünnten Auflösung von salpetersaurem Quecksilberoxydul aus, trocknet, glüht und wägt das zurückbleibende Chromoxyd (H. R o s e).

b. *Bestimmung als chromsaures Bleioxyd.*

Man versetzt die Lösung mit essigsaurem Natron im Ueberschuss, fügt, wenn nöthig, Essigsäure zu bis zur schwach sauren Reaction und fällt mit neutralem essigsaurem Bleioxyd. Der ausgewaschene Niederschlag wird entweder auf einem gewogenen Filter gesammelt, im Wasserbade getrocknet und gewogen, oder aber nach §. 36 gelinde geglüht und gewogen. Eigenschaften desselben §. 72. Resultate genau.

c. *Bestimmung mittelst Oxalsäure* (nach V o h l).

Wird Chromsäure mit Oxalsäure zusammengebracht, so giebt erstere Sauerstoff an diese ab, es entsteht Chromoxyd, und Kohlensäure entweicht ($2CrO_3 + 3C_2O_3 = Cr_2O_3 + 6CO_2$). 3 Aeq. Kohlensäure (825) entsprechen somit 1 Aeq. Chromsäure (634,7). Die Ausführung geschieht ganz in derselben Weise, welche unten bei der Prüfung des Braunsteins angeführt werden wird. Für je 1 Thl. Chromsäure sind 2¼ Thle. oxalsaures Natron erforderlich. Soll im Rückstand mit der Chromsäure in Verbindung gewesenes Alkali bestimmt werden, so wendet man oxalsaures Ammon an.

d. *Bestimmung durch Maassanalyse.*

α. Nach S c h w a r z.

Das Princip dieser Methode ist dasselbe, welches dem P e n n y'schen Verfahren, das Eisen zu bestimmen, zu Grunde liegt.

Die Ausführung ist einfach. Man vermischt eine überschüssige Menge Eisenoxydulauflösung, deren Gehalt an Oxydul man vorher nach §. 89. 2. a. oder b. festgestellt hat, mit der durch Schwefelsäure angesäuerten Lösung der chromsauren Verbindung und bestimmt alsdann die noch vorhandene Menge des Eisenoxyduls nach §. 89. 2. a. oder b. Aus der Differenz ergiebt sich, wie viel Eisen durch die Chromsäure aus Oxydul in Oxyd übergeführt worden ist. 1 Gramm Eisen entspricht 0,6045 Chromsäure (vergl. auch §. 92. 3.).

β. Nach B u n s e n[9].

Kocht man ein chromsaures Salz mit einem Ueberschusse von rauchender Salzsäure, so entweichen auf je 2 Aeq. Chromsäure 3 Aeq. Chlor. Z. B. $KO, 2CrO_3 + 7ClH = KCl + Cr_2Cl_3 + 7HO + 3Cl$. — Leitet man das entweichende Gas in überschüssige Jodkaliumlösung, so setzen die 3 Aeq. Chlor 3 Aeq. Jod in Freiheit. Bestimmt man dies nach der in §. 114 zu beschreibenden Methode, so erfährt man die Menge der Chromsäure, denn 4758 Jod entsprechen 1269,4 Chromsäure.

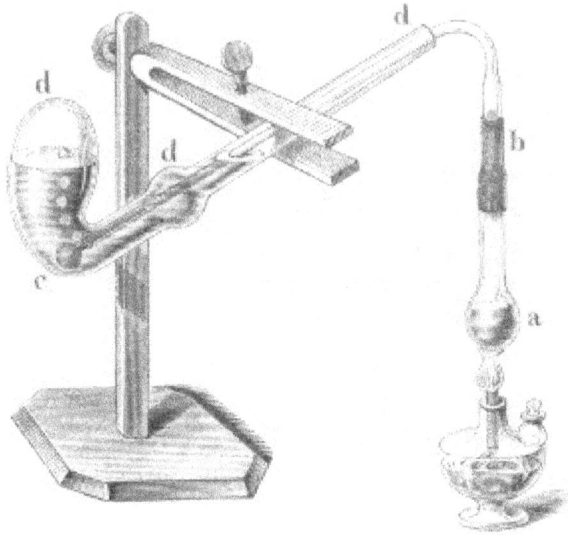

Fig. 46.

Der Versuch wird auf folgende Art ausgeführt: Man bringt die abgewogene Probe des chromsauren Salzes in das vor der Lampe geblasene, nur 36 bis 40 C.C. fassende Kölbchen *a* (Fig. 46), füllt dasselbe mit rauchender Salzsäure zu ⅔ an und steckt das Entwickelungsrohr mittelst einer dickwandigen, gut schliessenden vulcanisirten Kautschukröhre *b* auf den Hals des Kölbchens. — Ein Verlust an Chlor ist dabei nicht zu befürchten, da die Ausscheidung desselben erst bei dem Erwärmen beginnt. Nachdem man darauf das kleine, als Ventil dienende Glaskügelchen *c* mit seinem zugeschmolzenen Stiel in die Röhrenmündung gesteckt hat, senkt man das Entwickelungsrohr in den Hals der mit Jodkaliumlösung[10] angefüllten Retorte *ddd*, welche ungefähr 160 C.C. fasst und an deren Hals eine kleine, vor der Glasbläserlampe geblasene Erweiterung zur Aufnahme der bei dem Versuch emporgepressten Flüssigkeit angebracht ist. Man erhitzt nunmehr das Kölbchen. Nach zwei bis drei Minuten langem Kochen ist alles Chlor übergegangen und durch sein Aequivalent freien Jods in der Jodkaliumlösung ersetzt. Man giesst nun den Inhalt der Retorte in ein Becherglas und verfährt nach §. 114. I. c. Die Methode giebt, wie B u n s e n gezeigt hat, sehr befriedigende Resultate.

II. Trennung der Chromsäure von den Basen.

Der ersten Gruppe:

α. Man reducirt die Chromsäure nach I. und trennt Chromoxyd und Alkalien nach §. 123.

β. Chromsaures Ammon führt man durch vorsichtiges Glühen in Chromoxyd über.

Der zweiten Gruppe:

α. Man schmelzt die Verbindung mit 4 Theilen kohlensauren Natronkalis. Beim Behandeln mit heissem Wasser bleiben die alkalischen Erden im kohlensauren Zustande zurück, die Chromsäure kommt an Alkali gebunden in Lösung. Erstere können, da sie Alkali enthalten, nicht geradezu gewogen werden, letztere bestimmt man nach I.

β. Man löst in Salzsäure, reducirt die Chromsäure nach I. a. und trennt Chromoxyd und alkalische Erde nach §. 124.

Der dritten Gruppe:

α. Von T h o n e r d e.

Man fällt aus der Lösung die Thonerde durch Ammon oder kohlensaures Ammon (§. 83), im Filtrat bestimmt man die Chromsäure nach I. (Vergleiche auch §. 125).

β. Von C h r o m o x y d.

aa. M a n h a t i n L ö s u n g. Man fällt die Chromsäure nach I. a. β oder nach I. b. und trennt im Filtrat

Chromoxyd und Quecksilberoxydul, beziehungsweise Bleioxyd nach §. 130.

bb. Man hat in unlöslicher Verbindung (als neutrales chromsaures Chromoxyd). Man glüht, der Rückstand ist Oxyd, der Verlust Sauerstoff, aus welchem die Chromsäure zu berechnen.

cc. (Nach Vo h l.) Man bestimmt zuerst die Kohlensäure, welche die Verbindung, so wie sie ist, aus Oxalsäure entwickelt, alsdann behandelt man die Flüssigkeit, besser noch eine neu abgewogene zweite Portion, wie ein Oxydsalz (§. 84) und prüft wieder. Aus dem zweiten Versuch ergiebt sich das Chrom im Ganzen, aus dem ersten das als Chromsäure vorhandene, aus der Differenz das Oxyd. — In ähnlicher Weise lassen sich Oxyd und Säure auch

dd. durch Maassanalyse neben einander bestimmen (§. 84).

Der vierten Gruppe:

α. Man verfährt wie in b. α. angegeben. Die Metalle bleiben beim Behandeln der geschmolzenen Masse als Oxyde zurück. — Sollte diese Methode auf Mangan angewendet werden, so müsste man die Schmelzung in einer Kugelröhre in einem Strome von kohlensaurem Gas vornehmen.

β. Man reducirt die Chromsäure nach I. a. und trennt das Chromoxyd von den fraglichen Metallen nach §. 128.

Der fünften und sechsten Gruppe:

α. Man fällt die mit freier Säure versetzte Lösung mit Schwefelwasserstoff. — Die Metalle der 5. und 6. Gruppe werden nebst freiem Schwefel gefällt (§. 91 bis §. 102), die Chromsäure wird reducirt. Man fällt das Oxyd im Filtrat nach I. a.

β. Chromsaures Bleioxyd zerlegt man zweckmässig durch

Erhitzen mit Salzsäure und etwas Alkohol, und Trennen des entstandenen Chlorbleies vom gebildeten Chromchlorür durch Alkohol (vergl. §. 130). Man versäume nicht, die alkoholische Lösung mit Schwefelsäure zu prüfen. Entsteht hierdurch ein Niederschlag von schwefelsaurem Bleioxyd, so ist derselbe abzufiltriren, zu wägen und in Rechnung zu bringen.

§. 105.

3. S c h w e f e l s ä u r e .

I. Bestimmung.

Die Schwefelsäure wird stets am besten als *schwefelsaurer Baryt* bestimmt. In Betreff einer neu vorgeschlagenen maassanalytischen Bestimmung von S c h w a r z verweise ich auf die Originalabhandlung in Ann. der Chem. u. Pharm. 84, 99. Das Verfahren ist zu complicirt, um praktisch zu sein; es erfordert drei titrirte Lösungen und macht zwei Filtrationen mit Auswaschen nöthig.

1. Man setzt zu der Lösung, wenn nöthig, etwas Salzsäure bis zur sauren Reaction, erhitzt fast zum Sieden, fügt Chlorbaryum in geringem Ueberschuss hinzu und verfährt alsdann nach §. 79. 1. a. Das Auswaschen geschieht am besten zuerst durch Decantation. — Enthielt die Lösung Salpetersäure, so schlägt sich mit dem schwefelsauren Baryt leicht etwas salpetersaurer Baryt nieder, welcher nur durch fortgesetztes Auswaschen mit heissem Wasser entfernt werden kann, worauf wohl Rücksicht zu nehmen. — Unter allen Umständen setze man das Auswaschen so lange fort, bis das letztablaufende Waschwasser durch Schwefelsäure nicht im mindesten mehr getrübt wird. Für genaue Analysen empfehle ich noch folgendes Verfahren. Nachdem der Niederschlag nach §. 36 geglüht und gewogen ist, tröpfle man einige Tropfen Salzsäure darauf und füge sodann heisses Wasser zu, rühre mit einem ganz dünnen

Glasstäbchen (oder Platindraht) wohl um, spüle dieses ab und erwärme eine Zeit lang gelinde. Man giesst jetzt die fast klare Flüssigkeit durch ein kleines Filter ab und prüft das Filtrat mit Schwefelsäure. Entsteht hierdurch Trübung oder Niederschlag, ein Zeichen, dass dem schwefelsauren Baryt ein anderweitiges Barytsalz anhaftete, so wiederholt man das Auswaschen des Rückstandes mit heissem Wasser, bis das Waschwasser durch Schwefelsäure nicht weiter getrübt wird. Man trocknet nunmehr den im Tiegel befindlichen Niederschlag, sowie das kleine Filter, verbrennt dies auf dem Deckel, glüht zuletzt den ganzen Tiegel und wägt.

2. Für technische Zwecke ist es oft sehr erwünscht, die Schwefelsäure durch Maassanalyse rasch bestimmen zu können. — Das Princip einer solchen ist leicht gefunden. Man fügt von einer titrirten Chlorbaryumlösung so lange zu, als noch ein Niederschlag entsteht; die Menge der verbrauchten Barytlösung giebt alsdann die Quantität der Schwefelsäure an. Nicht so leicht aber ist die Ausführung, da es schwierig ist, den Punkt rasch und genau zu treffen, bei dem alle Schwefelsäure gerade ausgefällt ist. — Am besten gelingt dies noch folgendermaassen. Man bereitet sich a) eine Chlorbaryumlösung, von der 50 C.C. = 100° genau 1 Grm. Schwefelsäure ausfällen (also 1° 0,01 Grm.), indem man 26,012 Grm. reines, geglühtes Chlorbaryum mit Wasser zu 500 C.C. löst; b) eine zehnmal verdünntere, indem man 1 Vol. der Lösung a) mit 9 Vol. Wasser mischt (1° der letzteren fällt 0,001 Grm. Schwefelsäure).

Man bringt nun von der Lösung der schwefelsauren Verbindung, welche so verdünnt sein soll, dass 50 C.C. annähernd 1 Grm. Schwefelsäure enthalten, 45 C.C. in einen Glaskolben, versetzt mit etwas Salzsäure, erhitzt zum Kochen und tröpfelt von der concentrirteren Chlorbaryumlösung zu. Der Niederschlag wird, so erzeugt, rasch dicht und schwer und setzt sich gut ab. Von Zeit zu

Zeit lässt man absitzen. — Sobald man findet, dass durch Chlorbaryum kein weiterer Niederschlag mehr erfolgt, fügt man noch 5 C.C. der Schwefelsäurelösung zu, lässt einige Zeit kochen und fügt nunmehr mit aller Vorsicht von der verdünnten Chlorbaryumlösung zu, bis eben keine weitere Trübung mehr entsteht. Hätte man 43 C.C. = 86° der concentrirteren und 11 C.C. = 22° der verdünnteren Chlorbaryumlösung verbraucht, so enthielte die Schwefelsäurelösung 0,86 + 0,022 = 0,882 Grm. Schwefelsäure. — Weit leichter als mit Chlorbaryumlösung lässt sich dies Verfahren mit Bleizuckerlösung ausführen, weil sich das schwefelsaure Bleioxyd besser absetzt, als der schwefelsaure Baryt. — Die Anwendung der Bleilösung beschränkt sich aber auf die Fälle, in denen man mit chlorfreien Flüssigkeiten zu thun hat.

II. Trennung der Schwefelsäure von den Basen.

a. *Von denen, mit welchen sie in Wasser oder Salzsäure lösliche Verbindungen bildet.*

Man fällt die Schwefelsäure nach I. und bestimmt im Filtrat, welches neben den Chlorverbindungen der mit der Schwefelsäure verbunden gewesenen Basen überschüssiges Chlorbaryum enthält, die fraglichen Basen nach den Methoden, die im fünften Abschnitt als zur Trennung derselben vom Baryt dienend angeführt sind.

b. *Von denen, mit welchen sie in Wasser oder Salzsäure unlösliche oder schwer lösliche Verbindungen bildet.*

α. *Von Baryt, Strontian und Kalk.* Man schmelzt die höchst fein gepulverte Verbindung im Platintiegel mit 4 Theilen kohlensauren Natronkalis, übergiesst den Tiegel sammt seinem Inhalt in einem Becherglase oder einer Platin- oder Porzellanschale mit Wasser, erhitzt bis zur vollständigen Auflösung der schwefelsauren und kohlensauren Alkalien, filtrirt noch heiss von den ungelöst bleibenden kohlensauren Erden ab und wäscht diese mit heissem Wasser vollkommen aus. Man löst sie alsdann in Salzsäure und bestimmt sie nach den oben (§. 79–§. 81) beschriebenen Methoden. Im Filtrat fällt man die Schwefelsäure nach I. — Schwefelsaurer Kalk kann im fein gepulverten Zustande auch durch Kochen mit einer Lösung von kohlensaurem Natron oder Kali vollständig zerlegt werden.

β. *Von Bleioxyd.* Man glüht mit kohlensaurem Natron-Kali in einem Porzellantiegel, bis die Masse ganz zusammengesintert ist, digerirt dieselbe mit heissem Wasser bis zur Lösung des gebildeten schwefelsauren und des überschüssigen kohlensauren Alkalis, filtrirt das ungelöst gebliebene Bleioxyd (welches stets alkalihaltig bleibt) ab und wäscht es vollständig aus. Das Filtrat ist niemals frei von Blei, sondern je nach dem Zustande der Verdünnung, den man beim Aufweichen des Rückstandes herstellte, daran bald reicher, bald ärmer. — Man macht nunmehr das Filtrat mit Salpetersäure gelinde sauer (Vorsicht hierbei, dass durch Spritzen kein Verlust entsteht) und fällt die Schwefelsäure nach I. mit salpetersaurem Baryt, löst dann das ausgewaschene Bleioxyd in verdünnter Salpetersäure, vereinigt die Lösung mit der vom schwefelsauren Baryt abfiltrirten Flüssigkeit und fällt das Blei mit Schwefelwasserstoff (§. 92).

§. 106.

4. Phosphorsäure.

I. Bestimmung.

Die dreibasische Phosphorsäure lässt sich in sehr mannigfaltiger Weise bestimmen. Am empfehlenswerthesten sind die Bestimmungen als *phosphorsaures Bleioxyd*, *pyrophosphorsaure Magnesia*, *basisch phosphorsaures Eisenoxyd*, *phosphorsaures Zinnoxyd*, *phosphorsaures* oder *pyrophosphorsaures Silberoxyd*. Der Bestimmung als

377

pyrophosphorsaure Magnesia geht häufig eine anderweitige Fällung — als phosphorsaures Eisenoxyd, phosphorsaures Quecksilberoxydul oder phosphorsaures Molybdänsäure-Ammon — voraus, wie dies sogleich erwähnt werden soll. — Auch maassanalytische Verfahrungsweisen sind zur Bestimmung der Phosphorsäure in Vorschlag gekommen.

Von der Meta- und Pyrophosphorsäure soll hier nur erwähnt werden, dass sich dieselben nach den sogleich anzuführenden Methoden nicht bestimmen lassen. Man führt sie, zum Behuf ihrer Bestimmung, am besten in dreibasische Phosphorsäure über. Es geschieht dies α) *auf trockenem Wege*, indem man die Substanz mit 4 bis 6 Theilen kohlensaurem Natronkali andauernd schmelzt. Diese Methode ist jedoch nur anwendbar bei den Alkalien und denjenigen meta- oder pyrophosphorsauren Metalloxyden, welche durch Schmelzen mit kohlensauren Alkalien vollständig zerlegt werden; demnach gelingt sie z. B. nicht bei den Verbindungen mit alkalischen Erden, ausgenommen bei dem Magnesiasalz. β) *auf nassem Wege*. Man behandelt das Salz längere Zeit mit einer starken Säure, am besten mit concentrirter Schwefelsäure, in der Wärme (Weber, Pogg. Ann. 73, 137). Ich bemerke hierzu, dass man sich auf dem letzteren Wege dem Ziele bei allen denjenigen Salzen nur nähern kann, deren Basen mit der zugesetzten Säure lösliche Verbindungen bilden, weil hierbei niemals alle Meta- oder Pyrophosphorsaure in Freiheit gesetzt wird; während man es ohne Mühe zu erreichen im Stande ist bei Zusatz von Säuren, welche mit den vorhandenen Basen unlösliche Verbindungen bilden. In Betreff des Umstandes, in wie weit man sich im ersteren Falle dem Ziele nähern kann, habe ich gefunden, dass die Ueberführung um so vollständiger ist, je grösser das Quantum der zugesetzten freien Säure (doch verbieten andere Rücksichten, hierin zu weit zu gehen), dass zweitens nothwendig längere Zeit gekocht werden muss (vergl. Belege Nr. 35).

Ehe ich zu den einzelnen Bestimmungsweisen übergehe, bemerke ich weiter, dass die Angabe von B u n c e (Sillim. Journ. May 1851. p. 405), Phosphorsäure verflüchtige sich, wenn man ein phosphorsaures Salz mit Salzsäure oder Salpetersäure zur Trockne verdampfe und den Rückstand ein wenig erhitze, völlig irrig ist (vergl. meine Abhandl. über diesen Gegenstand in Ann. der Chem. und Pharm. 86. 216). Dagegen ist wohl zu beachten, dass unter diesen Umständen die dreibasische Phosphorsäure zwar nicht bei 100°, wohl aber schon unter 150°, in Pyrophosphorsäure übergeht; so erhält man z. B. beim Verdampfen von gewöhnlichem phosphorsaurem Natron mit überschüssiger Salzsäure und Trocknen des Rückstandes bei 150° NaCl + PO_5, NaO, HO.

a. *Bestimmung als phosphorsaures Bleioxyd.*

Man verfährt genau wie bei Arsensäure, §. 102, das heisst, man dampft mit einer gewogenen Menge von Bleioxyd ab und glüht. Diese Methode setzt voraus, dass die Phosphorsäure allein in wässeriger oder salpetersaurer Lösung ist; sie bietet den Vortheil, dass sie richtige Resultate liefert, gleichgültig ob die vorhandene Phosphorsäure ein-, zwei-, oder dreibasisch ist.

b. *Bestimmung als pyrophosphorsaure Magnesia.*

α) *directe*: Man versetzt die Lösung mit einer klaren, am besten vorräthig gehaltenen, Mischung von schwefelsaurer Magnesia, Salmiak und Ammon, so lange noch ein Niederschlag entsteht, fügt, falls die Lösung noch nicht stark ammoniakalisch riechen sollte, noch Ammon hinzu, lässt 12 Stunden ohne Erwärmen stehen, filtrirt, wäscht den Niederschlag mit einer Mischung von 3 Wasser und 1 Ammonflüssigkeit aus, bis das Waschwasser nach Zusatz von Salzsäure, durch Chlorbaryum nicht im Mindesten mehr getrübt wird, und verfährt alsdann genau nach §. 82. 2. — Bei Bereitung der oben angeführten Mischung setze man nicht mehr Salmiak hinzu, als eben nöthig ist, um die Fällung der Bittererde durch Ammon zu verhüten. — Die Resultate fallen sehr genau aus. (Vers. Nr. 70.) Der Verlust, den man in Folge der geringen Löslichkeit der basisch phosphorsauren Ammon-Talkerde (Vers. Nr. 31) erleidet, ist höchst unbedeutend. — Eigenschaften des Niederschlages und Rückstandes §. 53. — Diese Methode kann nur dann angewendet werden, wenn man sicher ist, alle Phosphorsäure in dreibasischem Zustande zu haben. — Enthält die Lösung Pyrophosphorsaure, so fällt der Niederschlag flockig aus und löst sich in ammonhaltigem Wasser (Weber).

β) *indirecte*, nach vorausgegangener Fällung als phosphorsaures Molybdänsäure-Ammon (nach Sonnenschein, J. f. prakt. Chem. 53, 343). Man löst in grösserem Vorrath 1 Theil Molybdänsäure in 8 Ammonflüssigkeit, fügt 20 Theile Salpetersäure zu und setzt von dieser Flüssigkeit zu der salpetersauren Lösung des phosphorsauren Salzes so viel, dass die Menge der Molybdänsäure ungefähr das 30fache von der im Salze enthaltenen Phosphorsäure beträgt. Die Flüssigkeit mit dem entstandenen gelben Niederschlage wird einige Stunden in gelinder Wärme digerirt, und der Niederschlag dann mit derselben Lösung, durch welche die Fällung bewirkt ist, ausgewaschen. (Das Filtrat lässt man längere Zeit an einem warmen Orte stehen, um zu sehen, ob sich noch ein weiterer Niederschlag bildet. — Gewissheit, dass bei der Fällung Molybdänsäurelösung im Ueberschuss ist, erhält man leicht in der Art, dass man vor dem Abfiltriren einen Tropfen der Lösung mit Schwefelwasserstoffwasser versetzt, wodurch braunes Schwefelmolybdän niedergeschlagen werden muss.) Den Niederschlag löst man hierauf auf dem Filter in Ammon und fällt aus dieser Lösung die Phosphorsäure durch Magnesialösung (vergl. α.). — Resultate genau (vergl. ausser den von S o n n e n s c h e i n gelieferten Belegen auch die von C r a w (Pharm. Centralbl. 23, 669).

γ) indirecte, nach vorausgegangener Fällung als phosphorsaures Quecksilberoxydul (nach H. R o s e, Pogg. Ann. 76, 218). Man löst die phosphorsaure Verbindung in einer weder zu geringen noch zu grossen Menge von Salpetersäure. Zu der in einer nicht zu kleinen Porzellanschale befindlichen Lösung setzt man reines metallisches Quecksilber, und zwar so viel, dass stets ein Theil desselben, wenn auch nur ein geringer, von der freien Säure ungelöst bleibt. Man verdampft nun im Wasserbade zur Trockne. Riecht die Masse in der Wärme noch nach Salpetersäure, so befeuchtet man sie mit Wasser und erhitzt wieder im Wasserbade, bis sie zuletzt nicht mehr danach riecht. — Man setzt jetzt heisses Wasser zu, filtrirt durch ein kleines Filter und wäscht aus, bis das Waschwasser auf Platin keinen fixen Rückstand mehr hinterlässt. Das Filter, welches ausser phosphorsaurem auch basisch salpetersaures Quecksilberoxydul und freies Quecksilber enthält, trocknet man, mengt seinen Inhalt im Platintiegel mit überschüssigem kohlensaurem Natron-Kali, ballt das Filter zu einer Kugel, bringt es in eine Vertiefung des Gemenges und überdeckt das Ganze mit einer Schicht von kohlensaurem Natron-Kali. — Der Tiegel wird jetzt unter einem gut ziehenden Rauchfange etwa eine halbe Stunde lang mässig erhitzt, so dass er nicht zum Glühen kommt. Bei dieser Hitze verflüchtigt sich das salpetersaure Quecksilberoxydul und das metallische Quecksilber. Man erhitzt nunmehr über der Lampe zum stärksten Glühen und behandelt den Rückstand mit heissem Wasser. Er löst sich — sofern kein Eisenoxyd zugegen war — klar auf. Man übersättigt die klare (nöthigenfalls filtrirte) Lösung mit

Salzsäure, fügt Ammon und Magnesialösung zu und verfährt überhaupt nach α.).

c. *Bestimmung als basisch phosphorsaures Eisenoxyd.*

α. Man verfährt genau wie bei der Bestimmung der Arsensäure (§. 102. 3. a.). (Berthier) Ein grosser Ueberschuss von Ammon ist zu vermeiden, weil dieses dem Niederschlage leicht etwas Phosphorsäure entzieht. Resultate eher etwas zu niedrig, als zu hoch (H. Rose).

β. Man verfährt genau wie bei der Bestimmung der Arsensäure (§. 102. 3. b.), d. h. man wendet die v. Kobell'sche Modification des Berthier'schen Verfahrens an. Resultate genau.

γ. Man versetzt die Phosphorsäure enthaltende saure Flüssigkeit mit überschüssiger Eisenchloridlösung von bekanntem Gehalt, fügt erforderlichenfalls so viel Alkali zu, dass die grösste Menge der freien Säure neutralisirt wird, versetzt mit essigsaurem Natron im Ueberschuss und kocht. War die Menge der Eisenchloridlösung genügend, so muss der Niederschlag braunroth sein. Derselbe besteht aus basisch phosphorsaurem und basisch essigsaurem Eisenoxyd und enthält alle Phosphorsäure und alles Eisenoxyd. Man filtrirt kochend ab, wäscht mit siedendem Wasser aus, trocknet sorgfältig und glüht bei Luftzutritt im Platintiegel. Das Filter verbrennt man auf dem Deckel. Nach dem Glühen befeuchtet man den Rückstand mit starker Salpetersäure, verdampft dieselbe bei gelinder Hitze und glüht zuletzt wieder. Sollte das Gewicht des Rückstandes hierdurch zugenommen haben, was in der Regel nicht der Fall ist, so müsste letztere Operation wiederholt werden, bis das Gewicht sich nicht weiter verändert. — Zieht man von diesem das Eisenoxyd ab, welches in der zugesetzten Lösung enthalten war, so bleibt das Gewicht der Phosphorsäure. (Die Modification dieser schon in den früheren Auflagen enthaltenen, zuerst von S c h u l z e angegebenen Methode, wonach eine Eisenchloridlösung von bekanntem Gehalt angewendet wird, wodurch man somit die Bestimmung des Eisenoxyds im Rückstande (welche nach §. 106. II. h. auszuführen wäre) erspart, ist von A. M ü l l e r zuerst angegeben worden (Journ. f. prakt. Chem. 47, 341); auch W a y und O g s t o n haben dieselbe bei ihren Aschenanalysen befolgt (Journ. of the Royal Agricult. Soc. of England VIII. part 1).

d. *Bestimmung als phosphorsaures Zinnoxyd.*

α. Nach R e i n o s o (Journ. f. prakt. Chem. 54, 261). Man erhitzt eine bestimmte (natürlicherweise überschüssige) Menge von reinem Zinn (oder auch von käuflichem, wenn man die Menge des daraus entstehenden Zinnoxyds kennt) mit der phosphorsauren Verbindung und überschüssiger Salpetersäure zum Sieden, filtrirt, wenn alles Zinn in Oxyd verwandelt ist, wäscht aus, trocknet, glüht mit der Vorsicht, dass kein Zinnoxyd reducirt wird, und wägt rasch, denn der Rückstand ist hygroskopisch. Was er mehr wiegt, als die dem zugesetzten Zinn entsprechende Menge Oxyd, ist Phosphorsäure (vorausgesetzt, dass die phosphorsaure Verbindung sich klar in Salpetersäure löst). (Diese Methode ist bereits mehrfach mit gutem Erfolg angewendet worden, so von G i r a r d bei Analyse des phosphorsauren Uranoxyds, von J o y bei Untersuchung des Narwallzahns etc.).

β. Die von B e n n e t t (Chem. Gaz. 1853. p. 17) vorgeschlagene Modification des R e i n o s o'schen Verfahrens, wonach zur Lösung der phosphorsauren Verbindung überschüssige Zinnchloridlösung von bekanntem Gehalt, dann Glaubersalzlösung gesetzt wird, lieferte bei in meinem Laboratorium vorgenommenen Versuchen unbefriedigende Resultate.

e. *Bestimmung als phosphorsaures Silberoxyd*, siehe II. a. γ.

f. *Bestimmung durch Maassanalyse* nach R ä w s k y (Journ. f. prakt. Chem. 41, 365).

Man fügt zu der sauren Lösung (welche keine Basen enthalten darf, die mit der Phosphorsäure in Essigsäure unlösliche Verbindungen bilden, ausgenommen Eisenoxyd) Ammon, bis die freie Säure fast abgestumpft ist, dann essigsaures Eisenoxyd [eine mit gleichviel essigsaurer Natronlösung (1 : 10) vermischte Eisenalaunlösung (1 : 10), der man zweckmässig etwas freie Essigsäure zusetzt, leistet dasselbe] im möglichst geringen Ueberschuss. Das phosphorsaure Eisenoxyd setzt sich in Form eines schwach gelblich weissen Niederschlages ab. Man filtrirt, wäscht sorgfältig mit kaltem Wasser aus (was bei grösseren Mengen zeitraubend ist), löst den Niederschlag in Salzsäure und bestimmt darin das Eisen nach §. 90. 3. R ä w s k y geht von der Voraussetzung aus, dass der Niederschlag die Zusammensetzung PO_5, Fe_2O_3 habe, und bringt für je 700 Eisen 900 (genau 892, Aeq. des Phosphors = 392) Phosphorsäure in Rechnung.

Gegen dieses Verfahren sind von verschiedenen Seiten Bedenken erhoben worden, indem erstens das phosphorsaure Eisenoxyd in essigsaurer Eisenoxydlösung etwas löslich ist (weshalb dasselbe eben in einem möglichst geringen Ueberschuss anzuwenden ist), und indem zweitens die constante Zusammensetzung des Niederschlages bezweifelt wird (Jahresb. v. L i e b i g und K o p p 1847 u. 1848. S. 946; — W a y und O g s t o n ebendaselbst 1849. 571). — Die in meinem Laboratorium von Herrn D. S c h i r m e r angestellten Versuche thun ebenfalls mit Bestimmtheit dar, dass die Zusammensetzung des Niederschlages variabel ist, je nachdem man die essigsaure Eisenoxydlösung in geringerem oder grösserem

Ueberschuss anwendet.

II. Trennung der Phosphorsäure von den Basen.

a. *Von den fixen Alkalien.*

α. Man wendet die Methode I. c. in einer ihrer Modificationen, oder die I. d. an. Die Alkalien finden sich als salpetersaure Salze oder Chlormetalle im Filtrat.

β. Man wendet die Methode I. b. α. an und trennt im Filtrat die Magnesia von den Alkalien nach §. 121.

γ. Wenn die Salze nach der Formel PO_5, $3MO$ (Metalloxyd) zusammengesetzt sind, fällt man ihre wässerige Lösung geradezu mit neutraler Silberlösung, wäscht den gelben Niederschlag (PO_5, $3AgO$) aus, trocknet und glüht ihn nach §. 36.

Sind die Salze nach der Formel PO_5, $2MO$, HO zusammengesetzt, so müssen sie geglüht, der Rückstand in Wasser gelöst und mit neutraler Silberlösung gefällt werden. Der Niederschlag ist alsdann pyrophosphorsaures Silberoxyd (PO_5, $2AgO$). Man filtrirt ihn ab, wäscht ihn aus und glüht ihn (§. 36). Die Basen bestimmt man im Filtrat nach Entfernung des überschüssig zugesetzten Silbers (siehe §. 130). — Eigenschaften der phosphorsauren Silberniederschläge §. 72. 4. — Resultate genau. Die Methode ist bequem, weil die Alkalien im Filtrat leicht zu bestimmen sind.

b. *Von den sämmtlichen Alkalien.*

α. Man wendet zur Abscheidung der Phosphorsäure die Methode I. c. β. an und trennt im Filtrat Baryt und Alkalien nach §. 121.

β. Man versetzt die wässerige Lösung mit essigsaurem Bleioxyd im geringen Ueberschuss, lässt absitzen, filtrirt und trennt die Alkalien vom überschüssig zugesetzten Bleisalze nach §. 130. Die Phosphorsäure kann man in diesem Falle aus dem Verlust finden; wollte man sie direct bestimmen, so verfährt man mit dem abfiltrirten und ausgewaschenen Bleiphosphat nach §. 106. II. i.

c. *Von Baryt, Strontian, Kalk und Bleioxyd.*

Man löst in Salzsäure oder Salpetersäure und fällt mit Schwefelsäure in geringem Ueberschuss, bei Baryt ohne, — bei Strontian, Kalk und Bleioxyd unter Zusatz von Alkohol. Im Filtrat bestimmt man, nach Entfernung des Alkohols durch Abdampfen, die Phosphorsäure nach I. b. α. Am genauesten wird die Phosphorsäurebestimmung, wenn man die Flüssigkeit mit kohlensaurem Natron sättigt, zur Trockne verdampft und den Rückstand mit kohlensaurem Natron-Kali schmelzt. Man löst alsdann in Wasser und verfährt nach I. b. α.

d. *Von Magnesia.*

Man scheidet die Phosphorsäure nach I. c. β. (v. Kobell'sche Modification des Berthier'schen Verfahrens), und trennt im Filtrat Magnesia und Baryt nach §. 122.

e. *Von sämmtlichen alkalischen Erden* (vergl. auch §. 106. II. m. und o.).

α. Man scheidet die Phosphorsäure nach I. c. γ. Die alkalischen Erden bleiben als Chlormetalle neben essigsaurem Alkali und Chloralkalimetall in Lösung.

β. Man löst in möglichst wenig Salpetersäure, fügt Bleiessig im geringen Ueberschuss zu, lässt absitzen, filtrirt, wäscht den Niederschlag, der aus phosphorsaurem und basisch salpetersaurem Bleioxyd besteht, aus, trocknet, glüht (§. 36) und wägt ihn. Der Rückstand ist phosphorsaures Bleioxyd + Bleioxyd oder mit anderen

Worten Phosphorsäure + x Bleioxyd. Man bringt den Tiegel sammt seinem Inhalte in ein Becherglas, übergiesst mit mässig verdünnter Salpetersäure, erwärmt bis zur Lösung, giesst die Flüssigkeit in ein anderes Glas ab, wäscht nach und bestimmt darin das Bleioxyd als schwefelsaures Salz (§. 92). — Berechnet man daraus das Bleioxyd und zieht man dies von dem Gewichte des ersterhaltenen Rückstandes ab, so bleibt als Differenz das Quantum der Phosphorsäure. In der vom erstgewonnenen Niederschlage abfiltrirten Flüssigkeit trennt man die Basen vom überschüssigen Bleisalze nach §. 130. Auch dieses Verfahren liefert befriedigende Resultate.

f. *Von Thonerde* (siehe namentlich auch §. 106. II. m. und o.).

α. (Nach O t t o und eigenen Versuchen). Man löst in Salzsäure oder Salpetersäure, verdünnt einigermaassen, setzt Weinsäure in ziemlicher Menge zu, dann Ammon im Ueberschuss. War die Menge der Weinsäure genügend, so muss die Flüssigkeit nunmehr klar sein. Man versetzt sie mit einer klaren Lösung von schwefelsaurer Magnesia, welche mit Salmiak und Ammon versetzt ist, im geringen Ueberschuss, lässt einige Stunden stehen, filtrirt alsdann, wäscht mit verdünnter Ammoniakflüssigkeit aus, löst den Niederschlag (um ihn ganz vollständig von Thonerde zu befreien) wieder in Salzsäure, setzt ganz wenig Weinsäure zu und fällt wieder mit Ammon. Der Niederschlag wird alsdann nach I. b. α. behandelt. Die im Filtrat enthaltene Thonerde erhält man, indem dasselbe unter Zusatz von so viel kohlensaurem Natron, dass dadurch der vorhandene Salmiak zersetzt wird (denn durch Glühen von Thonerde mit Salmiak würde Verlust entstehen durch entweichendes Chloraluminium, H. R o s e), sowie nach Zufügen von etwas salpetersaurem Kali zur Trockne verdampft, und der Rückstand in einem Platingefässe geglüht wird. Man löst alsdann in Salzsäure durch andauerndes Erwärmen und trennt die Thonerde von der Magnesia nach §. 124.

β. (Nach Berzelius). Man mengt die höchst fein gepulverte Verbindung mit etwa 1½ Theilen reiner, am besten künstlich dargestellter Kieselsäure und 6 Theilen kohlensauren Natrons in einem Platintiegel und setzt eine halbe Stunde lang einer starken Rothglühhitze aus. Die geglühte Masse weicht man mit Wasser auf, setzt zweifach kohlensaures Ammon im Ueberschuss zu, digerirt damit eine Zeit lang, filtrirt und wäscht aus. — Auf dem Filter hat man kieselsaures Thonerde-Natron, in der Auflösung phosphorsaures Natron, zweifach kohlensaures Natron und kohlensaures Ammon. (Hätte man vor dem Zusatze des doppelt kohlensauren Ammons filtrirt, so wäre etwas der Thonerdeverbindung in Lösung gekommen.) In der Auflösung bestimmt man die Phosphorsäure nach II. a., im unlöslichen Rückstande trennt und bestimmt man die Thonerde nach §. 111.

γ. (Nach Fuchs). Man löst in Kalilauge und fügt eine Auflösung von kieselsaurem Kali (Kieselfeuchtigkeit) zu. Die sich bildende schleimige Masse verdünnt man mit Wasser und kocht. Der Niederschlag von kieselsaurem Thonerdekali wird abfiltrirt. Die ganze Menge der Phosphorsäure befindet sich im Filtrat. Man säuert es mit Salzsäure an und trennt Kieselsäure und Phosphorsäure nach §. 135.

δ. (Nach Wackenroder und eigenen Versuchen). Man fällt die saure Lösung mit Ammon (unter Vermeidung eines grösseren Ueberschusses) und fügt Chlorbaryum zu, so lange noch ein Niederschlag entsteht. Nach längerem Digeriren wird abfiltrirt. Der Niederschlag, welcher alle Thonerde und alle Phosphorsäure (letztere theils an Thonerde, theils an Baryt gebunden) enthält, wird abfiltrirt, ein wenig ausgewaschen und in möglichst wenig Salzsäure gelöst. Die Lösung sättigt man mit kohlensaurem Baryt in der Wärme, fügt Natronlauge im Ueberschuss zu, erwärmt damit, fällt etwa in Lösung befindlichen Baryt durch kohlensaures Natron und filtrirt. Man hat jetzt alle Thonerde in Lösung, alle Phosphorsäure im Niederschlag. — Die Lösung säuert man mit Salzsäure an, kocht mit etwas chlorsaurem Kali und fällt nach §. 83. — Den Niederschlag löst man in Salzsäure, fällt den Baryt mit verdünnter Schwefelsäure aus, filtrirt und bestimmt im Filtrat die Phosphorsäure durch Fällung mit Magnesialösung nach I. b. α. (Eine ganz ähnliche Methode hat auch H e r m a n n bei der Analyse des Gibbsits angewendet.)

g. *Von Chromoxyd.*

Man schmelzt mit kohlensaurem und salpetersaurem Natron und trennt Chromsäure und Phosphorsäure nach §. 135.

h. *Von den Metalloxyden der vierten Gruppe.*

α. Man schmelzt mit kohlensaurem Natron-Kali andauernd und kocht die geschmolzene Masse mit Wasser. Im Filtrat, welches die Phosphorsäure an Natron gebunden enthält, bestimmt man diese nach II. a.; den Rückstand, welcher meist durch Waschen nicht ganz vollständig vom Alkaligehalt befreit werden kann, löst man nach dem Aussüssen in Säure und bestimmt das betreffende Metall nach den oben angegebenen Methoden. — Soll diese Methode auf das Mangansalz angewendet werden, so nimmt man statt des kohlensauren Natronkalis kohlensaures Natron. Einen etwaigen geringen Gehalt von in die Flüssigkeit übergegangener Mangansäure beseitigt man durch ein wenig Schwefelwasserstoffwasser.

β. Man löst in Salzsäure, fügt Weinsäure, dann Ammon und endlich in einem zu verstopfenden Kolben Schwefelammonium zu, lässt an einem gelinde warmen Orte absitzen, bis die Flüssigkeit rein gelb und ganz und gar nicht mehr grünlich erscheint, filtrirt und bestimmt die Metalle, wie oben §. 85 bis 90 angegeben. Die Phosphorsäure ergiebt sich aus dem Verlust, oder wird nach I. b. α. bestimmt. Die Magnesiasalzlösung kann unmittelbar zu dem schwefelammoniumhaltigen Filtrat gesetzt werden. — Dieses Verfahren ist weniger geeignet für das Nickelsalz. Es liefert (nach R o s e) beim Eisen leicht etwas zu viel pyrophosphorsaure Magnesia und etwas zu wenig Eisenoxyd.

γ. (Speciell zur Trennung von den Oxyden des Eisens). Man kann — nach meinen Versuchen — die Phosphorsäure auch folgendermaassen von den Oxyden des Eisens trennen. Man reducirt, wenn nöthig, die Lösung mit schwefligsaurem Natron, setzt Kali- oder Natronlauge im Ueberschuss zu, kocht, bis der Niederschlag schwarz und körnig geworden, filtrirt und wäscht mit siedendem Wasser aus. Der Inhalt des Filters ist phosphorsäurefreies Eisenoxyduloxyd; im Filtrat bestimmt man die Phosphorsäure nach I. b. α.

i. *Von den Metallen der fünften und sechsten Gruppe.*

Man löst in Salzsäure oder Salpetersäure, fällt mit Schwefelwasserstoff, filtrirt, bestimmt die Basen nach den in den §§. 91 bis 102 angegebenen Methoden, — die Phosphorsäure im Filtrat nach I. b. α. oder unter Umständen auch nach I. a. — Von Silberoxyd trennt man die Phosphorsäure noch einfacher, indem man zu der salpetersauren Lösung Salzsäure setzt; — von Bleioxyd am leichtesten nach II. c.

k. *Von allen Basen, mit Ausnahme der Thonerde und der Quecksilberoxyde* (nach H. R o s e).

Man scheidet die Phosphorsäure als phosphorsaures Quecksilberoxydul nach der Methode von H. R o s e (§. 106. I. b. γ.) ab.

α. Enthielt die Substanz kein Eisen, so enthält die vom phosphorsauren Quecksilberoxydul abfiltrirte Flüssigkeit alle Basen als salpetersaure Salze nebst viel salpetersaurem Quecksilberoxydul, auch wohl einigem Oxyd. Man entfernt ersteres durch Zusatz von Salzsäure. Das gefällte Quecksilberchlorür ist frei von anderen Basen. — Entsteht durch Salzsäure nur ein geringer Niederschlag, so setzt man noch Ammon zu und filtrirt erst dann. Im Filtrat bestimmt man die Basen nach üblicher Weise. Hat man das Quecksilber durch Ammon abgeschieden, so trocknet und glüht man den Niederschlag (unter einem gut ziehenden Rauchfang). Bleibt ein Rückstand, so ist derselbe näher zu prüfen. Besteht er aus phosphorsauren alkalischen Erden, so muss die Behandlung mit Quecksilber und Salpetersäure wiederholt werden; besteht er dagegen aus reiner Magnesia oder kohlensauren alkalischen Erden, so löst man ihn in Salzsäure und vereinigt die Lösung mit der die Hauptmenge der Basen enthaltenden Flüssigkeit. — Häufig wendet man statt der beschriebenen besser folgende Methode an. Man verdampft die vom phosphorsauren Quecksilberoxydul abfiltrirte Flüssigkeit in einer Platinschale zur Trockne und glüht den Rückstand in einem Platintiegel unter einem gut ziehenden Rauchfang. Sofern salpetersaure Alkalien zugegen sind, muss man während des Glühens von Zeit zu Zeit etwas kohlensaures Ammon zufügen, damit nicht durch entstehendes ätzendes Alkali der Platintiegel angegriffen werde. Den geglühten Rückstand behandelt man je nach Umständen erst mit Wasser und dann mit Salpetersäure oder sogleich mit Salpetersäure.

β. Enthält die Substanz Eisen, so bleibt der grösste Theil desselben mit dem phosphorsauren Quecksilberoxydul unlöslich zurück. Den gelösten Theil trennt man von den übrigen Basen nach den unten anzugebenden Methoden, den ungelösten erhält man nach dem Glühen des betreffenden Rückstandes mit kohlensaurem Natronkali und nach Behandlung mit Wasser als alkalihaltiges Eisenoxyd. Man löst es in Salzsäure und fällt mit Ammon. (Da sich Thonerde nicht so wie Eisenoxyd durch Schmelzen mit kohlensaurem Natronkali zerlegen lässt, während doch die salpetersaure Thonerde ebenso wie das salpetersaure Eisenoxyd schon beim Abdampfen zerlegt wird, so lässt sich das angeführte Verfahren bei Gegenwart von Thonerde nicht anwenden).

l. *Von Eisenoxyd, Thonerde, alkalischen Erden und vielen anderen Basen* (nach H. R o s e).

Man versetzt die salzsaure Auflösung mit kohlensaurem Baryt im Ueberschuss, lässt einige Tage kalt digeriren, filtrirt und wäscht mit kaltem Wasser aus. Der Niederschlag enthält alle Phosphorsäure in Verbindung mit Eisenoxyd, Thonerde, Baryt, ferner überschüssigen kohlensauren Baryt. Im Filtrat sind die übrigen Basen enthalten. Man löst den Niederschlag in möglichst wenig verdünnter Salzsäure, fällt den Baryt vorsichtig mit Schwefelsäure aus, sättigt mit kohlensaurem Natron, verdampft sammt dem Niederschlag zur Trockne, setzt eine dem Rückstand gleiche Menge reiner Kieselsäure und die sechsfache Menge kohlensauren Natrons zu, erhitzt in einem grossen Platintiegel anfangs schwach, allmälig sehr stark und verfährt im Uebrigen genau nach II. f. β.

m. *Von vielen Basen, namentlich den alkalischen Erden und der Thonerde* (nicht aber dem Eisenoxyd).

Man fällt die Phosphorsäure als phosphorsaures Zinnoxyd nach §. 106. I. d. α. Im Filtrate hat man die Basen frei von irgend einem fremden, erst noch abzuscheidenden Körper, was deren Bestimmung sehr erleichtert. (Für welche Basen diese sonst sehr bequeme Methode sich etwa nicht eignen sollte, ist noch näher festzustellen).

n. *Von viel Eisenoxyd bei gleichzeitiger Anwesenheit alkalischer Erden* (wie dies bei der Analyse von Eisenerzen oft vorkommt), nach eigenen Versuchen (Journ. f. prakt. Chem. 45, 258).

Versucht man in solchen Verbindungen die Phosphorsäure nach I. c. β. oder γ zu bestimmen, so gelingt dies zwar, aber die Trennung einer kleinen Menge Phosphorsäure von einer sehr grossen Menge Eisenoxyd ist alsdann höchst lästig. Man verfährt daher besser also. Die salzsaure Lösung erhitzt man zum Kochen, nimmt von der Lampe und setzt so lange eine Lösung von schwefligsaurem Natron zu, bis kohlensaures Natron einen fast weissen Niederschlag hervorbringt, kocht alsdann, bis der Geruch nach schwefliger Säure verschwunden, stumpft einen etwaigen Ueberschuss von freier Säure mit kohlensaurem Natron fast ab, setzt einige Tropfen Chlorwasser und endlich essigsaures Natron im Ueberschuss zu. Die kleinste Menge Phosphorsäure giebt sich sogleich durch Entstehung eines weissen Niederschlages von phosphorsaurem Eisenoxyd zu erkennen (auch Kieselsäure und Arsensäure bewirken einen solchen, daher sie — im Falle sie zugegen sind — vorher abgeschieden werden müssen). Man setzt jetzt tropfenweise mehr Chlorwasser zu, bis die Flüssigkeit röthlich erscheint, kocht, bis der Niederschlag sich gut abgesondert hat, filtrirt heiss und wäscht mit heissem Wasser aus. Man hat jetzt im Niederschlag alle Phosphorsäure nebst einem kleinen Theil des Eisens, im Filtrat die Hauptmenge des letzteren nebst den alkalischen Erden. Mit dem Niederschlage verfährt man nach §. 106. II. h.

o. *Von allen Basen ohne Ausnahme.*

Man wendet das Verfahren von S o n n e n s c h e i n (I. b. β.) an und trennt in der von dem phosphorsauren Molybdänsäure-Ammon abfiltrirten Flüssigkeit die Basen von der Molybdänsäure. Da sich die Molybdänsäure zu Schwefelwasserstoff und Schwefelammonium so wie ein Metall der sechsten Gruppe verhält, so ist es anzurathen, Metalle der sechsten und auch solche der fünften Gruppe aus saurer Lösung durch Schwefelwasserstoff zu fällen, bevor man die Phosphorsäure mit Molybdänsäure niederschlägt. — Man hat alsdann diese nur von den Metallen der vier ersten Gruppen zu trennen. Es geschieht dies auf folgende Weise. Man versetzt die saure Flüssigkeit in einem verschliessbaren Kolben mit Ammon bis alkalisch, fügt Schwefelammonium in genügendem Ueberschuss zu und digerirt damit. Sobald die Lösung rein gelb (nicht mehr grünlich) erscheint, filtrirt man die Schwefelmolybdän-Schwefelammonium enthaltende Flüssigkeit ab, wäscht den Rückstand mit Wasser aus, dem man etwas Schwefelammonium zugesetzt hat, und trennt die zurückbleibenden Schwefelmetalle und Oxydhydrate der vierten und dritten Gruppe nach den unten anzugebenden Methoden. — Das Filtrat versetzt man vorsichtig mit Salzsäure im mässigen Ueberschuss, leitet, sofern die Flüssigkeit nicht schon stark nach Schwefelwasserstoff riecht, noch etwas ein, filtrirt das Schwefelmolybdän ab und bestimmt im Filtrate die alkalischen Erden und Alkalien. —

Diese Methode, die Phosphorsäure von Basen zu trennen, ist im hohen Grade empfehlenswerth.

§. 107.

5. B o r s ä u r e.

I. Bestimmung.

Die Bestimmung der Borsäure geschieht stets am besten auf eine indirecte Art, da es keine Verbindung derselben giebt, welche so unlöslich ist, dass sie sich zur directen Abscheidung mit Vortheil benutzen liesse.

Hat man Borsäure in wässeriger oder alkoholischer

Lösung, so kann die Menge derselben durch Abdampfen und Wägen des Rückstandes nicht bestimmt werden, indem sich mit den Wasser- oder Weingeistdämpfen Borsäure in erheblicher Menge verflüchtigt. Dies findet auch dann statt, wenn man die Lösung mit überschüssigem Bleioxyd eindampft.

Man verfährt daher am besten also. Man versetzt die Borsäurelösung mit einer gewogenen Menge reinen, am besten geschmolzenen, kohlensauren Natrons, und zwar nimmt man etwa die gleiche bis doppelte Menge der in der Lösung vermutheten Borsäure. — Man verdampft zur Trockne, erhitzt den Rückstand zum Schmelzen und wägt ihn. Er enthält eine bekannte Menge Natron und unbekannte Quantitäten Kohlensäure und Borsäure. Man bestimmt daher darin die Kohlensäure nach einer der in §. 110 angegebenen Methoden und findet alsdann die Borsäure aus der Differenz (H. R o s e).

II. Trennung der Borsäure von den Basen.

Man begnügt sich in der Regel damit, die Borsäure aus dem Verluste zu berechnen, indem eine directe Bestimmung, wenn auch möglich, doch immer sehr schwierig ist.

a. *Von allen feuerbeständigen Basen.*

Man wägt die borsaure Verbindung im fein gepulverten Zustande ab, bringt sie in eine geräumige Platinschale, übergiesst und digerirt sie mit einer genügenden Menge Fluorwasserstoffsäure, setzt darauf concentrirte reine Schwefelsäure allmälig tropfenweise zu, erwärmt anfangs gelinde, dann stärker, bis alle überschüssige Schwefelsäure verjagt ist. — Bei dieser Operation entweicht die Borsäure als Fluorborgas ($BO_3 + 3FlH = BFl_3 + 3HO$). Der Rückstand enthält die Basen als schwefelsaure Salze. Man bestimmt dieselben und findet die Borsäure aus der Differenz. — Statt der Fluorwasserstoffsäure lässt sich auch fein gepulverter

Flussspath anwenden, sofern derselbe rein ist. Man nimmt auf 1 Theil der borsauren Verbindung 3–4 Theile und verfährt im Uebrigen wie angegeben. Die Bestimmung der Base wird jedoch in diesem Falle etwas mühsamer, weil ihr schwefelsaures Salz mit einer grossen Menge von Gyps gemengt zurückbleibt.

Bei dieser Bestimmungsweise wird vorausgesetzt, dass die Verbindung durch Schwefelsäure zerlegbar sei.

b. *Von den Alkalien.*

Man löst das abgewogene borsaure Salz in Wasser auf, setzt einen Ueberschuss von Salzsäure hinzu und dampft die Lösung auf dem Wasserbade ein. Gegen Ende setzt man noch einige Tropfen Salzsäure zu und trocknet nun den Rückstand so lange im Wasserbade, bis keine Spur von salzsauren Dämpfen mehr entweicht. Man bestimmt jetzt im Rückstande das Chlor (§. 112), berechnet aus diesem das Alkali und findet somit die Borsäure aus der Differenz. — Diese von E. S c h w e i z e r angegebene Methode hat demselben bei der Analyse des Borax sehr gute Resultate geliefert. Sie wird sich auch zur Bestimmung der Basen in einigen anderen borsauren Salzen anwenden lassen.

c. *Von Baryt, Strontian, Kalk und Bleioxyd.*

Verfahren wie bei Phosphorsäure §. 106. II. c. Die Quantität der Borsäure ergiebt sich aus dem Verlust.

d. *Von Magnesia.*

Man löst die Verbindung in Salzsäure, übersättigt mit Ammon, fällt durch phosphorsaures Natron die Magnesia (§. 82) und findet die Borsäure aus dem Verluste. — Die so erhaltene pyrophosphorsaure Magnesia enthält eine sehr geringe Menge von Borsäure (H. R o s e).

e. *Von den Metalloxyden der vierten, fünften und sechsten Gruppe.*

Man schlägt dieselben durch Schwefelwasserstoff, respective Schwefelammonium, nieder und bestimmt sie nach oben angegebenen Methoden. Die Borsäure wird aus dem Verlust bestimmt. — Ist das Metall aus saurer oder neutraler Lösung durch Schwefelwasserstoff gefällt worden, so lässt sich die Borsäure im Filtrat auch nach I. bestimmen, nachdem man dasselbe durch Einleiten von Kohlensäure vollständig von Schwefelwasserstoff befreit hat.

§. 108.

6. O x a l s ä u r e.

I. Bestimmung.

Die Oxalsäure fällt man entweder als *oxalsauren Kalk* und bestimmt diesen als *kohlensauren Kalk*, oder man ermittelt sie aus der Menge des durch sie reducirten *Goldes* oder der Quantität *Kohlensäure*, welche sie bei Zutritt von 1 Aeq. Sauerstoff liefert.

a. *Bestimmung als kohlensaurer Kalk.*

Soll diese Bestimmung genaue Resultate liefern, so muss die Lösung neutral oder durch E s s i g s ä u r e schwach sauer sein; auch darf sie Thonerde, Chromoxyd und Oxyde schwerer Metalle, namentlich Eisenoxyd und Kupferoxyd, nicht enthalten. Sind diese Bedingungen nicht gegeben, so müssen sie daher zunächst hergestellt werden. — Man fällt alsdann durch eine im mässigen Ueberschuss zugesetzte Lösung von essigsaurem Kalk. Den niedergefallenen oxalsauren Kalk behandelt man nach §. 81.

b. *Bestimmung aus dem reducirten Golde* (H. R o s e).

α. In V e r b i n d u n g e n, w e l c h e s i c h i n W a s s e r l ö s e n. — Man setzt zu der Auflösung der Oxalsäure oder des oxalsauren Salzes eine Lösung von Natrium- oder Ammoniumgoldchlorid und digerirt längere Zeit bei einer der Siedhitze nahen Temperatur bei Abschluss directen Sonnenlichtes. Das gefällte Gold sammelt man auf einem Filter, wäscht es aus, trocknet, glüht und wägt es. 1 Aeq. Gold (2458,33) entspricht 3 Aeq. C_2O_3 (3. 450 = 1350).

β. **In Verbindungen, welche sich in Wasser nicht lösen.** — Man löst in möglichst wenig Salzsäure, verdünnt in einem geräumigen, zuvor mit Natronlauge gereinigten Kolben mit sehr viel Wasser, setzt Goldlösung im Ueberschuss zu, kocht längere Zeit, lässt bei Abschluss des Sonnenlichtes absitzen und verfährt im Uebrigen nach α. —

Die Bestimmungen der Oxalsäure aus dem reducirten Golde liefern sehr genaue Resultate.

c. *Bestimmung als Kohlensäure.*

α. Dieselbe kann man entweder nach der §. <u>142</u> zu beschreibenden Methode der organischen Elementaranalyse, oder auch

β. in der Weise vornehmen, dass man die Oxalsäure oder das oxalsaure Salz mit einer überschüssigen Menge fein gepulverten Braunsteins und dann mit Schwefelsäure zusammenbringt, und zwar in einem Apparate, der die sich entwickelnde Kohlensäure nur getrocknet entweichen lässt. Die Theorie dieses Verfahrens ergiebt sich aus folgender Gleichung:

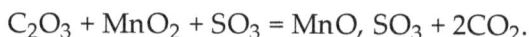

$$C_2O_3 + MnO_2 + SO_3 = MnO, SO_3 + 2CO_2.$$

Für je 1 Aeq. Oxalsäure erhält man sonach 2 Aeq. Kohlensäure. — Was den Apparat und die Ausführung des Versuches betrifft, so verweise ich auf §. <u>110. II. b.</u> β., wo bei der Bestimmung der Kohlensäure ersterer und auf die im speciellen Theile zu besprechende Prüfung des Braunsteins, woselbst letztere beschrieben werden muss. — Hier bemerke ich nur, dass, im Falle man mit freier Oxalsäure zu thun hat, dieselbe erst durch Zusatz von Ammon schwach übersättigt werden muss, sowie dass man der Theorie nach auf 9 Thle. wasserfreie Kleesäure 11 Thle. reines Mangansuperoxyd braucht. Da ein Ueberschuss des letzteren nichts schadet, so ist es leicht, die zuzusetzende Menge durch Schätzung zu bestimmen. Der Braunstein braucht nicht rein zu sein, nur darf er kein kohlensaures Salz enthalten. — Die Resultate sind, wenn man den Versuch in einem so leichten Apparat vornimmt, dass die Wägungen auf einer feinen Wage gemacht werden können, in hohem Grade genau, und ebenso sehr als hierdurch empfiehlt sich diese Methode durch die Kürze der Zeit, die sie erfordert. — Statt des Braunsteins lässt sich auch chromsaures Kali anwenden; vergl. §. 104. I. c.

II. Trennung der Oxalsäure von den Basen.

a. Man bestimmt die Oxalsäure nach I. b. und trennt im Filtrat das Gold von den vorhandenen Basen nach den im fünften Abschnitt angegebenen Methoden.

b. Die Bestimmungsmethoden der Oxalsäure I. c. α. und β. können bei allen Salzen angewendet werden, aber bei α. ist es nicht wohl möglich und bei β. nicht bequem, in derselben Substanz die Basis zu bestimmen.

c. Die Oxalsäure kann in vielen neutralen Salzen aus dem Verlust bestimmt werden, indem dieselben beim Glühen an der Luft in Metall (z. B. das Silbersalz), reines Oxyd (z. B. das Bleisalz) oder in kohlensaures Salz (die Salze der alkalischen Erden und Alkalien) übergehen. Diese Methode ist zur Bestimmung der Basen in oxalsauren Salzen besonders geeignet.

d. In vielen löslichen Salzen kann die Oxalsäure nach I. a. bestimmt werden. Die Basen werden alsdann vom überschüssigen Kalksalze nach den Vorschriften des fünften Abschnittes getrennt.

e. Alle oxalsauren Salze, deren Basen durch kohlensaures

Kali oder Natron gefällt werden und im Ueberschusse derselben unlöslich sind, können durch Kochen mit kohlensaurer Kali- oder Natronlösung in Oxyd oder kohlensaures Salz einerseits, und oxalsaures Alkali andererseits zerlegt werden.

f. Alle Salze der vierten, fünften und sechsten Gruppe kann man durch Schwefelwasserstoff oder Schwefelammonium zersetzen.

§. 109.
7. Fluorwasserstoffsäure.

I. Bestimmung.

Die Fluorwasserstoffsäure wird, wenn man sie in freiem Zustande in wässeriger Lösung hat, am besten als *Fluorcalcium* bestimmt. Man setzt kohlensaures Natron in mässigem Ueberschusse zu, dann eine Auflösung von Chlorcalcium, so lange noch eine weitere Fällung bewirkt wird, lässt absitzen und wäscht den aus Fluorcalcium und kohlensaurem Kalk bestehenden Niederschlag erst durch Decantiren, dann auf dem Filter aus. Nach dem Trocknen glüht man denselben in einem Platintiegel (§. 35), übergiesst ihn in einer Platin- oder auch Porzellanschale mit Wasser, setzt Essigsäure im geringen Ueberschuss zu, verdampft im Wasserbade zur Trockne und erhitzt darin, bis aller Geruch nach Essigsäure verschwunden. Den aus Fluorcalcium und essigsaurem Kalk bestehenden Rückstand erhitzt man mit Wasser, filtrirt das Fluorcalcium ab, wäscht es aus, trocknet es, glüht nach §. 35 und wägt. — Behandelt man den aus Fluorcalcium und kohlensaurem Kalk bestehenden Niederschlag mit Essigsäure, ohne ihn zuvor geglüht zu haben, so lässt sich das Fluorcalcium nur schwierig auswaschen. — Die Anwesenheit von Salpetersäure oder Salzsäure in der wässerigen Lösung der Fluorwasserstoffsäure beeinträchtigt diese

Bestimmungsweise nicht. (H. R o s e).

II. Trennung des Fluors von den Metallen.

a. *In löslichen Fluorverbindungen.*

Reagiren die Lösungen derselben sauer, so bestimmt man das Fluor genau nach I. und trennt im Filtrate die zu bestimmenden Basen von dem überschüssig zugesetzten Kalk, sowie von dem Natron nach den im fünften Abschnitt enthaltenen Methoden. — Sind dagegen die Lösungen neutral, so versetzt man sie mit einer genügenden Menge von Chlorcalcium, erhitzt in einer Platin-, weniger gut in einer Porzellanschale zum Kochen, lässt absitzen, wäscht den Niederschlag von Fluorcalcium durch Decantation mittelst siedenden Wassers aus, bringt den völlig ausgewaschenen aufs Filter, trocknet, glüht und wägt ihn. — Die Basen finden sich im Filtrat und sind von dem überschüssig zugesetzten Kalksalze zu trennen. — Dass die Basen in besonderen Portionen auch nach b. bestimmt werden können, ergiebt sich von selbst.

b. *In unlöslichen Fluorverbindungen.*

α. In wasserfreien.

Man erwärmt die gewogene Substanz im fein gepulverten Zustande mit reiner concentrirter Schwefelsäure längere Zeit und glüht zuletzt, bis alle Schwefelsäure entwichen ist. Aus dem rückbleibenden schwefelsauren Salze berechnet man das Metall und findet so durch Verlust das Fluor. Hat man mit Metallen zu thun, deren schwefelsaures Salz beim Glühen Schwefelsäure verliert, oder enthält der Rückstand mehrere Metalle, so muss derselbe weiter analysirt werden, ehe man obige Rechnung anstellen kann.

β. In wasserhaltigen.

aa. *Eine Probe der Verbindung giebt, in einem Röhrchen erhitzt, einen Wasserbeschlag, der Lackmus nicht röthet.* Man bestimmt alsdann durch Glühen zuerst das Wasser, sodann nach II. b. α. Fluor und Metall.

bb. *Eine Probe der Verbindung liefert beim Erhitzen sauer reagirendes Wasser.* Man bestimmt zuerst nach II. b. α. durch Behandeln mit Schwefelsäure Wasser + Fluor einerseits, das Metall andererseits. — Eine neue gewogene Portion mengt man sodann mit einem Ueberschuss (etwa 6 Theilen) frisch geglühten Bleioxyds in einem kleinen Retörtchen, bedeckt die Mengung mit einer Schicht Bleioxyd, wägt das Retörtchen, treibt durch allmälig bis zum Glühen gesteigertes Erhitzen das (jetzt von Flusssäure freie) Wasser aus und bestimmt sein Gewicht aus dem Verlust. Man kennt durch die erste Bestimmung Wasser + Fluor, man kennt durch die zweite das Wasser allein, die Differenz ist somit das Fluor.

Von einer weiteren Methode der Fluorbestimmung werden wir im fünften Abschnitte bei der Trennung des Fluors von Kieselsäure zu sprechen haben.

§. 110.

8. K o h l e n s ä u r e.

I. Bestimmung.

a. *In einem Gemenge von Gasen.*

Man misst die Gase in einer graduirten Röhre über Quecksilber genau ab, schiebt dann eine Kugel von Kalihydrat, welche man mit Hülfe einer Pistolenkugelform an einen Platindraht gegossen hat, im befeuchteten Zustande ein, lässt 24 Stunden oder überhaupt so lange darin, bis keine Verminderung des Gasvolumens mehr erfolgt, zieht dann die Kugel heraus und misst den Gasrückstand. Die Kohlensäure ergibt sich aus der Differenz, vorausgesetzt, dass neben der Kohlensäure kein sonstiges durch Kali absorbirbares Gas vorhanden gewesen ist.

b. *In wässeriger Lösung.*

Man versetzt Chlorbaryumlösung mit etwas Ammonflüssigkeit, lässt stehen und filtrirt die Lösung, sofern sie sich getrübt haben sollte, in ein geeignetes Glas, welches davon nur zu $^1/_{10}$ gefüllt wird. Man verstopft dasselbe, bestimmt sein Gewicht, füllt es auf eine geschickte Art mit dem auf Kohlensäuregehalt zu prüfenden Wasser nicht ganz voll, verstopft und wägt wieder. Die Differenz beider Wägungen giebt die Menge des Wassers an. — Lässt sich das zu prüfende Wasser dadurch in einen Stechheber bringen, dass man diesen langsam einsenkt, so ist es bequemer, die Quantität des Wassers auf diese Art durch Messung zu bestimmen.

Die trübe Mischung lässt man 4 Tage stehen, giesst alsdann die Flüssigkeit rasch durch ein dem Luftzutritt möglichst abzuschliessendes Filter ab, füllt das Glas mit warmem Wasser, verstopft, schüttelt auf, lässt wieder absitzen, giesst aufs Neue ab, wiederholt dieses Auswaschen durch Decantation noch einmal, bringt sodann den Niederschlag aufs Filter, wäscht ihn aus, bis das zuletzt ablaufende Waschwasser mit Silberlösung klar bleibt, trocknet ihn, glüht gelinde und wägt (§. 36). Aus der Menge des kohlensauren Baryts ergiebt sich die der Kohlensäure, vorausgesetzt, dass in der Lösung von durch Ammon und Chlorbaryum fällbaren Substanzen nur Kohlensäure enthalten gewesen ist. War letzteres nicht der Fall, enthält somit der kohlensaure Baryt schwefelsauren Baryt, phosphorsauren Baryt, Eisenoxyd oder dergl., so bestimmt man in dem getrockneten, aber nicht gewogenen Niederschlage die Kohlensäure nach II. Das vom Niederschlage so viel wie möglich getrennte Filter verbrennt man am besten zu Asche und fügt diese dem Niederschlage bei. Ist dessen Menge sehr bedeutend, so wägt man ihn besser erst im Ganzen und bestimmt dann die Kohlensäure in einem abgewogenen Theil des gleichförmig gemengten Pulvers.

Sollten aus dem Glase die letzten Theilchen des Niederschlages mechanisch nicht zu entfernen sein, so löst man sie — nachdem das Glas völlig ausgewaschen — in ein wenig verdünnter Salzsäure, fällt mit kohlensaurem Natron und filtrirt den entstandenen geringen Niederschlag auf einem kleinen besonderen Filterchen ab, welches dann mit dem anderen grösseren zu verbrennen ist.

II. Trennung der Kohlensäure von den Basen.

Allen folgenden Methoden liegt als gemeinschaftliches Princip die Austreibung der Kohlensäure durch eine stärkere Säure zu Grunde. Die Bestimmung der Kohlensäure selbst geschieht immer entweder aus dem Verlust, — oder aus der Gewichtszunahme einer Flüssigkeit, durch welche man die entwichene Kohlensäure hat absorbiren lassen.

a. *Von Basen, welche beim Glühen ihre Kohlensäure leicht und vollständig verlieren.*

Z. B. kohlensaures Zink-, Cadmium-, Blei-, Kupfer-Oxyd, kohlensaure Magnesia etc.

α. Von wasserfreien.

Man erhitzt die abgewogene Substanz in einem Platintiegel (bei Cadmium- und Bleioxyd in einem Porzellantiegel) zum Glühen und setzt dasselbe fort, bis der Rückstand constantes Gewicht zeigt. Man erhält begreiflicher Weise sehr genaue Resultate. — Bei Substanzen, welche an der Luft erhitzt Sauerstoff aufnehmen, nimmt man das Erhitzen in einer Kugelröhre vor, durch welche trockne Kohlensäure geleitet wird. — Die Kohlensäure ergiebt sich aus dem Verlust.

β. Von wasserhaltigen.

Man erhitzt in dem Falle in einer Glasröhre, welche mit einem Chlorcalciumrohre und einem Kaliapparate in Verbindung steht, und in deren hinterstem Theil man etwas geschmolzenes chlorsaures Kali gelegt hat. Das Verfahren ist genau dasselbe, wie bei der organischen Elementaranalyse (§. 143), daher wir seine genauere Beschreibung hier übergehen. Das chlorsaure Kali dient dazu, um zuletzt das noch in der Röhre enthaltene kohlensaure Gas herauszutreiben. Man wägt Chlorcalciumrohr und Kaliapparat erst nach einer Viertelstunde, während welcher Zeit das darin enthaltene Sauerstoffgas durch Diffusion vollständig durch Luft ersetzt wird. Bei sehr genauen Versuchen sättigt man vor dem Versuche die Kalilauge mit Sauerstoffgas (vergl. §. 143. b.). Dass die zu glühende Verbindung keine organische Substanz enthalten dürfe, liegt auf der Hand.

Oder man glüht die Substanz in einer Kugelröhre, durch welche man wohl getrocknete Luft oder — sofern oxydable Substanzen vorhanden sind — Kohlensäure leitet und die man mittelst eines gut schliessenden getrockneten Korkes mit einer Chlorcalciumröhre in Verbindung setzt. — Während des Glühens erhält man das hintere Ende der Kugelröhre mittelst einer kleinen Lampe so heiss, dass sich daselbst Wasser nicht verdichten kann, hütet sich aber wohl, den Kork zu verbrennen. — Der Gewichtsverlust der Röhre giebt Wasser + Kohlensäure, die Gewichtszunahme des Chlorcalciumrohres das Wasser an; somit ist die Differenz gleich der Kohlensäure.

   b. *Von allen Basen ohne Ausnahme.*

α. W e n n d i e S a l z e w a s s e r f r e i s i n d . Man wägt die kohlensaure Verbindung in einem Platintiegel ab, setzt etwa die vierfache Menge geschmolzenen Boraxglases (§. 44. 8) zu, welches man direct vor dem Abwägen nochmals erhitzt hat, wägt, erhitzt bei allmälig gesteigerter Hitze zum starken Glühen und erhält darin, bis der Inhalt des Tiegels ruhig fliesst. Nach dem Erkalten wägt man. Der Gewichtsverlust ist Kohlensäure. Resultate genau. (Schaffgottsch).

β. Wenn die Salze durch Säuren leicht und vollständig zersetzt werden.

aa. *Wenn ihre Basen mit Schwefelsäure lösliche Salze bilden.*

Fig. 47.

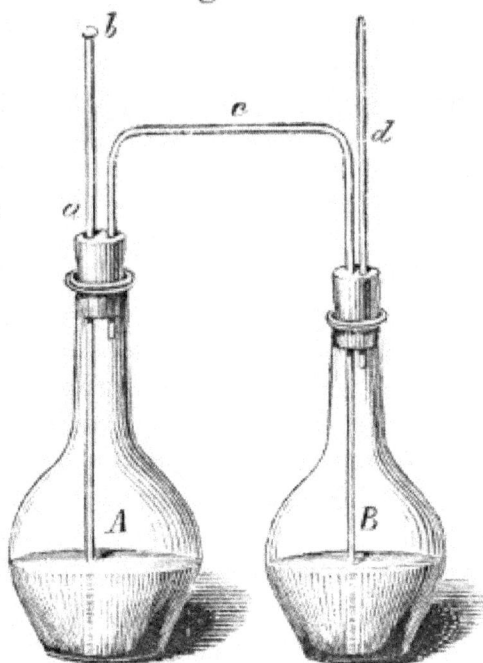

Man bedient sich des in Fig. 47 abgebildeten Apparates, dessen Einrichtung aus der Zeichnung ohne Weiteres verständlich ist. Die Grösse der Kölbchen richtet man nach der Tragkraft der zu Gebote stehenden Wage ein. Die Röhre *a* ist an ihrem Ende *b* durch ein Wachskügelchen verschlossen. Ihr anderes Ende, sowie die Enden der Röhren *c* und *d* sind offen. Das Kölbchen *B* ist mit concentrirter Schwefelsäure fast zur Hälfte angefüllt. Die Glasröhren müssen in den Korkstopfen und diese in den Kölbchen völlig luftdicht schliessen. Man bringt in das Kölbchen *A* die abgewogene Substanz, füllt das Kölbchen zu ⅓ mit Wasser an, drückt den Kork ein und bringt den Apparat auf der Wage ins Gleichgewicht. Man saugt nunmehr mittelst eines kleinen Saugröhrchens oder eines durchbohrten Korkes aus *d* ein Paar Blasen Luft aus. Hierdurch wird auch in *A* die Luft verdünnt, und die Schwefelsäure in *B* steigt in der Röhre *c* auf. Man beobachtet, ob ihr Höhestand sich längere Zeit gleich bleibt, und verschafft sich dadurch die Ueberzeugung, dass der Apparat luftdicht schliesst. Man saugt jetzt etwas mehr Luft aus *d*, und veranlasst hierdurch, dass ein Theil der Schwefelsäure nach *A* herüberfliesst. Das daselbst befindliche kohlensaure Salz wird durch dieselbe zersetzt, und die entbundene Kohlensäure entweicht, beim Durchstreichen durch die concentrirte Schwefelsäure in *B* vollkommen getrocknet, aus *d*. Wenn die Entwickelung nachlässt, veranlasst man durch Aussaugen von Luft aus *d* ein erneuertes Hinüberfliessen der Säure und fährt so fort, bis alles kohlensaure Salz zerlegt ist. Man lässt jetzt durch stärkeres Aussaugen eine grössere Menge Schwefelsäure nach *A* herüber fliessen, so dass dessen Inhalt sich sehr stark erhitzt, öffnet, wenn keine Gasblase mehr kommt, das Wachsstöpfchen auf *a* ein wenig, und saugt an *d* so lange, bis die letztkommende Luft nicht mehr nach Kohlensäure schmeckt. Nach dem Erkalten bringt man den Apparat wieder auf die Wage und stellt durch zu demselben gelegte Gewichte das Gleichgewicht her. Ihre Summe ist gleich der Menge der in der Substanz enthalten gewesenen Kohlensäure. — Die Resultate sind genau.

Nimmt man die Kölbchen *A* und *B* hinlänglich klein, so lässt sich der Apparat so herstellen, dass er sammt der

Fällung nicht mehr als etwa 80 Gramm wiegt und somit auch auf feinen analytischen Wagen abgewogen werden kann. — Ich habe mich bis jetzt nicht überzeugen können, dass eine der vielen in Vorschlag gekommenen Abänderungen des Apparates wesentliche Vortheile darböte.

Wie man zu verfahren habe, wenn dem kohlensauren Salze ein Schwefelmetall oder ein Chlormetall beigemengt ist, wird im fünften Abschnitte besprochen werden.

bb. *Wenn ihre Basen mit Schwefelsäure unlösliche Salze bilden.*

Man kann in dem Falle die Methode aa. nicht gut anwenden, weil das gebildete unlösliche schwefelsaure Salz, z. B. Gyps, die noch nicht zerlegte Portion der kohlensauren Verbindung theilweise vor der Zerlegung schützt; man ändert daher den Apparat so ab, wie ihn Fig. 48 darstellt.

Fig. 48.

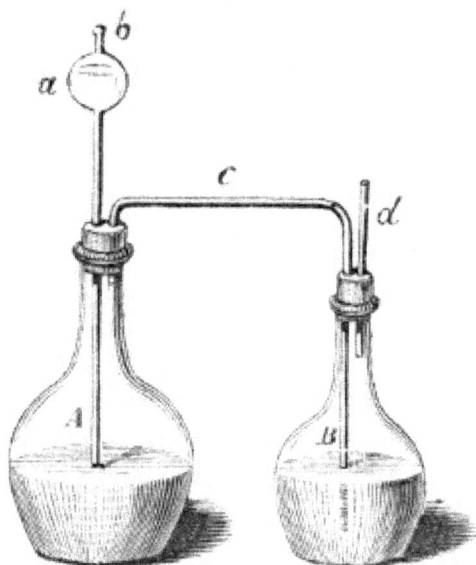

Die Veränderung betrifft einzig und allein die Röhre *a*, welche oben, wie die Figur zeigt, eine eingelöthete Glaskugel enthält und unten in eine feine Spitze ausgezogen ist.

Das Verfahren ist folgendes: In A bringt man die abgewogene Substanz nebst Wasser. Die Kugelröhre a enthält verdünnte Salpetersäure, und zwar mehr als das kohlensaure Salz zur Zersetzung bedarf; sie wird durch das aufgedrückte Wachskügelchen b am Herausfliessen aus der engen Oeffnung gehindert. Die Spitze der Röhre a taucht nicht in das Wasser in A. — Nachdem der Apparat auf der Wage ins Gleichgewicht gesetzt ist, dreht man die Röhre a vorsichtig herab, so dass die Spitze fast auf den Boden von A kommt, lässt alsdann durch momentanes Oeffnen des Wachsstöpfchens ein wenig Salpetersäure ausfliessen und fährt so fort, bis alles kohlensaure Salz zersetzt ist. Man stellt nunmehr A in heisses Wasser, öffnet das Wachsstöpfchen ein wenig, saugt die Kohlensäure aus dem Apparat und bestimmt nach dem Erkalten die Gewichtsabnahme.

Man sieht auf den ersten Blick, dass man dem Apparate auch eine andere Einrichtung geben kann, dass man z. B. statt mit dem Kölbchen B die Röhre c mit einem Chlorcalciumrohr oder einer Röhre, die mit schwefelsäuregetränktem Bimsstein oder Asbest gefüllt ist, versehen kann, — dass man ferner die zur Zersetzung bestimmte Substanz in einem anfangs aufrecht stehenden, nach dem Tariren umzuwerfenden Röhrchen in die im Kölbchen befindliche verdünnte Säure bringen kann etc. — Diese Modificationen ändern, sofern sie mit Ueberlegung vorgenommen werden, die Resultate wenig oder nicht.

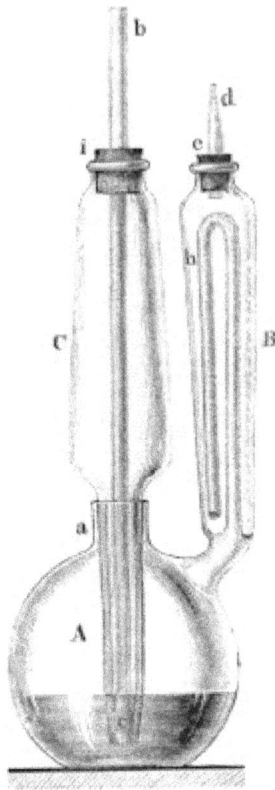

Fig. 49.

Der bequemste und empfehlenswertheste von den vorgeschlagenen abgeänderten Apparaten ist unstreitig der Geissler'sche[11], den ich aus diesem Grunde hier noch beifügen will.

Der Apparat besteht aus zwei Theilen, *AB* und *C.* — *C* ist bei *a* in *A* eingeschmirgelt, so dass er luftdicht schliesst und doch, zum Behufe der Füllung und Entleerung von *A*, leicht abgenommen werden kann. In *C* befindet sich ein oben und unten offenes Glasrohr *b c*, welches bei *c* in *C* wasserdicht eingeschliffen ist und durch den verschiebbaren Kork *i* in der richtigen Lage erhalten wird. Die übrige Einrichtung des Apparates ersieht man aus der Zeichnung. Der Kork *e* muss luftdicht schliessen, ebenso die Röhre *d* in dem Korke. Die zur Zersetzung bestimmte abgewogene Substanz bringt man in *A*, fügt Wasser zu bis zu dem angedeuteten Stand, und bewegt die Substanz durch Schütteln zur Seite. Man füllt jetzt *C* mit verdünnter Salzsäure oder Salpetersäure mittelst einer Pipette fast voll, nachdem man zuvor *i* hinaufgedreht hat, ohne *b* zu heben, dreht den Kork wieder herab, setzt *C* in *A* ein, füllt *B* mit concentrirter Schwefelsäure stark zur Hälfte und verschliesst *b* oben mit einem kleinen Wachskügelchen oder Kork. Nach dem Wägen vollbringt man die Zersetzung, indem man *b* etwas lüftet und so Säure aus *C* in *A* fliessen lässt. Die Kohlensäure entweicht durch *h* in die Schwefelsäure und verlässt, durch diese getrocknet, bei *d* den Apparat. Wenn die Zersetzung beendigt ist, erhitzt man *A* gelinde, lüftet das Wachskügelchen auf *b* und saugt bei *d* mittelst eines durchbohrten Korkes die Kohlensäure aus. Nach dem Erkalten wägt man.

§. 111.

9. K i e s e l s ä u r e.

I. Bestimmung.

Die directe Bestimmung der Kieselsäure geschieht immer auf eine und dieselbe Weise, indem man die lösliche Modification durch Abdampfen und scharfes Trocknen in die unlösliche Modification überführt und diese, nach Entfernung aller fremden Stoffe, glüht und wägt.

Ich mache gleich hier darauf aufmerksam, d a s s d i e g e w o g e n e K i e s e l s ä u r e s t e t s a u f i h r e R e i n h e i t g e p r ü f t w e r d e n m u s s wenn man sich gegen Irrthümer sicher stellen will. Die Methoden, nach welchen die Prüfung am besten vorgenommen wird, sollen an den betreffenden Stellen dieses Paragraphen mitgetheilt werden.

Hätte man freie Kieselsäure als Hydrat in einer von anderweitigen fixen Körpern freien wässerigen oder sauren Lösung, so würde man diese nur in einer Platinschale zu verdampfen und den Rückstand nach dem Glühen zu wägen haben.

II. Trennung der Kieselsäure von den Basen.

a. *In allen Verbindungen, die durch Salzsäure oder Salpetersäure zerlegt werden.*

Hierhin gehören sowohl die in Wasser löslichen Silicate, als auch viele in Wasser unlösliche, z. B. fast alle Zeolithe.

Man übergiesst die höchst fein gepulverte Verbindung, nachdem man sie bei 100° (nicht bei höherer Temperatur) getrocknet hat, in einer Schale von Platin oder ächtem Porzellan (bei Silicaten, bei deren Auflösung sich Chlor entwickeln könnte, ist Platin zu vermeiden) mit wenig Wasser und rührt das Pulver damit zu einem gleichförmigen Brei an, fügt dann mässig concentrirte Salzsäure oder (falls die Substanz Blei oder Silber enthält) Salpetersäure zu und digerirt bei sehr gelinder Wärme unter stetem Umrühren bis zur völligen Zersetzung der Substanz, das ist, bis man beim Umrühren mit dem rund geschmolzenen Glasstabe kein sandiges Pulver mehr fühlt und kein knirschendes Geräusch mehr wahrnimmt.

Die hierher gehörigen Silicate verhalten sich bei dieser Behandlung nicht alle gleich, sondern sie zeigen einige Verschiedenheiten; so schwellen die meisten zu einer gallertartigen Masse auf, während sich bei anderen die Kieselsäure als leichter, pulveriger Niederschlag abscheidet; so werden manche sehr leicht und schnell, andere erst bei längerer Digestion zerlegt.

Nach geschehener Zersetzung verdampft man das Ganze im Wasserbade zur Trockne und erhitzt den Rückstand unter häufigem Umrühren, bis alle Klümpchen zertheilt und auch innen völlig trocken geworden sind, und bis keine sauren Dämpfe mehr entweichen. — Das Trocknen geschieht am sichersten bloss im Wasserbade; will man — um das Trockenwerden zu beschleunigen — etwas stärker erhitzen, so bedient man sich am besten eines Luftbades, welches man einfach herstellt, indem man die Schale mit der Substanz mittelst eines Drahtgehänges so in eine etwas grössere Silber- oder Eisenschale hängt, dass zwischen den Schalen überall ein geringer, gleich weiter Zwischenraum bleibt. Ein Erhitzen direct über der Lampe ist nicht anzurathen, weil an den am stärksten erhitzten Stellen die Kieselsäure leicht wieder mit den abgeschiedenen Basen zu Verbindungen sich vereinigt, welche durch Salzsäure nicht oder nur unvollständig zersetzt werden.

Nach dem Erkalten befeuchtet man die Masse gleichförmig mit Salzsäure, lässt eine halbe Stunde stehen, ohne zu erwärmen, verdünnt sodann mit heissem Wasser, rührt um, lässt absitzen, decantirt durch ein Filter, rührt die Kieselsäure wieder mit heissem Wasser an, decantirt nochmals, bringt nun auch den Niederschlag aufs Filter, wäscht denselben mit heissem Wasser vollständig aus, trocknet ihn gut und glüht, zuletzt möglichst stark, nach §. 35. — Eigenschaften des Rückstandes §. 72. 9. — Die Resultate sind genau. Die Basen, welche man als Chlorverbindungen im Filtrat hat, bestimmt man nach oben angegebenen Methoden. — Weicht man von dem bezeichneten Verfahren ab, bringt man z. B. die Masse nur fast, aber nicht völlig zur Trockne, so hat man Verlust, indem in solchem Falle ein nicht unbeträchtlicher Theil der Kieselsäure in die Auflösung übergeht, während bei Befolgung des beschriebenen Verfahrens nur Spuren aufgelöst werden, welche jedoch bei genauen Analysen nicht vernachlässigt werden dürfen, sondern von den aus der Lösung gefällten Basen zu scheiden sind. Es geschieht dies leicht, indem man sie nach dem Glühen und Wägen in Salzsäure oder Schwefelsäure durch längeres Digeriren in der Hitze löst, wobei die Kieselsäurespuren zurückbleiben. — Trocknet man die Kieselsäure vor dem Glühen nicht vollkommen, so hat man ebenfalls leicht Verlust, indem der bei raschem Erhitzen entweichende Wasserdampf Theilchen der leichten und lockeren Kieselerde wegführt.

Die Prüfung der Kieselsäure auf ihre Reinheit (welche namentlich dann ganz unerlässlich ist, wenn sich die Kieselsäure nicht gallertartig, sondern pulverig ausgeschieden hat) geschieht zweckmässig so, dass man in einer Silber- oder Platinschale, wohl auch in einer ächten Porzellanschale, eine mässig concentrirte Lösung von reinem kohlensauren Natron zum Kochen erhitzt und eine Probe der Kieselsäure einträgt. War sie rein, so löst sie sich ganz klar. Bleibt ein Rückstand, so wägt man den Rest der Kieselsäure und behandelt sie zur Bestimmung der Beimischungen nach b. Man vergesse nicht, den Theil aufs Ganze zu berechnen.

Hat man reine Fluorwasserstoffsäure vorräthig, so lässt sich die Kieselsäure sehr leicht auch in der Art auf ihre Reinheit prüfen, dass man sie in einer Platinschale damit übergiesst; beim Verdampfen der Lösung verflüchtigt sich reine Kieselsäure vollständig (als Fluorkiesel). Bleibt ein Rückstand, so befeuchtet man denselben nochmals mit der Säure, setzt einige Tropfen Schwefelsäure zu, verdunstet und glüht; es bleiben alsdann in der Schale die schwefelsauren Salze der der Kieselsäure beigemengt gewesenen Basen (Berzelius).

b. *In Verbindungen, welche durch Salzsäure oder Salpetersäure nicht zerlegt werden.*

α. Man schmelzt mit kohlensaurem Natron oder kohlensaurem Natronkali. Das Nähere siehe §. 22. α. — Den glühenden Tiegel stellt man auf eine kalte Eisenplatte, dann springt die erstarrte Masse leicht los. Die erhaltene salzsaure oder salpetersaure Lösung behandelt man nach §. 111. II. a. — Diese Methode ist die gewöhnlichste, sie kann aber, wie leicht zu ersehen, nicht dazu dienen, Alkalien in Silicaten zu bestimmen.

β. Man übergiesst das fein gepulverte Silicat mit einer ziemlich concentrirten, etwas rauchenden Fluorwasserstoffsäure in einer Platinschale, indem man die Säure nur allmälig zusetzt und mit einem dicken Platindraht umrührt. Die dünnbreiige Masse digerirt man auf einem gelinde erhitzten Wasserbade einige Zeit und setzt dann tropfenweise reines, mit gleichen Theilen Wasser verdünntes Schwefelsäurehydrat zu. Die Menge desselben sei mehr als hinlänglich, um alle Basen in schwefelsaure Salze zu verwandeln. Man verdampft jetzt im Wasserbade zur Trockne, wobei sich fortwährend Kieselfluor- und Fluorwasserstoffgas verflüchtigt; zuletzt erhitzt man stärker, etwas hoch über der Lampe, bis die überschüssig zugesetzte Schwefelsäure entwichen ist. — Die erkaltete Masse befeuchtet man stark mit concentrirter Salzsäure, lässt eine Stunde stehen, fügt Wasser zu und erwärmt gelinde. Ist die Zersetzung gelungen, so muss sich Alles klar lösen. — Bleibt ein Rückstand, so erhitzt man einige Zeit zum gelinden Kochen, lässt absitzen, giesst die Flüssigkeit so weit als möglich klar ab, trocknet den Rückstand und behandelt ihn aufs Neue mit Fluorwasserstoffsäure, Schwefelsäure und zuletzt mit Salzsäure, wodurch vollständige Lösung erfolgt, sofern die Substanz fein genug gepulvert und frei von Baryt, Strontian (und Blei) war. — In der Lösung, beziehungsweise den vereinigten Lösungen, welche die Basen als schwefelsaure Salze und ausserdem freie Salzsäure enthält, bestimmt man die Basen nach den Verfahrungsweisen, welche im fünften Abschnitte angegeben sind. —

Diese Methode, welche zur Zersetzung der Silicate jedenfalls eine der vorzüglichsten ist, rührt von B e r z e l i u s her. Sie ist bisher weniger zugänglich gewesen, da man die Fluorwasserstoffsäure nur mit Hülfe eines kleinen Destillationsapparates von Platin, wenigstens mit Platinhelm, zu bereiten und nur in Platingefässen aufzubewahren wusste. — Diese Schwierigkeit dürfte aber jetzt überwunden sein, indem S t ä d e l e r[12] mitgetheilt hat, dass Gutta-Percha und vulcanisirter Kautschuk der Fluorwasserstoffsäure widerstehen. — S t ä d e l e r bereitet dieselbe in einem Kolben von Blei, der die Form eines Digerirglases hat, dessen Hals abgesprengt ist. Der Kolben hat etwa 5″ inneren Durchmesser, die Weite des sehr kurzen Halses beträgt 1¾″. In die ausgedrehte Mündung wird ein gut schliessendes weites Bleirohr von 4″ Länge gesteckt, dessen oberes Ende etwas zusammengezogen ist, damit es durch einen gewöhnlichen Flaschenkork, der ein zweischenkliges dünnes Bleirohr trägt, verschlossen werden kann. Der längere Schenkel dieses Rohres ist 6″ lang; man verbindet ihn mit einer dickwandigen Röhre von vulcanisirtem Kautschuk, welche in die zur Aufbewahrung der Flusssäure bestimmte Gutta-Perchaflasche mündet, aber — um ein Zurücksteigen zu verhüten — nicht oder kaum in das vorgeschlagene Wasser taucht. Für gute Abkühlung ist Sorge zu tragen. — Die Percha-Flaschen[13], welche zur Aufbewahrung der Säure dienen, haben die Form der Medicingläser und werden durch Percha-Stopfen verschlossen.

Bei der Ausführung der beschriebenen Methode muss die grösste Vorsicht angewendet werden, weil sowohl die flüssige als die gasförmige Fluorwasserstoffsäure zu den schädlichsten Substanzen gehört; auch darf die Behandlung des Silicates mit der Säure und das Abdampfen nur im Freien geschehen, indem sonst die Fenster wie überhaupt alle Glasgeräthe stark angegriffen werden.

Da bei der genannten Methode die Kieselsäure sich nur aus dem Verluste ergiebt, so verbindet man gern diese Methode mit der in α. angeführten.

γ. Statt der in Wasser gelösten Fluorwasserstoffsäure lässt sich auch die gasförmige zur Zersetzung der Silicate benutzen. Diese vielfach angewandte Methode rührt von B r u n n e r[14] her. — Man bringt 1–2 Grm. des höchst fein gepulverten Silicates in möglichst dünner Schicht in ein ganz flaches Platinschälchen, befeuchtet das Pulver mit Wasser oder verdünnter Schwefelsäure und stellt das Schälchen auf einen Dreifuss oder dergl. von Blei in eine Bleibüchse, welche 6 Zoll Durchmesser und 6 Zoll Höhe haben kann, und in der man unmittelbar zuvor eine ½ Zoll hohe Schicht Flussspathpulver mit concentrirter Schwefelsäure zum Brei angerührt hat. (Man hüte sich vor den entweichenden Dämpfen. Das Vermischen des Flussspathpulvers mit der Schwefelsäure ist mit einem etwas langen Glas- oder besser Bleistabe auszuführen). Sobald man das Schälchen mittelst einer Pincette oder Tiegelzange eingesetzt hat, bedeckt man die Büchse mit dem dazu gehörenden gut schliessenden Bleideckel, verstreicht die Fugen mit Gypsbrei und stellt das Ganze 6–8 Tage an einen warmen Ort. — Will man den Process beschleunigen, so verstreicht man die Fugen nicht luftdicht und erhitzt den Apparat mittelst einer kleinen Weingeistlampe im F r e i e n; es gelingt auf letztere Art in einigen Stunden, 1–2 Gramm des Silicatpulvers zu zersetzen, vorausgesetzt, dass es in ganz dünner Schicht liegt oder von Zeit zu Zeit umgerührt wird, was mit Vorsicht geschehen muss.

Ist die Aufschliessung gut gelungen, so besteht der

Rückstand in der Platinschale aus Kieselfluormetallen und — wenn man mit Schwefelsäure befeuchtet hatte — schwefelsauren Salzen. Man stellt jetzt die flache Schale in eine grössere Platinschale, fügt tropfenweise reine Schwefelsäure zu, und zwar etwas mehr als zur Ueberführung der Basen in schwefelsaure Salze erforderlich ist, verdunstet im Luftbad, verdampft zuletzt das überschüssige Schwefelsäurehydrat direct über der Lampe und behandelt den Rückstand mit Salzsäure und Wasser, wie es in β. vorgeschrieben ist. Nur wenn vollständige Lösung erfolgt, darf die Zersetzung als gelungen betrachtet werden.

δ. Man schmelzt das höchst fein gepulverte Silicat mit kohlensaurem Baryt oder Barythydrat. Das Nähere siehe §. 22. β. — Die erhaltene salzsaure Lösung behandelt man ganz nach §. 111. II. a. — In der von der Kieselsäure abfiltrirten Lösung bestimmt man die Basen nach den im Abschnitt V. zu besprechenden Methoden. — Die gewonnene Kieselsäure ist nach der in a. angegebenen Weise auf ihre Reinheit zu prüfen, ehe man die Zersetzung als gelungen betrachten darf. — Diese Methoden, welche früher häufig angewendet wurden, um die Alkalien in Silicaten zu bestimmen, sind dadurch mehr verdrängt worden, dass die Aufschliessung mittelst Fluorwasserstoffes durch die in γ. beschriebene Methode Jedermann zugänglich geworden ist.

In der neuesten Zeit hat Deville[15] darauf aufmerksam gemacht, dass das Verhältniss des kohlensauren Barytes, welcher gewöhnlich zum Aufschliessen angewendet wird (4–6 Theile), viel grösser als nöthig sei. Nach ihm schmilzt 1 Theil Orthoklas schon mit 0,8 Theilen kohlensauren Barytes bei mässiger Glühhitze zu einer glasigen, durchsichtigen und durch Säuren zersetzbaren Masse. Bei Anwendung grösserer Mengen von kohlensaurem Baryt verflüchtige sich, durch entstandenen kaustischen Baryt ausgetrieben,

Kali in merklicher Menge.

ε. Nach D e v i l l e (a. a. O.) zerlegt man die durch Säuren unzersetzbaren Silicate durch Zusammenschmelzen mit kleinen Mengen (auf 1 Thl. Silicat 0,3 bis 0,8 Theile) kohlensaurem Kalk. Ich umgehe die Einzelnheiten dieses Verfahrens, da es sich bei vorläufigen Versuchen, die in meinem Laboratorium angestellt worden sind, noch nicht genügend bewährt hat.

Z w e i t e   G r u p p e.

C h l o r w a s s e r s t o f f s ä u r e,
B r o m w a s s e r s t o f f s ä u r e,
J o d w a s s e r s t o f f s ä u r e,
C y a n w a s s e r s t o f f s ä u r e,
S c h w e f e l w a s s e r s t o f f s ä u r e.

§. 112.

1. C h l o r w a s s e r s t o f f s ä u r e.

I. Bestimmung.

a. Die Chlorwasserstoffsäure wird fast immer als Chlorsilber bestimmt. — Man versetzt die Lösung mit salpetersaurer Silberoxydlösung, welcher man etwas Salpetersäure zugemischt hat, im Ueberschuss, wäscht den entstandenen, durch Erwärmen und Schütteln vereinigten Niederschlag durch Decantation aus, trocknet und glüht das Chlorsilber. Die Einzelnheiten des Verfahrens siehe §. 91. 1. a. α. — Man hüte sich, die mit Salpetersäure versetzte Lösung zu erhitzen, ehe man überschüssige Silberlösung zugesetzt hat. — Sobald letztere im Ueberschuss vorhanden ist, scheidet sich das Chlorsilber beim Schütteln sogleich vollständig ab, und die Flüssigkeit wird bei einigem Stehen in der Wärme ganz klar, daher die Bestimmung der Salzsäure mit Silber leichter auszuführen ist, als die des

Silbers mit Salzsäure. — Bei kleineren Mengen von Chlorsilber sammelt man häufig den Niederschlag auf einem Filter, s. §. 91. 1. α. β. — Auch lassen sich beide Methoden in der Art vereinigen, dass man zwar die Hauptmenge des Niederschlags durch Decantiren auswäscht, im Porzellantiegel trocknet und glüht, die abgegossene Flüssigkeit aber durch ein Filter giesst, um so sicher zu sein, kein Theilchen des Chlorsilbers zu verlieren. — Das Filter verbrennt man, nach dem Trocknen, an einem Platindraht über dem umgekehrten Deckel des Porzellantiegels, behandelt die Asche mit einigen Tropfen Salpetersäure, fügt etwas Salzsäure zu, verdampft, glüht gelinde, deckt den Deckel auf den Tiegel, in welchem das Chlorsilber bis zum beginnenden Schmelzen gebracht wurde, erhitzt nochmals gelinde, lässt unter dem Exsiccator erkalten und wägt.

b. Will man die Salzsäure in wässeriger Lösung bei Abwesenheit aller sonstigen Substanzen bestimmen, so gelangt man auch durch Abdampfen einer gewogenen Menge mit überschüssigem Ammon, Trocknen des Rückstandes im Wasserbade und Wägen des Salmiaks zu befriedigenden Resultaten. Vergl. Vers. Nr. 14.

c. Auch durch Maassanalyse lässt sich die Chlorwasserstoffsäure aufs Genaueste bestimmen.

α. Man setzt eine Silberlösung von bekanntem Gehalte zu, so lange noch ein Niederschlag entsteht, vergl. §. 91. 5 (Pelouze hat diese Methode zur Bestimmung mehrerer Aequivalentzahlen benutzt). Levol hat eine kleine Modification vorgeschlagen, welche den Punkt der Ausfällung leichter erkennen lassen soll. Er setzt nämlich zu der neutralen Flüssigkeit $\frac{1}{10}$ Vol. einer gesättigten Lösung von phosphorsaurem Natron. Sobald alles Chlor vom Silber gefällt ist, bildet sich beim Zusatz des ersten weiteren Tropfens der Silberlösung ein gelber Niederschlag, der beim Schütteln nicht wieder verschwindet (J. f. prakt. Chem. 60. 384).

β. Methode von L i e b i g[16] (hauptsächlich zur Bestimmung des Chlors der im Harn enthaltenen Chlormetalle empfohlen, aber auch sonst sehr gut anwendbar).

    aa. P r i n c i p: Salpetersaures Quecksilberoxyd bringt in einer Harnstofflösung sogleich einen dicken weissen Niederschlag hervor; diese Fällung findet nicht statt durch eine Quecksilberchloridlösung. — Mischt man eine Lösung von salpetersaurem Quecksilberoxyd mit Chloralkalimetall, so bildet sich Quecksilberchlorid und salpetersaures Alkali. — Versetzt man daher eine Harnstofflösung mit Chlornatrium und tröpfelt eine verdünnte Lösung von salpetersaurem Quecksilberoxyd hinzu, so entsteht an den Berührungspunkten eine weisse Trübung, die aber beim Umschütteln sogleich wieder verschwindet, so lange das salpetersaure Quecksilberoxyd sich noch mit dem Chlornatrium in obiger Weise umsetzt; über diese Grenze hinaus bringt ein einziger Tropfen des Quecksilbersalzes eine bleibende weisse Trübung hervor. Kennt man daher Maass und Gehalt der Quecksilberlösung, welche bis zur Erreichung dieses Punktes zugesetzt werden muss, so kennt man auch den Chlorgehalt der Lösung; denn 1 Aeq. Quecksilber in der verbrauchten Quecksilberlösung entspricht 1 Aeq. Chlor.

    bb. B e r e i t u n g   d e r   s a l p e t e r s a u r e n   Q u e c k s i l b e r o x y d l ö s u n g. Man reinigt käufliches Quecksilber aufs Beste (z. B. nach der Methode von U l e x[17], übergiesst 10 Grm. mit 50 Grm. Salpetersäure von 1,425 specif. Gew. in einem

Becherglase, erhitzt dieses in einem Wasserbade unter häufigem Zusatz von einigen Tropfen Salpetersäure, bis keine rothen Dämpfe mehr entweichen und 1 Tropfen mit Kochsalzlösung sich nicht mehr trübt, dampft dann zur Syrupconsistenz ein und verdünnt mit Wasser auf 550 C.C.

cc. Diese Lösung titrirt man jetzt mit Hülfe einer Kochsalzlösung von bekanntem Gehalte, welche L i e b i g in der Art bereitet, dass er 20 C.C. einer bei gewöhnlicher Temperatur g e s ä tt i g t e n Lösung von reinem Steinsalz oder chemisch reinem Chlornatrium mit 298,4 C.C. Wasser mischt. Jeder C.C. der so erhaltenen Lösung enthält 20 Milligr. Kochsalz.

Von dieser Kochsalzlösung misst man 10 C.C. ab, bringt dieselben in ein kleines Becherglas und setzt 3 C.C. einer Harnstofflösung zu, die in 100 C.C. 4 Grm. Harnstoff enthält.

Man tröpfelt nun unter Umschütteln von der zu titrirenden Quecksilberlösung aus der Bürette oder Quetschhahnpipette so lange zu, bis eben ein deutlicher, auch beim Umschütteln bleibender Niederschlag entsteht[18].

dd. Hat man so festgestellt, wieviel C.C. der Quecksilberlösung 10 C.C. Kochsalzlösung = 0,2 Grm. Chlornatrium entsprechen, so ist sie zur A n w e n d u n g direct geeignet, wenn man eine kleine Rechnung nicht scheut. Will man diese umgehen, so verdünnt man die Quecksilberlösung in der Art, dass jeder Cubikcentimeter einer ganzen Zahl von Milligrammen Kochsalz oder Chlor entspricht. L i e b i g verdünnt sie so, dass 1 C.C. 0,010 Chlornatrium entspricht. —

ee. Soll die genannte Probeflüssigkeit zur Prüfung von Lösungen angewendet werden, welche viel fremde Salze oder Harnstoff im Ueberschuss enthalten, so versetzt man die abgemessenen 10 C.C. Chlornatriumlösung nicht nur mit 3 C.C. Harnstofflösung, sondern auch mit 5 C.C. kalt gesättigter Glaubersalzlösung[19], ehe man die Quecksilberlösung zutröpfelt. Resultate genau.

II. Trennung des Chlors von den Metallen.

a. *In löslichen Chlormetallen.*

Man verfährt genau wie in I. a. Im Filtrat trennt man die zu bestimmenden Metalle vom überschüssigen Silbersalz nach den im fünften Abschnitte anzugebenden Methoden.

Dieses Verfahren erleidet beim Zinnchlorid und Quecksilberchlorid, bei den Chlorverbindungen des Antimons und beim grünen Chromchlorür Ausnahmen.

α. Aus Zinnchloridlösung würde salpetersaures Silberoxyd neben Chlorsilber Zinnoxyd-Silberoxyd niederschlagen. Man versetzt daher eine solche zur Ausfällung des Zinns mit einer concentrirten Lösung von schwefelsaurem Natron oder salpetersaurem Ammon, lässt absitzen, decantirt und filtrirt (vergl. §. 101. 1. b.) und fällt im Filtrat das Chlor durch Silberlösung. L ö w e n t h a l, von welchem diese Methode herrührt, hat ihre Genauigkeit bewiesen (Journ. f. prakt. Chem. 56. 371).

β. Aus Quecksilberchloridlösung fällt bei Zusatz von salpetersaurem Silberoxyd quecksilberhaltiges Chlorsilber nieder. Man fällt daher zunächst das Quecksilber durch Schwefelwasserstoff, der in gehörigem Ueberschuss anzuwenden ist, und bestimmt das Chlor im Filtrat nach §. 137. 5.

γ. Auf die in β. angegebene Art zerlegt man auch die

Chlorverbindungen des Antimons. Die Ausscheidung basischen Salzes bei Zusatz von Wasser lässt sich durch Zusatz von etwas Weinsäure vermeiden.

δ. Aus der Lösung des grünen Chromchlorürs wird durch Silberlösung nicht alles Chlor ausgefällt (Péligot). Man schlägt daher zuerst das Chrom durch Ammon nieder, filtrirt und fällt im Filtrat das Chlor nach I. a.

b. *In unlöslichen Chlormetallen.*

α. In solchen, welche sich in Salpetersäure lösen. Man bringt durch die genannte Säure ohne Anwendung von Wärme in Lösung und verfährt nach I. a.

β. In solchen, welche sich in Salpetersäure nicht lösen (Chlorblei, Chlorsilber, Quecksilberchlorür).

aa. Chlorblei und Chlorsilber analysirt man in der Regel, indem man sie durch Wasserstoffgas in Metall verwandelt (siehe §. 91. 4. und 92) und das Chlor aus dem Verlust bestimmt. Chlorsilber kann man auch in einem Porzellantiegel mit 3 Theilen kohlensaurem Natron-Kali bis zum Zusammensintern glühen. Beim Behandeln mit Wasser bleibt das metallische Silber ungelöst, in Lösung hat man Chloralkalimetall, mit welchem nach II. a. zu verfahren.

bb. Quecksilberchlorür zerlegt man durch Digestion mit Natron- oder Kalilauge. Im Filtrat bestimmt man die Salzsäure nach II. a. Das Oxydul löst man in Königswasser und bestimmt das Quecksilber nach §. 94.

c. *Die löslichen Chlorverbindungen der Metalle der vierten, fünften und sechsten Gruppe* können alle auch durch Schwefelwasserstoff, beziehungsweise Schwefelammonium zerlegt werden. Die Salzsäure bestimmt man alsdann im Filtrate nach §. 137. 5.

d. In vielen Chlormetallen (z. B. denen der ersten und zweiten Gruppe) kann das Chlor auch aus dem Verluste bestimmt werden, indem man die Basis durch Abdampfen mit Schwefelsäure und Glühen in schwefelsaures Salz verwandelt und als solches wägt. (Diese Methode ist unzulässig bei Chlorsilber und Chlorblei, welche nur schwierig und unvollkommen, sowie bei Quecksilberchlorid und Zinnchlorid, welche nicht oder fast nicht durch Schwefelsäure zerlegt werden.)

Anhang: *Bestimmung des Chlors im freien Zustande.*

Die Bestimmung des Chlors im freien Zustande, welche früher zu den schwierigeren Aufgaben gehörte, ist jetzt eine der leichteren.

Man bringt das Chlor — gasförmig, oder in Wasser gelöst — mit einer überschüssigen Lösung von Jodkalium in Wasser zusammen (vergl. §. 104. I. d. β.). Jedes Aeq. Chlor setzt 1 Aeq. Jod in Freiheit. Bestimmt man dieses nach der in §. 114 beschriebenen B u n s e n'schen Methode, so kennt man somit auch die Menge des Chlors und zwar mit der grössten Genauigkeit.

I s t i n e i n e r F l ü s s i g k e i t S a l z s ä u r e o d e r ein C h l o r m e t a l l u n d f r e i e s C h l o r enthalten, so lässt sich das gebundene Chlor neben dem freien in folgender Weise bestimmen. Man versetzt einen gewogenen Theil der Flüssigkeit mit überschüssigem Ammon. Es entweicht Stickgas und die Auflösung enthält alles frei vorhanden gewesene Chlor als Chlorammonium ($3Cl + 4NH_3 = N + 3[NH_4. Cl]$). Durch Fällung mit Silberlösung erfährt man daher die Gesammtmenge des Chlors. Bestimmt man jetzt in einer zweiten gewogenen Portion die Menge des freien Chlors mittelst Jodkaliums, so ergiebt die Differenz die Quantität des gebundenen.

Ausser der Bunsen'schen Methode lassen sich zur Bestimmung des freien Chlors auch die im speciellen Theil unter der Ueberschrift Chlorimetrie angeführten Verfahrungsweisen anwenden.

Nachdem wir gesehen haben, wie einfach sich mit Hülfe der Bunsen'schen Methode die Menge freien Chlors bestimmen lässt, ergiebt sich leicht, dass alle Oxyde und Superoxyde, welche beim Erwärmen mit Salzsäure Chlor liefern, in der Art analysirt werden können, dass man sie mit concentrirter Salzsäure erhitzt und das entwickelte Chlor bestimmt. Die Ausführung geschieht wie bei Chromsäure (§. 104. I. d. β.).

§. 113.

2. Bromwasserstoffsäure.

I. Bestimmung.

a. Hat man freie Bromwasserstoffsäure in Lösung, so fällt man mit Silberlösung und verfährt in allen Stücken wie bei Chlor, §. 112. Eigenschaften des Bromsilbers §. 73. 2. — Resultate völlig genau.

b. Colorimetrische Methode nach Heine[20]. Man macht das Brom durch Chlor frei, nimmt es in Aether auf, vergleicht die Lösung mit einer ätherischen Bromlösung von bekanntem Gehalt in Betreff ihrer Farbe und findet so die Brommenge. Fehling prüfte dies Verfahren und erhielt befriedigende Resultate. Man ersieht, dass man den Bromgehalt der Flüssigkeit einigermaassen kennen muss, ehe man es anwenden kann. Da die von F e h l i n g geprüfte Soole höchstens 0,02 Grm. Brom enthalten konnte, so stellte er sich 10 Probelösungen dar, indem er zu je 60 Grm. gesättigter Kochsalzlösung steigende Mengen von Bromkalium setzte (von 0,002 Grm. bis 0,020 Grm. Bromgehalt). Zu den Probeflüssigkeiten ward ein gleiches Volum Aether gesetzt und dann Chlorwasser, bis die Farbe des Aethers nicht mehr dunkler wurde. (Da es von grösster Wichtigkeit ist, diesen Punkt genau zu treffen, indem zu wenig wie zu viel Chlor die Farbe heller erscheinen lässt, so stellte F e h l i n g jede Probeflüssigkeit dreimal dar und wählte die dunkelste zum Vergleich.) — Von der zu untersuchenden Mutterlauge nimmt man jetzt ebenfalls 60 Grm. (am besten durch Abmessen zu bestimmen), setzt dieselbe Menge Aether zu, wie bei den Probeflüssigkeiten, und dann Chlorwasser. Jeder Versuch wird mehrmals wiederholt. Directes Sonnenlicht ist zu vermeiden, rasches Operiren erforderlich.

c. Nach F i g u i e r[21]. Dies Verfahren beruht darauf, dass in einer Auflösung vom Brommetall 1 Aeq. Brom ausgeschieden wird, wenn man 1 Aeq. Chlor (in Form von Chlorwasser) zusetzt, sowie, dass Brom eine wässerige Lösung gelb färbt und beim Kochen leicht entweicht, so dass die erst gelbe Lösung wieder farblos wird.

Man titrirt demnach zunächst das Chlorwasser im Augenblicke der Anwendung, indem man es auf eine mit einigen Tropfen Salzsäure angesäuerte Bromnatriumlösung von bekanntem Gehalte wirken lässt (oder nach der B u n s e n'schen Methode, S. 251), und wendet es alsdann auf die Mutterlauge an. Man erhitzt diese in einem Kolben bis fast zum Kochen, setzt dann Chlorwasser aus der mit schwarzem Papier umhüllten Bürette zu, erhitzt etwa 3 Minuten, wodurch die Flüssigkeit sich wieder entfärbt, lässt 2 Minuten abkühlen, tröpfelt wieder Chlorwasser zu und fährt so fort, bis sich die Flüssigkeit bei weiterem Zusatz von Chlorwasser nicht mehr färbt. — Dauern die Versuche mehrere Stunden, so titrirt man das Chlorwasser zuletzt nochmals und legt den mittleren Gehalt der Berechnung zu Grunde. — Alkalische Flüssigkeiten sind mit Salzsäure etwas anzusäuern. Eisenoxydul, Manganoxydul, Jod und organische Materien dürfen nicht zugegen sein. Mutterlaugen, welche durch letztere gelb gefärbt sind, entfärbt man, indem man sie ansäuert, einige Tropfen Brom zufügt und erhitzt. Grössere Mengen organischer Materien sind durch Glühen zu zerstören. Beim Abdampfen der Lösungen zur Trockne muss kohlensaures Natron zugesetzt werden, weil Chlor- und Brommagnesium beim Abdampfen zur Trockne Chlor- und Bromwasserstoff entweichen lassen.

II. Trennung des Broms von den Metallen.

Die Brommetalle werden genau so wie die entsprechenden Chlormetalle analysirt, und zwar lassen sich sämmtliche bei Chlor sub a.–d. angeführten Methoden anwenden. Bei Zerlegung von Bromverbindungen durch Schwefelsäure (vergl. §. 112. II. d.) nehme man keine Platintiegel, indem diese durch das freiwerdende Brom angegriffen würden, sondern Porzellantiegel.

Anhang: *Bestimmung des freien Broms.*

Hat man das Brom in wässeriger Lösung, oder entwickelt es sich gasförmig, so verfährt man genau wie bei der Bestimmung des freien Chlors (§. 112, Anhang); auch die Bestimmung freien Broms neben Bromwasserstoff oder Brommetallen geschieht nach der dort angegebenen Weise. — Beim Zusatz des Ammons zum Brom ist Vorsicht nöthig. Soll flüssiges Brom durch Ammon in Bromammonium übergeführt werden, so übergiesst man dasselbe in einem geräumigen Kolben mit ziemlich viel Wasser und setzt dann das Ammon durch eine Trichterröhre zu. Das entweichende

Stickgas leitet man mittelst eines Schenkelrohrs durch verdünntes Ammon, mischt zuletzt beide Flüssigkeiten und verfährt wie oben. Auf diese Art beugt man mit Sicherheit jedem Verlust vor.

§. 114.

3. J o d w a s s e r s t o f f s ä u r e .

I. Bestimmung.

a. Hat man Jodwasserstoffsäure in Lösung, so fällt man mit salpetersaurem Silberoxyd und verfährt genau wie bei Chlorwasserstoffsäure (§. 112). Eigenschaften des Jodsilbers §. 73. 3. Resultate völlig genau.

b. Eine andere, zuerst von L a s s a i g n e angegebene Methode, die jedoch lediglich bei Scheidungen der Jodwasserstoffsäure von Chlor- und Bromwasserstoffsäure in Anwendung zu kommen pflegt und für diesen Zweck hohen Werth hat, ist folgende: Man versetzt die mit Salzsäure schwach angesäuerte Lösung mit Palladiumchlorürlösung, so lange noch ein Niederschlag entsteht, lässt 24–48 Stunden an einem warmen Orte stehen, filtrirt den braunschwarzen Niederschlag auf einem gewogenen Filter ab, wäscht ihn mit warmem Wasser aus und trocknet bei einer Temperatur von etwa 70–80°, bis der Niederschlag constantes Gewicht zeigt. Man kann das Trocknen sehr beschleunigen, wenn nach dem Auswaschen das Wasser mit etwas Alkohol und diesen mit ein wenig Aether verdrängt. — Am besten jedoch ist es, den Niederschlag im leeren Raume neben Schwefelsäure zu trocknen. Eigenschaften des Niederschlages §. 73. 3. Die Methode giebt bei behutsamem Trocknen sehr befriedigende Resultate; trocknet man hingegen nahe bei 100°, so riecht der Niederschlag nach Jod und man erleidet einen geringen Verlust.

Statt das Palladiumjodür zu trocknen und als solches zu

430

wägen, kann man dasselbe auch in einem Porzellan- oder Platintiegel (letzterer wird durch die Operation nicht angegriffen) glühen und aus dem rückbleibenden metallischen Palladium das Jod berechnen (H. Rose).

Zu diesen Methoden sind in der neuesten Zeit noch die folgenden hinzugekommen.

c. Kersting[22] hat auf die Fällbarkeit des in Jodiden enthaltenen Jodes durch Palladiumchlorür eine maassanalytische Bestimmung des Jodes gegründet. Dieselbe erfordert:

α. Reine Jodkaliumlösung von genau $\frac{1}{1000}$ Jodgehalt. Um sie zu bereiten, löst man 1,308 Grm. geglühtes Jodkalium mit Wasser zu 1 Liter auf.

β. Saure Palladiumchlorürlösung von $\frac{1}{2370}$ Palladiumgehalt. Man löst 1 Theil Palladium in Königswasser unter Erwärmen auf, verdampft bei 100° zur Trockne, fügt 50 Thle. concentrirte Salzsäure und 2000 Thle. Wasser zu und lässt klar absitzen. Die genauere Gehaltsbestimmung geschieht mittelst der Jodkaliumlösung auf die sogleich zu beschreibende Weise.

γ. Die zu prüfende Jodidlösung. — Man löst die Jodverbindung, wenn möglich, in Wasser, bestimmt auf die sogleich zu schildernde Weise den Jodgehalt annähernd, verdünnt danach die übrige Lösung bis zu einem ungefähren Jodgehalt von $\frac{1}{1000}$ und bestimmt sodann den Gehalt genau (siehe unten). —

Ist die Jodverbindung in Wasser unlöslich oder in Folge fremder Beimengungen zur directen Auflösung nicht geeignet, so destillirt man sie mit concentrirter

Schwefelsäure in einer Retorte mit aufwärts gerichtetem Hals und setzt das Erhitzen fort, bis sich Schwefelsäurehydratdämpfe zu entwickeln beginnen. Man trägt Sorge, dass man anfangs zu 20 bis 100 C.C. Flüssigkeit etwa 20 C.C. (jodfreie) englische Schwefelsäure setzt. Enthält das Destillat freies Jod neben Jodwasserstoff, so setzt man 1–2 Tropfen dünnen Stärkekleister[23] zu, dann soviel wässerige schweflige Säure, bis die Blaufärbung eben verschwindet. Enthält es schweflige Säure (wie dies z. B. bei der Destillation jodhaltigen Urins mit Schwefelsäure der Fall ist), so fügt man ebenfalls 1–2 Tropfen Stärkekleister, dann vorsichtig Chlorkalklösung zu, bis die Flüssigkeit eben blau erscheint, und vertreibt die blaue Färbung wieder durch 1 oder 2 Tropfen schwaches schwefligsaures Wasser. — Enthält die Lösung eine sehr grosse Menge freier Säuren, so sättigt man diese zum Theil mit Natronlauge.

Ausführung.

Man bringt 10 C.C. der Palladiumlösung in ein weisses Medicinglas von 100–200 C.C. Inhalt, verdünnt etwas mit Wasser, verkorkt leicht und stellt das Glas in einen Topf mit Wasser von 60–100°C. — Nun giesst man aus der Bürette von der Jodkaliumlösung zu, schüttelt und erwärmt einige Secunden. Von der bald klar abgesetzten Flüssigkeit giesst man etwas in zwei Proberöhrchen ab, so dass beide etwa 2 Zoll hoch gefüllt sind. Wenn man nun in das eine noch etwas Jodkaliumlösung tröpfelt, so kann man durch Vergleichung mit dem anderen gut sehen, ob dieselbe noch Bräunung hervorbringt. Man fügt nun in das Medicinglas wiederum Jodkaliumlösung, schüttet die Proben wieder hinzu, verfährt nach dem Schütteln und Klären wie zuvor, und setzt dies fort, bis eine neue Menge Jodkalium keine Färbung mehr erzeugt. Zuletzt prüft man eine filtrirte Probe, und wenn diese weder von Palladium noch von Jodkalium merklich gebräunt wird, so ist der Versuch beendigt. — Man ersieht leicht, dass man, sofern einmal zuviel Jodkaliumlösung sollte zugegossen worden sein, wieder 1 C.C. Palladiumlösung zusetzen muss.

Zur anfänglichen genauen Gehaltsbestimmung der Palladiumlösung verfährt man ganz auf dieselbe Weise. — Je 100 C.C. der verbrauchten Jodkaliumlösung (enthaltend 0,100 Jod) entsprechen 0,042 Grm. Palladium.

Nach Kersting's Versuchen sind auf diese Methode folgende Körper ohne nachtheiligen Einfluss: Verdünnte Salzsäure, Schwefelsäure, Phosphorsäure, Salpetersäure, Essigsäure, ferner die neutralen Kali-, Natron-, Ammonsalze dieser Säuren, ebenso Chlorcalcium, Chlorzink, Bleizucker, Zucker, Harnsäure, das Destillat von Urin mit Schwefelsäure, Alkohol, Aether, Stärkekleister, Citronenöl. Auch Bromnatrium bei Gegenwart freier Essigsäure. — Störend wirken Bromnatrium bei Gegenwart freier Mineralsäuren, besonders beim Erhitzen, freie Alkalien, freies Chlor, Brom, Jod, Cyan, viel Salpetersäure in der Hitze, schweflige Säure. Diese Substanzen lösen Jodpalladium auf, verhindern also die Fällung.

Die angeführte Methode ist in meinem Laboratorium geprüft worden und hat sehr gute Resultate geliefert.

d. Kersting hat in der oben angeführten Abhandlung noch eine zweite maassanalytische Bestimmungsweise des Jods in Jodiden mitgetheilt, welche noch bequemer als die in c. angegebene zu sein scheint, aber von weniger allgemeiner Anwendbarkeit ist, da sie bei Gegenwart von Chlor- und Brommetallen ungenau wird, ebenso durch freie Mineralsäuren; auch Essigsäure und ihre Salze wirken störend. Die Methode beruht auf der Thatsache, dass wenn Quecksilberchlorid zu einer Lösung eines Jodmetalles gesetzt wird, das man durch Zusatz von etwas Stärkekleister und Bromwasser blau gefärbt hat, die Jodstärke sich erst dann entfärbt, wenn die Zersetzung des Jodids beendigt ist. Wird die Lösung des Jodids so verdünnt, dass sie nur $\frac{1}{10000}$ Jod enthält, so bleibt das gebildete Quecksilberjodid gelöst und die Entfärbung der Jodstärke erfolgt in klarer Flüssigkeit mit grosser Schärfe. In Betreff der Einzelnheiten verweise ich auf die Orginalabhandlung. (Annal. Chem. 87. 29). Auf dasselbe Princip lässt sich auch eine maassanalytische Bestimmungsweise des Quecksilbers gründen.

e. Penny[24] hat vorgeschlagen, das Jod in Jodiden mittelst chromsauren Kalis maassanalytisch zu bestimmen. — $3KJ + KO, 2CrO_3 + 7ClH = J_3 + 4KCl + Cr_2Cl_3 + 7HO.$ — 1 Aeq. $KO, 2CrO_3$ entspricht somit 3 Aeq. Jod, oder 0,3906 Grm. chromsaures Kali entsprechen 1,00 Grm. Jod. — Nach Penny geht dann keine andere als die genannte Zersetzung vor sich, wenn Erhitzen vermieden wird. Bei der Ausführung bringt man 0,3906 Grm. chromsaures Kali in 15 C.C. Wasser gelöst (oder eine abgemessene Portion chromsaure Kalilösung, welche 0,3906 Grm. enthält) mit 6 C.C. Salzsäure kalt zusammen. Andererseits löst man eine genügende abgewogene Menge des Jodids in 50 C.C. = 100° Wasser und setzt von dieser Lösung zu der des chromsauren Kalis, bis eine Probe in einer frisch bereiteten Lösung von Eisenchlorür, welche man mit Schwefelcyankalium versetzt hat, keine Röthung mehr hervorbringt. — Dass diese Methode dann nicht, oder nicht geradezu anwendbar ist, wenn die Jodidlösung anderweitige auf die Chromsäure reducirend wirkende Körper enthält, bedarf kaum der Erwähnung.

Die von Moride angegebene Methode, Jod abzuscheiden, siehe §. 137. 2.

II. Trennung des Jods von den Metallen.

Die Jodmetalle werden ebenso wie die entsprechenden Chlormetalle analysirt. Will man in Jodalkalimetallen, welche freies Alkali enthalten, das Jod als Jodsilber fällen, so sättige man zuerst das freie Alkali beinahe ganz mit Salpetersäure, füge dann überschüssige Silberlösung und endlich Salpetersäure bis zur stark sauren Reaction zu. Fügt man von Anfang überschüssige Säure zu, so kann sich freies Jod ausscheiden, welches von Silberlösung nicht vollständig in Jodsilber verwandelt wird.

In Bezug auf die in Wasser unlöslichen Salze ist zu erwähnen, dass man viele zweckmässiger durch Kochen mit Kali zersetzt, als in verdünnter Salpetersäure löst, weil sich bei letzterem Verfahren leicht Jod ausscheidet. Dies gilt namentlich von Kupfer-, Palladium- und Quecksilberjodür. Bei den in Wasser löslichen Verbindungen kann man das Jod auch als Palladiumjodür fällen.

A n h a n g: *Bestimmung des freien Jods.*

1. Nach B u n s e n.

a. P r i n c i p. Die Grundlage und Theorie dieser einfachen, schönen und genauen Methode, auf welcher bekanntlich eine grosse Menge von Bestimmungsweisen beruhen, ist folgende:

α. Jod und schweflige Säure zersetzen sich bei Gegenwart von Wasser zu Jodwasserstoffsäure und Schwefelsäure ($J + HO + SO_2 = JH + SO_3$; andererseits zersetzen sich aber auch Schwefelsäure und Jodwasserstoff in Jod, schweflige Säure und Wasser ($JH + SO_3 = J + HO + SO_2$). Welche von diesen Reactionen eintritt oder vorwaltend zur Geltung kommt, ist abhängig von den Concentrationsverhältnissen. Durch genaue Versuche hat nun B u n s e n festgestellt, dass beim Zusammentreffen von Jod mit einer wässerigen Lösung von schwefliger Säure, welche nicht mehr als 0,04 bis 0,05 Gewichtsprocente wasserfreie Säure enthält, nur die erste Reaction eintritt; es oxydirt demnach unter diesen Verhältnissen 1 Aeq. Jod 1 Aeq. schweflige Säure zu

Schwefelsäure.

β. Bringt man somit eine unbekannte Menge Jod, in Jodkalium gelöst, mit einer überschüssigen Menge so verdünnter schwefliger Säure von bekanntem Gehalte zusammen und ermittelt die nicht oxydirte Portion, so erfährt man aus der Differenz die vom Jod zu Schwefelsäure oxydirte und somit auch die Menge des Jods.

γ. Den Gehalt der verdünnten Lösung von schwefliger Säure bestimmt man aber, indem man ermittelt, wieviel Jodlösung von bekanntem Gehalte man braucht, um die darin enthaltene schweflige Säure zu oxydiren.

b. Erfordernisse. Aus a. ergiebt sich, dass man zu dieser Bestimmung folgende Flüssigkeiten gebraucht.

α. *Jodlösung* von bekanntem Gehalt. — Man bereitet dieselbe, indem man 5 Grm. möglichst reines, unter dem Exsiccator über Schwefelsäure oder Chlorcalcium längere Zeit hindurch getrocknetes Jod mit Hülfe einer concentrirten Lösung von reinem Jodkalium (dieselbe muss farblos sein und darf auch unmittelbar nach Zusatz von Salzsäure keine braune Färbung zeigen) in einem 1 Liter fassenden Messkolben auflöst, Wasser zusetzt bis zu der Marke und umschüttelt bis zu gleichmässiger Mischung. — Da somit 1000 C.C. dieser Lösung 5 Grm. Jod enthalten, so enthält 1 C.C. 0,005 oder 1 Bürettengrad (½ C.C.) 0,0025 Grm. Jod. — Da aber das Jod meist kleine Spuren von Chlor enthält und dieses zwar ebenso auf schweflige Säure wirkt, wie Jod, aber ein anderes Aequivalent hat, so muss die Jodlösung noch geprüft werden, wieviel völlig reinem Jod ein Bürettengrad in seiner Wirkung entspricht. Ich komme auf diese Prüfung unter c. β. zurück.

β. *Lösung von schwefliger Säure.* — Man sättigt Wasser völlig mit schwefliger Säure bei gewöhnlicher Temperatur, füllt die Lösung in Medicingläser, verstopft diese wohl und stürzt sie in Wasser um. — Von dieser gesättigten Lösung setzt man 35–40 C.C. zu 5000 C.C. Wasser.

γ. *Lösung von Jodkalium.* Man löst 1 Gewichtstheil reines (jodsäurefreies) Jodkalium in etwa 10 Gewichtstheilen Wasser. Die Lösung darf weder beim Stehen an der Luft noch unmittelbar nach Zusatz von Salzsäure eine Bräunung zeigen.

δ. *Stärkekleister.* Derselbe wird jedesmal frisch bereitet; er sei sehr verdünnt und fast ganz klar.

c. V o r b e r e i t e n d e B e s t i m m u n g e n.

α. *Feststellung der Beziehung zwischen der Jodlösung und der Lösung der schwefligen Säure.*

Man misst in einem Messkolben oder Cylinder oder mittelst einer Pipette 100 C.C. der verdünnten Lösung von schwefliger Säure genau ab, bringt sie in einen Kolben (je nachdem die Messgefässe auf Einguss oder Ausguss abgeglichen sind, muss nachgespült werden oder nicht, §. 12. 4.), setzt 3–4 C.C. Stärkekleister zu und tröpfelt dann, unter Umschütteln, aus einer Bürette so lange von der Jodlösung zu, bis eben bleibende Blaufärbung eintritt.

Setzen wir den Fall, wir fänden so für unsere Lösungen das Verhältniss: 100 C.C. (= 200°) der verdünnten schwefligen Säure erfordern 54° Jodlösung.

Diese Bestimmung muss jeder Versuchsreihe vorausgehen, da sich die schweflige Säure in ihrem Gehalte ändert, in Folge des oxydirenden Einflusses der Luft.

β. *Prüfung, wieviel völlig reinem Jod ein Bürettengrad der Jodlösung in seiner Wirkung auf schweflige Säure entspricht.*

Man wägt etwa 0,35 Grm. reinsten sauren chromsauren Kalis, nachdem man es scharf getrocknet hat, ab und behandelt es genau nach der in §. 104. I. d. β. beschriebenen

Weise mit rauchender Salzsäure. Das entwickelte Chlor leitet man, wie dort angeführt, in überschüssige Jodkaliumlösung. — Man erhält somit für:

1 Aeq. KO, $2CrO_3$ = 1858, 3 Aeq. Jod = 4758.

Setzen wir den Fall, es seien abgewogen worden 0,4 Grm. chromsaures Kali, so ist somit in Freiheit gesetzt worden 1,024 Grm. Jod. — Man setzt jetzt zu der so erhaltenen Lösung von Jod in Jodkalium eine Messpipette (oder einen Messcylinder oder Kolben) voll von der wässerigen schwefligen Säure nach dem anderen, bis nach Zusatz des letzten die braune Färbung der Lösung gänzlich verschwunden ist. Gesetzt wir hätten so zugesetzt 800 C.C. —

Man vermischt jetzt die mit den 800 C.C. schwefliger Säure versetzte Flüssigkeit, welche 1,024 Grm. freies Jod enthalten hatte, mit etwas Stärkekleister und bestimmt, wieviel der vorräthigen Jodlösung (b. α.) man zusetzen muss bis zur Blaufärbung. — Setzen wir den Fall, wir hätten gebraucht 20°.

Folgende Betrachtung führt uns jetzt zum *Ziel*:

Zur Zerstörung von 100 C.C. der verdünnten schwefligen Säure sind (nach der in c. α. gemachten Annahme), erforderlich 54° der vorräthigen, nach b. α. bereiteten Jodlösung, 800 C.C. würden also erfordern 432°. — Wir haben aber, um den noch vorhandenen Ueberschuss der schwefligen Säure zu zerstören, nur gebraucht 20°, also 432° - 20° = 412° weniger, als wir gebraucht hätten, wenn die schweflige Säure nicht schon mit freiem Jod in Berührung gekommen wäre. Somit ist die Menge dieses freien Jodes genau gleich der, welche in 412° unserer Lösung enthalten ist. Da nun die Menge dieses freien Jodes 1,024 Grm. beträgt, so sind somit in 412° unserer nach b. α. bereiteten Jodlösung auch 1,024 Grm. Jod, oder in 1° 0,00248 Grm. (richtiger ein dieser Menge Jod gleich wirkendes Gemenge von Jod mit einer Spur Chlor).

Die so gefundene Zahl gilt ein- für allemal für die ganze Menge der nach b. α. bereiteten Jodlösung und da diese sich beim Aufbewahren nicht verändert und zur Bestimmung von sehr verschiedenen Substanzen dient, so ist es somit zweckmässig, dieselbe in ziemlicher Menge zu bereiten.

d. Ausführung der Jodbestimmung.

Man wägt das Jod, am besten in einem kleinen Kölbchen, ab und löst es in der nach b. γ. bereiteten Jodkaliumlösung (auf 0,1 Grm. Jod nimmt man etwa 5 C.C. Jodkaliumlösung), fügt von der verdünnten schwefligen

Säure eine Messpipette (oder einen Mess-Cylinder oder Kolben) nach der anderen zu, bis die Flüssigkeit farblos geworden, notirt die Anzahl der C.C., fügt 3–4 C.C. Stärkekleister, dann Jodlösung (b. α.) zu bis zur eben eintretenden Bläuung und notirt auch deren Menge.

Die einfache Berechnung ist sodann folgende:

Man zieht von der Anzahl der Grade Jodlösung, welche der verwendeten schwefligen Säure entspricht, die ab, welche man zusetzen musste, um den Ueberschuss der schwefligen Säure zu vernichten. Der so erhaltene Rest bezeichnet die Grade Jodlösung, in welchen genau eben so viel Jod enthalten ist, als in der der Prüfung unterzogenen Probe.

Ein Beispiel diene zur Erläuterung.

Zu 0,148 Grm. etwas feuchten, aber sonst reinen Jodes wurden gesetzt 150 C.C. schweflige Säure (von welcher 100 C.C. durch 54° Jodlösung vernichtet wurden). Zur Vernichtung des Ueberschusses der schwefligen Säure waren erforderlich 23,6° Jodlösung.

Den 150 C.C. schwefliger Säure entsprechen 81,0° Jodlösung
Zur Zerstörung des Ueberschusses waren erforderlich   23,6°   „

Rest: 57,4°   „

1 Grad Jodlösung entspricht (wenn ich die oben gemachte Annahme hier beibehalte) 0,00248 Grm. Jod, 57,4° entsprechen somit 0,1423. — Also enthielt die abgewogene Jodprobe 0,1423 Grm. Jod.

Enthält eine Flüssigkeit freies Jod neben gebundenem, so

bestimmt man in einer Probe jenes nach der Bunsen'schen Methode; zu einer zweiten fügt man schweflige Säure bis zur Entfärbung, dann fällt man mit Silberlösung nach §. 114. I. Die Fällung digerirt man vor dem Abfiltriren mit Salpetersäure, um möglichenfalls mit niedergefallenes schwefligsaures Silberoxyd zu entfernen. Die Differenz ist gleich der Menge des gebundenen Jods.

§. 115.

4. C y a n w a s s e r s t o f f s ä u r e.

I. Bestimmung.

a. Hat man freie Blausäure in Lösung, so versetzt man dieselbe in ziemlich verdünntem Zustand mit salpetersaurer Silberlösung im Ueberschuss, fügt ein wenig Salpetersäure zu und bestimmt das niedergeschlagene Cyansilber nach §. 91. 3. — Soll auf diese Weise die Blausäure in Bittermandel- oder Kirschlorbeerwasser bestimmt werden, so fügt man nach Zusatz überschüssiger Silberlösung Ammon zu und übersättigt dann schwach mit Salpetersäure. Nur so wird aus diesen Flüssigkeiten alle Blausäure in Cyansilber übergeführt.

b. *Maassanalytische Bestimmung*, nach Liebig[25]. — Fügt man zu Blausäure Kali im Ueberschuss, dann eine verdünnte Lösung von salpetersaurem Silberoxyd, so entsteht erst dann eine bleibende Trübung von Cyansilber, oder — wenn man der Lösung einige Tropfen Kochsalzsolution zugefügt hat, was anzurathen ist — von Chlorsilber, wenn alles Cyan in Cyansilber-Cyankalium übergeführt ist. Der erste Tropfen Silberlösung, welcher weiter hinzukommt, erzeugt den bleibenden Niederschlag. 1 Aeq. des verbrauchten Silbers in der Silberlösung entspricht somit genau 2 Aeq. Cyanwasserstoffsäure ($2KCy + AgO$, $NO_5 = AgCy$, $KCy + KO$, NO_5). — Zur Prüfung einer verdünnten Blausäure bedient man sich einer Silberlösung,

441

welche in 500 C.C. = 1000° 2 Grm. metallisches Silber enthält, alsdann entspricht jeder ½ C.C. Silberlösung 0,001 Grm. wasserfreier Blausäure. — Liebig hat mit dieser Methode bei Prüfung von Blausäure von verschiedener Verdünnung Resultate erzielt, welche mit den nach a. erhaltenen ganz übereinstimmten. — Ein Gehalt der Blausäure an Chlorwasserstoffsäure oder Ameisensäure beeinträchtigt diese Bestimmungsweise nicht. — Medicinische Blausäure welche so geprüft werden soll, ebenso Bittermandelwasser, verdünnt man mit etwa 3–8 Vol. Wasser.

c. *Maassanalytische Bestimmung* nach Fordos und Gelis[26]. Dieselbe beruht auf der von Serullas und Wöhler angegebenen Reaction freien Jods auf Cyankalium: KCy + 2J = KJ + JCy. Es entsprechen somit 2 Aeq. Jod = 3172, 1 Aeq. Cyan = 325 oder 1 Aeq. Cyanwasserstoffsäure = 337,5 oder 1 Aeq. Cyankalium = 814. Man versetzt zunächst die Blausäure enthaltende Flüssigkeit vorsichtig mit etwas Natronlauge und fügt dann Selterser (kohlensäurehaltiges) Wasser zu, um einen etwaigen Ueberschuss von Alkali in Bicarbonat zu verwandeln; letzterer Zusatz ist auch nöthig, wenn man gewöhnliches Cyankalium auf diese Art prüfen will; dann tröpfelt man eine alkoholische Lösung von Jod zu, welche im Liter 40 Grm. Jod enthält, bis sich die Flüssigkeit bleibend gelb färbt. — Jeder ½ C.C. (enthaltend 0,020 Jod) entspricht alsdann 0,0051 Cyankalium.

Diese ursprüngliche Angabe von Fordos und Gelis bezieht sich auf die Analyse des käuflichen Cyankaliums; für wissenschaftliche und pharmaceutische Untersuchungen dürfte sich dieselbe übrigens auch recht gut eignen. Man könnte dann die Bunsen'sche Jodlösung (§. 114) verwenden. — 50 C.C. = 100° der Bunsen'schen Jodlösung (sofern dieselbe genau 0,25 Jod enthalten sollte) entsprechen

0,0256 Cyan.

II. Trennung des Cyans von den Metallen.

a. *In löslichen Cyanmetallen* (ausgenommen Cyanquecksilber).

Man versetzt mit Silberlösung im Ueberschuss, fügt alsdann Salpetersäure zu bis zur sauren Reaction und verfährt wie in I. a. Die Basen bestimmt man im Filtrat, nach Entfernung des überschüssigen Silbersalzes; siehe Abschnitt V.

b. *In unlöslichen Cyanmetallen, die sich leicht in verdünnter Salpetersäure lösen.*

Man löst dieselben durch Schütteln mit höchst verdünnter Salpetersäure in einem mit Glasstopfen verschlossenen Glase, fügt salpetersaures Silberoxyd im Ueberschuss hinzu und verfährt wie in II. a.

c. *In allen unlöslichen Cyanmetallen.*

Man glüht und bestimmt das Metall im Rückstand, und zwar entweder durch directe Wägung oder durch Lösen in Säure und Fällung. Das Cyan bestimmt man entweder aus dem Verlust oder nach der Methode der organischen Elementaranalyse. Viele Cyanmetalle kann man statt durch Glühen auch durch Abdampfen mit Salzsäure oder durch Kochen mit Quecksilberoxyd zersetzen. Im letzteren Falle scheiden sich die Oxyde ab, gemengt mit überschüssigem Quecksilberoxyd, während Cyanquecksilber, und zwar basisches, sich löst.

d. *In Cyanquecksilber.*

Man fällt die wässerige Lösung mit Schwefelwasserstoff und bestimmt das Quecksilber nach §. 94. 3., die entstandene Cyanwasserstoffsäure nach §. 137. — Das Cyan lässt sich auch sehr gut in einer anderen Portion nach der Methode der qualitativen Stickstoffbestimmung ermitteln (§. 152.).

III. Analyse von Doppelcyanüren (Ferrocyan- etc. Verbindungen).

a. Bolley[27] hat zur Zerlegung dieser durch Säuren, wie durch Glühen, meist sehr schwer und durch Kochen mit Quecksilberoxyd nur unvollkommen zerlegbaren Verbindungen in der neuesten Zeit folgendes einfache Verfahren angegeben:

Man mischt die abgewogene Menge der getrockneten Cyanverbindung mit der drei- bis vierfachen Quantität eines aus 3 Thln. schwefelsaurem und 1 Thl. salpetersaurem Ammon bestehenden Gemenges in einem Porzellanmörser, bringt das Pulver in eine kleine tubulirte Retorte, spült den Mörser etc. mit dem Ammonsalzpulver nach, fügt an den Hals der Retorte eine Vorlage ohne Dichtung an und erhitzt unter Umschwenken über einer Weingeistlampe. Schon bei mässiger Hitze erfolgt unter Verglimmen eine vollständige Zersetzung, indem sich alles Cyan in Form von Cyanammonium und von dessen Zersetzungsproducten verflüchtigt, während die Metalle als schwefelsaure Salze zurückbleiben. Da in die Vorlage Spuren letzterer übergerissen sein können, so dampft man die darin enthaltene Flüssigkeit in einem Porzellanschälchen ab, verflüchtigt (wenn es passend erscheint) die Ammonsalze und nimmt den Rückstand mit etwas Salpetersäure auf. — Den Inhalt der Retorte löst man in Wasser, nöthigenfalls unter Zusatz von etwas Salpetersäure, und trennt alsdann in der klaren Lösung die Metalle nach den Methoden des fünften Abschnittes. — Bolley giebt an, dass er auf diese leichte Art bei Zerlegung verschiedener Ferro- und Ferridcyanverbindungen genau übereinstimmende Resultate erhalten habe.

b. Man mengt dieselben mit 2 Thln. kohlensaurem und 2

Thln. salpetersaurem Natron und trägt das Gemenge portionenweise in einen gelinde glühenden Platintiegel oder, wenn solchem Gefahr drohte, Porzellantiegel (der aber immer stark angegriffen wird) ein. Zuletzt erhitzt man stark, kocht den Rückstand mit Wasser und trennt die ausgeschiedenen Oxyde nach den Methoden des fünften Abschnittes. Würde man diese Methode bei einer viel Alkali enthaltenden Verbindung anwenden, so hätte man eine mehr oder weniger heftige Verpuffung zu erwarten. — Auch bei Verbindungen, welche ein flüchtiges Metall enthalten, ist sie nicht anzuwenden.

c. Die Bestimmung des Stickstoffs und Kohlenstoffs (des Cyans) in solchen Verbindungen ist nach den Methoden der organischen Elementaranalyse auszuführen (siehe Abschnitt VI).

d. Ein Vorschlag zur maassanalytischen Bestimmung des Ferridcyankaliums neben Ferrocyankalium ist von L i e s h i n g gemacht worden. Er beruht auf der Zersetzung desselben durch Arsensulfid-Schwefelnatrium; siehe Quart. Journ. of the Chem. Soc. VI. 31–36. — Pharm. Centralbl. 1853. S. 388.

§. 116.

5. S c h w e f e l w a s s e r s t o f f s ä u r e.

I. Bestimmung.

Den Schwefelwasserstoff bestimmt man im freien Zustande am leichtesten und mit grosser Genauigkeit mittelst Jodes durch Maassanalyse; auch kann man den darin enthaltenen Schwefel zum Behufe seiner Bestimmung in schwefelsauren Baryt überführen und diesen wägen.

a. Die maassanalytische Bestimmung des freien Schwefelwasserstoffs durch eine Lösung von Jod ist zuerst von D u p a s q u i e r angewendet worden. Derselbe bediente sich alkoholischer Jodlösung. Da aber solche, in Folge der Einwirkung des Jods auf den Alkohol, nach und nach ihren Gehalt ändert, so wendet man besser eine Auflösung von Jod in Jodkalium an. — Die Zersetzung erfolgt nach der Formel:

$$SH + J = JH + S.$$

1 Aeq. J = 1586 entspricht 1 Aeq. SH = 212,5. Es ist dies aber, nach B u n s e n, nur dann sicher der Fall, wenn der Gehalt einer Flüssigkeit an Schwefelwasserstoff 0,04 Proc. nicht übersteigt, weshalb jede, die einen grösseren Gehalt hat, erst mit ausgekochtem und bei Luftabschluss erkaltetem Wasser so zu verdünnen ist, dass sie den angegebenen Concentrationsgrad nicht übersteigt.

Wendet man die B u n s e n'sche Lösung von Jod in Jodkalium an, so entsprechen 100° = 50 C.C. (sofern solche genau 0,2500 Jod enthalten) 0,0335 SH oder 0,0315 S. — Will man die Rechnung vereinfachen, so bereitet man eine Jodlösung, welche im Liter 7,463 Grm. Jod enthält; alsdann entspricht jeder C.C. (= 2°) 0,001 Grm. SH.

Die Ausführung des Versuchs ist höchst einfach. Man bringt eine abgemessene oder gewogene Menge des Schwefelwasserstoff enthaltenden Wassers[28] in einen geräumigen Kolben, verdünnt erforderlichen Falls nach Angabe, setzt etwas dünnen Stärkekleister und dann unter stetem Umschwenken so lange von der Jodlösung zu, bis eben bleibende Bläuung eintritt.

Ganz auf dieselbe Weise wird auch freie schweflige Säure bestimmt (vergl. §. 114, Anhang).

b. Man versetzt die abgewogene oder abgemessene Schwefelwasserstoff enthaltende Flüssigkeit in einem Stöpselglase mit Kupferchloridlösung oder mit einer salzsauren Lösung von arseniger Säure, welche man in mässigem Ueberschusse zufügt, verstopft, schüttelt, lässt absitzen, filtrirt, wäscht wenig oder nicht aus, trocknet den Niederschlag und bestimmt darin den Schwefel nach II.

Bei Mineralwassern, welche nur wenig Schwefelwasserstoff enthalten, ist die Methode a. stets vorzuziehen.

c. Entwickelt sich Schwefelwasserstoff in gasförmigem Zustande, so leitet man denselben in verdünnte Natronlauge und bestimmt in dem entstandenen Schwefelnatrium den Schwefel nach II. 2. b. α. — Zuletzt giesst man in die noch viel freie Säure enthaltende Entbindungsflasche portionenweise eine concentrirte Lösung von doppeltkohlensaurem Ammon, um das Schwefelwasserstoffgas vollständig zu verdrängen.

Fig 50.

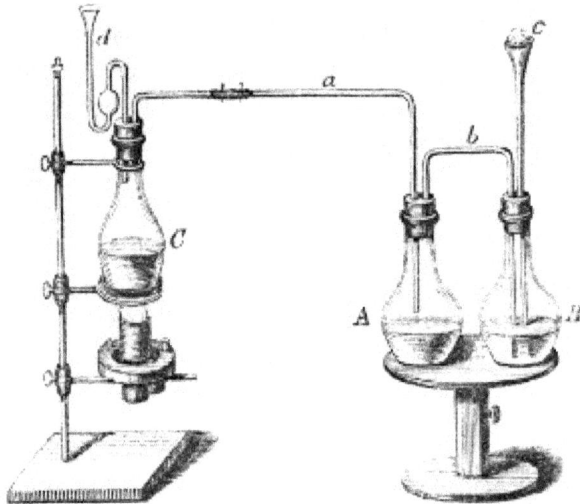

Zur Absorption des Gases kann man sich des in Fig. 50 abgebildeten Apparates bedienen, dessen Einrichtung ohne Weiteres verständlich ist. Die Röhre c ist unten schief abgeschnitten und taucht kaum in die Natronlauge. Der Trichter c enthält mit solcher befeuchteten Asbest. —

447

Entwickelt sich Schwefelwasserstoffgas mit einer grösseren Menge eines anderen unabsorbirbaren Gases, z. B. mit Wasserstoff, so ersetzt man den Trichter auf der Röhre *c* durch ein schief stehendes langes und weites Rohr, welches mit Natronlauge befeuchtete Glas- oder Porzellanscherben enthält. — Nach Beendigung des Versuches werden alle Flüssigkeiten vereinigt und die Kolben wie die Röhre mit ausgekochtem und bei Luftabschluss erkaltetem Wasser ausgespült.

II. Abscheidung und Bestimmung des Schwefels in seinen Verbindungen mit Metallen.

1. M e t h o d e n a u f t r o c k e n e m W e g e.

a. *In sämmtlichen Schwefelverbindungen, welche beim Erhitzen keinen Schwefel verlieren.* Man mengt die abgewogene, gepulverte Substanz mit 3 Thln. wasserfreiem kohlensauren Natron und 4 Thln. Salpeter mit Hülfe eines alsdann mit kohlensaurem Natron abzuspülenden runden Glasstabes, erhitzt das Gemenge in einem Platin- oder auch Porzellantiegel (der aber etwas angegriffen wird) bei allmälig gesteigerter Hitze bis zum Schmelzen, erhält es eine Zeit lang darin, lässt erkalten, erwärmt den Rückstand mit Wasser, filtrirt und bestimmt im Filtrat, welches allen Schwefel als schwefelsaures Alkali enthält, die Schwefelsäure nach §. 105. Das ungelöst gebliebene Metall, Metalloxyd oder kohlensaure Salz bestimmt man je nach Umständen entweder durch directe Wägung oder auf eine sonstige geeignete Weise.

b. *In Schwefelmetallen, welche beim Erhitzen Schwefel verlieren.* Man mengt die fein gepulverte Verbindung mit 4 Theilen kohlensaurem Natron, 8 Salpeter und 16 reinem, völlig trockenem Kochsalz und verfährt wie in a., — oder man mischt die sehr fein zerriebene Substanz mit 3 Thln. reinem kohlensauren Natron und 3 Thln. reinem chlorsauren Kali, bringt das Gemenge in ein hinten zugeschmolzenes Rohr von schwer schmelzbarem Glase, füllt den vorderen Theil des Rohres mit kohlensaurem Natron, dem nur wenig chlorsaures Kali beigemischt ist, und erhitzt das Rohr in einem Verbrennungsofen nach Art einer Elementaranalyse. Mit der geglühten Salzmasse verfährt man nach a.; dass sich in der Lösung Kieselsäure aus dem Glase befinden muss, liegt auf der Hand (K e m p).

c. *In Sulfosalzen von complicirterer Zusammensetzung* (nach B e r z e l i u s und H. R o s e).

Man bedient sich des folgenden oder eines ähnlich construirten Apparates:

Fig. 51.

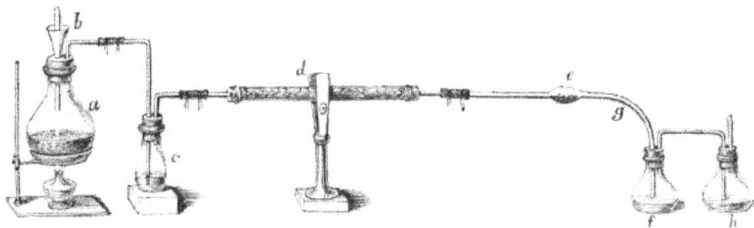

a ist ein Kolben, aus welchem Chlor in langsamem Strome entwickelt wird; durch *b* kann man Salzsäure nachfliessen lassen. *c* enthält concentrirte Schwefelsäure, *d* Chlorcalcium. Beide dienen, um das Chlorgas zu trocknen. *e* ist die zur Aufnahme der Substanz bestimmte Kugelröhre, sie taucht bis beinahe auf die Oberfläche des in *f* enthaltenen Wassers (bei Anwesenheit von Antimon schlägt man statt des Wassers eine Auflösung von Weinsäure in verdünnter Salzsäure vor), *f* verbindet man endlich mit *h* und lässt das Verbindungsrohr bis auf den Boden der in letzterem vorgeschlagenen Flüssigkeit reichen; das aus *h* austretende Chlorgas leitet man in Kalkmilch, Alkohol oder zum Fenster hinaus.

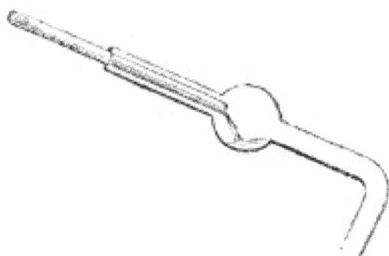

Fig. 52.

Wenn der Apparat zugerichtet ist, wägt man die Substanz in einem engen, an einem Ende zugeschmolzenen Glasröhrchen und bringt sie aus diesem mit der Vorsicht in die Kugel *e*, dass die Röhrenansätze rein bleiben (siehe Fig. 52). Wenn der Apparat mit Chlor gefüllt ist, verbindet man *e* mit *d* mittelst eines vulcanisirten Kautschukrohres und lässt nun das Chlor erst in der Kälte auf das Schwefelmetall einwirken. Sobald keine Veränderung mehr stattfindet, erhitzt man die Kugel ganz gelinde und sorgt auch, indem man die Röhre *g* warm hält, dass sie sich nicht etwa durch den Sublimat eines flüchtigen Chlormetalles verstopft. — Die Schwefelverbindung wird durch das Chlor völlig zerlegt, die Metalle gehen in Chlormetalle über, welche theils in der Kugel zurückbleiben, theils — sofern sie flüchtig sind, wie Chlorantimon, Chlorarsen, Quecksilberchlorid — in die Vorlage übergehen, der Schwefel verbindet sich mit dem Chlor zu Chlorschwefel, welcher in die Flasche *f* fliesst. Mit dem Wasser in Berührung kommend, zerlegt er sich anfänglich in Salzsäure und unterschweflige Säure, unter Abscheidung von Schwefel. Die unterschweflige Säure verfällt ihrerseits in Schwefel und in schweflige Säure, und diese geht durch Einwirkung des Chlorwassers in *f* in Schwefelsäure über. Das Endresultat der Zersetzung ist demnach Schwefelsäure und mehr oder weniger abgeschiedener Schwefel. Die

Operation ist beendigt, wenn aus der Kugel nichts mehr —
als etwa Eisenchlorid, dessen vollständige Abtreibung man
nicht abzuwarten braucht — abdestillirt. Man erwärmt
alsdann die Röhre *e* von der Kugel nach dem gebogenen
Ende zu und bewirkt so, dass aller Chlorschwefel nach *f*
übergeht, lässt den Apparat noch eine kurze Weile
zusammen, schneidet alsdann die Röhre *e* unter der Biegung
bei *g* ab und verschliesst das abgeschnittene, einen Theil der
flüchtigen Chlorverbindungen enthaltende Ende mit einer
hinten zugeschmolzenen, innen befeuchteten Glasröhre,
indem man diese darüber stülpt. Man lässt Alles 24 Stunden
stehen, damit während dieser Zeit die flüchtigen
Chlormetalle Feuchtigkeit anziehen und sich dann in
Wasser ohne Erhitzung lösen, löst die in der Röhre
enthaltenen Chlormetalle in verdünnter Salzsäure, spült die
Röhre aus, vereinigt diese Lösung mit dem Inhalte der
Kolben *f* und *h*, erwärmt sehr gelinde, bis das freie Chlor
verjagt ist, und lässt noch so lange stehen, bis der
abgeschiedene Schwefel, welcher anfangs flüssig erscheint,
erhärtet ist. Man filtrirt denselben auf einem gewogenen
Filter ab, wäscht ihn aus, trocknet und wägt ihn. Das
Filtrat fällt man mit Chlorbaryum (§. 105) und erfährt so
auch die Menge des zu Schwefelsäure oxydirten Schwefels.
— In der vom schwefelsauren Baryt abfiltrirten Flüssigkeit,
welche ausser dem Chlorbaryumüberschuss die flüchtigen
Chlormetálle enthält, scheidet und bestimmt man diese nach
den im fünften Abschnitte angegebenen Methoden.

Die in der Kugelröhre zurückgebliebene Chlorverbindung
wird entweder als solche gewogen (Chlorsilber, Chlorblei)
oder man löst sie, im Falle dies nicht zulässig ist (wie bei
Kupfer, welches zum Theil als Chlorür, zum Theil als
Chlorid zurückbleibt) in Wasser, Salzsäure, Königswasser
oder einem anderen geeigneten Mittel und bestimmt das
Metall, beziehungsweise die Metalle, nach den bereits

angegebenen oder im fünften Abschnitte enthaltenen Methoden. Um die Chlorsilber oder Chlorblei enthaltende Kugelröhre zurückwägen zu können, reducirt man die Chlormetalle zweckmässig durch Wasserstoffgas und löst dann die Metalle in Salpetersäure.

2. Methoden auf nassem Wege.

a. *In allen festen Schwefelmetallen, ausgenommen Schwefel-Blei, -Baryum, -Strontium und -Calcium*[29].

α. Man wägt dieselben im fein gepulverten Zustande in einem kleinen auf einer Seite zugeschmolzenen Glasröhrchen ab und wirft dasselbe in eine starke, ziemlich geräumige, mit einem Glasstopfen verschliessbare Flasche, welche eine zur Zersetzung mehr als hinreichende Menge von rother, rauchender (von Schwefelsäure vollkommen freier) Salpetersäure enthält. Unmittelbar nach dem Hineinwerfen verschliesst man die Flasche fest. Wenn die am Anfang stürmische Einwirkung nachgelassen hat, schüttelt man ein wenig um, und wenn hierdurch keine neue Reaction entsteht, und die Dämpfe in der Flasche sich verdichtet haben, nimmt man den Stopfen weg, spült ihn mit etwas Salpetersäure in die Flasche ab und erwärmt diese gelinde.

aa. Aller Schwefel ist oxydirt worden, die Flüssigkeit ist vollkommen klar.

Man verdünnt mit viel Wasser und bestimmt die gebildete Schwefelsäure nach §. 105. (Man versäume nicht, den Niederschlag vollständig mit heissem Wasser auszuwaschen und nach dem Wägen zu prüfen, ob durch verdünnte Salzsäure nichts aus dem Niederschlag aufgenommen wird.) Die im Filtrat befindlichen Basen trennt man vom überschüssigen Barytsalz nach den im fünften Abschnitte anzugebenden Methoden.

bb. Es schwimmt noch ungelöster Schwefel in der Flüssigkeit herum.

Man fügt in kleinen Portionen chlorsaures Kali oder auch starke Salzsäure zu und digerirt längere Zeit im Wasserbade. Hierdurch gelingt es häufig, den Schwefel ganz zu lösen. Sollte dies nicht eintreten, und zeigt sich der abgeschiedene Schwefel rein gelb, so verdünnt man mit Wasser, sammelt den Schwefel auf einem gewogenen Filter, wäscht ihn sorgfältig aus, trocknet und wägt ihn. Nachdem er gewogen, glüht man die ganze Menge desselben oder eine Probe, um beurtheilen zu können, ob derselbe rein war. Bleibt ein fixer Rückstand (gewöhnlich eingesprengter Quarz, Gangart etc.), so ist dessen Gewicht von dem des unreinen Schwefels abzuziehen. In der von dem Schwefel abfiltrirten Flüssigkeit bestimmt man die gebildete Schwefelsäure wie in aa. und addirt die daraus berechnete Schwefelmenge zu der direct gewogenen.

Bei Anwesenheit von Wismuth ist das Zufügen von chlorsaurem Kali oder von Chlorwasserstoffsäure nicht räthlich, da Gegenwart von Chlor dessen Bestimmung erschwert.

β. Man mengt das fein gepulverte Schwefelmetall durch Umschütteln in einem trockenen Kolben mit schwefelsäurefreiem chlorsauren Kali und fügt concentrirte Salzsäure in kleinen Portionen zu. Den Kolben bedeckt man mit einem Uhrglase oder umgestülpten Kölbchen. Wenn alles chlorsaure Kali zersetzt ist, erwärmt man auf dem Wasserbade gelinde, bis die Flüssigkeit nicht mehr nach Chlor riecht. Je nachdem aller Schwefel gelöst ist oder nicht, verfährt man sodann nach α. aa. oder bb. Dass man im letzten Falle sogleich verdünnt und abfiltrirt, bedarf kaum besonderer Erwähnung. — Auch durch Erwärmen mit gewöhnlicher Salpetersäure und chlorsaurem Kali lässt sich die Oxydation des Schwefels bewirken.

γ. Statt der in α. und β. genannten Oxydationsmittel wendet man öfters auch nur starkes Königswasser an, doch gelingt dann eine vollständige Ueberführung des Schwefels in Schwefelsäure seltener.

b. *In gelösten Schwefelmetallen der Alkalien und alkalischen Erden.*

(Schwefelmetalle, welche unterschwefligsaures oder schwefelsaures Salz enthalten, werden nach §. 136 analysirt.)

α. Die Schwefelmetalle enthalten keinen Ueberschuss an Schwefel.

aa. Man verdünnt die Lösung stark, so dass die Flüssigkeit nur noch etwa 0,04 Proc. Schwefel enthält, und verfährt dann genau nach §. 116. I. a. (KS + J = KJ + S). —

Sollte die Lösung neben dem Schwefelmetall ein ätzendes Alkali enthalten, so muss die verdünnte Lösung zuvor schwach angesäuert werden; enthält sie ein kohlensaures Alkali, so kann man statt einer freien Säure auch Chlorbaryum zufügen (F i l h o l).

bb. Man setzt zu der Auflösung eine überschüssige Menge einer mit Ammon übersättigten Lösung von arseniger Säure in Salzsäure oder von mit Ammon übersättigtem Kupferchlorid, fügt alsdann Salzsäure zu und verfährt im Uebrigen nach I. b.

β. Die Schwefelmetalle enthalten überschüssigen Schwefel.

Man zerlegt sie in dem in I. c. beschriebenen Apparate mit Salzsäure und verfährt genau wie dort angegeben. Nachdem alles Schwefelwasserstoffgas entbunden und ausgetrieben ist, und nachdem sich der ausgeschiedene Schwefel abgesetzt hat, filtrirt man denselben auf einem gewogenen Filter ab, trocknet und wägt ihn. Im Filtrat finden sich die

Chlorverbindungen der Metalle.

Dritte Gruppe.

Salpetersäure, Chlorsäure.

§. 117.

1. Salpetersäure.

I. Bestimmung.

Wenn man freie Salpetersäure in einer Lösung hat, welche keine andere Säure enthält, so bestimmt man dieselbe am einfachsten maassanalytisch, indem man sie mit einer verdünnten Natronlauge von bekanntem Gehalt neutralisirt (vergl. den speciellen Theil, Abschnitt Acidimetrie.) — Auch folgende Methode führt zum Ziel. Man versetzt die Lösung mit Barytwasser, bis die Reaction eben alkalisch geworden ist, verdampft die Lösung langsam an der Luft bis fast zur Trockne, verdünnt den Rückstand mit Wasser, filtrirt, wäscht den durch Einwirkung der atmosphärischen Kohlensäure auf den Ueberschuss des Barytwassers gebildeten kohlensauren Baryt aus, bestimmt in dem mit den Waschwassern vereinigten Filtrat den Baryt nach §. 79 und berechnet für je 1 Aeq. Baryt 1 Aeq. Salpetersäure. — Die Genauigkeit der Resultate hängt ganz von der Ausführung ab. Man vermeide vor Allem einen grossen Ueberschuss von Barytwasser und sehe darauf, dass man die abgedampfte Flüssigkeit nicht eher filtrire, als bis ihre alkalische Reaction völlig verschwunden ist.

II. Trennung der Salpetersäure von den Basen und Bestimmung der gebundenen Salpetersäure.

a. *In sämmtlichen Salzen, nach* P e l o u z e.

Man fügt eine gewogene Menge des salpetersauren Salzes zu einer überschüssigen Lösung von Eisenchlorür in Salzsäure. Hierdurch wird ein der Salpetersäure entsprechender Theil des Chlorürs in Chlorid verwandelt. Bestimmt man die Menge des noch vorhandenen Chlorürs nach §. 89. 2., so erfährt man die Menge des oxydirten und somit auch das Quantum der Salpetersäure. — $6FeCl + KO, NO_5 + 4ClH = 4HO + KCl + NO_2 + 3Fe_2Cl_3$. 168 Eisen, welche aus dem Zustande des Chlorürs in den des Chlorids übergeführt werden, entsprechen somit 54 Salpetersäure[30].

Die Ausführung geschieht zweckmässig auf folgende Art. Man löst 2 Grm. Clavierdraht in 80–100 C.C. reiner Salzsäure unter Erwärmen in einem etwa 150 C.C. fassenden Kolben auf, der durch einen eine eingepasste Glasröhre enthaltenden Stopfen verschlossen ist, bringt dann 1,2 Grm. des zu prüfenden salpetersauren Kalis oder eine äquivalente Menge eines anderen salpetersauren Salzes hinzu und erhitzt, nach wieder aufgesetztem Kork, zum Sieden. Nach 5–6 Minuten giesst man die wieder hell gewordene Flüssigkeit in einen grösseren Kolben, verdünnt mit Wasser stark und verfährt nach §. 89. 2. — Fände man, dass noch 0,2 Eisen als Oxydul zugegen sind, so hätte die Berechnung nach folgendem Ansatz zu geschehen (2,0 - 0,2 = 1,8). 168 : 54 = 1,8 : x. — x = 0,578, d. h. in den 1,2 Grm. salpetersauren Kalis sind 0,578 Salpetersäure enthalten, — oder 2 : 1,2 = 1,8 : x. x = 1,08, d. h. in den 1,2 Grm. unreinem Salpeter sind 1,08 Grm. reines salpetersaures Kali enthalten. —

Die Base bestimmt man in einer neu abgewogenen Quantität nach den oben angegebenen Methoden. War das Salz rein und wasserfrei, so muss die aus dem Verlust berechnete Menge der Säure gleich sein der Quantität der direct gefundenen.

b. *In Salzen mit alkalischer Basis, nach* J. S t e i n.

Man löst die mit dem dreifachen Gewichte arseniger Säure gemischte Verbindung in concentrirter Salzsäure, verdampft zur Trockne, fällt die mit Ammon übersättigte wässerige

Lösung mit einer Mischung von Salmiak und schwefelsaurer Magnesia und bestimmt die niederfallende arsensaure Ammon-Magnesia nach §. 102. 2. 1 Aeq. erhaltener Arsensäure entspricht (nach S t e i n) genau 1 Aeq. Salpetersäure.

c. *In sämmtlichen wasserfreien Salzen mit fixer Basis.*

Man mengt die zerriebene Verbindung mit 2 bis 3 Theilen völlig wasserfreien Boraxglases, bringt die Mischung in einen Platintiegel, wägt ihn im Ganzen, erhitzt sehr allmälig, bis zuletzt der Tiegelinhalt ruhig fliegst, lässt erkalten und wägt wieder. Die Gewichtsabnahme ist gleich der Menge der Salpetersäure. Resultate genau. (S ch a ff g o tt s ch, P o g g e n d. Annal. Bd. LVII, S. 260.)

d. *In wasserhaltigen Salzen.*

Man bestimmt in einer Portion die Basis, in einer zweiten das Wasser und die Säure (letztere aus dem Volum des Stickgases) nach der Methode der organischen Elementaranalyse §. 153. — Hat man das nöthige Quecksilber nicht, so bestimmt man nach der angegebenen Methode nur das Wasser und die Basis und berechnet die Salpetersäure aus dem Verlust. — Anstatt des im §. 153 vorgeschriebenen doppeltkohlensauren Natrons müsste man zum Austreiben der Luft aus der Verbrennungsröhre (sofern man Wasser- und Stickstoffbestimmung vereinigen wollte) bis zu anfangender Zersetzung erhitztes kohlensaures Bleioxyd nehmen.

e. *In löslichen Salzen, deren Basen durch Baryt, Schwefelbaryum oder kohlensauren Baryt vollständig ausgefällt werden.*

Man versetzt die Lösung mit Barytwasser, respective Schwefelbaryum, bis zur alkalischen Reaction, bestimmt die Basis im Niederschlage nach den früher angegebenen

Methoden, dampft das Filtrat zur Trockne ab, nimmt den Rückstand mit Wasser auf (die Lösung darf nicht mehr alkalisch reagiren) und verfährt mit der erhaltenen Lösung von salpetersaurem Baryt wie in I. a. — Hat man zum Ausfällen Schwefelbaryum angewendet, dessen Ueberschuss beim Verdampfen an der Luft in unlöslichen schwefelsauren und unterschwefligsauren Baryt übergeht, so vollbringt man das Ausziehen der abgedampften Masse, wie in II. f. Lassen sich die Basen mit kohlensaurem Baryt vollständig ausfällen, so ist die Analyse noch einfacher, indem man alsdann nur zu filtriren und im Filtrat den gelösten (salpetersauren) Baryt zu bestimmen braucht.

f. *Im Baryt-, Strontian- und Kalksalz.*

Man versetzt die Lösung mit Schwefelsäure in möglichst geringem Ueberschusse und fügt bei dem Strontian- und Kalksalz Alkohol zu, um die Abscheidung der schwefelsauren Salze vollständiger zu machen. Die Filtrate versetzt man tropfenweise mit Barytwasser bis zur schwach alkalischen Reaction, verdampft, ohne zuvor zu filtriren, im Wasserbade zur Trockne, erhitzt den Rückstand mit Wasser (welches dadurch keine alkalische Reaction annehmen darf), filtrirt, wäscht den Rückstand mit siedendem Wasser aus, bis die ablaufende Flüssigkeit durch Schwefelsäure nicht mehr getrübt wird, und verfährt mit der erhaltenen Lösung von salpetersaurem Baryt, wie in I.

g. *In löslichen Salzen der fünften und sechsten Gruppe.*

Man versetzt die ganz verdünnte Lösung in einer mit einem Glasstopfen verschliessbaren Flasche mit starkem Schwefelwasserstoffwasser in möglichst geringem Ueberschuss (wenn man dasselbe portionenweise zusetzt und die Flasche dazwischen schüttelt, lässt sich der Punkt am besten treffen), lässt absitzen, filtrirt und verfährt mit dem Filtrat, wie in II. f. (Das beim Sättigen mit Barytwasser entstehende Schwefelbaryum geht beim Abdampfen an der Luft durch Sauerstoffaufnahme in unlöslichen schwefelsauren und unterschwefligsauren Baryt über.

§. 118.

2. Chlorsäure.

I. Bestimmung.

Freie Chlorsäure, sofern man solche in wässeriger Lösung hätte, lässt sich bestimmen, indem man sie durch Schwefelwasserstoff in Chlorwasserstoffsäure verwandelt und diese nach §. 137 bestimmt, — oder indem man sie mit Natronlauge sättigt, die Flüssigkeit verdampft und mit dem Rückstand nach II. a. verfährt.

II. Trennung der Chlorsäure von den Basen und Bestimmung der gebundenen Chlorsäure.

a. Nach Bunsen[31]. Wirkt erwärmte Chlorwasserstoffsäure auf chlorsaure Salze ein, so findet eine Reduction der letzteren statt. Es können dabei, da keine Sauerstoffabscheidung eintritt, folgende Zersetzungen stattfinden:

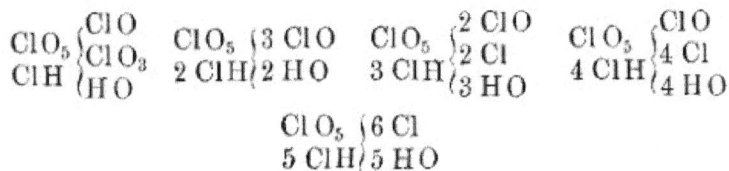

$$\begin{array}{llll}
\mathrm{Cl\,O_5} \begin{cases} \mathrm{Cl\,O} \\ \mathrm{Cl\,O_3} \\ \mathrm{H\,O} \end{cases} & \mathrm{Cl\,O_5} \begin{cases} 3\,\mathrm{Cl\,O} \\ 2\,\mathrm{H\,O} \end{cases} & \mathrm{Cl\,O_5} \begin{cases} 2\,\mathrm{Cl\,O} \\ 2\,\mathrm{Cl} \\ 3\,\mathrm{H\,O} \end{cases} & \mathrm{Cl\,O_5} \begin{cases} \mathrm{Cl\,O} \\ 4\,\mathrm{Cl} \\ 4\,\mathrm{H\,O} \end{cases} \\
\mathrm{Cl\,H} & 2\,\mathrm{Cl\,H} & 3\,\mathrm{Cl\,H} & 4\,\mathrm{Cl\,H}
\end{array}$$

$$\mathrm{Cl\,O_5} \begin{cases} 6\,\mathrm{Cl} \\ 5\,\mathrm{H\,O} \end{cases}$$
$$5\,\mathrm{Cl\,H}$$

Welche von diesen Zersetzungsproducten, ob nur einzelne oder alle, wirklich auftreten, lässt sich nicht voraussehen. Welche von ihnen aber auch neben einander gebildet werden mögen, — immer stimmen sie darin mit einander überein, dass sie, mit Jodkaliumlösung in Berührung, auf 1 Aeq. Chlorsäure im chlorsauren Salze 6 Aeq. Jod in Freiheit setzen. 9516 in Freiheit gesetztes Jod entsprechen somit 943,28 Chlorsäure. — Die Ausführung des Versuchs

459

geschieht genau so, wie dies bei Bestimmung der Chromsäure beschrieben wurde (vergl. §. 104. I. d. β.).

b. Die Basen bestimmt man zweckmässig in einer besonderen Portion, indem man das chlorsaure Salz entweder durch sehr vorsichtiges Glühen oder durch Erwärmen mit Salzsäure in Chlormetall überführt.

Anhang: *Bestimmung der chlorigen und unterchlorigen Säure in ihren Salzen* (nach B u n s e n).

Man versetzt die Lösung des Salzes mit Jodkaliumlösung, fügt Salzsäure zu bis schwach sauer und bestimmt die Menge des abgeschiedenen Jods nach §. 114, Anhang.

Die Zersetzungen, welche hierbei stattfinden und den Berechnungen zu Grund gelegt werden müssen, sind folgende:

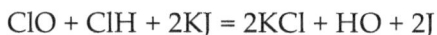

$$ClO + ClH + 2KJ = 2KCl + HO + 2J$$

und

$$ClO_3 + 3ClH + 4KJ = 4KCl + 3HO + 4J.$$

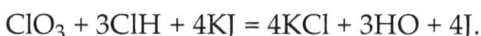

Somit entsprechen 2 Aeq. Jod = 3172 einem Aeq. unterchloriger Säure = 543,28, und 4 Aeq. Jod = 6344 einem Aeq. chloriger Säure = 743,28.

Fußnoten:

[6] Die Ueberschrift dieses Abschnittes könnte möglichenfalls zu der Meinung Veranlassung geben, es seien in demselben die Maassmethoden nicht enthalten. Es ist dies jedoch der Fall; denn auch das Ziel dieser Methoden ist ja die Ermittelung des G e w i c h t s der Körper. Worin sie sich unterscheiden, ist nur die Methode, nach welcher sie dies Ziel erreichen.

[7] Diese Ueberzeugung kann man immer haben, wenn man ein Antimonoxydsalz oder Antimonsulfür in Salzsäure gelöst hat, niemals aber, sofern die Lösung neben Salzsäure Salpetersäure enthält.

[8] Annal. Chem. Pharm. 86. 290.

[9] Annal. Chem. Pharm. 86. 279.

[10] 1 Thl. reines (jodsäurefreies) Jodkalium in 10 Theilen Wasser. Die Flüssigkeit darf, unmittelbar nach Zusatz von Salzsäure, keine Bräunung zeigen.

[11] Journ. f. prakt. Chem. 60, 35.

[12] Annal. der Chem. und Pharm. 87. 137.

[13] Solche Flaschen liefert Herr M a r t i n W a l l a c h in Cassel.

[14] P o g g. Annal. 44. 134.

[15] Ann. de Chim. et de phys. 3. Ser. 38. 5. Daraus Journ. f. prakt. Chem. 60. 22

[16] Ann. der Chem. und Pharm. 85. 297.

[17] Man zerreibt 1 Pfund Quecksilber mit ½ Loth Eisenchloridlösung von 1,48 specif. Gew. und ½ Loth Wasser 10 Minuten lang in einer Reibschale, digerirt damit unter Umschütteln einige Tage, entfernt dann die entstandene Eisenchlorürlösung, welche die fremden Metalle enthält, sowie das Quecksilberchlorid durch wiederholtes Abspülen mit Wasser, kocht das Quecksilber mit Salzsäure, wäscht es nochmals aus und trocknet es durch Erwärmen.

[18] Ein Opalisiren der Flüssigkeit darf man nicht berücksichtigen, es rührt von einer Spur von fremden Metallen her; es wird als nicht zur Probe gehörig leicht daran

461

erkannt, dass sich die Trübung bei weiterem Zusatz der Quecksilberlösung nicht vermehrt.

[19] Der Grund dieses Zusatzes ist der, dass der salpetersaure Quecksilberoxyd-Harnstoff in reinem Wasser leichter löslich ist, als in salzhaltigem, und dass man daher das Lösungsvermögen der Flüssigkeiten beim Titriren und bei der Anwendung möglichst gleich machen muss, wenn genaue Resultate erzielt werden sollen.

[20] Journ. f. prakt. Chem. 30. 184, zur Bestimmung des Broms in Mutterlaugen vorgeschlagen und dienlich.

[21] Ann. de Chim. et de Phys. 33. 303. Journ. f. prakt. Chem. 54. 293, ebenfalls zur Bestimmung in Mutterlaugen etc. vorgeschlagen und anzuwenden.

[22] Annal. der Chem. und Pharm. 87. 25.

[23] K e r s t i n g bereitet denselben durch Aufkochen von 1 Thl. Stärke, $\frac{1}{10}$ Thl. engl. Schwefelsäure und 24 Thln. Wasser.

[24] Chem. Gaz. 1852. 392. Journ. f. prakt Chem. 58. 143.

[25] Ann. der Chem. und Pharm. 77. 102.

[26] Journ. de Chim. et de Pharm. 23. 48. — Journ. f. prakt. Chem. 59. 255.

[27] Ann. der Chem. und Pharm. 87. 254.

[28] Ueber die Art, wie man von einem grösseren Quantum schwefelwasserstoffhaltigen Wassers eine bestimmte Menge abmisst, vergl. unten Mineralwasseranalyse.

[29] Die Analyse des ersteren ist bereits in §. 92. 6. beschrieben, bei der Analyse der anderen kann man auf ähnliche Weise verfahren, besser zerlegt man sie aber auf trockenem Wege.

[30] P e l o u z e hatte, um 2 Grm. Clavierdraht, in 80–100 Grm. Salzsäure gelöst, zu oxydiren, im Mittel 1,216 Grm. salpetersaures Kali nöthig. Nach obiger Formel wären nöthig gewesen 1,200, wenn man im Clavierdraht 99,7 Proc. Eisen annimmt.

[31] Ann. der Chem. und Pharm. 86. 282.

Fünfter Abschnitt.
Die Trennung der Körper.

§. 119.

Wir haben im vierten Abschnitte die Methoden betrachtet, nach welchen Basen und Säuren bestimmt werden, wenn nur eine Base oder eine Säure in einer Verbindung enthalten ist. Dieser Abschnitt war die Vorbereitung zu dem gegenwärtigen, in welchem wir von der Trennung der Körper handeln, d. h. von der Gewichtsbestimmung der Basen und Säuren in Verbindungen, in welchen mehrere oder viele Basen oder Säuren neben einander enthalten sind.

Der genannte Zweck kann auf zweierlei Weise erreicht werden, nämlich a. durch d i r e c t e, — b. durch i n d i r e c t e Analyse. — Unter der ersteren versteht man eine solche, bei welcher die Basen oder Säuren wirklich von einander geschieden werden. So trennen wir Kali und Natron durch Platinchlorid, — Kupfer und Wismuth durch Cyankalium, — Arsen und Eisen durch Schwefelwasserstoff, — Jod und Chlor durch salpetersaures Palladiumoxydul, — Phosphorsäure und Schwefelsäure durch Baryt, — Kohle und Salpeter durch Wasser etc. etc. In allen diesen Fällen bringt man demnach einen der Körper in unlöslichen Zustand unter Umständen, bei denen der andere in Lösung kommt, oder umgekehrt. Diese Art der Analyse ist die am häufigsten angewendete. Sie verdient bei freigestellter Wahl den Vorzug. —

Indirect hingegen nennt man eine Analyse dann, wenn bei derselben keine wirkliche Scheidung erzielt wird, sondern wenn anderweitige Umstände herbeigeführt werden, aus denen man die Quantität der neben einander befindlichen Basen oder Säuren berechnen kann. — So lässt sich die Quantität des Kalis und Natrons in einer beide

Basen enthaltenden Verbindung bestimmen, wenn man sie in schwefelsaure Salze verwandelt, diese wägt und die Schwefelsäure darin bestimmt (§. 120. 3.), — so lässt sich Eisenoxyd neben Thonerde bestimmen, indem man beide wägt, dann das Eisen maassanalytisch bestimmt und die Thonerde aus der Differenz berechnet etc. — Die indirecte Analyse lässt sich in überaus vielen Fällen anwenden; mit wahrem Vortheil wird sie übrigens in der Regel nur da gebraucht, wo es an guten eigentlichen Scheidungsmethoden fehlt. Die speciellen Fälle, in denen sie directer Analyse vorzuziehen ist, lassen sich unmöglich alle vorhersehen; ich habe daher im Folgenden nur diejenigen bezeichnet, welche häufig in Anwendung kommen. Was die bei indirecten Analysen vorkommenden Berechnungen betrifft, so habe ich dieselben im Allgemeinen in der zweiten Unterabtheilung „Berechnung der Analysen" gegeben; wo es übrigens zweckmässiger erschien, ist gleich bei der Methode das Nöthige angeführt.

Ich hatte bei der Bearbeitung des folgenden Abschnittes zwei Zwecke vor Augen; erstens sollte derselbe ein sicherer Führer bei praktischen Arbeiten sein, zweitens sollte er eine möglichst übersichtliche Belehrung, einen möglichst klaren Blick in das ganze Gebiet verschaffen. — In Folge dessen habe ich die uns bekannte Gruppeneintheilung beibehalten und nach systematischer Weise, so weit es durchführbar war, erst die Trennung aller in eine Gruppe gehörenden Körper von denen der anderen (vorhergehenden), sodann die Trennung einzelner Körper von allen oder von einzelnen der früheren Gruppen, und endlich die Trennung der in eine Gruppe gehörenden Körper von einander behandelt; denn so glaubte ich meine Absicht am sichersten zu erreichen. — Es versteht sich von selbst, dass die Methoden, welche zur Scheidung aller Körper einer Gruppe von denen einer anderen angeführt sind, auch zur Scheidung eines in die

Gruppe gehörenden Körpers von einem oder mehreren der anderen Gruppe anwendbar sind. Auch soll durch Anführung speciellerer Methoden keineswegs gesagt sein, dass diese immer den allgemeineren vorzuziehen sind. Die Entscheidung, welche die bessere sei, muss in der Regel bei jedem speciellen Falle dem Einzelnen überlassen bleiben, indem sie von den Umständen abhängt. — In Bezug auf die allgemeinen Scheidungsmethoden der Körper einer Gruppe von denen einer anderen bemerke ich, dass die angeführten mir vor anderen zweckmässig erschienen sind. Ich möchte aber der Meinung vorbeugen, als ob andere passend und rationell angeordnete nicht ebenfalls, in speciellen Fällen vielleicht noch besser, zum Ziele führen könnten. Dem Scharfsinn der Einzelnen bleibt hier ein weites Feld eingeräumt.

Bei den Basen, wie auch bei den Säuren, liegt im Allgemeinen die Annahme zu Grunde, dass man sie im freien Zustande oder in Form eines in Wasser löslichen Salzes habe. Wo von dieser Annahme abgewichen werden musste, ist jedesmal speciell darauf aufmerksam gemacht.

Von der Masse von Methoden, welche sich zu allgemeinen oder speciellen Scheidungen angeführt finden, habe ich — soweit dies thunlich war — die ausgewählt, welche durch die Erfahrung bestätigt und durch genaue Resultate ausgezeichnet sind. — Fanden sich zwei, welche in Bezug auf die beiden genannten Punkte sich gleich stehen, so führte ich entweder beide an, oder ich gab der einfacheren den Vorzug. — Methoden, die in Vorschlag gekommen sind, aber später begründete Widerlegung erfahren oder sich bei eigenen Versuchen als unhaltbar bewiesen haben, wurden geradezu weggelassen. — So weit es möglich war, habe ich mich bemüht, die Fälle genau zu charakterisiren, in denen von mehreren Methoden die eine oder die andere vorzugsweise anwendbar ist. —

Wo die Genauigkeit der Scheidung sich bereits aus dem im vierten Abschnitte Gesagten ergiebt, sind nähere desfallsige Angaben weggelassen. — Wo Paragraphe früherer Abschnitte besondere Berücksichtigung verdienen, sind dieselben in Parenthese beigefügt.

Da bei der gegenwärtigen Ausbreitung der Chemie fast jeden Tag neue Scheidungsmethoden aller Art angewandt oder vorgeschlagen und bald mit Recht bald mit Unrecht älteren Methoden vorgezogen werden, so erscheint die jetzige Zeit auch in dieser Hinsicht, wie in so mancher anderen, als eine Uebergangsperiode, in der das Neue mit dem Alten, mehr als sonst, kämpft und ringt. Ich führe dies hier an, einmal um die Unmöglichkeit darzuthun, der Angabe dieser Methoden immer schon ein Urtheil über ihre Brauchbarkeit und Genauigkeit beifügen zu können, sodann um darauf aufmerksam zu machen, wie wichtig es gerade in solchen Perioden ist, den Ueberblick nicht zu verlieren. Um letzteren zu erleichtern, habe ich im folgenden Abschnitte die Trennungsmethoden meistens nach ihren wissenschaftlichen Grundlagen geordnet, in der festen Ueberzeugung, dass hierdurch das Studium der Trennungsmethoden wesentlich erleichtert und manche Anregung gegeben werden wird, bereits bekannte Principien auch auf andere Körper anzuwenden oder neue Grundlagen zu erforschen, wo aus den alten nur mangelhafte Methoden hervorgegangen sind. — Um nun durch diese Darstellungsweise den praktischen Gesichtspunkt nicht zu beeinträchtigen, welcher verlangt, dass man leicht und schnell die Methoden zu finden vermag, die sich zur Trennung zweier Körper darbieten, habe ich den einzelnen Paragraphen, wo es mir nöthig schien, Uebersichten vorausgeschickt, welche diesem Bedürfnisse, wie ich glaube, vollkommen entsprechen werden.

Ich schliesse diese Einleitung mit dem wichtigen Satze,

dass man eine Trennung niemals als gelungen betrachten darf, bevor man sich überzeugt hat, dass die gewogenen Substanzen rein und frei von denen sind, von welchen sie getrennt werden sollten.

I. Die Scheidung der Basen von einander.

Erste Gruppe.

Kali, Natron, Ammon.

§. 120.

Uebersicht:				
Kali von Natron	1. a,-3,	von Ammon	2.
Natron von Kali	1. a,-3,	von Ammon	1. b,-2.
Ammon von Kali	2,	von Natron	1. b,-2.

1. *Methoden, welche auf der verschiedenen Löslichkeit der Platinchlorid-Chloralkalimetalle in Weingeist beruhen.*

a. Kali von Natron.

Eine unerlässliche Bedingung dieser Methode ist, dass man die beiden Alkalien als Chlormetalle habe. — Sind sie nicht in diesem Zustande, so müssen sie demzufolge erst in denselben übergeführt werden. — In den meisten Fällen reicht ein blosses Abdampfen mit überschüssiger Salzsäure hin, diesen Zweck zu erreichen; bei Gegenwart von Schwefelsäure, Phosphorsäure und Borsäure gelingt dies nicht. Die Methoden, welche dazu dienen, die Alkalien von den beiden letzten Säuren zu trennen und in Chlormetalle überzuführen, siehe §§. 106 und 107. — Wie man bei Gegenwart von Schwefelsäure verfährt, soll — weil dieser Fall oft vorkommt — unten besprochen werden.

Man bestimmt die Summe des Chlornatriums und Chlorkaliums[32] (§§. 76. 77), löst sie in wenig Wasser auf, setzt eine wässerige Lösung von Platinchlorid im Ueberschusse zu, verdampft im Wasserbade bis fast zur Trockne, übergiesst den Rückstand mit Weingeist von 76–80 Proc., bedeckt das Becherglas oder die Schale mit einer Glasplatte und lässt einige Stunden stehen, während welchen man von Zeit zu Zeit umrührt. Erscheint die über dem Niederschlage stehende Flüssigkeit tief gelb, so war die Menge des Platinchlorids genügend; anderenfalls muss solches noch zugefügt werden. — Nachdem sich alles Natriumplatinchlorid gelöst hat, und das Kaliumplatinchlorid auf dem Boden des Gefässes als schweres gelbes Pulver rein und frei von allen grösseren krystallinischen Plättchen erscheint, filtrirt man ab und behandelt den Niederschlag nach §. 76. — Die Quantität des Natrons bestimmt man in der Regel, indem man von der Summe des Chlornatriums und Chlorkaliums die aus dem Kaliumplatinchlorid gefundene Menge des letzteren abzieht.

Um sicher zu sein, dass wirklich alles Kali abgeschieden worden ist, verdampft man zweckmässig das Filtrat unter Zusatz von etwas weiterem Platinchlorid im Wasserbade zur Trockne und behandelt den Rückstand wie eben angegeben. Bleibt hierbei nochmals Kaliumplatinchlorid ungelöst, so lässt man die Schale ruhig stehen, giesst die gelbe Flüssigkeit von der kleinen Menge des Niederschlags klar ab, wäscht denselben mehrmals mit wenig Weingeist durch Decantiren aus, bringt ihn endlich auf das die Hauptmenge des Niederschlags enthaltende Filter und wäscht dieses, wenn nöthig, noch ein- oder zwei Mal mit kleinen Mengen von Weingeist aus.

Ich halte mehr darauf, das Filtrat dieser Prüfung zu unterwerfen, als es zur Trockne zu bringen, den Rückstand unter Zusatz von etwas Oxalsäure zu glühen, mit Wasser auszuziehen und das in Lösung übergegangene Chlornatrium zu bestimmen, denn diese Bestimmung des Natrons ist doch nur scheinbar eine directe; war das Chlorkalium nicht gehörig abgeschieden, so erhält man die nicht abgeschiedene Menge jetzt natürlicher Weise bei dem Chlornatrium. Letzteres Verfahren liefert daher nur eine Controle darüber, ob bei der Arbeit kein Verlust stattgefunden hat.

Enthält die Lösung Schwefelsäure, etwa neben Chlor oder überhaupt neben flüchtigen Säuren, so führt man die Alkalien zuerst vollständig in neutrale schwefelsaure Salze über (§. 76 und 77) und wägt sie als solche. Dann löst man sie in wenig Wasser und fügt eine alkoholische Lösung von Chlorstrontium mit der Vorsicht zu, das letzteres nur wenig vorwaltet. (Der Weingeistgehalt der Flüssigkeit darf nicht so hoch steigen, dass sich Chlornatrium oder Chlorkalium ausscheiden könnten.) Man lässt absitzen, filtrirt, wäscht den schwefelsauren Strontian (der gewogen werden kann und dann eine genaue Controle der Analyse liefert, vergl. §. 120. 3.) mit schwachem Weingeist aus, so lange dieser, auf einem Uhrglase verdampft, noch einen Rückstand lässt, verdampft das Filtrat, zuletzt unter Zusatz von überschüssigem Platinchlorid, fast zur Trockne und verfährt wie eben angegeben. Die kleine Menge überschüssig zugesetzten Chlorstrontiums löst sich so oder als Strontiumplatinchlorid mit dem Natriumplatinchlorid in Weingeist.

Statt dieser Methode lässt sich auch folgende anwenden. Man löst die gewogenen schwefelsauren Alkalien in Wasser, fügt gelösten essigsauren Baryt (der frei von Chlorbaryum sein muss) in möglichst geringem Ueberschuss zu, lässt absitzen, filtrirt, verdampft das Filtrat zur Trockne, glüht den Rückstand, zieht ihn mit Wasser aus, sättigt vorsichtig mit Salzsäure und verfährt mit der so erhaltenen Lösung der Chloralkalimetalle nach obiger Angabe. Statt des essigsauren Baryts kann man auch essigsaures Bleioxyd nehmen, den Bleiüberschuss durch Schwefelwasserstoff entfernen und das Filtrat mit Salzsäure zur Trockne verdampfen (L. S m i t h). — Oder man mengt die schwefelsauren Salze mit Salmiakpulver in einem Tiegel, glüht, fügt einige Tropfen Wasser und neuerdings Salmiak zu, glüht wieder und wiederholt dies, bis keine Gewichtsdifferenz mehr stattfindet (H. R o s e). —

Das Verfahren zur Trennung des Kalis und Natrons, wie ich es oben angegeben habe, liefert nach öfters wiederholten Versuchen immer etwas weniger Kali als wirklich vorhanden ist. Der Verlust beträgt bei gut ausgeführter Trennung etwa ein Proc. des Kalis. Versetzt man die concentrirte Lösung der Chlormetalle mit Platinchlorid und dann mit ziemlich viel Alkohol, so ist der Verlust nach meinen Erfahrungen gewöhnlich grösser.

b. A m m o n   v o n   N a t r o n.

Man verfährt genau wie in a. Siehe auch §. 78. 2.

2. *Methoden, welche auf der Flüchtigkeit der Ammonsalze oder des Ammoniaks beruhen.*

A m m o n   v o n   N a t r o n   u n d   K a l i.

a. *Die Salze der zu trennenden Alkalien enthalten die nämliche und zwar eine flüchtige Säure und lassen sich durch Trocknen bei 100° von allem Wasser befreien, ohne Ammoniak zu verlieren* (z. B. die Chlormetalle).

Man wägt die Totalmenge der Salze in einem Platintiegel ab, erhitzt bei aufgelegtem Deckel anfangs gelinde, zuletzt längere Zeit zum schwachen Glühen, lässt erkalten und wägt. Die Abnahme des Gewichts giebt die Menge des Ammonsalzes an. — Ist die vorhandene Säure Schwefelsäure, so ist erstens zu berücksichtigen, dass das

Erhitzen sehr allmälig geschehen muss, indem sonst durch Decrepitiren des schwefelsauren Ammons Verlust entsteht, — und zweitens, dass bei den fixen schwefelsauren Alkalien ein Theil der Schwefelsäure des schwefelsauren Ammons zurückbleibt, so dass sie zuvor durch Glühen in einer Atmosphäre von kohlensaurem Ammon in neutrale Salze verwandelt werden müssen, ehe ihr Gewicht bestimmt werden kann (vergl. §. 76. 77). Chlorammonium kann nach dieser Methode nicht von schwefelsauren fixen Alkalien getrennt werden, indem es — mit letzteren geglüht — diese theilweise oder ganz in Chlormetalle verwandelt.

b. *Bei den zu trennenden Salzen ist eine oder die andere der in a. angegebenen Bedingungen nicht erfüllt.*

Lassen sich die Umstände nicht in einfacher Weise in der Art abändern, dass die Methode a. anwendbar wird, so müssen die fixen Alkalien und das Ammon in verschiedenen Portionen der zu untersuchenden Verbindung bestimmt werden. — Die zur Bestimmung des Natrons und Kalis zu verwendende wird geglüht, bis alles Ammon entfernt ist. Die fixen Alkalien werden je nach Umständen in Chlormetalle oder schwefelsaure Salze verwandelt und nach §. 120. 1. behandelt. — Die Bestimmung des Ammons geschieht in einer anderen Portion nach §. 78. 3.

3. *Indirecte Methoden.*

Solcher lassen sich natürlicher Weise viele denken; man wendet aber in der Regel nur folgende an.

Kali von Natron.

Man verwandelt beide Alkalien in neutrale schwefelsaure Salze (§§. 76. 77), wägt sie als solche, bestimmt ihren Gehalt an Schwefelsäure (§. 105) und berechnet aus diesen Daten die Quantitäten des Kalis und Natrons (siehe unten „Berechnung der Analysen" §. 168).

471

Zweite Gruppe.

Baryt, Strontian, Kalk, Magnesia.

I. Trennung der Oxyde der zweiten Gruppe von denen der ersten.

§. 121.

Uebersicht:	Baryt von Kali und Natron	A. 1,- von	A.
		B. 1, Ammon	2.
	Strontian von Kali und Natron	A. 1,- von	A.
		B. 2, Ammon	2.
	Kalk von Kali und Natron	A. 1,- von	A.
		B. 3, Ammon	2.
	Magnesia von Kali und Natron	A. 1,- von	A.
		B. 4, Ammon	2.

A. Allgemeine Methode.

1. Sämmtliche alkalische Erden von Kali und Natron.

Grundlage: *Kohlensaures Ammon fällt aus einer Chlorammonium enthaltenden Lösung nur Baryt, Strontian und Kalk, — Chlormagnesium wird durch Quecksilberoxyd zersetzt.*

Man versetzt die Lösung, in welcher die Basen als Chlormetalle gedacht werden, mit soviel Chlorammonium, als nöthig ist, um die Magnesia durch Ammon unfällbar zu machen, fügt etwas Ammon, dann kohlensaures Ammon in geringem Ueberschuss zu, lässt 12 Stunden an einem gelinde warmen Orte bedeckt stehen, filtrirt und wäscht den Niederschlag mit Wasser aus, dem man einige Tropfen Ammon zugefügt hat.

Der Niederschlag enthält den *Baryt, Strontian* und *Kalk*, die Lösung die *Magnesia* und die *Alkalien*. So kann man in Fällen, in denen es nicht auf den höchsten Grad der

Genauigkeit ankommt, annehmen. Bei feineren Analysen dagegen hat man zu erwägen, dass die Lösung noch höchst geringe Spuren von Kalk und etwas grössere von Baryt enthält, weil deren kohlensaure Salze in einer Chlorammonium enthaltenden Flüssigkeit nicht ganz unlöslich sind.

Mit dem Niederschlage verfährt man nach §. 122, das Filtrat aber versetzt man — bei genauen Analysen — mit 3 oder 4 Tropfen verdünnter Schwefelsäure (aber nicht mit viel mehr), später mit einigen Tropfen oxalsaurem Ammon und lässt wiederum 12 Stunden in gelinder Wärme stehen. Entsteht hierdurch ein Niederschlag, so sammelt man denselben auf einem kleinen Filter, wäscht ihn aus und behandelt ihn auf dem Filter mit etwas verdünnter Salzsäure, welche den oxalsauren Kalk löst und den schwefelsauren Baryt ungelöst lässt. —

Die die *Magnesia* und die *Alkalien* enthaltende Flüssigkeit verdampft man zur Trockne und entfernt die Ammonsalze durch gelindes Glühen in einem bedeckten Tiegel oder einer bedeckten kleinen Schale von Platin oder Porzellan[33]. — Den Rückstand erwärmt man mit wenig Wasser (worin er sich bis auf ein wenig ausgeschiedene Magnesia löst), setzt etwas höchst fein zertheiltes, in Wasser aufgeschlämmtes Quecksilberoxyd zu, und verfährt genau nach §. 82. 3. b.

In der von der Magnesia abfiltrirten Flüssigkeit bestimmt man die Alkalien nach §. 120. — Diese von B e r z e l i u s angegebene Methode, Magnesia und Alkalien zu scheiden, liefert gute Resultate. Man erschwere sich die Arbeit nicht dadurch, dass man mehr Quecksilberoxyd zusetzt als nöthig, prüfe aber zuletzt der Vorsicht halber immer die Chloralkalimetalle auf einen Gehalt an Magnesia.

2. S ä m m t l i c h e   a l k a l i s c h e   E r d e n   v o n A m m o n; — Grundlage und Ausführung wie bei

Trennung des Kalis und Natrons von Ammon §. 120.

B. Speciellere Methoden.

Einzelne alkalische Erden von Kali und Natron.

1. Baryt von Kali und Natron.

Man fällt den Baryt durch verdünnte Schwefelsäure (§. 79. 1. a.), verdampft das Filtrat zur Trockne und glüht den Rückstand unter Zusatz von kohlensaurem Ammon (§§. 76. 1.–77. 1.). Man trage Sorge, dass die Quantität der zugesetzten Schwefelsäure hinreiche, um auch die Alkalien vollständig in schwefelsaure Salze zu verwandeln.

Diese Methode ist ihrer grösseren Genauigkeit halber der in a. angegebenen vorzuziehen, sobald man Baryt nur von einem der beiden fixen Alkalien zu trennen hat; sind hingegen beide zugegen, so ist die andere insofern bequemer, als man dabei die Alkalien als Chlormetalle erhält.

2. Strontian von Kali und Natron.

Der Strontian kann, ebenso wie der Baryt, von den Alkalien durch Schwefelsäure geschieden werden. Die Methode, denselben als schwefelsauren Strontian zu fällen, ist jedoch bei freigegebener Wahl der in a. beschriebenen nicht vorzuziehen (vergl. §. 80).

3. Kalk von Kali und Natron.

Man fällt den Kalk mit oxalsaurem Ammon (§. 81. 2. b. α.), verdampft das Filtrat zur Trockne und bestimmt die Alkalien im geglühten Rückstande. Man beachte bei der Bestimmung der Alkalien, dass man den durch Glühen von den Ammonsalzen befreiten Rückstand in Wasser lösen, von dem unlöslichen Rückstand abfiltriren, das Filtrat je nach Umständen mit Salzsäure oder Schwefelsäure ansäuern und erst dann zur Trockne verdampfen muss, indem oxalsaures

Ammon beim Glühen Chloralkalimetalle theilweise zersetzt und die Basen in kohlensaure Salze verwandelt, sofern nicht viel Salmiak zugegen ist. Resultate noch genauer als nach a. (wenn nicht nach Ausfällung mit kohlensaurem Ammon noch oxalsaures Ammon angewendet worden ist).

4. M a g n e s i a   v o n   K a l i   u n d   N a t r o n.

a. *Methoden, welche sich auf die Schwerlöslichkeit der Magnesia in Wasser gründen.*

α. Man stellt eine möglichst neutrale, von Ammonsalzen freie Lösung der Basen dar (ob die Säure Schwefelsaure, Salzsäure oder Salpetersäure ist, kommt nicht in Betracht), fügt Barytwasser zu, so lange ein Niederschlag entsteht, erhitzt zum Kochen, filtrirt ab und wäscht mit siedendem Wasser aus. Der Niederschlag enthält die Magnesia als Oxydhydrat. Man bestimmt sie entweder nach §. 82. 1. b., oder man löst sie in Salzsäure, fällt den Baryt mit Schwefelsäure aus und schlägt sie als phosphorsaure Ammonmagnesia nieder (§. 82. 2.). Die Alkalien, welche sich je nach Umständen als Chlormetalle, salpetersaure Salze oder Aetzalkalien in Lösung befinden, trennt man vom Baryt nach A. oder B. 1. L i e b i g, welcher diese Methode zuerst anwandte, schlug zur Fällung krystallisirtes Schwefelbaryum vor. — Die Methode liefert gute Resultate, ist aber etwas umständlich.

β. Man fällt die Lösung mit ein wenig reiner Kalkmilch, kocht, filtrirt, wäscht aus. Im Niederschlag trennt man Kalk und Magnesia nach §. 122, im Filtrat Kalk und Alkalien nach A. oder B. 3. — Diese Methode wendet man mit Vortheil an, wenn es sich darum handelt, aus einer Kalk und Alkalien enthaltenden Flüssigkeit die Magnesia zu entfernen, sofern nur die Alkalien bestimmt werden sollen.

b. *Methoden, welche sich auf die Schwerlöslichkeit der kohlensauren Magnesia gründen.*

α. Man verwandelt in Chloride, glüht schwach, löst in Wasser auf und kocht mit aufgeschlämmtem kohlensauren Silberoxyd (durch Fällung von salpetersaurem Silberoxyd mit kohlensaurem Ammon und Auswaschen erhalten), bis die überstehende Flüssigkeit stark alkalisch reagirt. Aus der heiss abfiltrirten Flüssigkeit entfernt man eine Spur gelösten Silbersalzes mit Salzsäure, welche bis zu schwach saurer Reaction zugesetzt wird, filtrirt und bestimmt die Alkalien nach §. 120. — Den Niederschlag behandelt man mit erwärmter Salzsäure und fällt die Magnesia nach §. 82. 2. (S o n n e n s c h e i n)[34].

β. Man verwandelt in salpetersaure Salze, glüht dieselben in einer Platinschale gelinde, setzt etwas Wasser, dann überschüssige, krystallisirte, reine Oxalsäure zu und verdampft. Während des Verdampfens entwickelt sich Salpetersäure und zuletzt sublimirt an den Wänden der Schale Oxalsäurehydrat. Die oxalsauren Salze zersetzt man durch Glühen und trennt die reine und kohlensaure Magnesia von den kohlensauren Alkalien durch siedendes Wasser (D e v i l l e)[35].

c. *Methode, welche sich auf die Ausfällung der Magnesia durch phosphorsaures (beziehungsweise arsensaures) Ammon gründet.*

Man setzt zu der Lösung, welche Magnesia, Kali und Natron enthält, überschüssiges Ammon und, wenn solcher nicht schon vorhanden ist, etwas Salmiak und fällt die Magnesia mit (natronfreiem) phosphorsaurem Ammon, von dem nur ein geringer Ueberschuss zugesetzt wird. Aus dem durch Verdampfen von freiem Ammon befreiten Filtrat schlägt man die Phosphorsäure mit essigsaurem Bleioxyd als eine Verbindung von phosphorsaurem Bleioxyd und Chlorblei nieder. Das überschüssige Bleioxyd entfernt man mit Ammon und kohlensaurem Ammon aus der noch heissen Flüssigkeit und bestimmt im Filtrat Kali und Natron nach §. 76. 77. (O. L. Erdmann[36] — Heintz)[37]. Ich kann dieser Methode einen eigentlichen Vorzug vor der in a. angeführten Berzelius'schen nicht einräumen. Ungleich einfacher würde folgendes Verfahren sein: Man fällt die Magnesia statt mit phosphorsaurem Ammon mit arsensaurem Ammon und bestimmt sie als arsensaure Ammonmagnesia nach §. 102. 2. Das Filtrat verdampft man zur Trockne und erhitzt den Rückstand in einem Porzellantiegel. Sollte die Masse noch nicht genug Salmiak enthalten haben, so glüht man den Rückstand nochmals nach Zusatz von solchem. Da sich die Arsensäure hierdurch leicht und vollständig verflüchtigt, so bleiben die Alkalien rein — als Chlormetalle — zurück. Dass man das Glühen unter einem guten Dunstabzuge vorzunehmen habe, erhellt leicht.

II. Trennung der Oxyde der zweiten Gruppe von einander.

§. 122.

Uebersicht:

Baryt von Strontian: B. 1,	von Kalk: B. 1, B. 2,	von Magnesia: A,-B. 2.
Strontian von Baryt: B. 1,	von Kalk: B. 4 u. 5,	von Magnesia: A.
Kalk von Baryt: B. 1,-B. 2,	v. Strontian. B. 4 u. 5,	von Magnesia: A,-B. 3.
Magnesia v. Baryt: A,-B. 2,	von Strontian: A,	von Kalk A,-B. 3.

A. Allgemeine Methode.

Sämmtliche Glieder der Gruppe von einander. Man verfährt wie in §. 121. A. 1. Die Magnesia fällt man aus dem Filtrate durch phosphorsaures Natron.

Die gefällten kohlensauren Salze des Baryts, Strontians und Kalks löst man in Salzsäure und trennt die Basen nach B. 1.

B. Specielle Methoden.

1. *Solche, welche sich auf die Unlöslichkeit des Kieselfluorbaryums gründen.*

B a r y t v o n S t r o n t i a n u n d v o n K a l k. Man versetzt die neutrale oder schwach saure Lösung mit Kieselfluorwasserstoffsäure im Ueberschuss, fügt ein dem Volumen der Flüssigkeit gleiches oder auch etwas geringeres Volumen Weingeist zu (H. R o s e), lässt 12 Stunden stehen, filtrirt den bei 100° zu trocknenden Niederschlag von K i e s e l f l u o r b a r y u m auf einem gewogenen Filter ab, wäscht ihn mit einer Mischung von gleichen Theilen Wasser und Weingeist aus, bis die zuletzt ablaufende Flüssigkeit nicht im Mindesten mehr sauer reagirt (aber nicht länger), und fällt aus dem Filtrate den Strontian oder Kalk durch verdünnte Schwefelsäure (§ 80. 1. a. und §. 81. 1.). Resultate befriedigend. — Eigenschaften des Kieselfluorbaryums §. 50. — Ist Strontian und Kalk gleichzeitig vorhanden, so wägt man erst die schwefelsauren Salze, führt diese in kohlensaure über (§. 105. II. b.) und trennt nach 4. oder 5.

2. *Solche, welche sich auf die Unlöslichkeit des schwefelsauren Baryts gründen.*

a. B a r y t v o n M a g n e s i a. Man fällt den Baryt durch Schwefelsäure (§. 79. 1. a.), im Filtrat die Magnesia mit phosphorsaurem Natron und Ammon (§. 82. 2.).

b. B a r y t v o n K a l k. Man versetzt die Lösung mit Salzsäure, dann mit sehr verdünnter Schwefelsäure (1 : 300), so lange noch ein Niederschlag entsteht, lässt absitzen und bestimmt den schwefelsauren Baryt nach §. 79. 1. a. Das Filtrat mischt man mit den durch Abdampfen concentrirten Waschwassern und fällt, nach Abstumpfung der Säure mit

Ammon, den Kalk als kleesauren Kalk (§. 81. 2. b. α.). — Resultate genau.

3. *Solche, welche sich auf die Unlöslichkeit des oxalsauren Kalkes in Chlorammonium und in Essigsäure gründen.*

Kalk von Magnesia.

a. Man versetzt die hinlänglich verdünnte Lösung mit soviel Chlorammonium, dass durch Ammon, welches man in ganz geringem Ueberschusse zusetzt, kein Niederschlag entsteht, fügt dann oxalsaures Ammon zu, so lange ein Niederschlag entsteht, lässt 12 Stunden in gelinder Wärme stehen und filtrirt alsdann den nach §. 81. 2. b. α. zu behandelnden oxalsauren Kalk ab. Sobald mit dem Auswaschen desselben begonnen wird, wechselt man das untergestellte Gefäss, concentrirt die Waschwasser durch Abdampfen, zuletzt unter Zusatz von etwas überschüssiger Salzsäure, vereinigt sie dann wieder mit dem Filtrate und fällt die Magnesia nach §. 82. 2.

b. Wenn Kalk und Magnesia an Phosphorsäure gebunden sind, löst man in möglichst wenig Salzsäure, fügt Ammon zu, bis ein starker Niederschlag entsteht, löst diesen durch Zusatz von Essigsäure und fällt aus dieser Lösung den Kalk durch oxalsaures Ammon (§. 81. 2. b. β.); im Filtrat fällt man die Magnesia nach §. 82. 2.

4. *Solche, welche sich auf die Unlöslichkeit des salpetersauren Strontians in Alkohol gründet.*

Strontian von Kalk. Man behandelt die salpetersauren Salze mit absolutem Alkohol. Der ungelöst bleibende salpetersaure Strontian wird abfiltrirt, mit Alkohol ausgewaschen, in Wasser gelöst und als schwefelsaurer Strontian bestimmt (§. 80. 1.). Den Kalk fällt man aus dem Filtrat durch Schwefelsäure. — Resultate annähernd. — Diese Methode darf nur angewendet werden, wenn wenig Strontian bei viel Kalk ist.

5. *Indirecte Methode.*

Strontian und Kalk. Man bestimmt beide Basen erst als kohlensaure, dann als schwefelsaure Salze (§§. 80 und 81) und berechnet hieraus den Gehalt an beiden.

Dritte Gruppe.

Kali, Natron, Ammon.

I. Trennung der Oxyde der dritten Gruppe von den Alkalien.

§. 123.

1. Von Ammon.

a. Von Ammonsalzen kann man Chromoxyd- und Thonerdesalze durch Glühen trennen. Diese Methode ist jedoch bei Thonerde nur dann anwendbar, wenn kein Chlor vorhanden ist (Verflüchtigung von Chloraluminium). Man geht daher am sichersten, wenn man die Verbindung mit kohlensaurem Natron mengt und dann glüht.

b. Man bestimmt das Ammon nach Schlösing's Methode (§. 78. 3.). — Treibt man das Ammoniak statt durch Kalkmilch durch Kalihydrat aus, welches man in fester Form auf einen Dreifuss dicht über die Flüssigkeit legt (von wo es in dem Maasse, als es Feuchtigkeit anzieht, in diese herabtröpfelt), so kann man gleichzeitig Chromoxyd und Thonerde ohne Mühe (nach 2.) bestimmen.

2. Von Kali und Natron.

a. Man versetzt die Lösung mit Salmiak in einiger Menge, dann mit Ammon bis zur alkalischen Reaction, erhitzt längere Zeit und filtrirt ab. — Chromoxyd und Thonerde werden als Hydrate niedergeschlagen (§. 83. a. und §. 84. 1. a.), in Auflösung bleiben die Alkalien, welche durch

Abdampfen und Glühen des Rückstandes von dem entstandenen Ammonsalze befreit werden.

b. T h o n e r d e lässt sich auch in der Art von Kali und Natron trennen, dass man die salpetersauren Salze erhitzt (siehe §. 124. 1. A. 2.).

II. Trennung der Oxyde der dritten Gruppe von den alkalischen Erden.

§. 124.

U e b e r s i c h t : 1. T h o n e r d e von Baryt: A. 1 u. 2,-B. 1 u. 3, Strontian: A. 1 u. 2,-B. 1 u. 3, Kalk: A. 1 u. 2,-B. 1, 2, 3, Magnesia: A. 1 u. 2,-B. 1 u. 2.

2. C h r o m o x y d von den alkalischen Erden.

1. T r e n n u n g d e r T h o n e r d e v o n d e n a l k a l i s c h e n E r d e n .

A. Allgemeine Methoden.

S ä m m t l i c h e alkalische E r d e n v o n T h o n e r d e .

1. *Methode, welche auf der Fällbarkeit der Thonerde durch Ammon und auf ihrer Auflöslichkeit in Natronlauge beruht.*

Man versetzt die Lösung mit Chlorammonium, dann mit reinem kohlensäurefreiem *Ammon* bis zum schwachen Vorwalten, erwärmt die in einem wohlbedeckten Becherglase enthaltene Flüssigkeit längere Zeit gelinde, filtrirt, während man (um den Zutritt der atmosphärischen Kohlensäure zu hindern) den Trichter mit einer Glasplatte sorgfältig bedeckt hält, den Niederschag ab und wäscht ihn rasch mit heissem Wasser aus. In Lösung hat man alsdann den Baryt, Strontian und Kalk nebst dem grössten Theil der Magnesia, ein kleinerer befindet sich bei dem Thonerdehydrat, gleichsam chemisch damit verbunden. (Häufig enthält der Niederschlag, ungeachtet aller Vorsicht, auch kleine Mengen von kohlensaurem Baryt, Strontian und Kalk). Man löst das Thonerdehydrat in Salzsäure (indem man es mittelst eines kleinen Spatels so weit thunlich in eine Platin- oder Porzellanschale bringt, das Filter alsdann, um die letzten Reste auszuziehen, mit warmer Salzsäure behandelt und die ablaufende Salzsäure zum Auflösen des in der Schale befindlichen Niederschlages benutzt), setzt reine Kali- oder Natronlauge (vergl. §. 128. B. 1. a, Anmerkung) zu, bis der entstandene Niederschlag von Thonerdehydrat sich wieder gelöst hat, erhitzt, filtrirt heiss von dem ausgeschiedenen Magnesiahydrat ab, löst dieses (nach sorgfältigem Auswaschen mit heissem Wasser) in etwas Salzsäure auf und fügt diese Lösung zu dem erst erhaltenen, den grösseren Theil der Magnesia enthaltenden Filtrat. (Man ersieht, dass so auch die kleinen Mengen kohlensauren Baryts, Strontians und Kalks wieder zu der die Hauptmengen enthaltenden Flüssigkeit kommen.) — Zur weiteren Trennung der alkalischen Erden verfährt man nach §. 122. — Die Thonerde fällt man aus der alkalischen Lösung, indem man mit Salzsäure stark ansäuert, die Lösung mit etwas chlorsaurem Kali kocht (um die der Fällung der Thonerde hinderlichen Spuren organischer Materien zu zerstören, welche die Kali- oder Natronlauge aus dem Filtrirpapier aufgenommen hat) und dann Ammon zufügt (§. 83. a.).

2. *Methode, welche auf der ungleichen Zersetzbarkeit der salpetersauren Salze in mässiger Hitze beruht*, nach D e v i l l e[38].

Diese Methode setzt voraus, dass die Basen als reine salpetersaure Salze vorhanden sind. Man verdampft in einer mit einem Deckel versehenen Platinschale zur Trockne und erhitzt gradweise im Sand- oder Luftbade bis ungefähr zu

200–250° so lange, bis ein mit Ammon befeuchtetes Stäbchen keine Entwickelung von Salpetersäuredämpfen mehr anzeigt. Man kann auch ohne Gefahr so lange erhitzen, bis sich einige Dämpfe von salpetriger Säure bilden. — Der Rückstand besteht aus Thonerde, salpetersaurem Baryt, Strontian und Kalk, salpetersaurer und basisch salpetersaurer Magnesia.

Man befeuchtet die Masse mit einer concentrirten Lösung von salpetersaurem Ammon und erhitzt. Diese Operation wiederholt man, bis keine Ammoniakentwickelung mehr wahrnehmbar ist. (Die in Wasser unlösliche basisch salpetersaure Magnesia löst sich in salpetersaurem Ammon unter Ammoniakentwickelung als neutrale salpetersaure Magnesia.) Man setzt Wasser zu und lässt bei gelinder Wärme digeriren.

Wenn das salpetersaure Ammon nur unmerkliche Mengen von Ammoniak erzeugte, muss man heisses Wasser in die Schale giessen, umrühren und einen Tropfen verdünntes Ammon zusetzen. Hierdurch darf keine Trübung in der Flüssigkeit entstehen. Entstände eine, so wäre dies ein Beweis, dass das Erhitzen der Nitrate nicht lange genug fortgesetzt worden ist. Man müsste in letzterem Falle den Inhalt der Schale wieder verdampfen und aufs Neue erhitzen.

Die Thonerde bleibt ungelöst in Form einer körnigen dichten Substanz. Man decantirt nach der Digestion und wäscht mit siedendem Wasser aus, glüht stark in dem nämlichen Gefässe, worin die Trennung geschah, und wägt. Die alkalischen Erden trennt man nach §. 122. — Auf dieselbe Art lässt sich die Thonerde auch von Kali und Natron scheiden.

B. Specielle Methoden.

Einzelne alkalische Erden von Thonerde.

1. *Solche, welche auf der Fällung der Thonerde durch Ammon beruhen.*

Thonerde von Kalk, Baryt, Strontian. Man modificirt die in A. 1. angegebene Methode folgendermaassen. — Man versetzt die warme Flüssigkeit mit Salmiak und kohlensäurefreiem Ammon, stellt das Glas auf einen Teller, welcher etwas Natronlauge, Kalkmilch oder Ammonflüssigkeit enthält, und stürzt eine Glocke darüber. So lässt man stehen, bis die Thonerde sich abgesetzt hat. Nunmehr giesst man die klare Flüssigkeit rasch in ein anderes Becherglas ab, übergiesst die Thonerde mit siedendem Wasser, rührt um und stellt wieder unter die Glocke. Die abgegossene Flüssigkeit aber filtrirt man. Dies wiederholt man drei Mal. Nun wechselt man das unter dem Trichter stehende Gefäss, übergiesst das Filter mit etwas warmer Salzsäure, wäscht es aus, erhitzt die so erhaltene Lösung des geringen Filterinhaltes zum Kochen und fällt die Spur Thonerde, welche darin enthalten sein kann, durch Ammon, filtrirt dann erst diese Flüssigkeit, bringt zuletzt auch die Hauptmenge des Thonerdehydrates auf das Filter und wäscht mit heissem Wasser aus. — Auf diese Art lässt sich der nachtheilige Einfluss der atmosphärischen Kohlensäure völlig vermeiden. — Oder — und diese Methode wendet man zweckmässig an, wenn wenig Thonerde und viel Kalk vorhanden ist — man fällt wie in A. 1., filtrirt, wäscht den Niederschlag zwei oder drei Mal mit heissem Wasser, löst ihn sodann in Salzsäure, erhitzt die Lösung zum Sieden, fällt sie dann wieder mit Ammon und filtrirt, nach geeignetem Absitzen, die Lösung, welche die zuerst mitgefällte Spur Kalk enthält, zu der die Hauptmenge enthaltenden.

2. *Solche, welche auf der Fällbarkeit der Thonerde durch doppelt-kohlensaures Natron oder kohlensauren Baryt beruhen.*

a. Thonerde von Magnesia (und von kleinen

Mengen Kalk). Man setzt zu der mässig sauren, in einem Kolben oder zu bedeckenden Becherglase enthaltenen, ziemlich verdünnten Flüssigkeit eine kalt bereitete Auflösung von doppelt-kohlensaurem Kali oder Natron, so lange noch Aufbrausen erfolgt und ein Niederschlag entsteht, lässt 12 Stunden stehen, decantirt und filtrirt (§. 31) und benutzt zum Auswaschen kohlensaures Wasser (welches man in der Art leicht herstellt, dass man zu einer ganz verdünnten Lösung von doppelt-kohlensaurem Kali oder Natron eine kleine, zur Sättigung der Base unzureichende, Menge Salzsäure setzt). — Der Niederschlag ist alkalihaltiges Thonerdehydrat, in Auflösung hat man die gesammte Magnesia. Ersteren löst man in Salzsäure und fällt die Thonerde unter Salmiakzusatz mit Ammon (§. 83. a.), letztere schlägt man als basisch phosphorsaure Ammoniakmagnesia nieder (§. 82. 2.). — Resultate genau.

Diese Methode lässt sich auch zur gleichzeitigen Abscheidung des Kalks und der Magnesia von Thonerde anwenden, jedoch nur dann mit befriedigendem Resultat, wenn die Menge des Kalks gering ist. — Man verdünne in solchem Falle die Flüssigkeit stark, ehe man doppelt-kohlensaures Natron zusetzt und fälle in zu verschliessendem Kolben.

b. Thonerde von Magnesia und Kalk. Man versetzt die schwach saure, verdünnte Flüssigkeit mit aufgeschlämmtem kohlensauren Baryt im mässigen Ueberschuss, lässt in der Kälte 12 Stunden stehen, decantirt und filtrirt (§. 31) und bestimmt im Niederschlag die Thonerde nach §. 124. 1. B. 3., im Filtrat Magnesia und Kalk nach §. 122.

3. *Solche, welche auf der Unlöslichkeit einzelner Salze der alkalischen Erden beruhen.*

a. Baryt und Strontian von Thonerde. Man

fällt mit *Schwefelsäure* den Baryt und Strontian (§§. 79 und 80), im Filtrat die Thonerde nach §. 83. a. Diese Methode ist bei Baryt jeder anderen vorzuziehen.

b. Kalk von Thonerde. Man setzt zur Auflösung Ammon, bis eben ein bleibender Niederschlag entsteht, fügt Essigsäure zu, bis er sich wieder gelöst hat, dann etwas essigsaures Ammon und zuletzt *oxalsaures Ammon* im geringen Ueberschuss (§. 81. 2. b. β.), filtrirt, nach dem Absitzen in der Kälte, den kleesauren Kalk ab und fällt die Thonerde nach §. 83. a.

2. Trennung des Chromoxyds von den alkalischen Erden.

Handelt es sich darum, die sämmtlichen alkalischen Erden gleichzeitig von dem Chromoxyd zu trennen, so führt man am besten das Chromoxyd in Chromsäure über. Man vermischt zu dem Behuf die gepulverte Substanz mit 2 Theilen reinem *kohlensauren Natron* und 2½ Theilen *Salpeter* und erhitzt in einem Porzellantiegel zum Schmelzen. Beim Behandeln der geschmolzenen Masse mit heissem Wasser löst sich das Chrom als chromsaures Alkali (in dem es nach §. 104 zu bestimmen ist), im Rückstande bleiben die alkalischen Erden im kohlensauren oder auch (Magnesia) kaustischen Zustande.

Dass Baryt und, wenngleich minder genau, Strontian vom Chromoxyd auch durch *Schwefelsäure*, welche man zur sauren Lösung setzt, getrennt werden können, braucht kaum erwähnt zu werden. Durch Ammon lässt sich Chromoxyd nicht von den alkalischen Erden trennen, indem — auch bei Abschluss aller Kohlensäure — Antheile der letzteren, mit dem Chromoxyd verbunden, niederfallen. — Kalk kann aus Lösungen, welche Chromoxydsalz enthalten, durch oxalsaures Ammon nicht vollständig gefällt werden; wohl aber durch Schwefelsäure und Alkohol (§. 81. 1.).

III. Trennung des Chromoxyds von der Thonerde.

§. 125.

Man schmelzt die Oxyde mit dem doppelten Gewichte salpetersauren Kalis und dem vierfachen an kohlensaurem Natron in einem Platintiegel, behandelt die geschmolzene Masse mit siedendem Wasser, spült Alles aus dem Platintiegel in eine Porzellanschale oder ein Becherglas, setzt ziemlich viel chlorsaures Kali hinzu, übersättigt schwach mit Chlorwasserstoffsäure, dampft zur Syrupconsistenz ein und fügt während des Eindampfens portionenweise noch mehr chlorsaures Kali zu, um die freie Salzsäure wegzuschaffen. Man verdünnt jetzt mit Wasser und fällt die Thonerde durch kohlensaures Ammon oder Ammon nach §. 83. a. Sie fällt frei von Chromoxyd nieder. Im Filtrate bestimmt man das Chrom nach §. 104. — Unterlässt man das Eindampfen mit Salzsäure und chlorsaurem Kali, so wird durch die in der Flüssigkeit enthaltene salpetrige Säure ein Theil der Chromsäure reducirt, und es fällt somit bei Zusatz von Ammon mit der Thonerde Chromoxyd nieder (Dexter)[39].

Vierte Gruppe.

Zinkoxyd, Manganoxydul, Nickeloxydul, Kobaltoxydul, Eisenoxydul, Eisenoxyd.

I. Trennung der Oxyde der vierten Gruppe von den Alkalien.

§. 126.

A. Allgemeine Methoden.

1. Sämmtliche Oxyde der vierten Gruppe

von Ammon. Man verfährt wie bei der Trennung des Chromoxyds und der Thonerde von Ammon (§. 123). (Man hat dabei zu beachten, dass die Oxyde der vierten Gruppe, mit Salmiak geglüht, sich folgendermaassen verhalten. Eisenoxyd wird zum Theil als Chlorid verflüchtigt, Manganoxyde verwandeln sich in oxydoxydulhaltiges Manganchlorür, Nickel- und Kobaltoxyde gehen in regulinische Metalle über, Zinkoxyd verflüchtigt sich bei Luftzutritt als Chlormetall, H. R o s e.)

2. S ä m m t l i c h e O x y d e d e r v i e r t e n G r u p p e v o n K a l i u n d N a t r o n. Man versetzt mit Ammon bis neutral, dann mit *Schwefelammonium* und filtrirt die Schwefelmetalle von der die Alkalien enthaltenden Flüssigkeit ab. Bei der Ausführung hat man die beim Schwefelnickel (§. 87. b.) angegebenen Vorsichtsmaassregeln wohl zu beachten, andernfalls bleibt ein Theil desselben gelöst. Das Filtrat wird mit Salzsäure angesäuert, eingedampft, der Schwefel abfiltrirt, das Filtrat zur Trockne gebracht, der Rückstand zur Entfernung der Ammonsalze geglüht und die Alkalien nach den §. 120 angeführten Methoden bestimmt.

B. Specielle Methoden.

1. Z i n k o x y d v o n K a l i u n d N a t r o n, durch Ausfällen des Zinks mit Schwefelwasserstoff aus der Lösung der essigsauren Salze (s. §. 128. B. 2. a.).

2. N i c k e l o x y d u l u n d K o b a l t o x y d u l v o n d e n A l k a l i e n, durch Glühen der Chlormetalle im Wasserstoffstrom (s. §. 128. B. 4.).

3. E i s e n o x y d v o n K a l i u n d N a t r o n, durch Ausfällen des Eisenoxyds mit Ammon (s. §. 124. 1. A. 1.) oder Erhitzen der salpetersauren Salze (s. §. 124. 1. A. 2.).

4. M a n g a n o x y d u l v o n d e n A l k a l i e n.

a. Man sättigt die Lösung mit *Chlor* und fällt das Mangan — als Oxydhydrat — mit *Ammon*, §. 127. B. 4. a. δ.

b. Man fällt das Mangan mit Bleihyperoxyd (G i b b s); siehe §. 127. B. 4. a. α. Die Säure, an welche die Basen gebunden sind, kann Salzsäure, Salpetersäure oder Schwefelsäure sein. Bei frei gegebener Wahl wähle man erstere.

c. Man erhitzt die salpetersauren Salze (D e v i l l e), siehe §. 127. B. 4. a. γ.

II. Trennung der Oxyde der vierten Gruppe von den alkalischen Erden.

§. 127.

Z i n k o x y d von Baryt: A,-B. 1. 2. 5, — von Strontian: A,-B. 1. 2. 5, — von Kalk: A,-B. 2. 5, — von Magnesia: A,-B. 2.

M a n g a n o x y d u l von Baryt: A,-B 1. 4, — von Strontian: A,-B. 1. 4, — von Kalk: A. B. 4, — von Magnesia: A,-B. 4.

N i c k e l - u n d K o b a l t o x y d u l von Baryt und Strontian: A,-B. 1. 5. 7, — von Kalk: A,-B. 5. 7, — von Magnesia: A,-B. 6.

E i s e n o x y d von Baryt und Strontian: A,-B. 1. 3, — von Kalk: A,-B. 3, — von Magnesia: A,-B. 3.

A. Allgemeine Methode.

S ä m m t l i c h e   O x y d e   d e r   v i e r t e n   G r u p p e v o n   d e n   a l k a l i s c h e n   E r d e n. Man fällt nach Zusatz von Salmiak (und, wenn sauer, Ammon) mit Schwefelammonium wie in §. 126. A. 2". Man sehe darauf, dass das Schwefelammonium völlig mit Schwefelwasserstoff gesättigt und frei von kohlensaurem Ammon sei, und wende es in genügendem Ueberschuss an. Der Niederschlag ist mit Wasser, dem man etwas Schwefelammonium zugesetzt hat, rasch und, so weit thunlich, bei Luftabschluss auszuwaschen. — Das Filtrat säuert man mit Salzsäure an, erhitzt, filtrirt den Schwefel ab und trennt die alkalischen Erden nach §. 122.

B. Specielle Methoden.

1. B a r y t   u n d   S t r o n t i a n   v o n   s ä m m t l i c h e n O x y d e n   d e r   v i e r t e n   G r u p p e. Man fällt aus der sauren Lösung den Baryt und Strontian mit

Schwefelsäure (§. 79 und 80). (Bei Baryt jeder anderen Methode vorzuziehen.)

2. **Zinkoxyd von den alkalischen Erden.** Man verwandelt die Basen in essigsaure Salze und fällt aus der Lösung das Zink nach §. 85. b.

3. **Eisenoxyd von den alkalischen Erden.**

    a. Man fällt die verdünnte Lösung mit doppelt-kohlensaurem Natron oder mit kohlensaurem Baryt (s. §. 124. 1. B. 2.).

    b. Man fällt das Eisenoxyd mit bernsteinsaurem Ammon (§. 90. 1. c.).

    c. Man zersetzt die salpetersauren Salze durch Hitze (§. 124. 1. A. 2.).

    d. Man setzt zu der mässig verdünnten Lösung kohlensaures Natron, bis dieselbe fast neutral und tief braunroth geworden ist, fügt *essigsaures Natron* zu, kocht und filtrirt den braunrothen Niederschlag, der alles Eisenoxyd in Form eines basischen Salzes enthält, ab. Während des Filtrirens ist die Flüssigkeit stets am Sieden zu erhalten. Das Auswaschen geschieht mit siedendem Wasser.

    e. (Nicht anwendbar auf Magnesia.) Man fällt mit *Ammon* und verfährt dabei genau nach §. 124. 1. B. 1. — Will man diese Methode auch bei Gegenwart von Magnesia anwenden, so löst man das magnesiahaltige Eisenoxydhydrat wieder in Salzsäure und fällt mit doppelt-kohlensaurem Natron.

4. **Manganoxydul von den alkalischen Erden.**

a. *Methoden, welche sich auf die Abscheidung des Mangans als*

Oxyd oder Hyperoxyd gründen.

α. Nach G i b b s[40]. Man setzt der v o l l k o m m e n neutralen Lösung der Basen, welche an Salzsäure, Salpetersäure oder — bei Magnesia — auch Schwefelsäure gebunden sein können (sind neben den alkalischen Erden Alkalien zugegen, so ist Salzsäure, andernfalls Salpetersäure vorzuziehen), reines Bleihyperoxyd[41] zu (auf 1 Grm. Substanz 5 Grm. Hyperoxyd) und digerirt bei etwa 85° C. unter öfterem Umrühren eine Stunde lang, filtrirt den Niederschlag, der alles Mangan — wahrscheinlich als Oxyd — enthält, ab und wäscht ihn mit siedendem Wasser aus. (Ist Magnesia zugegen, so setzt man vor dem Filtriren der erkalteten Lösung einige Tropfen Salpetersäure zu.) Im Filtrate bestimmt man die alkalischen Erden (und Alkalien) nach §. 121 und 122. Der Niederschlag wird geglüht, in starker Salpetersäure gelöst und Mangan und Blei nach §. 130 getrennt. (Einigermaassen umständlich. — Gegenwart von etwas freier Salzsäure schadet nicht, wohl aber freie Salpetersäure und Schwefelsäure; vergl. W i l l, Ann. der Chem. und Phar. 86. 62.)

β. Nach S c h i e l[42]. Man leitet in die salzsaure Lösung, nachdem man sie mit kohlensaurem Natron fast neutralisirt und mit essigsaurem Natron versetzt hat, *Chlorgas.* Hierdurch zersetzt sich das essigsaure Manganoxydul und alles Mangan scheidet sich als Hyperoxyd aus. Die alkalischen Erden bleiben gelöst.

γ. Nach D e v i l l e[43]. Die Basen müssen als Nitrate vorhanden sein. Man erhitzt in einer bedeckten Platinschale auf 200–250°, bis alle Bildung von Dämpfen aufhört und die Masse schwarz geworden, und verfährt im Uebrigen nach §. 124. 1. A. 2. — Unter dem Einflusse einer kleinen Menge organischer Substanz oder auch einer zu starken Hitze können sich Spuren von Manganhyperoxyd reduciren und in salpetersaurem Ammon lösen; man findet sie dann bei der Magnesia.

δ. Man sättigt die Lösung mit Chlorgas (bei sehr kleinen Mengen von Mangan genügt Zusatz von Chlorwasser) und fällt das Mangan als Oxydhydrat durch doppelt-kohlensaures Natron oder kohlensauren Baryt H. (R o s e). Wenn viel Kalk, Baryt oder Strontian zugegen ist, fällt man zuerst mit Ammon, filtrirt, wäscht aus, löst den Niederschlag nochmals in Salzsäure und fällt nun erst mit doppelt-kohlensaurem Natron. (Man hüte sich davor, dadurch, dass man Chlor in eine viel Salmiak enthaltende Lösung allzulange einleitet, Chlorstickstoff zu erzeugen.)

b. *Methoden, welche sich auf die volumetrische Bestimmung des Mangans gründen*, nach B u n s e n und K r i e g e r[44].

α. M a n g a n v o n M a g n e s i a. Man fällt mit Natronlauge (§. 86. 1. b.). Der wohl ausgewaschene Niederschlag wird geglüht und gewogen. Wenn die Menge der Magnesia genügend ist, hat der Rückstand die Formel

$$Mn_2O_3, MgO + xMgO.$$

Man behandelt eine gewogene Probe nach §. 112, Anhang, findet so die Menge des Mangans (1 Aeq. Chlor, beziehungsweise 1 Aeq. in Freiheit gesetztes Jod entspricht 1 Aeq. Mn_2O_3) und aus der Differenz die der Magnesia. —

β. Von *Baryt* und *Strontian*. Man fällt mit kohlensaurem Natron (§. 86. 1. a.). Der wohl ausgewaschene Niederschlag hat die Formel

$$Mn_2O_3, BaO + xBaO, CO_2.$$

Man behandelt eine Probe wie in α. und findet so die Menge des Mangans. Die des kohlensauren Baryts ergiebt sich, wenn man das Manganoxyd abzieht von dem gewogenen Niederschlag und zu der Differenz so viel

Kohlensäure zuzählt, als durch das Manganoxyd ausgetrieben worden ist, d. h. für je 1 Aeq. Mn_2O_3, 1 Aeq. CO_2.

γ. Von K a l k. Man verfährt wie bei Baryt und Strontian angegeben, befeuchtet aber nach dem Glühen wiederholt mit kohlensaurem Ammon, trocknet ein und glüht gelinde, bis das Gewicht constant bleibt.

NB. Diese Art der volumetrischen Bestimmung des Mangans setzt voraus, dass mehr als 1 Aeq. MgO, CaO etc. auf je 1 Aeq. Mn_2O_3 vorhanden ist, denn im anderen Falle enthält der Rückstand neben Mn_2O_3 auch Mn_2O_3, MnO. — Um auch in solchem Falle die Methode anwenden zu können, löst man, nach K r i e g e r, eine Probe des gewogenen Niederschlages auf, setzt die Hälfte ihres Gewichtes Zinkoxyd zu, fällt mit kohlensaurem Natron, bestimmt die Menge des Niederschlages nach längerem Glühen an der Luft und wendet den so erhaltenen Rückstand oder einen aliquoten Theil desselben zur volumetrischen Bestimmung an. In diesem ist nun alles Mangan als Mn_2O_3 enthalten.

5. K o b a l t o x y d u l, N i c k e l o x y d u l u n d Z i n k o x y d v o n B a r y t, S t r o n t i a n u n d K a l k. Man versetzt mit kohlensaurem Natron im Ueberschuss, fügt Cyankalium zu, erwärmt sehr gelinde, bis alles gefällte kohlensaure Kobaltoxydul, Nickeloxydul und Zinkoxyd wieder in Lösung ist, und filtrirt die kohlensauren alkalischen Erden von der Lösung der Cyanmetalle in Cyankalium ab. Erstere werden in verdünnter Salzsäure gelöst und nach §. 122 getrennt, letztere scheidet man nach §. 128.

6. K o b a l t - u n d N i c k e l o x y d u l v o n M a g n e s i a. Man fällt die Lösung durch eine Mischung von unterchlorigsaurer Kali- und Aetzkali-Lösung. Den

Niederschlag, welcher aus Nickelsuperoxyd, Kobaltoxyd und Magnesiahydrat besteht, digerirt man nach völligem Auswaschen noch feucht bei 30–40°C. mit einer überschüssigen Lösung von Quecksilberchlorid. Dabei bildet sich ein Doppelsalz von $MgCl + 3HgCl$ und die Talkerde wird aufgelöst, während eine entsprechende Quantität von basischem Quecksilberchlorid ausgefällt wird (Ulgren, Berzel. Jahresber. 21. 146). Die Lösung und das Waschwasser dampft man unter Zusatz von reinem Quecksilberoxyd ein und bestimmt die Magnesia nach §. 82. 3. b. — Die Oxyde des Nickels und Kobalts werden zur Abscheidung des Quecksilbers geglüht und auf unten anzugebende Weise geschieden.

7. Kobalt- und Nickeloxydul von Baryt, Strontian, Kalk. Man glüht die Chlormetalle in Wasserstoffgas (§. 128. B. 4.).

III. Trennung der Oxyde der vierten Gruppe von denen der dritten Gruppe und von einander.

§. 128.

Uebersicht: Thonerde von Chromoxyd: B. 1. a, — von Zinkoxyd: A. 1 u. 2, B. 2. a, 8. a, — von Manganoxydul: A. 1. u. 2, — B. 1. a, 5. b u. c, 10. c, — von Nickeloxydul: A. 1 u. 2, B. 1. b, 8. a, — von Kobaltoxydul: A. 1 u. 2, B. 1. b, 8. a, — von Eisenoxydul: A. 1 u. 2, B. 1. a u. b, — von Eisenoxyd: A. 2, B. 1. a u. b, 3. a, 10. a.

Chromoxyd von Thonerde: B. 1. a, — von Zinkoxyd, Manganoxydul, Nickeloxydul, Kobaltoxydul und Eisenoxydul: A. 1 u. 2, B. 5. a, — von Eisenoxyd: A. 2, B. 3. a, 5. a.

Zinkoxyd von Thonerde: A. 1 u. 2, B. 2. a, 8. a, — von Chromoxyd: A. 1 u. 2, B. 5. a, — von Manganoxydul: B. 2. a, 5. b u. c, 10. d, — von Nickeloxydul: B. 2. a u. c, 3. c, 9, — von Kobaltoxydul: B. 2. a u. c, 3. c, 8. c, 9, — von Eisenoxyd: A. 1, B. 2. a, 6, 9. b.

Manganoxydul von Thonerde: A. 1 u. 2, B. 1. a, 5. b u. c, 10. c, — von Chromoxyd: A. 1 u. 2, B. 5. a, — von Zinkoxyd: B. 2. a, 5. b u. c, 10. d, — von Nickeloxydul: B. 2. b u. c, 4, 5. b, c u. d, — von Kobaltoxydul: B. 2. b u. c, 4, 8. d, — von Eisenoxyd: A. 1, B. 5. c, 6, 10. c.

Nickeloxydul von Thonerde: A. 1 u. 2, B. 1. b, 8. a, — von Chromoxyd: A. 1 u. 2, B. 5. a, von Zinkoxyd: B. 2. a u. c, 3. c, 9, — von Manganoxydul: B. 2. b u. c, 4, 5. b, c u. d, — von Kobaltoxydul: B. 5. d, 8. b, — von Eisenoxyd: A. 1, B. 2. b, 6.

Kobaltoxydul von Thonerde: A. 1 u. 2, B. 1. b, 8. a, — von Chromoxyd: A. 1 u. 2, B. 5. a, — von Zinkoxyd: B. 2. a u. c, 3. c, 8. c, 9, — von Manganoxydul: B. 2. b u. c, 4, 8. d, von Nickeloxydul: B. 5. d, 8. b, — von Eisenoxyd: A. 1, B. 2. b, 6, 7.

Eisenoxydul von Thonerde: A. 1 u. 2, B. 1. a u. b, — von Chromoxyd: A. 1 u. 2, — von Eisenoxyd: A. 1, B. 3. b, 10. b, 11.

Eisenoxyd von Thonerde: A. 2, B. 1. a u. b, 3. a, 10. a, — von Chromoxyd: A. 2, B. 3. a, B. 5. a, — von Zinkoxyd: A. 1, B. 2. a, 6, 9. b, — von Manganoxydul: A. 1, B. 5. c, 6, 10. c, — von Nickeloxydul: A. 1, B. 2. b, 6, — von Kobaltoxydul: A. 1, B. 2. b, 6,

7, — von Eisenoxydul: A. 1, B. 3. b, 10. b, 11.

A. Allgemeine Methoden.

1. *Methode, welche auf der Fällbarkeit einiger Oxyde durch kohlensauren Baryt beruht.*

E i s e n o x y d, T h o n e r d e u n d C h r o m o x y d v o n a l l e n ü b r i g e n B a s e n d e r v i e r t e n G r u p p e.

Man versetzt die in einem Kolben enthaltene, ein wenig freie Säure enthaltende, hinlänglich verdünnte Lösung (ist viel freie Säure zugegen, sättigt man den grössten Theil derselben mit kohlensaurem Natron) mit in Wasser fein aufgeschlämmtem kohlensauren Baryt in mässigem Ueberschuss, verstopft und lässt in der Kälte unter öfterem Umschütteln längere Zeit stehen. Hierdurch wird Eisenoxyd, Thonerde und Chromoxyd vollständig abgeschieden (die Abscheidung des Chromoxydes erfordert am meisten Zeit), während die anderen Basen gelöst bleiben (nur von Kobaltoxydul schlagen sich meist Spuren mit nieder). Man decantirt, rührt mit kaltem Wasser auf, lässt absitzen, decantirt nochmals, filtrirt und wäscht mit kaltem Wasser aus. Der Niederschlag enthält ausser den gefällten Oxyden kohlensauren Baryt, das Filtrat ausser den nicht gefällten Oxyden ein Barytsalz. —

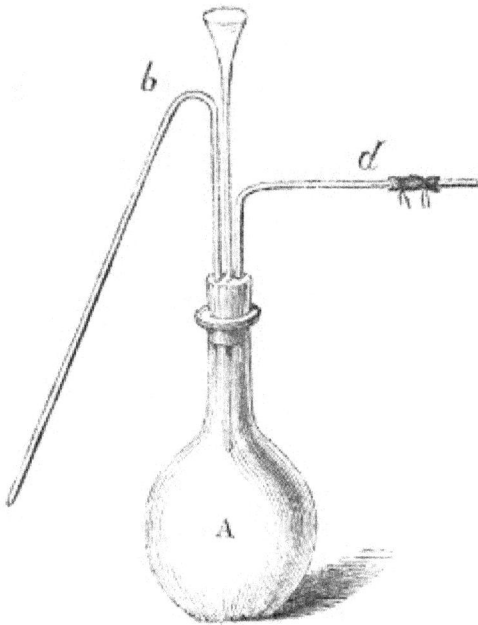

Fig. 53.

Sollte Eisenoxydul zugegen gewesen sein, und man die Absicht hegen, dies auf die genannte Art von Eisenoxyd etc. zu trennen, so muss während der ganzen Operation die Luft abgeschlossen werden. Man nimmt alsdann die Auflösung der Substanz, die Fällung, wie das Auswaschen durch Decantation, in einem Kolben (*A* Fig. 53) vor, durch welchen man Kohlensäure leitet (*d*). Das Nachfüllen des Auswaschwassers geschieht durch ein Trichterrohr, das Ablassen durch einen im Kork verschiebbaren Heber (*b*), welche beide luftdicht im Stopfen eingepasst sind.

(S c h e e r e r wendet zur Trennung des Eisenoxyds von Oxydul die in einer Kohlensäureatmosphäre durch Erhitzen mit concentrirter Schwefelsäure bereitete Lösung an, lässt erkalten, fügt Eis zu, bis zur geeigneten Verdünnung, sättigt annähernd mit kohlensaurem Ammon und kocht, unter fortwährendem Einleiten von Kohlensäure, die Flüssigkeit längere Zeit mit sehr fein zerriebenem Magnesit, wodurch alles Eisenoxyd gefällt wird.)

2. *Methode, welche auf der Ausfällung der Oxyde der vierten Gruppe durch Schwefelnatrium aus durch Weinsäure vermittelter alkalischer Lösung beruht.*

T h o n e r d e u n d C h r o m o x y d v o n d e n O x y d e n d e r v i e r t e n G r u p p e. Man versetzt die Lösung mit Weinsteinsäure, dann mit reiner Natron- oder Kalilauge, bis die Flüssigkeit wieder klar ist, fügt Schwefelnatrium zu, so lange noch ein Niederschlag entsteht, lässt absitzen, bis die überstehende Flüssigkeit nicht mehr grünlich oder bräunlich gefärbt erscheint, decantirt, rührt den Niederschlag mit schwefelnatriumhaltigem Wasser auf, decantirt nochmals, bringt nun den alle Metalle der vierten Gruppe enthaltenden Niederschlag auf ein Filter, wäscht ihn mit schwefelnatriumhaltigem Wasser aus und trennt im Niederschlage die Metalle nach B. — Das Filtrat verdampft man unter Zusatz von salpetersaurem Kali zur Trockne, schmelzt den Rückstand und trennt die Thonerde von der erzeugten Chromsäure nach §. 125.

B. Speciellere Methoden.

1. *Methoden, welche auf der Löslichkeit der Thonerde in ätzenden Alkalien beruhen.*

a. T h o n e r d e v o n E i s e n o x y d u n d O x y d u l, C h r o m o x y d u n d k l e i n e n M e n g e n v o n M a n g a n o x y d u l (nicht aber von Nickel- und Kobaltoxydul). Man erhitzt die saure ziemlich concentrirte Lösung in einem Kolben zum Sieden, nimmt vom Feuer und reducirt das vorhandene Eisenoxyd durch schwefligsaures Natron. Die noch einige Zeit im Sieden erhaltene Flüssigkeit neutralisirt man mit kohlensaurem Natron, fügt dann reine

Natron- oder Kalilauge[45] im Ueberschuss zu und kocht längere Zeit. Bei Anwesenheit von viel Eisen muss der Niederschlag schwarz und körnig werden, zum Zeichen, dass er in Oxyduloxyd übergegangen ist. (Das anfängliche, dem Kochen vorausgehende Stossen wird sowohl durch einen eingelegten, spiralförmigen Platindraht, als auch durch beständiges Hin- und Herbewegen der Flüssigkeit vermieden. Sobald dieselbe wirklich kocht, hört das Stossen von selbst auf.) Man lässt jetzt absitzen, indem man vom Feuer nimmt, giesst die klare Flüssigkeit durch ein nicht zu poröses Filter, kocht den Niederschlag — der Sicherheit halber — nochmals mit neu zugefügter Natronlauge und wäscht ihn erst durch Decantiren, dann auf dem Filter mit heissem Wasser aus. Das alkalische Filtrat säuert man mit Salzsäure an, kocht mit etwas chlorsaurem Kali (§. 124. 1. A. 1.), concentrirt durch Abdampfen und fällt daraus die Thonerde nach §. 83. a. (Journ. f. prakt. Chem. 45. 261). Das Kochen der gefällten Oxyde mit Natronlauge geschieht — wenn man eine etwas grosse Silber- oder Platinschale hat — besser in einer solchen. — Man vermeide wohl thon- und kieselerdehaltige Natronlauge.

Ist Chromoxyd zugegen gewesen, so findet sich dies zwar der Hauptmasse nach bei dem Eisenoxyd, eine kleine Menge ist aber zu Chromsäure oxydirt worden und findet sich daher in der von der Thonerde abfiltrirten Flüssigkeit.

b. Thonerde von Eisenoxyd und Oxydul, Kobalt- und Nickeloxydul Man schmelzt die Oxyde mit Kalihydrat im Silbertiegel, kocht die Masse mit Wasser und filtrirt die alkalische, die Thonerde enthaltende Flüssigkeit von den thonerdefreien, aber kalihaltigen, Oxyden ab (H. Rose).

2. *Methoden, welche auf dem verschiedenen Verhalten der Schwefelmetalle zu Säuren oder der essigsauren Lösungen zu*

Schwefelwasserstoff beruhen.

a. Z i n k o x y d   v o n   T h o n e r d e   u n d   d e n O x y d e n   d e r   v i e r t e n   G r u p p e. Man fällt die von unorganischen Säuren freie, überschüssige Essigsäure in genügender Menge enthaltende Lösung der essigsauren Salze durch Schwefelwasserstoff, wodurch nur das Zink niedergeschlagen wird (§. 85. b). Die Oxyde erhält man in der Regel am leichtesten in essigsaurer Lösung, indem man sie in schwefelsaure Salze verwandelt und dann essigsauren Baryt in genügender Menge zufügt. — Man leitet alsdann, ohne zu erwärmen und ohne abzufiltriren, in die, nöthigenfalls noch mit Essigsäure versetzte, Flüssigkeit Schwefelwasserstoff. — Fällt der Niederschlag, wie dies zuweilen der Fall ist, grau aus, so kann man, wenn mitgefälltes Schwefeleisen Ursache der Färbung ist, dadurch helfen, dass man gelinde erwärmt und dann nochmals Schwefelwasserstoff einleitet. Der Niederschlag, ein Gemenge von Schwefelzink und schwefelsaurem Baryt, wird mit schwefelwasserstoffhaltigem Wasser ausgewaschen. Man erhitzt ihn dann mit Salzsäure, filtrirt und bestimmt im Filtrat das Zink nach §. 85. a. — In der von dem Schwefelzink abfiltrirten Flüssigkeit bestimmt man, nach Ausfällung des Barytes, die anderen Oxyde.

b. K o b a l t -   u n d   N i c k e l o x y d u l   v o n M a n g a n o x y d u l   u n d   d e n   O x y d e n   d e s E i s e n s. Man fällt die salpetersäurefreie Lösung, nachdem man etwaige freie Säure durch Ammon abgestumpft hat, mit Schwefelammonium und fügt dann sehr verdünnte Salzsäure (H. R o s e) oder Essigsäure (W a c k e n r o d e r) zu. Hierdurch löst sich Schwefelmangan und Schwefeleisen, während Schwefelkobalt und, wenngleich weniger vollkommen, Schwefelnickel ungelöst bleiben. — Behandelt man die aus dem Filtrat durch Zusatz von Ammon und Schwefelammonium neuerdings gefällten Schwefelmetalle nochmals mit verdünnter Salzsäure, so sind die Resultate sehr annähernd.

c. Kobalt- und Nickeloxydul von Manganoxydul und Zinkoxyd.

α. Man erhitzt das gewogene Gemenge der Oxyde in einem in eine Röhre geschobenen Porzellan- oder Platinschiffchen zum dunkeln Rothglühen, während man Schwefelwasserstoffgas darüber leitet. Nachdem die erzeugten Schwefelmetalle im Gasstrome erkaltet sind, digerirt man sie mehrere Stunden lang mit kalter verdünnter Salzsäure, welche nur das Schwefelmangan (und Schwefelzink) löst. Die Schwefelverbindungen des Nickels und Kobalts bleiben rein zurück (E b e l m e n)[46].

β. Man fällt mit kohlensaurem Natron, filtrirt, wäscht aus, glüht, mischt 1 Thl. mit 1,5 Thl. Schwefel und 0,75 Soda, erhitzt in einem Retörtchen möglichst stark ½ Stunde lang. Nach dem Erkalten zieht man das erzeugte Schwefelzink (und Schwefelmangan) mit verdünnter Salzsäure (1 : 10) aus (B r u n n e r)[47].

3. *Methoden, welche auf dem verschiedenen Verhalten der Oxyde zu Wasserstoff in der Glühhitze beruhen.*

a. Eisenoxyd von Thonerde und Chromoxyd.

α. Nach R i v o t[48]. Man fällt mit Ammon, erhitzt, filtrirt, glüht, wägt, zerreibt und wägt eine Portion in einem kleinen Porzellannachen ab. Diesen bringt man in eine horizontal liegende Porzellanröhre, in deren eines Ende man durch Schwefelsäure und Chlorcalcium getrocknetes Wasserstoffgas einströmen lässt. Das andere Ende ist durch einen Stopfen verschlossen, in den eine engere, offene Glasröhre eingepasst ist. Nachdem die Luft aus dem Apparate getrieben ist, erhitzt man die Porzellanröhre allmälig zum Rothglühen und unterhält diese Temperatur so lange sich noch Wasser bildet (etwa 1 Stunde lang). Man lässt die Röhre unter fortwährendem Einströmen von Wasserstoff erkalten, nimmt den Nachen heraus und wägt ihn. Der Gewichtsverlust giebt die Menge des an Eisen zu Oxyd gebunden gewesenen Sauerstoffs an. — Will man die Oxyde getrennt bestimmen, was namentlich dann nöthig erscheint, wenn viel Thonerde und wenig Eisenoxyd zugegen ist, so behandelt man das Gemenge von Thonerde, Chromoxyd und metallischem Eisen mit einer Mischung von 1 Salpetersäure und 30–40 Wasser (oder mit Wasser, dem man nach und nach sehr wenig Salpetersäure zusetzt). Das Eisen löst sich, Thonerde und Chromoxyd bleiben zurück. Diese wägt man direct, jenes fällt man nach Kochen der Lösung durch Ammon. — Die Probeanalysen, welche R i v o t mittheilte, sind sehr befriedigend.

β. D e v i l l e leitet, nach geschehener Reduction durch Wasserstoff (wie in α.), erst Chlorwasserstoff, dann wieder Wasserstoff durch die Röhre. Die Thonerde bleibt rein zurück, das Eisen verflüchtigt sich als Chlorür und wird entweder aus dem Verlust oder direct bestimmt. Soll letzteres geschehen, so löst man das in den Röhren und der tubulirten Vorlage befindliche Chlorür dadurch auf, dass man verdünnte Salzsäure zum Kochen erhitzt und die Dämpfe in die Porzellanröhre leitet. Der Tubus der Vorlage wird dabei abwärts gerichtet. (D e v i l l e hat seine Methode nur zur Trennung des Eisenoxyds von der Thonerde benutzt; offenbar wird sie sich aber auch zu der des Eisenoxyds von Chromoxyd eignen.)

A n h a n g: *Zerlegung des Chromeisensteins* (nach R i v o t) [49].

Man behandelt das fein gepulverte und geschlämmte Mineral nach α. Bei lebhafter Rothglühhitze wird in einer Stunde alles Eisenoxydul reducirt. Man digerirt die im

Wasserstoffstrome erkaltete Masse 24 Stunden lang mit verdünnter Salpetersäure und hat dann Eisen, Kalk und Magnesia in Lösung, — Chromoxyd, Thonerde und Kieselsäure im Rückstand.

b. Eisenoxyd von Eisenoxydul. Hat man eine Verbindung, welche Eisenoxyd und Eisenoxydul, sonst aber keine Substanzen oder wenigstens keine solchen enthält, die durch Glühen in Wasserstoffgas verändert werden, so glüht man sie in Wasserstoffgas heftig, lässt darin erkalten und erfährt so — als Gewichtsverlust — den Sauerstoff, der mit dem Eisen verbunden war. Die Menge des letzteren lässt sich je nach Umständen durch directes Wägen des Rückstandes oder durch eine weitere Analyse desselben feststellen. — Die Operation kann man entweder so ausführen wie es in a. angegeben ist, oder auch nach der in §. 88 beschriebenen und durch Fig. 42 erläuterten Weise. — Will man zur Controle das erzeugte Wasser wägen, so kann man den in §. 19 (Fig. 18) beschriebenen Apparat wählen. Der Gasometer ist alsdann statt mit Luft mit Wasserstoff zu füllen.

c. Kobalt- und Nickeloxydul von Zinkoxyd. Nach Ullgren (Berz. Jahresber. 21. 145) fällt man unter den beim Zink nöthigen Vorsichtsmaassregeln (§. 85) die Lösung mit kohlensaurem Natron. Die Niederschläge werden sorgfältig mit kochendem Wasser ausgewaschen, getrocknet, geglüht und gewogen. Man zerreibt sie alsdann fein, bringt einen abgewogenen Theil des Pulvers in die Kugel einer Kugelröhre und erhitzt dieselbe, während man einen langsamen Strom von Wasserstoff durchleitet, zum anfangenden Glühen. Sobald kein Wasser mehr gebildet wird, lässt man die Masse im Wasserstoffstrome erkalten. Sie enthält alles Kobalt und Nickel als Metall, alles Zink als Oxyd. Jetzt wird das Rohr an einem Ende zugeschmolzen, mit einer concentrirten Lösung von kohlensaurem Ammon gefüllt, verkorkt und 24

Stunden lang in gelinder Wärme (z. B. bei 40°) gelassen. Das Zinkoxyd löst sich hierbei vollständig auf unter Zurücklassung des Kobalts und Nickels, welche noch mehrmals mit kohlensaurem Ammon ausgewaschen, dann getrocknet und gewogen werden. Die Quantität des Zinkoxyds erfährt man durch behutsames Abdampfen der ammoniakalischen Lösung und Glühen des Rückstandes.

4. *Methoden, die auf dem verschiedenen Verhalten der Chloride zu Wasserstoff in der Glühhitze beruhen.*

K o b a l t -   u n d   N i c k e l o x y d u l   v o n M a n g a n o x y d u l. Man scheidet zuerst die Oxyde in reiner Form ab. Dies geschieht bei einer von Ammonsalzen freien Lösung ganz einfach durch Fällung mit Natronlauge. Bei Gegenwart von sehr viel Ammonsalzen fällt man am zweckmässigsten mit Schwefelammonium, löst die ausgewaschenen Schwefelmetalle in Königswasser und fällt alsdann diese Lösung mit Natronlauge.

Die Oxyde oder einen gewogenen Theil derselben bringt man in eine Kugelröhre und setzt sie in einem Strome von trockenem Chlorwasserstoffgas einer mässigen Glühhitze aus, bis sie völlig in Chlormetalle verwandelt sind, bis demnach kein Wasser mehr gebildet wird, wozu eine lange Zeit erforderlich ist. — Man leitet alsdann, während man die Kugel stark erhitzt, trockenes Wasserstoffgas über die Chlormetalle und setzt dies so lange fort, bis nur noch schwache Nebel bemerklich sind, wenn man einen mit Ammon befeuchteten Glasstab dem Ausgange der Kugelröhre nähert. Kobalt- und Nickelchlorür werden hierdurch zu Metall reducirt, während das Manganchlorür unverändert bleibt. — Man lässt im Wasserstoffstrom erkalten und stellt sodann die Kugelröhre in einen Cylinder mit Wasser. Das Chlormangan kommt zum grossen Theil in Lösung, zum kleineren schwimmt es als braune Flocken in der Flüssigkeit umher, Kobalt und Nickel setzen sich rasch ab. Man giesst die Lösung sammt den suspendirten leichten Flocken ab, wäscht das Kobalt und Nickel auf einem gewogenen Filter zuerst mit ein wenig ganz verdünnter Salzsäure, dann mit Wasser ab, trocknet und wägt es (vergl. übrigens § 88. b.). Die abgegossene Flüssigkeit sammt den Waschwassern concentrirt man unter Zusatz von etwas Salzsäure und fällt das Mangan mit kohlensaurem Natron (§. 86). — Resultate genau (H. R o s e).

5. *Methoden, die auf der verschiedenen Fähigkeit, durch Oxydationsmittel in höhere Oxyde, oder durch Chlor in höhere Chloride übergeführt zu werden, beruhen.*

a. C h r o m o x y d v o n a l l e n O x y d e n d e r v i e r t e n G r u p p e. Man schmelzt die sämmtlichen Oxyde mit Salpeter und Soda, vergl. §. 125, kocht den Rückstand mit Wasser, setzt eine nicht zu kleine Menge Weingeist zu und erwärmt einige Stunden hindurch. Man filtrirt alsdann, bestimmt im Filtrat das Chrom nach §. 104, im Rückstande die Basen der vierten Gruppe. — Die Theorie dieses Verfahrens ist folgende: Beim Schmelzen werden die Oxyde des Zinks, Kobalts, Nickels, Eisens und Mangans, das des letzteren jedoch nur theilweise, abgeschieden, während sich andererseits mangansaures (vielleicht auch etwas eisensaures) und chromsaures Kali bildet. Beim Kochen mit Wasser kommt dieses nebst übermangansaurem Kali in Auflösung, das durch die Bildung des letzteren entstandene Manganhyperoxyd, sowie die oben erwähnten Oxyde bleiben zurück. Bei Zusatz von Alkohol und gelindem Erwärmen wird das übermangansaure Kali zerlegt unter Abscheidung von Superoxyd. Man hat sonach bei der Filtration in Lösung alles Chrom als chromsaures Alkali, im Rückstand alle Metalle der vierten Gruppe.

Hat man mit der in der Natur vorkommenden Verbindung des Chromoxyds mit Eisenoxydul (dem Chromeisenstein) zu thun, so muss man darauf sehen, dass derselbe höchst fein geschlämmt sei, und dass das Schmelzen lange fortgesetzt werde. Da trotzdem meistens ein Antheil unzerlegt bleibt, was man daran erkennt, dass sich der von Wasser nicht aufgenommene Rückstand nicht vollständig in Salzsäure löst, so bestimmt man das Gewicht des unzersetzten Minerals und zieht es von der angewendeten Gesammtmenge ab. — Nach C a l v e r t glüht man die feingepulverten Chromerze mit 3–4 Thln. Natronkalk und 1 Thl. salpetersaurem Natron 2 Stunden lang zum Behufe ihrer Aufschliessung.

b. M a n g a n o x y d u l   v o n   T h o n e r d e, N i c k e l o x y d u l,   Z i n k o x y d (nicht aber von Kobaltoxydul und den Oxyden des Eisens), nach G i b b s[50]. Man fällt das Mangan mit Bleihyperoxyd und verfährt genau wie bei der Trennung des Mangans von der Magnesia (§. 127. B. 4. a. α.).

c. M a n g a n o x y d u l   v o n   T h o n e r d e, E i s e n o x y d,   N i c k e l o x y d u l   u n d   Z i n k o x y d (nicht aber von Kobaltoxydul), nach S c h i e l[51] durch Einleiten von Chlorgas in die mit essigsaurem Natron versetzte Lösung (s. §. 127. B. 4. a. β.).

d. K o b a l t -   u n d   M a n g a n o x y d u l   v o n N i c k e l o x y d u l (nach H. R o s e)[52]. Man verdünnt die salzsaure, in einem geräumigen Kolben befindliche Lösung so mit Wasser, dass auf 2 Grm. der Metalloxyde 1 Liter Wasser kommt, leitet so lange Chlorgas ein, bis die Flüssigkeit ganz damit gesättigt und der leere Raum des Kolbens damit erfüllt ist, setzt aufgeschlämmten kohlensauren Baryt im Ueberschuss zu, lässt unter öfterem Umschütteln 12–18 Stunden in der Kälte stehen und filtrirt das gefällte Kobalt- und Manganoxyd von der alles Nickel enthaltenden Flüssigkeit ab.

Statt des Chlors hat H e n r y mit gutem Erfolge Brom

angewandt. D e n h a m   S m i t h empfiehlt Zusatz einer verdünnten Lösung von Chlorkalk, die durch Zusatz von Schwefelsäure vollständig zersetzt worden ist, so dass kein unterchlorigsaures Salz unzersetzt übrig bleibt (andernfalls würde Nickel mit gefällt werden).

6. *Methode, die auf dem verschiedenen Verhalten der bernsteinsauren Salze beruht.*

E i s e n o x y d   v o n   Z i n k o x y d , M a n g a n o x y d u l ,   N i c k e l -   u n d   K o b a l t o x y d u l . Man setzt zur Lösung, sofern sie nicht stark sauer ist, Salmiak und neutralisirt sie alsdann mit Ammon in der Art, dass der grössere Theil des Eisenoxyds ungefällt, ein ganz kleiner aber gefällt ist, fügt eine Auflösung von neutralem bernsteinsauren (oder auch benzoësauren) Ammon zu und filtrirt das bernsteinsaure Eisenoxyd von der die übrigen Metalle enthaltenden Lösung ab. Die Einzelnheiten des Verfahrens siehe §. 90. 1. c. — Die Trennung ist bei gehöriger Sorgfalt ganz vollständig und namentlich dann zu empfehlen, wenn relativ viel Eisenoxyd zugegen ist.

7. *Methode, die auf dem verschiedenen Verhalten der oxalsauren Salze beruht.*

K o b a l t o x y d u l   v o n   E i s e n o x y d . Man versetzt die möglichst neutrale Lösung mit zweifach-kleesaurem Kali (oder mit Oxalsäure und soviel kohlensaurem Kali, dass die Flüssigkeit nur noch mässig sauer reagirt) und lässt 3–4 Tage ruhig, gegen Sonnenlicht geschützt, stehen. Das oxalsaure Kobaltoxydul scheidet sich vollständig und eisenfrei aus. Nach dem Auswaschen mit kaltem Wasser glüht man es im Wasserstoffstrom und wägt das metallische Kobalt. — Resultate befriedigend (H. R o s e).

8. *Methoden, welche auf dem verschiedenen Verhalten zu Cyankalium beruhen.*

a. Thonerde von Zinkoxyd, Kobalt- und Nickeloxydul. Man versetzt die Lösung mit kohlensaurem Natron, fügt Cyankalium in genügender Menge zu und digerirt in der Kälte, bis die gefällten kohlensauren Salze des Zinkoxyds, Kobalt- und Nickeloxyduls wieder gelöst sind. Die abgeschiedene Thonerde wird abfiltrirt und ausgewaschen. Da sie alkalihaltig ist, so muss sie in Salzsäure gelöst und aus der Lösung durch Ammon gefällt werden.

b. Kobaltoxydul von Nickeloxydul.

Nach Liebig[53]. Man versetzt die von anderen Oxyden freie Lösung beider Oxyde mit Blausäure, dann mit Kalilauge und erwärmt bis Alles gelöst ist. (Statt Blausäure und Kali kann man auch cyansäurefreies Cyankalium anwenden.) Die rothgelbe Lösung erhitzt man — um die freie Blausäure zu entfernen — zum Sieden. Hierdurch geht das Cyankobalt-Cyankalium (KCy, CoCy), welches man anfangs in Lösung hatte, unter Wasserstoffentwickelung in Kobaltidcyankalium (Co_2Cy_6, 3K) über[54], während das in der Lösung enthaltene Cyannickel-Cyankalium sich nicht verändert. Man setzt nun der warmen Auflösung feingeriebenes und aufgeschlämmtes Quecksilberoxyd zu und kocht. Hierdurch wird alles Nickel theils als Oxyd, theils als Cyanür gefällt, indem das Quecksilber an seine Stelle tritt. (War die Flüssigkeit vor dem Zusatz des Quecksilberoxyds neutral, so wird sie nach dem Kochen mit demselben alkalisch.) Der anfangs grünliche, bei Quecksilberoxydüberschuss gelbgraue Niederschlag wird nach dem Auswaschen geglüht; er ist reines Nickeloxyd.

Um im Filtrat das Kobalt zu bestimmen, übersättigt man dasselbe mit Essigsäure, fällt mit Kupfervitriol in der Siedhitze, kocht eine Zeit lang, filtrirt das gefällte Kobaltidcyankupfer (Co_2Cy_6, 3Cu + 7HO) ab, zersetzt es durch Kochen mit Kalilauge und berechnet aus dem gewogenen Kupferoxyd die Menge des Kobaltes. — Bequemer und directer ist folgendes von Wöhler[55] zugefügtes Verfahren. Man neutralisirt das Filtrat fast mit Salpetersäure (schwach alkalische Reaction schadet nichts) und fügt eine möglichst neutrale Lösung von salpetersaurem Quecksilberoxydul zu. Der weisse, alles Kobalt enthaltende Niederschlag von Kobaltidcyanquecksilber lässt sich leicht auswaschen und liefert, unter Luftzutritt geglüht, reines Kobaltoxyd (welches am sichersten mit Wasserstoff reducirt wird, §. 88).

Statt das Nickel mit Quecksilberoxydul auszufällen, kann man, nach Liebig[56] die durch Kochen von der freien Blausäure befreite und erkaltete Lösung mit Chlor übersättigen und den sich bildenden Niederschlag von Cyannickel durch Zusatz von Natron- oder Kalilauge stets wieder in Auflösung bringen. Das Chlor hat auf das Kobaltidcyankalium keine Wirkung, während das Cyannickel-Cyankalium zersetzt und alles Nickel als schwarzes Hyperoxyd gefällt wird.

c. Kobaltoxydul von Zinkoxyd. Man fügt zu der etwas freie Salzsäure enthaltenden Lösung beider Oxyde so viel gewöhnliches (nach Liebig's Methode bereitetes) Cyankalium, bis der anfangs entstandene Niederschlag von Kobaltcyanür und Cyanzink sich wieder gelöst hat, setzt alsdann noch etwas mehr hinzu und kocht eine Weile, indem man von Zeit zu Zeit einen oder zwei Tropfen Salzsäure zusetzt, doch nicht so viel, dass die Lösung sauer würde. — Man mischt alsdann die Lösung mit Salzsäure in einem schief stehenden Kolben und kocht sie damit, bis das erst niedergefallene Kobaltidcyanzink gelöst und alle Blausäure ausgetrieben ist. Man setzt jetzt Natron- oder Kalilauge im Ueberschuss zu und kocht, bis man eine klare Lösung erhalten hat (man kann annehmen, dass in derselben alles Kobalt als Kobaltidcyankalium und alles Zink als Zinkoxydalkali enthalten sei), und fällt aus derselben das Zink durch Schwefelwasserstoff (§. 85). Mit dem Filtrate verfährt man, um das Kobalt zu bestimmen, nach §. 128. B. 8. b. — Die Scheidung ist einfach in der Ausführung und vollständig.

d. Kobaltoxydul von Manganoxydul. Man versetzt die Lösung beider mit Blausäure, dann mit Kali- oder Natronlauge und erwärmt. War die Menge der Blausäure genügend, so löst sich das zuerst niedergefallene Kobaltcyanür völlig wieder auf, während das Mangancyanür grösserentheils ungelöst bleibt. Man filtrirt und verfährt mit dem Filtrate genau wie bei der Scheidung des Kobalts vom Nickel (§. 128. B. 8. b.). Die beiden Manganniederschläge glüht man zusammen. Wenn das beigemengte Quecksilberoxyd entwichen ist, bleibt Manganoxyduloxyd. — Man ersieht, dass sich somit Kobalt auch von Nickel und Mangan gleichzeitig trennen lässt. Man erhält in dem Fall den gelöst gewesenen Theil des Mangans beim Nickeloxydul.

9. *Methoden, die auf der Flüchtigkeit des Zinks beruhen.*

a. Kobalt- und Nickeloxydul von Zinkoxyd. Berzelius giebt (Jahresbericht 21. 144) zur absoluten Scheidung des Kobalts und Nickels vom Zink folgende Methode an. Man fällt die Lösung mit Kalilauge im Ueberschuss, kocht und filtrirt das etwas Zinkoxyd enthaltende Nickel- und Kobaltoxydulhydrat von der Lösung des Zinkoxyds in Aetzkali ab, wäscht vollständig mit kochendem Wasser aus und bestimmt im Filtrat das Zink (siehe §. 85). — Den Niederschlag trocknet, glüht und wägt man, mischt ihn alsdann in einem Porzellantiegel mit reinem (aus Alkohol umkrystallisirtem) Zucker, erhitzt langsam bis zum vollständigen Verkohlen des Zuckers, setzt alsdann den mit seinem Deckel bedeckten

Porzellantiegel in ein Bad von Magnesia in einen grösseren, ebenfalls bedeckten Thontiegel und erhitzt in einem Windofen bis zu der stärksten Hitze, die der Ofen zu geben vermag, eine Stunde lang. Unter diesen Umständen werden die Metalle reducirt, kohlehaltiges Nickel und Kobalt bleiben zurück, das Zink raucht vollständig weg; den Rückstand behandelt man mit Salpetersäure und bestimmt die Oxyde durch Fällung mit Kalilauge und Wägung des Niederschlags. Die Differenz dieses Gewichtes und des zuvor erhaltenen ist gleich der Menge des mit niedergefallenen Zinkoxyds. — Diese Methode kann nur bei der Trennung des Nickels vom Zink ganz genaue Resultate liefern (vergl. §. 88. b.).

b. Zink von Eisen in Legirungen. Nach Bobierre lassen sich dieselben leicht und sicher analysiren, indem man sie im Wasserstoffgasstrome glüht (siehe §. 130. B. 4. b.).

10. *Methoden, die auf der volumetrischen Bestimmung eines Körpers und Ermittlung des anderen aus der Differenz beruhen.*

a. Eisenoxyd von Thonerde. Man fällt beide mit Ammon (§. 83. a. und §. 90. 1.). Den gewogenen Rückstand löst man ganz oder theilweise durch Digestion mit concentrirter Salzsäure, oder durch Schmelzen mit saurem schwefelsauren Kali und Behandeln mit salzsäurehaltigem Wasser, und bestimmt das Eisen maassanalytisch nach §. 90. 3. Die Thonerde ergiebt sich aus der Differenz. Diese Methode ist namentlich dann empfehlenswerth, wenn relativ wenig Eisenoxyd zugegen ist. (Anstatt das Eisen maassanalytisch zu bestimmen, kann man es auch, nach Zusatz von Weinsäure und Ammon, mit Schwefelammonium fällen).

b. Eisenoxyd von Eisenoxydul.

α. Man bestimmt in einer Probe die Gesammtmenge des

Eisens als Oxyd, oder maassanalytisch. Eine zweite löst man durch Erwärmen mit Salzsäure in einem Kolben, durch welchen man — um die Luft abzuhalten — Kohlensäure leitet, verdünnt und bestimmt das Eisenoxydul volumetrisch (§. 89. 2). Das Eisenoxyd ergiebt sich aus der Differenz. — Dies bequeme und genaue Verfahren dürfte wohl die älteren und complicirteren Methoden, Eisenoxydul neben Eisenoxyd zu bestimmen, allmälig verdrängen. Auch neben Zinkoxyd, Nickeloxydul etc. lässt sich das Eisen ohne Schwierigkeit maassanalytisch bestimmen.

β. (Nach B u n s e n.) Man füllt das Kölbchen a (Fig. 46, §. 104) zu zwei Dritteln mit rauchender Salzsäure an und verdrängt die Luft über dieser durch Kohlensäure, indem man einige Körnchen kohlensaures Natron in die Säure wirft. Sodann wirft man die in einem offenen kurzen Röhrchen abgewogene und befindliche Substanz und endlich eine abgewogene, etwas überschüssige Menge saures chromsaures Kali, die sich ebenfalls in einem solchen Röhrchen befindet, in das Kölbchen, steckt das Entwickelungsrohr auf und verfährt im Uebrigen nach §. 104. d. β. Man erhält natürlicherweise weniger freies Jod, als wenn mit dem chromsauren Kali kein Eisenoxydul aufgelöst worden wäre, indem ein Theil des entbundenen Chlors verwendet wird, um das Eisenchlorür in Chlorid zu verwandeln, und zwar entspricht je 1 Aeq. Jod, welches man weniger erhält, als dem angewandten chromsauren Kali entspricht, 2 Aeq. Eisenoxydul.

Will man in einer zweiten Probe die Gesammtmenge des Eisens bestimmen, so löst man die Probe ebenfalls in dem Kölbchen a in Salzsäure auf und bewirkt die Reduction des Eisenoxyds zu Oxydul durch eine Kugel von chemisch reinem Zink, die an einen feinen Platindraht gegossen ist. Um dabei jeden Luftzutritt abzuhalten, versieht man das Kölbchen während des Kochens mit dem Aufsatze bb,

513

Fig. <u>54</u>.

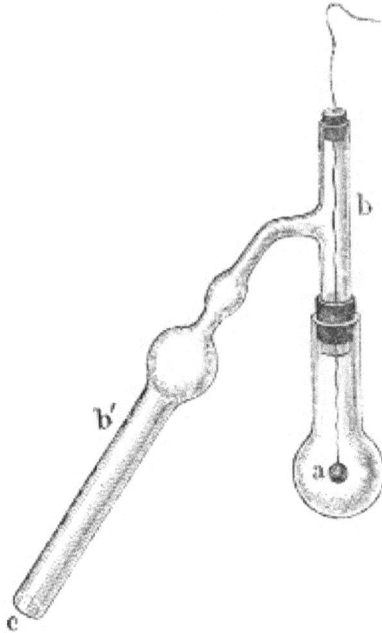

Fig. 54.

Sobald man an der farblosen Beschaffenheit der Flüssigkeit erkannt hat, dass die Reduction vollendet ist, kühlt man das Kölbchen in kaltem Wasser ab, lüftet das obere Stöpselchen, wirft einige Körnchen kohlensaures Natron in die Säure, zieht die Zinkkugel in das Rohr *b* empor, spritzt die daran hängende Flüssigkeit in das Kölbchen ab und entfernt *bb*. Nach raschem Zusatze des abgewogenen chromsauren Kalis verfährt man nun wie eben angegeben.

c. M a n g a n o x y d u l   v o n   T h o n e r d e   u n d E i s e n o x y d,   nach   K r i e g e r[57]. Man fällt mit kohlensaurem Natron, digerirt den Niederschlag eine Zeit lang mit der Flüssigkeit, wäscht erst durch Decantation, dann auf dem Filter aufs Beste aus, trocknet, glüht und bestimmt in einer Probe das Mangan nach §. 112. Anhang.

Man beachte, dass der Niederschlag das Mangan als Mn_3O_4 enthält.

d. **Manganoxydul von Zinkoxyd** nach **Krieger.** Man fällt mit kohlensaurem Natron kochend, wäscht den Niederschlag mit siedendem Wasser aus, trocknet, glüht. Der Niederschlag ist, wenn die Menge des Zinks genügend war: $ZnO + xMn_2O_3$. Man wägt eine Portion ab und bestimmt das Mangan nach §. 112. Anhang. — Bei unzureichendem Zinkgehalte verfährt man nach §. 127. B. 4. b. NB.

11. *Indirecte Methode.*

Eisenoxyd von Eisenoxydul. Von den vielen indirecten Methoden, welche in Vorschlag gekommen sind, erwähne ich nur die folgende: Man löst wie in 10. b., setzt zur Auflösung gelöstes Natriumgoldchlorid im Ueberschuss, verschliesst die Flasche und lässt das ausgeschiedene reducirte Gold absitzen. Man filtrirt es alsdann ab und bestimmt seine Menge nach §. 98. In der Auflösung oder in einer anderen Portion der Substanz bestimmt man alsdann die Totalmenge des Eisens. — Die Berechnung liegt auf der Hand, wenn man sich erinnert, dass 1 Aeq. ausgeschiedenes Gold 6 Aeq. Eisenchlorür oder Eisenoxydul entspricht ($6FeCl + AuCl_3 = 3Fe_2Cl_3 + Au$) (H. Rose).

IV. Trennung des Eisenoxyds, der Thonerde, des Manganoxyduls, der Kalk- und Bittererde, des Kalis und Natrons.

§. 129.

Da die oben genannten Oxyde bei der Analyse der meisten Silicate und auch sonst in vielen Fällen neben einander vorkommen, so widme ich den zu ihrer Trennung dienenden combinirten Verfahrungsweisen einen besonderen Paragraphen.

1. *Methode, welche auf der Anwendung des kohlensauren Baryts beruht. Dieselbe ist sehr empfehlenswert, wenn das Gemenge wenig Kalk enthält.*

Man fällt das Eisen (welches als Oxyd vorhanden sein muss) und die Thonerde durch kohlensauren Baryt (§. 128. A. 1.)[58] und trennt beide nach einer der im §. 128 angegebenen Methoden. — Aus dem Filtrate fällt man entweder das Mangan durch Schwefelammonium, oder — nach Zusatz von ein wenig Salzsäure und Sättigen mit Chlor — durch kohlensauren Baryt, oder — nach Gibbs' Vorschlag — mit Bleihyperoxyd. — Wählte man ersteres, so ist der Niederschlag des Schwefelmangans in Salzsäure zu lösen, die Lösung mit etwas Schwefelsäure zu versetzen, abzufiltriren und das Mangan nach §. 86. 1. a. zu bestimmen: fällte man mit kohlensaurem Baryt, so ist im Niederschlage das Mangan nach §. 127 zu trennen; wandte man Bleihyperoxyd an, so verfährt man mit dem entstandenen Niederschlage nach §. 130. — Man fällt jetzt die verdünnte Lösung mit verdünnter Schwefelsäure, wäscht den Niederschlag aus, bis das Waschwasser durch Chlorbaryum nicht mehr getrübt wird, fällt — bei Anwendung des Bleihyperoxyds — die letzten Bleispuren mit Schwefelwasserstoff, dann den Kalk mit oxalsaurem Ammon. Das Filtrat verdampft man zur Trockne, glüht und trennt die Magnesia von den Alkalien nach einer der in §. 121 angegebenen Methoden.

Bei grösseren Mengen Thonerde und kleinen von Eisen und Mangan kann man auch die Lösung zuerst mit Chlor sättigen, dann mit kohlensaurem Baryt Eisenoxyd, Thonerde und Manganoxyd zugleich fällen, den Niederschlag in Salzsäure lösen, den Baryt durch

Schwefelsäure im kleinsten Ueberschuss, dann die drei Basen durch kohlensaures Natron fällen und den Niederschlag, nach b e s t e m Auswaschen, glühen und wägen; er enthält das Mangan als Mn_3O_4. Bestimmt man nun dieses und das Eisenoxyd volumetrisch, so ergiebt sich die Thonerde aus der Differenz. Man ersieht leicht, dass man eine und dieselbe Probe erst zur Mangan-, dann zur Eisenbestimmung verwenden kann, vergl. §. 112. Anhang und §. 128. B. 10. b. β. Bei dieser Methode ist nur das Bedenken, dass man gar leicht einen kleinen Ueberschuss von Thonerde findet, indem dieselbe, mit fixem Alkali gefällt, durch Auswaschen kaum ganz davon zu befreien ist. Man kann daher die gemeinsame Fällung der Thonerde, des Eisens und Mangans auch mit Ammon vornehmen, nachdem man die Flüssigkeit mit Chlor gesättigt oder mit unterchloriger Säure versetzt hat. Doch ist es dann räthlich, den Niederschlag erst nach längerem Stehen abzufiltriren. Auch muss man sich mit Sorgfalt überzeugen, dass im Filtrat kein Mangan mehr enthalten ist, was durch Zusatz von Schwefelammonium und längeres Hinstellen geschehen kann.

2. *Methode, welche auf der Anwendung des Ammons beruht.*

Man fällt die salzsaure, nöthigenfalls mit etwas Salmiak versetzte, Lösung mit Ammon und filtrirt den der Hauptsache nach aus Thonerde und Eisenoxyd bestehenden, aber auch kleinere Mengen von Manganoxydul, Kalk- und Bittererde enthaltenden Niederschlag ab. Nach bestem Auswaschen trocknet, glüht und wägt man denselben und löst ihn dann durch Digestion mit concentrirter Salzsäure oder durch Schmelzen mit saurem schwefelsauren Kali auf. Die Lösung kocht man erst mit etwas schwefligsaurem Natron, dann mit Natronlauge und bringt so alle Thonerde in Lösung (§. 128. B. 1. a.). Den Rückstand löst man, nach bestem

Auswaschen, in Salzsäure, fällt das Eisenoxyd mit bernsteinsaurem Ammon und bestimmt entweder im Filtrat die kleinen Mengen von Mangan, Kalk und Bittererde besonders — was wegen möglichen Alkaligehaltes sicherer ist — oder man vereinigt das Filtrat mit dem vom Ammonniederschlag abfiltrirten und verfährt damit nach 1.

Sättigt man vor dem Zusatz des Ammons die Flüssigkeit mit Chlor, so erhält man alles Mangan im ersten Niederschlage; bei kleinen Mengen desselben genügt Zusatz von Chlorwasser. — Es ist dies in der Regel zweckmässig.

3. *Methode, welche auf der Anwendung des Schwefelammoniums beruht.*

Man versetzt mit Ammon, bis eben ein Niederschlag zu entstehen anfängt, dann mit Schwefelammonium und filtrirt, nach geeignetem Absitzen, den Eisen, Mangan und Thonerde enthaltenden Niederschlag ab. — Im Filtrate trennt man Kalk, Magnesia und die Alkalien nach §. 121. Den Niederschlag löst man in Salzsäure und trennt Thonerde von Eisen und Mangan durch Natronlauge, dann Eisen und Mangan durch bernsteinsaures Ammon.

4. *Methode, welche auf der Zersetzung der salpetersauren Salze beruht*, nach D e v i l l e.

Diese Methode setzt voraus, dass die Basen nur an Salpetersäure gebunden sind.

Man verfährt zuerst nach §. 124. 1. A. 2. Die während des Erhitzens der Nitrate entweichende salpetrige Säure ist kein Zeichen von der totalen Zersetzung des Eisenoxyd- und Thonerdenitrats, weil diese Dämpfe durch Verwandlung des salpetersauren Manganoxyduls in Hyperoxyd entstehen. — Man unterbricht das Erhitzen, wenn alle Bildung von Dampf aufhört, und die schwarze Farbe, welche die Substanz annimmt, gleichförmig ist. — Nach dem

Behandeln mit salpetersaurem Ammon (§. 124. 1. A. 2.) hat man in Lösung salpetersauren Kalk, salpetersaure Magnesia und salpetersaure Alkalien, im Rückstand Thonerde, Eisenoxyd und Manganhyperoxyd. (Dass unter gewissen Umständen sich etwas Mangan löst, wurde bereits §. 127. B. 4. a. γ. erwähnt. Man findet diese Spur bei der Magnesia und trennt sie zuletzt von derselben.)

Deville wendet nun zur weiteren Trennung folgende Methoden an:

a. Den Niederschlag erhitzt man mit mässig starker Salpetersäure, bis das Manganhyperoxyd mit rein schwarzer Farbe zurückbleibt, während Eisenoxyd und Thonerde sich lösen. Ersteres glüht man und wägt das entstandene Oxyduloxyd, die Lösung verdampft man in einem Platintiegel, glüht und wägt das Gemenge von Eisenoxyd, Thonerde (und möglichenfalls etwas Manganoxyduloxyd). Man behandelt jetzt eine Probe nach der §. 128. B. 3. a. β. angegebenen Methode und findet so das Gewicht der Thonerde. War Mangan zugegen, so lässt sich das Eisen nicht aus der Differenz bestimmen. Deville verdampft daher die Lösung der Chlorüre mit Schwefelsäure, glüht mässig und zieht aus dem Rückstand, der aus Eisenoxyd und etwas schwefelsaurem Manganoxydul besteht, letzteres durch Wasser aus. (Sollte man zu stark erhitzt haben, so dass möglichenfalls auch schwefelsaures Manganoxydul zersetzt worden ist, so befeuchtet man den Rückstand mit einer Mischung von Oxalsäure und Salpetersäure, setzt etwas Schwefelsäure zu und wiederholt den Versuch.)

b. Aus dem Filtrat fällt man zunächst den Kalk durch im kleinsten Ueberschusse zuzusetzendes oxalsaures Ammon, verdampft dann das Filtrat zur Trockne und trennt Magnesia und Alkalien nach §. 121.

Fünfte Gruppe.

Silberoxyd, Quecksilberoxydul,
Quecksilberoxyd, Bleioxyd, Wismuthoxyd,
Kupferoxyd, Cadmiumoxyd.

I. Trennung der Oxyde der fünften Gruppe von denen der
vier ersten Gruppen.

§. 130.

Uebersicht: Silberoxyd   von den Oxyden

           Quecksilberoxyd   „   „   „

           Quecksilberoxydul „   „   „

           Bleioxyd   „   „   „

           Wismuthoxyd   „   „   „

           Kupferoxyd   „   „   „

                                  von den Oxyden
           Cadmiumoxyd   von Zinkoxyd un
                                  Manganoxydul B

A. Allgemeine Methode.

Sämmtliche Oxyde der fünften Gruppe von
denen der vier ersten Gruppen.

G r u n d l a g e: *Schwefelwasserstoff fällt aus sauren Lösungen die Metalle der fünften Gruppe, nicht aber die der vier ersten Gruppen.*

Die Punkte, auf die man bei der Ausführung besondere Rücksicht zu nehmen hat, sind folgende:

α. Bei der Scheidung der Oxyde der fünften Gruppe von den Oxyden der Gruppe 1, 2 und 3 genügt es, wenn die Lösung, aus der man durch Schwefelwasserstoff das fällbare Oxyd ausscheiden will, überhaupt saure Reaction zeigt, gleichgültig von welcher Ursache dieselbe abhängt. Sollen aber Oxyde der Eisengruppe von denen der fünften Gruppe getrennt werden, so muss die Flüssigkeit nothwendiger Weise eine freie Mineralsäure enthalten; andernfalls kann Zink, unter Umständen auch Kobalt und Nickel, mit niedergeschlagen werden.

β. Aber auch, wenn man der betreffenden Flüssigkeit ziemlich viel Salzsäure zusetzt, gelingt es doch nicht immer, der Mitfällung des Z i n k e s ganz vorzubeugen[59]. — Man hat daher die gefällten Schwefelmetalle der fünften Gruppe bei weiterer Trennung stets so zu behandeln, dass man das darin möglichenfalls enthaltene Zink noch gewinnt.

γ. Wenn durch Salzsäure in der Lösung kein Niederschlag entsteht, zieht man dieselbe der Salpetersäure zum Ansäuern vor; würde hingegen durch Salzsäure eine Fällung bewirkt werden, so wendet man zum genannten Zweck Salpetersäure an und verdünnt die Lösung ziemlich stark.

δ. Die Ausfällung der den Oxyden der fünften Gruppe entsprechenden Schwefelverbindungen geschieht, auch wenn keine andere Säure als Salzsäure zugegen ist, nur dann vollständig, wenn die Flüssigkeit einen gewissen Grad der Verdünnung hat.

B. Speciellere Methoden.

Einzelne Oxyde der fünften Gruppe von einzelnen oder allen Oxyden der vier ersten Gruppen.

1. Silber wird von den Oxyden der vier ersten Gruppen am einfachsten und auf eine sehr genaue Weise durch Chlorwasserstoffsäure getrennt. Man merke darauf, dass kein zu grosser Ueberschuss von Salzsäure zugesetzt wird und dass die Lösung hinlänglich verdünnt sei. Im anderen Falle bleibt Silber in Lösung. Man vergesse ferner nicht, Salpetersäure zuzusetzen, sonst scheidet sich das Chlorsilber nicht gut ab. Das gefällte Chlorsilber wird unter diesen Umständen am besten auf einem Filter gesammelt (§. 91. 1. a. β.), weil man eine zu grosse Menge Flüssigkeit bekommt, wenn man es durch Decantation auswäscht.

2. Das Quecksilber kann von den Metallen der vier ersten Gruppen auch dadurch getrennt werden, dass man die Verbindung glüht, wodurch das Quecksilber oder die Quecksilberverbindung verflüchtigt wird, während der nicht flüchtige Körper zurückbleibt. Dieses Verfahren ist ebensowohl anwendbar, wenn eine Legirung vorliegt, als wenn man mit Oxyden, Chloriden oder Schwefelverbindungen zu thun hat. — Je nach der Natur der vom Quecksilber zu trennenden Metalle ist bald die eine, bald die andere dieser Formen geeigneter, wie sich dies aus dem Verhalten der betreffenden Verbindungen leicht ergiebt. Man bestimmt bei diesem Verfahren das Quecksilber entweder aus dem Verlust und nimmt alsdann die Operation in einem Tiegel vor, oder man fängt das sich verflüchtigende Quecksilber nach der im §. 94. 1. a. beschriebenen Weise auf. — Wenn es angeht, verfährt man am besten nach der bei der Trennung des Quecksilbers vom Silber etc. zu beschreibenden Methode (§. 131. 6.).

Ist Quecksilber als Oxydul zugegen, so kann man es auch dadurch abscheiden und bestimmen, dass man die Flüssigkeit mit Salzsäure fällt.

3. Bleioxyd lässt sich von denjenigen Basen, welche mit Schwefelsäure lösliche Salze bilden, auch recht gut durch diese Säure trennen. Die Resultate sind ganz befriedigend, wenn man die in §. 92. 2. gegebenen Regeln befolgt.

4. Kupferoxyd von Zinkoxyd.

a. Rivot und Bouquet[60] haben zur Scheidung beider nachstehendes Verfahren empfohlen. Man sättigt die verdünnte salpetersaure oder salzsaure Lösung mit Ammon, fügt dann festes Kalihydrat in geringem Ueberschuss zu und erwärmt im Sandbad gelinde, bis die Flüssigkeit farblos geworden ist und nicht mehr nach Ammoniak riecht. Das gefällte Kupferoxyd ist mit siedendem Wasser auszuwaschen. Die alkalische Flüssigkeit wird mit Salzsäure angesäuert und das Zink mittelst kohlensauren Natrons gefällt. — (Spirgatis[61] erhielt nach diesem Verfahren unbefriedigende Resultate, als Zink und Kupfer etwa in gleicher Menge in Lösung waren; dasselbe wurde in meinem Laboratorium gefunden, so dass ich die Methode nicht eben empfehlen kann.)

b. Bobierre wendete bei der Analyse vieler Kupferzinklegirungen die folgende Methode mit gutem Erfolge an. Man erhitzt die Legirung in einem kleinen, in einer Porzellanröhre stehenden Porzellanschiffchen höchstens ¾ Stunden lang zum Rothglühen, während man einen raschen Strom Wasserstoffgas darüber leitet. Das Zink verdampft, das Kupfer bleibt zurück. Blei verflüchtigt sich ebenfalls nicht.

c. Da man bei der Trennung des Kupfers vom Zink durch Schwefelwasserstoff unter Umständen Zinkoxyd enthaltendes Kupferoxyd erhalten kann, so empfehle ich zur Prüfung des Kupferoxyds auf Zinkoxyd und zur

Abscheidung des letzteren folgendes einfache Verfahren. Nachdem das Kupferoxyd gewogen ist, reducirt man es nach §. 88, Fig. 42, erhitzt das im Wasserstoffstrom erkaltete metallische Kupfer mit Wasser und Salzsäure einige Zeit, filtrirt, wäscht aus, leitet einige Blasen Schwefelwasserstoff ein, um möglichenfalls gelöstes Kupfer auszufällen, und bestimmt dann das Zink nach §. 85. a.

5. Cadmiumoxyd von Zinkoxyd, Manganoxydul und Nickeloxydul. Man versetzt die Lösung mit kohlensaurem Baryt und digerirt damit in der Kälte. Cadmiumoxyd fällt vollständig nieder, die anderen Oxyde bleiben gelöst (vergl. §. 128. A. 1.).

6. Manganoxydul von Blei-, Wismuth-, Cadmium- und Kupferoxyd. Hat man eine Lösung, welche Manganoxydul und eine der anderen Basen enthält, so fällt man die heisse Lösung mit kohlensaurem Natron, wäscht den Niederschlag erst durch Decantation, dann auf dem Filter mit siedendem Wasser aus, trocknet, glüht andauernd, wägt und bestimmt in einer Probe des Rückstandes das Mangan volumetrisch (§. 112. Anhang). Ist Blei-, Wismuth-, Cadmium- oder Kupferoxyd in genügender Menge vorhanden, so hat der Rückstand die Formel:

$$Mn_2O_3 + xMO;$$

vergleiche §. 127. B. 4. b. NB., (K r i e g e r). Man versäume nie — durch Zusatz von etwas Schwefelammonium zum Filtrate — zu prüfen, ob durch kohlensaures Natron die Oxyde vollständig niedergeschlagen worden sind; denn namentlich Kupferoxyd wird durch kohlensaure Alkalien nicht leicht ganz ausgefällt.

II. Trennung der Oxyde der fünften Gruppe von einander.

§. 131.

Uebersicht: Silberoxyd von Kupferoxyd: 1. a, — 3.

b, c u. d, — 5. b, u. 7, von Cadmiumoxyd:
1. a, — 3. b u. d, — von Wismuthoxyd: 1.
a, 3. a u. d, — 6. b, — von
Quecksilberoxyd: 1. a, — 3. b u. d, — 6. a,
— von Bleioxyd: 1. a, — 2, 3. a u. d, — 4. c,
— 5. b, 7.

Quecksilberoxyd von Silberoxyd: 1.
a, — 3. b u. d, 6. a, — von
Quecksilberoxydul: 1. b, — von Bleioxyd:
1. c, — 2, 3. a u. d, — 6. a, — von
Wismuthoxyd: 3. a u. d, — von
Kupferoxyd: 3. c u. d, — 5. a, — 6. a, —
von Cadmiumoxyd 5. a.

Quecksilberoxydul von
Quecksilberoxyd: 1. b, — von anderen
Metallen wie Quecksilberoxyd.

Bleioxyd von Silberoxyd: 1. a, — 2, 3. a
u. d, — 4. c, 5. b, 7, — von
Quecksilberoxyd: 1. c, 2, 3. a u. d, 6. a, —
von Kupferoxyd: 1. c, 2, 3. a u. d, — von
Wismuthoxyd: 1. c, 2, 6. b, 8, — von
Cadmiumoxyd: 2, 3. a u. d.

Wismuthoxyd von Silberoxyd: 1. a, 3.
a u. d, 6. b, — von Bleioxyd: 1. c, 2, 6. b, 8,
— von Kupferoxyd: 3. a u. d, 4. a, 6. b, —
von Cadmiumoxyd: 3. a u. d, — von
Quecksilberoxyd: 3. a u. d.

Kupferoxyd von Silberoxyd: 1. a, 3. b,
c u. d, 5. b, 7, — von Bleioxyd: 1. c, 2, 3. a
u. d, — von Wismuthoxyd; 3. a u. d, — 4.
a, 6. b, von Quecksilberoxyd: 3. c u. d, 5. a,
6. a, — von Cadmiumoxyd: 3. c u. d, 4. b.

Cadmiumoxyd von Silberoxyd: 1. a, 3.
b u. d, — von Bleioxyd: 2, 3. a u. d, — von

Wismuthoxyd: 3. a u. d, — von

Kupferoxyd: 3. c u. d, — 4. b, — von

Quecksilberoxyd: 5. a.

1. *Methoden, welche auf der Unlöslichkeit einzelner Chlormetalle in Wasser oder Weingeist beruhen.*

a. S i l b e r o x y d   v o n   K u p f e r o x y d, C a d m i u m o x y d,   W i s m u t h o x y d, Q u e c k s i l b e r o x y d, B l e i o x y d.

α. Um S i l b e r o x y d von K u p f e r o x y d, C a d m i u m o x y d und W i s m u t h o x y d zu trennen, fügt man zu der salpetersauren Lösung Salzsäure so lange noch ein Niederschlag entsteht, und trennt das Chlorsilber von der die übrigen Oxyde enthaltenden Lösung nach §. 91. 1.

β. Bei der Trennung des S i l b e r s vom Q u e c k s i l b e r o x y d verfährt man auf gleiche Weise, doch fällt man mit Chlornatriumlösung und fügt vor dem Zusatz derselben essigsaures Natron oder essigsaures Ammon zu. Versäumt man diesen Zusatz, so klärt sich die Silberlösung nach dem Ausfällen nicht (L e v o l), auch bleibt Chlorsilber gelöst, denn es löst sich dies in erheblicher Menge in einer Lösung von salpetersaurem Quecksilberoxyd (W a c k e n r o d e r, L i e b i g). Ann. der Chem. und Pharm. 81. 128.

γ. Bei der Scheidung des S i l b e r s von B l e i setzt man ebenfalls essigsaures Natron zu, ehe man fällt. Die Flüssigkeit sei heiss, die Salzsäure ziemlich verdünnt. Man setze von letzterer nicht mehr zu, als gerade nöthig. Auf diese Weise lässt sich die Scheidung leicht bewirken; denn Chlorblei löst sich in essigsaurem Natron (A n t h o n). Aus dem Filtrate ist das Blei durch Schwefelwasserstoff zu fällen.

δ. Zur Bestimmung des S i l b e r s i n L e g i r u n g e n bedient man sich in den Münzstätten meistens der volumetrischen Silberbestimmung (§. 91. 5.). Bei Anwesenheit von Quecksilber setzt man, unmittelbar vor dem Zufügen der Kochsalzlösung, essigsaures Natron zu (s. β.).

b. Quecksilberoxydul von Quecksilberoxyd, Kupferoxyd, Cadmiumoxyd, Bleioxyd. — Man versetzt die stark verdünnte, kalte Lösung mit Salzsäure, so lange noch ein Niederschlag (Quecksilberchlorür) entsteht, lässt denselben absitzen, filtrirt ihn auf einem gewogenen Filter ab, trocknet ihn bei 100° und wägt. Im Filtrate finden sich die übrigen Oxyde. — Soll sich die Trennung auf einen festen Körper erstrecken, der in Wasser unlöslich ist, so behandelt man denselben entweder geradezu, in der Kälte, mit verdünnter Chlorwasserstoffsäure, oder man löst ihn in ganz verdünnter Salpetersäure auf und fällt erst nach starkem Verdünnen mit Wasser. — Stets ist darauf zu achten, dass durch die Art der Auflösung Oxydul nicht in Oxyd übergeführt werde.

c. Bleioxyd von Quecksilberoxyd, Kupferoxyd, Wismuthoxyd. — Man versetzt die concentrirte salpetersaure Lösung mit überschüssiger Salzsäure, fügt viel starken Alkohol und etwas Aether zu und verfährt überhaupt nach §. 92. 4. Das alkoholische Filtrat erwärmt man, bis der Alkohol verdunstet ist, und fällt die darin enthaltenen Metalle durch Schwefelwasserstoff.

2. *Methoden, welche sich auf die Unlöslichkeit des schwefelsauren Bleioxyds gründen.*

Bleioxyd von allen anderen Oxyden der fünften Gruppe. — Man versetzt die salpetersaure Lösung mit reiner Schwefelsäure in nicht zu geringem Ueberschuss, verdampft, bis das Schwefelsäurehydrat anfängt sich zu verflüchtigen, lässt erkalten, fügt Wasser zu (worin sich, wenn genug freie Schwefelsäure vorhanden ist, auch das schwefelsaure Quecksilberoxyd und Wismuthoxyd klar lösen) und filtrirt o h n e S ä u m e n das ungelöst bleibende schwefelsaure Bleioxyd von der die anderen Oxyde enthaltenden Lösung ab. Den Niederschlag wäscht man mit schwefelsäurehaltigem Wasser aus, verdrängt dieses zuletzt durch Weingeist, trocknet und wägt (§. 92. 2.). Aus dem Filtrat schlägt man die anderen Oxyde durch Schwefelwasserstoff nieder. Sollte Silberoxyd in einiger Menge zugegen sein, so ist diese Methode — wegen der Schwerlöslichkeit des schwefelsauren Silberoxyds — nicht zu empfehlen.

3. *Methoden, welche sich auf das verschiedene Verhalten der Oxyde und Schwefelverbindungen zu Cyankalium gründen* (nach F r e s e n i u s und H a i d l e n, Ann. der Chem. und Pharm. 43. 129).

a. B l e i o x y d u n d W i s m u t h o x y d v o n a l l e n a n d e r e n O x y d e n d e r f ü n f t e n G r u p p e. — Man versetzt die v e r d ü n n t e Lösung mit kohlensaurem Natron in g e r i n g e m Ueberschuss, fügt (von Schwefelkalium freie) Cyankaliumlösung zu, erwärmt einige Zeit gelinde, filtrirt, wäscht aus. Auf dem Filter bleibt (alkalihaltiges) kohlensaures Blei- und Wismuthoxyd, in Lösung hat man die anderen Metalle als mit Cyankalium verbundene Cyanmetalle. Die weitere Trennung derselben ergiebt sich aus dem Folgenden.

b. S i l b e r o x y d v o n Q u e c k s i l b e r o x y d, K u p f e r o x y d u n d C a d m i u m o x y d. — Man setzt zur Lösung, welche, wenn sie viele freie Säure enthält, zuvor mit Natron beinahe zu neutralisiren ist, Cyankalium bis zur Wiederlösung des entstandenen Niederschlags. In der Lösung hat man die Cyanverbindungen der vorhandenen Metalle, vereinigt mit Cyankalium zu löslichen

Doppelsalzen. Man fügt jetzt verdünnte Salpetersäure zu bis zum Vorwalten. Hierdurch werden die Doppelverbindungen zerlegt, unlösliches Cyansilber schlägt sich bleibend nieder, während Cyanquecksilber gelöst bleibt, und Cyankupfer und Cyancadmium sich im Ueberschuss der Salpetersäure wieder lösen. Das Cyansilber ist nach §. 91. 3. zu behandeln. Enthält das Filtrat nur Quecksilber und Cadmium, so fällt man dasselbe geradezu mit Schwefelwasserstoff, wodurch die Schwefelmetalle vollständig niederfallen; enthält es dagegen Kupfer, so dampft man das Filtrat erst mit Schwefelsäure ein, bis kein Geruch nach Blausäure mehr wahrzunehmen ist, und fällt die entstandene Lösung mit Schwefelwasserstoff oder auch sogleich mit Natronlauge (§. 95. 1.).

c. Kupferoxyd von Silberoxyd, Quecksilberoxyd und Cadmiumoxyd. — Man versetzt die Lösung, wie in b., mit Cyankalium bis zur Wiederlösung des entstandenen Niederschlags, fügt noch etwas mehr Cyankalium, dann Schwefelwasserstoffwasser oder Schwefelammonium zu, so lange ein Niederschlag entsteht. Hierdurch scheiden sich Schwefelsilber, Schwefelcadmium und Quecksilbersulfid vollständig ab, während das Kupfer — als in Cyankalium gelöstes Schwefelkupfer — in Auflösung bleibt. Man lässt absitzen, decantirt mehrmals, übergiesst den Niederschlag der Sicherheit wegen nochmals mit etwas Cyankaliumlösung, erwärmt gelinde, filtrirt und wäscht die Schwefelmetalle aus. — Um im Filtrat das Kupfer zu bestimmen, verdampft man dasselbe unter Zusatz von Salpetersäure und Schwefelsäure, bis aller Geruch nach Blausäure verschwunden ist, und fällt sodann mit Natronlauge (§. 95. 1.).

d. Alle Metalle der fünften Gruppe von einander. — Man versetzt die verdünnte Lösung mit kohlensaurem Natron, dann mit Cyankalium im

Ueberschuss, digerirt eine Zeit lang in gelinder Wärme und filtrirt. Auf dem Filter bleibt (alkalihaltiges) kohlensaures Blei- und Wismuthoxyd, welche weiter zu trennen sind. — Die Lösung versetzt man mit verdünnter Salpetersäure im Ueberschuss und filtrirt das gefällte, nach §. 91. 3. zu bestimmende Cyansilber ab. — Zu dem Filtrat setzt man wiederum kohlensaures Natron bis zur Neutralität, dann Cyankalium und leitet Schwefelwasserstoff im Ueberschuss ein. Man fügt nunmehr noch etwas Cyankalium zu (um etwa gefälltes Schwefelkupfer wieder zu lösen) und filtrirt den aus Quecksilbersulfid und Schwefelcadmium bestehenden Niederschlag von der alles Kupfer enthaltenden Lösung ab. Dieses bestimmt man, wie in c. angegeben, jene trennt man nach §. 131. 5. a.

4. *Methoden, welche auf der Löslichkeit einzelner Oxyde in Ammon oder kohlensaurem Ammon beruhen.*

a. K u p f e r o x y d   v o n   W i s m u t h o x y d .

α. Man versetzt die (salpetersaure) Lösung mit kohlensaurem Ammon im Ueberschuss. Es scheidet sich das Wismuth als kohlensaures Oxyd aus, während das kohlensaure Kupferoxyd vom Ueberschusse des kohlensauren Ammons wieder gelöst wird. Nachdem man die Flüssigkeit einige Zeit lang an einem warmen Ort hat digeriren lassen, filtrirt man und wäscht den Niederschlag aus; während des Auswaschens übergiesst man ihn von Zeit zu Zeit mit etwas kohlensaurer Ammonlösung. War die Flüssigkeit frei von Schwefelsäure und Chlor, so kann man den Niederschlag direct glühen und wägen, im anderen Falle muss man denselben in Salpetersäure lösen und nochmals mit kohlensaurem Ammon fällen (§. 96. a.). Im Filtrate bestimmt man, nachdem man durch Erwärmen das kohlensaure Ammon hat abdunsten lassen (zuletzt fügt man etwas Ammon zu) das Kupfer nach §. 95. 1. a. β. Die Ausführung ist bequemer, die Scheidung aber minder genau als nach 3. a.

β. Man versetzt die Lösung mit etwas Salmiak und tropft sie allmälig in verdünntes Ammon. Das Wismuth wird hierdurch als basisches Salz gefällt, während das Kupferoxyd als ammoniakalisches Doppelsalz aufgelöst bleibt (Berzelius). Der Wismuthniederschlag wird mit verdünntem Ammon gewaschen, in verdünnter Salpetersäure gelöst und nach §. 96 bestimmt. — In der ammoniakalischen Lösung bestimmt man das Kupfer nach §. 95. 1. a. β.

b. Kupferoxyd von Cadmiumoxyd. Man fügt kohlensaures Ammon im Ueberschuss zu. Kohlensaures Cadmiumoxyd scheidet sich aus, während das Kupferoxyd mit etwas Cadmiumoxyd gelöst bleibt. Setzt man die Auflösung der Luft aus, so scheidet sich das noch gelöste Cadmiumoxyd aus, während das Kupferoxyd noch gelöst bleibt (Stromeyer). Letztere Lösung ist nach a. α. zu behandeln. Scheidung bequemer, aber minder genau als nach 3. c.

c. Chlorblei und Chlorsilber lassen sich auch durch Ammonflüssigkeit trennen, welche dieses löst, jenes als basisches Chlorblei zurücklässt. Man beachte, dass das Chlorsilber frisch und bei Lichtabschluss gefällt sein muss.

5. *Methoden, welche sich auf die Reduction einzelner Oxyde oder Chloride durch ameisensaures Natron gründen.*

a. Quecksilberoxyd von Kupferoxyd und Cadmiumoxyd. Man versetzt die Auflösung mit Salzsäure (sofern sie solche noch nicht enthält), sättigt beinahe mit Natron und fällt das Quecksilber nach §. 94. 2. mit ameisensaurem Natron. In der von dem Quecksilberchlorür abfiltrirten Flüssigkeit bestimmt man das Kupfer und Cadmium.

b. Silberoxyd von Kupfer- und Bleioxyd.

Man sättigt die Auflösung mit Natron, setzt ein ameisensaures Alkali zu und erwärmt, bis sich keine Kohlensäure mehr entwickelt. Alles Silber scheidet sich metallisch aus, Blei- und Kupferoxyd bleiben gelöst (H. Rose).

6. *Methoden, welche sich auf die Flüchtigkeit einzelner Metalle, Oxyde oder Chloride in der Hitze gründen.*

Fig. 55.

a. Quecksilber von Silber, Blei, Kupfer (überhaupt von den Metallen, deren Chloride nicht flüchtig sind). — Man fällt durch Schwefelwasserstoff, sammelt den Niederschlag der Schwefelmetalle auf einem gewogenen Filter, trocknet ihn bei 100° und wägt. Man bringt alsdann einen aliquoten Theil in die Kugel *e*, Fig. 55, leitet einen langsamen Strom Chlorgas hindurch und erwärmt dieselbe anfangs gelinde, allmälig bis zum schwachen Glühen. Zuerst destillirt Chlorschwefel ab, welcher sich mit dem in den Flaschen *f* und *h* befindlichen Wasser umsetzt (§. 116. II. 1. c.); alsdann verflüchtigt sich das gebildete Quecksilberchlorid. Man erhält es theils in der Flasche *f*, theils in dem hinteren Theile der Röhre *g*. Man schneidet denselben ab und spült den darin enthaltenen Sublimat mit Wasser in die Flasche *f*, mit deren Inhalt man auch das in *h* befindliche Wasser vereinigt. Die Lösung erwärmt man, bis der Chlorgeruch verschwunden, und bestimmt alsdann in der von etwa noch ungelöstem Schwefel abfiltrirten Flüssigkeit das Quecksilber nach §. 94. Besteht der

Rückstand nur aus Silber oder nur aus Blei, so lässt sich derselbe geradezu wägen; enthält er dagegen mehrere Metalle, so reducirt man die Chlorverbindungen durch Glühen im Wasserstoffstrom und löst sie zum Behufe weiterer Trennung in Salpetersäure. — Man achte darauf, dass bei Anwesenheit von Blei die Schwefelmetalle im Chlorstrom und die Chlormetalle im Wasserstoffstrom nur gelinde erhitzt werden dürfen, indem sich im anderen Falle leicht etwas Chlorblei verflüchtigt.

Häufig kann man auch das Quecksilber einfach als Glühverlust bestimmen.

b. Wismuthoxyd von Silber-, Blei- und Kupferoxyd. — Die Trennung geschieht genau nach derselben Art wie die des Quecksilbers von den genannten Metallen. — Die Methode ist namentlich dann bequem, wenn man die Metalle in einer Legirung zu trennen hat. Man achte darauf, das Erhitzen nicht zu weit zu treiben (weil sich sonst Chlorblei verflüchtigt), aber es hinlänglich lange fortzusetzen (weil sonst Wismuth im Rückstande bleibt). In die Kölbchen f und h giebt man salzsäurehaltiges Wasser und bestimmt darin das Wismuth nach §. 96.

7. *Abscheidung des Silbers durch Cupellation.*

Um das Silber in Legirungen mit Kupfer, Blei etc. zu bestimmen, bediente man sich früher allgemein der Methode, welche man Cupelliren (Abtreiben auf der Capelle) nennt. Man schmelzt die Legirung mit so viel reinem Blei zusammen, dass auf 1 Thl. Silber 16 bis 20 Thle. Blei kommen, und erhitzt sie dann in einem kleinen Behälter, welcher aus Knochenasche oder Holzasche gepresst ist, in einer Muffel. Blei und Kupfer oxydiren sich, die Oxyde ziehen sich in die Poren der Capelle, das Silber aber bleibt unoxydirt und rein zurück. — Ich habe diese Methode, welche in Laboratorien nur selten angewandt wird, deshalb hier aufgenommen, weil sie die sicherste scheint, sehr kleine Mengen von Silber in Legirungen zu bestimmen (vergl. M a l a g u t i u. D u r o c h e r, Compt. rend. 29. 689. — D i n g l e r 115. 276).

8. *Ausfällung eines Metalles durch ein anderes im metallischen Zustand.*

B l e i o x y d v o n W i s m u t h o x y d. — Man fällt die Lösung mit kohlensaurem Ammon, löst die ausgewaschenen kohlensauren Salze in Essigsäure, stellt in die in einer verschliessbaren Flasche befindliche Lösung einen gewogenen reinen Bleistab, füllt die Flasche mit Wasser fast voll, so dass das Blei nicht aus der Lösung herausragt, verschliesst die Flasche und lässt sie unter jeweiligem Umschütteln 12 Stunden stehen. Man sammelt das gefällte, vom Blei abgespülte Wismuth auf einem Filter, löst es nach dem Auswaschen in Salpetersäure, verdampft die Lösung und bestimmt das Wismuth nach §. 96. Im Filtrat bestimmt man das Blei nach §. 92. Durch Zurückwägen des getrockneten Bleistabs findet man, welcher Theil davon diesem zugehört (U l l g r e n).

Sechste Gruppe.

G o l d o x y d, P l a t i n o x y d, Z i n n o x y d u l, Z i n n o x y d, A n t i m o n o x y d, a r s e n i g e S ä u r e, A r s e n s ä u r e.

I. Trennung der Oxyde der sechsten Gruppe von den Oxyden der fünf ersten Gruppen.

§. 132.

U e b e r s i c h t : G o l d von den Oxyden der Gruppen I.-III.: A. 1, B. 2, — der Gruppe IV.: A. 1,-B. 1. a, 2, — von Quecksilber, Kupfer und Cadmium: B. 1. a, 2, — von Wismuth: B. 1.

a, 2, 13, — von Blei: B. 1. a, 13, — von
Silber: B. 1. a, 10.

P l a t i n von den Oxyden der Gruppen I.-
III.: A. 1,-B. 3, — der Gruppe IV.: A. 1, B. 1.
b, 3, — von Quecksilber, Kupfer, Cadmium,
Wismuth: B. 1. b, 3, — von Blei: B. 1. b, —
von Silber: B. 1. b, 10.

Z i n n o x y d u l u n d O x y d von den
Oxyden der Gruppen I. u. II.: A. 1, B. 4. b,
5. b, der Gruppe III: A. 1, B. 4. b, — von
Eisenoxyd: A. 1, 2. b, B. 4. a, — von
Manganoxydul und Zinkoxyd: A. 1, 2. b,
B. 4. a, b, — von Nickel- und
Kobaltoxydul: A. 1, 2. b, B. 4. a, b, 5. a, —
von Quecksilberoxyden, Cadmium- und
Wismuthoxyd: A. 2. a, 2. b, B. 4. a, — von
Kupferoxyd: A. 2. a, 2. b, B. 4. a u. b, 5. a,
— von Silber- und Bleioxyd: A. 2. a, 2. b,
B. 4. a, 5. a.

A n t i m o n o x y d von den Oxyden der
Gruppen I. u. II.: A. 1. 5. b, — von der
Gruppe III.: A. 1, von Eisenoxyd,
Manganoxydul, Zinkoxyd: A. 1, 2. b, B. 4.
c, — von Nickel- und Kobaltoxydul: A. 1,
2. b, B. 4. c, 5. a, — von Quecksilberoxyd,
Cadmium- und Wismuthoxyd: A. 2. a, 2.
b, B. 4. c, — von Kupfer-, Blei-, Silberoxyd:
A. 2. a., 2. b, B. 4. c, 5. a.

A r s e n i g e u n d A r s e n s ä u r e von
den Oxyden der Gruppe I.: A. 1, B. 5. b, 8,
12, — von Magnesia: A. 1, B. 5. b, 7, 8, 12,
— von Baryt, Strontian und Kalk: A. 1, B.
5. b, 7, 8, 11, 12, — von den Oxyden der
Gruppe III.: A. 1, B. 9, — von Eisenoxyd:

A. 1, 2. b, B. 7, 9, — von Manganoxydul:
A. 1, 2. b, B. 7, 9, 12, — von Zinkoxyd: A.
1, 2. b, B. 7, 8, 9, 12, — von Nickel- und
Kobaltoxydul: A. 1, 2. b, B. 5. a, 7, 8, 9, 12,
— von Quecksilber- und Wismuthoxyd: A.
2. a, b, B. 7, — von Kupferoxyd: A. 2. a, b,
B. 5. a, 7, 8, — von Cadmiumoxyd: A. 2. a,
b, B. 7, 8, — von Silberoxyd: A. 2. a, b, B.
5. a, 7, — von Bleioxyd: A. 2. a, b, B. 5. a,
7, 8, 11.

A. Allgemeine Methoden.

1. *Methode, welche auf der Fällbarkeit der Oxyde der sechsten Gruppe durch Schwefelwasserstoff aus sauren Lösungen beruht.*

Sämmtliche Oxyde der sechsten Gruppe von denen der vier ersten Gruppen.

Man leitet in die (am besten durch Salzsäure) saure Lösung Schwefelwasserstoff im Ueberschuss und filtrirt die gefällten (den Oxyden der sechsten Gruppe entsprechenden) Schwefelmetalle ab.

Von den §. 130. A. erwähnten Punkten ist α. β. und δ. auch hier zu berücksichtigen. — Was die besonderen Bedingungen betrifft, unter denen einzelne Metalle der sechsten Gruppe allein vollständig ausgefällt werden, so verweise ich hinsichtlich derselben auf das im vierten Abschnitt darüber Gesagte. Hier mache ich nur noch darauf aufmerksam:

α. Dass Arsensäure und Zinkoxyd, wie Wöhler gefunden hat, durch Schwefelwasserstoff nicht getrennt werden können, indem auch bei grossem Ueberschuss von Säure das Zink ganz oder theilweise mit dem Arsen als ZnS, AsS_5 gefällt wird. Hat man beide in Lösung, so muss daher die Arsensäure durch Erwärmen mit schwefliger Säure zuerst in arsenige Säure übergeführt werden, ehe man Schwefelwasserstoff einleitet.

β. Dass man bei Anwesenheit von Antimon dann zweckmässig Weinsäure zusetzt, wenn nur Oxyde der vierten Gruppe zugegen sind, welche sich aus dem Filtrate, nach Zusatz von Ammon, durch Schwefelammonium ausfällen lassen, während man sie besser weglässt, sofern Thonerde, alkalische Erden und Alkalien zugegen sind. Im letzteren Falle leitet man in die klare salzsaure Lösung Schwefelwasserstoff, fügt dann etwas Wasser zu, leitet wieder Schwefelwasserstoff ein, setzt nun hinlänglich Wasser zu und vollendet durch genügendes Einleiten die Ausfällung.

2. Methode, welche auf der Löslichkeit der Schwefelmetalle der sechsten Gruppe in alkalischen Schwefelmetallen beruht.

a. Die Oxyde der Gruppe VI. (ausgenommen Gold und Platin) von denen der Gruppe V. — Man fällt die saure Lösung mit Schwefelwasserstoff unter Anwendung der Vorsichtsmaassregeln, welche im vierten Abschnitte für die einzelnen Metalle angegeben sind, und unter Berücksichtigung des in 1. Gesagten. Der Niederschlag besteht aus den Schwefelmetallen der Gruppen V. und VI. Man behandelt ihn unmittelbar nach dem Auswaschen mit überschüssigem gelben Schwefelammonium und digerirt ihn damit längere Zeit in gelinder Wärme, filtrirt die klare Flüssigkeit ab, übergiesst den Niederschlag nochmals mit Schwefelammonium, digerirt wiederum kurze Zeit, filtrirt und wäscht die Schwefelmetalle der Gruppe V. mit schwefelwasserstoffhaltigem Wasser aus. — Wenn Zinnsulfür zugegen ist, muss dem Schwefelammonium, wenn es nicht sehr gelb ist, etwas Schwefel als Pulver zugemischt werden. Bei Gegenwart von Kupfer, dessen Sulfid durch Schwefelammonium ein wenig gelöst wird, nimmt man besser statt dessen Schwefelnatrium. Dies kann jedoch nur dann geschehen, wenn kein Quecksilber zugegen ist, da sich dessen Schwefelverbindungen in Schwefelnatrium lösen.

Zu dem alkalischen Filtrate setzt man Salzsäure nach und nach in kleinen Portionen, zuletzt bis zum Vorwalten, lässt absitzen und filtrirt dann die (mit Schwefel gemengten) Schwefelmetalle der sechsten Gruppe ab.

b. Die Oxyde der Gruppe VI. (ausgenommen Gold und Platin) von denen der Gruppen IV. und V.

α. Man versetzt die Lösung mit Ammon bis zur Neutralität, dann mit gelbem Schwefelammonium im geeigneten Ueberschuss, lässt längere Zeit, bei guter Bedeckung, in mässiger Wärme digeriren und verfährt alsdann wie in a. Auf dem Filtrum bleiben die Schwefelmetalle der Gruppe IV. und V. Sie sind mit schwefelammoniumhaltigem Wasser auszuwaschen. (Bei Gegenwart von Nickel hat diese Methode besondere Schwierigkeiten.) Bei Anwesenheit von Kupfer (und Abwesenheit von Quecksilber) nimmt man statt Ammon und Schwefelammonium Natron und Schwefelnatrium[62].

β. Hat man mit festen Verbindungen (Oxyden oder Salzen) zu thun, so ist es meist vorzuziehen, dieselben mit 3 Thln. trockenem kohlensauren Natron und 3 Thln. Schwefel in einem bedeckten Porzellantiegel über der Berzelius'schen Lampe zusammen zu schmelzen. Wenn der Inhalt vollkommen geschmolzen und der überschüssige Schwefel verdampft ist, lässt man erkalten und behandelt die Masse mit Wasser, welches die entstandenen Sulfosalze der Metalle der sechsten Gruppe löst, die Schwefelverbindungen der Gruppen IV. und V. dagegen zurücklässt. Auf diese Weise kann selbst geglühtes Zinnoxyd leicht auf einen Gehalt an

Eisen etc. geprüft und solcher darin bestimmt werden (H. R o s e). Mit der erhaltenen Lösung verfährt man wie in a.

B. Speciellere Methoden.

1. *Solche, welche sich auf die Unlöslichkeit einzelner Metalle in Säuren gründen.*

a. G o l d von anderen Metallen der Gruppen IV. u n d V. in L e g i r u n g e n.

α. Man erwärmt die Legirung mit verdünnter reiner Salpetersäure (oder nach Umständen auch mit Salzsäure). Das Gold bleibt ungelöst, die anderen Metalle lösen sich. Die Legirung sei fein zertheilt (gefeilt oder dünn ausgewalzt). Diese Methode ist bei Gegenwart von Silber und von Blei nur anwendbar, wenn deren Menge mehr als 80 Proc. beträgt, andernfalls wird nicht alles Silber und Blei gelöst. Enthält daher eine Goldsilberlegirung weniger als 80 Proc. Silber, so schmelzt man sie mit 3 Thln. Blei zusammen, ehe sie der Behandlung mit Salpetersäure unterworfen wird. Das gewogene Gold ist durch Auflösen in Königswasser auf seine Reinheit zu prüfen.

β. Man erhitzt die fein zertheilte (gefeilte oder ausgewalzte) Legirung in einer geräumigen Platinschale mit reinem Schwefelsäurehydrat, bis keine Gasentwickelung mehr stattfindet, und das Schwefelsäurehydrat sich zu verflüchtigen beginnt; oder man schmelzt die Legirung mit saurem schwefelsaurem Kali zusammen (H. R o s e). Durch Behandeln mit Wasser, zuletzt siedendem, trennt man das ungelöste Gold von den schwefelsauren Salzen der anderen Metalle. Es ist zweckmässig die Operation mit dem abgeschiedenen Golde zu wiederholen und dies zuletzt auf seine Reinheit zu prüfen.

b. P l a t i n v o n a n d e r e n M e t a l l e n d e r G r u p p e n IV. u n d V. in L e g i r u n g e n. Man bewirkt die Scheidung durch Behandlung mit Schwefelsäure, besser noch mit saurem schwefelsaurem Kali (a. β.), nicht aber mit Salpetersäure (legirtes Platin löst sich unter Umständen darin).

2. *Solche, welche sich auf die Abscheidung des Goldes als Metall gründen.*

Gold von allen Oxyden der Gruppen I.-V., ausgenommen Bleioxyd und Silberoxyd. — Man fällt die salzsaure Lösung mit Oxalsäure nach §. 98. b. γ. und filtrirt das Gold, nach vollständiger Ausscheidung, ab. Man versäume nicht, eine hinreichende Menge Salzsäure zuzusetzen, damit sich nicht, aus Mangel an Lösungsmittel, in Wasser unlösliche oxalsaure Salze mit dem Golde niederschlagen.

3. *Solche, welche sich auf die Abscheidung des Platins als Kalium- oder Ammoniumplatinchlorid gründen.*

Platin von den Oxyden der vierten und fünften Gruppe, ausgenommen von Blei und Silber. — Man fällt das Platin nach §. 99 mit Chlorammonium oder Chlorkalium und wäscht den Niederschlag mit Weingeist vollkommen aus.

4. *Solche, welche sich auf die Abscheidung von in Salpetersäure unlöslichen Oxyden gründen.*

a. Zinn von anderen Metallen der Gruppen IV. und V., in Legirungen. — Man behandelt die zerkleinerte Legirung mit Salpetersäure nach §. 101. 1. a. Das Filtrat enthält die übrigen Metalle in Form salpetersaurer Salze. (Bei Anwesenheit von Wismuth wäscht man zuerst mit salpetersäurehaltigem Wasser aus.) — Da das Zinnoxyd leicht Spuren von Kupferoxyd zurückhält, so kann man es bei genauen Untersuchungen nach §. 132. A. 2. b. β. darauf prüfen und solche bestimmen.

b. Zinn von den Oxyden der Gruppe I., II.,

III., sowie von Manganoxydul, Zinkoxyd, Nickel- und Kobaltoxydul, Kupferoxyd und wohl auch noch anderen Oxyden. (Nach Löwenthal, Journ. f. prakt. Chem. 60. 257.)

Man fällt die salzsaure Lösung, welche alles Zinn als Oxyd (Chlorid) enthalten muss, nach §. 101. 1. b. und trennt den Niederschlag von Zinnoxyd von dem die übrigen Oxyde enthaltenden Filtrate. Man beachte dabei Folgendes:

α. Kann man unter den verschiedenen zur Fällung sich eignenden Salzen wählen, so ist schwefelsaures Natron in der Regel vorzuziehen.

β. Nachdem sich der Niederschlag von Zinnoxyd abgesetzt hat, giesst man die überstehende Flüssigkeit durch ein Filter, wiederholt dies Decantiren einigemal und behandelt dann den Niederschlag noch mit einer Mischung von 1 Salpetersäure (specif. Gew. 1,2) und 9 Wasser kochend, ehe man ihn aufs Filter bringt und völlig auswäscht. Resultate sehr befriedigend.

Hat man Zinnoxyd neben anderen Oxyden, welche sich durch Glühen im Wasserstoffstrom reduciren lassen, so kann man auch die Oxyde auf diese Art reduciren und dann die Metalle nach a. behandeln.

c. Antimon von den Metallen der Gruppen IV. und V. in Legirungen. — Man verfährt wie in a., filtrirt den Niederschlag ab und führt ihn durch Glühen in antimonige Säure über (§. 100. 2.). Resultate nur annähernd, da sich etwas Antimonoxyd löst.

5. *Solche, welche sich auf die Flüchtigkeit mancher Chlormetalle oder Metalle gründen.*

a. Zinn, Antimon, Arsen von Kupfer, Silber, Blei, Kobalt, Nickel. — Man behandelt die Schwefelmetalle im Chlorstrom und verfährt dabei genau nach §. 131. 6. a. Bei Anwesenheit von Antimon füllt man die Kölbchen *f* und *h* mit einer mit Salzsäure vermischten Lösung von Weinsäure in Wasser. — Auch die regulinischen Metalle lassen sich auf diese Art trennen. — Die Legirungen sind möglichst zu zerkleinern. Arsenmetalle werden auf letztere Art nur sehr langsam zerlegt.

b. Zinnoxyd, Antimonoxyd (auch Antimonsäure, arsenige und Arsensäure) von Alkalien und alkalischen Erden. — Man mengt die feste Verbindung mit 5 Thln. reinem gepulvertem Salmiak in einem Porzellantiegel, bedeckt diesen mit einem concaven Platindeckel, auf welchen etwas Salmiak gestreut wird, und glüht gelinde, bis aller Salmiak entwichen ist, mengt dem Inhalte des Tiegels aufs Neue Salmiak zu und wiederholt die Operation, bis keine Gewichtsabnahme des Tiegels mehr stattfindet. Unter diesen Umständen entweichen die Chlorverbindungen des Zinns, Antimons und Arsens, während die der Alkalien und alkalischen Erden zurückbleiben. Am raschesten erfolgt diese Zerlegung bei Arsenverbindungen, minder rasch bei Antimonverbindungen und am langsamsten bei Zinnverbindungen (H. Rose).

c. Quecksilber von Gold. — Man trennt beide Metalle, sowohl wenn sie legirt sind, als auch in anderen Fällen durch Glühen, wobei das Quecksilber entweder aus dem Verlust oder dadurch zu bestimmen ist, dass man es auffängt (§. 94).

6. *Solche, welche sich auf die Flüchtigkeit des Schwefelarsens gründen.*

Arsensäuren von Eisenoxyd (wahrscheinlich auch von Nickeloxydul, Zinkoxyd, Kupferoxyd, Bleioxyd etc.), nach Ebelmen. Man erhitzt die Oxyde in Schwefelwasserstoff, wodurch sie vollständig in

Schwefelmetalle übergehen. Das Schwefelarsen verflüchtigt sich, die anderen Sulfurete bleiben zurück.

7. *Solche, welche sich auf die Ueberführung des Arsens in arsensaures Alkali gründen.*

Arsen von den Metallen und Oxyden der Gruppen II., IV. und V. — Hat man mit arsenig- oder arsensauren Salzen zu thun, so schmelzt man die Verbindung mit 3 Thln. kohlensaurem Natronkali und 1 Thl. Salpeter, hat man Legirungen zu analysiren, mit 3 Thln. kohlensaurem Natron und 1 Thl. salpetersaurem Kali, kocht den Rückstand mit Wasser aus und trennt die ungelöst bleibenden Oxyde oder kohlensauren Salze von der Lösung der arsensauren Alkalien, in welchen die Arsensäure nach §. 102. 2. zu bestimmen ist. Bei geringen Mengen von Arsen lassen sich die Schmelzungen in Platintiegeln vornehmen, bei grösseren müssen sie in Porzellantiegeln vorgenommen werden, indem alsdann die Platintiegel sehr leiden. Bei Anwendung von Porzellantiegeln wird die Masse durch Kieselsäure und Thonerde verunreinigt, worauf zu achten.

8. *Solche, welche sich auf die Abscheidung des Arsens als arsensaures Quecksilberoxydul gründen.*

Arsensäure von den Alkalien, alkalischen Erden, von Zinkoxyd, Kobaltoxydul, Nickeloxydul, Bleioxyd, Kupferoxyd, Cadmiumoxyd. — Man verfährt genau wie bei der Abscheidung der Phosphorsäure durch Quecksilber (§. 106. I. b. γ.). Im unlöslichen Rückstande kann die Arsensäure nicht so bestimmt werden, wie die Phosphorsäure. Mit dem Filtrate verfährt man nach §. 106. II. k. (H. Rose.)

9. *Solche, welche sich auf die Abscheidung des Arsens als arsensaure Ammon-Magnesia gründen.*

Arsensäure von Thonerde und den Oxyden der Gruppe IV. — Man verfährt nach §. 106. II. f. α. Der Niederschlag von arsensaurer Ammonmagnesia ist nach §. 102. 2. zu behandeln.

10. *Solche, welche sich auf die Unlöslichkeit des Chlorsilbers gründen.*

Silber von Gold. — Man behandelt die Legirung mit Königswasser, verdünnt und filtrirt die Lösung des Chlorgoldes von dem Chlorsilber ab. Diese Methode ist nur dann ausführbar, wenn die Legirung weniger als 15 Proc. Silber enthält; denn bei grösserem Gehalte schützt das entstehende Chlorsilber die nicht zersetzten Antheile vor weiterer Einwirkung. — Auf gleiche Art kann auch Silber von Platin getrennt werden.

11. *Solche, welche sich auf die Unlöslichkeit einiger schwefelsauren Salze in Wasser oder Weingeist gründen.*

Arsensäure von Baryt, Strontian, Kalk und Bleioxyd. — Man verfährt wie bei der Trennung der Phosphorsäure von den genannten Oxyden (§. 106. II. c.). Die Verbindungen dieser Basen mit arseniger Säure verwandelt man erst durch Erhitzen der salzsauren Lösung mit chlorsaurem Kali, oder durch wiederholtes Abdampfen mit Salpetersäure in arsensaures Salz, ehe man Schwefelsäure zusetzt.

12. *Solche, welche sich auf die Unlöslichkeit des arsensauren Eisenoxydes gründen.*

Arsensäure von den Basen der Gruppen I. und II., sowie von Zinkoxyd, Mangan-, Nickel- und Kobaltoxydul. — Man fällt die Arsensäure je nach Umständen nach §. 102. 3. a. oder b., filtrirt und bestimmt die Basen im Filtrate.

13. *Solche, welche sich auf das verschiedene Verhalten zu*

Cyankalium gründen.

Gold von Blei und Wismuth. — Hätte man diese Metalle gemeinschaftlich in Lösung, so lassen sie sich durch Cyankalium ganz auf dieselbe Weise trennen, welche zur Trennung des Quecksilbers von Blei und Wismuth angegeben ist (§. 131. 3. a.). Die Auflösung des Cyangold-Cyankaliums zersetzt man durch Einkochen mit Salzsäure und bestimmt nach Austreibung der Blausäure das Gold nach einer der in §. 98 angegebenen Methoden.

II. Trennung der Oxyde der sechsten Gruppe von einander.

§. 133.

Uebersicht: Platin von Gold: 1, — von Antimon, Zinn, Arsen: 2.

Gold von Platin: 1, — von Antimon, Zinn, Arsen: 2.

Antimon von Gold und Platin: 2, — von Zinn: 4. a, 6. a, — von Arsen: 3. b, 4. a u. b, 5. a.

Zinn von Gold und Platin: 2, von Antimon: 4. a, 6. a, — von Arsen: 3. a, 6. a. Zinnoxydul von Zinnoxyd: 7. a, 8. a.

Arsen von Gold und Platin: 2, — von Antimon: 3. b, 4. a u. b, 5. a, — von Zinn: 3. a, 6. a. Arsenige Säure von Arsensäure: 5. b, 7. b, 8. b.

1. *Methode, welche sich auf die Ausfällung des Platins durch Chlorkalium gründet.*

Platin von Gold. — Man fällt aus der Lösung der Chlorverbindungen das Platin nach §. 99. b. und im Filtrate das Gold nach §. 98. b.

2. *Methoden, welche sich auf die Flüchtigkeit der Chlorverbindungen der unedlen Metalle gründen.*

Platin und Gold von Zinn, Antimon, Arsen. — Man erhitzt die fein zertheilten Legirungen oder die Schwefelmetalle in einem Strome von Chlorgas. Gold und Platin bleiben zurück, die Chloride der anderen Metalle verflüchtigen sich (vergl. §. 132. B. 5. a.).

3. *Methoden, welche auf der Flüchtigkeit des Arsens und Schwefelarsens beruhen.*

a. Arsen von Zinn (nach H. Rose). — Man verwandelt in Schwefelmetalle oder in Oxyde, trocknet bei 100° und erhitzt eine abgewogene Menge derselben anfangs gelinde, allmälig stärker in einer Kugelröhre, durch welche trockenes Schwefelwasserstoffgas streicht. Es verflüchtigt sich Schwefelarsen und Schwefel, während Schwefelzinn zurückbleibt. Um das Schwefelarsen aufzufangen, verbindet man die Kugelröhre in der in §. 131. 6. a. beschriebenen Weise mit vorgelegten Kölbchen, in welchen sich verdünnte Ammonflüssigkeit befindet. — Wenn auch bei weiterer Erhitzung sich kein Anflug in dem kälteren Theile der Röhre mehr zeigt, treibt man den Anflug von der Kugel weg, lässt erkalten und schneidet dann die Röhre oberhalb des Anflugs ab. Das abgeschnittene Ende zerschneidet man in Stücke, erwärmt diese mit etwas Natronlauge, bis sich der Anflug gelöst hat, vereinigt diese Lösung mit der vorgeschlagenen ammoniakalischen Flüssigkeit, setzt Salzsäure, dann, ohne abzufiltriren, chlorsaures Kali zu und erwärmt gelinde, bis alles Schwefelarsen gelöst ist. Man filtrirt nun von dem Schwefel ab und bestimmt die Arsensäure nach §. 102. 2. Das in der Kugel enthaltene schwarzbraune Schwefelzinn kann, da es mehr Schwefel enthält, als der Formel SnS entspricht, nicht geradezu gewogen werden. Man wägt es daher und bestimmt in einem abgewogenen Theile das Zinn, indem man denselben durch Befeuchten mit Salpetersäure und Rösten in Zinnoxyd überführt (§. 101. 1. c.).

Hat man Zinn und Arsen als Legirung, so führt man sie am bequemsten durch vorsichtiges Behandeln mit Salpetersäure in Oxyde über. Will man sie in Schwefelmetalle verwandeln, so kann dies geschehen, indem man 1 Theil der fein zertheilten Legirung mit 5 Theilen Soda und 5 Theilen Schwefel in einem bedeckten Porzellantiegel schmelzt, bis zum ruhigen Fluss. Man löst dann in Wasser, filtrirt etwaiges Schwefeleisen oder dergleichen ab und fällt die Lösung mit Salzsäure.

b. Arsen von Antimon, wenn beide legirt sind. — Man erhitzt die abgewogene Probe mit 2 Thln. Soda und 2 Thln. Cyankalium in einer Kugelröhre, durch welche man trockene Kohlensäure leitet, anfangs gelinde, allmälig heftig, bis sich kein Arsen mehr verflüchtigt. (Man hüte sich, die entweichenden Dämpfe einzuathmen. Zweckmässig steckt man den hinteren Theil der Kugelröhre in einen Kolben, in welchem sich alsdann das Arsen sublimirt.) Nach dem Erkalten behandelt man den Inhalt der Kugel erst mit einer Mischung von gleichen Theilen Weingeist und Wasser, dann mit Wasser und wägt das zurückbleibende Antimon. Das Arsen ergiebt sich aus dem Verlust. — Man erhält durch dies Verfahren nur annähernde Resultate. Wollte man die Legirung geradezu, nicht unter einer Schlacke, in kohlensaurem oder Wasserstoffgas schmelzen, so würde man höchst unrichtige Resultate erhalten, indem sich in solchem Falle sehr viel Antimon verflüchtigte.

4. *Methoden, welche auf der Unlöslichkeit des antimonsauren Natrons beruhen.*

a. Antimon von Zinn und Arsen (nach H. Rose). — Hat man die Metalle im regulinischen Zustande, so oxydirt man die wohl zerkleinerte abgewogene Probe in einem Porzellantiegel mit allmälig zuzusetzender Salpetersäure von 1,4 specif. Gewicht, bringt die Masse im Wasserbade zur Trockne, schüttet sie in einen Silbertiegel, spült die im Porzellantiegel noch haftenden Portionen mit Natronlauge in den Silbertiegel, bringt zur Trockne, setzt die achtfache Menge festes Natronhydrat zu und schmelzt längere Zeit. Die erkaltete Masse behandelt man mit heissem Wasser, bis das Ungelöste feinpulverig erscheint, verdünnt etwas mit Wasser und setzt so viel Alkohol von 0,83 specif. Gewicht zu, dass das Volumenverhältniss desselben zum Wasser wie 1 : 3 ist. Nachdem man unter öfterem Umrühren 24 Stunden lang hat stehen lassen, filtrirt man, spült mit wässerigem Weingeist (1 Vol. Alkohol: 3 Vol. Wasser) nach und wäscht den Niederschlag auf dem Filter zuerst mit Weingeist, der auf 2 Vol. Wasser 1 Vol. Alkohol enthält, dann mit aus gleichen Raumtheilen gemischtem und endlich mit solchem aus, der auf 1 Vol. Wasser 3 Vol. Alkohol enthält. Den sämmtlichen weingeistigen Waschflüssigkeiten setzt man einige Tropfen kohlensaure Natronlösung zu. Das Auswaschen wird fortgesetzt, bis eine Probe, mit Salzsäure angesäuert und mit Schwefelwasserstoffwasser versetzt, sich nicht mehr färbt.

Das antimonsaure Natron spült man vom Filter ab, löst es in einer Mischung von Salzsäure und Weinsteinsäure, mit der man zuvor das Filter ausgewaschen hat, fällt mit Schwefelwasserstoff und bestimmt das Antimon überhaupt nach §. 100. 1. b.

Zu dem das Zinn und Arsen enthaltenden Filtrate fügt man Salzsäure, wodurch ein Niederschlag von arsensaurem Zinnoxyd entsteht, leitet, ohne vorher abzufiltriren, längere Zeit Schwefelwasserstoff ein, lässt stehen, bis der Geruch danach fast verschwunden, und trennt dann die gewogenen Schwefelmetalle nach 3. a.

Enthält die Substanz nur A n t i m o n u n d A r s e n, so erhitzt man das alkoholische Filtrat unter öfterem Zusatz von Wasser, bis es kaum mehr nach Weingeist riecht, setzt Salzsäure zu und bestimmt die Arsensäure als arsensaure Ammon-Magnesia (§. 102. 2.).

b. B e s t i m m u n g d e s S c h w e f e l a r s e n s, i m k ä u f l i c h e n S c h w e f e l a n t i m o n (nach W a c k e n r o d e r). — Man verpufft 20 Grm. des fein zerriebenen Schwefelantimons mit 40 Grm. Salpeter und 20 Grm. kohlensaurem Natron, indem man das Gemenge nach und nach in einen rothglühenden hessischen Tiegel einträgt, zieht die stark geglühte Masse wiederholt mit Wasser aus, fällt aus dem mit Salzsäure angesäuerten und mit schwefliger Säure behandelten Filtrate das Arsen nebst einem kleinen Theile des Antimons mit Schwefelwasserstoff, digerirt den feuchten Niederschlag mit kohlensaurem Ammon, filtrirt, säuert das Filtrat an, leitet Schwefelwasserstoff ein und bestimmt das Arsen als Schwefelarsen nach §. 102. 4.

5. *Methoden, welche auf der Ausfällung des Arsens als arsensaure Ammon-Magnesia beruhen.*

a. A r s e n v o n A n t i m o n. — Man oxydirt die Metalle oder Schwefelverbindungen mit Königswasser oder Salzsäure und chlorsaurem Kali, fügt Weinsteinsäure, viel Chlorammonium, dann überschüssiges Ammon zu. (Hierdurch darf keine Fällung entstehen; wäre es der Fall, so war die Menge des Salmiaks oder der Weinsteinsäure nicht genügend.) Man fällt alsdann die Arsensäure nach §. 102. 2. und bestimmt im Filtrate das Antimon nach §. 100. 1. b.

b. A r s e n s ä u r e v o n a r s e n i g e r S ä u r e. Man versetzt die Lösung mit v i e l Salmiak, fällt dann die

Arsensäure nach §. 102. 2. und bestimmt im Filtrate die arsenige Säure durch Fällung mit Schwefelwasserstoff (§. 102. 4.).

6. *Methoden, welche auf der Ausfällung regulinischer Metalle beruhen.*

a. Z i n n v o n A n t i m o n n a c h G a y - L u s s a c. — Man erwärmt einen gewogenen Theil der fein zertheilten Legirung (oder auch einer sonstigen Verbindung) mit Salzsäure, fügt chlorsaures Kali in kleinen Portionen zu, bis zu erfolgter Lösung, und theilt alsdann die Flüssigkeit in zwei gleiche Theile, a. und b. In a. fällt man beide Metalle durch einen Zinkstab, spült sie ab und wägt sie; — b. erwärmt man, nachdem man ziemlich viel Salzsäure zugesetzt hat, mit einem Zinnstreifen längere Zeit. — Durch diese Operation wird das Antimon vollständig als schwarzes Pulver abgeschieden und das Zinnchlorid zu Chlorür reducirt. Man spült das Antimon mit Salzsäure enthaltendem Wasser von dem Zinnstreifen ab, sammelt es auf einem gewogenen Filter, trocknet und wägt es. Die Quantität des Zinns ergiebt sich als Differenz.

b. B e s t i m m u n g d e s A r s e n s i n m e t a l l i s c h e m Z i n n, nach G a y - L u s s a c[63]. — Man löst das laminirte oder durch Eingiessen in Wasser gekörnte Metall in einem Gemenge von 1 Aeq. Salpetersäure und 9 Aeq. Salzsäure in gelinder Wärme auf. Die Auflösung erfolgt ohne Gasentwickelung, es bildet sich Zinnchlorür und Chlorammonium. Das Arsen bleibt als Pulver zurück. $NO_5 + 9\ ClH + 8\ Sn = 8\ SnCl + NH_4, Cl + 5\ HO$. Das Königswasser darf daher in nicht viel grösserem Verhältniss angewendet werden, als auf 8 Aeq. Metall 1 Aeq. NO_5 und 9 Aeq. ClH.

7. *Maassanalytische Methoden.*

a. Zinnoxydul neben Zinnoxyd. — Man löst bei Luftabschluss in Salzsäure, verdünnt die Flüssigkeit mit ausgekochtem Wasser, bringt sie auf ein bestimmtes Volum und bestimmt in einer abgemessenen Menge das Zinnoxydul nach §. 101. 2.; in einer zweiten Portion kann man alsdann die Gesammtmenge entweder ebenfalls maassanalytisch bestimmen, indem man das Chlorid zuerst in Chlorür überführt (§. 101. 2. b.), oder man kann darin alles Zinn durch Erwärmen mit chlorsaurem Kali oxydiren und das Zinn nach §. 101. 1. b. bestimmen.

b. Arsenige Säure von Arsensäure. — Man bestimmt, sofern eine feste Substanz zur Untersuchung vorliegt, in einer Portion die arsenige Säure maassanalytisch nach §. 102. 5., in einer zweiten die Gesammtmenge des Arsens nach einer der in §. 102 angegebenen Methoden. — Hat man die Säuren in Lösung, so lässt sich die arsenige Säure auch in der Art bestimmen, dass man eine abgewogene Portion mit Salzsäure und etwas Indigolösung versetzt und dann von einer Chlorkalklösung von bekanntem Gehalte so lange zufügt, bis die blaue Farbe des Indigos verschwunden ist. Alles Nähere siehe unten in dem Abschnitte über Chlorimetrie.

8. *Indirecte Methoden.*

a. Zinnoxydul neben Zinnoxyd. — Man bestimmt in einer Portion die Gesammtmenge des Zinns, — eine zweite löst man bei Luftabschluss in Salzsäure und tröpfelt die Lösung unter Umrühren in eine stark überschüssige Auflösung von Quecksilberchlorid. Der entstehende Niederschlag von Quecksilberchlorür wird nach §. 94. 2. behandelt. — 1 Aeq. desselben (Hg_2Cl) entspricht 1 Aequivalent Zinnchlorür ($SnCl$). (H. R o s e.)

b. Arsenige Säure neben Arsensäure. — Man bestimmt in einer Portion die Gesammtmenge des

Arsens, eine zweite löst man in Salzsäure (wobei natürlicherweise die Abwesenheit oxydirender Substanzen [salpetersaurer Salze etc.] vorausgesetzt wird) und fügt eine überschüssige Lösung von Natrium- oder Ammonium-Goldchlorid zu. Nachdem man einige Tage kalt — oder, bei verdünnten Lösungen, in gelinder Wärme — hat stehen lassen, filtrirt man das ausgeschiedene Gold ab und bestimmt es nach §. 98. b. (Das Filtrat bewahrt man auf, um dessen gewiss zu werden, dass sich kein weiteres Gold mehr ausscheidet.) 2 Aeq. Gold entsprechen 3 Aeq. arseniger Säure ($2AuCl_3 + 3AsCl_3 = 3AsCl_5 + 2Au$). (H. R o s e.)

II. Die Scheidung der Säuren von einander.

Es wird daran erinnert, dass wir bei den folgenden Scheidungsmethoden in der Regel von der Annahme ausgehen, die Säuren seien im freien Zustande oder in Verbindung mit alkalischen Basen vorhanden, vergl. das oben S. 274 darüber Gesagte.

Erste Gruppe.

A r s e n i g e S ä u r e, A r s e n s ä u r e, C h r o m s ä u r e, S c h w e f e l s ä u r e, P h o s p h o r s ä u r e, B o r s ä u r e, O x a l s ä u r e, F l u o r w a s s e r s t o f f s ä u r e, K i e s e l s ä u r e, K o h l e n s ä u r e.

§. 134.

1. A r s e n i g e S ä u r e u n d A r s e n s ä u r e v o n a l l e n ü b r i g e n S ä u r e n. — Man fällt aus der Lösung mit Schwefelwasserstoff alles Arsen (§. 102. 4.) und bestimmt im Filtrat die übrigen Säuren. Ist Chromsäure zugegen, so reducirt man dieselbe zuerst nach einer der (§. 104) angegebenen Methoden, damit mit dem Schwefelarsen kein Schwefel niederfalle. — Arsensäure ist, wo es irgend angeht,

durch schweflige Säure zu reduciren, ehe man mit Schwefelwasserstoff fällt.

2. Schwefelsäure von den übrigen Säuren.

a. *Von den Säuren des Arsens, von Phosphor-, Bor-, Fluorwasserstoff-, Oxal-, Kiesel- und Kohlensäure.*

Man versetzt die mit Salzsäure stark sauer gemachte verdünnte Lösung mit Chlorbaryum und filtrirt den nach §. 105 zu bestimmenden schwefelsauren Baryt von der die sämmtlichen anderen Säuren enthaltenden Lösung ab.

b. *Von Fluorwasserstoffsäure in unlöslichen Verbindungen.*

Soll ein Gemenge von schwefelsaurem Baryt und Fluorcalcium zerlegt werden, so kann dies nicht durch blosse Behandlung mit Salzsäure geschehen; der unlösliche Rückstand enthält ausser schwefelsaurem Baryt Gyps und Fluorbaryum. Nur auf folgende Art lässt sich der Zweck erreichen. Man schmelzt mit 6 Thln. kohlensaurem Natronkali und 2 Thln. Kieselsäure. Die erkaltete Masse behandelt man mit Wasser, die Lösung mit kohlensaurem Ammon, wäscht die ausgeschiedene Kieselsäure mit einer verdünnten Lösung von kohlensaurem Ammon, übersättigt das Filtrat mit Salzsäure und fällt mit Chlorbaryum.

Soll auch das Fluor bestimmt werden, so säuert man mit Salpetersäure an, fällt mit salpetersaurem Baryt, sättigt dann mit kohlensaurem Natron und fällt das Fluorbaryum durch Weingeist. Nachdem es zuerst mit Weingeist von 50 Proc., zuletzt mit starkem Alkohol lange ausgewaschen worden, wird es getrocknet, geglüht und gewogen (H. R o s e).

c. *Bei Gegenwart von viel Chromsäure.*

reducirt man diese am besten, indem man die trockene Verbindung mit concentrirter Salzsäure kocht (geschieht dies nach §. 104. I. d. β., so erfährt man hierdurch zugleich die Menge der Chromsäure) und aus der stark verdünnten Lösung zuerst das Chromoxyd durch Ammon (§. 84), dann — im Filtrat — die Schwefelsäure, nach Zusatz von Salzsäure, durch Chlorbaryum fällt.

3. Chromsäure von Phosphorsäure. — Man fällt die Phosphorsäure als phosphorsaure Ammonmagnesia (§. 106. I. b.). Im Filtrate bestimmt man die Chromsäure mittelst salpetersauren Quecksilberoxyduls, oder in einer anderen Portion volumetrisch (§. 104).

4. Phosphorsäure von Borsäure. — Man bestimmt in der gemeinschaftlichen Lösung die Phosphorsäure mittelst schwefelsaurer Magnesia (§. 106. I. b.), im Filtrat die Borsäure nach einer der §. 107 beschriebenen Methoden.

5. Phosphorsäure von Oxalsäure.

a. Sollen beide Säuren in einer Portion bestimmt werden, so versetzt man die wässerige Lösung mit überschüssigem Natriumgoldchlorid, erwärmt und bestimmt aus der Menge des reducirten Goldes die der Oxalsäure (§. 108. b. α.). Im Filtrate scheidet man zunächst das überschüssige Gold durch Oxalsäure ab und fällt dann die Phosphorsäure mit schwefelsaurer Magnesia. — Löst sich die Verbindung nicht in Wasser, so wendet man Salzsäure an und verfährt nach §. 108. b. β. Aus dem Filtrate fällt man alsdann das Gold durch Schwefelwasserstoff ohne Erwärmen.

b. Ist soviel Substanz vorhanden, dass man getrennte Portionen verwenden kann, so bestimmt man in einer die Oxalsäure nach §. 108. c., in einer zweiten die Phosphorsäure. Ist die Substanz in Wasser löslich, so kann letztere — wenn die Menge der Oxalsäure nicht zu sehr vorwaltet — geradezu mit schwefelsaurer Magnesia bei Anwesenheit von Salmiak und Ammon gefällt werden; anderenfalls glüht man die Substanz mit kohlensaurem

Natronkali, zerstört so die Oxalsäure und bestimmt die Phosphorsäure im Rückstande.

6. **Fluormetalle von phosphorsauren Salzen.**

a. *Die Substanz ist in Wasser löslich.*

α. Enthält sie r e l a t i v v i e l Fluor, so dass eine Bestimmung desselben aus der Differenz zulässig erscheint, so fällt man die Lösung durch Chlorcalcium, wäscht den Niederschlag aus, trocknet, glüht und wägt ihn. Er besteht aus phosphorsaurem Kalk und Fluorcalcium. Man erwärmt ihn mit Schwefelsäure in einem Platingefässe, bis alles Fluor als Fluorwasserstoff entwichen ist (die Erhitzung werde nicht so gesteigert, dass Schwefelsäurehydrat sich verflüchtigt), und bestimmt dann Kalk und Phosphorsäure nach §. 106. II. c. Zieht man Phosphorsäure und Kalk von dem Gesammtgewicht des Niederschlages ab, so findet man das Fluor, indem man ansetzt: Aeq. des Fluors — Aeq. des Sauerstoffs: Aeq. des Fluors = der gefundene Gewichtsverlust: dem gesuchten Fluor.

β. Enthält die Substanz r e l a t i v w e n i g Fluor, so versetzt man die Auflösung mit basisch salpetersaurem Quecksilberoxydul. Es entsteht dadurch ein gelber Niederschlag von basisch phosphorsaurem Quecksilberoxydul, während alles Fluorquecksilber gelöst bleibt. Man bestimmt im Niederschlage die Phosphorsäure nach §. 106. I. b. γ., das Filtrat neutralisirt man mit kohlensaurem Natron, leitet — ohne zuvor abzufiltriren — Schwefelwasserstoff ein, filtrirt und bestimmt das Fluor nach §. 109. I. (H. R o s e).

b. *Ist die Substanz nicht in Wasser löslich, aber durch Säuren zerlegbar,* so lässt sich das Verfahren a. α. ebenfalls anwenden. Man löst erst in Salzsäure und verdampft dann mit Schwefelsäure.

c. *Ist die Substanz nicht durch Säuren zersetzbar*, so schmelzt man sie mit kohlensaurem Natron und Kieselsäure (siehe §. 134. 8.).

7. Fluormetalle von Kieselsäure und Silicaten. — Sehr viele natürliche Silicate enthalten Fluormetalle; man hat daher bei Mineraluntersuchungen wohl darauf zu achten, dass man letztere nicht übersieht. —

Sind die Fluormetall enthaltenden Silicate durch Säuren zersetzbar (was nur selten der Fall ist) und scheidet man die Kieselsäure nach üblicher Art durch Abdampfen ab, so kann sich alles Fluor verflüchtigen.

α. *Methode von* Berzelius. Man schmelzt die fein geschlämmte Substanz mit 4 Thln. kohlensaurem Natron ziemlich lange bei starker Rothglühhitze, weicht die Masse mit Wasser auf, kocht sie damit, filtrirt und wäscht erst mit siedendem Wasser, dann mit einer Auflösung von kohlensaurem Ammon aus. Man hat in Lösung alles Fluor als Fluornatrium, ferner kohlensaures, kieselsaures und Thonerdenatron. Man versetzt dieselbe mit kohlensaurem Ammon und erhitzt sie damit unter Ersatz des verdunstenden kohlensauren Ammons. Den hierdurch entstehenden Niederschlag von Kieselsäure- und Thonerdehydrat filtrirt man ab und wäscht ihn mit kohlensaurem Ammon aus. Das Filtrat erhitzt man, bis alles kohlensaure Ammon entwichen, und bestimmt das Fluor nach §. 109. — Die beiden Niederschläge zerlegt man, zur Abscheidung der Kieselsäure mit Salzsäure, nach §. 111. II. a.[64].

β. Methode von Wöhler. (Dieselbe ist nur anwendbar, wenn die Substanz durch Schwefelsäure leicht zerlegt wird, und wenn die Menge des Fluors gross ist.) Man bringt die Verbindung im höchst fein gepulverten Zustande in einen kleinen Kolben, übergiesst sie mit reinem

Schwefelsäurehydrat, verschliesst den Kolben rasch mit einem Kork, in den eine kleine Chlorcalciumröhre eingepasst ist, wägt den ganzen Apparat möglichst schnell, erwärmt ihn dann bis keine Dämpfe von Fluorkiesel mehr entweichen, entfernt die letzten Antheile des noch im Kölbchen befindlichen Gases mit Hülfe der Luftpumpe, lässt erkalten und wägt. Der Gewichtsverlust des Apparates giebt die Menge des entwichenen Fluorkiesels genau an. Man berechnet daraus einmal die Menge des Fluors und dann die Menge des entwichenen Siliciums, damit man dessen Menge, auf Kieselsäure berechnet, der im Rückstande gefundenen zuzählen kann.

8. Fluormetalle, Silicate und phosphorsaure Salze neben einander. — Derartige Verbindungen, welche in der Natur nicht selten vorkommen, werden nach 7. α. zerlegt. Hierbei ist auf eine vollständige Zerlegung der Phosphate nicht immer zu rechnen, indem z. B. phosphorsaurer Kalk durch schmelzende Soda nur partiell zerlegt wird. — Die Auflösung, welche man nach Abscheidung der Kieselsäure und nach Verflüchtigung des kohlensauren Ammons bekommt, enthält — bei Gegenwart von Phosphaten — neben Fluornatrium und kohlensaurem Natron auch phosphorsaures Natron.

Man neutralisirt fast mit Salzsäure, fällt mit Chlorcalcium, filtrirt, trocknet und glüht den aus Fluorcalcium, phosphorsaurem Kalk und kohlensaurem Kalk bestehenden Niederschlag, behandelt ihn mit überschüssiger Essigsäure, verdampft damit im Wasserbade ganz zur Trockne, bis alle Essigsäure entfernt ist, zieht mit Wasser den aus dem kohlensauren Kalk entstandenen essigsauren Kalk aus und wägt den aus phosphorsaurem Kalk und Fluorcalcium bestehenden und nach 6. weiter zu zerlegenden Rückstand. — In dem ursprünglich gebliebenen Rückstande, sowie in dem durch kohlensaures Ammon entstandenen Niederschlage bestimmt man die Kieselsäure, den Rest der Phosphorsäure und die Basen.

9. Kieselsäure von allen anderen Säuren (ausgenommen Flusssäure).

α. *In durch Salzsäure aufschliessbaren Verbindungen.*

Man zersetzt die Substanz durch mehr oder weniger lang fortgesetzte Digestion mit Salzsäure oder Salpetersäure, verdampft damit im Wasserbade (nicht bei höherer Temperatur) zur Trockne (§. 111. II. a.), übergiesst den Rückstand je nach Umständen mit Wasser, Salzsäure oder Salpetersäure, filtrirt die ausgeschiedene Kieselsäure ab und bestimmt die übrigen Säuren im Filtrat. — Bei Gegenwart von Borsäure nimmt man das Abdampfen in einem Kolben vor und leitet die entweichenden Dämpfe in Wasser, damit man keinen Verlust erleide. Bei Gegenwart von kohlensauren Salzen bestimmt man die Kohlensäure in einer besonderen Portion.

β. *In durch Salzsäure nicht aufschliessbaren Verbindungen.*

Man schliesst die Substanz durch Glühen mit kohlensaurem Natron-Kali auf (§. 111. II. b. α.) und behandelt den Rückstand entweder geradezu vorsichtig mit verdünnter Salzsäure oder Salpetersäure, um mit der Lösung nach α. zu verfahren, oder man fällt aus der beim Behandeln des Rückstandes mit Wasser erhaltenen Flüssigkeit die in Lösung übergegangene Kieselsäure durch Erwärmen mit doppelt kohlensaurem Ammon, filtrirt, bestimmt die anderen Säuren im Filtrat, die Kieselsäure in dem mit dem Rückstande vereinigten Niederschlag, indem man ihn mit Salzsäure behandelt und nach §. 111. II. a. verfährt. — Welche von diesen Methoden die passendere ist, hängt von der Natur der Basen und dem Verhältniss, in dem die Kieselsäure zu denselben steht, ab.

10. Kohlensäure von allen anderen Säuren. — Da die Kohlensäure beim Erwärmen ihrer Salze mit stärkeren Säuren ausgetrieben und entfernt wird, so hat die Gegenwart von kohlensauren Salzen auf die Bestimmung der meisten übrigen Säuren keinen Einfluss, und da die Bestimmung der Kohlensäure am einfachsten aus dem Gewichtsverlust geschieht, so ist andererseits die Anwesenheit der Salze nichtflüchtiger Säuren dabei ohne Belang. — Hat man demnach Verbindungen, die kohlensaure, schwefelsaure, phosphorsaure etc. Salze neben einander enthalten, so bestimmt man in einer Portion die Kohlensäure, in einer zweiten die übrigen Säuren. — Hat man Fluorverbindungen neben kohlensauren Salzen, so muss man darauf achten, dass man in solchem Falle die Kohlensäure nicht durch Schwefelsäure oder Salzsäure austreiben darf, weil sonst ein Theil der in Freiheit gesetzten Flusssäure mit der Kohlensäure entweichen würde, sondern dass man zu diesem Behufe eine schwache nichtflüchtige Säure, etwa Weinsteinsäure oder Citronensäure, anwenden muss. — Hat man, wie dies bei Analysen zuweilen vorkommt, Fluorcalcium und kohlensauren Kalk in einem Niederschlage, so trennt man beide in der Weise, dass man das Gemenge mit Essigsäure zur Trockne verdampft und den Rückstand mit Wasser auszieht. Der aus dem kohlensauren Kalk entstandene und ihm entsprechende essigsaure Kalk löst sich, das Fluorcalcium bleibt zurück.

Zweite Gruppe.

Chlorwasserstoffsäure,
Bromwasserstoffsäure,
Jodwasserstoffsäure,
Cyanwasserstoffsäure,
Schwefelwasserstoffsäure.

I. Trennung der Säuren der zweiten Gruppe von denen der

ersten.

§. 135.

a. *Alle Säuren der zweiten Gruppe von denen der ersten.*

Man versetzt die verdünnte Lösung mit Salpetersäure, fügt salpetersaures Silberoxyd im Ueberschuss hinzu und filtrirt die unlöslichen Silberverbindungen des Chlors, Broms, Jods etc. ab. In Auflösung bleiben sämmtliche Säuren der ersten Gruppe, da ihre Silbersalze in Wasser oder Salpetersäure löslich sind. — Kohlensäure erfordert unter allen Umständen eine besondere Bestimmung. Führt man dieselbe nach §. 110. II. b. β. aus, so entweicht bei Gegenwart von Chlormetallen mit der Kohlensäure Chlorwasserstoff. Bei genauen Bestimmungen beugt man diesem Uebelstande vor, indem man eine Auflösung von schwefelsaurem Silberoxyd in geringem Ueberschuss zusetzt oder auch (nach V o h l) durch Zusatz von etwas fein geriebenem Quecksilberoxyd. Durch diese Zusätze wird zugleich das Entweichen von Schwefelwasserstoff aus Schwefelmetallen verhindert; den letzteren Zweck kann man auch durch Zusatz von etwas neutralem chromsaurem Kali erreichen.

b. *Einzelne Säuren der zweiten Gruppe von einzelnen Säuren der ersten Gruppe.*

Da es für die weitere Trennung der Säuren der zweiten Gruppe unbequem ist, alle in Form unlöslicher Silberverbindungen zu haben, so wendet man, wo es vermieden werden kann, das in a. angegebene Verfahren nicht an, im Falle man mehrere Säuren der zweiten Gruppe zusammen abzuscheiden hat, sondern wählt lieber folgende Methoden:

1. S c h w e f e l s ä u r e trennt man von den Säuren der zweiten Gruppe nach §. 134. 2. mit dem Unterschiede, dass

man anstatt Chlorbaryums salpetersauren Baryt nimmt.

2. P h o s p h o r s ä u r e fällt man mit salpetersaurer Magnesia und Ammon bei Gegenwart von salpetersaurem Ammon (siehe §. 106. I. b.). — Im Filtrat bestimmt man die Säuren der zweiten Gruppe.

3. O x a l s ä u r e entfernt man mit Leichtigkeit durch salpetersauren Kalk.

4. S c h w e f e l w a s s e r s t o ff kann von den Säuren der ersten Gruppe ebenso gut als durch Silbersalz, durch salpetersaures Kupferoxyd oder durch eine Auflösung von arseniger Säure in Wasser, der man etwas Salpetersäure zugesetzt hat, geschieden werden.

5. C h l o r i n S i l i c a t e n. — Bei der Bestimmung des Chlors in Silicaten ist Manches zu berücksichtigen. a) Lösen sich dieselben in verdünnter Salpetersäure auf, so fällt man die Lösung direct mit salpetersaurem Silber (ohne Erwärmen), entfernt aus dem Filtrat den Silberüberschuss durch verdünnte Salzsäure (ohne Erwärmen) und scheidet dann die Kieselsäure wie gewöhnlich ab. b) Gelatiniren die Silicate bei Zersetzung mit Salpetersäure, so verdünnt man, lässt absitzen, filtrirt, wäscht die abgeschiedene Kieselsäure aus und verfährt mit dem Filtrat nach a. c) Werden die Silicate durch Salpetersäure nicht zersetzt, so mengt man sie mit kohlensaurem Natronkali, befeuchtet die Masse mit Wasser, trocknet sie im Tiegel ein, schmelzt, kocht mit Wasser aus, entfernt etwa gelöste Kieselsäure mit kohlensaurem Ammon (§. 134. 7. α.) und fällt alsdann, nach Zusatz von Salpetersäure, mit salpetersaurem Silberoxyd (H. R o s e).

6. C h l o r v e r b i n d u n g e n n e b e n F l u o r v e r b i n d u n g e n. — Sind dieselben in Wasser löslich, so kann man zwar nach a. verfahren, bequemer ist es aber, das Fluor mit salpetersaurem Kalk und im Filtrat das

Chlor mit Silberlösung zu fällen. — Unlösliche Verbindungen schmelzt man mit kohlensaurem Natron und Kieselsäure (siehe §. 134. 7. α.).

7. Chlor neben Fluor in Silicaten. — Man verfährt nach §. 134. 7. α. Das alkalische Filtrat sättigt man fast mit Salpetersäure, fällt dann mit salpetersaurem Kalk, trennt Fluorcalcium und kohlensauren Kalk nach §. 134. 10. und fällt im Filtrat das Chlor durch Silberlösung.

8. Schwefelmetalle von schwefelsauren Salzen. — Alkalische Schwefelmetalle lassen sich in festen Verbindungen von schwefelsauren Alkalien durch Alkohol trennen, in welchen jene löslich, diese unlöslich sind (H. Rose); auch kann man in einer Portion die Menge des Schwefelmetalles maassanalytisch oder mittelst Kupferlösung bestimmen (§. 116), in einer zweiten die der Schwefelsäure, indem man mit Chlorbaryum fällt, die Flüssigkeit abgiesst, den Niederschlag mit verdünnter Salzsäure behandelt und dann erst abfiltrirt. Etwa mit niederfallender Schwefel verbrennt beim Glühen des schwefelsauren Baryts und ist somit ohne Nachtheil.

9. Schwefelmetalle in Silicaten. — Lässt sich die Verbindung durch Säuren zersetzen, so behandelt man sie im höchst fein gepulverten Zustande mit rauchender Salpetersäure (§. 116. II. 2. a.). Wenn aller Schwefel oxydirt ist, verdünnt man, filtrirt zuerst die Kieselsäure ab, entfernt einen etwa gelösten Antheil mit kohlensaurem Ammon und bestimmt im Filtrat die erzeugte Schwefelsäure.

Anhang: Analyse von Verbindungen, welche alkalische Schwefelmetalle, kohlensaure, schwefelsaure und unterschwefligsaure Salze enthalten.

§. 136.

Die nachstehende Methode ist zuerst von G. Werther[65] angewendet worden und zwar bei der Untersuchung von Schiesspulverrückständen.

Man übergiesst die zu untersuchende Verbindung mit Wasser, in welchem eine hinreichende Menge kohlensaures Cadmiumoxyd[66] suspendirt ist, und schüttelt in einem verkorkten Gefässe häufig. Das alkalische Schwefelmetall zersetzt sich mit dem kohlensauren Cadmiumoxyd vollständig. Der gelbliche Niederschlag wird abfiltrirt und mit verdünnter Essigsäure (nicht Salzsäure) behandelt. Es löst sich das kohlensaure Cadmiumoxyd, während das Schwefelcadmium zurückbleibt. Man oxydirt es mit chlorsaurem Kali und Salpetersäure (§. 116. II. 2. a. α. β.) und fällt die aus dem Schwefelmetall erzeugte Schwefelsäure mit Chlorbaryum.

Die von dem Schwefelcadmium abfiltrirte Lösung wird erwärmt und mit einer Lösung von salpetersaurem Silberoxyd versetzt. Der Niederschlag, aus kohlensaurem Silberoxyd und Schwefelsilber bestehend ($KO, S_2O_2 + AgO, NO_5 = KO, SO_3 + AgS + NO_5$), wird durch Ammon von ersterem Salze befreit, und aus der ammoniakalischen Lösung das Silber — nach Ansäuren mit Salpetersäure — durch Chlornatrium gefällt. Je 1 Aeq. so erhaltenen Chlorsilbers entspricht 1 Aeq. kohlensaurem Salz[67]. Das Schwefelsilber löst man in verdünnter kochender Salpetersäure, bestimmt in der Lösung das Silber als Chlorsilber und berechnet hieraus die Menge des unterschwefligsauren Salzes, wobei zu beachten, dass 1 Aeq. AgCl 2 Aeq. Schwefel in unterschwefliger Säure, also 1 Aeq. unterschwefligsaurem Salze (KO, S_2O_2) entspricht.

Aus der von Schwefelsilber und kohlensaurem Silberoxyde abfiltrirten Lösung wird zuerst das überschüssige Silber durch Salzsäure, dann die Schwefelsäure durch ein Barytsalz gefällt. Von der erhaltenen Quantität der letzteren ist natürlicher Weise so viel abzuziehen, als der aus der Zersetzung der unterschwefligen Säure entstandenen Menge entspricht, also für ein Gewichtstheil aus dem Schwefelsilber erhaltenen Chlorsilbers 0,28 Gewichtstheile Schwefelsäure. Der Rest ist dann die in der untersuchten Substanz wirklich enthaltene Schwefelsäure.

Bestimmt man in der vom schwefelsauren Baryt abfiltrirten Flüssigkeit das Alkali nach §. 76 oder 77 als schwefelsaures Salz, so erhält man eine Controle für die Analyse.

II. Trennung der Säuren der zweiten Gruppe von einander.

§. 137.

1. Chlor von Brom.

Eine genaue Methode, Chlor und Brom in der Art von einander zu trennen, dass beide ihrem Gewichte nach bestimmt werden könnten, kennt man nicht (die vorgeschlagenen entsprechen dem Zwecke nur mangelhaft); man pflegt daher das Brom stets auf eine mehr indirecte Art zu bestimmen.

a. Man fällt mit salpetersaurem Silberoxyd, wäscht den Niederschlag aus, trocknet, schmelzt und wägt ihn. Man bringt alsdann einen aliquoten Theil des Chlor-Bromsilbers, den man am zweckmässigsten durch Ausgiessen der wieder geschmolzenen Masse aus dem Tiegel loslöst, in eine gewogene Kugelröhre, schmelzt in der Kugel, lässt erkalten und wägt. Man kennt durch diese letzte Gewichtsbestimmung nunmehr sowohl die Quantität des in der Kugelröhre befindlichen Chlor-Bromsilbers, als auch das Totalgewicht der gefüllten Röhre. Es ist nothwendig, die Wägungen so genau als irgend möglich zu machen. Man leitet jetzt durch die Kugelröhre einen langsamen Strom trockenes, reines Chlorgas, erhitzt den Inhalt der Kugel zum Schmelzen und schwenkt die geschmolzene Masse von Zeit zu Zeit ein wenig in der Kugel herum. Nach Verlauf von etwa 20 Minuten nimmt man die Kugelröhre ab, lässt sie erkalten, hält sie schief, dass das Chlorgas durch Luft verdrängt werde, und wägt, erhitzt dann nochmals 10 Minuten in Chlorgas und wägt wieder. Stimmen die beiden letzten Wägungen überein, so ist der Versuch beendigt; zeigt sich noch eine Gewichtsveränderung, so muss man die Operation ein drittes Mal wiederholen. Die Gewichtsabnahme, multiplicirt mit 4,223, ist gleich dem durch Chlor zersetzten Bromsilber. Art und Erklärung der Berechnung siehe unten (§. 168).

Diese Methode giebt sehr genaue Resultate, sofern die Menge des Broms ziemlich gross ist, dagegen höchst unzuverlässige, wenn Spuren von Brom neben Massen von Chlormetallen bestimmt werden sollen, z. B. in Salzsoolen. — Um nun das Verfahren für solche Fälle brauchbar zu machen, muss man danach trachten, eine Silberverbindung zu erhalten, welche alles Brom, aber nur einen kleinen Theil des Chlors enthält. Dieser Zweck lässt sich auf mehrfache Weise erreichen.

α. Nach F e h l i n g. Man versetzt unter gutem Umschütteln die Lösung k a l t mit einer zur völligen Ausfällung ganz unzureichenden Menge Silberlösung. Man erhält so einen Niederschlag, der alles Brom enthält, vorausgesetzt, dass eine dem vorhandenen Brom einigermaassen entsprechende Menge Silberniederschlag erzeugt wurde.

F e h l i n g giebt folgende Normen:

Bei 0,001 Bromgehalt fällt man mit ⅕–⅙ der zur vollständigen Fällung nöthigen Silberlösung, — bei 0,0001

Brom mit $\frac{1}{10}$, bei 0,00002 mit $\frac{1}{30}$, — bei 0,00001 mit $\frac{1}{60}$.

Der Niederschlag von Chlor-Bromsilber ist s e h r g u t auszuwaschen, ehe man ihn trocknet, glüht und wägt. Die Behandlung mit Chlor geschieht wie oben angegeben. — Die Menge des Chlors findet man, indem man eine neue abgewogene Portion mit Silberlösung ganz ausfällt und von dem gewogenen Niederschlage das gefundene Bromsilber abzieht.

β. M a r c h a n d[68] hat die F e h l i n g'sche Methode etwas modificirt. Er reducirt das durch fractionirte Fällung erhaltene Chlor-Bromsilber mit Zink, zersetzt die Auflösung des Chlor- und Bromzinks durch kohlensaures Natron, verdampft zur Trockne, zieht den Rückstand mit absolutem Alkohol aus (wobei sich alles Bromnatrium mit nur wenig Chlornatrium löst), verdampft die Lösung zur Trockne, nimmt den Rückstand mit Wasser auf, fällt nun wiederum mit Silberlösung und unterwirft einen Theil des so erhaltenen Niederschlags, nachdem derselbe gewogen worden ist, der Behandlung mit Chlor.

b. Man bestimmt in einer Portion Chlor + Brom (durch Fällung mit Silberlösung) gewichts- oder maassanalytisch, in einer zweiten den Gehalt an Brom colorimetrisch (§. 113. I. b.) oder volumetrisch (§. 113. I. c.) und berechnet das Chlor aus der Differenz. Diese Methode empfiehlt sich zu rascher Untersuchung von Mutterlaugen.

2. C h l o r v o n J o d.

a. Man versetzt die Lösung beider mit salpetersaurem Palladiumoxydul und bestimmt das Palladiumjodür nach §. 114. I. b. Aus dem Filtrate entfernt man den Ueberschuss des Palladiums durch Einleiten von Schwefelwasserstoff, zerstört den Schwefelwasserstoffüberschuss durch schwefelsaure Eisenoxydlösung und fällt endlich das Chlor mit Silberlösung. — Einfacher ist es in der Regel, in e i n e r

Portion das Jod genau nach §. 114. I. b. mit Palladiumchlorür, in einer z w e i t e n Chlor und Jod mit Silberlösung zu fällen (§§. 112. 114) und das Chlor aus der Differenz zu berechnen. Resultate sehr genau. In Flüssigkeiten, welche sehr viel alkalische Chlormetalle und wenig Jodalkalimetalle enthalten (wie solche besonders oft vorkommen), concentrirt man das Jodmetall, indem man die Flüssigkeit unter Zusatz von kohlensaurem Natron zur Trockne verdampft, den Rückstand mit Alkohol auszieht, die Lösung verdunstet und den Rückstand mit Wasser aufnimmt.

b. Man fällt eine Portion mit Silberlösung und bestimmt Chlor + Jod, in einer zweiten ermittelt man die Menge des Jods volumetrisch (§. 114. I. c) und berechnet das Chlor aus der Differenz.

c. Man verfährt genau wie bei der indirecten Bestimmung des Broms neben Chlor (§. 137. 1. a). Die Gewichtsabnahme des Silberniederschlages beim Schmelzen in Chlorgas, multiplicirt mit 2,569, giebt die Menge des durch Chlor zersetzten Jodsilbers an.

d. Nach M o r i d e[69]. Freies Jod löst sich in Benzol mit rother Farbe; dieselbe ist um so dunkler, je grösser die Menge des gelösten Jodes; der Luft ausgesetzt verflüchtigt sich das Jod, und die Lösung entfärbt sich. Vermischt man daher eine ein Jodalkalimetall enthaltende Flüssigkeit mit einigen Tropfen gelber rauchender Salpetersäure und schüttelt dann mit 2–3 Grm. Benzol, so steigt nach starkem Umschütteln das Benzol auf die Oberfläche und zeigt eine prachtvolle Färbung (an welcher man noch 0,001 Grm. Jod in 4 Liter Wasser erkennen kann). Zum Behufe quantitativer Bestimmung des Jodes wäscht man das jodhaltige Benzol mit Wasser, schüttelt es sodann mit einigen Tropfen einer Auflösung von salpetersaurem Silberoxyd, wäscht das Jodsilber mit 33-grädigem Alkohol und bestimmt es wie gewöhnlich[70]. Chlor und Brom färben das Benzol nicht und bleiben in dem Wasser gelöst, das zum Waschen des Benzols dient. Man fällt sie durch Silberlösung.

3. Chlor, Brom und Jod von einander.

a. Man bestimmt in einer Portion durch Fällen mit Silberlösung alle drei zusammen, eine zweite fällt man zum Behufe der Jodbestimmung mit Chlorpalladium in möglichst geringem Ueberschuss. Die davon abfiltrirte Flüssigkeit befreit man erst durch Schwefelwasserstoff von Palladium, dann durch schwefelsaures Eisenoxyd von Schwefelwasserstoff, fällt Chlor + Brom gemeinschaftlich, ganz oder fractionirt, durch Silberlösung und bestimmt das Brom nach §. 137. 1. a.

b. Bei grossen Chlor- und kleinen Brommengen kann man das Jod auch durch salpetersaures Palladiumoxydul fällen (denn in dem Falle kann man sicher sein, dass kein Palladiumbromür mit niederfällt) und mit dem Filtrate verfahren wie in a.

Diese beiden Methoden liefern ganz genaue Resultate.

c. Man scheidet das Jod mit Benzol ab (2. d.) und bestimmt in der wässerigen Flüssigkeit Brom und Chlor wie in a.

d. Nach Grange[71]. Salpetersäurefreie Untersalpetersäure[72] in eine reine Bromkaliumlösung geleitet, bewirkt keine Veränderung; ist aber ein Jodmetall beigemengt, so färbt das ausgeschiedene Jod die Flüssigkeit. Schüttelt man sie mit Chloroform, so wird das Jod von diesem aufgenommen. In der vom Chloroform getrennten Flüssigkeit scheidet man das Brom durch einen geringen Ueberschuss von Salpetersäure und Schwefelsäure ab und nimmt es ebenfalls in Chloroform auf; das Chlor bestimmt man endlich mittelst Silberlösung.

In dem jod- und bromhaltigen Chloroform lassen sich, nach Rabourdin[73], die Quantitäten des aufgelösten Jods (und wohl auch Broms) colorimetrisch schätzen, aber ohne Zweifel auch nach Bunsen's Methoden (§§. 113. 114 Anhänge) genau bestimmen.

4. Cyan von Chlor, Brom oder Jod.

a. Man fällt die gemeinschaftliche Lösung mit Silbersolution, sammelt den Niederschlag auf einem gewogenen Filter und trocknet ihn so lange im Wasserbade, bis er an Gewicht nicht mehr abnimmt; alsdann bestimmt man die Quantität des darin enthaltenen Cyans nach der Methode der organischen Elementaranalyse. Das Chlor, Brom oder Jod ergiebt sich aus der Differenz.

b. Hat man Cyanwasserstoffsäure neben Chlorwasserstoff in wässeriger Lösung, so bestimmt man in einer Portion beide, indem man mit Silberlösung fällt (§. 115). Zu einem anderen Theil setzt man eine Auflösung von Borax, verdampft zur Trockne, erhitzt den Rückstand, aber nicht zum Schmelzen, und bestimmt darin die Chlorwasserstoffsäure (die Cyanwasserstoffsäure ist durch das Abdampfen mit Borax vollständig verflüchtigt worden). (Wackenroder.)

c. Man fällt eine Portion mit Silberlösung und bestimmt den Niederschlag im Ganzen, in einer zweiten ermittelt man das Cyan volumetrisch (§. 115. I. b. u. c).

5. Schwefelwasserstoff von Chlorwasserstoff. — Trennt man beide, wie dies früher vorgeschlagen wurde, durch ein Metallsalz, so erhält man leicht falsche Resultate, weil sich mit dem Schwefelmetall Chlormetall niederschlagen kann. Man fällt daher beide als Silberverbindungen und bestimmt in einer abgewogenen Menge des bei 100° getrockneten Niederschlages den Schwefel. — Soll Schwefelwasserstoff aus

einer sauren Lösung weggeschafft werden, damit in derselben ein Gehalt an Chlor durch Silber bestimmbar wird, so setzt man, nach H. R o s e, am besten eine Auflösung von schwefelsaurem Eisenoxyd zu, wodurch nur Schwefel abgeschieden wird, den man, wenn er sich abgesetzt hat, abfiltrirt. Man kann dann in einer anderen Portion den Schwefelwasserstoff volumetrisch bestimmen (§. 116).

6. Eine ganz neu ermittelte Methode F e r r o - und F e r r i d c y a n m e t a l l e neben einander zu bestimmen, werde ich im speciellen Theile beim Blutlaugensalz mittheilen.

Dritte Gruppe.

Salpetersäure, Chlorsäure.

I. Trennung der Säuren der dritten Gruppe von denen der beiden ersten.

§. 138.

a. Enthält eine Flüssigkeit Salpetersäure oder Chlorsäure neben einer anderen freien Säure und ist dieselbe frei von Basen, so bestimmt man in einer Portion die Gesammtmenge freier Säure acidimetrisch, (s. specif. Th.), dann in einer zweiten die andere Säure und berechnet hieraus die Menge der Salpetersäure oder Chlorsäure.

b. Hat man mit Salzgemengen zu thun, so bestimmt man in einer Portion die Salpetersäure oder Chlorsäure volumetrisch (§. 117. II. a. und §. 118) oder auch, was die Salpetersäure betrifft, mittelst arseniger Säure (§. 117. II. b.), in einer zweiten die andere Säure. Dass hierbei stets überlegt werden muss, ob keine Substanzen zugegen sind, welche die Anwendung der genannten Methoden unsicher machen, bedarf kaum der Erwähnung.

c. Von denjenigen Chlormetallen, deren entsprechende dreibasisch phosphorsaure Salze unlöslich sind, lassen sich chlorsaure und salpetersaure Salze auch auf die Art trennen, dass man die Lösung mit überschüssigem, frisch gefälltem und wohl ausgewaschenem dreibasisch phosphorsaurem Silberoxyd digerirt und kocht. Es setzen sich hierdurch die Chlormetalle in der Art um, dass Chlorsilber und phosphorsaures Salz entstehen, welche sich mit dem überschüssigen phosphorsauren Silberoxyd abscheiden, während die chlorsauren und salpetersauren Salze gelöst bleiben (C h e n e v i x, L a s s a i g n e).

d. Hat man ein chlorsaures Alkali neben einem Chlormetall, so kann man auch einen Theil der ungeglühten, sodann einen anderen der vorsichtig geglühten Verbindung in wässeriger Lösung mit salpetersaurem Silberoxyd fällen und aus der Differenz der Chlorsilbermengen die Quantität der Chlorsäure berechnen.

II. Trennung der Säuren der dritten Gruppe von einander.

Eine Methode zur Trennung der Salpetersäure von der Chlorsäure ist bis jetzt nicht bekannt geworden; man wird sich daher betreffendenfalls damit begnügen müssen, beide Säuren neben einander zu bestimmen. Welche Methode für den speciellen Fall die geeignetste ist, lässt sich nicht allgemeinhin angeben.

Fußnoten:

[32] Ich will hier nicht versäumen, auf eine Sache aufmerksam zu machen, die sich zwar ganz von selbst versteht, aber doch oft nicht hinlänglich beachtet wird; es ist die, dass man Chloralkalimetalle nie als rein und zum Wägen geeignet betrachten darf, wenn man sich nicht überzeugt hat, dass sie sich klar in Wasser lösen, und dass ihre Lösung durch Ammon und kohlensaures Ammon nicht gefällt wird.

[33] Hierbei wird auch die kleine Menge Schwefelsäure wieder entfernt, welche beim Ausfällen der Barytspuren zugesetzt wurde, indem schwefelsaures Alkali beim Glühen mit viel Salmiak in Chloralkalimetall übergeht.

[34] P o g g . Ann. 74. 313. — L i e b i g und K o p p Jahresb. 1847 und 1848. 961.

[35] Journ. f. prakt. Chem. 1853. 60. 17.

[36] Journ. f. prakt. Chem. 41. 89.

[37] P o g g . 73. 119. — Jahresbericht von L i e b i g u. K o p p 1847 u. 1848 S. 961.

[38] Journ. f. prakt. Chem. 1853. 60. 9.

[39] P o g g . Ann. 89. 142.

[40] Ann. der Chem. und Pharm. 86. 54.

[41] Das aus Mennige bereitete Bleihyperoxyd ist — wegen beigemischter Verunreinigungen — nicht brauchbar. Reines ist zu erhalten durch Behandlung von in Wasser suspendirtem Bleioxydhydrat mit Chlor, Waschen des Productes mit siedendem Wasser, Digeriren mit Salpetersäure und nochmaliges Auswaschen.

[42] S i l l i m . Journ. 15. 275.

[43] Journ. f. prakt. Chem. 60. 11.

[44] Ann. der Chem. und Pharm. 87. 268.

[45] Zur Bereitung reiner Natron- oder Kalilauge hat W ö h l e r kürzlich folgende Methode angegeben: Man schichtet 1 Theil Salpeter und 2–3 Theile zerschnittenes Kupferblech in einen eisernen, besser kupfernen Tiegel, bedeckt denselben und setzt ihn eine halbe Stunde lang einer mässigen Rothglühhitze aus. Nach dem Erkalten wird die

Masse mit Wasser behandelt (womit sie sich stark erhitzt), die Lauge — welche ganz kupferfrei ist — in einem hohen Cylinder absitzen gelassen, dann mit einem Heber abgenommen. — Man bewahrt sie am besten nach der Mohr'schen Methode, d. h. in einer Flasche auf, welche mittelst eines Korkes verschlossen wird, durch den ein an beiden Enden offenes, mit einem gröblichen Gemenge von Glaubersalz und Aetzkalk gefülltes Rohr luftdicht gesteckt ist (Ann. der Chem. und Pharm. 87. 373).

[46] Ann. der Chem. und Pharm. 72. 329. E b e l m e n hat sein Verfahren nur zur Trennung des CoO und NiO von MnO angegeben.

[47] Ann. der Chem. und Pharm. 80. 364. B r u n n e r hat die Methode nur für Nickel und Zink angegeben.

[48] Ann. de Chim. et de Phys. XXX. 188. Journ. f. prakt. Chem. 51. 338.

[49] Journ. f. prakt. Chem. 51. 347.

[50] Ann. der Chem. und Pharm. 66. 56.

[51] S i l l i m. Journ. 15. 275. — S c h i e l spricht nur von der Trennung des Mangans von Eisen und Nickel, offenbar muss es aber eben so gut auch von Thonerde und Zink geschieden werden können.

[52] P o g g. Ann. 71. 545.

[53] Ann. der Chem. und Pharm. 65. 244.

[54] $2(CoCy, KCy) + KCy + CyH = (Co_2Cy_6, 3K) + H$.

[55] Ann. der Chem. und Pharm. 70. 256.

[56] Ann. der Chem. und Pharm. 87. 128.

[57] Ann. der Chem. und Pharm. 87. 261.

[58] Ehe man den kohlensauren Baryt zusetzt, ist es unumgänglich nöthig, zu prüfen, ob aus der salzsauren Lösung desselben durch Schwefelsäure Alles ausgefällt wird, so zwar, dass das Filtrat, in einer Platinschale verdampft, keinen Rückstand lässt.

[59] R i v o t und B o u q u e t haben eine genaue Trennung des Kupfers vom Zink durch Schwefelwasserstoff für unausführbar erklärt (Ann. der Chem. und Pharm. 80. 364), aber S p i r g a t i s (Journ. f. prakt. Chem. 58. 351) zeigte, dass

— was auch H. Rose mit grösster Bestimmtheit angiebt —
die Trennung sehr gut und vollständig gelingt, sobald eine
hinlängliche Menge freier Säure vorhanden ist, z. B. wenn die
Oxyde in einer Mischung von 100 Wasser und 30 Salzsäure
von 1,13 specif. Gewicht gelöst sind.

[60] Ann. de Chim. et de Phys. 33. 24. — Ann. der Chem.
und Pharm. 80. 264.

[61] Journ. f. prakt. Chem. 57. 184.

[62] Gegen die Genauigkeit dieser Scheidung der Metalle
der Gruppe VI. von denen der Gruppen IV. u. V., an der man
früher nicht zweifelte, sprechen auf sehr bedenkliche Weise
die Versuche von Bloxam (Ann. der Chem. und Pharm. 83.
204). Derselbe fand, dass durch Schwefelammonium kleine
Mengen von Schwefelzinn von viel Schwefelquecksilber,
Schwefelcadmium (1 : 100) nicht getrennt werden können,
und dass namentlich die Trennung des Kupfers vom Zinn und
Antimon (auch vom Arsen) schlecht gelingt, indem fast alles
Zinn beim Kupfer bleibt. — Ich muss mich vorläufig damit
begnügen, auf diese Versuche aufmerksam gemacht zu haben.

[63] Ann. de Chim. et de Phys. 23. 228. — Liebig und
Kopp Jahresb. 1847 und 1848, S. 968.

[64] Durch die Behandlung mit kohlensaurem Ammon lässt
sich alle Kieselsäure aus dem Filtrate entfernen, so dass ein
Zusatz von kohlensaurem Zinkoxydammon, wie ihn
Berzelius und später Regnault vorschlugen, als
überflüssig erscheint (H. Rose).

[65] Journ. f. prakt. Chem. 55. 22.

[66] Um das kohlensaure Cadmiumoxyd frei von Alkali zu
erhalten, muss es durch kohlensaures Ammon gefällt werden.

[67] Von dem so erhaltenen ist eine dem gefundenen
Schwefelmetalle äquivalente Menge abzuziehen (KS + CdO,
CO_2 = CdS + KO, CO_2).

[68] Journ. f. prakt. Chem. 47. 363.

[69] Compt. rend. 35. 789. — Journ f. prakt. Chem. 58. 317.

[70] Aller Wahrscheinlichkeit nach wird sich in der
Benzollösung das Jod annähernd colorimetrisch und genau
nach Bunsen's Methode (S. 257) bestimmen lassen.

[71] Compt. rend. 33. 627. — Journ. f. prakt. Chem. 55. 167.

[72] Durch stärkeres Glühen von bereits schwach geglühtem salpetersaurem Bleioxyd zu erhalten.

[73] Compt. rend. 31. 784. — Ann. der Chem. und Pharm. 76. 375.

Sechster Abschnitt.
Die organische Elementaranalyse.

§. 139.

Die organischen Verbindungen enthalten, wie bekannt, von der ziemlich bedeutenden Zahl der überhaupt vorkommenden Elemente verhältnissmässig nur wenige. — Eine kleine Anzahl derselben enthält nur zwei:

C u. H;

die grössere Menge drei: in der Regel

C, H u. O;

die meisten der übrigen vier: meistens

C, H, O u. N;

eine kleine Anzahl fünf:

C, H, O, N u. S;

und einige wenige sechs:

C, H, O, N, S. u. P.

Diese Sätze sind gültig für alle organischen Verbindungen, denen man bis jetzt in der Natur begegnet ist. Durch Kunst lassen sich jedoch welche darstellen, die ausser den genannten Elementen noch andere enthalten; — so kennen wir viele, die Chlor, Jod oder Brom; andere, die Arsenik, Platin, Eisen, Kobalt etc. in ihrer Grundmischung enthalten, und es ist nicht vorauszusehen, welche von den übrigen Elementen in ähnlicher Weise fähig sind, entferntere Bestandtheile organischer Verbindungen (Bestandteile organischer Radicale) zu werden.

Mit diesen Verbindungen dürfen die nicht verwechselt werden, die als Verbindungen höherer Ordnung zu betrachten sind, z. B. weinsteinsaures Bleioxyd, kieselsaures Aethyloxyd, borsaures Morphin etc.; denn dass in solchen alle und jede Elemente vorkommen können, liegt auf der Hand. —

Bei der Analyse einer organischen Verbindung kann man entweder ihre quantitative Zerlegung in etwaige nähere Bestandtheile im Auge haben, so eines Gummiharzes in Harz, Gummi und ätherisches Oel, — oder man kann sich die Gewichtsbestimmung der entferntesten Bestandtheile (der Elemente) der Substanz zum Vorwurfe machen. — Analysen ersterer Art vollbringt man nach Methoden, die denen, welche wir zur Zerlegung unorganischer Substanzen zu Hülfe nehmen, ganz ähnlich sind, das heisst, man sucht die einzelnen Bestandtheile entweder geradezu, oder nachdem man sie in geeignete Verbindungen übergeführt hat, durch Lösungsmittel, durch Verflüchtigung des einen, oder auf sonstige Weise zu trennen. Diese Art der organischen Analyse, bei der die Methoden fast ebenso mannigfaltig sein müssen, als die Fälle, auf die man sie anwendet, besprechen wir im Folgenden nicht, sondern wir wenden uns sogleich zu der zweiten Art der Analyse, die zur Unterscheidung von der anderen genannt wird: o r g a n i s c h e E l e m e n t a r a n a l y s e.

Dieselbe beschäftigt sich dem Gesagten gemäss mit der Gewichtsbestimmung der in organischen Substanzen enthaltenen Elemente. Sie erreicht ihre Aufgabe, indem sie uns lehrt, die zu bestimmenden Elemente in — ihrer Zusammensetzung nach — bekannte Verbindungen überzuführen, diese von einander zu trennen und aus dem gefundenen Gewichte der einzelnen auf die Menge der betreffenden Bestandtheile zurückzuschliessen. Sie befolgt demnach kein anderes Princip als dasjenige, welches auch den meisten Bestimmungs- und Trennungsmethoden der unorganischen Verbindungen zu Grunde liegt.

Da es bei den meisten organischen Substanzen nicht schwierig ist, dieselben vollständig in bestimmt charakterisirte, leicht von einander zu trennende, und sichere Gewichtsbestimmung zulassende Zersetzungsproducte zu verwandeln, so ist die organische Elementaranalyse in der Regel eine der leichteren Aufgaben der analytischen Chemie, — und da bei der geringen Anzahl der die organischen Körper constituirenden Elemente die Zersetzungsproducte, mit denen man zu thun hat, stets dieselben sind, so ist die Ausführung der Analyse immer eine sehr ähnliche, und wenige Methoden reichen für alle Fälle aus. — Diesem letzteren Umstande ist es hauptsächlich zuzuschreiben, dass die organische Elementaranalyse die Stufe der Vollkommenheit, auf der wir sie jetzt sehen, so schnell erreicht hat; denn indem viele Chemiker sich mit Prüfung und Verbesserung weniger Methoden beschäftigten, konnte es nicht fehlen, dass die Sache im Ganzen und Einzelnen mit vollkommenster Genauigkeit ermittelt wurde.

Bei der organischen Elementaranalyse kann man entweder bloss den Zweck haben, die relative Anzahl der constituirenden Elemente kennen zu lernen — so analysirt man z. B. Holzarten, um ihren Werth als Brennmaterial, Fette, um ihren Werth als Leuchtmaterial kennen zu lernen —, oder man will nicht nur die relative Anzahl der Atome, sondern auch ihre absolute Menge kennen lernen, man will wissen, wieviel Atome Kohlenstoff, Wasserstoff, Sauerstoff etc. in einem Atome der Verbindung enthalten sind. Den letzteren Zweck sucht man bei wissenschaftlichen Untersuchungen stets zu erstreben; dass man aber bis jetzt denselben noch nicht in allen Fällen zu erreichen im Stande ist, werden wir unten sehen. — Beide Zwecke lassen sich nicht wohl durch eine Operation erreichen, sondern die Erstrebung eines jeden erheischt einen besonderen Versuch.

Den Inbegriff der Methoden, welche uns die Kenntniss des relativen Verhältnisses der constituirenden Elemente verschaffen, kann man organische Elementaranalyse im engeren Sinne nennen, die Gesammtheit der anderen: Atomgewichtsbestimmung der organischen Körper.

Das Gelingen einer organischen Elementaranalyse ist von zwei Umständen abhängig: erstens von der Methode, zweitens von ihrer Ausführung. Diese erfordert Geduld, Umsicht und Geschick; wer damit nur einigermaassen begabt ist, wird sie in kurzer Zeit erlernen. Die Wahl der Methode hingegen ist bedingt durch die Kenntniss der Bestandtheile der Substanz, sie erleidet je nach den Eigenschaften und dem Aggregatzustande derselben gewisse Modificationen. Ehe wir demnach zur Besprechung der in den verschiedenen Fällen anzuwendenden Methoden übergehen können, müssen wir zuerst die Mittel kennen lernen, organische Substanzen auf die Art ihrer Bestandtheile zu prüfen.

I. Qualitative Prüfung der organischen Substanzen.

§. 140.

Es ist, um die richtige Wahl des analytischen Verfahrens treffen zu können, nicht nothwendig, dass man alle Elemente einer organischen Verbindung kennt, indem die Gegenwart oder Abwesenheit des Sauerstoffs z. B. kein

Verfahren in irgend einer Weise ändert; über etwaigen Gehalt an Stickstoff, Schwefel, Phosphor, Chlor, Jod, Brom etc., sowie über Gegenwart und Natur von Metallen hingegen muss man unter allen Umständen volle Gewissheit haben. Man verschafft sich dieselbe in folgender Weise.

1. *Prüfung auf Stickstoff.*

Körper, welche einigermaassen viel Stickstoff enthalten, verbreiten beim Verbrennen oder starken Erhitzen den bekannten Geruch gesengter Haare oder Federn. Ist derselbe deutlich und unverkennbar, so ist jede weitere Prüfung überflüssig, im anderen Falle nimmt man zu einem der folgenden Versuche seine Zuflucht.

a. Man mischt die Substanz mit gepulvertem Kalihydrat oder mit Natronkalk (§. 45. 4.) und erhitzt die Mischung in einem Proberöhrchen. Im Falle die Substanz Stickstoff enthält, entweicht Ammoniak, durch Geruch, Reaction und Nebelbildung mit flüchtigen Säuren leicht zu erkennen. Sollte man durch diese Reactionen nicht völlige Gewissheit erlangen können, so wird jeder Zweifel beseitigt, wenn man eine etwas grössere Menge der Substanz in einem kurzen Rohre mit einem Ueberschuss von Natronkalk erhitzt, die Verbrennungsproducte in verdünnte Salzsäure leitet, diese im Wasserbade abdampft, den Rückstand mit ein wenig Wasser aufnimmt und die Lösung mit Platinchlorid und Alkohol versetzt. Entsteht auch nach längerem Stehen kein Niederschlag, so war die Substanz stickstofffrei.

b. L a s s a i g n e hat ein anderes Mittel vorgeschlagen, welches sich darauf gründet, dass, wenn man Kalium mit einer stickstoffhaltigen organischen Substanz glüht, Cyankalium entsteht. Das Verfahren führt man am besten folgendermaassen aus.

Man erhitzt die fragliche Substanz mit einem Stückchen

Kalium in einem kleinen Proberöhrchen, behandelt den Rückstand nach völligem Verbrennen allen Kaliums mit wenig Wasser (Vorsicht hierbei), versetzt die filtrirte Lösung mit 2 Tropfen einer etwas Oxyd enthaltenden Eisenvitriollösung, lässt ein wenig digeriren und fügt dann Salzsäure im Ueberschuss hinzu. Eine entstehende blaue oder blaugrüne Färbung oder ein solcher Niederschlag giebt den Stickstoffgehalt zu erkennen.

Beide Methoden sind empfindlich. Die letztere gestattet weniger leicht eine Täuschung als die erstere.

c. In denjenigen organischen Substanzen, welche Oxyde des Stickstoffs enthalten, lässt sich der Stickstoffgehalt nach den in a und b angegebenen Methoden nicht nachweisen, wohl aber dadurch leicht erkennen, dass diese Substanzen, in einer Röhre erhitzt, rothe saure Dämpfe ausgeben.

2. *Prüfung auf Schwefel.*

a. Feste Substanzen schmelzt man mit etwa 12 Thln. reinem Kalihydrat und 6 Thln. Salpeter, oder man mengt sie innig mit etwas reiner Soda und Salpeter, bringt alsdann in einem Porzellantiegel Salpeter zum Schmelzen und trägt das Gemisch allmälig ein. Die erkaltete Masse löst man in Wasser und prüft die Lösung, nach vorhergegangenem Ansäuern mit Salzsäure, mit Baryt.

b. Flüssigkeiten behandelt man mit rauchender Salpetersäure oder mit einer Mischung von Salpetersäure und chlorsaurem Kali, anfangs in der Kälte, zuletzt unter Erwärmen, und prüft die erhaltene Lösung wie in a.

Fig. 56.

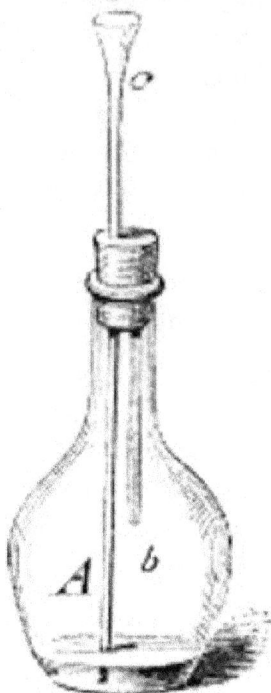

c. Da die in a. und b. angegebenen Methoden nur über die Anwesenheit des Schwefels im Allgemeinen belehren, ohne Aufschluss darüber zu geben, in welchem Zustande derselbe vorhanden ist, so führe ich nachstehend noch eine Methode an, welche nur den Schwefel erkennen lässt, welcher in nicht oxydirtem Zustande in organischen Verbindungen enthalten ist.

Man kocht die Substanz mit starker Kalilauge und verdampft sie damit bis fast zur Trockne. Den Rückstand nimmt man mit ein wenig Wasser auf, bringt die Lösung in den kleinen Kolben A, Fig. 56, giesst durch die Trichterröhre c langsam verdünnte Schwefelsäure ein und beobachtet, ob der Papierstreifen b, welcher mit Bleizuckerlösung getränkt und dann mit ein Paar Tropfen kohlensauren Ammons betupft ist, sich bräunt. Dass bei der beschriebenen Anordnung des Apparates der Kork den Kolben nicht luftdicht schliessen dürfe, braucht kaum erwähnt zu werden.

Anstatt auf die beschriebene Weise kann man das entstandene Schwefelkalium auch mittelst Nitroprussidnatriums oder in der Art entdecken, dass man die verdünnte Lösung mit Salzsäure eben ansäuert und dann einige Tropfen einer Mischung von Eisenchlorid und Ferridcyankalium zufügt. Die kleinste Menge Schwefelwasserstoff giebt sich durch Blaufärbung zu erkennen (L ö w e n t h a l).

3. *Prüfung auf Phosphor.*

Man verfährt wie bei Schwefel sub a. und b. und prüft die erhaltene Lösung auf Phosphorsäure mittelst schwefelsaurer Magnesia, mit Eisenchlorid unter Zusatz von essigsaurem Natron, oder mittelst molybdänsauren Ammons (vergl. qualit. Analyse). Hat man nach b. verfahren, so entfernt man zuerst den Ueberschuss der Salpetersäure grösstentheils durch Verdampfen.

4. *Prüfung auf unorganische Substanzen.*

Man erhitzt einen Theil der Substanz auf einem Platinblech und beobachtet, ob ein Rückstand bleibt. Bei schwerverbrennlichen Substanzen beschleunigt man den Process, indem man die Stelle des Platinblechs, auf der die Substanz sich befindet, von unten durch die Löthrohrflamme zum heftigsten Glühen bringt. — Die Natur des Rückstandes erforscht man nach den gewöhnlichen Methoden.

Die Vorprüfungen sollten niemals unterlassen werden, indem man sonst die gröbsten Irrthümer machen kann. Man denke z. B. an das Taurin, für welches man früher die

Formel $C_4NH_7O_{10}$ aufgestellt und in dem man später einen so bedeutenden Schwefelgehalt gefunden hat. Vorprüfungen organischer Körper auf Chlor, Brom und Jod sind in der Regel nicht nöthig, weil sie in von der Natur gebotenen Körpern nicht vorkommen, und weil man bei durch Einwirkung der Salzbildner künstlich erzeugten organischen Verbindungen von ihrer Gegenwart meistens auch ohne weitere Prüfung überzeugt sein kann. Will man sich übrigens durch eine qualitative Untersuchung vergewissern, so muss man dieselben Methoden befolgen, die wir bei der quantitativen Bestimmung beschreiben werden.

II. Organische Elementaranalyse im engeren Sinne.

Es ist nicht mein Zweck, eine Geschichte der Entwickelung und Ausbildung der organischen Elementaranalyse zu geben; ich unterlasse es daher, sämmtliche in Vorschlag gebrachte Methoden anzuführen, und hebe nur die heraus, die sich hinsichtlich ihrer Einfachheit und Genauigkeit als vorzüglich und in allen Fällen ausreichend bewährt haben.

Da die Genauigkeit der Resultate von einer zweckmässigen Zurüstung des Apparates ebenso abhängig ist, als von der Ausführung selbst, so mache ich besonders darauf aufmerksam, dass auf beide Theile gleiche Sorgfalt verwendet werden muss, sowie, dass man von den angegebenen Regeln nicht ohne Nachtheil abweichen wird, indem dieselben die Früchte langer Erfahrung und unzähliger Versuche sind.

A. Analyse von Verbindungen, die aus Kohlenstoff und Wasserstoff allein, oder aus Kohlenstoff, Wasserstoff und Sauerstoff bestehen.

§. 141.

Das Princip des für diese Stoffe anzuwendenden, in seiner jetzigen Form zuerst von L i e b i g aufgestellten Verfahrens ist ein höchst einfaches. Man verbrennt die Substanz zu Kohlensäure und Wasser, trennt diese Producte, bestimmt sie ihrem Gewichte nach und berechnet aus der Kohlensäure den Kohlenstoff, aus dem Wasser den Wasserstoff der Substanz. Ist die Summe des Kohlenstoffs und des Wasserstoffs gleich dem Gewichte der verbrannten Substanz, so enthielt diese keinen Sauerstoff; ist sie geringer, so drückt die Differenz die Menge des letzteren aus.

Das Verbrennen geschieht entweder durch Glühen der organischen Substanzen mit sauerstoffreichen Körpern, welche ihren Sauerstoff leicht abgeben (Kupferoxyd, chromsaures Bleioxyd etc.), oder es geschieht geradezu durch Sauerstoffgas, oder es geschieht endlich auf Kosten von gebundenem und freiem Sauerstoff zugleich. —

a. F e s t e K ö r p e r[74].

α. L e i c h t v e r b r e n n l i c h e , n i c h t f l ü c h t i g e (z. B. Zucker, Amylum, Weinsteinsäure, überhaupt bei weitem die meisten der hierher gehörigen Körper).

1. L i e b i g ' s V e r f a h r e n .

I. Apparat und Vorbereitungen zur Analyse.

§. 142.

Im Folgenden finden sich, um Anfängern die Sache zu erleichtern, alle Gegenstände aufgezählt, die man haben muss, ehe man die Ausführung der Analyse beginnen kann.

1. D i e S u b s t a n z . Sie muss möglichst fein zerrieben, vollkommen rein und vollkommen trocken sein. Das Trocknen derselben geschieht nach §. 15.

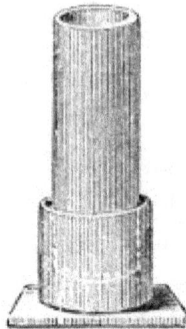

Fig. 57.

2. Ein Röhrchen zum Abwägen der
Substanz. Ein kleines, 4–5 Centimeter langes, etwa 1 Cm.
weites, vollkommen trockenes Glasröhrchen, dessen
Gewicht man etwa auf 1 Centigramm genau kennen muss.
Es wird bis zur Ausführung der Analyse am besten zu der
Substanz in den Trockenapparat gelegt. Auf der Wage stellt
man es zweckmässig in einen kleinen Fuss von Weissblech
(Fig. 57).

3. Das Verbrennungsrohr. Man wählt eine etwa
90 Cm. lange Röhre von schwerschmelzbarem Glas
(Kaliglas), welche ungefähr 12–14 Mm. Durchmesser im
Lichten hat und etwa 2 Mm. dick im Glase ist, erweicht sie
in der Mitte vor der Glasbläserlampe, zieht sie in folgender
Weise aus und zuletzt bei *b* (Fig. 58) von einander. Man lässt
alsdann die feinen Spitzen in der Flamme sich etwas
verdicken, schmelzt zuletzt die scharfen Ränder bei *a* und *c*
ein wenig rund und hat nunmehr zwei fertige
Verbrennungsröhren. Man sehe darauf, dass der hintere
Theil der Röhre so gestaltet sei, wie es Fig. 59, nicht aber so,
wie es Fig. 60 zeigt, sowie dass die Oeffnung beim
Umschmelzen der Ränder ganz rund bleibe. Das zur
Analyse bestimmte Verbrennungsrohr reinigt man mit
einem an einem Draht befestigten Leinwand- oder

587

Papierwischer und trocknet es alsdann vollständig. Das Trocknen geschieht entweder, indem man das vorn mit Papier zugedrehte Rohr längere Zeit auf die Platte eines Stubenofens oder ein Sandbad legt, oder (wenn es schnell beendigt sein soll) indem man eine Glasröhre in das Verbrennungsrohr steckt, dieses durch Hin- und Herfahren über einer Weingeistlampe seiner ganzen Länge nach erhitzt und fortwährend die heisse Luft aussaugt (Fig. 61). Die ganz trockene Röhre verschliesst man luftdicht mit einem Kork und legt sie bis zum Gebrauch an einen warmen Ort.

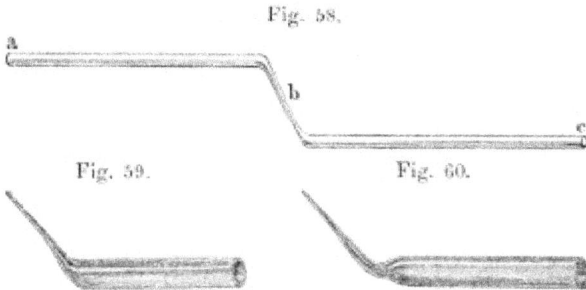

Fig. 58.

Fig. 59.

Fig. 60.

Hat man keine hinlänglich schwer schmelzbaren Röhren, so ist man genöthigt, dieselben mit einem dünnen Kupferbleche zu umgeben und dieses mit einem Eisendraht zu umwinden.

Fig. 61.

4. Der Kaliapparat, ein jetzt überall im Handel zu beziehender, von Liebig erdachter Glasapparat von folgender Form (Fig. 62). Derselbe wird mit einer klaren, von kohlensaurem Kali möglichst freien Kalilauge von 1,27 specif. Gew. (§. 45. 7.) so weit gefüllt, als es die Schattirung der Figur anzeigt. Das Füllen geschieht in der Art, dass man das Röhrenende *a* des Apparates (ja nicht das andere) in ein

mit der Kalilauge gefülltes Gefäss steckt und mit dem Mund mittelst eines durchbohrten Korkes (am sichersten mit Hülfe einer Pipette) an dem Röhrenende *b* saugt (Fig. 63). Die beiden Röhrenenden trocknet man alsdann mit gedrehten Papierstreifchen vollständig aus und wischt den Apparat aussen mit einem reinen Tuche trocken ab.

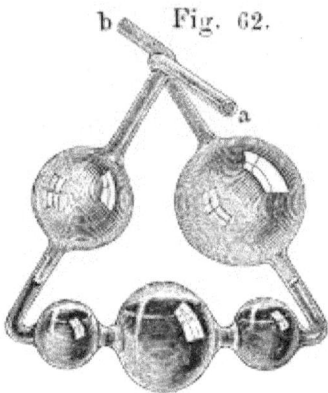

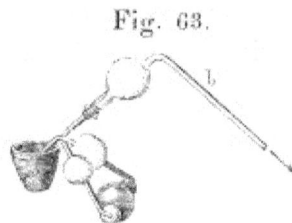

Fig. 62.

Fig. 63.

5. Die Chlorcalciumröhre ein ebenfalls leicht im Handel zu habender Apparat, von folgender Form (Fig. 64). — Man füllt dieselbe also: zuerst verschliesst man das in die Kugel mündende Ende *a* der Röhre *b a* locker mit ein wenig Baumwolle und zwar in der Art, dass die Baumwolle etwa 1 Cm. in die enge Röhre hineinragt. Man vollbringt dies, indem man einen g a n z lockeren Baumwollpfropfen in die Mündung *c* steckt und alsdann bei *b* plötzlich und heftig saugt. — Man füllt alsdann die Kugel der Chlorcalciumröhre mit grösseren Stückchen Chlorcalcium (§. 45. 8. b.), die Röhre *c d* mit kleineren, mit grobem Pulver untermischten bis *e*, setzt einen lockeren Baumwollenpfropf auf und verschliesst die Röhre mit einem Kork, in den ein Stückchen Glasröhre gepasst ist, schneidet den nicht eingedrehten Theil des Korkes weg, übersiegelt denselben und schmelzt die Kante des Röhrchens *f g* (Fig. 65) bei *g* ein wenig rund. —

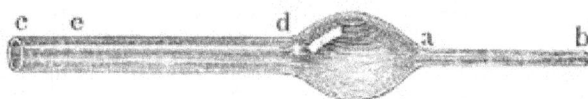

Fig. 64.

Fig. 65.

Fig. 66.

Zweckmässiger noch — wenigstens in den meisten Fällen (nicht bei Schwefel enthaltenden Substanzen) — wendet man die in Fig. 66 abgebildete Chlorcalciumröhre an, indem man bei dieser das zum grösseren Theil in der leeren Kugel *a* verdichtete Wasser nach dem Versuche ausgiessen und auf seine Reaction etc. prüfen kann. Sie bietet zugleich den Vortheil, dass man sie weit öfter ohne neue Füllung gebrauchen kann, als eine Röhre ohne leere Kugel.

6. Ein Kautschukröhrchen. Man bereitet dasselbe, indem man ein parallelepipedisches, durch schwaches Auseinanderziehen etwas erwärmtes Stückchen einer Kautschukplatte über einen befeuchteten Glasstab spannt, die überragenden Ränder mit einer r e i n e n Scheere auf einen Schnitt abschneidet, und die Schnittflächen an den etwa noch nicht vereinigten Stellen, ohne dieselben zu berühren, zusammendrückt. — Man legt alsdann über das erste Röhrchen ein zweites Stück Kautschuk und verfährt wie das erste Mal, indem man Sorge trägt, dass die Schnittflächen des inneren und äusseren Röhrchens auf entgegengesetzte Seiten kommen. Ein solches doppeltes Rohr hält 50 und mehr Analysen aus. Man zieht es von dem Glasstab ab und trocknet es bei sehr gelinder Wärme. (Die

Hitze des Wasserbades ist viel zu hoch.) Der Durchmesser des Röhrchens muss so weit sein, dass das Röhrenende *a* des Kaliapparates und das Röhrchen *f g* des Chlorcalciumrohres (Fig. 65) ohne Mühe hineingeschoben werden können.

7. S e i d e n f ä d e n. Man wähle eine starke gedrehte Seidenschnur, schneide davon 2 etwa 10 Zoll lange Stücke ab und versehe jedes an beiden Enden mit einem Knoten.

NB. zu 7. und 8. Seit Einführung der vortrefflichen Röhren von vulcanisirtem Kautschuk ist man, sofern man solche von passender Weite hat, der Mühe überhoben, die Kautschukröhrchen selbst darzustellen; auch schliessen jene ohne Umbindung vollkommen gut.

8. K o r k s t o p f e n. Man nehme einen weichen, glatten, von sichtbaren Poren möglichst freien Korkstopfen, der sich in die Oeffnung des Verbrennungsrohres mit einiger Mühe höchstens zu einem Drittheil eindrehen lässt und dieselbe vollkommen schliesst, bohre mit Geduld und Sorgfalt mittelst einer feinen runden Feile ein ganz glattes und rundes Loch durch seine Achse, in welches das Röhrenende *b a* des Chlorcalciumrohres ganz genau passt, und trockne alsdann den Kork andauernd im Wasserbade. Es ist sehr zweckmässig, ausser dem zur Analyse zu verwendenden Kork einen zweiten in Reserve zu haben.

9. M i s c h u n g s m ö r s e r. Eine Reibschale von Porzellan, mehr breit als hoch, mit Ausguss. Sie sei innen nicht glasirt, ohne Vertiefungen und Sprünge. Man reinigt sie vor dem Gebrauche durch Ausspülen mit Wasser, stellt sie zum Trocknen an einen warmen Ort und lässt sie daselbst bis zum Gebrauche stehen.

10. E i n S a u g r o h r. Am besten von folgender Form (Fig. 67) In die Oeffnung *a* wird ein durchbohrter Kork gedreht, in dessen Oeffnung die Röhre *b* des Kaliapparates passt.

Fig. 67.

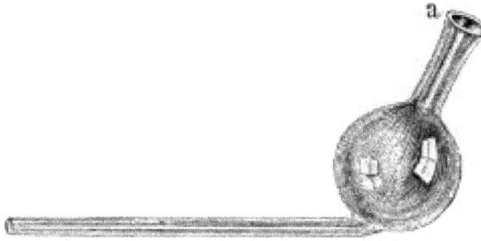

11. Eine an beiden Enden offene, etwa 60 Cm. lange Glasröhre, welche so weit ist, dass sie sich über den Schnabel des Verbrennungsrohres schieben lässt; dieselbe wird beim Gebrauch an ein Filtrirgestell (siehe Fig. 26) angelehnt.

12. Ein Bogen Glanzpapier; derselbe ist an den Kanten zu beschneiden.

Fig. 68.

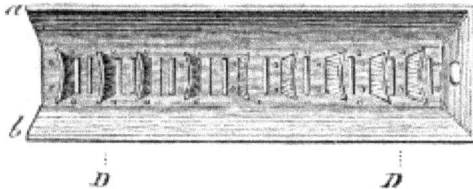

Fig. 69.

13. Ein Liebig'scher Verbrennungsofen von Eisenblech mit einem einfachen und einem doppelten Schirm. Derselbe hat die Form eines langen, oben und hinten offenen Kastens. — Fig. 68 zeigt denselben von oben gesehen. Er ist 50–60 Cm. lang und 7–8 Cm. tief, und der Boden, welcher durch Ausschneiden von schmalen Streifen

des Blechs in einen Rost verwandelt ist, hat eine Breite von etwa 7 Cm. Die Seitenwände sind etwas nach aussen geneigt, so dass ihre Entfernung von einander oben etwa 12 Cm. beträgt. Zum Tragen des Verbrennungsrohres dienen aufrechtstehende Stücke von starkem Eisenblech, welche die Gestalt D der Fig. 69 besitzen und auf dem Boden des Ofens in Zwischenräumen von etwa 5 Cm. festgenietet sind. Die Höhe derselben correspondirt genau mit der runden Oeffnung in der Vorderseite des Ofens (Fig. 69 A). Diese Oeffnung sei so gross, dass die Verbrennungsröhre mit Leichtigkeit hindurchgeschoben werden kann. Von den beiden Schirmen hat der eine die Form der Fig. 70, der andere die der Fig. 69 A, wenn man sich an der oberen Kante derselben einen umgebogenen Rand denkt. Ihre Ausschnitte seien so weit, dass die Röhre mit Leichtigkeit hineingelegt werden kann. — Den Verbrennungsofen stellt man zweckmässig auf zwei auf einer Holzunterlage ruhende Backsteine und giebt ihm eine etwas nach vorn geneigte Lage, indem man zwischen die Unterlagen ein Holz schiebt (siehe Fig. 73). Die vorderen Rostöffnungen jedoch dürfen durch die Unterlage nicht verschlossen werden. Hat man gute Röhren, so bewirkt man die geneigte Lage des Ofens zweckmässiger, indem man ein Eisenstäbchen oder ein Ziegelstück zwischen den Ofen und den Backstein, auf dem er ruht, schiebt, in diesem Falle hat die Luft zu allen Rostöffnungen Zutritt; oder man stellt, wie es jetzt gewöhnlich geschieht, den Ofen geradezu auf einen Dreifuss. — Legt man die Röhre in eine flach gewölbte Rinne von ganz dünnem Eisenblech, so wird sie sehr geschont.

Fig. 70.

14. **Kupferoxyd.** Mit dem nach §. 45. 1. bereiteten Kupferoxyd füllt man einen etwa 3 Unzen Wasser fassenden hessischen Tiegel fast voll, bedeckt ihn mit einem gehörig übergreifenden Deckel, erhitzt ihn zwischen ein Paar Kohlen zum ganz gelinden Glühen und sorgt, dass er bis zum Gebrauche gerade so weit abgekühlt ist, dass man ihn eben, aber kaum, mit der Hand anfassen kann. —

15. Eine **Luftpumpe** mit **Chlorcalciumrohr** (siehe Fig. 72). Wegen der Ausführung der Analysen ohne diesen Apparat vergl. §. 144. —

16. **Heisser Sand.** Derselbe wird entweder vom Sandbad genommen, oder er muss eigens zu diesem Behufe erhitzt werden. Seine Temperatur sei höher als 100°, aber nicht so hoch, dass ein hineingestecktes Papier gebräunt wird.

17. Eine **Holzrinne** zur Aufnahme des Sandes, siehe Fig. 72.

II. Ausführung der Analyse.

§. 143.

a. Man bestimmt zuerst das Gewicht des Kaliapparates, nachher das der Chlorcalciumröhre, bringt sodann von der Substanz etwa 0,350 bis 0,600 Grm. (bei sauerstoffreichen mehr, bei sauerstoffarmen weniger) in das nicht mehr warme Röhrchen, sorgt, dass an den Wänden des Röhrchens, wenigstens oben, keine Substanz hängt, und wägt dasselbe mit seinem Inhalte genau. Da man das Gewicht des leeren Röhrchens beiläufig kennt, so ist man sicher gestellt, dass man nicht zu viel oder zu wenig

Substanz darin hat. Man verschliesst es alsdann mit einem glatten Korke, den man zweckmässig mit einem Blättchen Stanniol unterlegt.

Fig. 71.

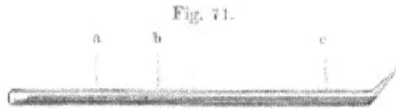

b. Man breitet auf einem reinen Tisch den Bogen Glanzpapier aus und stellt den noch ziemlich warmen Mischungsmörser darauf. Man spült alsdann die noch warme Verbrennungsröhre wie auch die Reibschale mit ein wenig des noch warmen Kupferoxyds aus (das so gebrauchte Kupferoxyd wird zurückgelegt) und füllt nunmehr die Verbrennungsröhre bis an den Strich *b* (Fig. 71) mit Kupferoxyd an, und zwar direct aus dem Tiegel, indem man das Oxyd mit dem Rohre gleichsam schöpft (oder auch mit Hülfe eines kleinen warmen Trichterchens von Kupferblech und eines Theelöffels von Argentan). — Man giebt jetzt einen Theil des Kupferoxyds aus der Röhre in die Reibschale, schüttet die Substanz aus dem Röhrchen darauf, klopft dieses möglichst vollständig aus, und stellt es einstweilen an einen sicheren Ort bei Seite, denn es muss noch zurückgewogen werden. Man mengt nun das im Mörser befindliche Kupferoxyd mit der Substanz durch fleissiges Zusammenreiben (wobei heftiges Aufdrücken zu vermeiden ist) aufs Innigste, schüttet dann fast den ganzen Rest des in die Röhre eingefüllten Kupferoxyds in die Reibschale, so dass nur eine 3–4 Ctm. betragende Lage in der Röhre bleibt, und mischt das hinzugekommene Oxyd mit dem ersterhaltenen Gemenge genau. Man nimmt jetzt den Pistill aus dem Mörser, nachdem man ihn rein abgeklopft hat, und füllt die Mischung in das Rohr, indem man sie mit diesem mit Hülfe einer drehenden Bewegung gewissermaassen schöpft. Den im Mörser bleibenden Rest schüttet man auf ein glattes

Kartenblatt und von diesem in die Röhre. — Man giebt alsdann neuerdings eine kleine Portion Kupferoxyd in die Reibschale, reibt dieselbe damit aus, bringt es dann ebenfalls in die Röhre (wodurch diese etwa bis *a* angefüllt sein wird), füllt dieselbe zuletzt mit reinem Kupferoxyd bis auf etwa 3–4 Ctm. an und verschliesst sie einstweilen mit einem Korke. — Das Einfüllen des Gemisches in die Röhre nimmt man über dem Bogen Papier vor, damit, wenn etwa etwas verschüttet wird, dasselbe wieder in den Mörser gebracht werden kann[75].

c. Man klopft die gefüllte Röhre der Länge nach wiederholt auf einen Tisch auf, so dass der Schnabel der Röhre von Kupferoxyd völlig frei wird, und sich über der Mischung ein Canal bildet, so wie dies die Schattirung in Fig. 71 anzeigt. Kann man seinen Zweck auf die angeführte Weise nicht erreichen (wie dies bei falscher Form des Schnabels häufig vorkommt), so stösst man die Röhre wagerecht mit ihrer Mündung einigemal gegen einen Tisch. — Man legt dieselbe alsdann in die Holzrinne *D* (Fig. 72), verbindet sie mittelst eines Korkes mit dem Chlorcalciumrohr *B*, welches andererseits mit einer Handluftpumpe in Verbindung steht, und umgiebt die Verbrennungsröhre ihrer ganzen Länge nach mit dem heissen Sande. Man pumpt jetzt die Luft langsam aus (bei schnellem unvorsichtigen Ziehen pumpt man einen Theil der Mischung in die Chlorcalciumröhre), lässt alsdann durch Oeffnen des Hahns *a* neue (beim Durchstreichen durch die Chlorcalciumröhre vollständig getrocknete) Luft eintreten, pumpt wieder aus und wiederholt dies 10- bis 12mal. Man kann alsdannn sicher sein, alle und jede Feuchtigkeit, die das Kupferoxyd beim Mischen angezogen haben könnte, aus der Röhre entfernt zu haben.

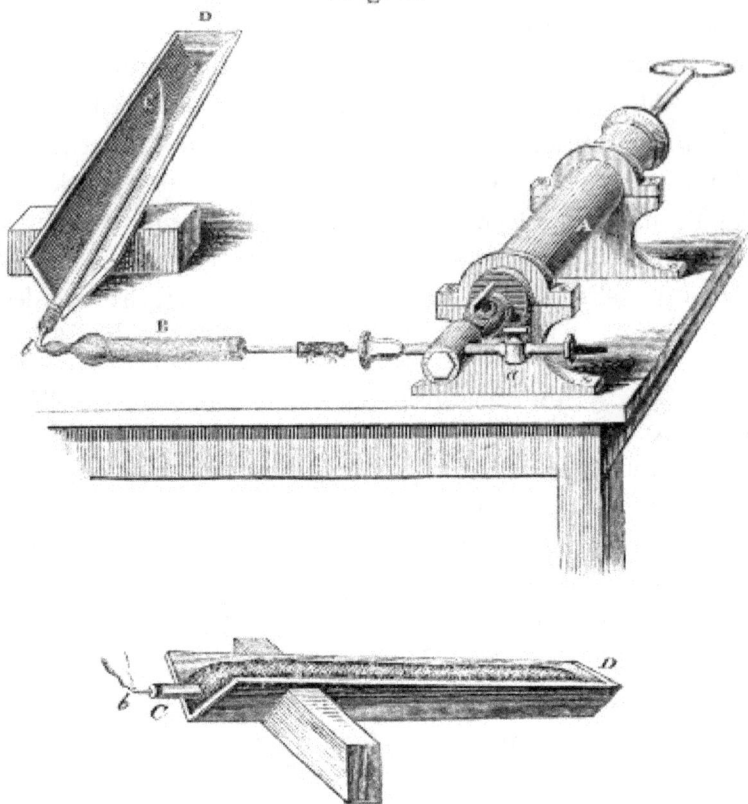

Fig. 72.

d. Man verbindet das Ende *b* der gewogenen Chlorcalciumröhre mittelst des getrockneten Korkes mit dem Verbrennungsrohre, legt dieses in den auf seiner Unterlage etwas nach vorn geneigt stehenden Verbrennungsofen, verbindet alsdann das Ende β des Chlorcalciumrohres mittelst des Kautschukröhrchens mit dem Ende *m* des Kaliapparates und schnürt — sofern eine Umbindung überhaupt nothwendig ist — die Seidenfäden fest. Man stemme beim Anziehen die Gelenke der Daumen gegen einander, sonst zertrümmert man, wenn einmal eine der Schnüre reisst, die ganze Vorrichtung. Den Kaliapparat stellt man zweckmässig auf ein zusammengelegtes Tuch. — Die

Anordnung des Ganzen zeigt Fig. 73.

Fig 73.

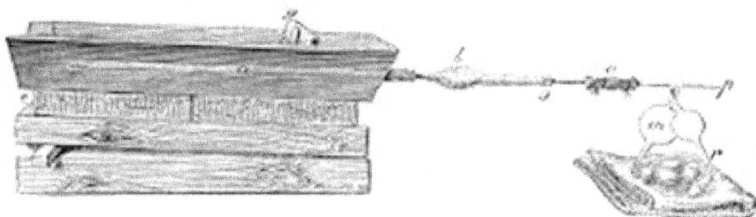

e. Es handelt sich jetzt darum, zu prüfen, ob der Apparat schliesst. Um dies zu erfahren, giebt man dem Kaliapparat die Stellung, die er in Fig. 73 zeigt, d. h. man schiebt ein fingerdickes Stück Holz (s), einen Kork od. dergl. unter die Kugel r des Apparates, so dass dieselbe höher zu liegen kommt, erwärmt alsdann die Kugel m, indem man ihr eine glühende Kohle nähert, bis eine Portion Luft aus dem Apparate ausgetrieben ist, nimmt dann das Holz s weg und lässt erkalten. Die Kalilauge steigt nunmehr in der Kugel m empor und füllt dieselbe mehr oder weniger an. Bleibt der Gleichgewichtszustand, den sie nach völligem Erkalten angenommen hat, einige Minuten hindurch derselbe, so kann man überzeugt sein, dass der Apparat schliesst; stellt sich hingegen die Lauge in beiden Schenkeln allmälig wieder gleich hoch, so schliesst er nicht. (Man benutzt die Zeit zwischen beiden Beobachtungen zweckmässig zum Zurückwägen des Röhrchens, in dem man die Substanz abgewogen hatte.)

f. Man rückt die Verbrennungsröhre so zurecht, dass sie einen starken Zoll aus dem Ofen herausragt, hängt den einfachen Schirm zum Schutze des Korkes über den Vorderrand des Ofens und setzt den doppelten etwa zwei Zoll davon entfernt über die Röhre (siehe Fig. 73), schiebt das Holz s wieder bei r unter den Kaliapparat und legt alsdann zuerst unter den durch den Schirm abgeschlossenen Theil der Röhre kleine, völlig glühende Kohlen, umgiebt allmälig diesen Theil ganz damit und lässt ihn ins Glühen kommen. Man setzt jetzt den Schirm einen Zoll zurück, legt neue Kohlen auf und fährt auf diese Weise fort, indem man immer erst dann weiter rückt, wenn der vor dem Schirm liegende Theil völlig glüht, bis ans Ende der Röhre. Man trägt Sorge, dass alle vor dem Schirm im Ofen liegenden Theile der Röhre stets im Glühen bleiben. Der aus dem Ofen herausragende Theil muss so heiss gehalten werden, dass man ihn mit den Fingern nur sehr kurze Zeit anfassen kann, ohne sich zu verbrennen. Die ganze Operation ist in der Regel in ¾–1 Stunde beendigt. Es ist ganz überflüssig und zweckwidrig, die Kohlen fortwährend durch Zuwehen von Luft anzufachen. Dasselbe geschieht nur zuletzt, wie wir sogleich sehen werden.

Im Kaliapparat wird die Lauge beim Erhitzen des vorderen Theiles der Röhre allmälig aus der Kugel *m* verdrängt, lediglich durch die Ausdehnung der erhitzten Luft. Sobald man an das zum Nachspülen verwendete Kupferoxyd kommt, entwickelt sich ein wenig Kohlensäure und Wasserdampf, welche die im ganzen Apparat befindliche Luft vor sich hertreiben und veranlassen, dass dieselbe in grossen Blasen durch den Kaliapparat geht. — Sowie man aber mit der Erhitzung zur eigentlichen Mischung gelangt, beginnt eine raschere Gasentwickelung. Die anfangs kommenden Blasen werden, indem der Kohlensäure noch Luft beigemengt ist, nur zum Theil, die später kommenden aber so vollständig absorbirt, dass nur manchmal noch eine Luftblase hindurchgeht. Man leitet den Verbrennungsprocess in der Weise, dass sich die Blasen in Zwischenräumen von ½–1 Secunde folgen. Die normale Stellung der Kalilauge während der Operation erkennt man aus Fig. 74.

Fig. 74.

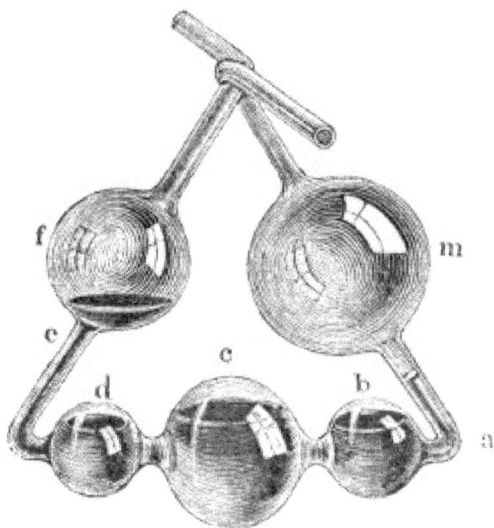

Man sieht hieraus, dass eine bei a eintretende Luftblase erst in die Kugel b, dann von b nach c, und von c nach d gluckt, über die in d befindliche Lauge hinstreicht und endlich durch die die Oeffnung der Röhre e eben noch sperrende Lauge in f austritt.

g. Wenn die ganze Röhre mit glühenden Kohlen umgeben ist, und die Gasentwickelung nachgelassen hat, facht man, mit Hülfe eines Stückes Pappe, die Kohlen etwas an; und wenn auch jetzt keine Gasblasen mehr kommen, stellt man zuerst den Kaliapparat gerade, nimmt alsdann die Kohlen am hintersten Ende der Röhre weg und stellt den Schirm vor den Schnabel. Die hierdurch bewirkte Abkühlung einerseits, und das Absorbirtwerden der im Kaliapparat befindlichen Kohlensäure andererseits bewirken, dass die Lauge in demselben am Anfange langsam, sobald sie aber einmal in die Kugel m gekommen ist, schnell zurücksteigt. (Es ist hierbei, wenn man den Kaliapparat gerade gestellt hat, nicht die mindeste Gefahr des Zurücktretens in die

600

Chlorcalciumröhre vorhanden.) Wenn sich die Kugel *m* etwa zur Hälfte mit Lauge gefüllt hat, kneipt man mittelst einer Drahtzange oder Scheere das Spitzchen des Schnabels der Verbrennungsröhre ab. Sobald dies geschehen, setzt sich die Lauge im Kaliapparat wieder ins Gleichgewicht. Man giebt demselben jetzt wieder seine ursprüngliche schiefe Stellung, steckt die (§. 142. sub 11.) erwähnte, an den Arm eines Filtrirgestells gelehnte Glasröhre über den Schnabel und saugt mittelst der Saugpipette langsam Luft aus, und zwar so lange, bis sich die zuletzt kommenden Blasen im Kaliapparate nicht mehr verkleinern. —

Die Analyse ist jetzt beendigt. — Man entfernt den Kaliapparat, dreht die Chlorcalciumröhre sammt dem Stopfen, welcher nicht angebrannt sein darf, aus der Röhre, nimmt alsdann auch diesen weg und stellt die Chlorcalciumröhre aufrecht (die Kugel nach oben) hin. Nach Verlauf einer halben Stunde wägt man den Kaliapparat und die Chlorcalciumröhre und schreitet alsdann zur Berechnung der Resultate. Dieselben fallen im Ganzen sehr befriedigend aus. Den K o h l e n s t o ff erhält man fast ganz genau, jedoch eher etwas zu gering, etwa 0,1 Proc., als zu hoch. Es kommen hier einige Fehlerquellen in Betracht, von denen jedoch keine das Resultat erheblich ändert, und die sich gegenseitig theilweise compensiren. Erstens wird durch die die Kalilauge während der Verbrennung und zuletzt beim Durchsaugen durchströmende Luft eine Spur Feuchtigkeit aus ersterer weggeführt. Dieser Fehler wird vermehrt, wenn die Gasentwickelung sehr rasch ist, in welchem Falle die Kalilauge sich erwärmt, sowie wenn Stickgas oder Sauerstoffgas durch den Kaliapparat streichen (vergl. §. 147 und §. 151). Er lässt sich beseitigen, wenn man vor den Kaliapparat ein mitgewogenes Rohr mit festem Kalihydrat oder mit Chlorcalcium bringt. — Zweitens werden mit der zuletzt hindurchgesaugten Luft Spuren von Kohlensäure aus der Atmosphäre in den Kaliapparat hineingesaugt. Dieser Umstand lässt sich beseitigen, wenn man beim Durchsaugen den Schnabel der Röhre mit einem Kalirohr durch einen Kork verbindet. — Drittens wird bei an Wasser oder Wasserstoff sehr reichen Verbindungen das Gewicht des Kaliapparates dadurch nicht selten ein wenig vermehrt, dass die Kohlensäure im Chlorcalciumrohr nicht absolut getrocknet wird, ein Fehler, dem man dadurch vorbeugen könnte, dass man hinter das Chlorcalciumrohr eine Röhre mit Asbest bringt, der mit Schwefelsäurehydrat befeuchtet ist.

Den Wasserstoff erhält man in den meisten Fällen etwas zu hoch und zwar durchschnittlich um 0,1 bis 0,15 Proc., was hauptsächlich daher rührt, dass zuletzt mit der Luft ein wenig Feuchtigkeit in das Chlorcalciumrohr gesaugt wird, eine Sache, der durch ein beim Durchsaugen aufgestecktes Kalirohr vorgebeugt werden kann. — Ich bemerke ausdrücklich, dass es bei Weitem in den meisten Fällen höchst überflüssig ist, zur Vermeidung dieser Fehlerquellen das Verfahren complicirter zu machen, zumal man ihren Einfluss auf die Resultate durch unzählige Versuche kennt.

2. Bunsen's Modification des in 1. beschriebenen Verfahrens[76].

§. 144.

Das Wesen dieser Modification besteht darin, dass man das Kupferoxyd in einer verschlossenen Röhre erkalten lässt, dass die Mischung der Substanz mit dem Kupferoxyde nicht in einer Reibschale, sondern in der Röhre selbst geschieht, und dass somit — da bei dieser Art des Mischens dem Kupferoxyde die Gelegenheit benommen ist, Wasser aus der Luft anzuziehen — das Auspumpen der Röhre erspart wird.

Das Abwägen der getrockneten Substanz geschieht in

einem etwa 20 Ctm. langen, am einen Ende zugeschmolzenen, dünnwandigen Glasröhrchen von etwa 7 Millim. innerem Durchmesser, dessen offenes Ende durch einen kleinen glatten Kork während des Wägens verschlossen wird.

Ausser diesem Röhrchen erfordert das B u n s e n'sche Verfahren: Verbrennungsrohr, Kaliapparat, Chlorcalciumrohr, vulcanisirtes Kautschukröhrchen, durchbohrten Kork, Saugrohr, Verbrennungsofen und Kupferoxyd (siehe §. 142).

Fig. 75.

Um das frisch ausgeglühte Kupferoxyd erkalten zu lassen und es in die Verbrennungsröhre einzufüllen, ohne dass es Feuchtigkeit aus der Luft aufnehmen kann, bedient man sich einer 45 Ctm. langen und 2,5–3 Ctm. weiten Glasröhre (Fig. 75), welche am einen Ende zugeschmolzen, am anderen ausgezogen und so weit verengt ist, dass ihre Oeffnung nur noch 1 Ctm. Weite besitzt. Mit dieser innen sorgfältig gereinigten und getrockneten Röhre wird das frisch ausgeglühte, noch heisse Kupferoxyd aus dem Tiegel selbst geschöpft, indem man sie, von der einen Hand unten mit einem Tuche gefasst, mit dem offenen Ende stossweise in rascher, zugleich drehender Bewegung in das Kupferoxyd eingräbt, wobei man den Tiegel mit der anderen Hand, mit Hülfe einer Zange, in stark geneigter, fast horizontaler Richtung hält. — Nachdem die Röhre fast ganz gefüllt ist, verschliesst man sie mit einem kleinen glatten Korke. Es ist zeitersparend, wenn man gleich so viel Kupferoxyd einfüllt, als man zu mehreren Analysen bedarf. Bei gutem Verschluss ist der Inhalt nach mehreren Tagen noch brauchbar, auch wenn man davon bereits einen Theil verbraucht und die Röhre schon mehrmals geöffnet hat.

Das Füllen der getrockneten und mit etwas Kupferoxyd ausgespülten Röhre geschieht auf folgende Weise. Man bringt zuerst in das hintere Ende derselben eine 7–10 Ctm. lange Schicht Kupferoxyd, dadurch dass man das Füllrohr mit seiner Mündung auf ihre Oeffnung setzt, beide alsdann umkehrt und so vereinigt einige Mal auf- und abbewegt. — Diese Manipulation erfordert einige Vorsicht, weil die Spitze des Füllrohrs leicht abbricht, wenn man es bei dem Auf- und Abbewegen oder Drehen nicht in gleicher Richtung mit der Verbrennungsröhre hält. —

Fig. 76.

Kurz zuvor ist das die Substanz enthaltende Röhrchen mit dem Korke genau gewogen worden. Nachdem man den Kork behutsam abgenommen hat, so dass kein Stäubchen dabei verloren geht, führt man es mit dem offenen Ende so tief wie möglich in die Verbrennungsröhre ein und giesst daraus, während beide, wie in Fig. 76, ein wenig abwärts geneigt sind, durch Drehen desselben nach Gutdünken die zur Analyse nöthige Quantität aus. Man drückt hierbei den Rand des Röhrchens gelinde gegen die obere Wand des Verbrennungsrohres, um zu verhindern, dass er mit dem bereits ausgeschütteten Pulver weiter in Berührung kommt.

Sobald man auf diese Weise eine genügende Menge davon ausgegossen hat, bringt man die Verbrennungsröhre wieder in die horizontale Lage, so dass das Röhrchen dadurch eine etwas geneigte Stellung bekommt, nämlich mit dem verschlossenen Ende abwärts gekehrt ist. Wenn man es alsdann langsam, drehend herauszieht, so fallen die pulverförmigen Theile, welche am Rande der Oeffnung liegen, wieder ins Röhrchen, so dass die Stelle frei wird, welche den Kork umschliesst. Es wird darauf augenblicklich wieder verkorkt und gewogen, während dem man die Verbrennungsröhre ebenfalls durch einen Kork verschlossen hält. Die Gewichtsdifferenz ergiebt die Menge der ausgeschütteten, zur Verbrennung angewandten Substanz.

Man giesst alsdann aus dem Füllrohr eine der vorigen gleiche Menge Kupferoxyd in die Verbrennungsröhre, und spült damit zugleich die an den Wänden derselben noch haftenden Partikelchen der Substanz hinunter, so dass sich nun im hinteren Theile des Rohres eine etwa 20 Ctm. lange Lage von Kupferoxyd befindet, in deren Mitte die Substanz angehäuft liegt.

Fig. 77.

Die Mischung geschieht vermittelst eines korkzieherförmig (einmal) gewundenen, vorn zugespitzten, blanken Eisendrahts, Fig. 77, durch rasche, theils drehende, theils auf- und abwärts gehende Bewegung. Sie ist in wenigen Minuten beendet, und bei pulverförmigen Körpern, welche nicht zusammenbacken, so vollständig, dass die kleinsten Theilchen mit dem Auge nicht mehr unterschieden werden können. — Die Verbrennung geschieht alsdann wie in §. 143.

β. Schwer verbrennliche, nichtflüchtige Körper, z. B. manche harzartige und extractive Substanzen, Steinkohle etc.

Wenn man dieselben nach den in §. 143 und 144 angegebenen Methoden behandelt, so bleiben leicht kleine Theile abgeschiedenen Kohlenstoffs unverbrannt. Um dies zu verhüten, wendet man eine der folgenden Methoden an.

1. Verbrennung mit chromsaurem Bleioxyd.

§. 145.

Von den §. 142 genannten Gegenständen braucht man 1–13., 14–17. nicht. Dagegen hat man chromsaures Bleioxyd (§. 45. 2.) nöthig. Man erhitzt eine zur Füllung der Röhre, welche man (da das chromsaure Bleioxyd bei gleichem Volumen eine viel grössere Menge verwendbaren Sauerstoff enthält, als das Kupferoxyd) ziemlich eng wählen kann, mehr als hinreichende Menge in einer Platin- oder Porzellanschale über der Berzelius'schen Lampe bis zum Braunwerden und sorgt, dass dasselbe bis zum Gebrauch auf etwa 100° oder auch noch weiter abgekühlt ist. — Das Verfahren ist dem in §. 143 beschriebenen vollkommen gleich, mit der einzigen Ausnahme, dass man die Röhre nicht auspumpt. Diese Operation ist nämlich bei Anwendung von chromsaurem Bleioxyd völlig überflüssig, da dieses nicht hygroskopisch ist wie das Kupferoxyd. —

Da das chromsaure Bleioxyd hauptsächlich dadurch vollständiger oxydirend wirkt als das Kupferoxyd, dass es bei gehöriger Hitze schmilzt, so hat man zuletzt die Temperatur durch Anfachen der Kohlen etc. so zu steigern, dass der ganze Inhalt der Röhre — soweit die Substanz gelegen hat — zum völligen Schmelzen kommt. Den vorderen Theil der Röhre so stark zu erhitzen, ist unzweckmässig, da hierdurch das chromsaure Bleioxyd alle Porosität verliert und etwa entwichene noch unverbrannte Zersetzungsproducte nicht mehr gehörig zu verbrennen vermag.

Weil auch das nicht geschmolzene chromsaure Bleioxyd in letzterer Beziehung vermöge seiner schweren Beschaffenheit Manches zu wünschen übrig lässt, so füllt man den vorderen Theil der Röhre statt mit solchem zweckmässiger mit grob gepulvertem Kupferoxyd, welches durch sehr starkes Glühen seine hygroskopischen Eigenschaften verloren hat, oder auch mit Kupferdrehspänen, welche man durch Glühen in einem Tiegel, bei Luftzutritt, oberflächlich oxydirt hat.

Bei sehr schwer verbrennlichen Substanzen ist es wünschenswerth, dass die Masse nicht allein leicht zusammenbacke, sondern auch zuletzt etwas mehr Sauerstoff ausgebe, als dies bei dem chromsauren Bleioxyd der Fall ist. Man setzt daher in solchen Fällen dem chromsauren Bleioxyd zweckmässig $\frac{1}{10}$ seines Gewichtes nach dem Schmelzen gepulvertes saures chromsaures Kali zu. Mit Hülfe dieses Zusatzes gelingt es, auch ganz schwierig verbrennende Körper vollständig zu oxydiren (Liebig).

2. Verbrennung mit Kupferoxyd und chlorsaurem oder überchlorsaurem Kali.

§. 146.

Man bedarf hierzu aller der in §. 142, beziehungsweise §. 144 genannten Gegenstände und ausserdem einer kleinen Menge chlorsauren Kalis. Um es von Wasser zu befreien, erhitzt man dasselbe, bis es eben schmilzt, zerstösst es nach dem Erkalten zu grobem Pulver und bewahrt es an einem warmen Ort bis zum Gebrauche auf. —

Das Verfahren ist dasselbe wie in §. 143 oder 144 mit dem Unterschiede, dass man die Schicht Kupferoxyd im hintersten Theil der Röhre etwas gross (5 Ctm. lang) macht und durch Umschütteln mit etwa ⅛ (3–4 Grm.) chlorsauren Kalis mischt. Man füllt dann 2 Ctm. reines Kupferoxyd und sodann die Mischung ein. — Wenn man beim Erhitzen sich der Stelle nähert, an der das chlorsaure Kali liegt, so muss man beim Auflegen der Kohlen ausserordentlich vorsichtig sein, so dass sich das chlorsaure Kali nur ganz allmälig zersetzt; im anderen Falle wird durch den zu heftigen

Gasstrom ein Theilchen der Kalilauge herausgeworfen und die Analyse ist verloren.

Das aus dem chlorsauren Kali entwickelte Sauerstoffgas treibt die die Röhre erfüllende Kohlensäure vor sich her, verbrennt alle unverbrannten Kohletheilchen und oxydirt das reducirte Kupfer. Es kann daher erst dann Sauerstoffgas durch den Kaliapparat austreten, wenn alles Oxydirbare oxydirt worden ist.

Ist in dieser Weise zuletzt viel Gas unabsorbirt durch den Kaliapparat hindurchgegangen, so ist es unnöthig, die Spitze der Röhre abzukneipen und Luft durch dieselbe zu saugen, da in derselben nur Sauerstoff, aber keine Kohlensäure und kein Wasserdampf mehr enthalten ist. Durch das Chlorcalciumrohr und den Kaliapparat muss aber jedenfalls Luft durchgesaugt werden (am besten getrocknete und von Kohlensäure befreite), da ja sonst diese Apparate mit Sauerstoffgas erfüllt gewogen werden würden.

Das chlorsaure Kali zersetzt sich, wie bekannt, etwas stürmisch. Man kann daher statt desselben auch das ruhigerer Zersetzung unterliegende, durch Erhitzen des chlorsauren Kalis dargestellte, überchlorsaure Kali anwenden, wie dies B u n s e n zuerst vorgeschlagen hat. Man bringt es im geschmolzenen Zustande und noch heiss in den hintersten Theil der Röhre, setzt einen lockeren Pfropf frisch ausgeglühten Asbestes darauf und füllt dann wie gewöhnlich. Befolgt man die in §. 144 angegebene B u n s e n'sche Mischungsmethode, so muss stets nach dieser Angabe verfahren werden.

Da das den Kaliapparat durchstreichende trockene Sauerstoffgas etwas Wasserdampf aus der Kalilauge wegführt, so verbindet man die Ausgangsröhre des Kaliapparates zweckmässig mit einer kleinen, mitzuwägenden, mit Kalihydrat gefüllten Röhre und zwar entweder mittelst eines Korkes oder durch ein kleines Röhrchen von vulcanisirtem Kautschuk. Die Gewichtszunahme des Kaliapparates sammt der dieses Röhrchens, ist gleich der aufgenommenen Kohlensäure.

3. Verbrennung mit Kupferoxyd und gasförmigem Sauerstoff.

§. 147.

Viele Chemiker sind gegenwärtig bei der Analyse organischer Körper von den im Vorhergehenden beschriebenen Verfahrungsweisen abgewichen und verbrennen mit Kupferoxyd und Sauerstoffgas, welches aus einem Gasometer zugeleitet wird. Hess, Dumas und Stass, Erdmann und Marchand, Wöhler und Andere haben Verfahrungsweisen beschrieben, welche sich auf dieses Princip gründen. Sie wenden dieselben nicht nur zur Verbrennung schwer verbrennlicher Substanzen, sondern ganz allgemein zur Kohlenstoff- und Wasserstoffbestimmung in organischen Substanzen an.

Da diese Methoden ausser dem mit Sauerstoff gefüllten Gasometer, Vorrichtungen erfordern, um das Sauerstoffgas vollkommen zu trocknen und von Kohlensäure zu befreien, so ersieht man leicht, dass ihr Apparat complicirter ist als der so einfache Liebig'sche oder Bunsen'sche. Sie empfehlen sich daher hauptsächlich dann, wenn grössere Reihen organischer Elementaranalysen nach einander ausgeführt werden sollen, sowie insbesondere bei der Analyse von Substanzen, die, weil sie nicht pulverisirbar sind, mit dem Kupferoxyd nicht innig gemischt werden können.

Zur Erhitzung des Verbrennungsrohres bedienen sich Hess, sowie Erdmann und Marchand des Weingeistes. Man kann dazu auch eine geeignete Gasfeuerung anwenden (wie solches in den englischen

Laboratorien geschieht)[77] oder sich glühender Kohlen bedienen. Die Fig. 78 stellt einen Apparat mit Kohlenfeuerung dar

A ist ein Gasometer mit Sauerstoff, der Hahn i ist durch ein Messingrohr mit dem Kugelapparate h verbunden, der concentrirte Schwefelsäure enthält. In dem genannten Messingrohr befindet sich ein seitlicher Ansatz, welcher mittelst eines Schlauches von vulcanisirtem Kautchuk mit einem atmosphärische Luft enthaltenden Gasometer in Verbindung steht (diese Einrichtung ist in der Figur weggelassen). Die Röhre g enthält festes Kalihydrat. — a b stellt die an beiden Enden offene etwa 60 Ctm. lange Verbrennungsröhre dar. Dieselbe ist mittelst durchbohrter Korkstopfen hinten mit dem Kalirohr, vorn mit dem Chlorcalciumrohr c verbunden. d ist ein Kaliapparat (dessen kleinere Kugel, da hier ein Zurücksteigen der Kalilauge nie vorkommen kann, am besten mit dem Chlorcalciumrohr verbunden wird), e enthält festes Kalihydrat.

Fig. 78.

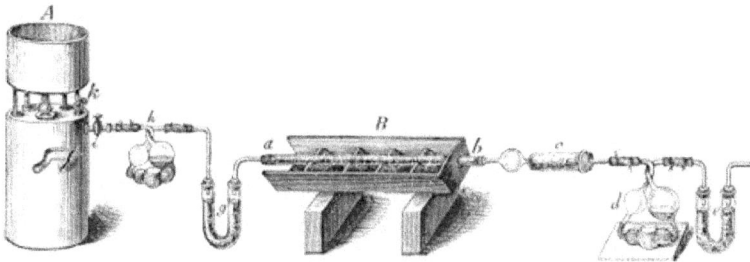

Das Ausglühen des Kupferoxyds geschieht in der Röhre selbst. Man versieht dieselbe am Ende b mit einem ziemlich dichten Stopfen von Kupferdrehspänen, füllt sie darauf bis zu zwei Drittel ihrer Länge mit Kupferoxyd, verbindet die Mündung a mit g und h, wie es die Zeichnung angiebt, und erhitzt das Rohr seiner ganzen Länge nach zum gelinden Glühen, während man einen langsamen Strom von atmosphärischer Luft hindurchleitet. Nach vollständigem

Ausglühen entfernt man die Kohlen, verbindet das vorher offen gelassene Ende *b* mit einem kleinen Chlorcalciumrohr und lässt in langsamem Luftstrome erkalten. Man öffnet jetzt die kalte Röhre, am hinteren Ende, bringt die Substanz mit Hülfe eines langen Röhrchens hinein (vergl. §. 144), mischt mittelst des in Fig. 77 S. 359 abgebildeten Drahtes rasch, füllt den hinteren Raum mit ausgeglühtem und in dem Rohre Fig. 75 S. 358 erkalteten Kupferoxyd an (doch nur so, dass noch einige Zoll leer bleiben), klopft die Röhre etwas, damit sich ein Canal bildet, setzt alsdann *a* mit *g* wieder in fest schliessende Verbindung, nimmt das während des Erkaltens angesetzte Chlorcalciumrohr weg, ersetzt es durch das gewogene *c*[78] und fügt auch die gewogenen Apparate *d* und *e* an.

Man dreht nun den Hahn *i* (des Sauerstoffgasometers) ein wenig auf[79], so dass das Gas in ganz langsamem Strome durch den Apparat geht, schliesst dann plötzlich den Hahn und überzeugt sich vom vollkommenen Schliessen des Apparates, indem man beobachtet, ob der Stand der Flüssigkeiten in den Kugelapparaten sich längere Zeit gleich bleibt.

Ist dies geschehen, so erhitzt man zuerst den vorderen Theil der Röhre, soweit das reine Kupferoxyd liegt, zum Glühen, sodann auch das hintere, nur Kupferoxyd enthaltende Ende, während man den die Mischung enthaltenden Theil zweckmässig durch zwei Schirme schützt. Das Sauerstoffgas leitet man dabei fortwährend, aber im langsamsten Strome, durch den Apparat.

Nunmehr fängt man an auch den Theil zu erhitzen, welcher die Mischung enthält, indem man von vorn nach hinten langsam vorschreitet. Man verstärkt allmälig den Sauerstoffstrom etwas, doch nie soweit, dass Sauerstoffgas durch den Kaliapparat *d* hindurchgeht. Wenn endlich die

Röhre ihrer ganzen Länge nach glüht, und keine Gasentwickelung mehr stattfindet, öffnet man den Hahn etwas weiter, bis zuletzt (wenn alles reducirte Kupferoxyd wieder oxydirt ist) das Gas unabsorbirt durch den Kaliapparat zu gehen anfängt. Man schliesst jetzt den Sauerstoffhahn, öffnet dagegen den Hahn des Luftgasometers ein wenig, entfernt die Kohlen, soweit möglich, lässt das Ganze im langsamen Luftstrome erkalten und wägt dann das Chlorcalciumrohr, den Kaliapparat und das dazu gehörige Kalirohr.

Ein ungemeiner Vortheil dieser Methode liegt darin, dass die Verbrennungsröhre nach Beendigung der ersten Analyse für die zweite vollkommen vorbereitet ist.

γ. Flüchtige Körper, oder solche, die bei 100° eine Veränderung erleiden, z. B. Wasser verlieren.

§. 148.

Würde man mit denselben so verfahren, wie §. 143 angegeben, so entwiche, bei dem Mischen mit warmem Kupferoxyd und beim Auspumpen der mit heissem Sand umgebenen Röhre, ein Theil der Substanz oder des Wassers, und die Resultate könnten somit unmöglich genau werden. Würde man hingegen auf dieselbe Art kalt mischen, so zöge die Mischung eine erhebliche Menge Wasser an.

Man verfährt daher entweder nach §. 144 oder nach §. 147. — Auch mit chromsaurem Kali lassen sich solche Substanzen recht gut verbrennen; doch hat man die Vorsicht zu gebrauchen, dasselbe in einem verschlossenen Rohre erkalten zu lassen.

b. Flüssige Körper.

α. Flüchtige (z. B. ätherische Oele, Alkohol etc.).

§. 149.

1. Zur Analyse flüchtiger Körper bedarf man der sämmtlichen in §. 142 angeführten Gegenstände mit Ausnahme der zum Abwägen, Mischen und Auspumpen dienenden. Dafür hat man erstens ein Rohr zur Aufnahme des Kupferoxyds nöthig, wie in §. 144, und ferner kleine Glaskugeln zur Aufnahme der zu verbrennenden Flüssigkeit. Diese Kugeln verfertigt man in folgender Art:

Fig. 80.

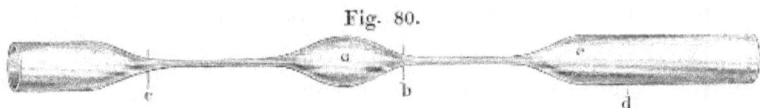

Fig. 81.

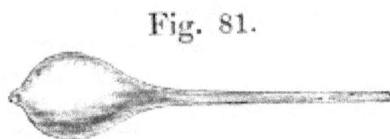

Man zieht eine stark federkieldicke Glasröhre von leicht schmelzbarem Glas mit mässig dicken Wänden, in der Art aus, wie es Fig. 80 zeigt (die Enden denke man sich jedes einen Fuss länger), schmelzt die Röhre bei *b* ab, bläst den verdickten Theil, wenn nöthig, ein wenig auf, und schneidet alsdann bei *c* ab. Auf diese Art macht man sich 2–3 Kugeln von der Gestalt, wie sie Fig. 81 zeigt. — Dass das Ende der Glasröhre beim Aufblasen noch lang sei, ist deswegen nothwendig, weil sonst die Kugeln innen feucht werden. — Man wägt von diesen Kugeln zwei zuerst leer, füllt sie alsdann mit Flüssigkeit, schmelzt sie zu und wägt wieder. Das Füllen vollbringt man, indem man das Kügelchen über der Lampe ein wenig erwärmt und alsdann seine Spitze in die zu untersuchende Flüssigkeit taucht. Beim Erkalten tritt ein Theil derselben hinein. Ist nun die Flüssigkeit sehr flüchtiger Natur, so verwandelt sich die in das noch warme Kügelchen eindringende Portion in Dampf, welcher die Flüssigkeit wieder hinaustreibt; sobald sich aber der Dampf verdichtet, füllt sich die Kugel jetzt um so vollständiger an.

613

— Ist die Flüssigkeit minder flüchtig, so dringt zuerst nur ein wenig ein. Man erhitzt die Kugel neuerdings, so dass der eingedrungene Tropfen in Dampf verwandelt wird, und steckt jetzt die Spitze wiederum in die Flüssigkeit. Bei dem Abkühlen füllt sich alsdann die Kugel völlig an. Man bewirkt jetzt durch eine schnellende Bewegung, dass die in dem Halse des Kugelröhrchens etwa befindliche Flüssigkeit vollständig herausgeworfen wird, und schmelzt alsdann die Spitze zu. — Die Beschickung der Röhre geschieht in der Weise, dass man aus dem Rohre, in welchem das Kupferoxyd erkaltete, zuerst eine 6 Ctm. lange Schicht Kupferoxyd in das Verbrennungsrohr bringt. Alsdann versieht man eins der gefüllten Kügelchen in der Mitte des Halses mit einem feinen Feilstriche, bricht die Spitze rasch ab und lässt Kugel und Spitze in die Röhre fallen. Man bringt nun eine 6–9 Ctm. hohe Schicht Kupferoxyd, alsdann in gleicher Art die zweite Kugel hinein, füllt endlich das Rohr mit Kupferoxyd fast voll, klopft auf und schreitet zur Verbrennung. (Es ist zweckmässig, in die vordere Hälfte des Rohres etwas gröberes, aus kleinen Stückchen bestehendes Kupferoxyd (vergl. §. 45. 1.) oder auch aussen oxydirte Kupferdrehspäne zu bringen, so dass die Gase ungehindert passiren können, auch wenn nur ein enger Canal vorhanden; denn ist derselbe weit, so streicht etwas Dampf unverbrannt durch die Röhre.)

Die Ausführung der Verbrennung erfordert bei sehr flüchtigen Körpern viele Aufmerksamkeit und macht einige Modificationen nöthig. Zuerst erhitzt man die kleinere, durch einen Schirm geschiedene vordere Hälfte der Röhre zum Glühen (bei sehr flüchtigen Substanzen bringt man statt eines Schirmes zwei an), legt dann eine glühende Kohle hinter die Röhre, damit der Schnabel heiss werde und sich kein Dampf darin verdichten kann, und nähert alsdann der ersten Kugel eine glühende Kohle. Man bewirkt dadurch ein

Ausfliessen und Verdampfen des Inhalts. Der Dampf streicht über das Kupferoxyd, verbrennt, und somit beginnt die Gasentwickelung. Durch sehr allmäliges Erwärmen der ersten, dann der zweiten Kugel, erhält man sie im Gange und zwar zweckmässiger in etwas zu langsamem, als zu schnellem. — Erhitzt man nicht allmälig, sondern plötzlich, so wird die Kalilauge ohne Weiteres aus dem Apparat geschleudert. — Zuletzt umgiebt man die ganze Röhre mit Kohlen und verfährt wie gewöhnlich. — Schmeckt die durchgesaugte Luft nach dem verbrannten Körper, so war die Verbrennung unvollständig.

Da sich bei Flüssigkeiten von hohem Siedepunkte und grossem Kohlenstoffgehalt, z. B. bei ätherischen Oelen, auf das in der Umgebung derselben vollständig reducirte Kupfer leicht etwas Kohlenstoff absetzt, so vertheilt man die zur Analyse erforderliche Quantität, welche etwa 0,4 Grm. beträgt, besser in drei Kügelchen, die durch Kupferoxydschichten zu trennen sind.

2. Fürchtet man, dass die Verbrennung des Kohlenstoffs durch das Kupferoxyd nicht vollständig geschehen möchte, so beendet man das Verbrennen im Sauerstoffstrome, den man aus im hinteren Theil der Röhre liegendem chlorsauren oder überchlorsauren Kali entwickelt (vergl. §. 146).

3. Soll die Verbrennung in dem in §. 147 beschriebenen Apparate (im Sauerstoffstrom) ausgeführt werden, so müssen die Kügelchen in eine feine lange Spitze ausgezogen und fast ganz mit der Flüssigkeit angefüllt werden. Man schmelzt alsdann die Spitze zu und bringt die Kügelchen, ohne sie zu öffnen, in das Verbrennungsrohr. Sobald der vordere und hinterste Theil des Rohres im Glühen ist, nähert man der Stelle, an welcher das erste Kügelchen liegt, eine glühende Kohle und bewirkt so, dass es durch die Ausdehnung der Flüssigkeit platzt. Nachdem der Inhalt des ersten verbrannt ist, erhitzt man das zweite etc. — Diese

Methode für ganz flüchtige Flüssigkeiten, wie z. B. Aether, anzuwenden, ist jedoch nicht wohl möglich, da bei solchen Explosionen nicht zu vermeiden sind.

β. Flüssige, nicht flüchtige Körper (z. B. fette Oele).

§. 150.

Zu ihrer Verbrennung wendet man stets entweder 1) chromsaures Bleioxyd oder Kupferoxyd mit chlorsaurem, beziehungsweise überchlorsaurem Kali an, oder man vollführt sie 2) in dem in §. 147 beschriebenen Apparate.

1. Im Falle 1. verfährt man im Allgemeinen nach §. 145 oder 146. Die Substanz wägt man in einem kleinen Röhrchen ab und verfährt beim Mischen also: Zuerst bringt man in die Röhre eine 6 Ctm. lange Lage Kupferoxyd mit chlorsaurem Kali, oder aber chromsaures Bleioxyd, alsdann wirft man das Röhrchen mit der Substanz hinein und lässt das Oel in die Röhre vollständig ausfliessen. Durch geeignetes Neigen bewirkt man, dass es in der Röhre herumfliesse, und zwar in der Art, dass das erste ¼ bis ⅓ der Röhre rein bleibt und ebenso die obere für den Canal bestimmte Seite derselben. Man füllt sie alsdann mit — in einer Röhre erkaltetem — Kupferoxyd oder chromsaurem Bleioxyd fast voll, trägt Sorge, dass das Röhrchen mit diesen Verbrennungsmitteln völlig angefüllt werde, legt zwischen heissen Sand, damit das hierdurch dünnflüssig werdende Oel vollständig von dem Verbrennungsmittel aufgesaugt werde, pumpt, wenn nöthig, aus und schreitet zur Verbrennung. Es ist zweckmässig, eine ziemlich lange Röhre zu nehmen. Chromsaures Bleioxyd ist in der Regel vorzuziehen. Bei seiner Anwendung giebt man zuletzt vorsichtig ganz starke Hitze, so dass der Inhalt der Röhre schmilzt. Hat man feste Fette, oder wachsartige Körper, die sich nicht pulvern und demzufolge nicht auf die gewöhnliche Art mischen lassen, so verfährt man in

ähnlicher Weise, wie bei fetten Oelen. Zum Abwägen bringt man dieselben in einen kleinen gewogenen Glasnachen, welchen man aus einer der Länge nach gespaltenen Röhre darstellt, Fig. 82, schmelzt sie darin, wägt wieder und lässt diesen dann in die 6 Ctm. weit mit chromsaurem Bleioxyd oder (mit chlorsaurem Kali gemischtem) Kupferoxyd gefüllte Röhre gleiten. Man bringt alsdann die Substanz zum Schmelzen, verbreitet sie ebenso wie die Oele in der Röhre und verfährt im Uebrigen überhaupt, wie bei diesen angegeben.

Fig. 82.

2. Sollen Fette oder ähnliche Körper im Sauerstoffstrom in dem in §. 147 beschriebenen Apparate verbrannt werden, so wägt man sie in einem Glas- oder Platinschiffchen, schiebt sie darin in die Röhre ein und füllt den hinteren Theil der Röhre, wie oben angegeben, mit Kupferoxyd. Die Verbrennung muss sehr sorgfältig geleitet werden. Sobald das im vorderen und hintersten Theil der Röhre befindliche Kupferoxyd glüht, nähert man der Substanz eine Kohle. Die bei der trockenen Destillation entstehenden flüchtigen Producte verbrennen auf Kosten des Kupferoxyds. Wenn man merkt, dass dieses an der Oberfläche reducirt ist, lässt man mit dem Erhitzen der Substanz nach und fährt erst dann wieder fort, wenn sich das Kupfer im Sauerstoffstrom wieder oxydirt hat. Zuletzt sorgt man, dass alle im Schiffchen gebliebene Kohle im Sauerstoffgase verbrenne.

B. Analyse von Verbindungen, die aus Kohlenstoff, Wasserstoff, Sauerstoff und Stickstoff bestehen.

Das Princip des bei solchen Verbindungen einzuschlagenden Verfahrens ist im Allgemeinen folgendes: Man bestimmt in einer Portion der Substanz den Kohlenstoff als Kohlensäure, den Wasserstoff als Wasser, — in einer zweiten den Stickstoff im gasförmigen Zustande, als Platinsalmiak, oder durch Neutralisation des aus dem Stickstoff entstandenen Ammons, und findet den Sauerstoff aus dem Verlust.

Da die Gegenwart des Stickstoffs auf die Bestimmung des Kohlenstoffs und Wasserstoffs einen Einfluss ausübt, so haben wir in diesem Abschnitte nicht allein die Methode der Stickstoffbestimmung, sondern auch die Abänderungen zu betrachten, welche durch die Gegenwart des Stickstoffs bei der Bestimmung des Kohlenstoffs und Wasserstoffs nöthig werden.

a. Bestimmung des Kohlenstoffs und Wasserstoffs in stickstoffhaltigen Körpern.

§. 151.

1. Glüht man stickstoffhaltige Substanzen mit Kupferoxyd oder chromsaurem Bleioxyd, so entweicht mit der Kohlensäure und dem Wasserdampf ein Theil des Stickstoffs als Gas, ein anderer, sehr geringer, bei sehr sauerstoffreichen Körpern aber doch nicht unbedeutender Theil verwandelt sich in Stickoxydgas, welches von der im Apparate befindlichen Luft ganz oder theilweise in salpetrige Säure übergeführt wird. Würde man demnach bei stickstoffhaltigen Substanzen die oben (§. 143 etc.) beschriebenen Verfahrungsweisen ohne Weiteres beibehalten, so bekäme man einen zu hohen Gehalt an Kohlenstoff, indem im Kaliapparat nicht allein die Kohlensäure, sondern auch die gebildete salpetrige Säure und ein Theil des Stickoxyds (welches sich mit Kali langsam in salpetrige Säure und Stickoxydul umsetzt) zurückgehalten würde. Man beseitigt diesen Uebelstand einerseits, indem man recht innig mischt, langsam verbrennt und chromsaures Bleioxyd, sowie die Mitanwendung chlorsauren Kalis vermeidet, denn bei ihrem Gebrauch und raschem Verbrennen ist die Stickoxydentwickelung bedeutender als bei der Anwendung reinen Kupferoxyds und bei langsamem Erhitzen des innigen Gemenges, andererseits, indem man eine um 12–15 Ctm. längere Verbrennungsröhre anwendet, dieselbe wie gewöhnlich füllt und alsdann eine 9–12 Ctm. lange, lockere Schicht blanker und feiner Kupferdrehspäne (§. 45. 6.)

619

hineinbringt. Bei der Verbrennung erhitzt man dieselben zuerst zum Glühen und erhält sie darin während der ganzen Operation. In allen übrigen Stücken bleiben sich die oben beschriebenen Methoden gleich. — Die Wirkung des Kupfers beruht darauf, dass es im glühenden Zustande alle Oxydationsstufen des Stickstoffs zerlegt in Sauerstoff, mit dem es sich zu Oxyd verbindet, und in reines Stickgas. — Da diese Wirkung nur von ganz glühendem Kupfer ausgeübt wird, so hat man Sorge zu tragen, dass der vordere Theil der Röhre immer gehörig im Glühen bleibe. — Da das metallische Kupfer, frisch reducirt, Wasserstoffgas, nach längerem Aufbewahren, Wasserdampf an seiner Oberfläche verdichtet zurückhält, so muss dasselbe heiss — wie es aus dem auf 100° erhitzten Trockenschranke kommt — in die Röhre gebracht werden. Liebig empfiehlt, den Kupferdrehspänen durch Einpressen in eine Röhre cylindrische Form zu geben. Sie können so leicht und rasch in die Verbrennungsröhre gebracht werden.

2. Sollen stickstoffhaltige Körper in dem in §. 147 beschriebenen Apparate verbrannt werden, so müssen Röhren von etwa 75 Ctm. Länge angewendet werden. Der vordere Theil derselben wird alsdann ebenfalls mit einer 9–12 Ctm. langen Schicht blanker Kupferdrehspäne gefüllt. Man hat Sorge zu tragen, dass wenigstens der vordere Theil derselben sowohl während des Ausglühens im Luftstrom, als auch bei der Verbrennung unoxydirt bleibt. — Ist die Operation beendigt, so schliesst man den Sauerstoffhahn, sobald eine sichtbar fortschreitende Oxydation des metallischen Kupfers eintritt, und öffnet statt dessen den des Luftgasometers ein wenig, so dass die Röhre im langsamen Luftstrome erkaltet.

b. Bestimmung des Stickstoffs in organischen Verbindungen.

Zur Bestimmung des Stickstoffs sind, wie oben bereits

angedeutet, zwei wesentlich verschiedene Methoden im Gebrauch. Nach der einen wird der Stickstoff im reinen Zustande abgeschieden, und sein Volum gemessen, — nach der anderen wird er in Ammoniak verwandelt, und dieses als Platinsalmiak oder durch Neutralisation bestimmt.

α. Bestimmung des Stickstoffs aus dem Volum.

Die vielen Methoden, welche zur Erreichung des in Rede stehenden Zweckes in Vorschlag gekommen sind, lassen sich alle unter zwei Rubriken zusammenfassen. Die einen bezwecken das Auffangen der ganzen in einer gewogenen Portion der Substanz enthaltenen Stickstoffmenge, — die anderen bestimmen bloss das relative Verhältniss zwischen dem entwickelten Kohlensäure- und Stickgas und lassen aus diesem die Menge des Stickstoffs berechnen, wozu also unter allen Umständen erfordert wird, dass man zuvor die Menge des Kohlenstoffs in der Substanz kenne. — Die auf das erstere Princip gegründeten Methoden nennt man *quantitative*, die anderen *qualitative*. Ich hebe von beiden Arten je eine heraus, und zwar diejenigen, die sich am leichtesten ausführen lassen und die genauesten Resultate liefern.

1. Qualitative Stickstoffverbindung aus dem Volum, nach Liebig.

§. 152.

Dieselbe ist nur bei Substanzen anwendbar, die keine zu geringe Menge Stickstoff im Verhältniss zu ihrem Gehalt an Kohlenstoff enthalten. Das Nähere siehe am Ende dieses Paragraphen.

Zu ihrer Ausführung sind folgende Gegenstände erforderlich:

1. 6–8 etwa 30 Centimeter lange, 15 Millimeter im Durchmesser haltende, genau graduirte Röhren von

starkem Glas.

2. Ein hoher, oben erweiterter Cylinder von starkem Glas, siehe unten Fig. 84.

3. Eine Pipette, deren untere Mündung aufwärts gebogen ist, siehe unten Fig. 84.

4. Quecksilber, und zwar eine zum Anfüllen des Glascylinders mehr als hinreichende Menge.

5. Eine Quecksilberwanne.

6. Kalilauge.

7. Ein 60 Ctm. langes, hinten rund zugeschmolzenes Verbrennungsrohr nebst Gasleitungsröhre (siehe unten Fig. 83), ferner ein langer Verbrennungsofen.

8. Kupferoxyd, welches nicht frisch ausgeglüht zu sein braucht.

9. Blanke und reine Kupferdrehspäne.

Man bringt in den hinteren Theil des Verbrennungsrohres eine 6 Ctm. lange Schicht Kupferoxyd, mischt alsdann etwa 0,500 Grm. der höchst fein gepulverten Substanz, deren Gewicht man nicht genauer zu kennen braucht, aufs Innigste mit einer die Röhre etwa zur Hälfte anfüllenden Menge Kupferoxyd, giebt die Mischung in die Röhre, bringt eine Schicht reines Oxyd darüber und füllt endlich den noch leeren Theil derselben mit Kupferdrehspänen an, so dass wenigstens ein 12 Ctm. langes Stück mit solchen erfüllt ist. — Man verbindet die beschickte Röhre mit dem Gasleitungsrohr, legt sie in den Verbrennungsofen und umgiebt zuerst den vorderen Theil mit glühenden Kohlen, während man den, an welchem die Mischung liegt, durch einen Schirm schützt, dann schreitet man mit dem Erhitzen zur Mischung vor, indem man den Schirm je um 3 Ctm. zurücksetzt. Wenn etwa ¼ derselben zerlegt, und somit durch die entstandenen Verbrennungsproducte die atmosphärische Luft fast vollständig aus der Röhre getrieben ist, stürzt man über den Ausgang des unter Quecksilber mündenden Gasleitungsrohres eine von den mit Quecksilber ganz[80] gefüllten graduirten Röhren, lässt dieselbe sich zu ¾ mit Gas füllen, hebt sie dann heraus, so dass der Rest des Quecksilbers ausfliesst, und schaut der Länge nach durch dieselbe. Ist nicht die geringste rothe Färbung des Gasinhaltes zu bemerken, so kann man sicher sein, dass den Gasen kein Stickoxydgas beigemengt war. (Diese Probe muss in der Mitte und gegen Ende der Operation wiederholt werden, wenn man volle Sicherheit über die Abwesenheit des Stickoxyds in allen Röhren haben will.) Nach diesem vorläufigen Versuche füllt man nun eine von den graduirten Röhren nach der anderen (Fig. 83), indem man die Erhitzung langsam und gleichmässig fortführt. Man muss zu dieser Arbeit entweder einen Apparat haben, der das gleichzeitige Aufstellen von 6–8 Röhren gestattet[81], oder man muss sich von einem Gehülfen die gefüllten Röhren einstweilen halten lassen. Man merke sich, welche Röhre die erste, zweite, dritte u. s. w. bei der Füllung war. — Der vordere Theil des Verbrennungsrohres ist während der ganzen Operation in starkem Glühen zu erhalten.

Fig. 83.

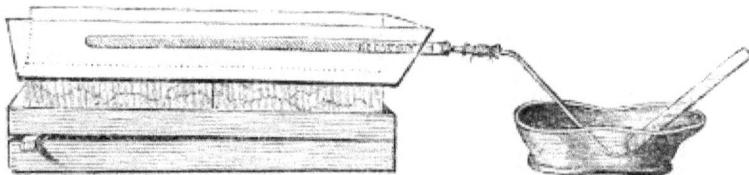

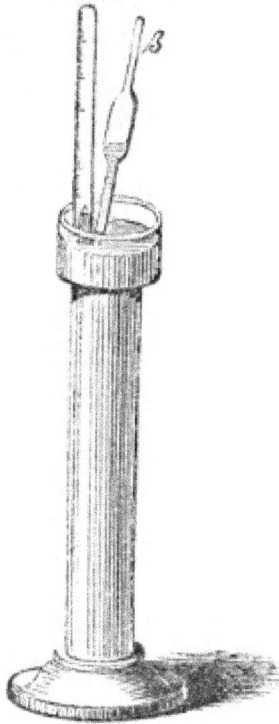

Fig. 84.

Wenn sämmtliche Röhren gefüllt sind, bestimmt man das
darin enthaltene Gasgemenge in einer nach der anderen auf
folgende Art. Man taucht zuerst die Röhre einige Zeit in den
mit Quecksilber gefüllten Cylinder (Fig. 84) ganz ein, damit
ihre Temperatur gleichförmig und mit der des Quecksilbers
übereinstimmend werde, hebt sie alsdann so weit heraus,
dass das Quecksilber innen und aussen in gleichem Niveau
steht, liest ab (§. 11) und bemerkt das Volum. — Man lässt
alsdann eine kleine Quantität Kalilauge aus der damit fast
ganz angefüllten Pipette β in die Röhre treten, indem man
vorsichtig in jene bläst, befördert die Absorption der
Kohlensäure, indem man, nach Entfernung der Pipette, die
festgefasste Röhre in der Weise im Quecksilber auf- und
abbewegt, dass man ihre Mündung an eine Seite des

624

Cylinders fest anlegt, taucht zuletzt die Röhre wieder ganz unter, bringt alsdann wie oben das Quecksilber innen und aussen ins Niveau und liest ab. — (Den Druck, den die kleine Flüssigkeitssäule der Kalilauge ausübt, kann man ohne Weiteres vernachlässigen.) Wenn man die bei der zweiten Messung gefundene Zahl (das Stickgas) von der bei der ersten notirten (dem Stickgas + dem Kohlensäuregas) abzieht, so bekommt man das Volum der Kohlensäure. — Wenn man auf diese Art den Inhalt der einen Röhre bestimmt hat, reinigt man das Quecksilber durch Waschen mit ein wenig salzsäurehaltigem Wasser, dann mit reinem Wasser und Fliesspapier und geht zur zweiten Röhre über. — Man findet in der Regel, dass die Resultate der einzelnen Röhren ziemlich nahe übereinstimmen; in manchen Fällen jedoch, wenn nämlich die stickstoffhaltige Substanz vor der völligen Verbrennung in verschieden flüchtige Zersetzungsproducte zerfällt, erhält man bei den einzelnen Röhren nicht unbedeutende Differenzen. In der Regel nimmt man das arithmetische Mittel als das richtige Resultat an, und es ist für um so zuverlässiger zu betrachten, je weniger die Resultate der einzelnen Röhren von demselben abweichen. — Zeigen jedoch die ersteren Röhren einen auffallend grösseren Stickstoffgehalt, als die späteren, so ist anzunehmen, dass die Luft noch nicht vollständig ausgetrieben war, und man nimmt in dem Falle dieselben nicht mit in Rechnung.

Das relative Verhältniss der Kohlensäure zum Stickgas drückt unmittelbar und ohne weitere Rechnung das Verhältniss der Aequivalente des Kohlenstoffs zu denen des Stickstoffs aus, denn 1 Aeq. Kohlenstoff verbrennt ja in 2 Aeq. Sauerstoff, ohne dessen Volum zu verändern, und liefert demnach 2 Volumina Kohlensäure, — 1 Aeq. Stickstoff liefert aber ebenfalls 2 Volumina (also die gleiche Anzahl) Stickgas.

Gesetzt, wir hätten das Verhältniss der Kohlensäure zum Stickgas gefunden, wie 4 : 1, so enthält die Verbindung auf 4 Aeq. Kohlenstoff = 4 × 75 = 300, 1 Aeq. Stickstoff = 175. Hätten wir demnach in 100 Theilen 26 Theile Kohlenstoff gefunden, so enthielte die Verbindung 15,17 Stickstoff, denn 300 : 175 = 26 : x; x = 15,17.

Die eben besprochene Stickstoffbestimmung hat, weil die Luft nicht vollständig aus der Röhre entfernt wird, eine unvermeidliche Fehlerquelle, welche veranlasst, dass der Stickstoffgehalt immer ein wenig zu hoch ausfällt. Dieser Fehler lässt jedoch über das richtige Verhältniss nicht in Zweifel, wenn die Stickstoffmenge bedeutend ist; so sieht man auf der Stelle, wenn man gefunden hat 1 : 4,1, dass das wahre Verhältniss 1 : 4 ist. Bei verhältnissmässig geringem Stickstoffgehalt jedoch werden die Resultate durch diesen Fehler trüglich, und die Erfahrung hat gezeigt, dass die Methode sich bei Substanzen nicht mehr anwenden lässt, die weniger als 1 Aeq. Stickstoff auf 8 Aeq. Kohlenstoff enthalten.

B u n s e n hat diese Methode in einer Weise abgeändert, dass sie noch schärfere Resultate liefert. Sein Verfahren ist jedoch minder einfach und erfordert grössere experimentelle Gewandtheit. Es findet sich beschrieben im Handwörterbuche der Chemie, Supplemente, S. 200, von K o l b e, ferner in L i e b i g's Anleitung zur Analyse organischer Körper, II. Auflage Seite 72.

2. Q u a n t i t a t i v e S t i c k s t o f f b e s t i m m u n g a u s d e m V o l u m, n a c h D u m a s.

§. 153.

Dieselbe ist bei allen organischen Stickstoffverbindungen anwendbar. — Zu ihrer Ausführung ist, ausser den §. 152 sub 4–9 angeführten Gegenständen und den §. 142 genannten zum Abwägen und Mischen dienenden, ein graduirter Glascylinder von etwa 200 Cubikcentimeter Inhalt erforderlich, der unten durch eine mattgeschliffene Glasplatte verschlossen werden kann; ferner ein Barometer und ein Thermometer.

Fig. 85.

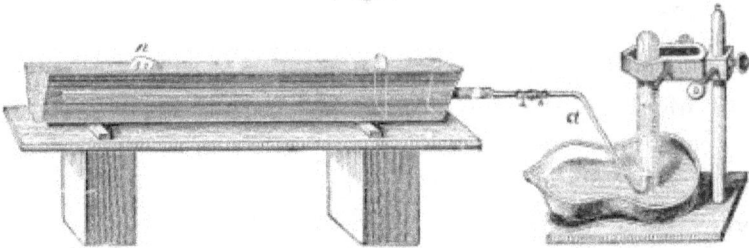

Man bringt in die etwa 70–80 Centimeter lange, hinten rund zugeschmolzene Röhre eine 12–15 Centimeter lange Schicht trockenes doppelt-kohlensaures Natron, darauf eine 4 Centimeter lange Schicht Kupferoxyd, dann das höchst innige Gemenge der gewogenen Substanz (0,300–0,600 Grm., oder bei stickstoffarmen Substanzen mehr) mit Kupferoxyd, sodann das zum Nachspülen verwendete und eine Schicht reines Oxyd, und endlich eine etwa 15 Centimeter lange Lage Kupferdrehspäne. Die Röhre verbindet man sodann mit dem Gasleitungsrohr a (Fig. 85 a. f. S.), legt sie in den Verbrennungsofen und erhitzt allmälig, während man die Hitze durch einen Schirm von allen anderen Theilen der Röhre abhält, das hinterste Ende (etwa 6 Centimeter) derselben zum Glühen. Das doppelt-kohlensaure Natron wird hierdurch zerlegt, die entweichende Kohlensäure treibt die in der Röhre befindliche Luft vor sich her und entfernt sie aus der Röhre. Wenn die Gasentwickelung eine Zeit lang im Gange ist, taucht man das Ende der Gasentwickelungsröhre unter Quecksilber, stürzt einen mit Kalilauge gefüllten Probecylinder darüber und rückt mit den glühenden Kohlen ein wenig vor. Werden die kommenden Gasblasen vollständig absorbirt, so ist alle Luft ausgetrieben, und man schreitet zur eigentlichen Verbrennung; im anderen Falle muss man das Entwickeln von Kohlensäure noch so lange fortsetzen, bis der genannte Punkt erreicht ist. — Man lässt alsdann das Gas in den graduirten Cylinder treten, welcher zu ⅔ mit Quecksilber, zu ⅓ mit starker Kalilauge angefüllt und in die Quecksilberwanne (mit Hülfe der mattgeschliffenen Glasplatte) umgestürzt ist[82] (Fig. 85), erhitzt, wie bei einer gewöhnlichen Verbrennung, zuerst den vordersten Theil der Röhre zum Glühen und schreitet alsdann langsam nach hinten vor. Zuletzt zersetzt man die andere Hälfte des doppelt-kohlensauren Salzes, so dass durch die entweichende Kohlensäure alles noch in der Röhre befindliche Stickgas in den Cylinder getrieben wird. Man wartet nunmehr, bis das Gasvolum, auch wenn man den Cylinder bewegt, nicht mehr abnimmt (bis demnach alle Kohlensäure absorbirt ist), und bringt denselben in ein grosses und hohes mit Wasser gefülltes Glasgefäss, indem man ihn bei dem Transport mit einem mit Quecksilber gefüllten Schälchen schliesst. Quecksilber und Kalilauge sinken im Wasser zu Boden und werden durch Wasser ersetzt. Man taucht die Glocke unter, bringt dann das Wasser innen und aussen ins Niveau, notirt das Gasvolum, die Temperatur des Wassers und den Barometerstand, und berechnet nach vorhergegangener Reduction auf 0° und Normalbarometerstand und unter Berücksichtigung der Tension des Wasserdampfes aus dem erhaltenen Volum Stickgas dessen Gewicht (vergl. unten „Berechnung der Analysen"). — Die Resultate fallen in der Regel etwas zu hoch aus, und zwar etwa um 0,2 bis 0,5 Proc., was daher rührt, dass die Kohlensäure die dem Kupferoxyd adhärirende Luft auch bei langem Durchströmen durch die Röhre nicht absolut entfernt.

β. Bestimmung des Stickstoffs aus dem Gewichte, nach Varrentrapp und Will.

§. 154.

Die zu beschreibende Methode ist bei allen Stickstoffverbindungen anwendbar, welche den Stickstoff nicht in Form von Salpetersäure, Untersalpetersäure etc. enthalten; sie beruht auf demselben Princip, auf welches die Prüfung organischer Körper auf Stickstoff (§. 140. 1. a.) gegründet ist, nämlich darauf, dass beim Glühen stickstoffhaltiger Körper mit dem Hydrat eines Alkalimetalls das Hydratwasser dieses letzteren in der Art zerlegt wird, dass sein Sauerstoff mit dem Kohlenstoff Kohlensäure bildet, welche sich mit dem Alkali verbindet, während sein Wasserstoff im Moment des Freiwerdens sich mit allem vorhandenen Stickstoff zu Ammoniak vereinigt. — Bei sehr stickstoffreichen Materien, wie bei Harnsäure, Mellon etc., wird zu Anfang der Zersetzung nicht aller Stickstoff zur Ammoniakbildung verwendet. Ein Theil desselben tritt mit einer Portion des Kohlenstoffs der Materie zu Cyan zusammen, welches sich als solches, wohl auch als Cyansäure, mit dem Alkalimetall oder, im letzteren Falle, mit dem Alkali selbst verbindet. Als Endproduct erhält man jedoch, wie directe Versuche gezeigt haben, bei Ueberschuss von Alkalihydrat und hinlänglichem Erhitzen auch in diesen Fällen allen Stickstoff als Ammoniak.

Da in allen organischen stickstoffhaltigen Körpern der Kohlenstoff im Verhältniss zum Stickstoff vorherrscht, so wird, wenn derselbe sich auf Kosten des Wassers oxydirt, immer eine Quantität Wasserstoff frei werden, die mehr als hinreichend ist, den Stickstoff in Ammoniak zu verwandeln, z. B.:

$$C_2N + 4HO = 2CO_2 + NH_3 + H.$$

Der überschüssige Wasserstoff entweicht entweder frei, oder, indem er sich mit dem noch nicht oxydirten Kohlenstoff verbindet, je nach den Verhältnissen und der

Temperatur, als Sumpfgas, ölbildendes Gas oder als Dampf leicht condensirbarer Kohlenwasserstoffe, welche Gase das Ammoniak gewissermaassen verdünnen. — Da ein solcher verdünnter Zustand desselben zum Gelingen der Operation nothwendig ist, so mache ich hier gleich darauf aufmerksam, dass man denselben nach Belieben hervorrufen kann, indem man einer an Stickstoff reichen Substanz eine stickstofffreie, z. B. reinen Zucker, in geringerem oder grösserem Verhältniss zumischt. —

Die Bestimmung des Ammoniaks geschieht, indem man dasselbe in Salzsäure auffängt, den entstandenen Salmiak in Platinsalmiak überführt und diesen entweder geradezu wägt, oder glüht und seine Menge, beziehungsweise die des Ammoniaks oder Stickstoffs, aus dem erhaltenen metallischen Platin berechnet.

Manche stickstoffhaltige organische Verbindungen geben beim Glühen mit Natronkalk kein Ammoniak, sondern andere sauerstofffreie, stickstoffhaltige flüchtige Basen; so liefert Indigblau Anilin, so liefern Narcotin, Morphin, Chinin, Cinchonin neue flüchtige Basen. — Alle diese flüchtigen Basen haben, ebenso wie das Ammoniak, die Fähigkeit, mit Salzsäure und Platinchlorid Doppelsalze zu liefern. Würde man diese Doppelsalze, in der Meinung, sie seien Platinsalmiak, wägen und daraus den Stickstoff berechnen, so machte man natürlich einen grossen Fehler. Glüht man sie aber und berechnet den Stickstoff aus dem erhaltenen metallischen Platin, so wird jeder Fehler vermieden, indem diese Basen, ebenso wie das Ammoniak, in der Platinverbindung auf je 1 Aeq. Platin 1 Aeq. Stickstoff enthalten (Liebig). — Das Verständniss des weiteren Verfahrens (Auffangen und Bestimmen des Ammoniaks) bedarf keiner theoretischen Erläuterung.

aa. *Apparat und Erfordernisse.*

1. Die zum Abwägen der Substanz und zum Mischen dienenden §. 142 angeführten Gegenstände.

2. Ein Verbrennungsrohr. Dasselbe sei etwa 40 Ctm. lang, etwa 12 Mm. weit, hinten schief aufwärts in eine Spitze ausgezogen, vorn mit rund geschmolzenem Rand (siehe §. 142). — Es kommt in einen gewöhnlichen Verbrennungsofen zu liegen (§. 142).

3. Natronkalk (§. 45. 4.). Man erhitzt zweckmässig eine zur Füllung der Röhre hinreichende Portion in einer Platin- oder Porzellanschale ein wenig, so dass das Gemenge vollkommen trocken ist. Bei nicht flüchtigen Substanzen wendet man es am besten noch warm an.

4. Asbest. Man glüht eine kleine Portion desselben vor dem Gebrauch in einem Platintiegel aus.

5. Ein Varrentrapp-Will'scher Kugelapparat. Derselbe kann gegenwärtig überallher käuflich bezogen werden. Fig. 86. zeigt seine Form. Man füllt denselben durch Eintauchen der Spitze in Salzsäure von etwa 1,13 specif. Gewicht und Saugen am Ende d oder auch mittelst einer Pipette so weit mit der Säure an, dass der Stand der Flüssigkeit das in Fig. 86 angedeutete Niveau hat.

Fig. 86.

6. Ein weicher gut durchbohrter Kork, welcher die Verbrennungsröhre luftdicht schliesst, und in dessen Bohrloch die Röhre d des Kugelapparates genau passt.

7. Ein mit Kalihydrat gefülltes Saugrohr, welches vorn

mit einem durchbohrten Korke geschlossen ist, in dessen Oeffnung die Spitze des Kugelapparates passt.

Die zur weiteren Behandlung der bei der Verbrennung zu erhaltenden Flüssigkeit nothwendigen Reagentien etc. führe ich hier nicht an, weil es nicht nothwendig ist, dass man dieselben beim Beginn des Versuches rüstet.

bb. *Ausführung.*

Man füllt die Verbrennungsröhre zur Hälfte mit Natronkalk, mischt denselben in dem völlig trockenen, wenn zulässig, etwas warmen Mischungsmörser nach und nach aufs Innigste mit der abgewogenen Substanz (vergl. §. 143), indem man alles heftige Drücken vermeidet, bringt etwa 3 Ctm. Natronkalk in den hinteren Theil der Röhre, füllt nach gewöhnlicher Weise die Mischung (etwa 20 Ctm.), dann den zum Nachspülen der Reibschale verwendeten (5 Ctm.), zuletzt reinen Natronkalk (12 Ctm.) ein, so dass etwa 3 Ctm. der Röhre leer bleiben. Man verschliesst sodann die Röhre mit einem lockeren Asbestpfropfe, klopft sie zur Herstellung eines Canals auf, verbindet sie mittelst des Korkes mit dem Kugelapparat und legt sie wie gewöhnlich in den Verbrennungsofen (siehe Fig. 86).

Man prüft jetzt zuerst, ob der Apparat luftdicht schliesst, indem man aus der Kugel *a* durch Daranhalten einer glühenden Kohle etwas Luft aus dem Apparate treibt und dann beobachtet, ob die Flüssigkeit beim Erkalten in der Kugel *a* höher zu stehen kommt als in dem anderen Schenkel, und ob diese Stellung constant bleibt, — umgiebt nachher zuerst den vorderen Theil der Röhre, alsdann langsam fortschreitend die ganze Röhre mit glühenden Kohlen und verfährt im Allgemeinen gerade so, wie bei einer gewöhnlichen Verbrennung (§. 143). — Man trage Sorge, den vorderen Theil der Röhre immer ziemlich heiss zu halten; hierdurch wird das Uebergehen flüssiger

Kohlenwasserstoffe, deren Anwesenheit in der Salzsäure unangenehm ist, fast ganz verhütet. — Man halte den Stopfen hinlänglich warm, damit er kein Wasser und mit diesem Ammoniak zurückhalte. — Man leite den Gang der Verbrennung so, dass fortwährend und ununterbrochen Gasentwickelung stattfindet. Es ist auch bei ziemlich rascher Entwickelung nicht zu befürchten, dass Ammoniak unabsorbirt entweiche, weit eher hat man ein Zurücksteigen der Salzsäure zu besorgen, welches unausbleiblich eintritt, so wie die Gasentwickelung aufhört, und welches leicht mit solcher Heftigkeit geschieht, dass die Salzsäure in die Verbrennungsröhre tritt, und somit die Analyse verloren ist. Bei sehr stickstoffreichen Verbindungen kann man diesem Uebelstande auch durch die grösste Sorgfalt beim Verbrennen nicht vorbeugen, indem die Begierde der Salzsäure, in den fast nur mit Ammoniakgas gefüllten Raum der Röhre zu steigen, allzu gross ist. Sehr leicht begegnet man demselben aber dadurch, dass man der Substanz beim Mischen eine etwa gleiche Menge Zucker beimischt, wodurch mehr permanente, das Ammoniak verdünnende Gase erzeugt werden.

Wenn die Röhre ihrer ganzen Länge nach zum Glühen gebracht ist, und die Gasentwickelung v ö l l i g aufgehört hat (was eintritt, wenn alle auf der Oberfläche der Mischung ausgeschieden gewesene Kohle oxydirt ist, d. h. also, wenn die Mischung wieder weiss erscheint), kneipt man die Spitze der Verbrennungsröhre ab und saugt das mehrfache Volum der letzteren an atmosphärischer Luft durch den Kugelapparat, um alles in der Röhre noch vorhandene Ammoniak an die Salzsäure zu binden. Man bedient sich hierzu, um der sauren Dämpfe überhoben zu sein, des mit Kalihydrat gefüllten Saugrohres oder eines kleinen Aspirators. —

Hat man mit flüssigen stickstoffhaltigen Körpern zu thun,

so wägt man dieselben in kleinen zugeschmolzenen Glaskugeln und verfährt mit diesen wie bei Kohlenstoffbestimmungen (§. 149), indem man statt des Kupferoxyds Natronkalk nimmt. Es ist bei Flüssigkeiten zweckmässig, etwas längere Röhren zu nehmen, als bei festen. — Am sichersten und geregeltesten geht die Operation von Statten, wenn man zuerst das vordere Drittheil der Röhre erhitzt und nun durch Erwärmen des hinteren Endes die Substanz aus den Kugeln treibt; sie vertheilt sich dann in dem mittleren Theil der Röhre, ohne dort zersetzt zu werden, und wenn man nun langsam von vorn nach hinten zu feuern fortfährt, so ist es leicht, eine stets gleichförmige Gasentwickelung zu bewerkstelligen. —

Nach beendigter Verbrennung entleert man den Kugelapparat durch seine Spitze in eine kleine Porzellanschale und spült denselben mit Wasser nach, bis die Flüssigkeit nicht mehr sauer reagirt. Haben sich flüssige Kohlenwasserstoffe gebildet, so filtrirt man die Flüssigkeit durch ein angefeuchtetes Filter, um dieselben abzuscheiden. — Der salmiakhaltigen Flüssigkeit setzt man nunmehr r e i n e[83] Platinchloridlösung im Ueberschuss zu, verdampft das Ganze auf einem durch die Spirituslampe erhitzten Wasserbad (§. 24, Fig. 20) zur Trockne und übergiesst den Rückstand mit einer Mischung von 2 Volumen starkem Alkohol und 1 Volumen Aether. Nimmt die Flüssigkeit eine hochgelbe Farbe an, so kann man sicher sein, dass die Quantität des zugesetzten Platinchlorids hinlänglich war, im anderen Falle muss solches (am besten in alkoholischer Lösung) zugesetzt werden[84]. — Den ungelöst gebliebenen Platinsalmiak sammelt man endlich auf einem bei 100° getrockneten gewogenen Filter, wäscht ihn mit obiger Mischung von Alkohol und Aether aus, trocknet und wägt ihn (vergl. §. 78). Das Wägen des getrockneten Filters geschieht am besten zwischen zwei genau auf einander passenden, durch eine Klammer zusammengepressten Uhrgläsern (Fig. 87). Der so erhaltene Platinsalmiak ist nicht immer schön gelb, sondern zuweilen dunkler und braungelb. Dieses Verhalten beobachtet man namentlich bei schwer verbrennlichen, an Kohlenstoff sehr reichen Substanzen, weil bei diesen die Bildung flüssiger Kohlenwasserstoffe, welche beim Abdampfen die Salzsäure schwärzen, schwieriger zu vermeiden ist. Directe Versuche haben übrigens dargethan, dass diese dunklere Farbe des Niederschlages keinen das Resultat merklich verändernden Einfluss hat. — Zur Prüfung, ob der Platinsalmiak rein war, kann man denselben nach §. 78 in Platin verwandeln.

Fig. 87

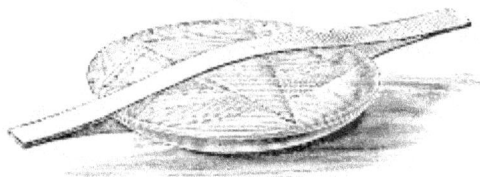

Die Resultate fallen sehr genau aus, in der Regel eher ein wenig zu gering, als zu hoch, etwa 0,1 bis 0,2 Proc., was daher rührt, dass aus dem Absorptionsapparat Spuren des sich bildenden Salmiakdampfes nicht condensirt, sondern mit den permanenten Gasen weggeführt werden, wie dies bei jeder Analyse wahrgenommen wird. Fällt das Resultat zu hoch aus, so rührt dies meist daher, dass das angewendete Platinchlorid nicht rein war.

γ. Modification des Varrentrapp-Will'schen Verfahrens von Péligot.

§. 155.

Das Wesen dieser Modification besteht darin, dass man das durch Glühen der Substanz mit Natronkalk erzeugte Ammoniak in einer abgemessenen Menge titrirter

Schwefelsäure auffängt und durch Neutralisation der noch freien Säure mittelst einer alkalischen Flüssigkeit (Auflösung von Kalk in Zuckerwasser oder verdünnte Natronlauge) die Quantität der durch das Ammoniak gesättigten, und somit auch die Menge von diesem bestimmt (vergl. §. 78. 3.). —

Die Schwefelsäure wird ganz in demselben Apparate vorgeschlagen, der in Fig. 86 abgebildet ist. Die abgemessene Säure bringt man in ein Becherglas, saugt soviel als möglich davon in den Kugelapparat, spült die Spitze ab, entleert nach der Verbrennung in dasselbe Becherglas, spült nach und neutralisirt dann. Da man ungefähr 20 C.C. nöthig hat, so stellt man dieselbe zweckmässig dar, indem man zu 1000 C.C. Wasser 66 Grm. englische Schwefelsäure mischt. 20 C.C. enthalten alsdann etwa 1 Grm. Schwefelsäure. Die Ermittelung des Gehaltes geschieht durch Fällen mit Chlorbaryumlösung. Die verdünnte Natronlauge titrirt man am besten so, dass 5 Grad derselben 1 Grad der Säure neutralisiren. — Auch die in §. 152 angeführten Lösungen lassen sich zu dem gedachten Zwecke sehr gut anwenden.

Dieses Verfahren ist namentlich für technische Untersuchungen höchst empfehlenswerth; es erreicht zwar das in β. beschriebene nicht ganz an Genauigkeit, liefert dafür aber in ungleich kürzerer Zeit immerhin sehr befriedigende Resultate.

C. Analyse von schwefelhaltigen organischen Verbindungen.

§. 156.

Wollte man versuchen, den Kohlenstoffgehalt derselben auf gewöhnliche Weise durch Verbrennen mit Kupferoxyd oder chromsaurem Bleioxyd zu bestimmen, so fiele derselbe zu hoch aus, indem — namentlich bei Anwendung von Kupferoxyd — ein Theil des Schwefels zu schwefliger Säure verbrannt, und diese mit der Kohlensäure im Kaliapparat absorbirt würde. Um diesen Fehler zu vermeiden, bringt man daher zwischen dem Chlorcalciumrohr und dem Kaliapparat ein 10–12 Ctm. langes, mit vollkommen trockenem Bleisuperoxyd angefülltes Rohr an. Das Bleisuperoxyd absorbirt die schweflige Säure, indem es sich mit derselben in schwefelsaures Bleioxyd umsetzt, vollständig ($PbO_2 + SO_2 = PbO, SO_3$), und in den Kaliapparat gelangt demnach nur die Kohlensäure. — In dem Chlorcalciumrohr bleibt keine schweflige Säure, wenn man dasselbe liegen lässt, bis sich das Wasser mit dem Chlorcalcium zu krystallisirtem Chlorcalcium verbunden hat. Es ist gut, dann noch etwas getrocknete Luft hindurchzusaugen. — Für die §. 153, 154 und 155 angeführten Methoden der Stickstoffbestimmung ist die Gegenwart von Schwefel ohne Einfluss. — Was die Bestimmung des Schwefels selbst betrifft, so wird derselbe stets als schwefelsaurer Baryt gewogen. Die Ueberführung des Schwefels in diese Verbindung geschieht entweder auf trockenem oder auf nassem Wege. Das erste Verfahren führt am sichersten zum Ziel.

Enthält die schwefelhaltige Substanz auch Sauerstoff, so wird dieser aus dem Verluste gefunden.

a. Methoden auf trockenem Wege.

1. *Methode, welche sich namentlich zur Bestimmung des Schwefels in schwefelarmen, nicht flüchtigen Substanzen, z. B. in den sogenannten Proteinkörpern eignet; nach* L i e b i g.

Man bringt einige Stücke schwefelsäurefreies Kalihydrat[85] in eine geräumige Silberschale, fügt ⅛ reinen Salpeter zu und schmelzt beide unter Zusatz von einigen Tropfen Wasser zusammen. Nach dem Erkalten bringt man die abgewogene Menge der fein gepulverten Substanz hinzu, schmelzt über der Lampe, rührt mit einem

Silberspatel um und setzt das Schmelzen bei verstärkter Hitze fort, bis die Masse weiss geworden, d. h. bis die anfangs ausgeschiedene Kohle verbrannt ist. Sollte dies nicht bald geschehen, so fügt man noch etwas Salpeter in kleinen Portionen zu. Die erkaltete Masse löst man in Wasser, übersättigt die Lösung in einem geräumigen, mit einer Glasschale bedeckten Becherglase mit Salzsäure und fällt mit Chlorbaryum. Der Niederschlag ist mit siedendem Wasser anfangs durch Decantiren, dann auf dem Filter aufs Beste auszuwaschen. Nach dem Glühen muss der schwefelsaure Baryt jedenfalls so behandelt werden, wie dies Seite 219, oben, angegeben ist. Unterlässt man dies, so wird das Resultat fast immer zu hoch ausfallen.

2. Methode, welche sich namentlich zur Analyse von nicht flüchtigen oder schwer flüchtigen Substanzen eignet, welche mehr als 5 Proc. Schwefel enthalten; nach K o l b e[86].

Man bringt in den hinteren Theil einer rund zugeschmolzenen 40–45 Ctm. langen Verbrennungsröhre eine 7–8 Ctm. lange Schicht eines innigen Gemenges von 8 Thln. reinem, wasserfreiem kohlensauren Natron und 1 Theil reinem chlorsauren Kali, hierauf die abgewogene schwefelhaltige Substanz, dann wieder eine 7–8 Ctm. lange Schicht desselben Gemenges, mischt die organische Verbindung mittelst des Mischdrahtes (Fig. 77, S. 359) innig mit dem Salzgemenge, so dass sie sich auf die ganze Masse gleichförmig vertheilt, und füllt zuletzt den noch übrigen Theil der Röhre mit wasserfreiem kohlensauren Kali oder Natron, dem nur wenig chlorsaures Kali zugesetzt ist, stellt dann durch geeignetes Aufklopfen der Röhre einen w e i t e n Canal her, legt die Röhre in einen Verbrennungsofen, erhitzt den vorderen Theil derselben zum Glühen und umgiebt alsdann, langsam nach hinten fortschreitend, auch den mit glühenden Kohlen, welcher die Mischung enthält. — Bei sehr kohlehaltigen Substanzen ist es zweckmässig, in den hinteren Theil der Röhre noch einige Stückchen reines chlorsaures Kali zu bringen, damit alle Kohle verbrennt und die etwa gebildeten Verbindungen des Kalis mit niederen Oxydationsstufen des Schwefels vollkommen in schwefelsaures Salz verwandelt werden. Im Inhalte des Rohres bestimmt man die Schwefelsäure wie in 1.

3. *Methode, welche sich sowohl für nicht flüchtige, als namentlich auch für flüchtige Substanzen eignet; von* D e b u s[87].

Man löst 1 Aeq. (149 Thle.) durch Umkrystallisiren gereinigtes saures chromsaures Kali mit 2 Aeq. kohlensaurem Natron (106 Thle.) in Wasser, verdampft zur Trockne, pulvert die citronengelbe Salzmasse (KO, CrO_3 + NaO, CrO_3 + $NaOCO_2$), glüht sie scharf in einem hessischen Tiegel und bringt sie noch warm in ein Rohr, wie es Fig. 75, S. 358 darstellt[88]. Von dem erkalteten Pulver bringt man eine 7–10 Ctm. lange Lage in ein gewöhnliches Verbrennungsrohr, schüttet darauf die Substanz und dann wieder 7–10 Ctm. des Salzgemenges. Man mischt mit dem Mischdrahte (Fig. 77, S. 359), füllt den noch leeren Theil des Rohres mit dem Salzgemenge und erhitzt dann die Röhre wie bei einer gewöhnlichen Elementaranalyse. Wenn das Ganze glüht, leitet man ½ bis 1 Stunde lang einen langsamen Strom von trockenem Sauerstoffgas darüber. Nach dem Erkalten reinigt man die Röhre von Asche, zerschneidet sie über einem Bogen Papier in mehrere Stücke und übergiesst diese in einem Becherglase mit einer zur Lösung der Salzmasse genügenden Menge Wasser. Man setzt jetzt Salzsäure in ziemlichem Ueberschuss, dann etwas Alkohol zu, erwärmt gelinde, bis die Auflösung schön grün geworden ist, filtrirt das durch die Verbrennung entstandene (schwefelsäurehaltige) Chromoxyd ab, wäscht es erst mit salzsäurehaltigem Wasser, dann mit Alkohol aus, trocknet es, bringt es in einen Platintiegel, fügt die

Filterasche hinzu, mischt mit 1 Thl. chlorsaurem und 2 Thln. kohlensaurem Kali (oder Natron) und glüht bis zur vollkommenen Verwandlung des Chromoxyds in chromsaures Kali. Die geschmolzene Masse löst man in verdünnter Salzsäure, reducirt durch Erwärmen mit Alkohol, fügt diese Lösung zu der vom Chromoxyd abfiltrirten Hauptlösung und fällt aus der zum Sieden erhitzten Flüssigkeit die Schwefelsäure durch Chlorbaryum. D e b u s erhielt bei Anwendung dieser Methode auf Substanzen von bekanntem Schwefelgehalt sehr befriedigende Resultate, so statt 100 Schwefel 99,76 und 99,50, — so statt 30,4 Schwefel im Xanthogenamid 30,2 etc.

4. Die Methode von H e i n z, welcher bei schwefelarmen Substanzen mit überschüssigem Kupferoxyd verbrennt, die Gase durch Kalilauge leitet, nach der Verbrennung sowohl das Kupferoxyd als die Kalilauge mit Salzsäure und chlorsaurem Kali behandelt und die Lösung mit Chlorbaryum fällt, dürfte vor der D e b u s'schen Methode schwerlich Vorzüge haben. Sie findet sich, ebenso wie die, welche er bei schwefelreichen Substanzen anwendet, in P o g g. Ann. 85. 424; auch Pharm. Centralbl. 1852, s. 536.

b. M e t h o d e   a u f   n a s s e m   W e g e.

1. Man erhitzt die Substanz mit rother rauchender Salpetersäure, oder mit einer Mischung von Salpetersäure und chlorsaurem Kali und unterstützt die Einwirkung nöthigenfalls zuletzt durch Wärme, bis die ganze Substanz oxydirt ist. — Flüchtige Schwefelverbindungen wägt man in einer kleinen Glaskugel (§. 149), bricht deren Spitze ab und lässt beide Theile in einen hohen Kolben mit engem Halse gleiten, in welchem sich stärkste rothe rauchende Salpetersäure befindet. Die Einwirkung geht in diesem Falle, weil sie durch die enge Spitze des Kügelchens stattfinden muss, langsam vor sich und kann, wenn man den Kolben schief legt und seinen Hals abkühlt, ohne Verlust ausgeführt

werden. — Mit der die gebildete Schwefelsäure enthaltenden Salpetersäure verfährt man nach §. 105. I. 1. Bei Anwendung dieser Methode muss man s e h r vorsichtig sein, indem es bei vielen organischen Substanzen nicht gelingt, ihren Schwefelgehalt auf diesem Wege vollständig zu oxydiren. (S o r b y hat sich des Kochens mit Salpetersäure zur Bestimmung des Schwefels in vielen Pflanzen und Pflanzentheilen bedient.)

2. Nach B e u d a n t, D a g u i n und R i v o t lässt sich der Schwefel in organischen Substanzen leicht bestimmen, indem man sie mit Kalilauge erhitzt und Chlor einleitet. Nach geschehener Oxydation fällt man die angesäuerte, durch Erhitzen von Chlorüberschuss befreite und filtrirte Lösung mit Chlorbaryum (Pharm. Centralbl. 1854, S. 41). Ich habe über diese Methode noch kein Urtheil.)

Substanzen, welche Asche hinterlassen, in denen somit schwefelsaure Salze vermuthet werden können, muss man mit Salzsäure kochen und die filtrirte Lösung mit Chlorbaryum prüfen. Entsteht ein Niederschlag von schwefelsaurem Baryt, so muss der darin enthaltene Schwefel von dem abgezogen werden, welchen man nach einer der angegebenen Methoden gefunden hat; die Differenz bezeichnet alsdann die Menge, welche sich in organischer Verbindung befindet.

D. Bestimmung des Phosphors in organischen Verbindungen.

§. 157.

M u l d e r, welcher sich mit der Bestimmung des Phosphors in organischen Substanzen am meisten beschäftigt hat, empfiehlt dazu folgendes Verfahren:

Man löst eine gewogene Probe der Substanz durch Kochen mit Salzsäure, filtrirt wenn nöthig und bestimmt die darin etwa enthaltene Phosphorsäure nach der Methode Berthier's (§. 106. I. c.). Man kocht sodann eine zweite gewogene Portion der Substanz mit Salpetersäure und verfährt ebenso. Erhält man in beiden Fällen einen gleichen Procentgehalt an Phosphorsäure, so enthielt die Substanz nur Phosphorsäure; beträgt dagegen die bei dem zweiten Versuche erhaltene Menge mehr als die des ersten, so bezeichnet die Differenz die durch Einwirkung der Salpetersäure aus Phosphor entstandene, der in nicht oxydirtem Zustande in der Verbindung enthalten war. So fand z. B. Mulder im Caseïn sowohl bei Fällung der salzsauren wie der salpetersauren Lösung 3,5 Proc. Phosphorsäure, während er bei Albumin aus der salzsauren 0,35 Proc., aus der salpetersauren dagegen 0,78 Proc. erhielt.

Durch Einäschern und Prüfen der Asche kann man auf Phosphorgehalt nicht prüfen. Vitellin, das, mit Salpetersäure behandelt, 3 Proc. Phosphorsäure liefert, hinterlässt kaum 0,3 Proc. Asche (Baumhauer).

Auch die in §. 156. a. 1. und 2. angegebenen Methoden lassen sich zur Bestimmung des Gesammt-Phosphors in organischen Substanzen benutzen.

E. Analyse von Chlor enthaltenden organischen Substanzen.

§. 158.

Beim Verbrennen derselben mit Kupferoxyd bildet sich Kupferchlorür, welches sich bei einer auf gewöhnliche Weise angestellten Verbrennung in der Chlorcalciumröhre condensiren und so die Wasserbestimmung fehlerhaft machen würde. — Man beugt diesem und jedem anderen

Fehler durch die Anwendung von chromsaurem Bleioxyd vor, indem man genau nach §. 145 verfährt. Das Chlor wird alsdann in Chlorblei verwandelt und als solches in der Röhre zurückgehalten.

Verbrennt man mit Kupferoxyd im Sauerstoffstrome, so wird das Kupferchlorür durch den Sauerstoff in Kupferoxyd und freies Chlor zerlegt, welches letztere theils im Chlorcalciumrohr, theils im Kaliapparat zurückgehalten wird. — S t ä d e l e r[89] hat zur Vermeidung dieses Fehlers vorgeschlagen, den vorderen Theil der Röhre mit blanken, während der Verbrennung glühend zu erhaltenden Kupferdrehspänen zu füllen, damit diese das Chlor zurückhalten. Der Sauerstoffstrom ist zu unterbrechen, sobald die Drehspäne sich zu oxydiren beginnen. — Nach A. V ö l c k e r[90] vermeidet man die genannte Chlorentwickelung leicht, wenn man dem Kupferoxyd ⅕ Bleioxyd beimengt.

Was die Bestimmung des Chlors selbst betrifft, so geschieht dieselbe stets in der Art, dass man die Substanz mit Alkalien oder alkalischen Erden glüht, wobei alles Chlor als Chlormetall erhalten wird.

Da man durch Brennen von Marmor leicht chlorfreien Kalk erhalten kann, so wendet man vorzugsweise diesen zur Zersetzung an; doch muss man sich stets zuerst von der Abwesenheit des Chlors überzeugen. — Man bringt in eine etwa 40 Centimeter lange, hinten rund zugeschmolzene Verbrennungsröhre zuerst eine 6 Centimeter lange Schicht Kalk, dann die Substanz, fügt wieder eine 6 Centimeter lange Kalklage zu, mischt mit dem Mischdrahte, füllt die Röhre mit Kalk fast voll, klopft einen Canal und erhitzt wie gewöhnlich. Flüchtige Flüssigkeiten bringt man in kleinen Glaskugeln in die Röhre. Nach beendigter Zersetzung löst man den Kalk in verdünnter Salpetersäure und fällt mit Silberlösung (§. 112). K o l b e empfiehlt hierzu folgendes

Verfahren. Man nimmt, nach beendeter Zersetzung, die Kohlen weg, verschliesst das offene Ende des Rohres mit einem Kork und steckt sie, von Asche völlig befreit, noch heiss, mit dem hinteren Theil zuerst, in ein mit destillirtem Wasser zu zwei Drittel gefülltes Becherglas, wodurch sie in viele Stücke zerspringt und sich ihres Inhaltes entleert. — In chlorhaltigen Substanzen von saurem Charakter (z. B. der Chlorspiroylsäure) lässt sich das Chlor häufig auf einfachere Weise bestimmen. Man braucht sie nämlich nur in einem Ueberschuss von verdünnter Kalilauge zu lösen, die Lösung zu verdunsten und den Rückstand zu glühen, um alles Chlor in lösliches Chlormetall überzuführen (L ö w i g).

In derselben Weise, wie die organischen Chlorverbindungen, lassen sich auch die organischen Bromverbindungen analysiren.

F. Analyse von organischen Substanzen, welche unorganische Körper enthalten.

§. 159.

Bei organischen Substanzen, welche unorganische Körper enthalten, muss man natürlicher Weise zuerst den Gehalt an letzteren kennen, ehe man zur Kohlenstoff- etc. Bestimmung derselben schreiten kann, indem man ja im anderen Falle die Menge des in der Substanz enthaltenen organischen Körpers nicht kennt, dessen Bestandtheile die Kohlensäure, das Wasser etc. geliefert haben, und demnach nicht im Stande ist, die Quantität des Sauerstoffs aus dem Verlust zu bestimmen.

Sind die fraglichen organischen Körper Salze oder ähnliche Verbindungen, so bestimmt man ihre Basen nach den im vierten Abschnitt angegebenen Methoden, — sind hingegen die unorganischen Körper mehr oder weniger als Verunreinigungen zu betrachten, wie z. B. der Kalk im arabischen Gummi, so lässt sich ihre Menge in der Regel durch Verbrennen einer gewogenen Menge der Substanz in einem schief liegenden Platintiegel mit hinlänglicher Genauigkeit bestimmen. — Substanzen, welche schmelzbare Salze enthalten, lassen sich oft auch durch sehr lange fortgesetztes Glühen nicht vollständig verbrennen, weil die Kohle von dem geschmolzenen Salze gegen die Einwirkung des Sauerstoffs geschützt wird. Bei diesen erreicht man seinen Zweck am besten, indem man zuerst verkohlt, mit Wasser auslaugt und den Rückstand alsdann einäschert. Die wässerige Lösung muss natürlicher Weise auch verdampft und das Gewicht ihres Rückstandes dem der Asche zugezählt werden. (Vergleiche den Abschnitt „Aschenanalyse" im speciellen Theil.)

Hat man mit Verbindungen zu thun, deren Asche Kali, Natron, Baryt, Kalk oder Strontian enthält, und man verbrennt dieselben mit Kupferoxyd, so bleibt ein Theil der Kohlensäure bei den Alkalien zurück. Da diese Menge in vielen Fällen nicht constant ist, und die Resultate, auch abgesehen davon, genauer werden, wenn die ganze Quantität des Kohlenstoffs als Kohlensäure ausgetrieben und gewogen wird, so setzt man der Substanz, ehe man sie mit Kupferoxyd mischt, Körper zu, welche in der Hitze die kohlensauren Salze zerlegen, z. B. Antimonoxyd, phosphorsaures Kupferoxyd, Borsäure (F r e m y) etc., oder man verbrennt die Substanz nach §. 145 mit chromsaurem Bleioxyd. Diese letztere Methode ist besonders zu empfehlen. Genaue Versuche haben dargethan, dass dabei keine Spur Kohlensäure bei den Basen zurückbleibt; denn wenn man ein kohlensaures Alkali mit neutralem chromsauren Bleioxyd schmelzt, so entsteht basisch chromsaures Bleioxyd und neutrales chromsaures Alkali, die Kohlensäure entweicht [$2(PbO, CrO_3) + BaO, CO_2 = 2PbO, CrO_3 + BaO, CrO_3 + CO_2$].

Fig. 88.

Wägt man die aschegebende Substanz, wie dies W ö h l e r stets thut, in einem kleinen Platinschiffchen ab (Fig. 88), so lässt sich Asche, Kohlenstoff und Wasserstoff in einer Portion bestimmen. Man kann dabei den in §. 147 beschriebenen Apparat anwenden. Ehe man das Schiffchen in das zu ⅔ mit ausgeglühtem Kupferoxyd angefüllte Rohr schiebt, bringt man eine Lage frisch ausgeglühten Asbest in dasselbe, setzt einen ähnlichen Asbestpfropf hinter das Schiffchen und füllt den Rest des Rohres mit Kupferoxyd. Erst wenn der ganze vordere Theil des Rohres glüht, erhitzt man sehr vorsichtig die Stelle, an welcher sich das Schiffchen befindet. Der erhaltenen Kohlensäure ist die zuzufügen, welche in der Asche enthalten ist; lässt sich diese nicht berechnen, wie bei kohlensaurem Alkali, so kann man sie mit Boraxglas bestimmen (§. 110). — Viele lassen auch den Raum hinter dem Schiffchen ganz leer.

III. Atomgewichtsbestimmung der organischen Verbindungen.

Die Methoden, nach welchen man das Atomgewicht organischer Verbindungen bestimmt, weichen je nach den Eigenschaften derselben wesentlich von einander ab. Im Allgemeinen lassen sich drei Verfahrungsweisen unterscheiden, die zu dem genannten Zwecke hinführen.

§. 160.

1. *Man bestimmt die Menge eines Körpers von bekanntem Atomgewicht, die sich mit der ihrem Atomgewichte nach zu bestimmenden Substanz in einer gut charakterisirten Verbindung vereinigt findet.*

Auf diese Weise bestimmt man das Atomgewicht der organischen Säuren, der organischen Basen und vieler indifferenten Körper, welche die Fähigkeit haben, mit Basen Verbindungen einzugehen. — Wie aus den erhaltenen Resultaten das Atomgewicht berechnet wird, werden wir unten bei „Berechnung der Analysen" sehen; hier sprechen wir nur von der Ausführung.

a. Bei *organischen Säuren* bestimmt man das Atomgewicht am liebsten aus dem Silbersalz, weil man dabei fast immer sicher sein kann, dass man nicht mit einer basischen oder wasserhaltigen Verbindung zu thun hat, und weil die Analyse ausserordentlich einfach ist. — Nicht selten werden jedoch auch andere Salze, so namentlich die Blei-, Baryt-, Kalk-Verbindung, angewendet. (Bei Bleiverbindungen muss man besonders darauf achten, dass man nicht basische Salze für neutrale hält, bei Baryt- und Kalk-Salzen hingegen, dass man nicht wasserhaltige Salze als wasserfrei betrachtet.) Die Ausführung dieser Bestimmungen ist im vierten Abschnitte bei den betreffenden Basen ausführlich besprochen.

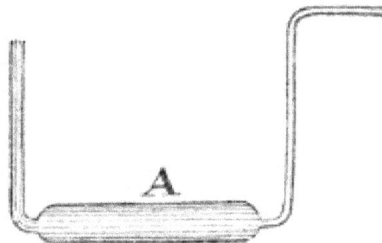

Fig. 89.

b. Bei *Alkaloïden*, welche mit Schwefelsäure, Salzsäure oder einer anderen leicht bestimmbaren Säure gut krystallisirbare Salze bilden, bestimmt man das Atomgewicht am besten, indem man in einer abgewogenen Menge des Salzes die Säuren nach den gewöhnlichen Methoden bestimmt. — Krystallisiren die Salze nicht, so bringt man, nach L i e b i g, eine abgewogene Menge des getrockneten Alkaloids in eine Trockenröhre (Fig. 89), bestimmt das Gewicht derselben, leitet längere Zeit einen langsamen Strom von wohlgetrocknetem salzsauren Gas, zuletzt (während man die Röhre auf 100° erhitzt, Seite 38 Fig. 13) Luft hindurch und bestimmt die aufgenommene Salzsäure aus der Gewichtszunahme der Röhre. — Zur Controle kann man die salzsaure Verbindung in Wasser lösen und das Chlor mit Silberlösung fällen. — Auch aus den unlöslichen Doppelsalzen, welche man beim Fällen der salzsauren Alkaloide mit Platinchlorid erhält, lässt sich das Atomgewicht derselben bestimmen. Sie werden vorsichtig (§. 99) geglüht, und das zurückbleibende Platin gewogen.

c. Bei *indifferenten Körpern*, wie Gummi, Amylum, Extractivstoffen etc., hat man gewöhnlich keine andere Wahl, als das Atomgewicht aus der Bleiverbindung zu bestimmen, indem diese Körper mit anderen Basen entweder gar keine oder keine rein darstellbaren Verbindungen eingehen.

§. 161.

2. Man bestimmt das specifische Gewicht des Dampfes der Verbindung.

Die Umrisse der sogleich zu beschreibenden, von D u m a s erfundenen Methode sind folgende: Man wägt ein mit trockener Luft gefülltes Glasgefäss, dessen Inhalt später ermittelt wird, berechnet, wie viel die Luft wiegt, die es bei der Temperatur und dem Luftdruck, bei denen die Wägung gemacht wurde, fasst, — zieht diese von dem ersterhaltenen Gewichte ab, und kennt somit das Gewicht des luftleeren Gefässes. — Man bringt alsdann die Substanz, deren Dampfdichte man bestimmen will, in überschüssiger Menge in den Ballon, setzt diesen so lange einer gleichmässigen, den Siedepunkt der Substanz übersteigenden Temperatur aus, bis der Körper gänzlich in Dampf verwandelt, und der Ueberschuss desselben nebst der zuvor im Ballon enthalten gewesenen Luft herausgetrieben ist, verschliesst sodann das Glasgefäss luftdicht, wägt es und zieht von dem erhaltenen Gewicht das des luftleeren Gefässes ab. Man kennt so das Gewicht des Dampfes bei gegebenem Volum und hat demnach die Anhaltspunkte zur Berechnung des specifischen Gewichtes desselben. Dass das Resultat nur dann richtig sein könne, wenn man das Volum der Luft und des Dampfes zuerst auf normalen Barometerstand und eine Temperatur von 0° reducirt, dass man demnach Barometer- und Thermometerstand kennen müsse sowohl bei der ersten Wägung wie beim Verschliessen des mit Dampf erfüllten Gefässes, bedarf keiner Erwähnung. —

Diese Methode ist, wie sich von selbst versteht, nur bei den Körpern anwendbar, welche sich ohne Zersetzung verflüchtigen; sie liefert nur dann genaue Resultate, wenn man absolut reine Substanzen anwendet. — Wir beschreiben hier bloss die praktische Ausführung und verweisen hinsichtlich der Correction und Berechnung der Resultate auf „Berechnung der Analyse".

    a. *Apparat und Erfordernisse.*

1. D i e S u b s t a n z. Man bedarf von derselben 6–8 Gramm. Ihr Siedepunkt muss einigermaassen genau bekannt sein.

2. E i n G l a s b a l l o n m i t a u s g e z o g e n e m H a l s e. Man nimmt einen gewöhnlichen Ballon aus reinem, blasenfreiem Glase von 250 bis 500 Cubikcentimeter Inhalt, spült ihn mit Wasser sauber aus, trocknet ihn vollkommen, pumpt ihn luftleer, lässt trockene Luft eintreten und wiederholt dies mehrmals (hierzu dient der §. 143 Fig. 72 abgebildete Apparat). Man erweicht alsdann den Hals des Ballons nahe am Bauch vor der Lampe und zieht

ihn in der Weise aus, dass man ein Gefäss von der in Fig. 90 dargestellten Form erhält.

Fig. 90.

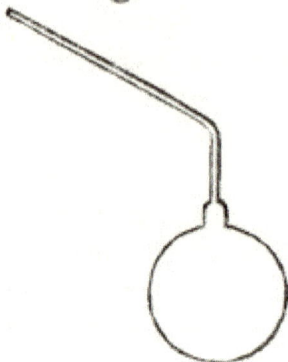

Man schneidet die äusserste Spitze ab und schmelzt die Kanten über der Weingeistlampe ein wenig rund. — (Da diese Spitze später schnell und fest zugeschmolzen werden muss, so ist es sehr zweckmässig, das Glas des Ballons in dieser Hinsicht erst kennen zu lernen, was am einfachsten geschieht, indem man versucht, die an dem abgezogenen ursprünglichen Halse des Ballons befindliche Spitze zuzuschmelzen; — lässt sich dasselbe nicht leicht bewerkstelligen, so ist der Ballon unbrauchbar.)

3. Ein eisernes oder kupfernes Kesselchen zur Aufnahme der Flüssigkeit, in welcher der Ballon erhitzt werden soll (siehe Fig. 91, S. 390).

Was die Flüssigkeit in dem Kesselchen betrifft, so muss man eine solche wählen, die mindestens 20°, besser 30–40° über den Siedepunkt der Substanz erhitzt werden kann. Mit Wasser oder Oel lassen sich alle Bestimmungen ausführen. Ein Chlorcalciumbad ist aber, wenn seine Temperatur (die sich bei völliger Sättigung bis 180° steigern lässt) hinreicht, angenehmer als ein Oelbad, weil sich der Kolben leichter reinigen lässt.

4. Ein Apparat zur Befestigung des Ballons. Man verfertigt sich denselben leicht selbst aus einem Stabe und Eisendraht. Derselbe wird bei der Operation in einen Retortenhalter gespannt, siehe Fig. 91 (a. f. S.).

5. Quecksilber, und zwar eine Quantität, welche mehr als hinreicht, den Ballon damit anzufüllen.

6. Eine genau calibrirte Messröhre von etwa 100 Cubikcentimeter Inhalt.

7. Weingeistlampe und Löthrohr.

8. Ein genaues Barometer.

9. Ein genaues Thermometer, welches entsprechend hoch steigen kann.

b. *Ausführung.*

α. Man legt den Ballon auf die Wage und bestimmt sein Gewicht. Gleichzeitig stellt man ein Thermometer in das Gehäuse der Wage. — Den Ballon lässt man 10 Minuten auf derselben liegen und beobachtet, ob sich sein Gewicht gleich bleibt. Sobald es sich unverändert zeigt, notirt man die Temperatur, welche das daneben stehende Thermometer angiebt, sowie den Barometerstand.

β. Man erhitzt den Ballon gelinde und taucht seine Spitze in die, entweder an und für sich flüssige, oder durch gelinde Wärme geschmolzene, etwa 8 Grm. betragende Substanz tief ein. (Hat dieselbe einen hoch liegenden Schmelzpunkt, so muss man nicht bloss den Bauch des Kolbens, sondern auch dessen Hals und Spitze erwärmen, damit die eintretende Flüssigkeit in demselben nicht erstarre.) Sobald der Ballon sich abkühlt (was bei sehr flüchtigen Substanzen durch Auftröpfeln von Aether zu befördern ist), tritt die Flüssigkeit in denselben ein und breitet sich darin aus. Mehr als 5 bis 7 Grm. lässt man nicht hineintreten.

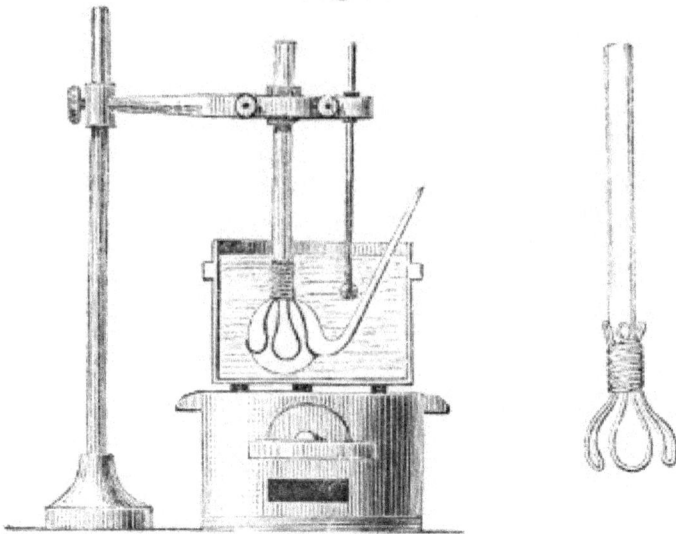

Fig. 91.

γ. Man erhitzt den Inhalt des Kesselchens (3) auf 40 bis
50° und befestigt alsdann den Ballon, wie auch ein
Thermometer, in das Bad, sowie es Fig. 91 (a. f. S.) zeigt.
Man steigert jetzt die Temperatur des Bades, bis man die
gewünschte Hitze erreicht hat, und bemüht sich (bei einem
Chlorcalcium- oder Oelbad), dieselbe zuletzt möglichst
gleichförmig zu erhalten, was durch Regulirung des Feuers
zu bewerkstelligen ist. Sobald die Temperatur im Kolben
etwas über den Siedpunkt der Substanz gestiegen ist, strömt
ihr Dampf aus der Spitze aus. Die Stärke des Stromes nimmt
mit der Temperatur des Bades zu; allmälig aber lässt derselbe
nach und zuletzt (etwa nach ¼ Stunde) hört er ganz auf.
Sollte sich in der aus dem Bad hervorragenden Spitze ein
wenig Dampf zu Tröpfchen verdichtet haben, so fährt man
unter derselben mit einer glühenden Kohle einigemal hin
und her, wodurch dieselben sogleich verflüchtigt werden. —
Sobald endlich bei der gewünschten Temperatur völliges
Gleichgewicht eingetreten ist, schmelzt man die Spitze mit
Hülfe einer Weingeistlampe und eines Löthrohrs rasch und

vollständig zu und notirt unmittelbar darauf den Thermometerstand. — Die Gewissheit, dass die Spitze hermetisch verschlossen sei, erhält man, wenn man die aus dem Bade hervorragende Spitze durch Anblasen mit dem Löthrohr abkühlt. Von dem Dampfe verdichtet sich alsdann eine kleine Menge und diese bildet eine Flüssigkeitssäule, welche durch die Capillaranziehung in dem Ende der Röhre festgehalten wird. Ist die Spitze nicht fest geschlossen, so zeigt sich diese Erscheinung nicht. — Man beobachtet alsdann auch den Barometerstand noch einmal und notirt ihn, falls er sich seit der ersten Beobachtung verändert haben sollte.

δ. Man nimmt den zugeschmolzenen Ballon aus dem Bad, wäscht ihn nach dem Erkalten aufs Sorgfältigste ab, trocknet ihn vollkommen und wägt ihn wie oben.

ε. Man taucht seine Spitze der ganzen Länge nach unter Quecksilber, macht unweit des Endes einen Feilstrich und bricht die Spitze ab. Alsobald stürzt das Quecksilber in den Ballon, indem durch Verdichtung des Dampfes ein luftleerer Raum in demselben entstanden ist. (Man legt hierbei den Bauch des Ballons in die hohle Hand und diese auf den Rand der Wanne.) Enthielt der Ballon beim Zuschmelzen keine Luft mehr, so füllt sich derselbe jetzt vollkommen mit Quecksilber, im anderen Falle bleibt eine Luftblase in demselben. In beiden Fällen misst man das im Ballon befindliche Quecksilber, indem man es in die graduirte Röhre (6) ausgiesst, — im letzten füllt man den Ballon alsdann mit Wasser und misst auch dieses. Die Differenz beider Messungen giebt die Menge der Luft an.

Auf die so erhaltenen Resultate, welche bei guter Ausführung der Wahrheit sehr nahe kommen, gründet man nun die Berechnung, wie unten bei „Berechnung der Analyse" gezeigt werden wird.

§. 162.

3. Eine grosse Anzahl der indifferenten Körper lassen sich mit Basen oder Säuren schlechterdings nicht verbinden, z. B. die Fette, Salicin, die Aethyl- und Methyl-Verbindungen etc. etc. — In solchen Fällen bestimmt man das Atomgewicht derselben, wenn es nicht nach 2. gefunden werden kann, aus den Zersetzungsproducten der Substanz, welche man durch Einwirkung von Säuren, Basen etc. erhält, und deren Atomgewicht sich immer anderweitig bestimmen lässt, oder man erschliesst es aus der Bildungsweise der fraglichen Verbindung. Man nimmt in diesen Fällen dasjenige Atomgewicht als das richtige an, welches die einfachste Erklärung der Entstehungs- und der Zersetzungsprocesse gestattet. — Diese Art der Atomgewichtsbestimmung greift demnach tief in die organische Chemie ein und kann, da sich allgemein anwendbare Verfahrungsweisen nicht angeben lassen, hier nicht weiter besprochen werden.

Fußnoten:

[74] Hinsichtlich der Fette, der wachsartigen Körper etc., die sich nicht pulvern lassen, siehe §. 150.

[75] In M u l d e r's Laboratorium habe ich die Operation des Einfüllens auf eine andere, gewiss nicht minder zweckmässige Art vornehmen sehen. Die in einer kleinen kupfernen Reibschale bereitete Mischung wurde nämlich durch einen glatten, warmen kupfernen Trichter in die in einem Retortenhalter aufrecht eingespannte Verbrennungsröhre eingeschüttet, was sich leicht und mit grosser Geschwindigkeit bewerkstelligen liess.

[76] K o l b e im Handwörterbuch der Chemie, Supplemente S. 186.

[77] W. H o ffm a n n beschrieb eine solche bei der Versammlung der Naturforscher und Aerzte 1852.

[78] Anstatt den, das Chlorcalciumrohr c mit der Verbrennungsröhre verbindenden Kork zu trocknen,

überziehen ihn E r d m a n n und M a r c h a n d mit Bleifolie auf folgende Weise: Die untere Fläche des durchbohrten Korkes wird mit einer runden Scheibe der Bleifolie von geeigneter Grösse bedeckt und die überstehenden Ränder gegen die Seiten des Korkes fest angedrückt. Man durchbricht alsdann die Folie an der Stelle, wo sie die Durchbohrung des Korkes bedeckt, mit der engen Röhre des Chlorcalciumrohrs, indem man diese vorsichtig eindreht, zieht sie dann wieder heraus und dreht sie nun von der entgegengesetzten Seite ein. Es gelingt alsdann meist, sie durchzuschieben, ohne dass die Bleifolie wieder losgestossen wird.

Fig. 79.

[79] Damit man dies ganz nach Belieben thun kann, bringt man an dem drehbaren Theil nach E r d m a n n's und M a r c h a n d's Vorschlag, einen langen Hebelarm an. H. R o s e hat dafür folgende einfache Vorrichtung angegeben (Fig. 79). *a* ist ein Korkstopfen, der auf den Hahn gesetzt wird, *b* (etwa ein dicker Strickdraht) der Hebel.

[80] Um eine Röhre mit Quecksilber so zu füllen, dass keine Luftblasen darin bleiben, füllt man sie erst fast voll, verschliesst sie mit dem Finger und dreht um, indem man Sorge trägt, dass sich die kleinen, an den Wänden haftenden Luftblasen allmälig alle mit der grossen vereinigen. Man dreht die Röhre alsdann wieder herum und füllt sie langsam mit Quecksilber voll.

[81] Ein solcher ist beschrieben und abgebildet in „Das chem. Laboratorium zu Giessen“ von J. P. H o f m a n n. Heidelberg, 1842.

[82] Das Füllen und Umstürzen des Cylinders vollbringt man also am besten: Man schüttet zuerst das Quecksilber hinein, entfernt die Luftblasen, die an den Wandungen hängen, wie gewöhnlich, giesst alsdann die Kalilauge ein, so dass noch ein etwa 2 Linien langes Stück frei bleibt, füllt dies mit reinem Wasser bis zum Ueberlaufen behutsam an, schiebt

alsdann die matt geschliffene Glasplatte darüber, dreht um, taucht die Mündung unter das Quecksilber und schiebt die Glasplatte weg. Auf diese Art lässt sich die Operation leicht ausführen, ohne dass man sich die Hände mit der Lauge beschmutzt.

[83] Enthält das Platinchlorid Chlorkalium oder Chlorammonium, so findet man zu viel, enthält es Salpetersäure, zu wenig Stickstoff. Der Gehalt an Salpetersäure schadet insofern, als beim Abdampfen Chlor entsteht, welches einen Theil des Ammoniaks zerstört. Man versäume nie, das Platinchlorid vor seiner Anwendung sorgfältig zu prüfen.

[84] Da die Platindoppelsalze einiger der flüchtigen Basen, welche als Zersetzungsproducte mancher stickstoffhaltiger organischer Substanzen auftreten (s. o.), in Alkohol leichter löslich sind, als der Platinsalmiak, so wendet man, sofern solche zu vermuthen sind, statt des gewöhnlichen Aetherweingeistes zum Auswaschen Aether an, welcher nur mit wenigen Tropfen Alkohol versetzt ist (W. Hofmann).

[85] Dasselbe wird dargestellt, indem man das gewöhnliche mit Alkohol übergiesst, die sich bildende obere Schicht — die alkoholische Lösung des Kalihydrats — in einer Silberschale zur Trockne verdampft und den Rückstand schmelzt.

[86] Supplemente zum Handwörterb. S. 205.

[87] Ann. der Chem. und Pharm. 76. 90.

[88] Die Salzmasse ist vor Allem zu prüfen, ob sie ganz frei von Schwefel ist. Man reducirt zu dem Behufe eine Probe mit Salzsäure und Alkohol, setzt Chlorbaryum zu, lässt 12 Stunden stehen und beobachtet alsdann genau, ob sich keine Spur eines Niederschlages zeigt.

[89] Annal. der Chem. und Pharm. 69. 335.

[90] Chem. Gaz. 1849. 245.

Zweite Unterabtheilung.
Berechnung der Analyse.

§. 163.

Ebenso wie bei der praktischen Ausführung der Analyse Kenntnisse in der allgemeinen Chemie vorausgesetzt wurden, so setzen wir hier das Verständniss der allgemeinen stöchiometrischen Gesetze einerseits, sowie die Kenntniss der einfachsten Rechnungsarten andererseits voraus. — Es ist ein grosser Irrthum, wenn man glaubt, um chemische Berechnungen ausführen zu können, müsse man ein guter Mathematiker sein. Man mag die Versicherung hinnehmen, dass man mit klarer Ueberlegung, mit Kenntniss der Decimalbrüche und der einfachen Gleichungen alle gewöhnlicheren Berechnungen auszuführen im Stande ist. — Ich sage dies nicht etwa, um junge Chemiker und Pharmaceuten von dem höchst wichtigen Studium der Mathematik abzuhalten, sondern nur in der Absicht, Solchen, welche nicht Gelegenheit hatten, tiefer in diese Wissenschaft einzudringen, die Scheu zu benehmen, welche sie, wie mich die Erfahrung lehrte, häufig vor chemischen Berechnungen hegen. — Ich habe aus diesem Grunde alle im Folgenden anzustellenden Berechnungen auf möglichst verständliche Art und ohne Logarithmen ausgeführt.

I. Berechnung des gesuchten Bestandtheils aus der gefundenen Verbindung, und Darstellung des Gefundenen in Procenten.

§. 164.

Wie sich aus den in der „Ausführung der Analyse" beschriebenen Bestimmungs- und Trennungsmethoden ergiebt, werden die Körper, deren Gewicht man bestimmen will, zuweilen als solche, meistens aber in Verbindungen von bekannter Zusammensetzung abgeschieden. — In der Regel pflegt man die Resultate auf 100 Thle. Substanz zu berechnen, weil man dadurch eine deutlichere Uebersicht über dieselben erhält. Wurden die Bestandtheile unverbunden ausgeschieden, so kann dies geradezu geschehen; hat man sie aber in einer Verbindung abgeschieden, so muss man aus dieser erst den gesuchten Bestandtheil berechnen.

1. Berechnung der Resultate auf Gewichtsprocente, wenn die gesuchte Substanz als solche abgeschieden wurde.

a. *Bei festen Körpern, Flüssigkeiten oder Gasen, die durch Wägung bestimmt wurden.*

§. 165.

Bei diesen ist die Berechnung so einfach, dass ich sie nur der Vollständigkeit wegen durch ein Beispiel erläutere.

Man hat Quecksilberchlorür analysirt und das Quecksilber als Metall abgeschieden (§. 94. 1.). — 2,945 Grm. Quecksilberchlorür gaben 2,499 Grm. Quecksilber. —

$$2,945 : 2,499 = 100 : x$$
$$x = 84,85$$

d. h. nach unserer Analyse enthalten 100 Thle. Quecksilberchlorür 84,85 Thle. Quecksilber und demnach 15,15 Chlor. —

Da man nun bereits weiss, dass das Quecksilberchlorür aus 2 Aeq. Quecksilber und 1 Aeq. Chlor zusammengesetzt ist, und die Aequivalentzahlen beider Elemente bekannt sind, so kann man hieraus die wahre procentische Zusammensetzung berechnen. — Analysirt man nun Substanzen von bekannter Zusammensetzung zur Uebung, so pflegt man, um die Genauigkeit der Analyse mit Leichtigkeit überschauen zu können, das gefundene und berechnete Resultat neben einander zu stellen, z. B.

	gefunden	berechnet (vergl. §. 63. b.)
Quecksilber	84,85	84,95
Chlor	15,15	15,05
	100,00	100,00

b. *Bei Gasen, die gemessen wurden.*

§. 166.

Hat man ein Gas durch Messung bestimmt, so muss man, ehe man es auf Gewichtsprocente berechnen kann, wissen, welcher Gewichtsmenge das gefundene Volumen entspricht. Da man nun ein für alle Mal durch genaue Versuche ermittelt hat, wieviel bestimmte Volumina eines Gases wiegen, so ist auch diese Rechnung eine einfache Regel de Tri-Aufgabe, sofern man Gelegenheit hat, das Gas unter denselben Umständen zu messen, auf welche sich das durch frühere Versuche gefundene Verhältniss des Volums zum Gewicht bezieht. — Die Umstände aber, welche hier in Betracht kommen, sind:

Temperatur und Luftdruck.

Ausserdem kann noch die

Spannung des Wasserdampfes

in Betracht kommen, sofern man sich des Wassers als Sperrflüssigkeit bedient.

In der am Ende des Buches befindlichen Tabelle Nr. V. nun, in welcher angegeben ist, wieviel Gramm je 1 Liter der dort genannten Gase wiegt, ist eine Temperatur von 0° und ein Luftdruck von 0,76 Meter Quecksilber angenommen. Wir müssen demnach vor Allem sehen, wie man bei anderen Temperaturgraden und anderem Barometerstande gemessene Gasvolumina auf 0° und 0,76 Barometerstand zurückführt.

α. Reduction eines Gasvolums von beliebiger Temperatur auf 0° oder eine

beliebige andere Temperatur zwischen 0°
und 100°.

Man nahm früher, wie bekannt, in Bezug auf die
Ausdehnung der Gase folgende Sätze allgemein an:

1) Alle Gase dehnen sich zwischen gleichen
   Temperaturgrenzen gleichviel aus.

2) Die Ausdehnung eines und desselben Gases zwischen
   denselben Temperaturgrenzen ist unabhängig von
   seiner anfänglichen Dichtigkeit.

Wenngleich nun die Richtigkeit dieser Annahmen durch
die genauen Untersuchungen von Magnus und von
Regnault nicht völlig bestätigt wurde, so kann man sich
bei Temperaturreductionen derjenigen Gase, welche bei
Analysen am häufigsten gemessen werden, doch immer
noch getrost an die alten Sätze halten, indem gerade für
diese Gase die Ausdehnungscoëfficienten kaum von
einander abweichen, und indem die Gase niemals unter
bedeutend verschiedenem Drucke gemessen werden.

Als den der Wahrheit am nächsten kommenden
Ausdehnungscoëfficienten der Gase, d. h. als die Grösse, um
welche sich Gase ausdehnen, wenn sie vom Gefrierpunkte
bis zum Siedepunkte des Wassers erhitzt werden, haben wir
nach den eben genannten Untersuchungen

$$0,3665$$

anzunehmen. Demnach dehnen sich die Gase für jeden
Grad des Celsius'schen Thermometers um $^{0,3665}/_{100}$, d. i.
um 0,003665 aus.

Fragen wir somit, wieviel Raum nimmt 1 Cubikcentimeter
Gas von 0° bei 10° ein, so finden wir

$$1 \times (1 + 10 \times 0,003665), \text{ d. i.} = 1,03665.$$

Fragt man, wieviel 100 C.C. von 0° bei 10°, so findet man

$$100 \times (1 + 10 \times 0{,}003665), \text{ d. i.}$$

$$100 \times 1{,}03665, \text{ d. i. } 103{,}66500.$$

Fragt man wieviel 1 C.C. von 10° bei 0°, so findet man

$$\frac{1}{(1 + 10 \times 0{,}003665)}, \text{ d. i. } = 0{,}965.$$

Wieviel sind 103,665 C.C. von 10° bei 0°?

$$\frac{103{,}665}{1 + (10 \times 0{,}003665)}, \text{ d. i. } = 100.$$

Fasst man die Berechnungsweisen allgemein, so lassen sie sich also ausdrücken.

Will man ein Gasvolumen von einer niedrigeren Temperatur auf eine höhere berechnen, so sucht man zuerst, indem man zu 1 das durch Multiplication der Gradeunterschiede mit 0,003665 erhaltene Product addirt, die Ausdehnung für die Volumeinheit, und multiplicirt alsdann die so gewonnene Zahl mit der gegebenen Menge der Volumeinheiten. Reducirt man umgekehrt ein Gasvolumen von höherer Temperatur auf ein solches von geringerer, so hat man die Menge der Volumeinheiten durch eben genannte Zahl zu dividiren; denn (man kann es sich so denken) durch Multiplication mit derselben kam sie ja auf die Grösse, in der sie uns erscheint.

β. Reduction eines Gasvolums von gewisser Dichtigkeit auf einen Barometerstand von 0,76 Meter oder einen beliebigen anderen.

Nach dem M a r i o tt e'schen Gesetze sind die Volumina der Gase umgekehrt proportional dem Drucke, unter dem sie sich befinden. Ein Gas nimmt demnach einen um so grösseren Raum ein, je geringer der Druck ist, der auf ihm lastet, und einen um so geringeren, je grösser dieser ist.

Gesetzt also, ein Gas nehme bei einem Druck von 1 Atmosphäre 10 C.C. ein, so wird es bei einem solchen von 10 Atmosphären 1 C.C. und bei einem von $\frac{1}{10}$ Atmosphäre 100 C.C. einnehmen.

Nichts kann daher einfacher sein, als die Reduction eines Gases von gegebener Spannung auf den Normalbarometerstand (= 760 Millimeter Quecksilber) oder einen beliebigen anderen.

Nehmen wir an, ein Gas nehme bei einem Barometerstand von 780 Millimeter 100 C.C. ein, wie viel wird es bei 760 einnehmen? Jedenfalls mehr, und zwar

$$760 : 780 = 100 : x$$
$$x = 102,63.$$

Wie viel betragen 100 C.C. Gas, bei 750 Millimeter Quecksilberdruck gemessen, bei 760 Millimeter? Jedenfalls weniger; und zwar

$$760 : 750 = 100 : x$$
$$x = 98,68.$$

γ. Berechnung eines mit Wasserdampf gemischten Gases auf sein Volum in trockenem Zustande.

Es ist bekannt, dass das Wasser bei jeder Temperatur ein Bestreben hat, sich in Gas zu verwandeln. Die Grösse dieses Bestrebens (die Spannung des Wasserdampfes), welche einzig und allein von der Temperatur, nicht aber davon, ob das Wasser sich im leeren Raume oder aber in irgend einer Gasatmosphäre befindet, abhängig ist, pflegt man auszudrücken, indem man die Höhe der Quecksilbersäule angiebt, welche dieser Spannung das Gleichgewicht hält. Die folgende Tabelle giebt die Grösse der Spannung für die

Temperaturgrade an, welche bei Analysen vorzukommen pflegen (vergl. M a g n u s, Poggend. Ann. 61. S. 247).

Temperatur in Graden C.	Spannkraft in Millimetern.	Temperatur in Graden C.	Spannkraft in Millimetern.
0	4,525	21	18,505
1	4,867	22	19,675
2	5,231	23	20,909
3	5,619	24	22,211
4	6,032	25	23,582
5	6,471	26	25,026
6	6,939	27	26,547
7	7,436	28	28,148
8	7,964	29	29,832
9	8,525	30	31,602
10	9,126	31	33,464
11	9,751	32	35,419
12	10,421	33	37,473
13	11,130	34	39,630
14	11,882	35	41,893
15	12,677	36	44,268
16	13,519	37	46,758
17	14,409	38	49,368
18	15,351	39	52,103
19	16,345	40	54,969
20	17,396		

Hat man demnach ein Gas über Wasser abgesperrt, so ist unter sonst gleichen Umständen sein Volum immer grösser, als wenn es durch kaltes Quecksilber abgesperrt wäre, indem eine der Temperatur des Wassers entsprechende Menge Wasserdampf sich dem Gase beimischt, und indem dessen Spannung einem Theile der das Gas zusammendrückenden Luftsäule das Gleichgewicht hält, so dass diese nicht ganz zur Wirkung kommen kann. Will man daher den wahren Druck kennen lernen, unter dem sich das Gas befindet, so muss man von dem scheinbaren den durch die Tension des Wasserdampfes in seiner Wirkung aufgehobenen Theil abziehen.

Gesetzt, wir hätten bei 770 M.M. Barometerstand und einer Temperatur des Sperrwassers von 10° C. 100 C.C. Gas gemessen; welches Volum würde es im trockenen Zustande bei normalem Barometerstande einnehmen?

Die Spannung des Wasserdampfes ist nach der Tabelle bei 10° = 9,126, also befindet sich das Gas nicht unter dem scheinbaren Drucke von 770 M.M., sondern unter dem wirklichen von 770 - 9,126, d. i. 760,874 M.M.

Nunmehr ist unsere Rechnung auf die sub β. betrachtete zurückgeführt und wir sagen:

$$760 : 760,874 = 100 : x$$
$$x = 100,115.$$

Hat man nun durch die in α. und β. und respective γ. betrachteten Rechnungen das auf Gewichtsprocente zu berechnende Gas in die Verhältnisse gebracht, auf welche sich die Angaben der Tabelle V. beziehen, so braucht man nur statt des Volums das Gewicht zu setzen, um alsdann durch einfache Regel de Tri-Ansätze sein Ziel zu erreichen.

Wie viel Gewichtsprocente Stickstoff sind in einer analysirten Substanz, wenn 5,000 Grm. 300 C.C. trockenes Stickgas bei 0° und 760 M.M. geliefert haben?

In der Tabelle finden wir, dass 1 Liter (1000 C.C.) Stickgas von 0° und 760 M.M. 1,2515 Grm. wiegt; wir setzen daher an:

$$1000 : 1{,}2515 = 300 : x$$
$$x = 0{,}375 \text{ Grm.}$$

und ferner:

$$5 : 0{,}375 = 100 : x$$
$$x = 7{,}50.$$

Demnach sind in der untersuchten Substanz 7,50 Gewichtsprocente Stickstoff enthalten.

2. B e r e c h n u n g d e r R e s u l t a t e a u f Gewichtsprocente, wenn die gesuchte Substanz in einer Verbindung, abgeschieden wurde, oder wenn eine Verbindung aus einem ihrer Bestandtheile bestimmt werden soll.

§. 167.

Hat man eine zu bestimmende Substanz nicht als solche, sondern in einer anderen Form gewogen oder gemessen, z. B. Kohlensäure als kohlensauren Kalk, — Schwefel als schwefelsauren Baryt, — Ammoniak als Stickstoff etc., so muss man, um die Rechnung auf die in 1. betrachtete zurückzuführen, die Quantität des gesuchten Körpers aus der Menge des Gefundenen berechnen.

Um diesen Zweck zu erreichen, kann man entweder einen Regel de Tri-Ansatz machen, oder man kann sich abgekürzter Methoden bedienen. —

Wir haben Wasserstoff als Wasser gewogen und 1,000 Grm. erhalten; wie viel Wasserstoff ist darin?

Ein Aequivalent Wasser besteht aus:

12,5 Wasserstoff

100,0 Sauerstoff

112,5 Wasser

Wir setzen demnach an:

$$112,5 : 12,5 = 1,0 : x$$

$$x = 0,11111\ldots$$

Aus dem eben betrachteten Ansatz ergiebt sich folgende Gleichung:

$$\frac{12,5}{112,5} \times 1,00 = x$$

d. i. $0,11111\ldots \times 1,0 = x$

oder allgemein ausgedrückt

Wasser × 0,11111... = Wasserstoff.

Beispiel.

517 Wasser, wie viel Wasserstoff?

$$517 \times 0,11111 = 57,444.$$

Aus dem oben betrachteten Ansatz ergiebt sich ferner folgende Gleichung:

$$\frac{112,5}{12,5} = \frac{1,00}{x}$$

$$\frac{112,5}{12,5} = 9$$

also $9 = \dfrac{1,00}{x}$

also $x = \dfrac{1,00}{9}$

oder allgemein ausgedrückt:

Wasser dividirt durch 9 = Wasserstoff.

667

Beispiel.

$$\frac{517}{57,444} = 9$$

Auf diese Art kann man für jede Verbindung constante Zahlen finden, mit denen sie multiplicirt oder dividirt werden müssen, damit man den gesuchten Bestandtheil findet (vergl. Tab. III.).

So ergiebt sich z. B. der Stickstoff aus dem Platinsalmiak, wenn man denselben durch 15,96 dividirt, oder mit 0,06269 multiplicirt, — so der Kohlenstoff aus der Kohlensäure, wenn man dieselbe mit 0,2727... multiplicirt, oder durch 3,666... dividirt.

Diese Zahlen sind schon bei Weitem nicht so einfach und bequem als die, welche wir beim Wasserstoff fanden; sie lassen sich deshalb nicht so gut auswendig behalten. Daher merkt man sich z. B. bei der Kohlensäure besser einen anderen allgemeinen Ausdruck, nämlich den:

$$\frac{Kohlensäure \times 3}{11} = Kohlenstoff,$$

welcher aus dem Ansatz

275 : 75 = gefundene Kohlensäure : x
abgeleitet ist; denn
275 : 75 = 55 : 15 = 11 : 3.

Auf eine sehr einfache Art erreicht man den genannten Zweck auch mittelst der hinten angehängten Tab. IV. — Auf dieser Tabelle findet man die Menge des gesuchten Bestandtheils für jede Zahl der gefundenen Verbindung von 1–9 und somit braucht man bloss diese Werthe zu addiren.

So finden wir z. B. bei Wasserstoff:

Gefunden.	Gesucht.	1	2	3	4	5

Wasser.   Wasserstoff. 0,11111 0,22222 0,33333 0,44444 0,55555

Daraus ersehen wir also, dass in 1 Theil Wasser 0,11111 Theile Wasserstoff, — in 5 Theilen Wasser 0,55555 Theile Wasserstoff, — in 9 Theilen 1,00000 etc. enthalten ist.

Will man nun wissen, wieviel z. B. in 5,17 Wasser Wasserstoff ist, so findet man dies, indem man die für 5, für $\frac{1}{10}$ und für $\frac{7}{100}$ geltenden Zahlen zusammenzählt, also

$$0,55555$$
$$0,011111$$
$$0,0077778$$
$$0,5744388.$$

Warum man die Zahlen in der angegebenen Weise und nicht etwa so

$$0,55555$$
$$0,11111$$
$$0,77778$$
$$1,44444$$

addiren müsse, ergiebt sich von selbst; denn auf letztere Art hätten wir ja die für 5, für 1 und für 7 geltenden Werthe zusammengezählt, das heisst, wir hätten gefunden, wie viel in 5 + 1 + 7 = 13, nicht aber wie viel in 5,17 Wasser Wasserstoff enthalten ist. — Aus derselben Betrachtung ergiebt sich, dass man, um den Wasserstoff in 517 Wasser zu finden, die Komma also versetzen muss:

$$55,555$$
$$1,1111$$
$$0,77778$$
$$57,44388.$$

3. Berechnung der Resultate auf Gewichtsprocente bei indirecten Analysen.

§. 168.

Aus dem Begriffe einer indirecten Analyse, welcher S. 273 festgestellt ist, geht zur Genüge hervor, dass man für die bei indirecten Analysen vorkommenden Rechnungen keine allgemein gültigen Regeln aufstellen könne. In jedem speciellen Falle muss sich der Verstand den richtigen Weg bahnen. Wir betrachten hier die Art der Berechnung bei zwei der im fünften Abschnitte angeführten indirecten Scheidungen. Sie mögen als Beispiele dienen für etwaige andere.

a. *Indirecte Scheidung des Natrons vom Kali* (vergl. §. 120. 3.).

Gesetzt, man hätte 1976,11 Grm. schwefelsaures Natron + schwefelsaures Kali gefunden, und darin 1000 Grm. Schwefelsäure, wie viel Kali und wie viel Natron ist zugegen?

Setzen wir K = schwefelsaures Kali, — und N = schwefelsaures Natron, so ergiebt sich die Gleichung

$$K + N = 1976,11$$
$$K \quad = 1976,11 - N$$

In 1 Theil schwefelsaurem Natron ist 0,56338, — in 1 Theil schwefelsaurem Kali 0,45919 Schwefelsäure enthalten.

Die Quantität der in dem Gemenge von schwefelsaurem Natron und schwefelsaurem Kali enthaltenen Schwefelsäure, d. i. 1000 Grm., muss also gleich sein 0,56338 × der Quantität der vorhandenen Einheiten von schwefelsaurem Natron (d. i. × der Quantität des vorhandenen schwefelsauren Natrons) + 0,45919 × der Quantität der vorhandenen Einheiten von schwefelsaurem

Kali (d. i. × der Quantität des vorhandenen schwefelsauren Kalis).

Wir bekommen so die zweite Gleichung:

$$(K \times 0{,}45919) + (N \times 0{,}56338) = 1000$$

$$K = \frac{1000 - (N \times 0{,}56338)}{0{,}45919}$$

Setzt man jetzt statt K den oben dafür erhaltenen Werth, so bekommt man

$$1976{,}11 - N = \frac{1000 - (N \times 0{,}56338)}{0{,}45919}$$

und bringt man den Nenner des Bruchs weg

$$(1976{,}11 \times 0{,}45919) - (N \times 0{,}45919) = 1000 - (N \times 0{,}56338),$$

das ist

$$907{,}41 - (N \times 0{,}45919) = 1000 - (N \times 0{,}56338).$$

Bringt man jetzt die beiden N auf eine Seite, so erhält man

$$(N \times 0{,}56338) - (N \times 0{,}45919) = 1000 - 907{,}41$$

oder

$$N = \frac{1000 - 907{,}41}{0{,}56338 - 0{,}45919} = \frac{92{,}59}{0{,}10419} = 898{,}26.$$

In dem Gemenge ist somit 898,26 schwefelsaures Natron, folglich

$$1976{,}11 - 898{,}26, \text{ das ist } 1077{,}85$$

schwefelsaures Kali enthalten. Aus diesen Verbindungen berechnet man nun nach 2. die darin enthaltenen Quantitäten des Kalis und Natrons und nach 1. deren Gewichtsprocente.

Aus der obigen Entwickelung kann man aber folgende

671

allgemeine Formel ableiten, wenn A gleich dem Gemenge, N gleich dem darin enthaltenen NaO, SO$_3$, K gleich dem darin enthaltenen KO, SO$_3$ und S gleich der darin enthaltenen SO$_3$ ist:

$$N = \frac{S - (A \times 0,45919)}{0,10419}$$

$$\text{und } K = A - N.$$

Angenommen z. B., wir hätten schwefelsaures Kali + schwefelsaures Natron gefunden 20 Grm. und darin Schwefelsäure 10,5 Grm., wie viel ist von den einzelnen Salzen vorhanden?

$$N = \frac{10,5 - (20 \times 0,45919)}{0,10419} \text{ , d. i.}$$

$$= \frac{10,5 - 9,1833}{0,10419} = \frac{1,3162}{0,10419} = 12,63$$

$$K = 20 - 12,63 = 7,37.$$

Also bestehen die 20 Grm. des Gemenges aus 12,63 NaO,SO$_3$ und 7,37 KO,SO$_3$. —

b. *Indirecte Scheidung des Chlors vom Brom (§. 137. 1. a.).*

Gesetzt, das Gemenge von Chlorsilber und Bromsilber hätte 20 Grm. gewogen und die Gewichtsabnahme beim Ueberleiten des Chlors 1,000 Grm. Wie viel Chlor und wie viel Brom ist in dem Gemenge?

Hierbei hat man sich bloss zu vergegenwärtigen, dass die Gewichtsabnahme nichts Anderes ist, als der Unterschied im Gewicht zwischen dem zuerst da gewesenen Bromsilber und dem an seine Stelle getretenen Chlorsilber, um ohne Mühe folgenden Ansatz zu verstehen: Die Differenz zwischen den Aequivalenten des Chlorsilbers und Bromsilbers verhält sich zum Aequivalent des Bromsilbers = die gefundene

Gewichtsabnahme zu x, d. i. zu dem in dem Gemenge enthalten gewesenen Bromsilber, demnach in Zahlen:

$$556{,}34 : 2349{,}28 = 1 : x$$
$$x = 4{,}2227.$$

In den 20 Grm. des Gemenges sind also 4,2227 Grm. Bromsilber, demnach 20 - 4,2227 = 15,7773 Grm. Chlorsilber enthalten gewesen.

Als allgemeine Regel ergiebt sich aus dieser Entwickelung, dass man die gefundene Gewichtsabnahme bloss mit $^{2349,28}/_{556,34}$, d. i. mit 4,2227 zu multipliciren brauche, um die Quantität des in dem Gemenge enthalten gewesenen Bromsilbers zu finden. — Kennt man aber die Menge des Bromsilbers, so kennt man auch die des Chlorsilbers, und aus diesen Daten berechnet man alsdann nach 2. die Mengen und nach 1. die Gewichtsprocente des Broms und Chlors.

Anhang zu I.

Mittlere Werthe, Verlust und Ueberschuss bei Analysen.

§. 169.

Wenn man bei der Analyse einer Substanz einen Bestandtheil aus dem Verlust bestimmt, d. i. wenn man seine Menge dadurch findet, dass man die Summe der übrigen von dem Ganzen abzieht, so ist es ersichtlich, dass man bei Berechnung auf Gewichtsprocente immer 100 als Summe bekommen müsse. Jeder Verlust oder Ueberschuss, den man bei Bestimmung der einzelnen Bestandtheile erhalten hat, trifft hier den einen aus dem Verlust bestimmten Bestandtheil, daher solche Bestimmungen nur dann hinlängliche Genauigkeit bieten, wenn die übrigen Bestandtheile mit gutem Resultat bestimmt wurden. Die

673

Genauigkeit wird, wie leicht zu ersehen, um so grösser sein, je geringer die Anzahl der direct bestimmten Bestandtheile.

Hat man hingegen jeden Bestandtheil besonders bestimmt, so müsste man bei absolut genauen Resultaten in der Summe der einzelnen die Menge des Ganzen haben. Da aber, wie wir oben (§. 75) gesehen haben, jede Analyse mit gewissen Ungenauigkeiten behaftet ist, so wird man in Wirklichkeit bei Berechnung auf Gewichtsprocente bald mehr, bald weniger als 100 bekommen.

Auch in solchem Falle hat man die gefundenen Resultate geradezu anzuführen.

So fand z. B. P e l o u z e bei der Analyse des chromsauren Chlorkaliums:

Kalium	21,88
Chlor	19,41
Chromsäure	50,21
	99,50

So fand B e r z e l i u s bei Analyse des Uranoxyd-Kali:

Kali	12,8
Uranoxyd	96,8
	99,6

So fand P l a tt n e r bei der Analyse des Magnetkieses:

	von Fahlun	von Brasilien
Eisen	59,72	59,64
Schwefel	40,22	40,43
	99,94.	100,07.

Nicht zu gestatten ist es, den etwaigen Verlust oder Ueberschuss auf die sämmtlichen Bestandtheile nach Verhältniss zu vertheilen, weil er ja niemals von den einzelnen Bestimmungen in gleichem Maasse herrührt, und weil man durch solches Umrechnen Anderen die Möglichkeit benimmt, die Genauigkeit der Analyse zu beurtheilen. — Man braucht sich des Geständnisses nicht zu schämen, dass man etwas zu wenig oder zu viel bekommen hat, sofern der Verlust oder Ueberschuss innerhalb gewisser Grenzen liegt, die bei verschiedenen Analysen verschieden sind, und welche Kundige stets zu beurtheilen wissen.

Hat man eine Analyse zwei- oder mehrmal gemacht, so pflegt man in der Regel den mittleren Werth als das richtigste Resultat anzunehmen. Dass ein solcher um so mehr Vertrauen verdient, je weniger er von den einzelnen Resultaten (welche immer entweder vollständig oder wenigstens in Betreff des Maximums und Minimums angeführt werden müssen) abweicht, liegt auf der Hand.

Da die Genauigkeit einer Analyse nicht abhängig ist von der Menge der angewendeten Substanz, sofern man nur überhaupt nicht allzu geringe Mengen in Arbeit nahm, so hat man bei Bestimmung von Mittelwerthen diese unabhängig von den Mengen der zur Analyse verwendeten Substanz zu machen, d. h. man muss nicht die Substanzmengen einerseits und die Gewichte des darin bestimmten Bestandtheils andererseits addiren und auf diese Art den Procentgehalt bestimmen, sondern man muss aus jeder einzelnen Analyse den Procentgehalt berechnen, und aus diesen Resultaten das Mittel ziehen.

Gesetzt, eine Substanz AB enthielte 50 Proc. A. — Wir hätten bei zwei Analysen folgende Resultate erhalten:

1) 2 Grm. AB gaben 0,99 Grm. A.

2) 50 Grm. AB gaben 24,00 Grm. A.

Aus Analyse 1) ergiebt sich, dass AB enthält 49,50 Proc. A,

„   „   2)   „   „   „   „   „   48,00   „   „

Summa 97,50 „ „

Mittel 48,75 „ „

Falsch wäre es, zu sagen:

$$2 + 50 = 52 \text{ AB gaben } 0,99 + 24,0 = 24,99 \text{ A,}$$

also enthalten 100 AB ... 48,06 A, — denn man sieht leicht ein, dass bei dieser Art der Berechnung der Einfluss der besseren Analyse 1) auf den Mittelwerth, wegen der verhältnissmässig geringen Substanzmenge so gut wie vollständig vernichtet wird.

II. Aufstellung empirischer Formeln.

§. 170.

Wenn man eine Verbindung in Hinsicht auf ihre procentische Zusammensetzung kennt, so kann man dafür eine sogenannte e m p i r i s c h e Formel finden, d. h. man kann das relative Verhältniss der einzelnen Bestandtheile in Aequivalenten ausdrücken, in einer Formel, welche, wenn man sie wieder auf Gewichtsprocente berechnet, Zahlen giebt, die mit den gefundenen ganz, oder nahezu, übereinstimmen. — Auf die Aufstellung solcher empirischen Formeln bleiben wir bei allen den Substanzen beschränkt, bei welchen sich das Atomgewicht nicht bestimmen lässt, z. B. bei Mannit, Holzfaser, bei allen gemengten Substanzen etc.

Das Verständniss des sehr einfachen Verfahrens wird sich aus folgenden Betrachtungen ohne Mühe ergeben.

Wenn man in Kohlensäure die relative Anzahl der Aequivalente finden wollte, wie würde man verfahren?

Man würde sagen:

Das Aequivalent des Sauerstoffs verhält sich zu der Sauerstoffmenge im Atomgewicht der Kohlensäure, wie sich

676

1 verhält zu x, d. i. zu der Anzahl der Sauerstoffatome in der Kohlensäure, also

$$100 : 200 = 1 : x$$

$$x = 2.$$

Auf dieselbe Art würde man die Anzahl der Kohlenstoffatome finden durch den Ansatz:

$$75 \quad : \quad 75 \quad = 1 : x$$

(Aeq. des C) (Kohlenstoff in 1 Aeq.
Kohlensäure)

$$x \quad = \quad 1.$$

Setzen wir jetzt den Fall, wir wüssten das Atomgewicht der Kohlensäure nicht, sondern nur die procentische Zusammensetzung,

27,27 Kohlenstoff

72,73 Sauerstoff

100,00 Kohlensäure,

so muss sich doch das relative Verhältniss der Aequivalente herausstellen, wenn wir auch irgend eine beliebige Zahl als Atomgewicht annehmen, z. B. 100.

Machen wir nun unter dieser Voraussetzung die obigen Ansätze, so bekommen wir:

$$100 \quad : \quad 72,73 \quad = 1 : x$$

(Aeq. des O) (Sauerstoffmenge im
angenommenen Atomg. 100)

$$x \quad = 0{,}7273;$$

und ferner

$$75 \quad : \quad 27,27 \quad = 1 : x$$

(Aeq. des C) (Kohlenstoffmenge im

677

angenommenen Atomg. 100)

$$x \qquad\qquad = 0,3636.$$

Wir sehen, die Z a h l e n, welche das Verhältniss der Sauerstoff- und Kohlenstoffatome ausdrücken, haben sich geändert, das V e r h ä l t n i s s aber ist geblieben; denn

$$0,3636 : 0,7273 = 1 : 2.$$

Allgemein lässt sich also das Verfahren also ausdrücken:

Man nimmt eine beliebige Zahl, am bequemsten 100, als Atomgewicht der Verbindung an, und sucht, wie oft die Aequivalentzahl eines jeden Bestandtheiles in der Menge desselben Bestandtheiles enthalten ist, welche sich für das angenommene Atomgewicht der Verbindung ergiebt. Hat man auf diese Art die das Verhältniss ausdrückenden Zahlen gefunden, so ist, wenn man will, die empirische Formel schon fertig. Man pflegt sie jedoch der Uebersichtlichkeit wegen auf den möglichst einfachen Ausdruck zu bringen.

Nehmen wir nun ein etwas complicirteres Beispiel vor, z. B. die Berechnung der empirischen Formel für Mannit.

Die procentische Zusammensetzung des Mannits ist:

$$39,56 \text{ Kohlenstoff}$$
$$7,69 \text{ Wasserstoff}$$
$$52,75 \text{ Sauerstoff}$$
$$100,00.$$

Wir bekommen somit folgende Ansätze:

$$1)\ 100 : 52,75 = 1 : x$$
$$x = 0,5275.$$
$$2)\ 12,5 : 7,69 = 1 : x$$
$$x = 0,6152.$$

$$x = 0{,}5275.$$

Wir haben nunmehr, wenn wir wollen, schon die empirische Formel für den Mannit, nämlich:

$$C_{5275} \; H_{6152} \; O_{5275}.$$

Man sieht auf den ersten Blick, dass die Anzahl der Kohlenstoff- und die der Sauerstoffatome gleich ist, und es fragt sich jetzt, ob man die gefundenen Verhältnisse nicht durch kleinere Zahlen ausdrücken könne.

Diese Frage wird durch ein einfaches Rechenexempel beantwortet, welches auf verschiedene, am bequemsten aber auf folgende Weise angesetzt werden kann:

$$5275 : 6152 = 60 : x$$

(statt 60 könnte jede andere Zahl als drittes Glied der Proportion gesetzt werden, aber die genannte ist sehr passend, weil die meisten Zahlen darin aufgehen)

$$x = 70.$$

Wir haben demnach als einfachere Formel

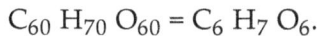

$$C_{60} \; H_{70} \; O_{60} = C_6 \; H_7 \; O_6.$$

Die oben aufgeführte procentische Zusammensetzung des Mannits war die berechnete, also blieb über die Formel kein Zweifel. Nehmen wir jetzt die Resultate einer wirklichen Analyse desselben.

O p p e r m a n n erhielt von 1,593 Grm. beim Verbrennen mit Kupferoxyd 2,296 Kohlensäure und 1,106 Wasser. Daraus berechnet sich:

39,31 Kohlenstoff

7,71 Wasserstoff

52,98 Sauerstoff

100,00;

und wenn wir die obigen Ansätze machen, so erhalten

wir als ersten Ausdruck der empirischen Formel

$$C_{5241} \; H_{6168} \; O_{5298}$$

und durch den Ansatz:

$$5298 : 6168 = 60 : x$$

$$x = 69{,}8.$$

Betrachtet man nun diese Zahlen, so findet man, dass 69,8 ohne Ungenauigkeit mit 70,0 vertauscht werden könne, sowie dass der Unterschied zwischen 5241 und 5298 so gering, dass beide gleich zu setzen. Man kommt somit durch diese Betrachtungen ebenfalls zu der Formel

$$C_6 \; H_7 \; O_6$$

und den Prüfstein, ob die Formel recht ist, giebt nun die Zurückberechnung der Formel auf Procente ab. Je weniger die berechneten Procente von den gefundenen abweichen, um so mehr hat man Grund, die Formel als richtig zu betrachten. Weichen beide mehr ab, als durch die Fehlergrenzen der Methoden erklärlich ist, so hat man Ursache, die Formel als falsch zu betrachten und eine andere aufzustellen; denn man sieht leicht ein, dass für eine Substanz, sofern man ihr Atomgewicht nicht kennt, aus einer und derselben oder aus sehr nahe übereinstimmenden Analysen verschiedene Formeln berechnet werden können, weil die gefundenen Zahlen niemals absolut richtig, sondern immer nur Annäherungen sind.

Z. B. bei Mannit:

	berechnet			
	für		für	gefunden
C_6	39,56	C_8	39,67	39,31
H_7	7,69	H_9	7,44	7,71
O_6	52,75	O_8	52,89	52,98

$$100,00 \qquad 100,00 \quad 100,00$$

III. Aufstellung rationeller Formeln.

§. 171.

Kennt man ausser der procentischen Zusammensetzung auch das Atomgewicht einer Substanz, so kann man dafür eine rationelle Formel aufstellen, d. h. eine solche, welche nicht nur das relative Verhältniss der Atome, sondern auch ihre absolute Menge ausdrückt.

Folgende Beispiele mögen zur Erläuterung dienen.

1. Bestimmung der rationellen Formel der Unterschwefelsäure.

Durch die Analyse ist gefunden, erstens die procentische Zusammensetzung der Unterschwefelsäure, zweitens die procentische Zusammensetzung des unterschwefelsauren Kalis, nämlich:

Schwefel	44,44	Kali	39,551
Sauerstoff	55,56	Unterschwefelsäure	60,449
Unterschwefelsäure	100,00	Unterschwefelsaures Kali	100,000

(Aequivalent des Kalis = 588,86.)

Aus dem Ansatze:

$$39,551 : 60,449 = 588,86 : x$$

$$x = 900$$

ergiebt sich als x die Summe der Aequivalentzahlen der in der Unterschwefelsäure enthaltenen Bestandtheile, d. i. das Atomgewicht der Unterschwefelsäure.

682

Wir brauchen jetzt bei der weiteren Berechnung kein hypothetisches Atomgewicht mehr anzunehmen, wie wir dies §. 170 bei Mannit thun mussten, denn wir kennen ja das rechte, und können somit gleich ansetzen:

$$100 : 44,44 = 900 : x$$
$$x = 400,$$

d. i. gleich der Summe der Aequivalentzahlen des Schwefels,

und ferner:

$$100 : 55,56 = 900 : x$$
$$x = 500,$$

d. i. gleich der Summe der Aequivalentzahlen des Sauerstoffs.

In 400 ist aber die Aequivalentzahl des Schwefels, d. i. 200, zweimal, — und in 500 die Aequivalentzahl des Sauerstoffs, d. i. 100, fünfmal enthalten, die rationelle Formel der Unterschwefelsäure ist daher

$$S_2O_5.$$

2. Bestimmung der rationellen Formel der Benzoësäure.

Stenhouse erhielt von 0,3807 bei 100° getrockneten Benzoësäurehydrats 0,9575 Kohlensäure und 0,1698 Wasser.

0,4287 bei 100° getrocknetes benzoësaures Silberoxyd gaben 0,202 Silber. Aus diesen Resultaten berechnet sich folgende Zusammensetzung:

Kohlenstoff	68,67	Silberoxyd	50,67
Wasserstoff	4,95	Benzoësäure	49,33
Sauerstoff	26,38		100,00
Benzoësäurehydrat	100,00		

(Atomgewicht des Silberoxyds 1449,66.)

$$50,67 : 49,33 = 1449,66 : x$$
$$x = 1411,3,$$

d. i. das Atomgewicht der wasserfreien Benzoësäure, demnach ist das des Benzoësäurehydrats = 1411,3 + 112,5 = 1523,8, und wir setzen somit an:

$$100 : 68,67 = 1523,8 : x$$
$$x = 1046,39.$$
$$100 : 4,95 = 1523,8 : x$$
$$x = 75,43.$$
$$100 : 26,38 = 1523,8 : x$$
$$x = 401,97.$$

75	ist in	1046,39	enthalten	13,95	mal
12,5	„ „	75,43	„	6,03	„
100	„ „	401,97	„	4,02	„

Man sieht auf den ersten Blick, dass man 13,95 mit 14, — 6,03 mit 6, — und 4,02 mit 4 vertauschen kann, wodurch man alsdann für Benzoësäurehydrat die Formel erhält:

$$C_{14} H_6 O_4.$$

Sie liefert	berechnet	gefunden wurde
C	68,85	68,67
H	4,92	4,95
O	26,23	26,38
	100,00.	100,00.

3. Bestimmung der rationellen Formel des Theïns.

Stenhouse fand bei der Analyse des Theïns folgende

Zahlen:

1. 0,285 Grm. Substanz gaben 0,5125 Kohlensäure und 0,132 Wasser.

2. Mit Kupferoxyd verbrannt, wurde ein Gasgemisch erhalten $CO_2 : N = 4 : 1$.

3. 0,5828 Grm. des Doppelsalzes aus salzsaurem Theïn und Platinchlorid gaben 0,143 Platin. Daraus ergiebt sich folgende procentische Zusammensetzung:

$$\begin{array}{lr} \text{Kohlenstoff} & 49,05 \\ \text{Wasserstoff} & 5,14 \\ \text{Stickstoff} & 28,61 \\ \text{Sauerstoff} & 17,20 \\ \hline & 100,00 \end{array}$$

und als Atomgewicht des Theïns 2461,31.

Denn man hat allen Grund, anzunehmen, dass die Formel des salzsauren Theïn-Platinchlorids sein werde:

$$\text{Theïn} + \text{ClH} + \text{PtCl}_2.$$

Man findet nun das Atomgewicht dieses Doppelsalzes durch den Ansatz:

$$0,143 : 0,5828 = 1236,75 \text{ (A. G. des Pt)} : x$$
$$x = 5040,4,$$

und folglich das Atomgewicht des Theïns, wenn man die Summe der Atomgewichte eines Aequivalentes Platinchlorid (2123,31) und eines Aequivalentes Salzsäure (455,78) von 5040,4 abzieht.

$$5040,4 - (2123,31 + 455,78) \text{ ist aber} = 2461,31.$$

Als empirische Formel ergiebt sich aus der procentischen Zusammensetzung, nach den Ansätzen:

$$75 : 49{,}05 = 1 : x$$
$$x = 0{,}654.$$
$$12{,}5 : 5{,}14 = 1 : x$$
$$x = 0{,}411.$$
$$175{,}0 : 28{,}61 = 1 : x$$
$$x = 0{,}163.$$
$$100 : 17{,}20 = 1 : x$$
$$x = 0{,}172.$$

Heben wir diese Zahlen nach der S. 406 angegebenen Weise (indem man die kleinste = 60 setzt), so erhalten wir die Formel:

$$C_{241} \, H_{511} \, N_{60} \, O_{63}.$$

Hebt man diese Zahlen weiter durch Division mit 30, so bekommt man

$$C_{8,03} \, H_{5,03} \, N_2 \, O_{2,1},$$

statt welcher man mit völliger Beruhigung

$$C_8 \, H_5 \, N_2 \, O_2$$

setzen kann, wie die folgende procentische Zusammenstellung ergiebt:

		berechnet	gefunden
8 C =	600,0	49,47	49,05
5 H =	62,5	5,15	5,14
2 N =	350,0	28,89	28,61
2 O =	200,0	16,49	17,20
	1212,5	100,00	100,00

Betrachtet man aber das der Formel $C_8H_5N_2O_2$ entsprechende A. G. 1212,9, so sieht man, dass es in dem oben gefundenen A. G. 2461,31 ... 2,03mal enthalten ist.

Statt des Verhältnisses 1 : 2,03 kann man aber ohne Ungenauigkeit setzen 1 : 2, und somit als rationelle Formel des Theïns:

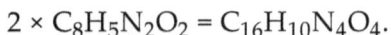

$$2 \times C_8H_5N_2O_2 = C_{16}H_{10}N_4O_4.$$

Dass die oben gemachte Annahme, salzsaures Theïn-Platinchlorid habe die Formel:

$$\text{Theïn} + ClH + PtCl_2,$$

richtig sei, lässt sich jetzt leicht bestätigen, indem man vergleicht, ob der berechnete Platingehalt dieser Formel mit dem direct gefundenen übereinstimmt.

In 100 Thln.

		berechnet	gefunden
$C_{16}H_{10}N_4O_4$ =	2425,00		
ClH	= 455,78		
Platin	= 1236,75 —	24,70 —	24,53
Cl_2	= 886,56		
	5004,09.		

4. Bestimmung der rationellen Formeln bei Sauerstoffsalzen insbesondere.

a. *Bei Verbindungen, welche keine isomorphen Bestandtheile enthalten.*

Bei Sauerstoffsalzen kann man auch auf eine andere Art, nämlich durch Ermittelung des Verhältnisses, in dem die Sauerstoffmengen zu einander stehen, zu ihren rationellen Formeln gelangen. Diese Methode ist höchst einfach.

Bei der Analyse des krystallisirten schwefelsauren Natron-Ammons erhielt ich

Natron	17,93
Ammoniumoxyd	15,23

Schwefelsäure	46,00
Wasser	20,84
	100,00.

387,44 NaO enthalten 100 O, also 17,93 ... 4,63

325 NH_4 „   100 O,   „   15,23 ... 4,68

500 SO_3 „   300 O,   „   46,00 ... 27,60

112,5 HO   „   300 O,   „   20,84 ... 18,52

Die erhaltenen Sauerstoffmengen

$$4,63 : 4,68 : 27,60 : 18,52$$

verhalten sich aber wie

$$1 : 1,01 : 5,97 : 4,00,$$

statt welcher Zahlen man ohne Ungenauigkeit

$$1 : 1 : 6 : 4$$

setzen kann, wodurch man zu der Formel

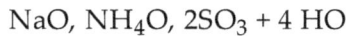

$$NaO, NH_4O, 2SO_3 + 4HO$$

oder

$$NaO, SO_3 + NH_4O, SO_3 + 4 \text{ aq. gelangt.}$$

b. *Bei Verbindungen, welche isomorphe Bestandtheile enthalten.*

Isomorphe Bestandtheile können sich, wie bekannt, in allen Verhältnissen vertreten. Will man daher für Verbindungen, welche isomorphe Substanzen enthalten, eine Formel aufstellen, so müssen die isomorphen Bestandtheile zusammengefasst, das heisst, wie e i n Körper in der Formel dargestellt werden. Es kommt dies bei der Berechnung von Formeln für Mineralien überaus häufig vor.

A. E r d m a n n fand im M o n r a d i t

Sauerstoffgehalt:

Kieselsäure	56,17		29,179
Talkerde	31,63	12,652	
Eisenoxydul	8,56	1,949	14,601
Wasser	4,04		3,590
	100,40		

$$3,59 : 14,601 : 29,179$$

verhält sich aber wie

$$1 : 4,07 : 8,1,$$

statt welcher Zahlen man ohne Ungenauigkeit setzen kann:

$$1 : 4 : 8.$$

Nennen wir 1 Aeq. Metall R, so bekommen wir demnach die Formel:

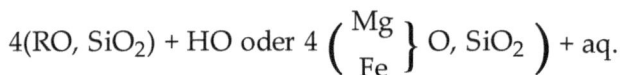

$$4(\text{RO, SiO}_2) + \text{HO oder } 4 \left(\left.\begin{array}{c} \text{Mg} \\ \text{Fe} \end{array}\right\} \text{O, SiO}_2 \right) + \text{aq.}$$

Es sind jedoch nicht bloss isomorphe Substanzen, welche sich auf diese Art in Verbindungen vertreten, sondern überhaupt solche, welche analoge Zusammensetzung haben. So findet man, dass sich KO, NaO, CaO, MgO u. s. w. vertreten. Auch diese müssen alsdann in der Formel als ein Ganzes betrachtet werden.

A b i c h fand im A n d e s i n:

Sauerstoffgehalt:

Kieselsäure	59,60		30,94
Thonerde	24,28	11,22	
Eisenoxyd	1,58	0,48	11,70
Kalkerde	5,77	1,61	

Talkerde	1,08	0,43	3,90
Natron	6,53	1,68	
Kali	1,08	0,18	
99,92			

$$3,90 : 11,70 : 30,94$$

verhält sich aber wie

$$1 : 3,0 : 7,93,$$

statt welcher Zahlen man ohne Ungenauigkeit

$$1 : 3 : 8$$

setzen kann.

Nennen wir wieder 1 Aeq. Metall R, so bekommen wir demnach die Formel:

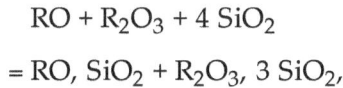

$$RO + R_2O_3 + 4\ SiO_2$$

$$= RO, SiO_2 + R_2O_3, 3\ SiO_2,$$

welche man dann auch schreiben kann:

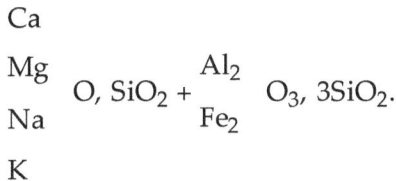

$$\left.\begin{array}{l} Ca \\ Mg \\ Na \\ K \end{array}\right\} O, SiO_2 + \left.\begin{array}{l} Al_2 \\ Fe_2 \end{array}\right\} O_3, 3SiO_2.$$

Man sieht hieraus, dass dieses Mineral L e u c i t (KO, SiO_2 + Al_2O_3, 3 SiO_2) ist, in welchem sich das Kali zum grössten Theil durch Kalk, Natron und Magnesia, und ein Theil der Thonerde durch Eisenoxyd vertreten findet.

Dass das, was hier von der Aufstellung der Formeln bei Sauerstoffsalzen bemerkt worden, auch auf Schwefelmetalle angewendet werden kann, liegt auf der Hand.

IV. Berechnung der Dampfdichte flüchtiger Körper und Anwendung des Resultats zur Controlirung der Analysen und zur Bestimmung des Atomgewichts.

§. 172.

Es ist bekannt, dass das specifische Gewicht eines zusammengesetzten Gases gleich ist der Summe der specifischen Gewichte seiner Bestandtheile in einem Volum.

Z. B. 2 Vol. Wasserstoffgas und 1 Vol. Sauerstoffgas geben 2 Vol. Wasserdampf. — Gäben sie 1 Vol. Wasserdampf, so würde dessen specifisches Gewicht gleich sein der Summe des specifischen Gewichts des Sauerstoffs und des doppelten specifischen Gewichts des Wasserstoffs, das wäre

$$2 \times 0{,}0691 = 0{,}13820$$
$$+ \; 1{,}10563$$
$$= 1{,}24383.$$

Da sie aber 2 Volumina geben, so kommt auf 1 Volumen nur ½, folglich $^{1,24383}/_2 = 0{,}62192$.

Man erkennt ohne Mühe, dass die Kenntniss der Dampfdichte eines zusammengesetzten Körpers eine vortreffliche Controle dafür abgiebt, ob man bei Aufstellung einer Formel die relativen Verhältnisse der Aequivalente richtig getroffen hat.

Z. B. wir haben für Camphor nach den Resultaten der Elementaranalyse die empirische Formel aufgestellt:

$$C_{10}H_8O.$$

Dumas fand das specif. Gewicht des Camphordampfes = 5,314. Woran erkennen wir nun, ob die aufgestellte Formel in Bezug auf die relativen Verhältnisse der Aequivalente richtig ist?

Specif. Gewicht des Kohlenstoffdampfes 0,8293

    „   „   „ Wasserstoffgases   0,0691

    „   „   „ WSauerstoffgases   1,1056.

$$10 \text{ Aeq. C} = 10 \text{ Vol.} = 10 \times 0,8293 = \quad 8,2930$$
$$8 \text{ Aeq. H} = 16 \text{ Vol.} = 16 \times 0,0691 = \quad 1,1056$$
$$1 \text{ Aeq. O} = 1 \text{ Vol.} = 1 \times 1,1056 = \quad 1,1056$$
$$10,5042.$$

Man sieht, die erhaltene Summe ist fast genau zweimal so gross, als die direct gefundene ($^{10,5042}/_2$ = 5,2521), zum Zeichen, dass die relativen Verhältnisse der Aequivalente in der aufgestellten Formel richtig sind. — Ob die Formel auch in Betreff der absoluten Anzahl der Aequivalente richtig ist, lässt sich aus der Dampfdichte nicht erkennen, weil man nicht wissen kann, wie viel Raumtheilen Camphordampf je ein Camphoratom entspricht. So nimmt z. B. L i e b i g an, es entspreche 2 Raumtheilen und setzt die Formel $C_{10}H_8O$, während D u m a s annimmt, es entspreche 4 Raumtheilen und die Formel $C_{20}H_{16}O_2$ setzt.

Die Kenntniss der Dampfdichte giebt demnach eigentlich nur eine Controle der Analyse, nicht aber ein sicheres Mittel zur Aufstellung einer rationellen Formel ab, und wenn man sie zu letzterem Behufe nichtsdestoweniger zuweilen anwendet, so kann dies doch nur bei solchen Substanzen geschehen, bei denen man aus der Analogie auf ein gewisses Verdichtungsverhältniss schliessen kann; so lehrt z. B. die Erfahrung, dass bei den meisten Hydraten der flüchtigen organischen Säuren 1 Aeq. 4 Raumtheilen entspricht.

So fanden wir oben als rationelle Formel des Benzoësäurehydrats $C_{14}H_6O_4$; D u m a s und M i t s c h e r l i c h fanden als Dampfdichte 4,260.

692

Zu dieser Zahl aber gelangt man durch Division der Summe der specifischen Gewichte der Bestandtheile in einem Atom Benzoësäurehydrat durch 4, es sind nämlich:

$$14 \text{ Volumina } C = 11{,}6102$$
$$12 \quad \text{„} \quad H = 0{,}8292$$
$$4 \quad \text{„} \quad O = 4{,}4224$$

$$\frac{16{,}8618}{4} = 4{,}2154.$$

Nachdem wir so den Werth der Kenntniss der Dampfdichte zur Controlirung der Elementaranalyse kennen gelernt haben, wollen wir zur Berechnung derselben aus den nach §. 161 gefundenen Resultaten übergehen.

Wählen wir als Beispiel die Bestimmung des specifischen Gewichts des Camphordampfes von D u m a s.

Die unmittelbaren Ergebnisse des Versuches waren folgende:

Temperatur der Luft	13,5° C.
Barometerstand	0,742 M.M.
Temperatur des Bades beim Zuschmelzen	244° C.
Gewichtszunahme des Ballons	0,708 Grm.
Volumen des in den Ballon eingedrungenen Quecksilbers	295 C.C.
Zurückgebliebene Luft	0

Um nun das specif. Gewicht finden zu können, müssen wir drei Fragen beantworten:

1. Wieviel wiegt die Luft, die der Ballon fasst? (Diese Grösse müssen wir kennen zur Beantwortung der zweiten

Frage.)

2. Wieviel wiegt der Camphordampf, den der Ballon fasst?

3. Welchem Volum entspricht der Camphordampf bei 0° und 0,760 M.M.?

Man sieht, die Beantwortung dieser Fragen ist an und für sich ganz einfach, und wenn die Berechnung in Wirklichkeit ein wenig weitläufiger erscheint, so kommt dies nur daher, dass einige Reductions- und Correctionsrechnungen erforderlich sind.

1. Der Ballon fasst, wie wir aus dem Volum des eingedrungenen Quecksilbers ersehen haben, 295 C.C. —

Wieviel betragen nun 295 C.C. Luft von 13,5° und 0,742 M.M. Barometerstand, bei 0° und 0,76 M.M.?

Diese Frage beantworten wir nach §. 166 durch folgende Ansätze:

$$760 : 742 = 295 : x$$
$$x = 288 \text{ C.C. (von } 13,5° \text{ bei } 0,76 \text{ M.M.)}$$

und ferner

$$\frac{288}{1 + (13,5 \times 0,00366)} = \frac{288}{1,04941} = 274 \text{ C.C. (bei } 0° \text{ und } 0,76 \text{ M. M.)}$$

Da nun 1 C.C. Luft von 0° und 0,76 M. M. 0,0012932 Grm. wiegt, so wiegen 274, — 0,0012932 × 274, d. i. 0,35434 Grm.

2. Wieviel wiegt nun der Dampf?

Wir haben am Anfang des Versuches tarirt den Glasballon + der darin befindlichen Luft. Bei der Wägung legten wir auf die Wage den Glasballon + dem Dampf (aber nicht wieder die Luft); wollen wir also das wirkliche Gewicht des Dampfes

694

finden, so dürfen wir nicht geradezu die Tara von dem Gewichte des mit Dampf gefüllten Ballons abziehen, denn (Glas + Dampf) - (Glas + Luft) ist nicht gleich Dampf; sondern wir müssen entweder das Gewicht der Luft von der Tara abziehen, oder aber zu dem des mit Dampf gefüllten Ballons hinzufügen. — Thun wir das Letztere.

Gewicht der Luft im Ballon = 0,35434 Grm.

Gewichtszunahme des Ballons = 0,70800 „

Gewicht des Dampfes demnach = 1,06234 Grm.

3. Welchem Volum bei 0° und 0,760 M.M. entsprechen nun die 1,06234 Grm. Dampf?

Aus den obigen Angaben wissen wir, dass sie 295 C.C. bei 244° und 0,742 M. M. entsprechen. Ehe man die Reduction nach §. 166 machen kann, ist es nothwendig, erst folgende Correctionen anzubringen:

a) 244° des Quecksilberthermometers entsprechen nach den Versuchen von M a g n u s 239° wirklichen oder Luftthermometergraden (siehe Tabelle VI.),

b) Nach D u l o n g und P e t i t dehnt sich das Glas, wenn man von 0° ausgeht, für jeden Centesimalgrad um $\frac{1}{35000}$ seines Volumens aus. Das Volumen des Ballons war demnach im Augenblick des Zuschmelzens

$$295 + \frac{295 \times 239}{35000} = 297 \text{ C.C.}$$

Machen wir jetzt die Temperatur- und Barometerstandreductionen, so erhalten wir durch den Ansatz:

$$760 : 742 = 297 : x$$

x (das sind C.C. Dampf bei 0,760 M. M. und 239°) = 290

und durch die Gleichung

$$\frac{290}{1 + (239 \times 0{,}00366)} = x$$

x (das sind C.C. Dampf bei 0,760 M.M. und 0°) = 154,6.

Es wiegen also nun 154,6 C.C. Camphordampf von 0° und 0,760 M.M. 1,06234 Grm. — Folglich wiegt 1 Liter (1000 C.C.) 6,8715 Grm., denn:

$$154{,}6 : 1{,}06234 = 1000 : 6{,}8715.$$

Nun wiegt aber 1 Liter Luft von 0° und 0,760 M.M. = 1,2932 Grm., folglich ist das specif. Gewicht des Camphordampfes = 5,314, denn

$$1{,}2932 : 6{,}8715 = 1 : 5{,}314.$$

Zweite Abtheilung.
Specieller Theil.

I. Analyse natürlicher Gewässer.

A. Untersuchung der gewöhnlichen süssen Gewässer (Quell-, Brunnen-, Bach-, Fluss- etc. Wasser)[91].

§. 173.

Die Stoffe, deren quantitative Bestimmung bei Untersuchung von süssen Gewässern gewöhnlich vorgenommen zu werden pflegt, sind folgende:

a. Basen: Natron, Kalk, Magnesia.

b. Säuren: Schwefelsäure, Kieselsäure, Kohlensäure (gebundene), Chlor.

c. Suspendirte Stoffe: Thon etc.

Ich fasse daher hier auch nur deren Bestimmung ins Auge. Soll sich die Untersuchung auf sonstige Bestandtheile erstrecken, so verfährt man in Betreff dieser nach den in §. 174–180 angegebenen Methoden.

I. Das zu untersuchende Wasser ist klar.

1. Bestimmung des Chlors. Man verwendet 500–1000 Grm. oder C.C.[92]. — Das Wasser wird mit Salpetersäure angesäuert und mit salpetersaurem Silberoxyd gefällt. Man filtrirt erst, nachdem sich der Niederschlag völlig abgesetzt hat (§. 112. I. a.). Sollte die Menge des Chlors so gering sein, dass durch Silberlösung nur eine schwache Trübung entsteht, so verdampft man eine grössere Portion des Wassers auf ½, ¼, ⅙ etc., filtrirt, wäscht den Niederschlag aus und verfährt mit dem Filtrat wie angegeben.

2. Bestimmung der Schwefelsäure. Man verwendet etwa 1000 Grm. — Das Wasser wird mit Salzsäure sauer gemacht und mit Chlorbaryum versetzt. Man filtrirt nach völligem Absitzen (§. 105. I. 1.). Bei sehr geringem Gehalt an Schwefelsäure verdampft man das angesäuerte Wasser auf ½, ¼, ⅙ etc., bevor man Chlorbaryum zusetzt.

3. Bestimmung der Gesammtmenge der Salze, sowie des Natrons, Kalks, der Magnesia und der Kieselsäure.

a. Man verdampft vorsichtig 1000 Grm. Wasser in einer gewogenen Platin- oder auch Porzellan-Schale zur Trockne. Es geschieht dies anfangs direct über der Lampe, zuletzt im Wasserbad. Den Rückstand erhitzt man im Luftbad bei etwa 200°, bis keine Gewichtsabnahme mehr erfolgt. Man erfährt so die Gesammtmenge der Salze

b. Man fügt jetzt zu dem Rückstande etwas Wasser, dann vorsichtig reine verdünnte Schwefelsäure in mässigem Ueberschuss. (Die Schale ist hierbei zu bedecken, damit durch Spritzen kein Verlust entsteht.) Man stellt jetzt die Schale aufs Wasserbad. Nach 10 Minuten spritzt man die zum Bedecken verwendete Glasschale ab, verdampft den Inhalt zur Trockne, verjagt die freie Schwefelsäure, glüht den Rückstand heftig (§. 77. 1.) und wägt ihn. Er besteht aus schwefelsaurem Natron, schwefelsaurem Kalk, schwefelsaurer Magnesia und aus etwas abgeschiedener Kieselsäure.

c. Man erhitzt den Inhalt der Schale mit Wasser fast zum Kochen[93], lässt absitzen und giesst die Lösung durch ein Filter. Dies wiederholt man mit kleinen Wassermengen noch 4–5 Mal; dann kann man sicher sein, dass alles schwefelsaure Natron und alle schwefelsaure Magnesia sich in Lösung befinden.

Man stellt die kleine Schale, in welcher sich der ungelöst gebliebene, kieselsäurehaltige Gyps befindet, unter einer Glocke bei Seite, trocknet das Filter, durch welches man die Flüssigkeit abgegossen hat, und verbrennt es an einem Platindraht über der Schale, so dass alle Asche in diese fällt.

d. Die Flüssigkeit versetzt man zunächst mit Salmiak und fügt etwas oxalsaures Ammon zu. — Nach dem Absitzen filtrirt man die kleine Menge oxalsauren Kalks ab (welche dem in Lösung übergegangenen Gyps entspricht). Das ausgewaschene und getrocknete Filter verbrennt man in oder über der Schale, in welcher sich die Hauptmenge des Kalks als schwefelsaurer Kalk befindet, behandelt den Inhalt der Schale vorsichtig mit etwas verdünnter Schwefelsäure, verdampft, glüht und wägt. Nach dem Wägen erhitzt man den Inhalt der Schale mit concentrirter Salzsäure, um den Gyps zu lösen. Die unlöslich bleibende K i e s e l s ä u r e behandelt man noch mehrmals mit Salzsäure und wäscht sie endlich auf einem Filterchen vollkommen aus. Zieht man ihre Menge von der des zuletzt gewogenen Schaleninhaltes ab, so erfährt man die Menge des K a l k e s aus dem Gewichte des so ermittelten schwefelsauren Kalkes.

e. In der von dem oxalsauren Kalke abfiltrirten Lösung bestimmt man die M a g n e s i a mit phosphorsaurem Natron

(§. 82. 2.). Zieht man ihre Menge, berechnet auf schwefelsaure Magnesia, sammt der des Gypses und der Kieselsäure ab von dem in b. ermittelten Gesammtgewicht der schwefelsauren Salze, so bleibt als Rest: s c h w e f e l s a u r e s N a t r o n.

4. Aus den in 1.–3. ermittelten Zahlen ergiebt sich, nachdem man sie auf 1000 Thle. Wasser berechnet hat, die Menge der gebundenen K o h l e n s ä u r e auf folgende Art.

Man addirt die Mengen Schwefelsäure, welche den gefundenen Basen entsprechen, und zieht von der Summe erstens die direct gefundene, zweitens eine dem gefundenen Chlor äquivalente Menge (für 1 Aeq. Cl 1 Aeq. SO_3) ab; der Rest ist äquivalent der mit den Basen zu e i n f a c h kohlensauren Salzen verbundenen Kohlensäure. Somit entsprechen 500 der so übrig bleibenden Schwefelsäure 275 Kohlensäure.

5. C o n t r o l e.

Addirt man die Menge des Natrons, Kalks, der Magnesia, der Schwefelsäure, der Kieselsäure, der Kohlensäure und des Chlors und zieht von der Summe eine dem Chlor äquivalente Menge Sauerstoff ab (da dasselbe mit Metall, nicht mit Oxyd verbunden ist), so erhält man eine Zahl, welche nahezu gleich sein muss der in 3. a. gefundenen Gesammtmenge der Salze. — V o l l k o m m e n e Uebereinstimmung kann nicht erwartet werden, da beim Eindampfen des Wassers Chlormagnesium partiell zerlegt und basisch wird, da die Kieselsäure etwas Kohlensäure austreibt, da kohlensaure Magnesia sich schwer entwässern lässt, ohne Kohlensäure zu verlieren, und da sie im Abdampfungsrückstande als basisches Salz enthalten ist, während in der Berechnung die dem neutralen Salze entsprechende Menge Kohlensäure aufgeführt ist.

II. D a s z u u n t e r s u c h e n d e W a s s e r i s t n i c h t

700

klar.

Man füllt dasselbe in eine grosse Flasche von bekanntem Inhalt, verschliesst dieselbe mit einem Glasstopfen, lässt das Wasser durch Stehen im Kalten sich klären, nimmt das klare durch einen Heber so weit als möglich ab, filtrirt den Rückstand und wägt den Inhalt des Filters nach dem Trocknen oder Glühen. Mit dem klaren Wasser verfährt man nach I.

In Betreff der Berechnung der Analyse verweise ich auf §. 180 und bemerke nur, dass man dabei g e w ö h n l i c h (denn es kann dabei eine gewisse Willkür stattfinden) folgenden Grundsätzen folgt:

C h l o r bindet man zunächst an Natrium, bleibt ein Rest, an Magnesium, dann an Calcium. — Bliebe dagegen Natron übrig, so wird dies an Schwefelsäure gebunden. — Die S c h w e f e l s ä u r e, beziehungsweise den Rest derselben, bindet man an Kalk. Die K i e s e l s ä u r e führt man unverbunden auf, den Rest des K a l k s und der M a g n e s i a als kohlensaure Salze und zwar bald als einfach, bald als zweifach kohlensaure Salze.

Dass zuweilen die Ergebnisse der qualitativen Analyse ein anderes Zusammenberechnen bedingen können, muss stets beachtet werden.

Bei der Darstellung der Resultate bezieht man die Mengen öfters statt auf 1000 Thle. auf 10000 Thle. Wasser, häufig giebt man die Quantitäten der Bestandtheile auch noch nach älterer Art in Granen im Pfund Wasser an (1 Pfund = 7680 Gran).

B. A n a l y s e   d e r   M i n e r a l w a s s e r [94].

§. 174.

Wie wir in der qualitativen Analyse bereits gesehen haben, erweitert sich der Kreis der Stoffe, auf deren Bestimmung bei der Analyse der Mineralwasser Rücksicht zu nehmen ist, im Vergleich zu den in süssen Gewässern zu bestimmenden, schon beträchtlich, so zwar, dass es im Ganzen folgende Stoffe sind, auf welche man seine Aufmerksamkeit zu richten hat.

a. B a s e n: Kali, Natron, Lithion, Ammon, Kalk, Baryt, Strontian, Magnesia, Thonerde, Eisenoxydul, Manganoxydul (Zinkoxyd, Kupferoxyd, Bleioxyd, Zinnoxyd, Antimonoxyd).

b. S ä u r e n etc.: Schwefelsäure, Phosphorsäure, Kieselsäure, Kohlensäure, Borsäure, Salpetersäure, Chlor, Brom, Jod, Fluor, Schwefelwasserstoff, Quellsäure und Quellsatzsäure (arsenige und Arsensäure).

c. U n v e r b u n d e n e Sauerstoff, Stickstoff, E l e m e n t e u n d Kohlenwasserstoff. i n d i f f e r e n t e G a s e:

d. I n d i f f e r e n t e o r g a n i s c h e S t o f f e.

Manche von diesen Bestandtheilen kommen in den meisten Quellen in vorwaltender Menge vor, namentlich Natron, Kalk, Magnesia, zuweilen Eisenoxydul, ferner Schwefelsäure, Kohlensäure, Kieselsäure, Chlor und zuweilen Schwefelwasserstoff. Die übrigen finden sich fast immer nur in höchst geringer Menge. Die in der obigen Uebersicht eingeklammerten Stoffe sind gewöhnlich nur in den schlammigen Ocher- oder festen Sinter-Absätzen der Quellen nachweisbar[95], welche sich bei den meisten Mineralquellen da bilden, wo die Luft auf das abfliessende oder in Reservoirs aufbewahrte Wasser wirkt.

Ich theile den folgenden Abschnitt ein: 1. in die Ausführung der Analyse und 2. in die Berechnung und Zusammenstellung der Resultate.

1. Ausführung der Mineralwasseranalyse.

Die Ausführung der Analyse zerfällt der Natur der Sache nach in zwei Abtheilungen, nämlich erstens in die Arbeiten, welche an der Quelle selbst zu unternehmen sind, — zweitens in die, welche im Laboratorium ausgeführt werden.

A. Arbeiten an der Quelle.

I. Apparat und Erfordernisse.

§. 175.

Im Folgenden finden sich, zur Erleichterung der Sache, die Gegenstände aufgezählt, die man haben muss, wenn man die an der Quelle vorzunehmenden Arbeiten ausführen will.

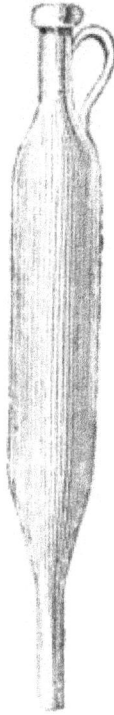

Fig. 92.

Fig. 93.

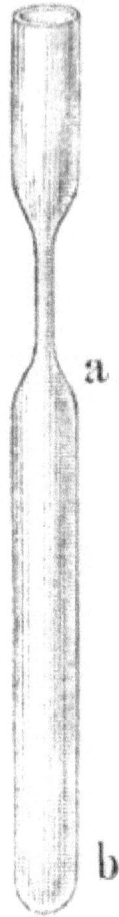

1. Ein gewöhnlicher Stechheber, Fig. 92., dessen Inhalt man dadurch genau erforscht hat, dass man ihn mit Wasser füllte und dieses in ein Messgefäss auslaufen liess. — Er mag 300 bis 400 Cubikcentimeter enthalten.

2. 5 Flaschen, von denen jede den Inhalt des Stechhebers etwa 1½ mal zu fassen vermag, mit

guten Korkstopfen versehen.

3. Ein gutes Thermometer. Am besten ein
solches, bei dem die Grade in die Glasröhre geätzt
oder geritzt sind.

4. Eine Mischung von 2 Vol. Salmiakgeist und 1 Vol.
Chlorbaryumlösung. Dieselbe wird gewöhnlich
trüb. Es hat dies nichts zu sagen. Sie wird an der
Quelle filtrirt.

5. Etwa 8 weisse Flaschen von 1½–2 Liter Inhalt mit
gut schliessenden Stopfen, am besten fein
eingeriebenen Glasstopfen. Sollen die Flaschen mit
Korkstopfen verschlossen werden, so legt man
zweckmässig dünne Blättchen vulcanisirten
Kautschuks unter dieselben.

6. Grössere mit Glas- oder Korkstopfen gut zu
verschliessende Flaschen, welche zusammen
wenigstens 50 Pfund Wasser fassen. In Ermangelung
solcher kann man sich auch eines kleinen
Vitriolölballons bedienen.

7. Zwei grosse und ein mittelgrosser Trichter.

8. Schwedisches Filtrirpapier.

9. Kolben, Bechergläser, Lampe, Glasstäbe, Glasröhren,
Kautschukschläuche, Feilen, Scheere, Messer,
Korkstopfen, Bindfaden etc.

10. Reagentien und zwar vornehmlich folgende:
Ammon, Salzsäure, Essigsäure, Gerbe- und
Gallussäure (oder Galläpfelinfusion),
Lackmustinctur (frisch bereitete), Reagenspapiere. Zu
diesen Erfordernissen kommen unter gewissen
Umständen noch folgende hinzu:

    a. *Wenn das Wasser Schwefelwasserstoff oder ein
    alkalisches Schwefelmetall enthält.*

11. Eine Auflösung von Jod in Jodkaliumvon

bekanntem Gehalt. — Dieselbe muss sehr verdünnt sein, am besten so, dass 100 C.C. etwa 0,100 Gramm Jod enthalten. Eine solche erhält man, wenn man zu 1 Vol. der B u n s e n'schen Jodlösung (§. 114. Anhang) 4 Vol. Wasser mischt.

12. Essigsäure.

13. Stärkemehl.

14. Eine Bürette.

 b. *Wenn das Wasser viel Eisenoxydul enthält, und dieses an der Quelle direct (volumetrisch) bestimmt werden soll.*

15. Eine Lösung von übermangansaurem Kali. Dieselbe verdünnt man zur Prüfung stark eisenhaltiger Wasser so, dass 100 C.C. etwa 0,04 Eisen aus dem Zustand des Oxyduls in den des Oxyds überführen. Zur Prüfung schwacher Eisenwasser muss dieselbe noch verdünnter sein. — Da dieselbe an Ort und Stelle titrirt werden muss, so braucht man ferner abgewogene Stückchen Clavierdraht, ferner Bürette und Pipette.

 c. *Wenn im Wasser die aufgelösten indifferenten Gase (Stickgas, Sauerstoff etc.) bestimmt werden sollen.*

16. Einen Glasballon von bekanntem Inhalt. Er halte etwa 700 C.C.

17. Eine Gasleitungsröhre. Dieselbe wird mittelst eines durchbohrten Korkes in den Ballon (16.) luftdicht eingepasst.

18. Einen graduirten Cylinder von etwa 150 C.C. Inhalt und eine Anzahl ausgezogener Röhren (s. 23.).

19. Eine kleine Wasserwanne.

20. Kalilauge.

21. Einen Dreifuss, auf welchen der Ballon gestellt werden kann.

22. Etwas Wachs.

    d. *Wenn die Gase bestimmt werden sollen, welche sich aus der Quelle entwickeln.*

23. Eine Anzahl Röhren, von leicht schmelzbarem Glase, 2–3 Cm. weit, der Theil *a b* 10–12 Cm. lang, von folgender Form (Fig. 93) und ein Löthrohr. — Diese Röhren sind vorgerichtet, um das Gas an der Quelle aufzufangen und zu Hause zu untersuchen. Soll dasselbe an Ort und Stelle g e n a u untersucht werden, so muss man einen völligen pneumatischen Quecksilberapparat mitführen, — soll dagegen nur die Menge der durch Kalilauge absorbirbaren Kohlensäure bestimmt werden gegenüber den durch Kali nicht absorbirbaren Gasen, so hat man nur eine graduirte Röhre nebst einem kleinen Trichter, sowie Kalilauge nöthig. Entströmt aber der Quelle Schwefelwasserstoffgas, so ist noch

24. Ein Kolben mit etwas ausgezogenem Hals, sammt Kautschukschlauch und Quetschhahn, und

25. ammoniakalische Kupferchloridlösung erforderlich (siehe §. 176. 14.).

I. Specielle Ausführung.

§. 176.

1. Man prüft das Wasser in Betreff seines äusseren Ansehens (Farbe, Klarheit etc.). Hierbei ist zu beachten, dass ein Wasser oft auf den ersten Anblick klar erscheint, während es bei genauer Besichtigung in einer grossen weissen Flasche einzelne oder viele, farblose oder gefärbte Flöckchen oder dergl. wahrnehmen lässt. — Ist Letzteres der Fall, so lässt man eine Flasche 1 oder 2 Tage stehen, giesst dann das klare Wasser ab und betrachtet etwaige auf den Boden abgelagerte Substanzen unter dem Mikroskop. Man wird dabei öfters Infusorien, Pflanzen niedrigster Art etc.

entdecken[96].

2. Man beobachtet, ob sich aus der Quelle Gase entwickeln, ob das Wasser in einem Glase Gasperlen ansetzt und beim Schütteln in halbgefüllter Flasche Gas entbindet.

3. Man prüft den Geschmack und Geruch des Wassers. Zur Entdeckung sehr geringer Mengen von Riechstoffen füllt man ein Trinkglas, besser noch eine Wasserflasche, halb mit Wasser, verschliesst mit der Hand, schüttelt stark, nimmt die Hand weg und beobachtet dann, ob ein Geruch wahrnehmbar ist.

4. Man prüft die R e a c t i o n des Wassers mit den verschiedenen Reagenspapieren (besser noch mit blauer und ganz schwach geröteter Lackmustinktur) und beobachtet, ob sich die Farbe, welche das Papier angenommen hat, beim Trocknen an der Luft ändert.

5. Man prüft die T e m p e r a t u r des Wassers. Lässt sich dieselbe so bestimmen, dass man das Thermometer in die Quelle senken und seinen Stand genau beobachten kann, während es im Wasser bleibt, so ist diese Bestimmungsmethode die einfachste und beste; anderenfalls senkt man eine grosse Flasche mit darin befindlichem Thermometer in die Quelle, lässt sie, nachdem sie sich gefüllt hat, noch längere Zeit in der Quelle, zieht sie dann heraus und beobachtet den Stand des in der Flasche stehenden Thermometers. — Strömt das Wasser aus einem Rohre aus, so lässt man es in einen kleinen weithalsigen Kolben fliessen, schüttet es aus, füllt wieder, wiederholt dies nochmals und senkt endlich das Thermometer ein, dessen Kugel man längere Zeit der Wirkung des Wasserstrahles ausgesetzt hatte.

Die Angabe der Quellentemperatur muss durch folgende Notizen vervollständigt werden:

a. Datum,

b. Temperatur der Luft,

c. Bemerkung, ob die Temperatur in den verschiedenen Jahreszeiten constant ist, was man meist an Ort und Stelle erfahren kann.

6. Man füllt die in §. 175. 5. genannten Flaschen mit Wasser. Hierbei ist die grösste Vorsicht nöthig, dass sich dasselbe nicht trübt, was gar leicht geschehen kann, wenn man am Boden oder den Wänden des Quellenbassins anstreift. Lässt sich das Wasser nicht ganz klar einfüllen, so muss es in 4 der 8 Flaschen filtrirt werden. Man wendet grosse Trichter an mit faltigen Filtern von schwedischem Papier, so dass das Filtriren sehr rasch von Statten geht. — Die Flaschen werden gut verschlossen und wohl bezeichnet.

7. Man bringt von der frisch filtrirten, völlig klaren ammoniakalischen Chlorbaryumlösung (§. 175. 4.) in jede der F l a s c h e n (§. 175. 2.) etwa 80 C.C.

8. Man senkt den Stechheber langsam in die Quelle bis unter den Wasserspiegel, verschliesst die obere Oeffnung fest mit dem Daumen, lässt den Inhalt in eine der 5 Flaschen auslaufen und verschliesst diese sogleich fest. Auf gleiche Weise füllt man die 4 übrigen Flaschen. — Die Korkstopfen werden alsdann der Sicherheit halber mit Schnur überbunden. — Strömt das Wasser aus einem Rohre, so lässt sich das eben beschriebene Verfahren nicht anwenden. Ich wäge alsdann das Glas sammt der darin enthaltenen ammoniakalischen Chlorbaryumlösung und dem Stopfen, lasse dann Wasser einströmen, bis die Flasche nahezu voll ist, verstopfe rasch und wäge wieder.

9. Enthält die Quelle Schwefelwasserstoff, so bestimmt man denselben mit Hülfe der titrirten Jodlösung (§. 175. 11.) in einer grösseren abgemessenen Menge des Wassers nach §. 116. I. a. (Man achte darauf, dass beim Abmessen, was mit

710

dem Stechheber geschehen kann, so wenig als möglich Gas verloren gehe.) — Enthält das Wasser der Quelle kohlensaures Alkali, so muss man vor dem Zutröpfeln der Jodlösung etwas Essigsäure oder auch Chlorbaryum zufügen (§. 116. II. 2. b. α.).

Oefters ist es von Interesse, zu wissen, ob beim Kochen des Wassers Schwefelwasserstoff entweicht. Man erhitzt alsdann eine abgemessene Portion desselben in einem damit zu ¾ gefüllten Kolben, dessen Mündung mittelst eines Stopfens geschlossen ist, der eine luftdicht eingesetzte Schenkelröhre enthält. Nachdem das Kochen 20 Minuten gedauert, lässt man bei Luftabschluss erkalten, indem man das äussere Ende der Glasröhre mit einem Stückchen Kautschukrohr verschliesst, in dem auf der einen Seite ein Glasstabstückchen steckt. Die erkaltete Flüssigkeit säuert man mit Essigsäure an und prüft sie mit Jodlösung. Aus der Differenz dieser Bestimmung und der, welche man mit dem frischen Wasser vorgenommen hat, ergiebt sich die Menge des entwichenen Schwefelwasserstoffs.

10. Enthält das Wasser kohlensaures Eisenoxydul in etwas grösserer Menge, zeigt es somit bei Zusatz von Gallus- und Gerbesäure eine ziemlich dunkelviolette Färbung, so versucht man, dasselbe mit Hülfe der verdünnten Lösung von übermangansaurem Kali (§. 175. 15.) volumetrisch zu bestimmen (vergl. §. 89. 2. a.). Man misst zu dem Ende etwa 500 C.C. Wasser ab. Der Versuch wird in einer weissen Flasche gemacht, die auf einem Bogen weissen Papieres steht. Das Wasser ist zuvor mit r e i n e r Salzsäure zu versetzen.

Man stellt mehrere Versuche an, bis man hinlänglich constante Resultate erhält[97]. Riecht das Wasser nach Schwefelwasserstoff oder enthält es organische Substanzen in irgend erheblicher Menge, so lässt sich diese Bestimmungsmethode nicht anwenden[98].

11. Sollen die in Wasser aufgelösten indifferenten Gase (Stickstoff, Sauerstoff, Kohlenwasserstoff) bestimmt werden, welche beim Kochen des Wassers entweichen, so füllt man den Glasballon (§. 175. 16.) mit Mineralwasser ganz voll, befestigt darin die ebenfalls mit Mineralwasser ganz gefüllte Gasleitungsröhre, die man dann vorn zweckmässig mit einem Wachskügelchen verschliesst. — Den Ballon stellt man nunmehr auf den Dreifuss; die Gasleitungsröhre lässt man in die Wasserwanne tauchen, welche mit schwacher Kalilösung gefüllt ist, und in welche der ebenfalls mit derselben angefüllte graduirte Glascylinder umgestürzt ist. Man nimmt jetzt das Wachskügelchen weg, bringt die Mündung der Röhre in die des Cylinders, stellt die Weingeistlampe unter den Ballon, auf dass das Wasser zum Sieden komme, erhält es 10 Minuten darin und nimmt alsdann die Gasleitungsröhre aus der Wanne. Man lässt den Cylinder, in welchem sich die ausgetriebenen Gase befinden, noch sehr lange in der Kalilauge umgestürzt, bis sich das Volum des unabsorbirten Gases nicht mehr vermindert, und liest alsdann unter Berücksichtigung des Luftdrucks und der Temperatur ab. Man erfährt so das Gesammtvolum der indifferenten Gase. Soll deren Natur genau ermittelt werden, so wiederholt man den Versuch, fängt aber die Gase in Röhrchen von der in §. 175. 23. beschriebenen Gestalt über Kalilauge auf[99], schmelzt dieselben mittelst des Löthrohres zu, während ihre Mündung noch in der Kalilauge sich befindet, und bewahrt sie zur weiteren Untersuchung auf. Beim Zuschmelzen ist zu beobachten, dass das Niveau des Wassers in dem unteren Theil der Röhre höher stehen muss, als aussen, weil im entgegengesetzten Falle das Glas beim Zuschmelzen sich unfehlbar ausblasen würde.

12. Wünscht man die Natur der Gase g e n a u kennen zu lernen, welche der Quelle entströmen, so fängt man dieselben in eben solchen Röhren (§. 175. 23.) auf, indem

man diese, mit Mineralwasser gefüllt, sammt einem kleinen Trichter in der Quelle umstürzt und die aufsteigenden Blasen auffängt. Ist das Röhrchen fast voll, so senkt man es unter dem Wasserspiegel in ein mit dem Wasser gefülltes Becherglas und schmelzt es an der ausgezogenen Stelle mit dem Löthrohre wie in 11. zu. Es ist nothwendig, mehrere Röhren auf diese Art zu füllen.

13. Da die ausströmenden Gase meist nur aus Kohlensäure, Sauerstoff und Stickstoff bestehen, so genügt es oft, in dem Gasgemenge die erstere direct und die Summe der anderen aus dem Verlust zu bestimmen. Man fängt dann die Gase in einem etwas engen graduirten Cylinder auf, verschliesst dessen Mündung, nachdem er sich ganz gefüllt hat, mit dem Finger, stürzt ihn in ein Glas mit Kalilauge um und bestimmt die Menge des unabsorbirten Gases. Auch dieser Versuch ist mehrmals zu wiederholen. Will man in dem Gasrückstand den Sauerstoff annähernd bestimmen, so führt man eine an einen Platindraht angeschmolzene Phosphorkugel ein und lässt sie darin, bis das Gas keine Volumabnahme mehr zeigt. Das durch den Phosphor absorbirte Gas ist Sauerstoff.

14. Entströmt der Quelle Schwefelwasserstoffgas, so nimmt man, um dieses zu bestimmen, einen grösseren Kolben mit etwas ausgezogenem Hals zu Hülfe, füllt denselben mit Mineralwasser, schiebt über den Hals ein Stück eines weiten Kautschukschlauchs, welches mit einem starken Quetschhahn versehen ist, steckt in das andere Ende des kleinen Schlauches einen Trichter, füllt diesen ebenfalls mit Wasser, dreht das Ganze unter dem Wasserspiegel um und fängt die Gase auf. Sobald der Kolben gefüllt ist, schliesst man den Quetschhahn, stülpt den Kolben in ein Becherglas um, welches, mit überschüssigem Ammon versetztes Kupferchlorid enthält, öffnet den Quetschhahn, lässt soviel von der Lösung eintreten, als man für genügend

erachtet, schliesst dann den Hahn, schüttelt, lässt längere Zeit stehen und bestimmt endlich in dem abzufiltrirenden Schwefelkupfer den Schwefel (aus dessen Menge das Volum des Schwefelwasserstoffs zu berechnen ist) nach §. 116. II. 2. a. Zieht man die so gefundene Menge Schwefelwasserstoff ab von den in 13. bestimmten, durch Kalilauge absorbirbaren Gasen, so erhält man das Volum der Kohlensäure.

15. Man füllt die grossen Flaschen (§. 175. 6.) mit Wasser. Es ist gewöhnlich nicht nöthig, dasselbe zu filtriren.

16. Man nimmt auf Alles Rücksicht, was die Quelle etwa Besonderes bietet und was überhaupt für die Untersuchung von Interesse sein kann; so namentlich darauf, wie viel Wasser die Quelle liefert, — ob das Niveau constant ist, — ob sich in den Ausflussröhren und etwaigen Reservoirs ein schlammiger Absatz oder ein fester Sinter bildet (von welchem dann eine ziemliche Menge mitzunehmen ist), — welcher Formation das Gebirge angehört, in dem die Quelle zu Tage kommt, — wie tief sie entspringt, — wie sie gefasst ist, — welches die vorwaltende Wirkung des Wassers ist u. s. w.

B. Arbeiten im Laboratorium.

I. Qualitative Analyse.

Dieselbe wird nach der in meiner Anleitung zur qualitativen Analyse, achte Aufl. §. 201 beschriebenen Weise ausgeführt[100].

II. Quantitative Analyse.

§. 177.

Fig. 94.

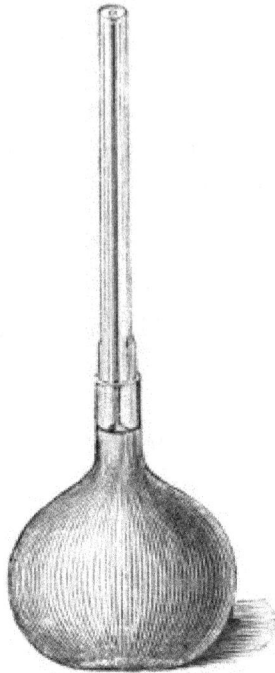

Der Gang, den man bei der quantitativen Analyse der Mineralwasser zu befolgen hat, ist verschieden je nach der Abwesenheit oder Gegenwart von kohlensaurem Alkali. Da er bei alkalischen Wassern einfacher ist, so wollen wir zuerst den Gang bei nicht alkalischen betrachten, weil darin der für jene schon fast völlig enthalten ist, und zwar gehen wir dabei von der Annahme aus, dass alle Stoffe vorhanden sind, welche in der Regel neben einander in salinischen Wassern vorzukommen pflegen. — Alsdann soll darauf aufmerksam gemacht werden, inwiefern bei alkalischen Wassern der Gang sich anders gestaltet, sowie was bei der Analyse von Schwefelwassern zu bemerken ist.

Da das Eindampfen grösserer Wasserquantitäten, wie es zur Bestimmung der in ganz geringen Mengen vorhandenen Substanzen erforderlich ist, viel Zeit in Anspruch nimmt, so lässt man es zweckmässig neben der eigentlichen Analyse hergehen und macht gleich damit den Anfang.

Man verdampft somit nach und nach 10000–20000 Grm. Wasser in einer Platinschale oder auch (aber dann muss auf die Entdeckung und Bestimmung der Thonerde verzichtet werden) in einer Schale von ächtem Porzellan unter Zusatz von soviel absolut reinem, namentlich von Phosphorsäure, Thonerde und Mangan freiem, kohlensaurem Natron, dass die Flüssigkeit eine schwach alkalische Reaction zeigt[101]. Das Abdampfen geschieht am reinlichsten in einem besonderen Raum, in welchen Niemand Zutritt hat, über Gas- oder Spirituslampen oder auch im Sandbad; dass dabei die grösste Reinlichkeit obwalten muss, bedarf keiner Erwähnung. Man kann daher dieses Geschäft nicht gut in fremde Hand geben. Wenn die Flüssigkeit anfängt concentrirt zu werden, so setzt man das Abdampfen auf dem Wasserbade oder auf dem sehr gelinde warmen Sandbade fort, bis die Masse völlig trocken geworden.

Der eigentlichen Analyse lässt man ferner vorangehen die

Bestimmung des specifischen Gewichts.

Man bringt eine Flasche Mineralwasser und eine Flasche destillirtes Wasser auf gleiche Temperatur und bestimmt dieselbe. — Man füllt alsdann ein mit einem Glasstopfen gut verschliessbares Fläschchen von wenigstens 100 Grm. Inhalt, nachdem man es leer gewogen hat, zuerst mit dem destillirten Wasser und wägt, dann mit dem Mineralwasser und wägt wieder. Der Quotient, welchen man erhält, wenn man mit dem Gewichte des Wassers in das Gewicht des Mineralwassers dividirt, ist das specifische Gewicht des letzteren. — Hat man ein etwas grosses Gläschen mit eingeschliffenem, langem, durchbohrtem Stopfen (Fig. 94), so ist dessen Anwendung zur Bestimmung des specifischen Gewichtes vorzuziehen. Man achte sorgfältig, dass sich keine Gasblasen in den mit Wasser gefüllten Gläsern befinden.

—————————————————————

Die Quantitäten, welche zu den im Folgenden zu beschreibenden einzelnen Bestimmungen verwendet werden, kann man entweder geradezu durch Wägung bestimmen, oder man kann sie messen, indem man die bei Bestimmung des specifischen Gewichtes benutzte kleine Flasche oder sonstige beliebige Messgefässe anwendet. Ich ziehe das Wägen vor.

1. Bestimmung des Gesammtquantums der fixen Bestandtheile.

Man wägt 200–300 Grm. des Mineralwassers in einem kleinen Kolben ab und verdampft sie vorsichtig, indem man von Zeit zu Zeit wieder zugiesst, in einer gewogenen Platinschale, bei einer den Siedepunkt nicht erreichenden Temperatur. Ist das Wasser sehr gasreich, so ist die Schale, anfangs und nach Zusatz frischer Portionen, mit einem grösseren Uhrglas zu bedecken. Das Abdampfen kann direct über der Lampe ausgeführt werden. Man vollendet es im Wasserbade, trocknet den Rückstand im Luft- oder Oelbade bei 180–200°, bis sein Gewicht bei wiederholten Wägungen constant bleibt, und bestimmt dieses[102]. — Man füllt nun die Schale wieder halb mit destillirtem Wasser, fügt, während man sie mit einer Glasschale bedeckt hält, von Zeit zu Zeit einen Tropfen verdünnte Schwefelsäure zu, bis man sicher ist, dass die Menge derselben genügt, um alle Salze in Sulfate zu verwandeln, verdampft zur Trockne, glüht (§. 76. 1.) und wägt. Die so erhaltene Zahl liefert eine sehr gute Controle der Analyse (siehe unten). Im Rückstand bestimmt man dann zweckmässig die Kieselsäure, indem man ihn erst mit Wasser, dann, zur Lösung des Gypses, mit concentrirter Salzsäure behandelt, bis alles Lösliche entfernt ist.

2. Bestimmung der Schwefelsäure.

Giebt Chlorbaryum in dem mit Salzsäure angesäuerten Wasser sogleich starke Trübung, so versetzt man etwa 600 Grm. Wasser mit Salzsäure, fügt Chlorbaryum zu, lässt 24 Stunden absitzen und bestimmt den schwefelsauren Baryt nach §. 105. Entsteht bei der angeführten Probe nur geringe Trübung, so verdampft man 1000–2000 Grm. unter Zusatz von Salzsäure auf ½, ¼ oder noch weiter ein und verfährt, wie angegeben.

3. Bestimmung des Chlors, Jods und Broms zusammen.

Man säuert 50–100 Grm. des Wassers mit Salpetersäure an, fällt mit salpetersaurem Silberoxyd und bestimmt den Niederschlag nach §. 112. I. a.

4. Bestimmung der Totalmenge des Kalks, der Magnesia, des Eisens, des Mangans (wenn solches in etwas grösserer Menge vorhanden ist), der Kieselsäure und der Alkalien.

Man wägt eine von den Flaschen (§. 176. 6.), welche an der Quelle mit ganz klarem, nöthigenfalls filtrirtem, Wasser gefüllt worden sind, im Ganzen, giesst dann vorsichtig und ohne einen Tropfen zu verschütten, etwas in ein Becherglas aus und versetzt sowohl das Wasser in letzterem, wie auch jenes in der Flasche mit etwas Salzsäure, so dass dieselbe gelinde vorwaltet. Man bedeckt die Flasche mit einem Uhrglas, das Becherglas mit einer Glasplatte und erwärmt höchst gelinde, bis die Kohlensäure entwichen ist. Den Inhalt beider Gefässe verdampft man sodann in einer Platin- oder Porzellanschale zur Trockne und scheidet die

718

Kieselsäure nach §. 111. II. a.. Die salzsaure Lösung versetzt man mit Salmiak, fügt kohlensäurefreies Ammon zu, bis zum Vorwalten, dann etwas Schwefelammonium, verschliesst und lässt in gelinder Wärme 12 Stunden lang stehen; dann filtrirt man rasch ab und wäscht den Niederschlag mit Wasser aus, dem etwas Schwefelammonium zugesetzt worden ist.

a. Im Niederschlage muss man Rücksicht nehmen auf Eisen, Mangan, Thonerde, Phosphorsäure. Gewöhnlich bestimmt man darin nur das Eisenoxyd (wohl auch das Manganoxydul) und ermittelt die Spuren der anderen Substanzen in dem Rückstand der eingedampften grösseren Wassermenge.

Man löst denselben zu dem Behufe durch Erhitzen mit Salzsäure, kocht mit etwas Salpetersäure, filtrirt, sättigt fast mit kohlensaurem Natron, fügt dann kohlensauren Baryt zu (§. 128. A. 1.) und filtrirt. Den Niederschlag löst man in Salzsäure, fällt den Baryt durch Schwefelsäure und scheidet Eisen und Thonerde[103] nach §. 128. B. 1. b. oder 10. Nachdem das Eisenoxyd gewogen ist, muss man sich noch überzeugen, ob es beim Auflösen in Salzsäure keine Kieselsäure zurücklässt, d. h. nicht mehr, als der Filterasche entspricht.

Aus der Flüssigkeit, welche von dem durch kohlensauren Baryt erzeugten Niederschlage abfiltrirt ist, fällt man den Baryt durch Schwefelsäure, dann das Mangan durch Ammon und Schwefelammonium (§. 86). Das Filtrat prüft man auf Kalk und später auf Magnesia. Finden sich Spuren derselben, so sammelt man sie auf kleinen Filtern und glüht diese mit den die Hauptmengen enthaltenden (siehe b.). — Anstatt das Mangan mit Schwefelammonium zu fällen, kann man auch der Flüssigkeit ein wenig Chlorzink zufügen, dann mit kohlensaurem Natron fällen und im geglühten Niederschlag das Mangan nach §. 128. B. 10. d.

bestimmen. Fällt man dann die im Kölbchen gebliebene Lösung mit Ammon und Schwefelammonium, so kann man im Filtrat etwaige Spuren von Kalk und Magnesia immer noch bestimmen.

Anstatt nach der angegebenen Methode kann man in dem fraglichen Niederschlage Eisen und Mangan auch geradezu maassanalytisch bestimmen (§. 128. B. 10.).

b. Im Filtrate bestimmt man den Kalk mit oxalsaurem Ammon (von dem man nur einen kleinen Ueberschuss zusetzt)[104], dann verdampft man, zuletzt unter Zusatz von etwas Salzsäure zur Trockne, verjagt die Ammonsalze durch gelindes Glühen und trennt die Magnesia von den Alkalien nach §. 121. A. 1. Die die Chloralkalimetalle enthaltende Flüssigkeit verdampft man, zuletzt unter Zusatz einer neuen aber ganz geringen Menge von Quecksilberoxyd, zur Trockne, glüht die bedeckte Schale mässig, bis man sicher sein kann, dass alles Quecksilberoxyd verjagt ist, und wägt. Man behandelt jetzt mit Wasser. Bleibt noch eine Spur Magnesia ungelöst, so filtrirt man dieselbe ab, wägt sie, zieht sie von dem gewogenen Inhalt der Schale ab und addirt sie der Hauptmenge zu. Ehe man die Quantität Magnesia als richtig erkennt, prüft man, ob sich dieselbe auch klar (bis auf die Filterasche) in Salzsäure löst, und ob in der hinlänglich sauren Lösung Ammon keinen Niederschlag bewirkt (Thonerde, aus der Porzellanschale aufgenommen). Im Falle ein unlöslicher Rückstand bliebe, oder durch Ammon in der stark sauren Lösung ein Niederschlag entstände, müssten diese Verunreinigungen bestimmt und von der Magnesia abgezogen werden.

War die Quantität der Schwefelsäure gering, so ist die Lösung der Chloralkalimetalle frei davon, da die geringe Menge schwefelsauren Salzes beim Glühen mit Salmiak zersetzt worden ist. Da man dies aber nie ganz gewiss wissen kann, und ein wiederholtes Abdampfen mit Salmiak etwas lästig ist, so kann man recht gut folgendermaassen verfahren. Man bringt mit einem Glasstab einige Tropfen der Lösung in ein Proberöhrchen, fügt ein paar Tropfen alkoholische Chlorstrontiumlösung und ein wenig Weingeist zu. Entsteht kein Niederschlag, so ist die Abwesenheit bewiesen. Man vereinigt in dem Falle die Probe wieder mit der Hauptflüssigkeit und bestimmt das Kali darin nach §. 120. 1. a. — Entsteht aber ein Niederschlag, so fällt man die ganze Lösung vorsichtig in derselben Art wie die Probe, filtrirt nach längerem Stehen den nach §. 80 zu bestimmenden schwefelsauren Strontian ab und ermittelt im Filtrate das Kali (§. 120. 1. a.). Der schwefelsaure Strontian muss deswegen gewogen werden, damit man die Menge des Natrons mit Genauigkeit berechnen kann. Man findet sie, indem man von dem in der Schale gewogenen Rückstande erstens die kleine Spur Magnesia (wenn solche noch vorhanden gewesen ist), zweitens das Chlorkalium, drittens das der gefundenen Schwefelsäure entsprechende Gewicht schwefelsauren Natrons abzieht. Der Rest ist Chlornatrium. Aus den beiden letzten Salzen ergiebt sich somit das Natron.

Die in 4. beschriebene Methode ist nicht ganz die, welche man bisher gewöhnlich anwandte; ich bin aber gewiss, dass sie, mit geschickter Hand ausgeführt, sehr gute Resultate liefert. Gewöhnlich bestimmt man nämlich in der vom Kalk abfiltrirten Flüssigkeit nur die Magnesia, indem man das Filtrat geradezu mit phosphorsaurem Natron fällt. Zur Bestimmung der Alkalien nimmt man dann eine neue Portion Wasser in Arbeit, kocht dieselbe ein, fällt alsdann zunächst, ohne zu filtriren, die Schwefelsäure durch Chlorbaryum, dann die Magnesia durch Barytwasser. Jetzt filtrirt man, fällt aus dem Filtrat den Barytüberschuss sammt dem Kalk durch kohlensaures Ammon, verdampft, glüht, löst wieder in Wasser, fällt neuerdings und wohl auch noch ein drittes Mal mit Ammon und kohlensaurem Ammon und erhält endlich so die Chloralkalimetalle, in denen aber oft noch eine Spur Magnesia bleibt. Rechnet man diese verschiedenen Operationen zusammen, so wird sich bei ersterem Verfahren beträchtliche Zeitersparniss herausstellen.

5. Bestimmung des Kalkes, der Magnesia, des Eisens (und Mangans) in dem beim Kochen entstehenden Niederschlage, sowie des Kalkes und der Magnesia im gekochten Wasser.

Man kocht 600 bis 800 Grm. des Wassers in einem Glaskolben etwa eine Stunde lang, indem man von Zeit zu Zeit das verdunstete Wasser durch destillirtes ersetzt. (Gebraucht man diese Vorsicht nicht, so muss man fürchten, dass mit den kohlensauren Erden Gyps niederfällt.) Alsdann filtrirt man den Niederschlag ab und wäscht ihn aus.

Im Filtrat trennt und bestimmt man Kalk und Magnesia nach §. 122.

Den Niederschlag löst man in verdünnter Salzsäure, erhitzt mit etwas Salpetersäure und bestimmt in der Lösung Eisen, Kalk und Magnesia wie in 4.

6. Bestimmung der Kohlensäure im Ganzen.

Hierzu dienen die an der Quelle vorbereiteten Flaschen §. 176. 8. Die Bestimmung wird mit 2 oder 3 Flaschen genau nach §. 110. I. b. ausgeführt. — Aus den erhaltenen Resultaten, welche gut übereinstimmen müssen, nimmt man das Mittel. Hat man das Wasser, aus dem die Barytniederschläge herstammen, gemessen, so muss man die Anzahl der Cubikcentimeter mit dem gefundenen specifischen Gewichte multipliciren, um die Quantität der Gramme Wasser zu ermitteln, denen die gefundene Kohlensäure entspricht.

722

7. Bestimmung des Baryts, Strontians, Manganoxyduls, der Thonerde und der Phosphorsäure, sowie des Jods und Broms.

Man verwendet zur Bestimmung dieser in kleiner Menge vorhandenen Bestandtheile den durch Abdampfen der 10000–20000 Grm. Wasser erhaltenen Rückstand (siehe §. 177, Eingang).

Die völlig trockene Salzmasse zerreibt und digerirt man mit Weingeist von 90 Proc. wiederholt, bis man sicher sein kann, etwa vorhandene Jod- und Bromalkalimetalle gänzlich in Lösung zu haben.

a. Das alkoholische Filtrat verdampft man vorsichtig zur Trockne und bestimmt im Rückstand das Jod mittelst Chlorpalladiums, im Filtrat das Brom nach §. 137. Da in dieser Flüssigkeit Lithionspuren sein könnten, so entfernt man die Metalle durch Schwefelwasserstoff und hebt die Flüssigkeit bis zur Lithionprüfung auf (siehe unten b. bb. β.).

b. Den Rückstand übergiesst man mit Wasser, fügt vorsichtig Salzsäure zu, bis sauer, dann verdampft man zur Trockne. Die trockene Salzmasse nimmt man mit Wasser unter Zusatz von sehr wenig Salzsäure auf und filtrirt den unlöslich bleibenden Rückstand (welcher neben Kieselsäure allen etwa vorhandenen Baryt und Strontian als Sulfate enthalten muss und nebenbei Gyps zu enthalten pflegt) ab.

aa. Diesen Rückstand kocht man nach dem Trocknen, und nachdem man die Filterasche mit demselben vereinigt hat, mit kohlensaurem Natron und Natronlauge, um den Haupttheil der Kieselsäure zu lösen. Das Ungelöste schmelzt man mit etwas kohlensaurem Natronkali und kocht mit Wasser aus, bis im Waschwasser keine Schwefelsäure mehr nachweisbar ist. Den Rückstand (in welchem Baryt und

Strontian im Zustand kohlensaurer Salze enthalten sein müssen) löst man in sehr wenig verdünnter Salzsäure und trennt Baryt, Strontian und Kalk, nach §. 122. B. 1.

bb. Die von dem kieselsäurehaltigen Rückstand abfiltrirte Flüssigkeit oxydirt man mit Salpetersäure, neutralisirt sie mit vollkommen reinem (ganz phosphorsäurefreiem) kohlensauren Kali oder Natron fast und fällt dann mit ebenfalls ganz reinem (kalk-, strontian- und phosphorsäurefreiem) kohlensauren Baryt, lässt in verstopftem Kolben 12 Stunden kalt stehen, filtrirt dann und wäscht gut aus.

α. Den Niederschlag, welcher alles Eisenoxyd, ferner Thonerde (sowohl ursprünglich in Wasser vorhandene, als auch — beim Abdampfen in Porzellan — aus diesem aufgenommene) und Phosphorsäure neben überschüssigem kohlensauren und schwefelsauren Baryt enthält (auch noch Fluorcalciumspuren enthalten kann), erhitzt man mit Salzsäure und fällt den gelösten Baryt mit nur in geringem Ueberschuss zuzusetzender Schwefelsäure aus. Man verdampft jetzt im Wasserbade, um den Ueberschuss der Salzsäure möglichst zu entfernen, löst den Rückstand in Wasser, bringt ihn in einen kleinen Kolben, fügt Weinsäure, dann Ammon zu und lässt 12 Stunden stehen. Scheidet sich ein geringer Niederschlag aus, so ist derselbe abzufiltriren und zu untersuchen. Er kann Fluor[105] und Phosphorsäure in Verbindung mit Kalk enthalten. Die klar gebliebene oder abfiltrirte Lösung versetzt man jetzt mit Schwefelammonium und lässt im verstopften Kolben stehen, bis die Flüssigkeit rein gelb erscheint. Man filtrirt alsdann von dem Schwefeleisen ab (§. 90. 1. b.) und verdampft das Filtrat in einer Platinschale, indem man, um der Phosphorsäure überschüssige fixe Basis darzubieten, etwas reines kohlensaures Natron und — um die Weinsäure leichter zu zerstören — etwas reinen Salpeter zusetzt.

Zuletzt erhitzt man zum Glühen, bis der Rückstand weiss geworden. Man setzt dann Wasser und Salzsäure zu, bis sich Alles gelöst hat, und fällt die klare Flüssigkeit mit Ammon. Entsteht ein Niederschlag, so wird derselbe abfiltrirt und gewogen. Das Filtrat versetzt man mit ein wenig schwefelsaurer Magnesia. Entsteht hierdurch neuerdings ein (nach §. 106. I. b. zu bestimmender) Niederschlag von p h o s p h o r s a u r e r Ammonmagnesia, so kann der Thonerdeniederschlag als p h o s p h o r s a u r e T h o n e r d e (PO$_5$, Al$_2$O$_3$) in Rechnung gebracht werden. Entsteht dagegen keiner, so muss in dem genannten Niederschlage die Phosphorsäure bestimmt werden, was nach §. 106. II. f., m. oder o. geschehen kann. — Ich bemerke nochmals ausdrücklich, dass die gefundene Thonerde nur dann als zum Wasser gehörig betrachtet werden kann, wenn das Abdampfen etc. in Platingefässen vorgenommen wurde.

β. Die von dem durch kohlensauren Baryt erzeugten Niederschlage abfiltrirte Flüssigkeit wird in verschlossener Flasche mit Salmiak, Ammon und Schwefelammonium versetzt. Den Niederschlag von Schwefelmangan filtrirt man nach 12 Stunden ab, löst ihn in Salzsäure, fällt nochmals mit Ammon und Schwefelammonium und bestimmt endlich das M a n g a n nach §. 86. 1.; oder man versetzt die salzsaure Lösung des erstgefällten Schwefelmangans mit etwas Chlorbaryum, fällt mit kohlensaurem Natron und bestimmt das Mangan volumetrisch nach §. 127. B. 4. b.

In der vom Schwefelmangan abfiltrirten Flüssigkeit ist jetzt noch das Lithion zu bestimmen. Man versetzt sie zunächst mit kohlensaurem Ammon und Ammon und filtrirt nach dem Absitzen den kohlensauren Kalk und Baryt ab. Das Filtrat vereinigt man mit der vom Schwefelpalladium etc. abfiltrirten Flüssigkeit (§. 177. 7. a.), verdampft zur Trockne und entfernt das Chlorammonium durch gelindes Glühen, dann scheidet man die Magnesia durch Quecksilberoxyd ab (§. 82. 3. b.). Den geglühten Rückstand behandelt man mit einer Mischung von absolutem Alkohol und wasserfreiem Aether. Ist Chlorlithium zugegen, so löst es sich darin. Diese Lösung lässt man verdunsten und prüft die concentrirte wässerige Lösung des Rückstandes, ob sie mit Ammon und kohlensaurem Ammon ganz klar bleibt. Wäre dies nicht der Fall, so müssten die Spuren von Baryt, Kalk oder Magnesia durch Wiederholung der angegebenen Operationen abgeschieden werden. Man verdampft aufs Neue zur Trockne, glüht ein wenig, behandelt den Rückstand nochmals mit absolutem Alkohol und Aether, filtrirt, sofern etwas ungelöst bleibt, lässt die Lösung verdunsten und wägt den Rückstand. Man löst ihn darauf wieder in sehr wenig absolutem Alkohol und entzündet diesen. Carminrothe Flamme giebt Chlorlithium zu erkennen. Dampft man die Lösung mit phosphorsaurem Natron ein, so muss sich in Wasser schwerlösliches phosphorsaures Natron-Lithion bilden.

8. Bestimmung des Ammons.

Zur Bestimmung des Ammons habe ich mich bei der Analyse des Wiesbadener Kochbrunnenwassers mit gutem Erfolge nachstehender Methode bedient.

Etwa 2000 Grm. Wasser wurden unter Zusatz einer geringen, gemessenen Menge verdünnter Salzsäure mit grösster Sorgfalt in einer tubulirten Retorte bis auf einen kleinen Rest verdampft. Mittelst eines Trichterrohres wurde alsdann eine gemessene Quantität frisch bereiteter Natronlauge zugegossen, und der Inhalt der mit dem Halse etwas aufwärts gerichteten Retorte so lange im Sieden erhalten, bis die Flüssigkeit fast völlig verdampft war. Die sämmtlichen entweichenden Dämpfe leitet man am besten durch einen Liebig'schen Kühlapparat und fängt das

Destillat in einem Kolben auf, der ein wenig mit einer kleinen gemessenen Menge Salzsäure angesäuertes Wasser enthält. Den in dieser Flüssigkeit enthaltenen Salmiak führt man alsdann durch Abdampfen mit einer gemessenen Menge Platinchlorid in Ammoniumplatinchlorid über (§. 78. 2.). Nachdem dieser Versuch beendigt ist, stellt man einen Gegenversuch mit denselben Mengen Salzsäure, Natronlauge und Platinchlorid an. Zieht man die kleine Menge Platinsalmiak, welche derselbe geliefert hat, ab von der erst erhaltenen, so ergiebt sich die Menge, welche aus dem Wasser stammt.

Statt dieser Methode kann man sich auch der einfacheren bedienen, welche vor Kurzem B o u s s i n g a u l t[106] vorgeschlagen und mit bestem Erfolge angewandt hat. Dieselbe besteht in Folgendem:

Man destillirt in einer Destillirblase eine grössere Menge (etwa 10 Liter) des Wassers, bis ungefähr ⅔ übergegangen sind (bei salinischen Wassern muss jedenfalls etwas Natronlauge oder Kalkmilch zugegeben werden, wenn man sicher sein will, das Ammon im Destillate zu erhalten). Dieses Destillat bringt man nunmehr in einen Glaskolben, der mit einem L i e b i g'schen Kühlapparat verbunden ist, und destillirt ⅕ ab. Das darin enthaltene Ammon bestimmt man, indem man 5 oder 10 C.C. einer sehr verdünnten Schwefelsäure zufügt und deren Ueberschuss durch eine Natronlauge abstumpft, von der 5 C.C. 1 C.C. der Schwefelsäure neutralisiren (vergl. §. 78. 3). Man destillirt jetzt ein zweites ⅕ ab und untersucht dasselbe auf gleiche Art. In der Regel enthält schon die erste Portion alles Ammon.

9. E n t d e c k u n g   u n d   B e s t i m m u n g   d e r
Q u e l l s ä u r e   u n d   d e r   Q u e l l s a t z s ä u r e.

Man kocht eine grössere Menge des beim Eindampfen des

Wassers entstehenden Niederschlages mit Kalilauge etwa eine Stunde lang, filtrirt, säuert das Filtrat mit Essigsäure an, fügt Ammon zu, filtrirt den in der Regel entstehenden Niederschlag von Kieselsäure und Thonerde nach 12 Stunden ab, setzt wieder Essigsäure zu bis sauer, dann neutrales essigsaures Kupferoxyd. Entsteht ein bräunlicher Niederschlag, so ist er quellsatzsaures Kupferoxyd (welches nach M u l d e r veränderliche Mengen von Ammon enthält, und dessen Gehalt an Kupferoxyd, bei einer Bestimmung, nach vorhergegangenem Trocknen bei 140°, 42,8 Procent betrug). Die von dem Niederschlag abfiltrirte Flüssigkeit wird mit kohlensaurem Ammon versetzt, bis die grüne Farbe sich in eine blaue verwandelt hat, dann erwärmt. Entsteht ein bläulich grüner Niederschlag, so ist er quellsaures Kupferoxyd, welches, bei 140° getrocknet, nach einer Bestimmung M u l d e r's 74,12 Procent Kupferoxyd enthält[107].

10. E n t d e c k u n g u n d B e s t i m m u n g d e r s o g e n a n n t e n e x t r a c t i v e n, o r g a n i s c h e n M a t e r i e.

Fig. 95.

Fast alle Mineralwasser geben, wenn man grössere
Mengen kocht, filtrirt und eindampft, einen Rückstand,
welcher beim Erhitzen sich bräunt und schwärzt. Findet
dies statt, so führt man in der Analyse die Ursache dieses
Verhaltens unter obigem Namen an. Will man die Menge des
Extractivstoffs bestimmen, so dampft man einen gewogenen
Theil der filtrirten Mutterlauge mit kohlensaurem Natron
zur Trockne ein, kocht den Rückstand mit Wasser, filtrirt,
verdampft die Lösung und trocknet den Rückstand scharf
(bei 140°), bis er keine Gewichtsverminderung mehr zeigt.
Alsdann glüht man ihn gelinde, bis die eintretende
Schwärzung wieder verschwunden ist. Der
Gewichtsunterschied zwischen dem getrockneten und dem

geglühten Rückstande giebt die Menge des Extractivstoffs an. — Zuweilen sind ihm Substanzen von harzartiger Beschaffenheit beigemischt. In dem Fall erschöpft man den Rückstand mit Alkohol, mischt Wasser zu und verdampft den Alkohol, wobei sich der harzartige Theil des Extractivstoffs als unlöslich abscheidet.

11. Was Borsäure, Salpetersäure und Fluor betrifft, so genügt in der Regel deren Nachweisung. Ich unterlasse es daher, zu ihrer quantitativen Bestimmung besondere Methoden anzugeben.

12. Sollen endlich die an der Quelle aufgefangenen und in Röhren eingeschlossenen Gasarten untersucht werden, so füllt man eine graduirte Röhre von etwa 20 Ctm. Länge und 2 Ctm. innerem Durchmesser, deren unteres Ende etwas umgebogen ist, Fig. 95, mit Quecksilber, nachdem man sie vorher innen mit einem Wassertropfen befeuchtet hat, taucht die das Gas enthaltende Glasröhre in der Quecksilberwanne unter, bricht die Spitze ab und lässt das Gas durch geeignetes Neigen in die Röhre steigen. Nachdem man das Gasvolumen genau und unter Berücksichtigung der Temperatur und des Druckes abgelesen hat, schiebt man eine an einem Platindraht angeschmolzene, mit Wasser befeuchtete Kugel von Kalihydrat ein[108], welches ausser dem Hydratwasser noch Krystallwasser enthält, und trägt Sorge, dass das andere Ende des Drahtes nicht über die Oberfläche des Quecksilbers herausragt, weil sonst längs dem Drahte, welcher vom Quecksilber nicht benetzt wird, eine Diffundirung des abgesperrten Gases und der äusseren Luft unfehlbar eintreten würde. Wenn das Gasvolum nicht mehr abnimmt, entfernt man die Kalikugel und liest ab. Das absorbirte Gas ist Kohlensäure und, sofern solches vorhanden war, Schwefelwasserstoffgas (dessen Menge bereits bestimmt worden ist).

Der Gasrückstand besteht in der Regel nur aus

Sauerstoffgas und Stickgas und kann dann genau so untersucht werden, wie es bei der atmosphärischen Luft angegeben werden wird. Vermuthet man darin Sumpfgas, so nimmt man zunächst das Sauerstoffgas weg mit Hülfe einer eingeschobenen stark befeuchteten Phosphorkugel. Das Gas muss mit derselben an einem mässig warmen Orte so lange in Berührung bleiben, als noch weisse Nebel von phosphoriger Säure rings um die Kugel sichtbar sind. Zuletzt werden die phosphorigsauren Dämpfe, deren Tension nicht wohl in Rechnung gebracht werden kann, durch eine befeuchtete Kalikugel absorbirt, und das Gas im trocknen Zustande gemessen. Die Zusammensetzung des Gasrückstandes wird nunmehr ermittelt, indem man denselben ganz oder theilweise in ein Eudiometer bringt, etwa vorhandenes Sumpfgas durch Sauerstoff verbrennt und die erzeugte Kohlensäure wieder absorbiren lässt. In Betreff der Ausführung dieser Operation vergleiche im Handwörterbuch der Chemie von L i e b i g, P o g g e n d o r ff und W ö h l e r den Artikel Eudiometer von K o l b e, in dem die B u n s e n'schen Methoden zur Gasanalyse genau beschrieben sind. Diesem Artikel sind auch die obigen Angaben entnommen.

Modificationen des angegebenen Ganges, welche durch die Anwesenheit eines fixen kohlensauren Alkalis bedingt werden.

§. 178.

1. In einem Mineralwasser, welches kohlensaures Alkali enthält, kann kein an und für sich lösliches Kalk- und Magnesiasalz enthalten sein, sondern allen Kalk und alle Magnesia, welche man findet, hat man als durch Vermittlung von Kohlensäure gelöste kohlensaure Salze zu betrachten, wenngleich beim Kochen des Wassers nicht alle Magnesia aus dem Wasser niedergeschlagen wird, indem sich stets ein wenig des Doppelsalzes von kohlensaurem

Natron mit kohlensaurer Magnesia bildet. Es fällt daher die besondere Bestimmung von Kalk und Magnesia in dem beim Kochen entstehenden Niederschlage und im gekochten Wasser weg. — Im Uebrigen kann man die Bestimmungen nach §. 177 ausführen.

2. Zieht man es vor, die Alkalien in einer besonderen Wassermenge zu bestimmen, so geschieht dies zweckmässig auf folgende Art. Man kocht das Wasser vorsichtig in einer Platin-, Silber- oder Porzellanschale auf die Hälfte ein, filtrirt, wäscht den Niederschlag aufs Beste mit siedendem Wasser aus, säuert das Filtrat mit Salzsäure schwach an, engt stark ein, setzt ein wenig fein zertheiltes Quecksilberoxyd zu, bringt zur Trockne, glüht gelinde (zur Abscheidung des kleinen Restes von Magnesia, welcher im gekochten Wasser als kohlensaures Bittererdenatron enthalten war). Den Rückstand behandelt man mit Wasser, filtrirt von der kleinen Menge ausgeschiedener Magnesia und Kieselsäure ab, wäscht aus, setzt dem Filtrat einen oder zwei Tropfen kohlensaures Ammon zu und erwartet, ob hierdurch noch eine Spur Kalk gefällt wird. Das nöthigenfalls davon getrennte Filtrat bringt man in einer Platinschale zur Trockne, glüht vorsichtig und wägt. Der Rückstand enthält Natron und Kali und zwar einestheils in Verbindung mit der bekannten Menge Schwefelsäure, anderntheils im Zustand von Chlormetallen. Man versetzt nun zunächst mit einer alkoholischen Chlorstrontiumlösung und verfährt überhaupt zur Bestimmung des Kalis nach §. 120. 1. a. — Zieht man von dem gefundenen Gesammtgewicht der alkalischen Salze die sich aus der Schwefelsäure ergebenden schwefelsauren Alkalien und die sich aus dem ebenfalls bekannten Chlor ergebenden Chloralkalimetalle ab, so bleibt das Chlornatrium übrig, welches aus kohlensaurem Natron entstanden und diesem äquivalent ist.

3. Ist das Wasser so verdünnt, dass man dasselbe, um Chlor und Schwefelsäure bestimmen zu können, stark eindampfen muss, so kann ich auch das folgende Verfahren sehr empfehlen.

1. Bestimmung des Chlors, des Eisenoxyduls, Manganoxyduls, des Kalks und der Magnesia.

Man verdampft das Wasser mehrerer gewogener Flaschen (etwa 2000 Grm.) in einer Porzellanschale auf ein Fünftel. Die Flaschen spült man aus und dampft das Waschwasser mit ein. Ob beim Ausspülen ein etwaiger Eisenoxydniederschlag ganz aus den Flaschen geht oder nicht, ist gleichgültig. Das eingeengte Wasser filtrirt man durch ein mit etwas Salpetersäure und Wasser vollkommen ausgewaschenes Filter und wäscht den Niederschlag mit siedendem Wasser aufs Beste aus.

a. Das Filtrat säuert man mit Salpetersäure an, fällt mit salpetersaurem Silberoxyd und bestimmt das niederfallende Chlorsilber wie üblich. Die von demselben abfiltrirte Flüssigkeit befreit man durch Salzsäure vom Silberüberschuss, dampft das Filtrat ein und fällt daraus etwaige Spuren von Kalk und die nie fehlende kleine Menge von Magnesia durch oxalsaures Ammon und phosphorsaures Natron. (Die Niederschläge werden zusammen mit den Hauptmengen geglüht und gewogen.)

b. Den Niederschlag sammt dem in den Flaschen gebliebenen Rückstand löst man in Salzsäure und verfährt mit der Lösung nach einer der in §. 129 angegebenen Methoden.

2. Bestimmung der Kieselsäure, der Schwefelsäure und der Alkalien.

Man verdampft den Inhalt einiger gewogener Flaschen in einer Porzellanschale, behandelt die Flaschen mit Salzsäure, um etwa abgesetztes Eisenoxyd etc. zu lösen und bringt diese Lösung zu der anderen. Die hierdurch sauer gewordene Flüssigkeit bringt man, zuletzt in einer Platinschale im Wasserbade zur Trockne, befeuchtet mit Salzsäure, verdampft nochmals zur Trockne, befeuchtet wiederum mit Salzsäure, setzt Wasser zu, erwärmt und filtrirt die K i e s e l s ä u r e ab.

Das Filtrat fällt man, unter Vermeidung eines irgend erheblichen Ueberschusses, mit etwas Chlorbaryum und filtrirt den s c h w e f e l s a u r en Baryt ab.

Die davon getrennte Flüssigkeit verdampft man fast zur Trockne, nimmt den Rückstand mit Wasser auf und setzt so lange vorsichtig r e i n e Kalkmilch zu, bis die Flüssigkeit stark alkalisch reagirt. Man erhitzt, filtrirt, fällt mit Ammon und kohlensaurem Ammon, filtrirt, verdampft in einer Platinschale zur Trockne, glüht gelinde, bis alle Ammonsalze verjagt sind, nimmt mit wenig Wasser auf, fällt nochmals mit Ammon und kohlensaurem Ammon, filtrirt, verdampft, wägt die nun reinen Chloralkalimetalle und trennt Kali und Natron nach §. 120.

Die Quantität des kohlensauren Alkalis ergiebt sich — wenn sorgfältig gearbeitet worden ist — am genauesten indirect bei der Berechnung. Von den dazu in Vorschlag gekommenen directen Bestimmungsmethoden will ich noch folgende mittheilen:

Man kocht 300 bis 400 Grm. des Wassers längere Zeit, filtrirt und wäscht den Niederschlag mit heissem Wasser aus. Filtrat und Waschwasser mischt man genau, theilt das Ganze in zwei gleiche Theile und bestimmt im einen das Chlor nach Zusatz von Salpetersäure auf die gewöhnliche Art. — Die andere Hälfte versetzt man mit reiner Salzsäure bis zur deutlich sauren Reaction, dampft ab, glüht den trocknen Rückstand gelinde, nimmt ihn mit Wasser auf, filtrirt und bestimmt auch in dieser Lösung den Gehalt an Chlor. Es leuchtet ein, dass man bei dieser zweiten Bestimmung mehr bekommen muss, als bei der ersten, und zwar entspricht je 1 Aeq. mehr erhaltenes Chlor einem Aeq. an Alkali gebunden gewesener Kohlensäure. Diese Bestimmung liefert jedoch etwas zuviel, weil in dem Filtrate sich stets etwas kohlensaures Magnesia-Natron befindet. Will man diesen Fehler corrigiren, so muss man die kleine Quantität Magnesia bestimmen, welche als Chlormagnesium mit in der durch Silbersolution gefällten Lösung war, und eine ihr äquivalente Menge Chlor von dem als Differenz Gefundenen abziehen. — Man darf das kohlensaure Natron nicht dadurch in Chlornatrium überführen, dass man die Lösung mit Chlorammonium abdampft; denn durch den Salmiaküberschuss würde das vorhandene schwefelsaure Alkali zerlegt, und somit mehr Chlor gefunden werden, als dem kohlensauren Alkali entspricht.

Bemerkungen zur Analyse der Schwefelwasser.

§. 179.

In einem nach Schwefelwasserstoff riechenden Wasser kann, wenn es nicht alkalisch reagirt, nur freier Schwefelwasserstoff vorhanden sein. Reagirt es aber alkalisch, so kann es neben diesem ein alkalisches Schwefelmetall oder ein Schwefelwasserstoff-Schwefelmetall enthalten. — Die Bestimmung des an Metall oder Wasserstoff gebundenen Schwefels im Ganzen ist nun bereits an der Quelle ausgeführt worden (§. 176. 9.), auch wurde dort erwähnt, wie man die Quantität des Schwefelwasserstoffs ermittelt, der beim Kochen entweicht. Ich verfehle nun nicht, hier darauf aufmerksam zu machen, dass man aus diesen beiden Daten bei Wassern, welche freie

Kohlensäure oder Bicarbonate enthalten, keineswegs mit Genauigkeit angeben kann, wieviel Schwefelwasserstoff frei, wieviel gebunden sei, indem bekanntlich freie Kohlensäure, ja selbst zweifach kohlensaure Alkalien, Schwefelkalium oder Schwefelnatrium beim Kochen leicht zerlegen und Schwefelwasserstoff aus denselben entbinden. Wenn man, wie dies häufig geschieht, den Satz aufstellt, die Mineralwasser, welche kohlensaure Alkalien enthalten, enthalten kein freies Schwefelwasserstoffgas, sondern ein auflösliches Schwefelmetall, so ist auch dies jedenfalls zu weit gegangen, indem solche Wasser denn doch oft sehr stark nach Schwefelwasserstoff riechen und beim Schütteln in halbgefüllter Flasche eine Menge dieses Gases entbinden (vergl. meine Untersuchung der Mineralquellen zu Krankenheil bei Tölz, Journ. f. prakt. Chem. 58. 156).

2. Berechnung der Mineralwasseranalyse, Controlirung und Zusammenstellung der Resultate.

§. 180.

Die nach 1. gefundenen Resultate sind, wie man leicht ersieht, unmittelbare Ergebnisse directer Versuche. Sie sind in keiner Art abhängig von theoretischen Ansichten, welche man über die Verbindungsweise der Bestandtheile unter einander haben kann. — Da solche mit der Entwicklung der Chemie sich umgestalten können, so ist es absolut nothwendig, dass in dem Bericht über eine Mineralwasseranalyse vor Allem die directen Resultate sammt den Methoden, nach denen sie erhalten wurden, mitgetheilt werden. Alsdann hat die Analyse für alle Zeiten Werth.

Was die Principien betrifft, nach denen man in der Regel die Säuren und Basen zu Salzen zusammenstellt, so geht man von der Ansicht aus, dass die Basen und Säuren nach ihren relativen Verwandtschaften verbunden sind, d. h. man denkt sich die stärkste Basis mit der stärksten Säure verbunden u. s. w., nimmt jedoch hierbei gleichzeitig Rücksicht auf die grössere oder geringere Löslichkeit der Salze, welche, wie bekannt, auf die Verwandtschaftsäusserungen von Einfluss ist. So denkt man sich, wenn im gekochten Wasser Kalk, Kali und Schwefelsäure enthalten ist, zuerst die Schwefelsäure an Kalk gebunden etc. — Es lässt sich jedoch nicht läugnen, dass hierbei einige Willkür im Spiele ist, und dass somit, je nach der Art der Berechnung, aus denselben directen Resultaten, verschiedene Berechnungsresultate erhalten werden können. —

Es läge aber offenbar im Interesse der Sache, über die Art der Zusammenstellung sich zu verständigen, weil sonst die Vergleichung zweier Mineralwasser mit den grössten Schwierigkeiten verbunden ist. Ehe dieses geschehen, kann eine Vergleichung nur mit den unmittelbaren Ergebnissen vorgenommen werden. —

Darüber, glaube ich, könnte man sich vor Allem vereinigen, dass man die Salze alle im wasserfreien Zustande aufführt.

Um die Grundsätze, welche mir bei der Zusammenstellung die richtigsten scheinen, und ferner die Art, nach welcher man die erhaltenen Resultate zu controliren vermag, möglichst klar zu machen, wähle ich das folgende Beispiel.

Bonifaciusbrunnen zu Salzschlirf[109].

a. *Directe Ergebnisse der Analyse in Procenten.*

Specifisches Gewicht = 1,011164.

1. Gesammtquantum der fixen

Bestandtheile: 1,3778 Proc.

2. Chlor, Jod und Brom zusammen: 2,8071 Proc. Silberniederschlag.

3. Totalmenge des Kalkes, der Magnesia, des Eisens und der Kieselsäure

   a. Kalk 0,10442 Proc.

   b. Kieselerde 0,00114 Proc.

   (Magnesia und Eisen wurden nicht im Ganzen bestimmt.)

4. Kalk, Magnesia und Eisen in dem beim Kochen entstandenen Niederschlage.

   a. Kalk 0,03642 Proc.

   b. Magnesia 0,00041 Proc.

   c. Eisenoxyd 0,00066 Proc.

   Kalk und Magnesia in dem gekochten und filtrirten Wasser.

   a. Kalk 0,064724 Proc.

   b. Magnesium 0,028855 Proc.

5. Alkalien:

   a. Kali 0,00865 Proc.

   b. Natron 0,54783 Proc.

6. Schwefelsäure: 0,10853 Proc.

7. Kohlensäure im Ganzen: 0,194301 Proc.

8. Brom und Jod

   a. Brom 0,000402 Proc.

   b. Jod 0,000447 Proc.

Die übrigen Bestandtheile, als Lithium, Phosphorsäure, Manganoxydul, Quellsäure, Quellsatzsäure und extractive Materie, wurden nicht dem Gewichte nach bestimmt.

b. *Berechnung.*

α. Von den beim Kochen niederfallenden Salzen hat
man anzunehmen, dass sie als Carbonate vorhanden
und durch freie Kohlensäure gelöst waren.

  1. 0,00066 Eisenoxyd entsprechen 0,00096
k o h l e n s a u r e m E i s e n o x y d u l, welche
enthalten 0,00038 Kohlensäure.

  2. 0,03642 Kalk entsprechen 0,06533
k o h l e n s a u r e m K a l k, welche enthalten
0,02891 Kohlensäure.

  3. 0,00041 Magnesia entsprechen 0,00085
k o h l e n s a u r e r M a g n e s i a (MgO, CO_2),
welche enthalten 0,00044 Kohlensäure. —

β. Da wir nun die Quantität der Kohlensäure im
Ganzen, und ferner die der gebundenen Kohlensäure
kennen, so ergiebt sich die Quantität der freien und
mit Carbonaten zu Bicarbonaten verbundenen aus
der Differenz, nämlich:

Gesammtmenge der Kohlensäure		0,194301.
Gebundene Kohlensäure		
an Kalk	0,02891	
an Magnesia	0,00044	
an Eisenoxydul	0,00038	
	zusammen	0,029730

bleibt f r e i e u n d h a l b g e b u n d e n e
K o h l e n s ä u r e 0,164571

γ. Die Schwefelsäure verbinden wir zuerst mit Kalk,
den Rest mit Kali, und, sofern nochmals ein Rest
bleibt, diesen mit Natron.

  1. Im gekochten Wasser sind enthalten 0,064724 Kalk.

Diese binden 0,09261 Schwefelsäure zu 0,15733 s c h w e f e l s a u r e m Kalk

2. 0,00865 Kali binden 0,00737 Schwefelsäure zu 0,01602 s c h w e f e l s a u r e m K a l i

3. Totalquantum der Schwefelsäure   0,10853.

Davon sind gebunden

an Kalk	0,09261
an Kali	0,00737
zusammen	0,09998
Rest	0,00855,

welche binden Natron 0,00666 zu 0,01521 s c h w e f e l s a u r e m N a t r o n.

δ. Alles übrige Natron ist als Chlornatrium zugegen.

Gesammtquantität des Natrons	0,54583
Davon sind gebunden an SO_3	0,00666
Rest	0,53917.

Diese entsprechen 0,40123 Natrium, welche binden 0,61040 Chlor zu 1,01163 C h l o r n a t r i u m.

ε. Alles Jod und Brom ist als an Magnesium gebunden anzunehmen, und der Rest des Magnesiums als Chlormagnesium.

1. 0,000447 Jod binden 0,000044 Magnesium zu 0,000491 J o d m a g n e s i u m.

2. 0,000402 Brom binden 0,000065 Magnesium zu 0,000467 B r o m m a g n e s i u m.

3. Totalmenge des im gekochten Wasser enthaltenen Magnesiums 0,028855.

Davon sind gebunden

| an Jod | 0,000044 |
| an Brom | 0,000065 |

zusammen 0,000109

Rest 0,028746,

welche verbunden sind mit 0,080220 Chlor zu 0,108966 C h l o r m a g n e s i u m.

c. *Controlen.*

I. Die Summe des Kalkes im gekochten Wasser und in dem beim Kochen entstandenen Niederschlage muss gleich, oder doch nahezu gleich sein der Totalquantitä des Kalkes.

Totalquantität	0,10442
An Kohlensäure gebunden	0,03642
An Schwefelsäure gebunden	0,06472
in Summa	0,10114

II. Die Quantität Chlor, welche direct gefunden wurde, muss übereinstimmen mit der Summe des Chlors, welches im Chlornatrium und Chlormagnesium enthalten ist.

Die Quantität des Chlor-Brom-Jodsilbers beträgt	2,80710(
Davon geht ab die 0,000491 Jodmagnesium entsprechende Menge Jodsilber, nämlich	0,000828
Ferner die 0,000467 Brommagnesium	0,000958

741

entsprechende Menge
Bromsilber, nämlich

	zusammen	0,00178
	Rest	2,80531

entsprechend
Chlor   0,6920

Nach δ. ist an Natrium gebunden	0,0802
Nach ε. ist an Magnesium gebunden	0,6104
Summa	0,6906

III. Die Totalmenge der fixen Bestandtheile muss übereinstimmen mit der Summe der einzelnen Bestandtheile. (Hierbei ist das Eisen als Eisenoxyd aufzuführen, da es als solches im Rückstande enthalten ist.)

Totalquantität der fixen Bestandtheile = 1,37780

Die Einzelbestimmungen ergaben:

Kohlensauren Kalk	0,06533
Kohlensaure Magnesia	0,00085
Schwefelsauren Kalk	0,15733
Schwefelsaures Kali	0,01602
„ Natron	0,01521
Chlornatrium	1,01163
Chlormagnesium	0,10896
Jodmagnesium	0,00049
Brommagnesium	0,00047
Eisenoxyd	0,00066
Kieselerde	0,00114

d. *Zusammenstellung.*

Die Zusammenstellung macht man am besten in zweifacher Art, indem man einmal angiebt, wie viel in 100 (oder auch in 1000 oder 10000, dies kommt auf Eins heraus) Theilen Wasser, Theile der Bestandtheile enthalten sind, und ferner wie viel ein Pfund Wasser Bestandtheile, in Granen ausgedrückt, enthält (1 Pfund = 7680 Gran).

Die Rubriken, unter welche man die einzelnen Bestandtheile zweckmässig bringt, sind folgende:

A. Fixe Bestandtheile.

a. in wägbarer Menge vorhandene;

b. in unwägbarer Menge vorhandene.

B. Flüchtige Bestandtheile.

Bei der Aufführung der kohlensauren Salze kann man mit Recht zweifelhaft sein, ob man sie als neutrale Verbindungen berechnen und die mehr vorhandene Kohlensäure theils als halbgebundene (mit Carbonaten zu Bicarbonaten vereinigte), theils als freie aufführen, oder ob man sie geradezu als Bicarbonate berechnen soll, in welchem Falle der Ueberschuss an Kohlensäure als freie zu bezeichnen ist. Man wählt bald den einen, bald den anderen Weg der Darstellung, am häufigsten aber den ersteren.

Die Kohlensäure (überhaupt die Gasarten) pflegt man ausserdem auch auf Volumina (bei der ersten Zusammenstellung Cubikcentimeter, bei der zweiten Cubikzolle [1 Pfund Wasser = 32 Cubikzoll]) zu berechnen, und zwar legt man dabei die Temperatur der Quelle zu Grund.

Als ähnlich ausgeführte Beispiele der Berechnung und Controlirung der Resultate führe ich an:

1. Analyse des Kochbrunnens zu Wiesbaden[111] (salinisches Wasser).

2. Analyse der warmen Quelle zu Asmannshausen, von Fresenius und Will, Ann. der Chem. und Pharm. 47. 198 (alkalisches Wasser).

3. Analyse der Emser Mineralquellen[111] (alkalische Wasser).

4. Analyse der Mineralquellen zu Krankenheil bei Tölz (alkalisches Schwefelwasser), von mir (Journ. für prakt. Chem. 58. 156).

In den unter 1. und 3. angeführten Abhandlungen finden sich auch die Methoden genau beschrieben, nach welchen die schlammigen Ocher- und festen Sinterabsätze dieser Quellen untersucht worden sind.

II.

Analyse solcher technischen Producte und Mineralien, welche besonders häufig Gegenstand chemischer Untersuchung werden, einschliesslich ihrer blossen Prüfung auf Gehalt und Handelswerth.

1. Bestimmung des Gehaltes an freier Säure (Acidimetrie).

A. Ermittlung aus dem specifischen Gewichte.

§. 181.

Da man durch Versuche und auf sie gegründete Tabellen die Beziehungen zwischen dem Gehalt und dem specifischen Gewichte der Säuren, beziehungsweise ihrer wässerigen Lösungen, kennt, so genügt die Bestimmung des specifischen Gewichts derselben häufig zur Ermittlung ihres Gehaltes. Man hat hierbei nur zu beachten, dass die zu prüfenden Säuren frei, oder wenigstens fast ganz frei sein müssen von anderweitigen gelösten Substanzen. Da nun die meisten Säuren flüchtig sind (Schwefelsäure, Salzsäure, Salpetersäure, Essigsäure), so stellt man sich gegen Irrthümer in der Art sicher, dass man prüft, ob eine Probe, in einer kleinen Platin- oder Porzellanschale verdampft, einen fixen Rückstand lässt, oder nicht.

Die Prüfung des specifischen Gewichtes führt man entweder durch Abwägen gleicher Volumina Wasser und Säure (§. 177) oder mittelst guter Aräometer aus. Man achte darauf, dass die Bestimmungen bei den Temperaturen ausgeführt werden, auf welche sich die Tabellen beziehen.

Nachstehende Tabellen belehren über die Beziehungen zwischen specifischem Gewicht und Gehalt bei Schwefelsäure, Salzsäure und Salpetersäure.

I. Tabelle
über das specif. Gewicht der Schwefelsäure bei verschiedenem Gehalte an Säurehydrat, von B i n e a u, berechnet von O t t o für die Temperatur von 15° C.

Säurehydrat.	Specif. Gew.	Wasserfreie Säure.	Säurehydrat.	Specif. Gew.	Wasserfrei Säure.
100	1,8426	81,63	50	1,398	40,81

99	1,842	80,81	49	1,3886	40,00
98	1,8406	80,00	48	1,379	39,18
97	1,840	79,18	47	1,370	38,36
96	1,8384	78,36	46	1,361	37,55
95	1,8376	77,55	45	1,351	36,73
94	1,8356	76,73	44	1,342	35,82
93	1,834	75,91	43	1,333	35,10
92	1,831	75,10	42	1,324	34,28
91	1,827	74,28	41	1,315	33,47
90	1,822	73,47	40	1,306	32,65
89	1,816	72,65	39	1,2976	31,83
88	1,809	71,83	38	1,289	31,02
87	1,802	71,02	37	1,281	30,20
86	1,794	70,10	36	1,272	29,38
85	1,786	69,38	35	1,264	28,57
84	1,777	68,57	34	1,256	27,75
83	1,767	67,75	33	1,2476	26,94
82	1,756	66,94	32	1,239	26,12
81	1,745	66,12	31	1,231	25,30
80	1,734	65,30	30	1,223	24,49
79	1,722	64,48	29	1,215	23,67
78	1,710	63,67	28	1,2066	22,85
77	1,698	62,85	27	1,198	22,03
76	1,686	62,04	26	1,190	21,22
75	1,675	61,22	25	1,182	20,40
74	1,663	60,40	24	1,174	19,58
73	1,651	59,59	23	1,167	18,77
72	1,639	58,77	22	1,159	17,95
71	1,627	57,95	21	1,1516	17,14
70	1,615	57,14	20	1,144	16,32
69	1,604	56,32	19	1,136	15,51
68	1,592	55,59	18	1,129	14,69

67	1,580	54,69	17	1,121	13,87
66	1,578	53,67	16	1,1136	13,06
65	1,557	53,05	14	1,106	12,24
64	1,545	52,24	14	1,098	11,42
63	1,534	51,42	13	1,091	10,61
62	1,523	50,61	12	1,083	9,79
61	1,512	49,79	11	1,0756	8,98
60	1,501	48,98	10	1,068	8,16
59	1,490	48,16	9	1,061	7,34
58	1,480	47,34	8	1,0536	6,53
57	1,469	46,53	7	1,0464	5,71
56	1,4586	45,71	6	1,039	5,71
55	1,448	44,89	5	1,032	4,08
54	1,438	44,07	4	1,0256	3,26
53	1,428	43,26	3	1,019	2,445
52	1,418	42,45	2	1,013	1,63
51	1,408	41,63	1	1,0064	0,816

II. Tabelle

über das specif. Gewicht der wässerigen Salzsäure bei
verschiedenem Gehalte an Chlorwasserstoff, von U r e.
Temperatur 15° C.

Specif. Gew.	Salzsäure-Gas.	Specif. Gew.	Salzsäure-Gas.
1,2000	40,777	1,1000	20,388
1,1982	40,369	1,0980	19,980
1,1964	39,961	1,0960	19,572
1,1946	39,554	1,0939	19,165
1,1928	39,146	1,0919	18,757
1,1910	38,738	1,0899	18,349
1,1893	38,330	1,0879	17,941
1,1875	37,923	1,0859	17,534

1,1857	37,516	1,0838	17,126
1,1846	37,108	1,0818	16,718
1,1822	36,700	1,0798	16,310
1,1802	36,292	1,0778	15,902
1,1782	35,884	1,0758	15,494
1,1762	35,476	1,0738	15,087
1,1741	35,068	1,0718	14,679
1,1721	34,660	1,0697	14,271
1,1701	34,252	1,0677	13,863
1,1681	33,845	1,0657	13,456
1,1661	33,437	1,0637	13,049
1,1641	33,029	1,0617	12,641
1,1620	32,621	1,0597	12,233
1,1599	32,213	1,0577	11,825
1,1578	31,805	1,0557	11,418
1,1557	31,398	1,0537	11,010
1,1537	30,990	1,0517	10,602
1,1515	30,582	1,0497	10,194
1,1494	30,174	1,0477	9,786
1,1473	29,767	1,0457	9,379
1,1452	29,359	1,0437	8,971
1,1431	28,951	1,0417	8,563
1,1410	28,544	1,0397	8,155
1,1389	28,136	1,0377	7,747
1,1369	27,728	1,0357	7,340
1,1349	27,321	1,0337	6,932
1,1328	26,913	1,0318	6,524
1,1308	26,505	1,0298	6,116
1,1287	26,098	1,0279	5,709
1,1267	25,690	1,0259	5,301
1,1247	25,282	1,0239	4,893
1,1226	24,874	1,0220	4,486

1,1206	24,466	1,0200	4,078
1,1185	24,058	1,0180	3,670
1,1164	23,650	1,0160	3,262
1,1143	23,242	1,0140	2,854
1,1123	22,834	1,0120	2,447
1,1102	22,426	1,0100	2,039
1,1082	22,019	1,0080	1,631
1,1061	21,611	1,0060	1,124
1,1041	21,203	1,0040	0,816
1,1020	20,798	1,0020	0,408

III. Tabelle

über das specif. Gewicht der wasserhaltigen Salpetersäure
bei verschiedenem Gehalt an wasserfreier Säure, von U r e.
Temperatur 15° C.

Specifisches Gewicht.	Säureprocente.	Specifisches Gewicht.	Säureprocente.	Specifi: Gewi
1,500	79,7	1,419	59,8	1,2!
1,498	78,9	1,415	59,0	1,2!
1,496	78,1	1,411	58,2	1,2!
1,494	77,3	1,406	57,4	1,2:
1,491	76,5	1,402	56,6	1,2:
1,488	75,7	1,398	55,8	1,2(
1,485	74,9	1,394	55,0	1,2!
1,482	74,1	1,388	54,2	1,2!
1,479	73,3	1,383	53,4	1,2<
1,476	72,5	1,378	52,6	1,2<
1,473	71,7	1,373	51,8	1,2:
1,470	70,9	1,368	51,1	1,2:
1,467	70,1	1,363	50,2	1,2:
1,464	69,3	1,358	49,4	1,2:
1,460	68,5	1,353	48,6	1,2(

1,457	67,7	1,348	47,9	1,2(
1,453	66,9	1,343	47,0	1,1$
1,450	66,1	1,338	46,2	1,1$
1,446	65,3	1,332	45,4	1,1$
1,442	64,5	1,327	44,6	1,1:
1,439	63,8	1,322	43,8	1,1:
1,435	63,0	1,316	43,0	1,1(
1,431	62,2	1,311	42,2	1,1$
1,427	61,4	1,306	41,4	1,1$
1,423	60,6	1,300	40,4	1,1∢

In allen den Fällen, in welchen die Bestimmung des specifischen Gewichtes nicht zum Ziele führt, oder in denen es auf besondere Genauigkeit ankommt, wählt man eine der beiden folgenden Verfahrungsweisen, und zwar gewöhnlich die erstere:

B. Ermittlung durch Sättigung der freien Säure mit einer alkalischen Flüssigkeit von bekanntem Gehalte.

§. 182.

Um diese Methode anzuwenden, bedarf man:

α) einer Säurelösung von bekanntem Gehalt, —

β) einer alkalischen Flüssigkeit von bekanntem Wirkungswerth.

aa. Darstellung der Lösungen.

α. Die Säure stellt man sich folgendermaassen dar. Man mischt in einem grossen Kolben 1020 C.C. Wasser mit 60 Grm. concentrirter englischer Schwefelsäure innig, lässt erkalten, nimmt 2 Mal je 20 C.C. davon und bestimmt darin die Schwefelsäure durch Fällen mit Chlorbaryum. Stimmen beide Versuche gut überein, so nimmt man das Mittel und verdünnt danach die Schwefelsäure so, d a s s 1000 C.C. g e n a u 40 G r m. w a s s e r f r e i e S c h w e f e l s ä u r e e n t h a l t e n. Setzen wir den Fall, wir hätten gefunden, dass 1000 C.C. 42 Grm. Schwefelsäure enthalten, so müssen demnach nach dem Ansatz 40 : 1000 = 42 : x aus je 1000 C. C. unserer Flüssigkeit durch Zusatz von Wasser 1050 C.C. gemacht werden. Es geschieht dies einfach und genau also: Man füllt den 1 Liter f a s s e n d e n Messkolben bis an die Marke mit der Säure, giesst sie vorsichtig in die etwas grössere, zum Aufbewahren bestimmte Flasche, bringt dann 50 C.C. Wasser, welche mit der Pipette abgemessen worden sind, in den Kolben, schwenkt gut um, giesst in die Flasche, schüttelt, giesst nun nochmals etwa die Hälfte der Flüssigkeit in den Kolben zurück, spült um, bringt wieder in die Flasche, mischt und bewahrt auf. Vor neuem Gebrauche ist die Flasche zu schütteln, weil in der halbleeren Wasser verdunstet, welches sich an den Wandungen verdichtet und beim Ausgiessen mit der ersten Portion gemischt ausfliesst, wodurch diese schwächer, die rückbleibende etwas stärker wird.

Eine saure Flüssigkeit von gleichem Wirkungswerthe kann man auch erhalten, wenn man, nach M o h r's Vorschlag, genau 63 Grm. krystallisirte Oxalsäure: C_2O_3, $HO + 2$ aq. in Wasser zu 1 Liter löst. Doch muss man hierbei mit grosser Sorgfalt darauf achten, dass die Säure völlig rein, völlig frei von Feuchtigkeit und ganz unverwittert sei.

β. Um die A l k a l i l ö s u n g zu erhalten, verdünnt man frisch bereitete, in einem verschlossenen Gefässe völlig klar abgesetzte, kohlensäurefreie Natronlauge in der Art, d a s s 1 V o l u m e n g e n a u h i n r e i c h t, 1 V o l u m e n d e r S ä u r e z u n e u t r a l i s i r e n, d. h. so, dass beim Mischen beider der letzte Tropfen der Natronlösung die durch Lackmus rothe Lösung blau färbt.

751

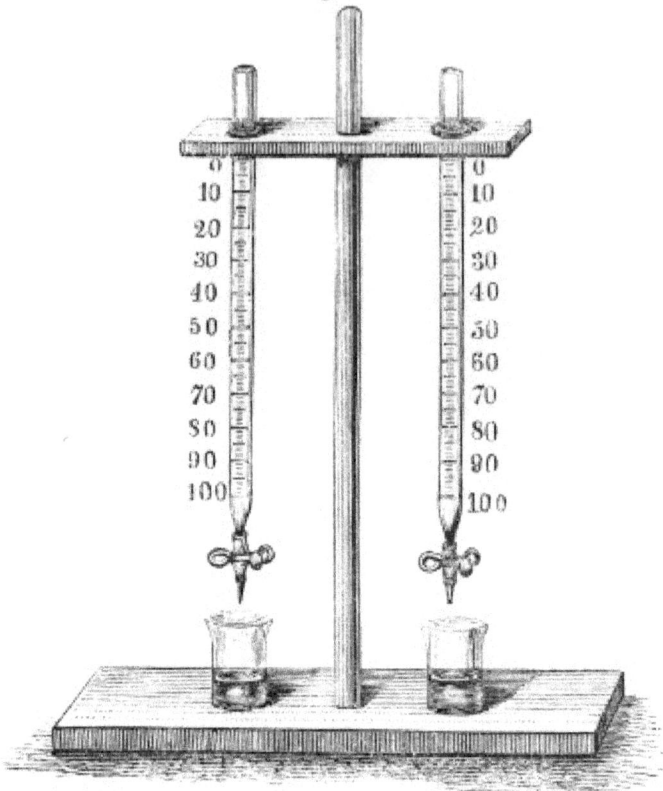

Fig. 96.

Um dies zu bewerkstelligen verdünnt man zunächst die Natronlauge bis zu einem specif. Gewichte von etwa 1,05, welches einem Gehalte von etwa 3,6 Proc. Natron entspricht. Dann misst man 50 C.C. = 100° der Säure ab, bringt sie in ein Becherglas, färbt mit etwas Lackmustinctur[112] roth und lässt nun aus einer Bürette oder — was weit bequemer ist — aus einer Quetschhahnpipette, Fig. 96 (s. f. S.), so lange zufliessen, bis die Flüssigkeit eben blau geworden ist, und bis dieselbe somit rothes wie blaues Lackmuspapier ganz unverändert lässt. Man verdünnt alsdann die noch etwas zu concentrirte

Natronlösung so, dass genau 100° erforderlich sind, um 100° Säure zu sättigen. Die Flasche, in welcher die fertige Natronlösung aufbewahrt werden soll, verschliesst man — nach M o h r's Vorschlag — durch einen Korkstopfen, in welchen eine gewöhnliche Chlorcalciumröhre eingesteckt ist. Dieselbe ist mit einem fein geriebenen Gemenge von Glaubersalz und Aetzkalk gefüllt und nach aussen mit einem dünnen offenen Röhrchen versehen. — Ausser dieser concentrirteren Flüssigkeit stellt man sich sogleich noch eine 5 Mal und eine 10 Mal so verdünnte dar. Diese Verdünnungen geschehen am besten in der Art, dass man — um z. B. die letzte zu erhalten — in einen Messkolben, der genau 500 C.C. fasst, 50 C.C. der concentrirteren Natronlauge, die mittelst einer Pipette abgemessen worden sind, bringt, dann den Kolben, unter jeweiligem Umschwenken, genau bis an die Marke mit Wasser füllt und nunmehr durch Schütteln innig mischt.

bb. A u s f ü h r u n g d e r U n t e r s u c h u n g.

Da von der concentrirteren Natronlösung 50 C.C. = 100° : 2 Grm., von der Fünftellösung: 0,4 Grm., von der Zehntellösung: 0,2 Grm. wasserfreier Schwefelsäure und folglich auch äquivalenten Mengen aller anderen Säuren entsprechen, so ist in Betreff der Ausführung kaum mehr etwas hinzuzufügen, indem es sich von selbst versteht, dass man je nach der Menge der abzustumpfenden Säure bald die eine, bald die andere der alkalischen Flüssigkeiten wählt, so zwar, dass man zur Sättigung der abgewogenen oder abgemessenen sauren Flüssigkeit etwa 60–100 Bürettengrade gebraucht.

Bei wissenschaftlichen Untersuchungen empfehle ich das genaue Abwägen unbestimmter Mengen der sauren Flüssigkeit, da dies auf den chemischen Wagen weit besser geschehen kann, und weil man dabei eine kleine Rechnung nicht zu scheuen braucht; bei technischen Untersuchungen wünscht man dagegen den Procentgehalt der Säure gewöhnlich aus den Bürettengraden direct zu ersehen. Um dies zu ermöglichen, hat man alsdann, wenn die Bürette oder Pipette wie gewöhnlich 50 C.C. = 100° fasst, nur die 2 Grm. wasserfreier Schwefelsäure äquivalenten Mengen der zu prüfenden Säuren abzuwägen. Da aber das Abwägen bestimmter kleinerer Mengen weniger genau ist, so ist folgendes Verfahren vorzuziehen, wobei uns die Prüfung der Schwefelsäure als Beispiel dienen mag.

Man wägt in einem Messkolben, der 500 C.C. fasst, 20 Grm. der zu prüfenden Schwefelsäure ab, fügt Wasser zu bis fast zum Theilstrich, lässt bei eingetretener Erwärmung abkühlen, füllt jetzt genau bis an die Marke, schüttelt, nimmt mit der Pipette 50 C.C. heraus und prüft diese. Die Anzahl der Bürettengrade der concentrirteren Natronlauge giebt direct den Procentgehalt der geprüften Schwefelsäure an.

Die Quantitäten von den anderen Säuren oder Säurehydraten, welche 20 Grm. Schwefelsäure äquivalent sind, ergeben sich aus folgender Uebersicht:

20 Gramm Schwefelsäure sind äquivalent 24,5 Schwefelsäur

20	„	„	„	„	27	Salpetersäure
20	„	„	„	„	31,5	Salpetersäure
20	„	„	„	„	18,25	Salzsäure,
20	„	„	„	„	25,5	Essigsäure,
20	„	„	„	„	30,0	Essigsäurehy

C. Ermittlung durch Wägung der durch die freie Säure aus doppelt kohlensaurem Natron ausgetriebenen Kohlensäure (nach Fresenius und Will).

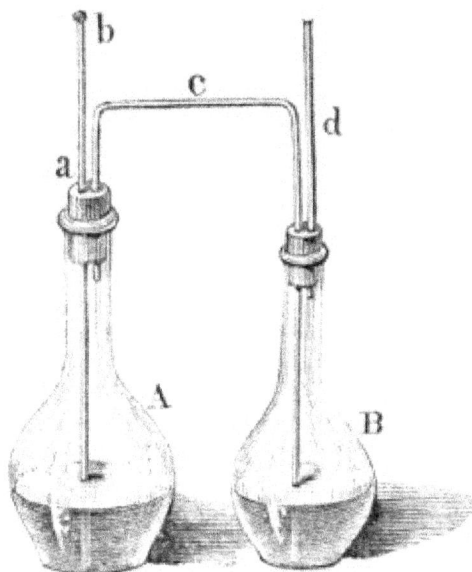

Fig. 97.

Fig. 98.

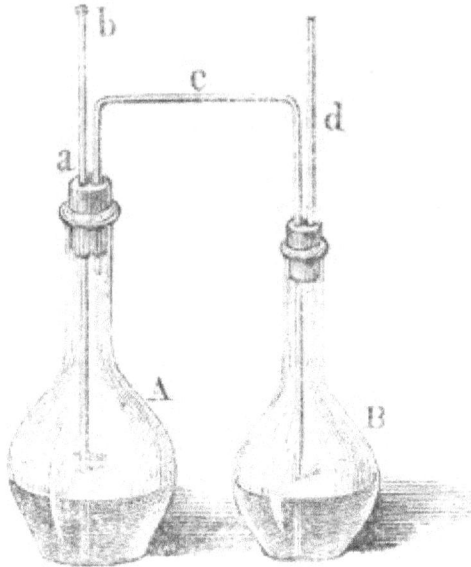

§. 183.

Man wägt in das Kölbchen A (Fig. 97) eine beliebige Portion der zu prüfenden Säure, setzt, im Falle dieselbe concentrirt ist, Wasser zu, so dass die gesammte Flüssigkeit ⅓ des Inhaltes von A einnimmt, füllt alsdann ein kleines Glasröhrchen mit doppelt kohlensaurem Natron oder Kali (welches zwar Chlornatrium, schwefelsaures Salz etc., nicht aber einfach kohlensaures Alkali enthalten darf, und dessen Quantität mehr als hinlänglich sein muss, die eingewogene Säure zu sättigen) unter mässigem Eindrücken fest an, hängt dasselbe an einem Faden in das Kölbchen A, indem man den Faden zwischen den Stopfen und den Kolbenhals einklemmt, und bringt nunmehr den Apparat (welcher im Uebrigen genau nach der im §. 110 gegebenen Beschreibung vorgerichtet ist) auf der Wage ins Gleichgewicht. Man lässt alsdann durch Lüften des Stopfens das Röhrchen sammt dem Faden in das Kölbchen *A* hinabfallen und dreht den Stopfen in demselben Augenblicke luftdicht ein. — Alsbald beginnt eine rasche Kohlensäureentwickelung, welche eine Zeit lang gleichmässig bleibt, dann langsamer wird und endlich aufhört. Wenn dieser Punkt erreicht ist, stellt man das Kölbchen *A* in Wasser, welches so heiss ist, dass man eben noch den Finger kurze Zeit hineinhalten kann (Temp. 50–55° C.). Sobald die dadurch neuerdings veranlasste Kohlensäureentwickelung nachgelassen hat, öffnet man das Wachsstöpfchen *b* auf der Röhre *a* ein wenig, nimmt das Kölbchen aus dem Wasserbad und saugt alsdann mittelst eines durchbohrten Korkes an *d*, bis alle noch im Apparate befindliche Kohlensäure durch Luft ersetzt ist. Nach dem Erkalten stellt man den Apparat wiederum auf die Wage und legt Gewichte zu demselben, bis das Gleichgewicht wieder hergestellt ist. Die Summe derselben ist gleich dem Quantum der entwichenen Kohlensäure. — Für je 1 Aeq. angewandter Säure erhält man 2 Aeq. Kohlensäure, z. B. (NaO, 2 CO_2 + NO_5 = NaO, NO_5 + 2 CO_2). Die Resultate sind sehr befriedigend[113]. Auch bei dieser Methode kann man jede Berechnung sparen und die Versuche so einrichten, dass aus den erhaltenen Centigrammen Kohlensäure der Procentgehalt an freier Säure sich direct ergiebt, indem man solche Quantitäten von Säure abwägt, welche, wenn sie ganz rein sind, genau 1,00 Gramm Kohlensäure liefern. Diese Menge findet man z. B. für Schwefelsäure, nach dem Ansatz:

$$44 : 40 = 1,00 : x. \quad x = 0,909.$$

Anstatt der so zu findenden Gewichte können natürlicherweise eben so gut Multipla derselben genommen werden, je nachdem es die Verdünnung der zu untersuchenden Säure erfordert. Die Anzahl der Centigramme Kohlensäure muss aber alsdann, damit sie dem Procentgehalte entspreche, mit derselben Zahl dividirt werden, mit welcher man die Einheit multiplicirt hat. — Am zweckmässigsten ist es, die Quantität der Säure so zu wählen, dass man 1 bis 2 Gramm Kohlensäure erhält.

2. Bestimmung des Gehaltes einer Substanz an freiem und kohlensaurem Alkali (Alkalimetrie).

A. Ermittlung des Kalis, Natrons oder Ammoniaks aus dem specifischen Gewichte ihrer Lösungen.

§. 184.

Hat man reine oder fast reine Lösungen von Kali- oder Natronhydrat oder von Ammoniak, so lässt sich deren Gehalt aus dem specifischen Gewichte ersehen.

I. Tabelle
über den Gehalt der Kalilauge an Kali bei verschiedenem specifischen Gewichte, von Dalton.

Specifisches Gewicht.	Procente Kali.	Specifisches Gewicht.	Procente Kali.
1,68	51,2	1,32	26,3
1,60	46,7	1,28	23,4
1,52	42,9	1,23	19,5
1,47	39,9	1,19	16,2
1,44	36,8	1,15	13,0
1,42	34,4	1,11	9,5
1,39	32,4	1,06	4,7
1,36	29,4		

II. Tabelle

über den Gehalt der Natronlauge an Natron bei
verschiedenem specifischen Gewichte, von D a l t o n.

Specifisches Gewicht.	Procente Natron.	Specifisches Gewicht.	Procente Natron.
2,00	77,8	1,40	29,0
1,85	63,6	1,36	26,0
1,72	53,8	1,32	23,0
1,63	46,6	1,29	19,0
1,56	41,2	1,23	16,0
1,50	36,8	1,18	13,0
1,47	34,0	1,12	9,0
1,44	31,0	1,06	4,7

III. Tabelle

über den Gehalt der Ammonflüssigkeit an Ammoniak
(NH_3) bei verschiedenem specifischen Gewichte, nach J.
O t t o . (Temp. 16° C.)

Specifisches Gewicht.	Procente Ammoniak.	Specifisches Gewicht.	Procente Ammoniak.	Specifisches Gewicht.
0,9517	12,000	0,9607	9,625	0,9697
0,9521	11,875	0,9612	9,500	0,9702
0,9526	11,750	0,9616	9,375	0,9707
0,9531	11,625	0,9621	9,250	0,9711
0,9536	11,500	0,9626	9,125	0,9716
0,9540	11,375	0,9631	9,000	0,9721
0,9545	11,250	0,9636	8,875	0,9726
0,9550	11,125	0,9641	8,750	0,9730
0,9555	11,000	0,9645	8,625	0,9735
0,9556	10,950	0,9650	8,500	0,9740
0,9559	10,875	0,9654	8,375	0,9745

0,9564	10,750	0,9659	8,250	0,9749
0,9569	10,625	0,9664	8,125	0,9754
0,9574	10,500	0,9669	8,000	0,9759
0,9578	10,375	0,9673	7,875	0,9764
0,9583	10,250	0,9678	7,750	0,9768
0,9588	10,125	0,9683	7,625	0,9773
0,9593	10,000	0,9688	7,500	0,9778
0,9597	9,875	0,9692	7,375	0,9783
0,9602	9,750			

B. Prüfung der Soda und Pottasche auf ihren Gehalt an kohlensauren und ätzenden Alkalien im Ganzen.

Die Pottasche ist, wie bekannt, ein Gemenge von kohlensaurem Kali, — die Soda ein Gemenge von kohlensaurem Natron mit einer Anzahl von anderen Salzen. Der Werth dieser Handelsartikel ist abhängig von ihrem Gehalte an kohlensauren (oder kaustischen) Alkalien; die diesen beigemischten Salze werden nicht bezahlt. — Da nun die Quantität der letzteren eine sehr wechselnde ist, so ist es leicht ersichtlich, dass der Werth einer Pottasche oder Soda nur so festgestellt werden kann, dass man den Gehalt derselben an kohlensaurem (respective kaustischem) Alkali ermittelt.

Ich theile im Folgenden zwei auf wesentlich verschiedener Grundlage beruhende Methoden der Alkalimetrie mit, von denen bald die eine, bald die andere den Vorzug verdient, je nachdem man die Schnelligkeit in der Ausführung oder die Genauigkeit der Resultate vornehmlich im Auge hat, und welche, wie sich aus §. 188 ergeben wird, dann zweckmässig in Verbindung mit einander angewendet werden, wenn es sich um gesonderte Ermittlung des kaustischen und kohlensauren Alkalis handelt.

I. Verfahren nach Descroizilles und Gay-Lussac.

§. 185.

Das Princip dieses Verfahrens ist dasselbe, welches der in §. 182 angegebenen Methode der Acidimetrie zu Grunde liegt, nur umgekehrt, d. h. kennt man die Menge einer Säure von bekanntem Gehalte, welche erforderlich ist, um eine unbekannte Menge kaustisches oder kohlensaures Kali oder Natron zu sättigen, so lässt sich daraus mit Leichtigkeit die Menge der Alkalien berechnen.

Zur Ausführung bedarf man nur einer titrirten Flüssigkeit, der Probeschwefelsäure.

Man bereitet dieselbe gegenwärtig fast allgemein von der Stärke, dass 50 C.C. = 100° 5 Grm. reines wasserfreies kohlensaures Natron sättigen.

Die Bereitung geschieht am einfachsten also:

a. Man vermischt 60 Grm. (annähernd gewogen) concentrirte englische Schwefelsäure mit 500 C.C., oder 120 Grm. mit 1000 C.C. Wasser und lässt erkalten.

b. Man wägt 5 Grm. wasserfreies reines kohlensaures Natron genau ab, bringt es in einen Kolben, löst es in 200 C. C. Wasser und färbt die Lösung mit violetter (siehe S. 453, Anmerkung) Lackmustinctur blau.

NB. Diese Vorschrift gilt nur für diejenigen, welche nicht auf feinen chemischen Wagen wägen. Beim Gebrauche solcher, also im Allgemeinen in den chemischen Laboratorien, ist es weit besser, eine zwischen 4,5 und 5 Grm. betragende Menge kohlensauren Natrons im Platintiegel gelinde auszuglühen, unter dem Exsiccator erkalten zu lassen und dann den Tiegel genau zu wägen. Man schüttet jetzt den Inhalt des Tiegels in den Kolben, wägt den Tiegel zurück und erfährt so aufs Genaueste die Menge des in den Kolben gekommenen kohlensauren Natrons. Diese Methode wird von dem an die feine Wage gewöhnten Chemiker leichter und schneller ausgeführt, als die andere und giebt weit zuverlässigere Resultate, da das Abwägen im verschlossenen Tiegel geschieht. In derselben Art, wie das reine kohlensaure Natron wird später auch die zu prüfende Pottasche oder Soda abgewogen.

c. Man füllt die Quetschhahnpipette oder Bürette bis an den 0-Punkt mit der erkalteten verdünnten Säure und lässt zu der Natronlösung tröpfeln, bis zur Sättigung (siehe unten). — Diesen Versuch macht man zweckmässig doppelt. — Hat man nicht genau 5 Grm. kohlensaures Natron abgewogen, so berechnet man aus dem gefundenen Resultate, wieviel Säure man zu 5 Grm. gebraucht haben würde.

d. Man verdünnt den Säurevorrath in der Art, dass genau 100° 5 Grm. kohlensaures Natron sättigen. Hätte man bei den Versuchen zu 5 Grm. 80° Säure gebraucht, so kommen somit zu je 80 Volumen noch 20 Volumina Wasser. Das Verdünnen geschieht am besten in der in §. 182. aa. angegebenen Weise. Ich empfehle dringend, die fertig verdünnte Säure nochmals in der zuvor beschriebenen Weise zu prüfen.

Die so erhaltene Probesäure wird in gut verschlossenen Gefässen aufbewahrt und vor jeder neuen Versuchsreihe umgeschüttelt (Seite 453). Sie dient zur Prüfung aller alkalischen Flüssigkeiten und giebt deren Gehalt an ätzendem oder kohlensaurem Alkali unmittelbar in Procenten an, wenn man von denselben eine 5 Grm. kohlensaurem Natron äquivalente Menge abwägt.

Diese Quantitäten ersieht man aus folgender Zusammenstellung:

100° Probesäure sättigen 5,000 Grm. kohlensaures Natron,

100 „ „ 2,925 „ Natron,

100 „ „ 6,519 „ kohlensaures Kali,

100 „ „ 4,443 „ Kali.

Nimmt man demnach von einer Pottasche 6,519 Grm., so geben die verbrauchten Grade unmittelbar den Gehalt an die Säure sättigendem Alkali an, ausgedrückt in kohlensaurem Kali, nimmt man 4,443 Grm., ausgedrückt in wasserfreiem Aetzkali etc.

Hat man an kohlensauren oder ätzenden Alkalien arme Substanzen zu prüfen, so nimmt man ein Multiplum obiger Zahl, z. B. das 2fache, 3fache, 10fache, und dividirt die Zahl der verbrauchten Raumtheile alsdann durch die entsprechenden Zahlen.

In Betreff der Ausführung bleiben noch folgende Punkte zu besprechen:

1. *Die Bestimmung des Sättigungspunktes.*

Bei kaustischen Alkalien trifft man denselben leicht, bei kohlensauren macht die frei werdende und die Flüssigkeit weinroth färbende Kohlensäure einige Schwierigkeit. Dieselbe lässt sich auf zwei Arten überwinden.

a. Nachdem man von der Probesäure soviel zu der kalten oder auch vorher schon erhitzten Soda- oder Pottaschelösung gesetzt hat, dass die Farbe weinroth geworden ist, erhitzt man, unter häufigem Umschwenken, zum wallenden Kochen, wodurch die Farbe in dem Maasse wieder blauer wird, als die Kohlensäure entweicht. Man tröpfelt nun zu der fast kochenden Flüssigkeit weitere Probesäure hinzu, stellt zuweilen nochmals auf die Lampe und trifft so den Punkt der vollendeten Sättigung, oder richtiger der eben beginnenden Uebersättigung, welcher sich durch eine ins Gelbliche ziehende rothe Farbe der Flüssigkeit zu erkennen giebt, sehr leicht und ganz genau.

b. Auch ohne Erwärmen lässt sich der Punkt treffen, jedoch nicht ganz mit derselben Genauigkeit. Es ist hierbei nothwendig, dass der Kolben nicht zu klein sei. Man schwenkt nach jedesmaligem Eintröpfeln geschickt und tüchtig um und fährt mit dem Zusatze der Probesäure getrost fort, so lange das Roth der Flüssigkeit noch ins Violette spielt. Nähert man sich endlich dem Sättigungspunkte, so giesst man die Säure zweitropfenweise ein, macht nach jedem Zusatze mit einem eingetauchten Glasstab einen, besser nach einander zwei Flecke, auf schön blaues Lackmuspapier, liest ab und schreibt die Zahl zwischen die Flecke. So fährt man fort, bis die Flecke ganz entschieden roth werden. Nun lässt man das Lackmuspapier trocken werden und betrachtet d i e niedrigste Zahl als die richtige, deren Flecke eben noch roth geblieben sind.

A l s R e g e l h a t m a n z u b e a c h t e n , dass die P r o b e s ä u r e n a c h d e r s e l b e n Methode g e p r ü f t sein m u s s , nach der die A u s f ü h r u n g erfolgen s o l l .

2. *Bei Anwendung des Verfahrens auf Pottasche* ist noch Folgendes zu beachten.

Die Pottasche enthält ausser kohlensaurem Kali:

a. *neutrale Salze* (z. B. schwefelsaures Kali, Chlorkalium),

b. *alkalisch reagirende Salze,* z. B. kieselsaures, phosphorsaures Kali,

c. *in Wasser unlösliche Bestandtheile,* namentlich kohlensauren, phosphorsauren und kieselsauren Kalk.

765

Die in a. genannten Salze sind ohne Einfluss auf die Resultate, nicht so die in b. und c. genannten. Die letzteren können durch Filtriren entfernt werden, die in b. angeführten aber veranlassen einen geringen, nicht zu beseitigenden Fehler.

Will man nicht bloss den Gehalt im Ganzen kennen lernen, sondern sein Urtheil in der Art vollständiger machen, dass man erfährt, ob die in der Pottasche dem kohlensauren Kali beigemischten Substanzen nur fremde Salze sind, oder ob auch Wasser den Gehalt herabstimmt, so muss der alkalimetrischen Prüfung eine Wasserbestimmung vorhergehen. — Dieser letzte Satz gilt auch für Soda.

3. *Bei Anwendung des Verfahrens auf Soda* dagegen kommen folgende Umstände in Betracht.

Die nach der L e b l a n c'schen Methode dargestellte, in den Handel kommende Soda enthält, ausser kohlensaurem Natron, meistens oder immer Natronhydrat, schwefelsaures Natron, Chlornatrium, kieselsaures und Thonerdenatron, ferner nicht selten Schwefelnatrium, unterschwefligsaures und schwefligsaures Natron.

Von diesen Bestandtheilen erschweren die drei letztgenannten und ferner das kieselsaure und Thonerdenatron die Prüfung und machen sie mehr oder minder ungenau. Die Gegenwart der letzteren ergiebt sich meist schon dadurch, dass die Sodalösung, sobald sie mit Säure gesättigt wird, einen Niederschlag ausscheidet, — die Anwesenheit der ersteren erforscht man einfach in folgender Art:

a. Man vermischt mit Schwefelsäure. Geruch nach Schwefelwasserstoff zeigt S c h w e f e l n a t r i u m an.

b. Man färbt verdünnte Schwefelsäure mit 1 Tropfen chromsaurer Kalilösung und fügt von der Soda hinzu, doch so dass die Säure noch vorherrscht. Bleibt die Lösung rothgelb, so ist hierdurch die Abwesenheit, wird sie grün, die Gegenwart von schwefligsaurem oder unterschwefligsaurem Natron erwiesen.

c. Ob die in b. besprochene Reaction von schwefligsaurem oder unterschwefligsaurem Salze herrührt, erforscht man, indem man eine klare Lösung der zu untersuchenden Soda mit Salzsäure übersättigt. Wird die Lösung nach einiger Zeit durch Abscheidung von Schwefel trübe (wobei gleichzeitig der Geruch nach schwefliger Säure auftritt), so ist jedenfalls unterschwefligsaures (vielleicht jedoch ausserdem auch schwefligsaures) Salz zugegen.

Die durch die drei letztgenannten Verbindungen entstehenden Fehler lassen sich einigermaassen umgehen, wenn man die abgewogene Sodaprobe mit chlorsaurem Kali glüht, bevor man sie sättigt. Hierdurch werden Schwefelnatrium, unterschwefligsaures und schwefligsaures Natron in schwefelsaures Natron verwandelt. — Sofern unterschwefligsaures Natron zugegen ist, veranlasst man aber hierdurch neuerdings ein falsches Resultat, indem dieses Salz bei seinem Uebergange in schwefelsaures Natron ein Aequivalent kohlensaures Natron zersetzt und dessen Kohlensäure austreibt. [NaO, S_2O_2 + 4O (vom chlorsauren Kali herrührend) + NaO, CO_2 = 2 (NaO, SO_3) + CO_2.]

§. 186.

M o h r[114] hat in der neuesten Zeit eine Modification des im Vorstehenden beschriebenen Verfahrens der Soda- und Pottascheprüfung vorgeschlagen, welche sehr gute Resultate liefert. Die wesentlichen Punkte des modificirten Verfahrens sind folgende:

1. Anwendung der Quetschhahnpipette anstatt der früher allgemein üblichen Bürette.

2. Statt der Probeschwefelsäure dient eine Lösung von 63

Gramm (1 Aequivalent H = 1) krystallisirter Kleesäure in 1 Liter Wasser, d. h. dieselbe Lösung, von der schon bei der Acidimetrie die Rede war und statt welcher man auch die nach §. 182. aa. α. bereitete gleichwerthige Schwefelsäure anwenden kann.

3. Ausser dieser Probesäure hat man noch die in §. 182. aa. β. beschriebene Lösung von Aetznatron in Wasser nöthig.

4. Abgewogen werden von der zu prüfenden Pottasche oder Soda $\frac{1}{10}$ der Aequivalente, also von Soda 5,3 Grm., von Pottasche 6,91 Grm. Da die Probesäure in 1000 C.C. 1 Aeq. Kleesäure enthält, so reichen 100 C. C. gerade hin, die Zehnteläquivalente zu neutralisiren, wenn die kohlensauren Alkalien vollkommen rein sind.

5. Das Alkali wird in Wasser gelöst und mit etwas Lackmustinctur blau gefärbt. Man lässt jetzt zunächst soviel Probesäure zufliessen, dass die Farbe violett wird, kocht, lässt weitere Säure zu, bis die Farbe entschieden gelbroth ist, und dann noch weitere, bis zu den nächsten vollen 5 oder 10 C.C. — Das Alkali ist jetzt entschieden übersättigt; durch Kochen, Schütteln, Hineinblasen und zuletzt Aussaugen der Luft im Kolben wird die letzte Spur Kohlensäure entfernt.

6. Man füllt jetzt einen in $\frac{1}{10}$ C.C. getheilten Messapparat (Pipette oder Bürette) mit dem Probenatron und setzt tropfenweise zu, bis die Farbe durch Hellroth in Violett und dann plötzlich in klares Blau übergeht.

7. Man liest jetzt die verbrauchten C.C. Natronlösung ab, zieht sie von den verwendeten C.C. Probesäure ab und erkennt aus dem Reste ohne Weiteres die Procente an reinem kohlensauren Alkali.

II. Verfahren nach Fresenius und Will[115].

768

§. 187.

Dieses Verfahren beruht darauf, dass man die Quantität des kohlensauren Alkalis in der Pottasche und Soda aus dem Kohlensäurequantum bestimmt, welches sie enthalten. — Bedingung bei demselben ist demnach, dass alles Alkali, welches den genannten Handelsartikeln Werth verleiht, als neutrales kohlensaures Salz vorhanden, und kein anderweitiges kohlensaures Salz zugegen ist. Sind diese Bedingungen nicht von vornherein gegeben, so müssen sie auf geeignete Weise herbeigeführt werden. —

Die Bestimmung der Kohlensäure geschieht genau nach der in §. 110. II. β. aa. beschriebenen Weise. Man wählt die Kölbchen des in Fig. 47 abgebildeten Apparates nicht zu klein, *A* kann 4 bis 5 Loth, *B* 3 bis 4 Loth Wasser fassen. — Es ist unter allen Umständen zweckmässig (nicht aber nothwendig), der Kohlensäurebestimmung eine Wasserbestimmung vorhergehen zu lassen.

1. *Prüfung der Pottasche.*

a. W a s s e r b e s t i m m u n g.

Man bringt ein Schälchen von Eisenblech, welches etwa zwei Zoll Durchmesser hat und mit einem etwas lose schliessenden Deckel versehen ist, oder einen Porzellantiegel sammt seinem Deckel auf die Schale einer Wage, beschwert dieselbe Schale mit einem Zehngrammstück und bringt die Wage durch Schrote, zuletzt am besten durch Stanniolstreifchen, genau ins Gleichgewicht. Man nimmt nun von der zu untersuchenden Pottasche an verschiedenen Stellen Proben heraus, zerreibt dieselben möglichst schnell in einem trocknen Mörser, entfernt alsdann das Zehngrammstück von der Wage und bringt statt dessen so lange von der gepulverten Pottasche in das Schälchen, bis das Gleichgewicht wieder völlig hergestellt ist.

Man hat auf diese Art genau 10 Grm. Pottasche in dem

Schälchen.

Dasselbe erhitzt man jetzt andauernd gelinde, bis alles Wasser ausgetrieben ist (bis eine darüber gehaltene Glasscheibe sich nicht mehr beschlägt), bedeckt es, bringt es nach dem Erkalten auf die Wage und stellt das Gleichgewicht durch aufgelegte Gewichte her. Die Anzahl der Decigramme, welche hinzugelegt werden mussten, giebt alsdann die Menge des Wassers, welches in 100 Theilen der geprüften Pottasche enthalten war, geradezu an.

b. Kohlensäurebestimmung.

Von dem in 1. erhaltenen, wasserfreien Rückstande wägt man 6,283 Grm. ab und bestimmt die darin enthaltene Kohlensäure nach §. 110. II. β. aa. — Dividirt man die Anzahl der entwichenen Centigramme Kohlensäure durch 2, so erhält man ohne weitere Rechnung den Gehalt der Pottasche an kohlensaurem Kali. — Gesetzt also, 6,283 Grm. Pottasche hätten gegeben 1,80 Grm. Gewichtsverlust des Apparates, oder, was dasselbe ist, Kohlensäure, so enthielte die Pottasche $180/2 = 90$ Procente kohlensaures Kali.

Enthält eine Pottasche kohlensauren Kalk (was nur sehr selten der Fall ist), so löst man sie in Wasser, filtrirt und verfährt mit dem eingeengten Filtrat nach b. — Bei Gegenwart von Schwefelkalium und Aetzkali verfährt man wie unter gleichen Umständen bei Soda (siehe 2).

2. *Prüfung der Soda.*

Man verfährt im Allgemeinen ebenso wie bei Pottasche. Von dem wasserfreien Rückstande hat man 4,817 Grm. abzuwägen, wenn man durch Halbirung der Centigramme Kohlensäure den Procentgehalt an kohlensaurem Natron unmittelbar finden will.

Enthält eine Soda Schwefelnatrium, schwefligsaures oder unterschwefligsaures Natron, so würde bei dem gewöhnlichen

Verfahren mit der Kohlensäure Schwefelwasserstoff oder schweflige Säure entweichen, und auf diese Art die Menge der ersteren zu hoch gefunden werden. Diesem Uebelstande beugt man leicht vor, indem man zu dem Inhalte des Kolbens *A* (zu der Sodalösung) etwas gelöstes neutrales chromsaures Kali bringt. Schwefelwasserstoff wie schweflige Säure werden hierdurch zersetzt, und weil die Producte der Zersetzung nicht flüchtig sind, entweicht jetzt die Kohlensäure rein. — Da es einfacher ist, bei jeder Sodaprüfung ohne Weiteres ein wenig chromsaures Kali zuzusetzen, als jedesmal eine qualitative Prüfung auf die eben angeführten Verunreinigungen vorzunehmen, — und da die meisten Sodasorten des Handels eine oder die andere derselben enthalten, so kann man es sich zur Regel machen, bei Sodaprüfungen stets etwas chromsaures Kali hinzuzufügen.

Enthält eine Soda kaustisches Natron, was man daran erkennt, dass ihre Lösung nach Zusatz von überschüssigem Chlorbaryum alkalisch reagirt, so hat man folgende Modification des Verfahrens eintreten zu lassen.

a. W a s s e r b e s t i m m u n g.

Sie geschieht auf die gewöhnliche Weise (siehe Pottaschenprüfung).

b. K o h l e n s ä u r e b e s t i m m u n g.

Von dem in a. gewonnenen Rückstande wägt man 4,818 Grm. ab, reibt dieselben mit 3 bis 4 Theilen reinem Quarzsande und etwa ⅓ gepulvertem kohlensauren Ammon zusammen, bringt die Mischung in ein eisernes Schälchen, spült den Mischungsmörser mit Sand nach, befeuchtet die Masse mit so viel Wasser, als sie einsaugen kann, lässt eine kleine Weile stehen und erhitzt alsdann gelinde, bis alles Wasser ausgetrieben ist. In diesem Falle enthält der Rückstand keine Spur kohlensaures Ammon mehr. —

Enthält eine Soda neben Aetznatron Schwefelnatrium, so nimmt man statt des Wassers zum Befeuchten der Masse Aetzammon, um das anderthalbfach kohlensaure Ammon in neutrales zurückzuführen; andernfalls würde Schwefelammonium entwickelt und ein Theil des Schwefelnatriums in kohlensaures Natron übergeführt werden.

Nach dem Erkalten bringt man die Masse, welche sich mit Hülfe eines stumpfen Messers ganz leicht aus dem Schälchen nehmen lässt, in den Kolben A, spült das Schälchen mit etwas Wasser nach und verfährt im Uebrigen wie gewöhnlich. — Der zugesetzte Sand dient dazu, das Zusammenbacken der Masse, sowie das Spritzen beim Eintrocknen zu verhüten; würde man ihn weglassen, so müsste man nicht allein beim Erhitzen der feuchten Masse sehr vorsichtig sein, sondern man hätte auch grosse Mühe, die eingetrocknete Masse vollständig aus dem Schälchen in den Apparat zu bringen. — Am leichtesten gelingt die letztere Operation, wenn man vor dem Einbringen der Mischung das Eisenschälchen in der Art innen mit feinem Sande auskleidet, dass man es befeuchtet, Sand hineinbringt und den Ueberschuss wieder herausschüttet.

C. Bestimmung des kaustischen Alkalis, welches neben kohlensaurem in Soda oder Pottasche enthalten sein kann.

§. 188.

Sowohl in manchen Pottaschen als namentlich in vielen Sodasorten findet man gegenwärtig neben kohlensauren auch ätzende Alkalien, und sehr häufig kommt man in die Lage, den Gehalt an letzteren bestimmen zu sollen, indem es z. B. dem Seifenfabrikanten gar nicht gleichgültig ist, ein wie grosser Theil der Soda ihm schon kaustisch geliefert wird. Diese Frage lässt sich am einfachsten in der Art entscheiden, dass man die in §. 185 oder §. 186 angegebene Methode mit der in §. 187 beschriebenen verbindet, d. h. nach einer der ersteren die Gesammtmenge des kaustischen und kohlensauren Alkalis, nach letzterer aber die Menge der Kohlensäure und somit des kohlensauren Alkalis bestimmt. Die Differenz beider Bestimmungen giebt die Menge kohlensaures Alkali an, welcher das vorhandene kaustische entspricht. Will man das kohlensaure Natron auf wasserfreies Aetznatron berechnen, so ist es mit 0,5849, will man es auf Natronhydrat berechnen, mit 0,7547 zu multipliciren. Kohlensaures Kali ist zu ersterem Zwecke mit 0,6817, zu letzterem mit 0,8119 zu multipliciren.

Man ersieht leicht, dass man auch nur mit der in §. 187 angegebenen Methode den vorliegenden Zweck erreichen kann, indem man in einer abgewogenen Probe die Kohlensäure geradezu, in einer zweiten nach vorhergegangener Behandlung mit kohlensaurem Ammon bestimmt.

3. Chlorimetrie.

§. 189.

Der im Handel vorkommende Bleichkalk ist, wie bekannt, ein Gemenge von Kalkhydrat mit unterchlorigsaurem Kalk und Chlorcalcium. Die beiden letzteren Verbindungen stehen in normalem Chlorkalk immer in dem Verhältniss wie 1 Aeq. zu 1 Aeq. — Uebergiesst man Chlorkalk mit einer Säure, so erhält man den ganzen Gehalt an Chlor in freiem Zustande; denn

$$CaO, ClO + CaCl + 2 SO_3 = 2 CaO, SO_3 + 2 Cl. -$$

Der Chlorkalk des Handels ist von sehr ungleicher Beschaffenheit; bald liefert er mit Säuren viel, bald wenig

Chlor. Da nun letzteres allein seinen Werth bedingt, und da der Chlorkalk Gegenstand einer ausgebreiteten Fabrikation und eines bedeutenden Handels ist, so fühlte man bald das Bedürfniss, einfache Mittel kennen zu lernen, welche den Werth des Chlorkalks, d. h. seinen Gehalt an wirkendem Chlor, zu erkennen gäben. Die Gesammtheit dieser Methoden pflegt man unter der Benennung Chlorimetrie zusammenzufassen.

Die Anzahl der chlorimetrischen Methoden ist so gross, dass ich darauf verzichte, alle in Vorschlag gekommenen hier anzuführen. Ich begnüge mich damit, diejenigen zu beschreiben, welche sich entweder durch leichte Ausführung oder besondere Sicherheit im Resultate auszeichnen, oder welche deshalb Erwähnung verdienen, weil sie im praktischen Verkehr sich eingebürgert haben. Ich werde bei den einzelnen Gelegenheit finden, ihre Vorzüge und Mängel zu besprechen.

Zuvor mache ich darauf aufmerksam, dass man die Resultate der Chlorkalkprüfung in verschiedener Weise auszudrücken pflegt. Während man nämlich in der Wissenschaft einen Chlorkalk gewöhnlich in der Art charakterisirt, dass man seinen Gehalt an wirksamem Chlor in Gewichtsprocenten angiebt, taxirt und verkauft man denselben im praktischen Leben in der Regel nach chlorimetrischen Graden. Diese von Gay-Lussac herrührende Bezeichnungsweise giebt an, wieviel Liter Chlorgas von 0° und 0,76 Met. Druck in 1000 Grm. Chlorkalk enthalten sind.

Beide Bezeichnungen lassen sich leicht auf einander zurückführen, da man ja weiss, dass 1 Liter Chlorgas von 0° und 0,76 Met. 3,17007 Grm. wiegt.

So enthält z. B. ein Chlorkalk von 90° 3,17007 × 90 = 285,306 Grm. Chlor in 1000 Grm., also 28,53 in 100, — und ein Chlorkalk, welcher 34,2 Gewichtsprocente Chlor enthält, hat 107,9 Grade, denn da 100 Grm. 34,2 Grm. Chlor enthalten, enthalten 1000 Grm. 342. Diese sind aber = $^{342}/_{3,17007}$, d. i. = 107,9 Liter.

Bereitung der Chlorkalklösung.

§. 190.

Die Bereitung der Chlorkalklösung geschieht für alle Methoden am besten auf gleiche Art und zwar zweckmässig auf folgende:

Man wägt 10 Grm., reibt ihn mit wenig Wasser fein ab, setzt nach und nach mehr Wasser zu, schlämmt in den 1 Liter fassenden Messkolben, reibt den Rückstand wieder mit Wasser ab, spült zuletzt den Inhalt der Reibschale sorgfältig in den Kolben, füllt ihn bis zur Marke, schüttelt die milchige Flüssigkeit und wendet sie geradezu, d. h. ohne sie absitzen zu lassen, an. So oft man neue Portionen derselben abmisst, schüttelt man zuvor um. Man erhält auf diese Art viel constantere und richtigere Resultate, als wenn man, wie dies in der Regel vorgeschrieben wird, die Lösung absitzen lässt und nur den geklärten Theil verwendet. Man kann sich von dem Gesagten leicht überzeugen, wenn man zwei Versuche, den einen mit der klaren abgegossenen Lösung, den anderen mit der rückständigen trüben Mischung macht. So zeigte z. B. bei directen Versuchen die abgegossene Lösung einen Gehalt von 22,6, die rückständige Mischung von 25,0, — die gleichförmig gemischte von 24,5.

Von der so bereiteten Chlorkalklösung entspricht 1 C.C. 0,01 Grm. Chlorkalk.

A. Methode von Gay-Lussac (etwas modificirt).

§. 191.

Dieses Verfahren, welches noch vor Kurzem in den meisten Fabriken eingeführt war, beruht auf dem Umstande, dass, wenn Chlor bei Gegenwart von Wasser mit arseniger Säure zusammenkommt, Arsensäure und Chlorwasserstoff entsteht:

$$AsO_3 + 2Cl + 2HO = AsO_5 + 2ClH.$$

1 Aeq. arseniger Säure = 1237,5 (oder 99) bedarf somit 2 Aeq. Chlor = 886,6 (oder 70,92), um in Arsensäure überzugehen, oder in anderem Ausdrucke, 100 Gewichtstheile Chlor oxydiren 139,6 arsenige Säure. Kennt man somit das Quantum einer Chlorlösung, welches erforderlich ist, um eine bestimmte Menge arseniger Säure in Arsensäure zu verwandeln, so kennt man damit auch den Gehalt der Lösung an Chlor. — Die arsenige Säure wendet man am besten in Lösung an und bereitet sich eine solche von bekanntem Gehalt folgendermaassen.

a. *Bereitung der Lösung von arseniger Säure.*

Man löse 13,96 Grm. reine arsenige Säure in Natron- oder Kalilauge und verdünne die Lösung zu 1 Liter. Alsdann enthalten 10 C.C. 0,1396 arsenige Säure, entsprechend 0,1 Grm. Chlor.

b. *Ausführung des Versuchs.*

Man misst von der in a. genannten Lösung 10 C.C. mit der Pipette ab, bringt sie in ein Becherglas, verdünnt mit Wasser, setzt Salzsäure zu bis zum starken Vorwalten, färbt die Flüssigkeit mit einem Tropfen schwefelsaurer Indiglösung blau und tröpfelt nun von der nach §. 190 bereiteten Chlorkalklösung unter stetem Umrühren zu, bis die blaue Farbe fast verschwunden ist. Man bringt nun nochmals einen Tropfen Indiglösung hinzu und tröpfelt jetzt aufs Neue Chlorkalklösung ein, bis die Flüssigkeit sich plötzlich gänzlich entfärbt und auch durch Zusatz eines

776

sehr kleinen Tropfens Indiglösung nicht mehr gefärbt wird. Die verbrauchte Chlorkalklösung hat 0,1 Grm. Chlor enthalten. Setzen wir den Fall, es seien 40 C.C. = 80 Bürettengrade verbraucht worden. Da nun jeder Cubikcentimeter 0,01 Chlorkalk entspricht, so findet man den Gehalt des Chlorkalks an Gewichtsprocenten Chlor nach dem Ansatze:

$$0,40 : 0,10 = 100 : x$$

$$x = 25,$$

oder man dividirt mit den verbrauchten C.C. Chlorkalklösung in 1000, oder mit den verbrauchten Bürettengraden (½ C.C.) in 2000.

Diese Methode giebt zwar befriedigende Resultate, es gehört aber einige Uebung dazu, um den Punkt der beendigten Ueberführung mit vollkommener Sicherheit zu treffen, auch entwickelt sich leicht ein wenig Chlor. Der letzte Fehler wird grösser, wenn man, wie dies gewöhnlich geschieht, mit concentrirterer Chlorkalklösung operirt (Analyt. Belege Nr. 72).

B. Methode von Penot[116].

§. 192.

Dieselbe gründet sich ebenfalls auf die Ueberführung der arsenigen Säure in Arsensäure, aber sie lässt dieselbe in alkalischer Lösung vollbringen. Zur Erkennung der beendigten Reaction bedient man sich eines sogenannten jodirten Papiers.

a. *Bereitung des jodirten Papiers.*

Man erhitzt bis zur vollständigen Auflösung und Entfärbung 1 Grm. Jod, 7 Grm. krystallisirtes kohlensaures Natron, 3 Grm. Kartoffelstärke, 250 C.C. Wasser, nimmt vom Feuer und verdünnt mit Wasser auf 500 C.C. Mit dieser Flüssigkeit tränkt man feines weisses Druckpapier und lässt es trocknen.

b. *Bereitung der Lösung von arseniger Säure.*

Man löst 4,425 Grm. reine arsenige Säure mit 13 Grm. krystallisirtem kohlensauren Natron und 6–700 C.C. Wasser in der Wärme auf und verdünnt die erkaltete Lösung mit Wasser genau auf 1 Liter. Jeder C.C. enthält alsdann 0,004425 Grm. arsenige Säure, entsprechend 1 C.C. Chlorgas von 0° und 760 M.M. Druck, und somit entspricht auch jeder Bürettengrad genau einem Bürettengrad Chlorgas[117].

c. *Ausführung.*

Man misst 50 C.C. = 100° der nach §. 190 bereiteten Chlorkalklösung mittelst einer Pipette ab, bringt sie in ein Becherglas und tröpfelt nun aus einer 50 C.C. = 100° fassenden Bürette oder Quetschhahnpipette von der nach b. bereiteten Arsenlösung unter stetem Umrühren zu, bis ein Tropfen der Chlorkalklösung, auf das jodirte Papier gebracht, dies eben nicht mehr blau färbt, welcher Punkt sehr leicht und sicher zu treffen ist, da die allmälig schwächer werdende Färbung des jodirten Papieres darauf hinweist, dass derselbe bald erreicht ist, und dass man somit die Probeflüssigkeit nur noch tropfenweise zusetzen darf. — Die Anzahl der verbrauchten Bürettengrade (½ C.C.) giebt geradezu die chlorimetrischen Grade (die Liter Chlorgas im Kilogramm Chlorkalk) an, wie sich aus folgender Betrachtung ergiebt. Gesetzt wir hätten 80° (½ C.C.) Arsenlösung verbraucht, so enthält der zum Versuch verwendete Chlorkalk 80° = 40 C.C. Chlorgas. Die abgemessenen 100° = 50 C.C. Chlorkalklösung entsprechen aber 0,5 Grm. Chlorkalk. Da nun 0,5 Grm. 40 C.C. Chlorgas enthalten, so enthalten 1000 Grm. 80000 C.C. = 80 Liter. — Diese Methode giebt sehr übereinstimmende und gute

Resultate und dürfte namentlich für Fabriken die geeignetste sein.

C. Methode von Otto.

§. 193.

Das Princip dieses Verfahrens ist folgendes:

2 Aeq. schwefelsaures Eisenoxydul geben, wenn sie bei Gegenwart von Wasser und freier Schwefelsäure mit Chlor zusammenkommen, 1 Aeq. schwefelsaures Eisenoxyd und 1 Aeq. ClH, und zwar ist zu dieser Umsetzung 1 Aeq. Cl erforderlich:

$$2 \, FeO, SO_3 + SO_3 + HO + Cl = Fe_2O_3, 3 \, SO_3 + ClH.$$

2 Aeq. FeO, SO_3 = 1900 oder (auf krystallisirten Eisenvitriol bezogen) 2 (FeO, SO_3, HO + 6 aq.) = 3475,0 entsprechen 443,28 Chlor, d. i. in anderem Ausdrucke 0,7839 Grm. krystallisirter Eisenvitriol entsprechen 0,1 Grm. Chlor.

Das schwefelsaure Eisenoxydul zu diesen Versuchen bereitet man sich am besten also:

Man löst rostfreie Nägel in verdünnter Schwefelsäure, zuletzt unter Erwärmen, auf, filtrirt die noch warme Lösung ab und lässt sie in Weingeist tropfen, und zwar in etwa das doppelte Volum. Der Niederschlag ist FeO, SO_3 + HO + 6 aq. Man sammelt ihn auf einem Filter, süsst ihn mit Weingeist aus und lässt ihn, auf Fliesspapier ausgebreitet, an der Luft trocknen. Wenn er nicht mehr nach Weingeist riecht, hebt man ihn in gut verschlossenen Gefässen auf.

Ausführung des Versuchs.

Man löst 3,1356 Grm. (d. h. 4 × 0,7839 Grm.) des gefällten Eisenvitriols mit Wasser zu 200 C. C. auf, nimmt 50 C.C., entsprechend 0,7839 Grm. Vitriol mittelst einer Pipette heraus, verdünnt mit 150–200 C.C. Wasser, säuert die

Lösung mit reiner Salzsäure stark an und tröpfelt nun von der nach §. 190 bereiteten, frisch geschüttelten, in einer 50 C.C. = 100° fassenden Bürette befindlichen Chlorkalklösung so lange zu, bis alles schwefelsaure Eisenoxydul in Oxydsalz übergeführt ist. — Um diesen Punkt zu treffen, bedient man sich eines Tellers, welchen man mit einer Auflösung von Ferridcyankalium besprengt hat, und prüft zuletzt, wenn man sich dem Ziele nähert, nach Zusatz von je zwei Tropfen Chlorkalklösung, ob die Eisenlösung das Ferridcyankalium noch blau fällt, indem man mit dem Rührstabe ein wenig derselben mit einem auf dem Teller befindlichen Tropfen vereinigt. Ist das Ziel erreicht, so liest man ab, wie viel Chlorkalklösung man verbraucht hat. Die verbrauchte hat 0,1 Grm. Chlor enthalten. Die Rechnung ist demnach genau wie in §. 191. —

Auch diese Methode giebt ganz gute Resultate, vorausgesetzt, dass der Eisenvitriol oxydfrei und trocken ist.

Modificationen dieser Methode.

a. Statt des Eisenvitriols kann man sich mit bestem Erfolge auch einer Eisenchlorürlösung bedienen, welche man durch Auflösung von Klavierdraht in Salzsäure (nach §. 89. 2. a. bb.) bereitet hat. Löst man 0,6316 reines metallisches Eisen, das heisst 0,6335 feinen Klavierdraht (in welchem 99,7 Eisen angenommen werden kann) zu 200 C.C., so hat man eine Lösung von ganz demselben Eisengehalt, wie die oben genannte Vitriollösung, d. h. 50 C.C. derselben entsprechen 0,1 Chlor. Da es aber unbequem ist, eine bestimmte Menge Eisendraht abzuwiegen, so wäge ich lieber etwa 0,15 genau ab, löse, verdünne auf etwa 200 C.C., oxydire mit der nach §. 190 bereiteten Chlorkalklösung und berechne das Chlor nach dem Ansatze: 56 : 35,46 = das angewandte Eisen : x, das gefundene x ist dann gleich dem in der verbrauchten Chlorkalklösung enthaltenen Chlor. Diese Rechnung erspart man durch folgende Formel, bei deren Berechnung ich bereits auf den Kohlenstoff des Klavierdrahtes Rücksicht genommen habe.

1) Man multiplicire den abgewogenen Klavierdraht mit 12626 und dividire das Product durch die Bürettengrade (½ C.C.) verbrauchter Chlorkalklösung, so erhält man den Gehalt an Chlor in Gewichtsprocenten. Oder

2) man multiplicire den abgewogenen Klavierdraht mit 39829 und dividire das Product durch die Bürettengrade (½ C.C.) verbrauchter Chlorkalklösung, so erhält man die chlorimetrischen Grade des Chlorkalks (die Anzahl der Liter Chlorgas im Kilogramm). Diese Methode giebt sehr gute Resultate. Ich habe sie hauptsächlich deshalb angeführt, weil man bei ihrer Anwendung ganz unabhängig von titrirten Flüssigkeiten ist. Sie empfiehlt sich daher namentlich zur Controle und vorzüglich dann, wenn man einmal eine oder zwei Prüfungen zu machen hat.

b. Anstatt das Eisenoxydul oder Chlorür durch den Chlorkalk geradezu zu oxydiren, kann man mit bestem Erfolge auch also operiren. Man wägt etwa 0,3 Grm. Klavierdraht genau ab, löst zu Chlorür, verdünnt die noch stark saure Lösung auf 200–300 C.C., lässt 100° = 50 C.C. der nach §. 190 bereiteten Chlorkalklösung aus einer Bürette unter Umrühren zufliessen, und bestimmt zuletzt die Menge des noch unoxydirten Eisens (des aus Chlorür noch nicht in Chlorid übergeführten) mit übermangansaurem Kali (§. 89). Man erfährt so die Menge des durch den Chlorkalk oxydirten Eisens und somit, nach den in a. genannten Formeln, Chlorprocente oder chlorimetrische Grade des Chlorkalks. — Resultate sehr genau.

D. Methode von Bunsen.

§. 194.

Man bringt 10 C.C. der nach §. [190](190) bereiteten Chlorkalklösung (enthaltend 0,1 Chlorkalk) in ein Becherglas, fügt etwa 6 C.C. der nach §. [114](114) bereiteten Jodkaliumlösung zu (enthaltend 0,6 K.J.), verdünnt mit etwa 100 C.C. Wasser, säuert mit Salzsäure an und bestimmt das ausgeschiedene Jod nach §. [114](114). Da 1 Aeq. Jod 1 Aeq. Chlor entspricht, ergiebt sich die Rechnung leicht. — Diese Methode liefert vortreffliche Resultate (vergl. analytische Belege Nr. [72](72)).

4. Prüfung des Braunsteins auf seinen Gehalt an Manganhyperoxyd.

§. 195.

Der in der Natur vorkommende Braunstein ist ein stets etwas Feuchtigkeit enthaltendes Gemenge von Manganhyperoxyd mit niederen Oxydationsstufen des Mangans, mit Eisenoxyd, Thon, Schwerspath u. s. w. — Es ist für den Fabrikanten und Kaufmann von grösstem Interesse, den Gehalt desselben an reinem Hyperoxyd kennen zu lernen, indem von diesem allein sein Werth abhängt. — Von den vielen, zur Prüfung des Braunsteins in Vorschlag gekommenen Methoden theile ich hier nur drei mit. Sie geben sehr sichere und gute Resultate und lassen sich rasch ausführen. Für technische Prüfungen empfiehlt sich namentlich die erstere[118].

A. Verfahren nach Fresenius und Will.

Das Princip, auf welchem dasselbe beruht, wurde bereits von B e r t h i e r und T h o m s o n angewandt; es ergiebt sich aus Folgendem:

a. Wenn man Oxalsäure (oder ein oxalsaures Salz) bei Gegenwart von überschüssiger Schwefelsäure mit Manganhyperoxyd zusammenbringt, so bildet sich schwefelsaures Manganoxydul, und es entwickelt sich Kohlensäure, indem der Sauerstoff, den man sich im Manganhyperoxyd als mit Manganoxydul verbunden denken kann, an die Oxalsäure tritt und sie in Kohlensäure verwandelt:

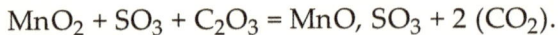

$$MnO_2 + SO_3 + C_2O_3 = MnO, SO_3 + 2 (CO_2).$$

Für je 1 Aeq. des verwendbaren Sauerstoffs (wie man diesen Sauerstoffüberschuss nennen kann), oder, was dasselbe ist, für je 1 Aeq. Manganhyperoxyd erhält man demnach 2 Aeq. Kohlensäure.

b. Wenn man die Operation in einem gewogenen Apparate vornimmt, aus dem nichts als die Kohlensäure entweichen kann, und welcher gleichzeitig ein ganz vollständiges Austreiben derselben gestattet, so ergiebt sich aus der Gewichtsabnahme des Apparates die Quantität der entwichenen Kohlensäure, und somit durch eine einfache Rechnung die Menge des vorhandenen Manganhyperoxyds.

c. Wenn man diese Rechnung vermeiden will, so hat man nur nöthig, ein solches Gewicht Braunstein anzuwenden, welches, wenn es reines Manganhyperoxyd wäre, 100 Theile Kohlensäure liefern würde. Alsdann geben die gefundenen Theile Kohlensäure ohne Weiteres die Theile Hyperoxyd an, welche in 100 Theilen des angewandten Braunsteins enthalten sind. Diese Zahl findet man durch folgende Gleichung:

$$2 \text{ Aeq. } CO_2 \quad 1 \text{ Aeq. } MnO_2$$
$$550{,}00 \quad : \quad 544{,}68 \quad = 100 \quad : x$$
$$x = 99{,}033$$

Nähme man demnach 0,99033 Grm. Braunstein zu einem

Versuche, so würden die Centigramme der entwichenen Kohlensäure der unmittelbare Ausdruck für den Procentgehalt des Braunsteins an Hyperoxyd sein. Man würde aber alsdann eine zum genauen Wägen etwas kleine Menge Kohlensäure erhalten. Es ist daher zweckmässiger, ein Multiplum dieser Einheitszahl zu nehmen und die Quantität der erhaltenen Centigramme Kohlensäure alsdann durch die nämliche Zahl zu dividiren, mit welcher man die Einheit multiplicirt hat. Als das geeignetste Multiplum ist das Dreifache oder 2,97099 zu betrachten, statt welcher Zahl man ohne Nachtheil die kürzere 2,97 setzen kann.

Nach dem Vorausgeschickten ist nun die Ausführung ohne Weiteres verständlich.

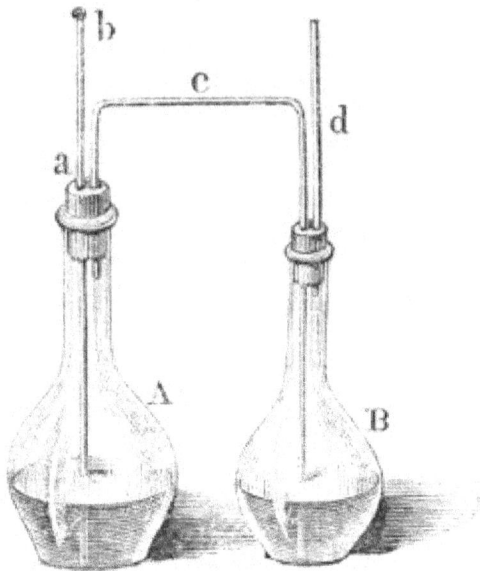

Fig. 99

Man bedient sich dazu des in Fig. 99 abgebildeten Apparates, den wir §. 110 bereits kennen gelernt haben. Das Kölbchen A fasse bis an den Hals gefüllt etwa 100–120 C.C., B 90–100 C.C. Letzteres wird mit englischer Schwefelsäure zur Hälfte angefüllt, die Röhre a ist bei b durch ein Wachsstöpfchen verschlossen.

Man bringt 2,97 Theile des (am besten in einem Achatmörser) höchst fein geriebenen Braunsteins in A, fügt etwa 7,5 Grm. zerriebenen neutralen oxalsauren Kalis (durch Sättigen von gewöhnlichem Kleesalz mit kohlensaurem Kali und Abdampfen zur Krystallisation leicht zu erhalten) oder etwa 6 Grm. neutralen oxalsauren Natrons und so viel Wasser hinzu, dass das Kölbchen ungefähr zu einem Drittel voll wird. Man dreht nunmehr den Stopfen auf A ein, tarirt den Apparat und veranlasst alsdann, indem man aus d mittelst eines

Kautschukschlauches etwas Luft aussaugt, dass Schwefelsäure nach *A* herüberfliesst. Die Entwickelung der Kohlensäure beginnt sogleich und zwar äusserst gleichmässig. Wird sie schwächer, so lässt man wiederum etwas Schwefelsäure herüberfliessen und fährt auf gleiche Weise fort, bis aller Braunstein zersetzt ist, was, wenn derselbe recht fein gepulvert war, höchstens einen Zeitaufwand von 5 Minuten erfordert. Die vollständige Zersetzung ergiebt sich einerseits daraus, dass sich auch bei Ueberschuss von Schwefelsäure keine Kohlensäure mehr entwickelt, andererseits darf sich auf dem Boden von *A* kein schwarzes Pulver mehr zeigen[119]. Zuletzt lässt man etwas mehr Schwefelsäure nach *A* herüberfliessen, damit sich die darin befindliche Flüssigkeit stark erhitze und die noch darin aufgelöste Kohlensäure vollständig ausgetrieben werde, lüftet dann das Wachsstöpfchen auf *b* und saugt langsam Luft aus *d*, bis die letzte nicht mehr nach Kohlensäure schmeckt, lässt den Apparat erkalten, stellt ihn auf die Wage und legt Gewichte hinzu bis zum Gleichgewicht. Die Anzahl der aufgelegten Centigramme, dividirt durch 3, ist gleich dem Procentgehalt des Braunsteins an Hyperoxyd.

Im Falle Braunsteinsorten kohlensaure alkalische Erden enthalten, wie dies bei denen gewisser Fundorte zuweilen der Fall ist, ändert man das Verfahren am zweckmässigsten auf folgende Art ab. Man bringt wie gewöhnlich 2,97 Grm. Braunstein in *A*, übergiesst sie darin mit ziemlich verdünnter Schwefelsäure, so dass etwa ⅓ des Kölbchens angefüllt wird, und lässt, indem man zuweilen umschüttelt, stehen, bis das Aufbrausen völlig nachgelassen hat; man erwärmt alsdann gelinde, um die noch aufgelöste Kohlensäure auszutreiben. Man füllt jetzt etwa 3 Grm. gepulverte käufliche Oxalsäure in ein kleines Glasröhrchen, hängt dieses an einem Faden schwebend in *A*, tarirt den

Apparat und lässt dann das Röhrchen in die Flüssigkeit fallen, wodurch die Zerlegung des Braunsteins und somit die Kohlensäureentwickelung alsobald herbeigeführt wird. Zuletzt saugt man Schwefelsäure von *B* nach *A* hinüber und beendigt überhaupt den Versuch, wie oben angegeben. —

Die Genauigkeit der Resultate ist überraschend. —

Sollte Jemand wünschen, den Braunstein auch in Hinsicht auf die Quantität Salzsäure kennen zu lernen, deren dieser bedarf, um seinen verwendbaren Sauerstoff als Chlor abzugeben (eine Sache, die nur in seltenen Fällen von Interesse ist), so findet er darüber ausführliche Belehrung in dem bereits S. 456 angeführten Schriftchen.

B. Verfahren nach Bunsen.

Fig. 100.

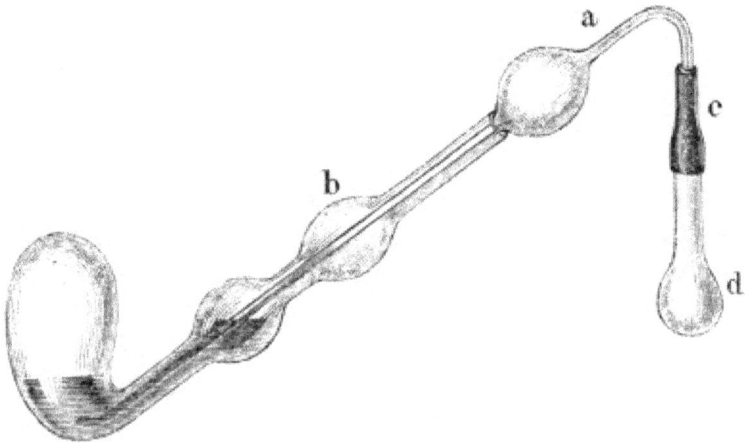

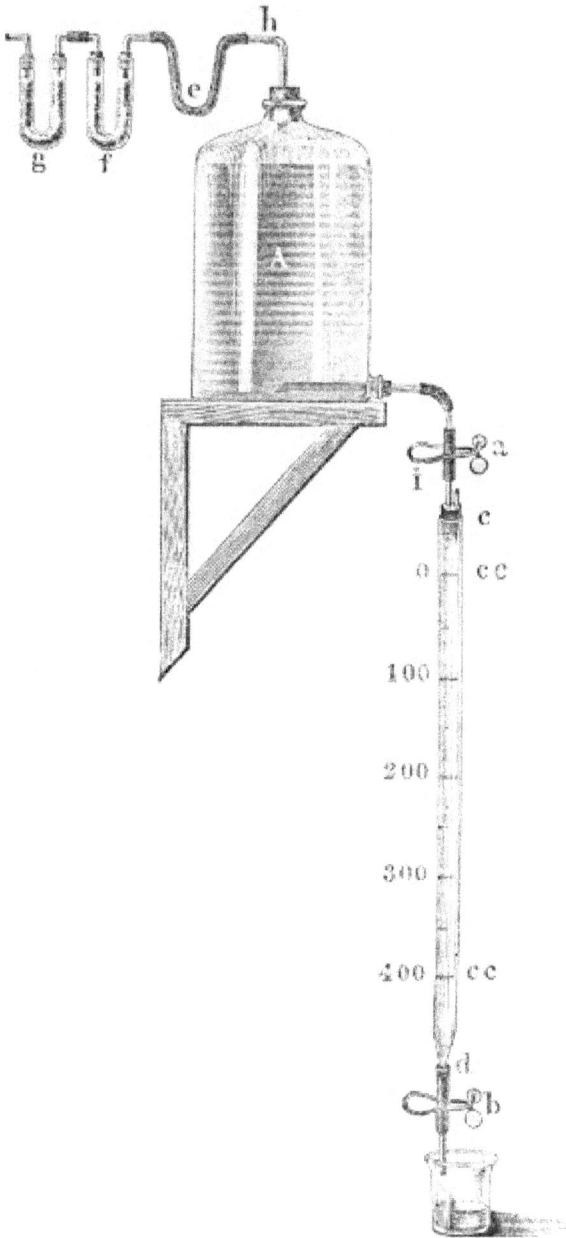

Fig. 101.

§. 196.

Man wägt etwa 0,4 Grm. des höchst fein gepulverten Braunsteins ab, übergiesst ihn in dem in §. 104 Fig. 46 abgebildeten Kölbchen *a* mit rauchender reiner Salzsäure, und verfährt genau wie bei der Analyse chromsaurer Salze. Man kocht, bis aller Braunstein gelöst und alles Chlor ausgetrieben ist, was nach einigen Minuten beendigt ist. Je 1 Aeq. ausgeschiedenen Jods entspricht 1 Aeq. entwickelten Chlors, folglich 1 Aeq. Manganhyperoxyd.

Ich will bei dieser Gelegenheit auf einige kleine Abänderungen des B u n s e n'schen Verfahrens aufmerksam machen, welche sich in meinem Laboratorium als zweckmässig bewährt haben.

Dieselben beziehen sich erstens auf die Form des Entwickelungs- und Absorptionsapparates, zweitens auf die Art des Zusatzes der schwefligen Säure.

Da bei der B u n s e n'schen Einrichtung das kleine Kugelventil seinen Dienst nicht immer nach Wunsch verrichtet, so steigt die Flüssigkeit gern zurück. Es wird dies sehr gut vermieden oder wenigstens unschädlich gemacht durch die in Fig. 100 dargestellte abgeänderte Form der Gefässe. Man sieht, *a* ist eine oben umgebogene, unten zu einer aufwärts gerichteten Spitze ausgezogene Pipette. Sobald das Kochen beendigt ist, fasst man das Kautschukrohr *c* mit der linken Hand und hebt, während man die Weingeistlampe mit der Rechten stets unter dem Kölbchen hält, *a* so weit aus der Retorte, dass die gekrümmte Spitze sich in der Kugel *b* befindet. Jetzt nimmt man erst die Lampe, dann das Kölbchen weg und verfährt dann wie gewöhnlich. —

Was den Zusatz der schwefligen Säure betrifft, so verursacht derselbe unnöthige Mühe und Zeitaufwand, wenn man denselben mit Hülfe einer gewöhnlichen Pipette vollbringt, mehr noch, wenn man eine kleine Messflasche anwendet wegen des dann nöthigen Ausspülens. Ich habe deshalb für mein Laboratorium den in Fig. 101 (a. f. S.) dargestellten Apparat construirt, der uns treffliche Dienste thut.

A ist eine möglichst grosse Flasche. Sie fasse z. B. 10 Liter. Man füllt sie fast mit Wasser voll, fügt 70–80 C.C. einer gesättigten Lösung von schwefliger Säure zu, schüttelt tüchtig und stellt die Flasche dann an ihren erhöhten festen Standort. Man verbindet dann die Röhre *h* mittelst des vulcanisirten Kautschukschlauchs *e* mit den Röhren *f* und *g* und schiebt das unter dem Quetschhahn *a* befindliche Stück des kleinen Kautschukschlauches über das in die Röhre *c d* mündende Röhrchen, welches innen so zur Seite gebogen ist, dass die Flüssigkeit ruhig an der Röhrenwand herunterläuft. *g* enthält Phosphorstückchen zwischen Asbest, *f* Kalihydrat. Die Röhre *c d* ist mittelst zweier eiserner Ringe (welche hier nicht gezeichnet sind) oder auf eine sonstige beliebige Art an der Wand oder einem geeigneten Gestelle in lothrechter Richtung so befestigt, dass sie 10–12 Centimeter absteht, und der 0-Punkt sich in der Höhe des Auges befindet. Sie ist von oben nach unten genau auf Ausfluss graduirt, und zwar genügt eine Eintheilung von 50 zu 50 C.C. Diese Graduirung stellt man leicht her, indem man die Röhre bis an den 0-Theilstrich mit Wasser füllt, und mittelst des Quetschhahns *b* in eine genau auf Einguss graduirte Messröhre 50 C.C. (oder auch in einen tarirten Kolben 50 Grm. von 4° C.) ausfliessen lässt. Man bezeichnet jetzt den Flüssigkeitsstand in der Röhre *c d* mit einem Diamantstrich und fährt so fort, bis die Röhre ihrer ganzen Länge nach eingetheilt ist.

Der Gebrauch des Apparates ergiebt sich von selbst. Soll die Messröhre *c d* gefüllt werden, öffnet man den Hahn *a*, soll eine gemessene Menge schwefliger Säure abgelassen werden, den Hahn *b*. — Die ausfliessende Flüssigkeit lasse man ruhig an der Wand des Becherglases herabfliessen. Bei der Feststellung der Beziehung zwischen schwefliger Säure und Jodlösung bringt man am besten zuerst etwa $^9/_{10}$ der nothwendigen Jodlösung aus der Bürette oder Quetschhahnpipette in ein Becherglas, lässt dann 100 C.C. schweflige Säure zufliessen, versetzt mit Stärkekleister und fügt nun tropfenweise weitere Jodlösung zu, bis zur eintretenden Blaufärbung.

C. Verfahren mittelst Eisens.

§. 197.

Man löst 0,5–0,6 Grm. Klavierdraht in der in §. 196, *B* Fig. 100, abgebildeten Retorte (indem man deren Bauch nach unten, ihren Hals aufwärts richtet und ihre Mündung mit einem Stopfen schliesst, der eine offene Glasröhre trägt) in verdünnter Salzsäure, wie in §. 89. 2. a., verdünnt die Lösung und giebt der Retorte die Stellung, welche sie in Fig. 100 zeigt.

Nun erhitzt man in dem in Fig. 100 dargestellten Kölbchen *d* 0,35–0,4 Grm. fein gepulverten Braunstein mit starker Salzsäure, genau wie in §. 196 und bestimmt zuletzt, nach dem Erkalten, den nicht oxydirten Theil des Eisens durch übermangansaure Kalilösung von bekanntem Wirkungswerth (§. 89). Zieht man diesen ab von der angewandten Menge des Klavierdrahtes, so erfährt man die Quantität des Eisens, welche durch das mit Hülfe des Braunsteins entwickelte Chlor oxydirt wurde. Multiplicirt man letztere mit 0,77804, so erhält man die Menge des Hyperoxyds, welche in dem zersetzten Braunstein enthalten war.

5. Prüfung des gelben und

rothen Blutlaugensalzes.

§. 198.

Das käufliche gelbe Blutlaugensalz ist bekanntlich Ferrocyankalium (Cfy, 2 K + 3 aq.), welches meist kleinere oder grössere Mengen anderer Salze (kohlensaures Kali, schwefelsaures Kali, Chlorkalium) enthält; das rothe Blutlaugensalz ist Ferridcyankalium (2 Cfy, 3 K), welches ähnliche Verunreinigungen enthalten kann und ausserdem in der Regel noch etwas Ferrocyankalium enthält.

Es ist sowohl zur Prüfung dieser Handelsartikel, als auch zur Untersuchung der bei der Fabrikation derselben sich ergebenden Mutterlaugen u. s. w. wichtig, eine einfache Methode zu kennen, mittelst welcher man den Gehalt an Ferro- und Ferridcyankalium leicht, schnell und sicher feststellen kann.

Ich freue mich, eine solche mittheilen zu können. Sie ist vor Kurzem von einem meiner Schüler, Herrn E. de Haen, ermittelt worden und entspricht dem Zwecke aufs Beste.

Dieselbe beruht auf der einfachen Thatsache, dass eine mit Salzsäure angesäuerte Lösung von Ferrocyankalium (in der somit freie Ferrocyanwasserstoffsäure anzunehmen ist) bei Zusatz von übermangansaurem Kali übergeht in die entsprechende Ferridcyanverbindung. Nimmt man diese Ueberführung in einer ganz verdünnten Flüssigkeit vor, welche etwa 0,2 Grm. Ferrocyankalium in 200–300 C.C. enthält, so giebt sich das Ende der Reaction durch den Uebergang der rein gelben Lösung in eine entschieden rothgelbe scharf und unzweideutig zu erkennen. — Die Bestimmung des Ferridcyans vollbringt man, indem man die Ferridcyanverbindung mit Hülfe eines Reductionsmittels in die entsprechende Ferrocyanverbindung überführt und diese dann mit übermangansaurem Kali behandelt.

Die Methode erfordert zwei Flüssigkeiten von bekanntem Gehalt, nämlich:

1) eine Lösung von reinem Ferrocyankalium;
2) eine Lösung von übermangansaurem Kali.

E r s t e r e bereitet man durch Auflösen von 20 Grm. vollkommen reinem und trockenem krystallisirten Ferrocyankalium in Wasser, so dass das Volumen der Lösung 1 Liter beträgt. Jeder C.C. enthält somit 20 Milligramm; — l e tz t e r e verdünnt man so, dass man zu 10 C.C. der Blutlaugensalzlösung den Inhalt einer Bürette nicht ganz verbraucht. (Wendet man eine solche an, die in 100 halbe C.C. eingetheilt ist, so giebt man somit der Chamäleonlösung eine grössere Verdünnung, als wenn man eine halb so viel fassende, in $\frac{1}{10}$ C.C. eingetheilte Bürette gebraucht.)

Um nun zunächst den Wirkungswerth der Chamäleonlösung auf Ferrocyankalium festzustellen, misst man mittelst einer kleinen Pipette 10 C.C. der Blutlaugensalzlösung (enthaltend 0,200 Grm.) ab, verdünnt mit etwa 250 C.C. Wasser, säuert mit Salzsäure an, stellt auf ein Blatt weissen Papiers und tröpfelt unter Umrühren die Chamäleonlösung ein, bis die eintretende rothgelbe Färbung der Flüssigkeit die vollendete Ueberführung zu erkennen giebt[120]. Wiederholt man den Versuch mehrmals, so erhält man stets sehr genau übereinstimmende Resultate. Diese rasch auszuführende Prüfung muss, der Veränderlichkeit der Chamäleonlösung halber, jeder neuen Versuchsreihe vorangehen.

Will man nun ein Blutlaugensalz auf seinen Gehalt an Ferrocyankalium prüfen, so löst man 5 Grm. zu 250 C.C. auf, nimmt 10 C.C. der Lösung und prüft wie angegeben.

Hat man bei der Feststellung des Wirkungswerthes der Chamäleonlösung 80 Bürettengrade gebraucht und genügen jetzt 70, so belehrt der Ansatz: 80 : 0,200 = 70 : x über den Gehalt von 0,200 Grm. des geprüften Blutlaugensalzes an reinem Ferrocyankalium. — Dass man diese kleine Rechnung noch ersparen kann, wenn man die Chamäleonlösung so verdünnt, dass genau 100° 0,200 Ferrocyankalium entsprechen, liegt auf der Hand; denn in dem Falle bezeichnen die Grade direct die Procente.

Handelt es sich um die Bestimmung des Ferridcyankaliums in einer Verbindung, welche kein Ferrocyankalium enthält, so löst man zunächst 5 Grm. derselben zu 250 C.C., misst 10 C.C. ab, fügt 5–8 C.C. concentrirte Kalilauge zu, erhitzt in einer kleinen Schale fast zum Kochen und trägt dann 0,4–0,5 Grm. fein zerriebenes Bleioxyd ein. Es färbt sich dieses, indem es theilweise in Hyperoxyd übergeht, sogleich braun. Schon nach kurzer Digestion bei einer dem Siedepunkte nahen Temperatur ist die Reduction beendigt; die Veränderung der Farbe der Lösung lässt darüber nicht in Zweifel[121]. Man verdünnt jetzt den Inhalt der Schale mit Wasser, filtrirt, wäscht aus, verdünnt, so dass das Gesammtvolum etwa 250 C.C. beträgt, und säuert mit Salzsäure an. Es entsteht hierdurch eine starke weisse Trübung von ausgeschiedenem Ferrocyanblei. Unbekümmert um dieselbe, fügt man die Chamäleonlösung zu. Der Niederschlag löst sich in dem Maasse, als die Ueberführung des Ferrocyans in Ferridcyan erfolgt, und die Beendigung der Reaction giebt sich somit nicht nur an der Farbenveränderung, sondern auch an der eintretenden völligen Klarheit der Flüssigkeit zu erkennen[122]. Vor allen anderen Methoden, welche angewandt werden können, um das Ferridcyankalium zu reduciren, hat keine so gute Resultate geliefert, als die eben erwähnte. Wiederholte Versuche gaben völlig befriedigende

Resultate. Es ist dabei nur zu bemerken, dass die Flüssigkeiten concentrirt sein müssen.

Liegt endlich zur Analyse ein Körper vor, welcher Ferro- und Ferridcyankalium enthält, so bereitet man die Lösung wie angegeben und prüft alsdann 10 C.C. ohne Weiteres, 10 andere nach vorhergegangener Reduction. Die erste Bestimmung liefert direct das Ferrocyankalium, die letztere dieses sammt dem aus dem Ferridcyankalium gebildeten.

Da nun 2 Aeq. krystallisirtes Ferrocyankalium = 5281 einem Aeq. Ferridcyankalium = 4117 entsprechen, so ergiebt sich die Menge des letzteren, wenn man die Differenz beider Bestimmungen, ausgedrückt in krystallisirtem Ferrocyankalium, multiplicirt mit 0,7795.

Die der beschriebenen Methode zu Grunde liegende Reaction erfolgt nach der Gleichung $10(Cfy, 2 H) + Mn_2 O_7 + 2ClH = 5(2 Cfy, 3 H) + 2Mn Cl + 7HO$. Es ist dies durch directe Versuche bewiesen worden. Die Genauigkeit der Resultate ist sehr befriedigend.

6. Analyse des Kochsalzes.

§. 199.

Ich wähle dies Beispiel, um zu zeigen, wie man auf eine genaue und dabei ziemlich rasche Art solche Salze analysirt, welche neben einem vorwaltenden Hauptbestandtheil kleine Mengen anderer Substanzen enthalten.

a. Das Salz wird gleichförmig zerrieben und in ein mit einem Glasstopfen versehenes Pulverglas gebracht.

b. Man wägt 10 Grm. ab, löst sie in einem Becherglase durch Digestion mit Wasser auf, filtrirt die Flüssigkeit in einen 500 C.C. fassenden Messkolben — und wäscht den meistens bleibenden geringen Rückstand vollkommen aus, zuletzt füllt man den Kolben bis zum Theilstrich mit Wasser an und schüttelt.

Bleiben beim Auflösen kleine, feste, weisse Körner von Gyps zurück, so bringt man dieselben in eine Reibschale, reibt sie fein, setzt Wasser zu, giesst nach geeigneter Digestion das helle aufs Filter ab, reibt aufs Neue fein etc. bis zu deren Lösung.

c. Den getrockneten unlöslichen Rückstand bestimmt man nach §. 35.

d. Von der nach b. bereiteten Lösung misst man hinter einander folgende Mengen ab:

> für e 50 C.C. entsprechend 1 Grm. Kochsalz,
> „ f 150 C.C.   „   3 „   „
> „ g 150 C.C.   „   3 „   „
> für e 50 C.C. entsprechend 1 Grm. Kochsalz,

e. Man bestimmt in den abgemessenen 50 C.C. das C h l o r nach §. 112. I. a. oder c. (α. oder β.).

f. Man bestimmt in den abgemessenen 150 C.C. die S ch w e f e l s ä u r e nach §. 105. I. 1.

g. Man bestimmt in den abgemessenen 150 C.C. Kalk und Magnesia nach §. 122. B. 3. a.

h. Man versetzt in einer Platinschale mit etwa ½ C.C. reiner concentrirter Schwefelsäure und verfährt nach §. 77. 1. Der neutrale Rückstand enthält die schwefelsauren Salze des Natrons, Kalks und der Magnesia; zieht man davon die sich aus g. ergebenden Mengen der beiden letzteren ab, so findet man die des schwefelsauren Natrons.

i. Man bestimmt in einer neu abgewogenen Menge des Salzes das Wasser nach §. 18. a. α. (letzter Satz).

k. Sollen Brom, oder sollen andere Substanzen, die nur in

höchst geringen Spuren im Kochsalz vorkommen, bestimmt werden, so verfährt man nach den bei den Mineralwasseranalysen angegebenen Methoden.

7. Analyse des Schiesspulvers.

a. *Bestimmung der Feuchtigkeit.* Man wägt etwa 2 Grm. des fein geriebenen Pulvers zwischen Uhrgläsern ab und trocknet es entweder bei gelinder Wärme, besser noch im Exsiccator über Schwefelsäure, bis keine Gewichtsabnahme mehr erfolgt.

b. *Bestimmung des Salpeters.* Man bringt eine genau abgewogene Quantität des Pulvers (etwa 5–6 Grm.) in ein bei 100° getrocknetes, gewogenes Filter, nachdem man dies mit Wasser befeuchtet hat, benetzt das Pulver mit soviel Wasser, als es einsaugen kann, und laugt nach einiger Zeit den Salpeter durch oft wiederholtes Aufgiessen kleiner Mengen heissen Wassers vollständig aus. Nachdem dies geschehen, trocknet man den Inhalt des Filters bei 100° vollständig und wägt (§. 33). Andererseits verdampft man die Salpeterlösung in einer gewogenen Platinschale und bestimmt den Rückstand nach §. 76. 2. Die Gewichtsabnahme des Pulvers und die Gewichtszunahme der Schale müssen einander gleich sein, denn beide drücken die Menge des Salpeters aus[123].

c. *Bestimmung des Schwefels.*

α. Auf trockenem Wege nach G a y - L u s s a c.

Man mengt 1 Theil (etwa 1 bis 1,5 Grm.) des fein geriebenen Pulvers mit der gleichen Menge wasserfreien, reinen (schwefelsäurefreien) kohlensauren Natrons, mischt alsdann 1 Theil reinen Salpeter und 4 Theile reines und trockenes Kochsalz zu, und erhitzt das Gemenge in einem Platintiegel, bis die Verbrennung erfolgt und die Masse somit weiss geworden ist. Dann löst man die geschmolzene Salzmasse in Wasser, säuert mit Salzsäure an und fällt die durch Oxydation des Schwefels entstandene Schwefelsäure mit Chlorbaryum (§. 105. I.).

β. Auf nassem Wege.

Man oxydirt 2–3 Grm. des Pulvers mit concentrirter reiner Salpetersäure und chlorsaurem Kali, welches letztere in kleinen Portionen zuzufügen ist (§. 116. II. 2. a. α.). Da hierbei sowohl der Schwefel als auch die Kohle vollständig oxydirt werden, so erhält man schliesslich eine klare Lösung, in welcher die entstandene Schwefelsäure nach §. 105. I. 1. zu bestimmen ist.

γ. Indirect.

Man zieht von dem Gewicht des Schwefels und der Kohle das, nach d. α. zu ermittelnde, der letzteren ab und erfährt so die Menge des Schwefels.

d. *Bestimmung der Kohle.*

α. Durch Reindarstellung.

aa. Man digerirt eine abgewogene Menge des Pulvers wiederholt mit Schwefelammonium, bis aller Schwefel gelöst ist, sammelt die Kohle auf einem bei 100° getrockneten Filter, wäscht sie erst mit schwefelammoniumhaltigem, dann mit reinem Wasser aus, trocknet bei 100° und wägt.

bb. Man bringt das die Kohle und den Schwefel enthaltende gewogene Filter (siehe b.) wieder in seinen Trichter, befeuchtet es mit absolutem Alkohol und zieht den Schwefel mit einer Mischung von Schwefelkohlenstoff und absolutem Alkohol aus. Um die Einwirkung kräftiger zu machen, erwärmt man den Trichter, indem man ihn in einen weiteren steckt und den Zwischenraum mit warmem Wasser ausfüllt. Zuletzt wäscht man mit reinem Alkohol aus, trocknet die Kohle bei 100° und wägt sie (M a r c h a n d).

β. Durch Elementaranalyse des ganzen Pulvers, nach W e l tz i e n[124].

W e l tz i e n verbrennt eine abgewogene Probe des gut getrockneten Pulvers mit Kupferoxyd in einer langen Verbrennungsröhre und erfährt so direct den Gehalt desselben an Kohlenstoff und Wasserstoff. Die Kenntniss des letzteren ist deshalb wichtig, weil sie einen guten Schluss auf die Natur und Entzündlichkeit der Kohle gestattet. Bei der Analyse sind die §. 151, 156 u. 159 angegebenen Modificationen des gewöhnlichen Verfahrens zu beachten.

Bestimmt man nach der angegebenen Weise Kohlenstoff und Wasserstoff, den Salpeter nach b. und den Schwefel aus der Differenz, so erhält man denselben etwas zu hoch, weil der Sauerstoff und die Asche der Kohle dann sein Gewicht vermehren.

8. A n a l y s e   g e m e n g t e r   S i l i c a t e.

§. 201.

Da die Analyse der durch Säuren vollständig zersetzbaren Silicate in §. 111. II. a., die der durch Säuren nicht zerlegbaren in §. 111. II. b. beschrieben ist, so habe ich hier nur Einiges hinzuzufügen, was sich auf die Untersuchung gemengter Silicate bezieht, d. h. solcher, welche aus Silicaten beider Arten zusammengesetzt sind (Phonolithe, Thonschiefer, Basalte, Meteorsteine etc.).

Nachdem das Silicat möglichst fein gepulvert und getrocknet ist, behandelt man es gewöhnlich mit mässig concentrirter Salzsäure längere Zeit bei gelinder Hitze, lässt im Wasserbade eintrocknen, befeuchtet den Rückstand mit Salzsäure, setzt Wasser zu und filtrirt; — öfters aber ist es besser, das Pulver mit verdünnter Salzsäure (von etwa 15 Proc.) einige Tage in gelinder Wärme zu digeriren und dann ohne Weiteres abzufiltriren. — Welche Art der Zerlegung einzuschlagen ist, und ob der hier bezeichnete, zuerst von C h r. G m e l i n bei der Analyse des Phonoliths eingeschlagene Weg überhaupt zulässig ist, hängt von der Natur der gemengten Mineralien ab. Je leichter zersetzbar der eine, je weniger zersetzbar der andere Gemengtheil ist, je constanter sich bei verschiedenen Versuchen das Verhältniss zwischen dem ungelösten und gelösten Antheil erweist, und je weniger somit der ungelöst gebliebene Theil bei weiterer Behandlung mit Salzsäure angegriffen wird, um so sicherer kann man die angegebene Art der Zerlegung anwenden.

Man erhält durch dieselbe:

a) eine salzsaure Lösung, in welcher die Basen des zersetzten Silicates als Chlormetalle enthalten und nach den oben angegebenen Methoden zu trennen und zu bestimmen sind; —

b) einen unlöslichen Rückstand, welcher neben dem unzerlegten Silicat die ausgeschiedene Kieselsäure des zerlegten enthält.

Man trägt letzteren, nachdem er sehr gut mit Wasser ausgewaschen worden ist, dem man zweckmässig einige Tropfen Salzsäure zusetzt, noch feucht in kleinen Portionen in eine in einer Platinschale enthaltene kochende Lösung von kieselsäurefreiem kohlensauren Natron, erhält einige Zeit im Kochen und filtrirt jedesmal sehr heiss durch ein gewogenes Filter ab. Zuletzt spritzt man die letzten Antheile des Niederschlages vollständig in die Schale ab. Sollte dies nicht ganz nach Wunsch gelingen, so äschert man das getrocknete Filter ein, bringt die Asche in die Platinschale und kocht nochmals mit kohlensaurer Natronlösung. Man wäscht das Ungelöste erst mit heissem Wasser, dann — um jede Spur anhaftenden kohlensauren Natrons sicherer zu entfernen — mit durch Salzsäure schwach angesäuertem, endlich wieder mit reinem Wasser aus. Die Waschwasser sammelt man am besten in einem besonderen Gefässe.

Die alkalische Flüssigkeit säuert man mit Salzsäure an und bestimmt die darin enthaltene, dem durch Säure zersetzten Silicate angehörige, Kieselsäure nach §. 111. II. a. Das ungelöste Silicat trocknet und wägt man. Es ergiebt sich aus der Differenz die Menge des gelösten. Mit dem ungelösten verfährt man alsdann genau nach §. 111. II. b.

Nach einem von dem beschriebenen Verfahren etwas abweichenden Gange verfährt man bei der im Folgenden zu beschreibenden Analyse der Thone.

9. Analyse der Thone.

§. 202.

Die Thone, aus der Verwitterung des Feldspaths oder ähnlicher Silicate hervorgegangen, stellen gewöhnlich Gemenge dar von eigentlichem Thon mit Quarz oder Feldspathsand und enthalten öfters auch ausgeschiedene, durch kochende kohlensaure Natronlösung ausziehbare Kieselsäure.

Indem ich in Betreff mechanischer Analyse der Thone auf meine „Untersuchung der wichtigsten nassauischen Thone[125]" verweise, wende ich mich hier gleich der Methode zu, welche man bei der chemischen Analyse zweckmässig befolgt.

a. Man zerreibt die Thone aufs Feinste und trocknet sie mehrere Tage bei 100°.

b. Man schliesst 1–2 Grm. mit kohlensaurem Natron-Kali auf und verfährt genau nach §. 111. II. b. — Mit der erhaltenen salzsauren, von der Kieselsäure getrennten Lösung verfährt man nach §. 129. 1. — In dem durch kohlensauren Baryt erhaltenen, Thonerde mit etwas Eisenoxyd enthaltenden Niederschlage bestimmt man, nach Abscheidung des Baryts, Thonerde und Eisenoxyd nach §. 128. B. 10. a.

c. Man schliesst 1–2 Grm. mit Fluorwasserstoff auf (§. 112. II. b. β oder γ.), um den Alkaligehalt des Thons zu bestimmen.

d. Man erhitzt eine dritte Portion (1–2 Grm.) mit überschüssigem Schwefelsäurehydrat, welchem man etwas Wasser zugefügt hat, zuletzt bis zum Verdampfen des Hydrats. Man lässt erkalten, fügt Wasser zu und trennt im ungelösten Rückstand die ausgeschiedene Kieselsäure vom Sand durch Behandlung mit kochender concentrirter kohlensaurer Natronlösung (§. 201).

e. Um die Menge der Kieselsäure kennen zu lernen, welche sich durch eine kochende Lösung von kohlensaurem Natron ausziehen lässt, kocht man eine etwas grössere gewogene Portion mit der genannten Lösung wiederholt aus und bestimmt die Kieselsäure im Filtrat durch Abdampfen mit Salzsäure. —

f. Man bestimmt die Menge des Wassers durch andauerndes Glühen im Platintiegel. — (Der so gefundene Gewichtsverlust giebt aber das Wasser gewöhnlich etwas zu hoch an, da viele Thone Spuren organischer Materien enthalten, welche beim Glühen zersetzt werden, und da ferner manche beim Glühen geringe Mengen von Salmiak entweichen lassen. Vergl. die oben angeführte Abhandlung.)

10. Analyse der Kalksteine, Dolomite, Mergelarten etc.

Da die kohlensauren Kalk und kohlensaure Magnesia enthaltenden Mineralien in der Technik und Landwirthschaft eine höchst wichtige Rolle spielen, so ist ihre Analyse, welche im Ganzen wenig Schwierigkeit bietet, eine in den chemischen Laboratorien häufig vorkommende Aufgabe. Ich theile im Folgenden zuerst den Gang mit, welcher bei vollständiger Analyse einzuschlagen ist, und gehe dann zur Beschreibung einer maassanalytischen Methode über, die in kurzer Frist die Bestimmung des kohlensauren Kalks (und der kohlensauren Magnesia) gestattet.

A. Methode zur vollständigen Analyse[126].

§. 203.

a. Man pulvert ein grösseres Stück des Minerals, mengt das Pulver gleichmässig und trocknet bei 100°.

b. Man behandelt etwa 2 Grm. in bedecktem Becherglase mit überschüssiger verdünnter Salzsäure, verdampft zur Trockne, befeuchtet den Rückstand mit Salzsäure, erwärmt mit Wasser, filtrirt, wäscht den unlöslichen Rückstand aus, trocknet und wägt ihn. Derselbe kann bestehen aus Thon, Sand und ausgeschiedener Kieselsäure. Ist er bedeutend, so kann man denselben nach §. 202 weiter untersuchen.

c. Die salzsaure Lösung versetzt man mit Chlorwasser, dann mit Ammon und lässt bedeckt einige Zeit in mässiger Wärme stehen. Den Niederschlag, welcher neben Eisenoxyd-, Manganoxyd- und Thonerdehydrat etwaige Phosphorsäure und stets auch Spuren von Kalk und Magnesia enthält, filtrirt man ab, wäscht ihn etwas aus, löst ihn aufs Neue in Salzsäure, erhitzt die Lösung, fällt sie, nach Zusatz von Chlorwasser, wieder mit Ammon, filtrirt, wäscht aus, glüht und wägt. Je nach Umständen bestimmt man dann auch wohl die Menge der einzelnen Bestandtheile des Niederschlages, was — in Betreff des Eisenoxyds und Manganoxyduloxyds — sehr gut maassanalytisch geschehen kann (§. 128. B. 10).

d. Die von der ersten und zweiten Fällung mit Ammon abfiltrirten Flüssigkeiten vereinigt man, neutralisirt sie fast mit Salzsäure, so dass das Ammon nur ganz schwach vorwaltet, und bestimmt Kalk und Magnesia nach §. 122. B. 3. a. (Man versäume nie, den Kalk, nach dem Wägen, auf einen Gehalt an Magnesia zu prüfen).

e. Die Kohlensäure bestimmt man nach §. 110. II. b. α. oder β. bb.

B. Maassanalytische Bestimmung des kohlensauren Kalks (und der kohlensauren Magnesia).

§. 204.

a. Erfordernisse.

1. *Salzsäure*, von welcher 50 C.C. = 100 Bürettengrade 5 Grm. kohlensauren Kalk neutralisiren. Man stellt dieselbe genau nach der in §. 185 angegebenen Art mit Hülfe von reinem kohlensauren Natron her, indem man die 5 Grm. kohlensaurem Kalk äquivalente Menge kohlensauren Natrons in Rechnung bringt (d. i. 5,3 Grm).

2. *Natronlauge*, von welcher zwei Raumtheile einen Raumtheil der Salzsäure neutralisiren. Die Darstellung derselben siehe §. 182.

b. Ausführung bei gänzlicher oder fast gänzlicher Abwesenheit von kohlensaurer Magnesia.

Man wägt 5 Grm. des zu prüfenden, fein gepulverten

Minerals ab, bringt dieselben in einen geräumigen Kolben, fügt etwa 50 C.C. Wasser zu und lässt dann aus einer Mohr'schen Pipette nach und nach 50 C.C. der in a. 1. genannten Salzsäure zufliessen. (Bei sehr reinen Kalksteinen setzt man, um die Lösung zu beschleunigen, besser 105 C.C. zu). Wenn keine Einwirkung mehr erfolgt, verschliesst man den Kolben mit einem ein Schenkelrohr tragenden Stopfen und erhitzt gelinde, um die gelöste Kohlensäure auszutreiben. Die Gasblasen leitet man durch ein wenig Wasser. Wenn der Zweck erreicht ist, nimmt man die Lampe weg, lässt das vorgeschlagene Wasser zurücksteigen, versetzt die Flüssigkeit mit etwas Lackmustinctur und lässt nun aus einer zweiten Mohr'schen Pipette oder aus einer Bürette so lange von der Natronlösung zufliessen, bis die Flüssigkeit eben blau geworden ist. — Zieht man die Hälfte der verbrauchten Bürettengrade Natronlauge von den angewandten Bürettengraden Salzsäure ab, so giebt der Rest (d. h. die Bürettengrade Salzsäure, welche zur Neutralisation des kohlensauren Kalks gedient haben) geradezu die Procente des Minerals an kohlensaurem Kalk an. (Resultate sehr befriedigend.) Diese Methode in etwas veränderter Ausführung ist zuerst von Bineau vorgeschlagen und angewandt worden.

 c. Ausführung bei Anwesenheit von kohlensaurer Magnesia.

 Da 1 Aeq. kohlensaure Magnesia gerade so viel Salzsäure abstumpft, als 1 Aeq. kohlensaurer Kalk, so erhält man bei Mineralien, welche erstere enthalten, durch das in b. genannte Verfahren die Menge des kohlensauren Kalks sammt der der kohlensauren Magnesia, die letztere ausgedrückt durch ihre äquivalente Menge kohlensauren Kalks (d. h. für je 42 kohlensaure Magnesia findet man 50 kohlensauren Kalk). Will man daher die Menge des Kalks und der Magnesia gesondert erfahren, so muss man ausser der nach b. vorzunehmenden Gesammtbestimmung auch noch den Kalk oder die Magnesia allein bestimmen. Man kann zu dem Behufe eine der beiden folgenden Methoden wählen.

1. Man versetzt die Lösung von 5 Grm. des Minerals mit 3 Grm. Salmiak, dann mit Ammon und kohlensaurem Ammon im Ueberschuss, lässt einige Stunden stehen und filtrirt alsdann (den an den Wänden fest haftenden kohlensauren Kalk reibt man nicht ab). Man wäscht nunmehr aus, spritzt den Inhalt des Filters in das zum Fällen benutzte Becherglas, verbrennt zuletzt das Filter, bringt die Asche ebenfalls in das Becherglas und verfährt mit dessen Inhalt nach b. Man erfährt so die Menge des Kalks allein und somit aus der Differenz, nach geeigneter Umrechnung des kohlensauren Kalks auf kohlensaure Magnesia, die Menge der letzteren.

2. Man versetzt die Lösung von 5 Grm. des Minerals in gewöhnlicher, nicht titrirter Salzsäure (von der man einen möglichst geringen Ueberschuss anwendet) mit einer Auflösung von Kalk in Zuckerwasser so lange noch ein Niederschlag entsteht. Hierdurch wird nur die Magnesia gefällt. Man filtrirt sie ab, wäscht sie aus, behandelt sie nach b. und erfährt so die Menge der Magnesia, ausgedrückt durch ihre äquivalente Menge kohlensauren Kalks. Die Quantität des letzteren ergiebt sich aus der Differenz.

Die Methode 2. ist nur dann zu empfehlen, wenn wenig Magnesia zugegen ist.

11. Analyse der Eisenerze.

Die am häufigsten zur Anwendung und folgeweise zur Untersuchung kommenden Eisenerze sind: der Rotheisenstein, der Brauneisenstein, Raseneisenstein,

Magneteisenstein und Spatheisenstein. Bald handelt es sich um vollständige Analyse, bald nur um die Bestimmung einzelner Bestandtheile (des Eisengehaltes, der Phosphorsäure, Schwefelsäure etc.), bald nur um die Ermittlung des Eisens.

A. Methoden zur vollständigen Analyse.

§. 205.

I. Rotheisenstein.

Die Rotheisensteine enthalten das Eisen als Oxyd; ausserdem findet sich darin gewöhnlich etwas in Säuren unlösliche Gangart, zuweilen kohlensaure alkalische Erden, stets etwas Feuchtigkeit.

Man pulvert zunächst den Stein aufs Feinste und trocknet bei 100°.

a. Man untersucht, ob durch verdünnte Salpetersäure, oder auch verdünnte kochende Essigsäure, kohlensaure alkalische Erden ausgezogen werden. Ist dies der Fall, so bestimmt man sie in der Lösung.

b. Von dem von kohlensauren alkalischen Erden freien oder davon befreiten Pulver glüht man eine Probe erst so, dann in Wasserstoffgas (am besten in einem Porzellanschiffchen, welches in eine Porzellanröhre geschoben ist; §. 128. B. 3.). Der Gewichtsverlust giebt den Sauerstoffgehalt des Eisenoxyds an und lässt somit dies berechnen.

c. Den Rückstand behandelt man mit verdünnter Salzsäure. Es löst sich das Eisen, die Gebirgsart bleibt zurück. Man bestimmt am einfachsten in der Lösung, ohne sie zu filtriren, das Eisen maassanalytisch (§. 89. 2. a.), filtrirt alsdann die Gebirgsart ab, wäscht aus, trocknet und wägt. (Die so gefundene Eisenmenge muss mit der aus b.

berechneten übereinstimmen.)

d. Wenn nöthig, macht man endlich noch eine Wasserbestimmung, indem man eine Probe des Pulvers glüht. (Sind kohlensaure alkalische Erden zugegen, so entweicht mit dem Wasser die Kohlensäure derselben.)

II. B r a u n e i s e n s t e i n .

Die Brauneisensteine enthalten das Eisen als Oxydhydrat, ferner Manganoxyd, Thonerde, öfters kleine Mengen von Kalk und Magnesia, von Kieselsäure (an Basen gebundene), Phosphorsäure und Schwefelsäure und bald grössere, bald kleinere Quantitäten von Quarzsand oder in Salzsäure unlöslicher Gangart.

Ihre genaue und vollständige Analyse bietet einige Schwierigkeit. Man kann dazu eine der folgenden Methoden wählen. Jedenfalls beginnt man damit, den Stein fein zu pulvern, das Pulver bei 100° zu trocknen und, um den Wassergehalt zu finden, eine Probe zu glühen.

a. *Zerlegung auf trocknem Wege.* (Dieselbe ist namentlich dann zu empfehlen, wenn das Mineral wenig Kieselsäure, Thonerde, Kalk und Magnesia enthält.)

Man schmelzt eine abgewogene Probe mit dem dreifachen Gewicht kohlensauren Natronkalis zusammen, digerirt die Masse mit Wasser, bis alles Lösliche gelöst ist, filtrirt und wäscht gut aus.

aa. Das Filtrat säuert man mit Salzsäure an und scheidet die Kieselsäure nach gewohnter Art ab. Das Filtrat versetzt man mit einigen Tropfen Chlorbaryum und filtrirt einen etwa entstehenden Niederschlag von schwefelsaurem Baryt nach 24 Stunden ab. Aus der abfiltrirten Flüssigkeit entfernt man zunächst den Baryt durch einige Tropfen verdünnter Schwefelsäure, dann fällt man die Phosphorsäure nach §. 106. I. b.

bb. Den Niederschlag löst man in Salzsäure und verfährt mit der Lösung nach §. 129.

b. *Zerlegung auf nassem Wege.*

Erste Methode[127].

Man erhitzt etwa 10 Grm. des fein gepulverten Minerals in einem schief liegenden Kolben mit concentrirter Salzsäure bis zur vollständigen Zersetzung, verdünnt mit Wasser, filtrirt in einen 300 C.C. fassenden Messkolben und wäscht den Rückstand aus. Nach dem Trocknen glüht und wägt man denselben; er besteht aus Quarzsand oder Gangart und aus ausgeschiedener Kieselsäure. Durch Behandeln mit kochender kohlensaurer Natronlösung lässt sich letztere abscheiden und bestimmen (§. 201. b.).

Mit dem Filtrate verfährt man also:

1. 50 C.C. versetzt man mit Chlorbaryum zur Bestimmung der S c h w e f e l s ä u r e.

2. 50 C.C. verdampft man im Wasserbade, um den grösseren Theil der freien Säure zu verjagen, dann verdünnt man, fällt, nach Zusatz von etwas kohlensaurem Natron, mit kohlensaurem Baryt, lässt ½ Stunde stehen und filtrirt alsdann ab.

aa. Den N i e d e r s c h l a g löst man nach dem Auswaschen in Salzsäure, fällt den Baryt durch Schwefelsäure, dann versetzt man mit Ammon bis eben alkalisch und filtrirt den Niederschlag ab. Derselbe wird ausgewaschen, geglüht, gewogen. Er besteht aus Eisenoxyd, Thonerde, etwas Kieselsäure und Phosphorsäure. Sein Gesammtgewicht dient zur Controle. Nach dem Wägen digerirt man ihn mit concentrirter Salzsäure, scheidet und bestimmt so die kleine Menge der in die salzsaure Lösung übergegangenen Kieselsäure, reducirt das Filtrat mit schwefligsaurem Natron und verfährt überhaupt zur

Bestimmung des Eisens, der Thonerde und Phosphorsäure nach §. 128. B. 1. In dem alkalischen Filtrate trennt man, nachdem man es angesäuert und die Lösung mit etwas chlorsaurem Kali gekocht hat, Thonerde und Phosphorsäure nach einer der in §. 106. II. f. angegebenen Methoden.

bb. Im F i l t r a t e bestimmt man Mangan und alkalische Erden nach §. 129.

3. In 100 C.C. bestimmt man zur Controle die Phosphorsäure nach §. 106. II. o. (Giebt sehr gute Resultate.)

4. In 50 C.C. bestimmt man zur Controle das Eisen maassanalytisch nach §. 206.

Z w e i t e   M e t h o d e.

1. Man zersetzt etwa 3–4 Grm. mit Salzsäure und verfährt mit dem unlöslichen Rückstande, wie eben angegeben.

2. Die salzsaure Lösung verdampft man zur Trockne und scheidet nach üblicher Art die Kieselsäure ab (§. 111. II. a.).

3. Das Filtrat reducirt man mit schwefligsaurem Natron (§. 106. II. n.), treibt durch mässiges Kochen die überschüssige schweflige Säure aus und sättigt die Flüssigkeit mit Schwefelwasserstoff. Entsteht hierdurch ein Niederschlag, so ist derselbe auf Kupfer und Arsen zu untersuchen.

4. Das Filtrat kocht man, bis der Schwefelwasserstoff ausgetrieben ist, fällt dann mit kohlensaurem Natron, kocht mit überschüssig zugesetzter Natronlauge und filtrirt, genau wie in §. 128. B. 1. a. angegeben. Man erhält so einen schwarzen Niederschlag und ein alkalisches Filtrat.

5. Den Niederschlag, welcher hauptsächlich aus Eisenoxyduloxyd besteht, und kohlensaures

Manganoxydul, kohlensaure und phosphorsaure Kalk- und Bittererde enthalten kann, löst man in Salzsäure und scheidet die Phosphorsäure nach §. 106. II. n. in Verbindung mit einer geringen Menge Eisenoxyd ab, filtrirt und trennt beide nach §. 106. II. h. γ. Das so erhaltene Eisenoxyduloxyd löst man in Salzsäure und hebt die Lösung wie auch die alkalische Phosphorsäurelösung, nachdem man letztere mit Salzsäure angesäuert hat, auf, um sie später mit den Hauptlösungen zu vereinigen.

6. Die von dem phosphorsauren Eisenoxyd abfiltrirte Flüssigkeit behandelt man (nachdem die in 5. erhaltene Eisenlösung zugefügt ist) zur Trennung des Eisens, Mangans, des Kalks und der Magnesia, nach §. 129. 3.

7. Das die Thonerde und den grösseren Theil der Phosphorsäure enthaltende alkalische Filtrat säuert man an, kocht mit etwas chlorsaurem Kali, fällt mit Ammon, fügt Chlorbaryum zu und verfährt überhaupt genau nach §. 106. II. f. δ.

8. Die Schwefelsäure bestimmt man in einer besonderen Portion, wie bei der ersten Methode angegeben.

III. Raseneisensteine.

Dieselben stellen Gemenge von Eisenoxydhydrat mit den basischen Eisenoxydsalzen von Schwefelsäure, Phosphorsäure, Quellsäure, Quellsatzsäure und Huminsäure dar und enthalten ausserdem meist Gangart, Thonerde, Kalk und Bittererde.

Nachdem dieselben gepulvert und getrocknet sind, glüht man zunächst eine Probe in einem offenen Platintiegel, anfangs sehr gelinde, um die organischen Säuren zu verbrennen, allmälig stark und andauernd im schief gelegten Tiegel. Mit dem Rückstande verfährt man nach einer der in II. angegebenen Methoden.

Sollen die organischen Säuren erkannt und bestimmt werden, so kocht man eine grössere Probe des fein gepulverten Erzes mit reiner Kalilauge, bis es sich in eine flockige Masse verwandelt hat. Man filtrirt alsdann ab und verfährt mit dem Filtrate nach §. 177. 9.

IV. Magneteisensteine.

Dieselben enthalten das Eisen als Oxyduloxyd. Man analysirt sie wie die Rotheisensteine und bestimmt darauf in einer besonders abgewogenen, bei Luftabschluss in Salzsäure gelösten Portion das Eisenoxydul maassanalytisch nach §. 89. 2. a.

V. Spatheisensteine.

Dieselben enthalten kohlensaures Eisenoxydul, meist verbunden mit kohlensaurem Manganoxydul und kohlensauren alkalischen Erden, oft gemengt mit Thon und Gangart.

Das gepulverte Mineral wird getrocknet.

a. Den Wassergehalt bestimmt man nach §. 19.

b. Den Gehalt an Kohlensäure nach §. 110. II. b. β.

c. Eine dritte Probe löst man in Salzsäure unter Zusatz von Salpetersäure, filtrirt, nach vollständiger Zersetzung, einen etwaigen unlöslichen Rückstand ab und trennt im Filtrate die Basen nach einer der in §. 129 angegebenen Methoden.

d. In einer vierten, bei Luftabschluss in Salzsäure gelösten Probe bestimmt man die Quantität des Eisenoxyduls maassanalytisch nach §. 89. 2. a.

B. Maassanalytische Bestimmung des Eisens in den Eisenerzen.

§. 206.

Man erhitzt 1 Grm. oder auch eine beliebige geringere Menge[128] in einem schief liegenden langhalsigen Kolben mit concentrirter Salzsäure bis zur völligen Zersetzung, verdünnt mit etwa 25–50 C.C. Wasser und wirft einige kleine Körnchen granulirtes Zink oder einige Stückchen reines Zinkblech hinein. Den Kolben verschliesst man mit einem Stopfen, der eine Schenkelröhre trägt. Den äusseren etwas geneigten Schenkel richtet man in ein kleines Becherglas, in dem sich etwas Wasser befindet. (Die Röhre tauche nicht oder kaum in das Wasser.) Man erhitzt zum Kochen. Ist die Flüssigkeit, nachdem sich das Zink gelöst hat, noch nicht völlig farblos, so bringt man noch eine kleine Menge Zink hinzu. Zuletzt erhitzt man am bequemsten bis alles Zink (dessen Menge daher nicht zu gross sein darf) gelöst ist. Nach einigem Abkühlen lässt man das Wasser im vorgestellten Bechergläschen zurücksteigen, kühlt den Kolben ab, bringt seinen Inhalt in ein Becherglas und verfährt nach §. 89. 2. a. — Ich mache hier mit Nachdruck darauf aufmerksam, dass es mir bequemer und genauer scheint, eine beliebige abgewogene Menge Eisensteinpulver, d. h. nicht gerade 1 Grm., zu nehmen, und dass ich es vorziehe, die Chamäleonlösung, von der vorausgesetzt wird, dass ihr Concentrationsgrad ungefähr richtig ist, nur zu titriren, aber nicht weiter zu verdünnen. Bei einer so veränderlichen Flüssigkeit, wie die Chamäleonlösung, ist jede unnöthige Manipulation zu vermeiden. Die nothwendige kleine Rechnung ist gar nicht in Anschlag zu bringen.

12. Kupferkies.

§. 207.

Der Kupferkies enthält Kupfer, Eisen, Schwefel, ausserdem meist Gangart. Ob noch weitere Metalle vorhanden sind, muss die qualitative Analyse lehren.

Das fein gepulverte Mineral trocknet man bei 100°.

a. Die Bestimmung des Schwefels geschieht nach §. 116. II. 1. oder, und zwar gewöhnlich, nach §. 116. II. 2. a. α. oder β.

b. Bei Anwendung der ersten Methode löst man die Oxyde in Salzsäure und trennt Kupfer und Eisen durch Schwefelwasserstoff, — bei Anwendung der zweiten entfernt man entweder den Barytüberschuss durch Schwefelsäure und leitet dann Schwefelwasserstoff ein, oder man verwendet zur Bestimmung der Basen eine neue Probe. —

Soll nur die Menge des Kupfers bestimmt werden, so kann man sich, nach S c h w a r z, auch geradezu der von ihm angegebenen maassanalytischen Methode bedienen, vergl. §. 95. 3. b. Doch ist dabei zu beachten, dass man, um die Reduction zu bewirken, nur bis 80° erwärmen darf. Bei dieser Temperatur fällt aus der mit viel weinsteinsaurem Alkali versetzten Flüssigkeit kein Eisen nieder. Sollte indess auch etwas niederfallen, so hat dies auf die Kupferbestimmung keinen nachtheiligen Einfluss.

Bei dieser Gelegenheit will ich noch einer vor Kurzem von einem meiner Schüler, Herr d e H a e n, ermittelten maassanalytischen Kupferbestimmung erwähnen, welche, richtig angewandt, in ganz kurzer Zeit sehr befriedigende Resultate liefert.

Dieselbe beruht auf der Thatsache, dass, wenn ein gelöstes Kupferoxydsalz mit überschüssigem Jodkalium gemischt wird, sich Kupferjodür und freies Jod ausscheiden, welches letztere in der Jodkaliumlösung gelöst bleibt: $2(CuO, SO_3) + 2KJ = Cu_2J + 2KO, SO_3 + J$. — Bestimmt man nun das Jod nach der B u n s e n'schen Methode, so erfährt man die Menge des Kupfers. Bei der Ausführung verfährt man zweckmässig folgendermaassen. Man führt das Kupfer in schwefelsaure Lösung über, welche am besten neutral ist, aber auch ohne allen Nachtheil eine mässige Menge freie Schwefelsäure enthalten kann. Diese Lösung verdünnt man in einem Messkolben auf ein bestimmtes Volumen, so zwar, dass 100 C.C. etwa 1–2 Grm. Kupferoxyd enthalten. Man bringt jetzt etwa 10 C.C. der Bunsen'schen Jodkaliumlösung in ein geräumiges Becherglas, fügt 10 C.C. der besagten Kupferlösung zu, mischt, setzt alsdann ungesäumt schweflige Säure zu und verfährt überhaupt nach §. 114. Anhang. — Freie Salpetersäure, auch freie Salzsäure, in der Kupferlösung ist zu vermeiden, auch nimmt die Genauigkeit der Resultate ab, wenn man die mit Jodkalium vermischte Kupferlösung längere Zeit stehen lässt, bevor man schweflige Säure zufügt. — Vermeidet man diese Punkte, so sind die Resultate höchst genau. So erhielt Herr de Haen statt 0,3566 Kupfervitriol 0,3567, — statt 100 metallischen Kupfers 99,89 und 100,1[129].

13. Bleiglanz.

§. 208.

Der Bleiglanz, von allen Bleierzen das verbreitetste, enthält häufig kleinere oder grössere Mengen von Eisen, Kupfer, Silber und gewöhnlich mehr oder weniger in Säuren unlösliche Gangart.

Seine Analyse vollbringt man, nachdem das Erz fein zerrieben und bei 100° getrocknet worden ist, am besten auf folgende Art.

Man oxydirt eine abgewogene Quantität (1–2 Grm.) mit schwefelsäurefreier, ganz starker, rother rauchender Salpetersäure (siehe §. 116. II. 2. a. α., doch setzt man den Bleiglanz nicht in einem Röhrchen der Einwirkung der

Säure aus. War die Säure hinlänglich stark, so scheidet sich kein Schwefel aus. Nachdem man längere Zeit gelinde erwärmt hat, verdünnt man mit Wasser, filtrirt ab und wäscht den Rückstand aus.

a. Nachdem der R ü c k s t a n d getrocknet ist, glüht und wägt man ihn (§. 92. 2.). Derselbe besteht aus schwefelsaurem Bleioxyd, durch Säure unzersetzter Gangart, Kieselsäure etc. Man erhitzt den Rückstand, oder einen aliquoten Theil desselben, mit Salzsäure zum Kochen, filtrirt nach einiger Zeit die Flüssigkeit ab, doch so, dass der Niederschlag nicht mit aufs Filter kommt, übergiesst von Neuem mit Salzsäure, kocht wieder und fährt so fort, bis alles schwefelsaure Bleioxyd gelöst ist; zuletzt bringt man Alles aufs Filter, wäscht mit siedendem Wasser aus, bis jede Spur Chlorblei entfernt ist, trocknet, glüht und wägt den Rückstand. Zieht man seine Menge von der des oben gewogenen ab, so ergiebt sich die Menge des schwefelsauren Bleioxyds, welche in jenem enthalten war.

b. Die salpetersaure L ö s u n g verdampft man zunächst, um den Ueberschuss der freien Säure zu entfernen, fast zur Trockne, dann verdünnt man und prüft mit sehr verdünnter Salzsäure auf S i l b e r. Entsteht ein Niederschlag, so vermehrt man die Menge der Salzsäure, wenn nöthig, und bestimmt das Chlorsilber, nachdem es mit siedendem Wasser ausgewaschen worden ist. Im Filtrate bestimmt man zunächst die darin noch vorhandene Schwefelsäure mittelst essigsauren Baryts, dann fällt man mit Schwefelwasserstoff. Der Niederschlag enthält neben etwas Schwefelblei möglichenfalls Schwefelkupfer, vielleicht auch noch andere Schwefelmetalle. Man trennt dieselben, sowie die im Filtrat durch Schwefelammonium fällbaren Metalle, nach den Methoden des 6. Abschnittes.

Die Quantität des Schwefels ergiebt sich, wenn man die in a. (im schwefelsauren Bleioxyd) und die in b. (im schwefelsauren Baryt) gefundenen addirt.

Um ganz kleine Mengen Silber und die (nach P e r c y und
S m i t h) häufig vorkommenden sehr geringen Spuren von
Gold zu finden und in Bleiglanzen zu bestimmen, schmelzt
man am besten eine grössere Menge Bleiglanz mit
kohlensaurem Natron und Salpeter zusammen (10 Thle.
Bleiglanz, 30 Thle. kohlensaures Natron, 3 Thle. Salpeter)
bestimmt im erhaltenen Regulus das Silber durch
Cupellation (§. 131. 7.) und trennt es sodann vom Gold
durch Salpetersäure.

14. Z i n k e r z e.

§. 209.

A. G a l m e i   u n d   K i e s e l z i n k e r z.

Ersterer besteht aus kohlensaurem Zinkoxyd, welches
gewöhnlich grössere oder kleinere Beimengungen von
Eisenoxydul, Manganoxydul, Bleioxyd, Cadmiumoxyd,
Kalk, Magnesia und Kieselsäure enthält; letzteres aus
kieselsaurem Zinkoxyd, welchem Silicate von Bleioxyd,
Zinnoxyd, Manganoxyd, Eisenoxyd etc. beigemengt sein
können.

Das Erz wird fein gepulvert und bei 100° getrocknet.

a. Man behandelt eine Probe nach §. <u>111. II. a.</u>, d. h. man scheidet die Kieselsäure auf die gewöhnliche Art ab. Da ihr meist Sand oder unzersetzte Gangart beigemischt ist, so ist sie davon durch kochende Sodalösung zu trennen (§. <u>201. b.</u>).

b. Beim Behandeln des Rückstandes mit Salzsäure und Wasser sorgt man, dass auf 30 Thle. von jener etwa 100 Thle. Wasser kommen (Seite <u>310</u>. Anmerk.).

c. Die so erhaltene Lösung fällt man mit Schwefelwasserstoff und trennt etwa gefällte Metalle nach den Methoden des 5. Abschnittes.

d. Das Filtrat neutralisirt man mit Ammon, fällt mit Schwefelammonium, behandelt den Niederschlag genau nach §. <u>85. b.</u>, wägt das erhaltene, Eisen- und Manganoxyd enthaltende Zinkoxyd, bestimmt darauf in einer abgewogenen Probe das Mangan volumetrisch (§. <u>128. B. 10. d.</u>), endlich in der hierbei erhaltenen Lösung das Eisenoxyd, nach Reduction mit Zink, mit Chamäleonlösung, wie in §. <u>206</u>.

e. In der vom Schwefelzink abfiltrirten Flüssigkeit bestimmt man Kalk und Magnesia nach §. <u>127. A</u>.

f. Die Kohlensäure bestimmt man in einer besonderen Probe nach §. <u>110. b</u>.

g. Enthält das Mineral Wasser, so ist dessen Gehalt nach §. <u>19</u> zu ermitteln.

B. Zinkblende.

Dieselbe besteht aus Schwefelzink, dem häufig andere Schwefelmetalle beigemengt sind, namentlich die des Bleis, Cadmiums, Kupfers, Eisens, Mangans. Ausserdem hat man bei der Analyse auf die eingemengte Gangart Rücksicht zu nehmen.

Die Blende wird sehr fein zerrieben und bei 100°
getrocknet.

a. Enthält dieselbe kein Blei, so bestimmt man darin den
Schwefel nach §. 116. II. 1., oder, und zwar gewöhnlich,
nach §. 116. II. 2. a. α. oder β., enthält sie Blei, so verfährt
man wie in §. 208 angegeben.

b. Die Bestimmung der Basen nimmt man am besten in
einer zweiten Portion vor. Bei Abwesenheit von Blei löst
man dieselbe in Salzsäure unter Zusatz von Salpetersäure
und verfährt mit der Lösung wie in §. 209. A., — bei
Anwesenheit von Blei ist folgende Methode bequem und
genau. Man erhitzt mit rauchender Salzsäure bis zur
vollständigen Zersetzung, verdampft zur Syrupdicke und
verdünnt mit dem 5- oder 6fachen Volum starken Alkohols.
Nach einigen Stunden filtrirt man das Chlorblei sammt der
ungelöst gebliebenen Gangart auf einem gewogenen Filter
ab, wäscht es mit Alkohol aus, trocknet, wägt, behandelt
mit siedendem Wasser, bis alles Chlorblei gelöst ist, wägt den
gebliebenen Rückstand wieder und findet aus der Differenz
das Chlorblei. Das Filtrat befreit man durch Abdestilliren
oder Verdunsten von Alkohol und verfährt sodann mit der
salzsauren Lösung nach §. 209. A.

Anhang zu II.
Bestimmung des
Traubenzuckers und
Fruchtzuckers, des
Rohrzuckers, Milchzuckers,
Stärkemehls und Dextrins.

Da die Bestimmung der in der Ueberschrift genannten Verbindungen bei der Analyse landwirthschaftlicher und technischer Producte, sowie bei der pharmaceutischer Präparate sehr häufig vorkommt, auch im Hinblick auf die Untersuchung diabetischen Harnes von Wichtigkeit ist, so gebe ich einige der besten von den hierzu dienenden Methoden in diesem Anhange.

Sieht man von den rein physikalischen Verfahrungsweisen ab, welche sich entweder auf das specifische Gewicht der Zuckerlösungen, oder auf ihr Verhalten zum polarisirten Lichte gründen, so bieten sich zur Bestimmung des Traubenzuckers und somit auch zu der der übrigen Verbindungen, welche sich in Traubenzucker überführen lassen, hauptsächlich zwei Methoden dar. Nur diese letzteren sollen hier betrachtet werden.

A. Methoden, welche auf der Reduction von Kupferoxyd zu Kupferoxydul beruhen[130].

§. 210.

Erhitzt man eine Lösung, welche Kupfervitriol, neutrales weinsaures Kali und Natronlauge im richtigen Verhältnisse enthält, für sich, selbst bis zum völligen Kochen, so bleibt sie unverändert; erwärmt man sie dagegen nach Zusatz von Traubenzucker, so scheidet sich Kupferoxydul aus. Die Menge des so reducirten Kupferoxyds entspricht der Menge des zugesetzten Traubenzuckers, und zwar reducirt 1 Aeq. des letzteren ($C_{12}H_{12}O_{12}$) = 2250, 10 Aeq. Kupferoxyd = 4960 (F e h l i n g, C. N e u b a u e r). Kennt man daher die Menge des reducirten Kupfers, so kennt man auch die des zugesetzten Traubenzuckers.

Auf dieses Princip lassen sich zwei Methoden gründen.

Man kann nämlich entweder zu einer Kupferlösung von bekanntem Gehalte gerade so viel Traubenzuckerlösung setzen, als erforderlich ist, um alles Oxyd zu reduciren, oder man kann die Kupferlösung im Ueberschuss anwenden und das abgeschiedene Oxydul bestimmen. Die erstere Methode ist die am häufigsten angewandte; zu der anderen nimmt man seine Zuflucht, wenn dunkelgefärbte Flüssigkeiten ein genaues Beobachten der vollendeten Ausscheidung erschweren.

Ich spreche zuerst von der Bestimmung des Traubenzuckers, sodann von der Art, wie man Rohrzucker, Stärkemehl etc. am besten in solchen überführt.

1. Bestimmung des Traubenzuckers, sofern derselbe in reiner oder fast reiner wässeriger Lösung enthalten ist.

Erste Methode.

Erfordernisse.

a. *Kupferlösung.* Man löst genau 40 Grm. reinen krystallisirten, durch Zerreiben und Pressen von anhängender Feuchtigkeit völlig befreiten Kupfervitriol in etwa 160 Grm. Wasser. Man löst ferner in einem anderen Gefässe 160 Grm. neutrales weinsaures Kali in wenig Wasser, und fügt 600–700 Grm. Natronlauge von 1,12 specif. Gewicht zu. Nun giesst man die erste Lösung nach und nach zu der zweiten und verdünnt die tiefblaue, klare Flüssigkeit genau auf 1155 C.C.[131]. Je 10 C.C. dieser Lösung enthalten 0,3463 Grm. Kupfervitriol und entsprechen genau 0,050 Grm. wasserfreiem Traubenzucker. — Die Lösung bewahre man an einem kühlen dunklen Orte auf; bevor man sie gebraucht, erhitze man 10 C.C. mit 40 C.C. Wasser einige Minuten lang zum Kochen. Nur wenn sie hierbei unverändert bleibt und ganz und gar kein Oxydul ausscheidet, darf sie angewendet werden.

b. *Zuckerlösung.* Dieselbe muss so verdünnt werden, dass sie etwa ½ bis höchstens 1 Proc. Zucker enthält. Fände man daher bei einem ersten Versuche, dass die Concentration noch zu gross ist, so verdünnt man die Lösung mit einer bestimmten Menge Wasser und wiederholt den Versuch.

Ausführung.

Man bringt genau 10 C.C. der Kupferlösung in eine Porzellanschale, fügt 40 C.C. Wasser zu, erhitzt zum gelinden Sieden und lässt nun aus einer in ⅕ Grade oder $\frac{1}{10}$ C.C. eingetheilten Bürette oder Pipette die Zuckerlösung langsam und portionenweise zufliessen. Die Flüssigkeit erscheint nach Zusatz der ersten Tropfen durch das in der blauen Lösung suspendirte Oxydulhydrat und Oxydul grünlichbraun; je mehr man zusetzt, desto reichlicher und röther ist der Niederschlag und desto schneller setzt er sich ab. Sobald der Niederschlag hochroth erscheint, nimmt man die Lampe weg, lässt den Niederschlag sich ein wenig setzen und neigt die Schale, wobei man leicht die geringste blaugrüne Färbung wahrnehmen kann. Will man ganz sicher gehen, so giesst man eine kleine Portion der klaren überstehenden Flüssigkeit in ein Proberöhrchen, setzt 1 Tropfen Zuckerlösung zu und erhitzt. Schon bei der leisesten Spur noch unzersetzten Kupfersalzes bildet sich ein zuerst wolkenartig erscheinender, gelblichrother Niederschlag. Ist noch ein solcher entstanden, so giebt man die Probe wieder zum Ganzen und fährt mit dem Zusatz der Zuckerlösung fort, bis die Reduction vollendet ist. In der verbrauchten Zuckerlösung sind 0,050 Grm. wasserfreier Traubenzucker enthalten.

Ist der Versuch beendigt, so prüft man, ob der Punkt der eben vollendeten Reduction auch in der That völlig genau getroffen ist, ob also in der Lösung weder Kupfer noch Zucker oder ein braunes Zersetzungsproduct des letzteren vorhanden ist. Man filtrirt zu dem Ende eine Probe der noch ganz heissen Flüssigkeit ab. War der Punkt richtig getroffen, so muss das Filtrat farblos, nicht bräunlich sein, und Proben desselben müssen unverändert bleiben, sowohl wenn man sie mit einem Tropfen Probekupferlösung erhitzt, als auch wenn man sie ansäuert und Ferrocyankalium oder Schwefelwasserstoff zufügt. Findet man, dass Kupferoxyd oder Zucker in wahrnehmbarem Ueberschusse vorhanden ist, so muss der Versuch wiederholt werden.

Die Resultate fallen übereinstimmend aus und sind ganz befriedigend.

Zweite Methode.

Dieselbe erfordert die nämlichen Lösungen wie die erste. Man bringt 20 C.C. der Kupferlösung und 80 C.C. Wasser (oder auch eine grössere Menge der in gleicher Weise verdünnten Kupferlösung) in eine Porzellanschale, fügt eine abgemessene Menge der verdünnten Zuckerlösung zu, doch nicht so viel, dass alles Kupferoxyd reducirt werden könnte, und erhitzt etwa 10 Minuten lang auf dem Wasserbade. Nach beendigter Reduction wäscht man das Kupferoxydul durch Decantation mit siedendem Wasser aus. Die abgegossenen Flüssigkeiten filtrirt man durch ein bei 100° getrocknetes, gewogenes Filter, bringt zuletzt auch den Niederschlag darauf, trocknet ihn bei 100° und wägt ihn. Statt dieser Bestimmung kann man auch die Schwarz'sche wählen (§. 95. 3. b.), oder das Oxydul bei Luftzutritt glühen und dann durch Behandlung mit rauchender Salpetersäure völlig in Oxyd überführen.

100 Thle. wasserfreier Traubenzucker entsprechen 220,5 Kupferoxyd[132], oder 198,2 Kupferoxydul[133], oder 155,55 Eisen (welches aus dem Zustand des Chlorids in den des Chlorürs übergeführt worden ist).

Bei Anwendung dieser Methode darf man nicht vergessen,

dass das ausgeschiedene Kupferoxydul in der überstehenden Flüssigkeit, sobald dieselbe erkaltet — unter Zutritt des atmosphärischen Sauerstoffs — sich allmälig wieder zu Oxyd löst. Man darf daher von der oben angegebenen Art des Auswaschens nicht abweichen.

2. Modificationen der angegebenen Verfahrungsweisen und Ueberführung von Rohrzucker, Stärkemehl etc. in Traubenzucker.

a. Die in 1. angegebenen Methoden können auf Trauben-, Apfel- etc. Saft ohne Weiteres angewendet werden, nachdem man diesen in geeignetem Maasse verdünnt hat. — Dasselbe gilt von diabetischem Harn. Die in den genannten Fruchtsäften und im normalen Harn enthaltenen sonstigen Stoffe sind ohne Einfluss auf die Probekupferlösung.

b. Pflanzensäfte, welche dunkel gefärbt sind und sich daher zur directen Anwendung nicht eignen, klärt man, indem man eine abgemessene Menge eben zum Kochen erhitzt, dann einige Tropfen Kalkmilch zusetzt, wodurch ein starker Niederschlag (von Albumin, Farbstoff, Kalksalzen etc.) zu entstehen pflegt. Man filtrirt durch Thierkohle, wäscht vollkommen aus und bringt das mit dem Waschwasser gemischte Filtrat auf ein bestimmtes Maass, meist auf das 10-, 15- oder 20fache des ursprünglichen (Neubauer).

c. Rohrzucker oder Rohrzucker enthaltende Pflanzensäfte (Zuckerrohr-, Runkelrüben-, Ahorn- etc. Saft) müssen zuvor in Traubenzucker enthaltende Flüssigkeiten übergeführt werden. Es geschieht dies durch andauerndes Erhitzen mit verdünnter Schwefelsäure. So bereitet man z. B. Runkelrübensaft vor, indem man 15–20 C.C. des nach b.

824

geklärten Saftes mit 12 Tropfen verdünnter Schwefelsäure (1 SO_3, HO + 5 Wasser) 1 bis 2 Stunden lang (am besten im Dampfbade) unter Erneuerung des verdunstenden Wassers kocht, darauf die freie Säure durch eine verdünnte Lösung von kohlensaurem Natron neutralisirt, das Ganze auf das zehnfache Volum des ursprünglichen verdünnt und dann zur Prüfung benutzt.

100 Thle. Traubenzucker ($C_{12}H_{12}O_{12}$) entsprechen 95 Thln. Rohrzucker ($C_{12}H_{11}O_{11}$). 10 C.C. der Kupferlösung werden also durch 0,0475 Grm. Rohrzucker zersetzt.

d. Ebenso wie Rohrzucker muss auch S t ä r k e m e h l oder D e x t r i n oder müssen S t ä r k e m e h l o d e r D e x t r i n e n t h a l t e n d e S u b s t a n z e n behandelt werden, doch ist bei solchen längere Einwirkung erforderlich. Um z. B. 1 Grm. Amylum in Traubenzucker überzuführen, verfährt man zweckmässig also. — Man schüttelt dasselbe mit etwa 10 Grm. kaltem Wasser, erhitzt unter Umschwenken bis zur erfolgten Kleisterbildung, fügt 12 Tropfen verdünnte Schwefelsäure (1 : 5) zu, erwärmt, bis die Masse dünnflüssig geworden ist, und kocht alsdann entweder 6–10 Stunden lang in einem schief im Sandbad liegenden Kölbchen unter häufigem Ersetzen des verdunsteten Wassers[134], oder man erhitzt 24 bis 36 Stunden im Dampfbade. Nach geschehener Ueberführung (zu deren Erkennung die öfters vorgeschlagene Reaction mit Jodtinctur nicht hinlänglich zuverlässig ist) verdünnt man auf 100 oder 200 C.C. und prüft wie oben. — Will man sich auf untrügliche Art überzeugen, dass die Ueberführung des Stärkemehls in Traubenzucker auch wirklich beendigt ist, so nimmt man 20 C.C. der Flüssigkeit, erhitzt sie aufs Neue einige Stunden, spült in eine Messröhre, verdünnt auf 40 C.C. und prüft von Neuem. Man muss jetzt genau doppelt so viel Lösung verbrauchen als beim ersten Versuch; verbraucht man weniger, so ist bei dem fortgesetzten

Erhitzen noch Zucker gebildet worden[135]. — 100 Thle. Traubenzucker ($C_{12}H_{12}O_{12}$) entsprechen 90 Thln. Stärkemehl ($C_{12}H_{10}O_{10}$), oder 10 C.C. der Probekupferlösung entsprechen 0,045 Stärkemehl.

e. Milchzucker reducirt die Probekupferlösung direct, aber in ganz anderem Verhältniss als Traubenzucker; denn während 1 Grm. des letzteren 6,926 Kupfervitriol zersetzt, reducirt 1 Thl. Milchzucker nach Neubauer 4,331 nach Mathäi[136] 4,158 Thle., oder 10 C.C. der Probekupferlösung entsprechen 0,08 Grm. Milchzucker.

Es ist daher am räthlichsten, die vorräthige Kupferlösung mit Hülfe einer titrirten Milchzuckerlösung auf ihren Wirkungswerth zu prüfen und sie dann zur Bestimmung von Milchzuckerlösungen anzuwenden, deren Gehalt erst noch bestimmt werden soll. — Zur Bestimmung des Milchzuckers in der Milch scheidet man in der Kochhitze das Casein durch etwas Essigsäure ab, klärt die colirten Molken mit ein wenig Eiweiss, filtrirt, bringt durch Zusatz von Wasser auf das 10fache Volum und prüft alsdann nach der obigen Angabe.

B. Methode, welche auf der Zersetzung des Zuckers durch geistige Gährung beruht[137].

§. 211.

1. Eine zuckerhaltige Flüssigkeit mit Ferment oder Hefe der geeigneten Temperatur ausgesetzt, unterliegt der geistigen Gährung. Aus den Elementen von 1 Aeq. wasserfreiem Traubenzucker bilden sich 2 Aeq. Alkohol und 4 Aeq. Kohlensäure ($C_{12}H_{12}O_{12} = 2(C_4H_6O_2) + 4CO_2$). Kennt man somit die Menge der auf diese Art erzeugten Kohlensäure, so lässt sich daraus die Quantität Zucker

berechnen, welche zersetzt worden ist. 100 Thle. wasserfreier Traubenzucker liefern 51,11 Alkohol und 48,89 Kohlensäure.

2. Um nun die bei der Gährung entweichende Kohlensäure auf eine bequeme Art zu bestimmen, bedient man sich zweckmässig des in §. 110 Fig. 47 abgebildeten Apparates. Das Kölbchen *A* sei ziemlich gross, *B* möglichst klein. Das Wachsstöpfchen auf *b* bleibt weg.

3. Von der zuckerhaltigen Flüssigkeit nimmt man eine solche Menge, dass darin etwa 2 Grm. wasserfreier Zucker enthalten sind. Nimmt man viel mehr, so dauert die Gährung allzulange, nimmt man viel weniger, so wird die Bestimmung ungenau, weil dann die Quantität der zu wägenden Kohlensäure zu gering ist.

4. Was die Concentration der Flüssigkeit betrifft, so enthalte die Zuckerlösung auf 1 Zucker etwa 4–5 Wasser, verdünntere Lösungen sind daher durch Abdampfen im Wasserbade zu concentriren.

5. Man bringt die Zuckerlösung in das Kölbchen *A*, setzt einige Tropfen Weinsteinsäurelösung und eine verhältnissmässig bedeutende und gewogene Menge ausgewaschener Hefe zu, z. B. 20 Grm. frische oder eine entsprechende Menge Presshefe. (Da die Hefe für sich auch etwas Kohlensäure zu entwickeln pflegt, so kann man zu gleicher Zeit eine abgewogene grössere Menge derselben in einen ähnlichen Apparat bringen, um die aus derselben entbundene Kohlensäure bestimmen und für jene 20 Grm. in Abrechnung bringen zu können.)

6. Man tarirt oder wägt jetzt den Apparat genau und stellt ihn dann an einen Ort, an dem er ziemlich constant auf einer Temperatur von 25° erhalten wird. Die Gährung tritt bald ein, verläuft im Anfang rasch, verlangsamt sich aber später mehr und mehr. Wenn keine Gasblasen mehr durch die Schwefelsäure austreten (nach 4–5 Tagen), ist der

Versuch beendigt. Man erwärmt alsdann das Kölbchen *A* durch Einstellen in heisses Wasser, nimmt es heraus, saugt mittelst eines durchbohrten Korkes die noch im Apparat befindliche Kohlensäure bei *d* aus, lässt erkalten und wägt wieder. Die Gewichtsabnahme ist gleich der entwichenen Kohlensäure; multiplicirt man deren Menge mit 2,045, so findet man die ihr entsprechende Menge Traubenzucker.

7. Sollen stärkemehlhaltige Substanzen auf diese Art untersucht werden, so führt man das Stärkemehl derselben nach der in §. 210. 2. d. angegebenen Weise in Traubenzucker über, dampft die Flüssigkeit im Wasserbade bis zur syrupartigen Consistenz ab, bringt sie in das Kölbchen *A*, setzt, zur Entfernung der freien Schwefelsäure, eine sehr concentrirte Lösung von neutralem weinsauren Kali in der Menge zu, dass schwefelsaures und saures weinsteinsaures Kali entsteht (die Reaction auf Lackmus giebt hierbei einen ziemlich sicheren Anhaltspunkt), und unterwirft alsdann der Gährung. Von Mehlarten wendet man etwa 3, bei Kartoffeln 6–8 Grm. an.

III. Analyse der Pflanzenaschen[138].

§. 212.

Seitdem durch die Ergebnisse der Agriculturchemie der Satz festgestellt wurde, dass zur Entwickelung jeder Pflanze gewisse unorganische Bestandtheile, welche bei verschiedenen Pflanzen verschieden sind, erfordert werden, ist ein Streben rege geworden, die für die einzelnen Gewächse — namentlich die Culturpflanzen, und ferner die Unkräuter, weil diese Rückschlüsse auf die im Boden enthaltenen Bestandtheile gestatten — nothwendigen unorganischen Bestandtheile kennen zu lernen. — Diesen Zweck suchte man durch die Analyse der Asche zu erreichen, welche durch Verbrennen der ganzen Pflanzen, oder auch einzelner Theile derselben (z. B. der Samen) erhalten wurde. — Wenngleich es nun feststeht, dass auf diesem Wege völlig genaue Resultate nicht erhalten werden können, weil die Asche die Summe der in den Pflanzen enthaltenen unorganischen Bestandtheile nicht ganz richtig darstellt, so kennt man doch gegenwärtig, wenn man von einigen in dieser Hinsicht angestellten Versuchen absieht[139], noch kein besseres und keinesfalls ein für alle Pflanzenstoffe anwendbares und genügendes Mittel zur Erreichung des oben angeführten Zweckes. Es bleibt daher, wenigstens für die nächste Zukunft, die Analyse der Pflanzenaschen immer noch eine sehr beachtenswerthe Aufgabe, und aller Wahrscheinlichkeit nach wird sie es immer bleiben, da ihre Ergebnisse, wenn auch nicht den Anforderungen der Physiologie, so doch denen der Landwirthschaft dauernd genügen werden.

Da nach den bisherigen Erfahrungen die Aschen der Gewächse nur eine beschränkte Anzahl von Säuren und Basen enthalten, so lassen sich zu ihrer Analyse allgemein anwendbare Verfahrungsweisen aufstellen, von denen ich, weil sie manche Besonderheiten darbieten und häufig angewendet werden, die mittheilen will, welche mir die einfachsten und besten scheinen. Dass ich mich dabei nicht auf eine ausführliche Kritik der sehr zahlreichen und wesentlich von einander abweichenden in Vorschlag gekommenen Methoden einlassen kann, ergiebt sich aus dem Zwecke des Buches.

Die Stoffe, welche man allgemeiner verbreitet in den Pflanzen antrifft, sind folgende:

B a s e n :

Kali, Natron, Kalk, Magnesia, Eisenoxyd, Manganoxyd;
—

Säuren oder sie vertretende Körper.

Kieselsäure, Phosphorsäure, Schwefelsäure, Kohlensäure, Chlor.

Ausserdem findet man zuweilen Thonerde (wohl nur von Verunreinigungen herrührend), Fluor, Jod, Brom, Cyanmetalle und cyansaure Salze (nur in der Asche sehr stickstoffhaltiger Körper), Schwefelmetalle und häufig geringe Spuren von Kupferoxyd. Von den hier genannten Stoffen sind die meisten unzweifelhaft bereits Bestandtheile der unzerstörten Vegetabilien gewesen, manche dagegen können als solche vorhanden gewesen, aber auch erst durch die Einäscherung entstanden sein, und gewisse endlich verdanken nur dem genannten Zerstörungsprocess ihre Entstehung. So können die schwefelsauren und ausnahmsweise selbst die kohlensauren Salze der Asche schon Bestandtheile der Pflanze gewesen sein, sie können aber auch erst durch Zerstörung von Salzen mit organischen Säuren und durch Verbrennen des in jeder Pflanze enthaltenen unoxydirten Schwefels entstanden sein, — so entstehen die Schwefelmetalle durch Einwirkung der Kohle auf schwefelsaure Salze bei mangelndem Luftzutritt, die Cyanmetalle durch Erhitzung stickstoffhaltiger Kohle mit kohlensauren Alkalien, die cyansauren Salze durch Oxydation der Cyanmetalle etc.

Die Mannigfaltigkeit dieser Bestandtheile und der Umstand, dass einige derselben in der Regel nur in sehr kleiner Menge zugegen sind, machen die Aufstellung allgemein passender Methoden zu einer nicht ganz leichten Aufgabe, zumal man Grund hat, darnach zu streben, dass die Methoden mit der nothwendigen Genauigkeit den Vortheil verbinden, einigermaassen schnell zum Ziele zu führen. —

Ich spreche im Folgenden e r s t e n s von der Bereitung der zur Analyse zu verwendenden Asche, z w e i t e n s von der Analyse der Pflanzenaschen, d r i tt e n s von der Darstellung der Resultate und v i e r t e n s von der Berechnung der gefundenen Aschenbestandtheile auf die Pflanzen oder Pflanzentheile, denen sie angehört haben.

A. Bereitung der Asche.

§. 213.

Bei der Bereitung einer Asche sind folgende Bedingungen zu erfüllen:

1) die zu verbrennenden Pflanzen oder der zu verbrennende Pflanzentheil muss frei sein von allen anhängenden Verunreinigungen;

2) die Asche muss möglichst wenig unverbrannte Theile enthalten;

3) durch den Process des Einäscherns dürfen keine wesentlichen Bestandtheile verloren gehen.

Um die e r s t e Bedingung zu erfüllen, hat man demnach die betreffenden Pflanzen oder Pflanzentheile sorgfältig auszusuchen und zu reinigen. Nicht immer gelingt es, anhängenden Sand oder Thon durch blosses Reiben und Bürsten zu entfernen; es ist dies namentlich bei kleinen Samenkörnern der Fall. — H. R o s e giebt zu deren Reinigung folgende Vorschrift. Man übergiesst sie in einem Becherglase mit einer nicht zu grossen Menge destillirten Wassers, rührt einige Augenblicke mit einem Glasstabe gut um, bringt sie dann auf ein weitlöcheriges Sieb, das den feinen Sand durchlaufen lässt, die Samenkörner aber zurückhält. Diese Operation wiederholt man einige Male, lässt aber dabei die Körner nie lange mit dem Wasser in Berührung, weil aus ihnen sonst auflösliche Salze könnten ausgezogen werden. Man bringt dann den Samen auf ein leinenes Tuch und reibt ihn zwischen demselben, wodurch auch der feine an den Körnern haftende Sand fortgenommen wird. Der so gereinigte Samen ist fast völlig frei von fremden Beimengungen. Man trocknet ihn, um ihn später einäschern zu können.

Zur Erfüllung der z w e i t e n und d r i t t e n Bedingung hat man vornehmlich ins Auge zu fassen, dass die Einäscherung bei möglichst niederer Temperatur (dunkler Rothglühhitze) und bei einem weder zu starken noch zu schwachen Luftzutritt vor sich gehe; denn ist der letztere zu stark, so werden leicht Theile der Asche fortgerissen, ist er zu gering, so dauert die Einäscherung zu lange, auch finden leicht Reductionsprocesse statt, — glüht man zu stark, so schmelzen nicht allein die Chlormetalle und Phosphate der Alkalien und erschweren, indem sie die Kohle umhüllen, deren Verbrennung ausserordentlich, sondern es verflüchtigen sich auch leicht Chlormetalle, und selbst Phosphorsäure kann verloren gehen, indem, wie E r d m a n n zuerst gezeigt hat, saure Phosphate der Alkalien, mit Kohle geglüht, unter Reduction und Verflüchtigung eines Theiles des Phosphors in neutrale Salze übergehen. — Während man nun durch die Methode der Einäscherung und nöthigenfalls durch Vermischung der einzuäschernden Substanz mit Baryt oder Kalk jedem Verlust an Chlormetallen, Phosphorsäure und Schwefelsäure vorbeugen kann, gelingt dies nicht in Betreff der Kohlensäure. Niemals wird man daher durch die Bestimmung der letzteren irgend einen sicheren Rückschluss auf Bestandtheile des Vegetabils machen können, indem sich nicht einmal d e r Satz als richtig erwies, dass kohlensaure Salze in der Asche einer (kohlensaure Salze nicht enthaltenden) Pflanze auf das Vorhandensein organischsaurer Salze in dieser schliessen lassen; denn wie S t r e c k e r gezeigt hat, bilden sich kohlensaure Alkalien, wenn dreibasisch phosphorsaure mit einem grossen Ueberschuss von Zucker, beziehungsweise dessen Kohle, geglüht werden, während gleichzeitig pyrophosphorsaure Alkalien entstehen. Erwägt man dieses Factum und berücksichtigt man, dass umgekehrt pyrophosphorsaure Alkalien, mit kohlensauren stark geglüht, in dreibasisch phosphorsaure übergehen, so ergiebt sich, dass das Auffinden dreibasischer oder zweibasischer phosphorsaurer Salze in einer Asche ebenfalls abhängig sein kann von der Art, nach welcher dieselbe bereitet worden ist.

Ich gehe jetzt zur Beschreibung der Methoden über, welche man zur Darstellung der Asche wählen kann.

1. Einäscherung in der Muffel.

Diese Art der Einäscherung, welche zuerst von E r d m a n n[140], später von S t r e c k e r[141] empfohlen worden und gegenwärtig in den meisten Laboratorien eingeführt ist, hat die früher übliche, wonach die Substanz in schief liegenden hessischen Tiegeln verkohlt wurde, fast ganz verdrängt.

Die Muffeln, welche ich anwende, sind von der Masse der hessischen Tiegel, 28 Cm. tief, 11 Cm. breit, 6 Cm. hoch. Die Maassangaben beziehen sich auf die Dimensionen im Lichten. Die Muffeln befinden sich eingemauert in Oefen mit drehbarem Rost, haben kein Abzugsrohr und werden vorn durch einen mit Löchern versehenen Deckel lose verschlossen. Die so entstehende Luftcirculation genügt zu dem Verbrennen der verkohlten Substanz vollständig.

Man trocknet zunächst die einzuäschernde Substanz (etwa 100 Grm.) bei 100 oder 110°. Saftige Wurzeln oder fleischige Früchte zerschneidet man zu dem Behufe und legt sie auf Glasplatten. Die getrocknete Substanz wägt man am besten, bringt sie dann in einer flachen Platin- oder Porzellanschale (besser noch in einer flachen, gerade in die Muffel passenden Platin- oder Porzellankapsel) in die Muffel und erhitzt diese allmälig. Sobald keine brenzlichen Producte mehr entweichen, steigert man die Hitze ein wenig, aber nicht weiter als bis zu einer ganz gelinden, bei Tage nicht sichtbaren Rothglühhitze. Bei dieser Temperatur, bei welcher weder Kochsalz noch pyrophosphorsaures Natron schmilzt, verbrennt die Kohle unter schwacher Glüherscheinung, und es genügen 12 Stunden, um eine zur Analyse hinreichende Menge von kohlefreier Asche zu erhalten. — Substanzen, welche sich zu dieser Art der Einäscherung nicht eignen, verkohlt man zuerst in einem grossen bedeckten Platin- oder auch hessischen Tiegel bei gelinder Rothgluth und verbrennt dann die verkohlte Masse in der Muffel. Umrühren der in der Einäscherung begriffenen Substanz ist in der Regel unzweckmässig, weil sie dadurch an Lockerheit verliert. Bei dieser Methode der Einäscherung verflüchtigt sich, nach S t r e c k e r, kein Kochsalz.

Nach beendigter Verbrennung wägt man die erhaltene Asche, zerreibt und mischt sie und bringt sie zunächst in ein gut schliessendes Pulverglas.

2. Einäscherung in der Schale, mit Hülfe künstlichen Luftzuges, nach F. S c h u l z e[142].

Man verkohlt die bei 100° getrocknete, gewogene organische Substanz im Tiegel bei gelinder Rothglühhitze, bringt die Kohle in eine flache Platinschale, legt über dieselbe ein Dreieck von Platindraht und stellt auf dieses einen gewöhnlichen Lampencylinder (oder auch einen hinlänglich weiten Retortenhals; den Cylinder kann man auch in einen Retortenhalter einspannen und ihn so über der Schale befestigen). Unter die Schale braucht man nur die einfache Weingeistlampe zu stellen. Durch den verstärkten Luftzug, welchen der Cylinder veranlasst und welchen man dadurch reguliren kann, dass man einen längeren oder kürzeren anwendet und ihn niedriger oder höher stellt, gelingt die Einäscherung bei der angegebenen niederen Temperatur selbst bei Getreidekörnern auf überraschende Weise[143]. Nach vollendeter Einäscherung wägt man die Asche und verfährt wie in 1.

3. Einäscherung in der Muffel unter Zusatz von Baryt, nach
S t r e c k e r (a. a. O.).

Die organische Substanz wird bei 100° getrocknet und in einer Porzellan- oder Platinschale über der Lampe schwach verkohlt. Die Kohle feuchtet man mit einer concentrirten Lösung von r e i n e m Barythydrat an, und verwendet hierzu soviel, dass die nach dem Verbrennen bleibende Asche etwa die Hälfte ihres Gewichtes an Baryt enthält. Die angefeuchtete Kohle wird wieder getrocknet und bei möglichst niederer Temperatur in der Muffel verbrannt. Die Asche schmilzt hierbei nicht; sie bleibt voluminös und locker, so dass eine vollständige Verbrennung der Kohle sich erreichen lässt. Der Rückstand muss noch einen ansehnlichen Ueberschuss von kohlensaurem Baryt enthalten. Ist dies nicht der Fall, so kann man einen Verlust von Schwefel oder Phosphor befürchten und thut daher besser, eine neue Portion mit einem grösseren Zusatz von Baryt einzuäschern. Der eingeäscherte Rückstand wird nun fein gepulvert und innig gemischt.

4. Einäscherung mit Hülfe von Platinschwamm, nach H.
R o s e.

Man verkohlt zunächst etwa 100 Grm. der bei 100° getrockneten Substanz im Platin- oder Thontiegel bei dunkler Rothglühhitze, reibt die verkohlte Masse im Porzellanmörser fein, mischt sie mit 20–30 Grm.

Platinschwamm aufs Innigste, bringt das Gemenge portionenweise in eine flache dünne Platinschale und erhitzt über der Lampe mit doppeltem Luftzuge. Nach kurzer Zeit, noch ehe dies Gemenge ins Glühen gekommen ist, fängt jedes Kohlentheilchen an zu verglimmen, und die Oberfläche des schwarzen Gemenges überzieht sich mit einer grauen Schicht. Durch fleissiges, vorsichtiges Umrühren mit einem kleinen Platinspatel erneuert man die Oberfläche und befördert die Verbrennung. So lange noch unverbrannte Kohle in der Masse enthalten ist, findet ein Verglimmen statt, sobald sie aber vollständig verbrannt ist, hört jedes sichtbare Erglühen der Masse auf, auch wenn man dieselbe stärker erhitzt. Sind sämmtliche Portionen eingeäschert, so mischt man gleichförmig, trocknet scharf und wägt. Zieht man das Gewicht des zugesetzten Platins ab, so erhält man das der Asche.

B. Analyse der Asche.

§. 214.

Nachdem ich im Vorhergehenden die vorzüglichsten Methoden zur Darstellung von Pflanzenaschen mitgetheilt habe, mache ich hier zunächst darauf aufmerksam, dass in bei Weitem den meisten Fällen die Methoden 1 und 2, wenn dieselben richtig ausgeführt werden, vollkommen genügen, indem bei deren Anwendung nur der Gehalt an Kohlensäure und an Schwefel ungenau zu werden pflegt[144]. Da nun die Bestimmung der ersteren auch durch die anderen Methoden nicht genauer wird, und die Ermittlung des Schwefelsäuregehaltes einer Asche von verhältnissmässig geringem Werthe ist, indem man dadurch weder Aufschluss über den in der Pflanze als Schwefelsäure, noch über den im Ganzen in derselben enthaltenen Schwefel enthält, so ist es jedenfalls am sichersten, zur Bestimmung des Schwefels einer vegetabilischen Substanz eine besondere Portion nach §. 156 zu behandeln. —

Ich habe diesen Satz vorausgeschickt, um es zu rechtfertigen, dass ich im Folgenden nur von der Analyse reiner (baryt- und platinfreier) Asche rede. Kommt man in den Fall, die Einäscherungsmethode 3 oder 4 anzuwenden, so bedarf es nur geringer, leicht sich ergebender Modificationen der sogleich zu beschreibenden Methoden.

Nach ihren hauptsächlichsten Bestandtheilen kann man die Aschen in folgende Abtheilungen bringen:

a. Aschen mit vorwaltenden k o h l e n s a u r e n A l k a l i e n und k o h l e n s a u r e n a l k a l i s c h e n E r d e n. — Eine solche Asche liefern z. B. die Hölzer, die kräuterartigen Gewächse etc.

b. Aschen mit vorwaltenden p h o s p h o r s a u r e n A l k a l i e n und p h o s p h o r s a u r e n a l k a l i s c h e n E r d e n. — Hierher gehören fast alle Samenaschen.

c. Aschen mit vorwaltender K i e s e l s ä u r e. — Eine solche geben die Halme der Gramineen, der Equisetaceen u. s. w.

Wenngleich es einleuchtend ist, dass diese Eintheilung nicht streng sein kann, und dass sich zahlreiche Uebergänge von einer Gruppe zur anderen finden werden, so muss sie doch beibehalten werden, wenn in die jetzt mitzutheilenden analytischen Methoden Klarheit kommen soll, denn der allgemeine Gang erleidet gewisse Modificationen, je nachdem eine Asche zur ersten, zweiten oder dritten Abtheilung gehört.

a. Qualitative Analyse.

Da man die Bestandtheile, welche die Aschen zu enthalten pflegen, bereits im Allgemeinen kennt, so wäre es überflüssig, von jeder Asche eine vollständige qualitative Analyse vorzunehmen. — Es sind nur einige wenige vorläufige Versuche, welche man zu machen hat, sowohl um über die Gegenwart oder Abwesenheit seltener vorkommender Bestandtheile, als auch namentlich um darüber ins Klare zu kommen, zu welcher der oben angeführten Abtheilungen man die Asche zu rechnen hat. — Diese Versuche sind folgende:

1. Man prüfe, ob die Asche durch Erwärmen mit concentrirter Salzsäure vollkommen aufschliessbar sei. — Braust eine Asche beim Uebergiessen mit der Säure stark, so kann man von der Aufschliessbarkeit im Voraus überzeugt sein. — In der Regel sind es nur die an Kieselsäure reichen Aschen der Halme der Gräser etc., welche nicht vollständig aufgeschlossen werden.

2. Versetzt man die salzsaure Lösung irgend einer Asche, nach Abscheidung der Kieselerde, mit essigsaurem Alkali, oder neutralisirt man sie mit Ammon und setzt alsdann freie Essigsäure hinzu, so scheidet sich fast bei allen Aschen ein gelblichweisser, gallertartiger Niederschlag — phosphorsaures Eisenoxyd — ab. Es ist nun nothwendig zu wissen, ob ausser der in diesem Niederschlage befindlichen Phosphorsäure noch eine weitere Menge in der Asche enthalten ist Um diese Frage zu entscheiden, filtrirt man den nach angegebener Art erhaltenen Niederschlag ab, und setzt zum Filtrat Ammon im Ueberschuss. — Entsteht hierdurch kein Niederschlag, oder ist ein sich abscheidender roth, besteht er also aus Eisenoxydhydrat, so enthält die Asche keine weitere Phosphorsäure, — entsteht aber ein weisser Niederschlag (phosphorsaurer Kalk und phosphorsaures Bittererde-Ammon), so ist es gewiss, dass die Asche mehr Phosphorsäure enthält, als das darin

enthaltene Eisenoxyd zu binden vermag, und dass die Asche somit zur zweiten Abtheilung zu rechnen ist.

3. Man prüft auf M a n g a n, indem man ein Theilchen der Asche mit Soda mengt und auf Platinblech der äusseren Löthrohrflamme aussetzt, vergl. Anleit. zur qual. Anal.

4. Man prüft auf Jod, Brom, Fluor und die übrigen der zuweilen in sehr geringer Menge vorkommenden, oben genannten Substanzen, sofern man ein Interesse hat, Spuren derselben nachzuweisen (vergl. Anleit. zur qual. Analyse).

b. Quantitative Analyse.

I. Aschen mit vorwaltenden kohlensauren Alkalien oder alkalischen Erden, in welchen alle Phosphorsäure an Eisenoxyd gebunden ist.

§. 215.

Sämmtliche Bestandtheile bestimmt man in drei verschiedenen Portionen der Asche, welche wir A, B und C nennen wollen.

In C bestimmt man die Kohlensäure[145],

„ B „ „ das Chlor,

„ A „ „ alle übrigen Bestandtheile.

A.

1. Bestimmung der Kieselerde, der Kohle und des Sandes.

Man übergiesst 4–5 Grm. der Asche in einem schief gehaltenen Kolben mit concentrirter Salzsäure, so dass die entweichende Kohlensäure keine Tröpfchen der Flüssigkeit mit sich fortreissen kann, und erhitzt gelinde, bis man ausser den leicht zu erkennenden kohligen und sandigen Theilen (welche fast niemals ganz fehlen) keine unaufgeschlossene Asche mehr bemerkt. Man verdampft nun die sorgfältig in eine Porzellanschale gebrachte Lösung im Wasserbade zur Trockne und erhitzt den Rückstand, wie dies bei Abscheidung der Kieselerde geschehen muss, unter Umrühren und Zertheilung der Klümpchen, aber immer nur bei 100° (vergl. §. 111. II. a.). (Braust die Asche beim Uebergiessen mit Säure nur schwach, so kann man sie gleich in der Porzellanschale mit Salzsäure übergiessen, wobei man die Schale jedoch mit einer Glasplatte zu bedecken hat.) —

Nach dem Erkalten befeuchtet man die trockene Masse mit concentrirter Salzsäure, erhitzt nach halbstündiger Einwirkung mit einer gehörigen Menge Wasser zum anfangenden Kochen und filtrirt die saure Flüssigkeit durch ein bei 100° getrocknetes und gewogenes Filter aus starkem Papier.

Auf dem Filter bleibt die Kieselerde, gemengt mit Kohle und Sand, wenn diese zugegen sind. — Man trocknet es nach vollkommenem Auswaschen sorgfältig und bringt die darin enthaltenen Substanzen in eine Platinschale, ohne das Filter dabei zu beschädigen. (Wenn das Pulver vollkommen trocken war, so gelingt dies sehr gut, und an dem Papier bleibt meistens nur so viel hängen, dass dasselbe von der Kohle gefärbt erscheint.) — Das Pulver erhält man eine halbe Stunde lang mit reiner (kieselsäurefreier) verdünnter Natronlauge (oder auch mit einer concentrirten Lösung von kohlensaurem Natron) im Sieden, wobei sich nach und nach alle Kieselsäure auflöst, ohne dass etwa zugegebener Sand oder Kohle angegriffen werden. Man filtrirt nun durch das nämliche Filtrum, wäscht das Ungelöste gut aus und trocknet es mit dem Filtrum bei 100°, bis kein Gewichtsverlust mehr stattfindet. Es wird, nach Abzug des

Gewichts des Filters, als K o h l e und S a n d in Rechnung gebracht.

Das mit Salzsäure übersättigte Filtrat giebt, nach §. 111. II. a. behandelt, die Quantität der K i e s e l s ä u r e.

2. B e s t i m m u n g   a l l e r   ü b r i g e n B e s t a n d t h e i l e,   a u s g e n o m m e n   C h l o r   u n d K o h l e n s ä u r e.

Die von der Kieselerde, der Kohle und dem Sand abfiltrirte salzsaure Lösung sammt dem Waschwasser theilt man nach vorhergegangener inniger Mischung dem Volum oder Gewichte nach in drei, oder zweckmässiger in vier Theile, damit man, wenn eine Bestimmung misslingt, den letzten Theil zur Wiederholung derselben benutzen kann. — Am einfachsten geschieht die Theilung, indem man die Flüssigkeit in einen 200 C.C. fassenden Messkolben filtrirt, denselben mit Hülfe des Waschwassers und zuletzt mit reinem Wasser bis an den Theilstrich anfüllt, schüttelt und nun mittelst einer Pipette dreimal je 50 C.C. abmisst. Wir wollen die drei Portionen a, b und c nennen.

In a bestimmt man das phosphorsaure Eisenoxyd, etwa vorhandenes freies Eisenoxyd und die alkalischen Erden, ferner das Mangan, sofern welches zugegen.

In b die Alkalien.

In c die Schwefelsäure.

a. *Bestimmung des phosphorsauren Eisenoxyds etc. und der alkalischen Erden.*

Man versetzt die Flüssigkeit mit Ammon, bis der entstehende Niederschlag nicht mehr verschwindet, fügt nun essigsaures Ammon und soviel freie Essigsäure hinzu, dass die Flüssigkeit deutlich sauer reagirt. — Der bleibende gelblichweisse Niederschlag, der sich bei gelindem Erwärmen am besten abscheidet, ist p h o s p h o r s a u r e s

E i s e n o x y d (3 PO_5, $2Fe_2O_3$, $3HO$ + 10aq.). Es wird abfiltrirt, heiss ausgewaschen, geglüht, gewogen und als solches in Rechnung gebracht. Seine Formel ist nach dem Glühen $3PO_5$, $2Fe_2O_3$ (vergl. §. 72. 4. c.).

Das Filtrat sättigt man mit Ammon und bestimmt darin K a l k und M a g n e s i a nach §. 122. B. 3.

Entsteht jedoch durch Zusatz des Ammons ein Niederschlag von E i s e n o x y d h y d r a t, so muss dieses erst abfiltrirt und bestimmt werden, — und ist eine bestimmbare Menge M a n g a n allein oder neben Eisen zugegen, so hat man die mit Ammon gesättigte Flüssigkeit erst mit Schwefelammonium zu fällen, ehe man zur Bestimmung der alkalischen Erden schreitet. — Ist der Niederschlag des Schwefelmangans rein, so verfährt man damit nach §. 86. 1. c., — ist er eisenhaltig, nach §. 128.

b. *Bestimmung der Alkalien.*

Man versetzt die Flüssigkeit b. (nachdem man durch Verdampfen im Wasserbad den grösseren Theil der freien Säure entfernt hat) mit Barytwasser bis zur stark alkalischen Reaction, erwärmt und filtrirt. Man entfernt auf diese Weise alle Schwefelsäure, alle Phosphorsäure, alles Eisenoxyd und die Bittererde. Den Niederschlag wäscht man so lange aus, bis das letztablaufende Waschwasser Silbersolution nicht mehr trübt, fällt aus dem Filtrat den Barytüberschuss durch mit Ammon versetztes kohlensaures Ammon, lässt absitzen, filtrirt, verdampft in einer Platinschale zur Trockne, glüht, fällt nochmals und wenn nöthig auch noch ein drittes Mal mit Ammon und kohlensaurem Ammon (bis die Lösung des gelinde geglühten Rückstandes durch die genannten Reagentien nicht mehr getrübt wird), verdampft, glüht gelinde, wägt die als Chlormetalle zurückbleibenden Alkalien und trennt N a t r o n und K a l i nach §. 120. 1. a.

NB. Statt der beschriebenen Methode kann man auch sehr gut die Bestimmungen a. und b. vereinigen. Man fällt in dem Fall das phosphorsaure Eisenoxyd wie angegeben und verfährt mit dem Filtrate genau nach §. 177. 4. b. Es ist diese Methode namentlich dann zu empfehlen, wenn man wenig Asche hat.

c. Bestimmung der Schwefelsäure.

Man fällt die Flüssigkeit c mit Chlorbaryum und bestimmt den Niederschlag nach §. 105.

B.
Bestimmung des Chlors.

Man wägt eine zweite Portion der Asche (1–2 Grm.) ab, zieht sie heiss mit Wasser aus, säuert das Filtrat mit Salpetersäure an, fällt mit salpetersaurem Silberoxyd und bestimmt den Niederschlag nach §. 112. I. a.

C.
Bestimmung der Kohlensäure.

Man behandelt eine dritte Portion der Asche (die Menge richtet sich nach dem Kohlensäuregehalt) nach §. 110. II. b. β.

II. Durch Salzsäure aufschliessbare Aschen, in welchen ausser der an Eisenoxyd gebundenen Phosphorsäure noch weitere vorhanden ist.

§. 216.

Die Analyse wird im Allgemeinen gerade so ausgeführt wie in I. (§. 215) angegeben, nur bei A. 2. a. erleidet sie Abänderungen.

Bei Ausfällung des phosphorsauren Eisenoxyds hat man nämlich zunächst Sorge zu tragen, dass etwa mitgefällter phosphorsaurer Kalk durch Essigsäure vollständig wieder gelöst wird; sodann fällt man aus dem sauren Filtrate den Kalk geradezu durch kleesaures Ammon (§. 81. 2. b. β.). Das Filtrat theilt man alsdann in zwei gleiche Theile und bestimmt im einen die Magnesia durch Zusatz von Ammon und phosphorsaurem Natron, im anderen die Phosphorsäure durch Zusatz von Ammon und mit Salmiak versetzter schwefelsaurer Magnesialösung. — Ist die Phosphorsäure in Form zweibasischer Salze zugegen gewesen, so geht man am sichersten, wenn man die zu ihrer Ermittlung bestimmte Hälfte, zuletzt im Platintiegel, verdampft und den Rückstand mit kohlensaurem Natron schmelzt, ehe man die angegebene Bestimmung vornimmt.

Enthält die Asche eine bestimmbare Menge Mangan, so lässt sich diese einfache Methode nicht wohl anwenden, weil alsdann dieses theils mit dem Kalk, theils mit der Magnesia niedergeschlagen würde. Man versetzt daher die von dem phosphorsauren Eisenoxyd abfiltrirte Flüssigkeit (welche noch essigsaures Alkali enthält) mit Eisenchlorid, bis dieselbe in Folge sich bildenden essigsauren Eisenoxyds deutlich roth wird, kocht längere Zeit und filtrirt heiss ab. Durch diese Operation wird alle Phosphorsäure ausgefällt, und man hat somit Mangan, Kalk und Magnesia als Chlormetalle in Lösung. — Man trennt sie nach §. 127. Sollte der Niederschlag des Schwefelmangans eisenhaltig sein, was in der Regel der Fall ist, so hat man das Mangan vom Eisen nach §. 128 zu scheiden.

N.B. Hat man nicht viel Asche, so kann man die salzsaure Lösung der Portion A auch nur in zwei Theile theilen, a und b. Mit a verfährt man, wie eben angegeben, — b versetzt man zur Bestimmung der

Schwefelsäure mit Chlorbaryumlösung in möglichst geringem Ueberschuss, fällt die Phosphorsäure nach §. 106. I. c. γ. (indem man statt des dort angegebenen essigsauren Natrons essigsaures Ammon anwendet) und bestimmt alsdann im Filtrate die Alkalien, nachdem man die Ammonsalze verjagt, die Magnesia mit etwas Kalkmilch, dann Kalk und Baryt mit Ammon und kohlensaurem Ammon ausgefällt hat. — Wägt man das erhaltene basisch phosphorsaure Eisenoxyd, so dient diese Bestimmung der in a gemachten zur Controle.

III. Durch Salzsäure nicht aufschliessbare Aschen.

§. 217.

Kohlensäure findet man in solchen Aschen selten, sollte sich welche finden, so wird sie nach §. 215 bestimmt. Das Gleiche gilt von Chlor. Was die Bestimmung der übrigen Bestandtheile betrifft, so muss derselben eine Aufschliessung vorhergehen. Es kann solche auf verschiedene Weise ausgeführt werden.

1. Man kann nämlich entweder, wie Will und ich es zuerst vorgeschlagen, die Asche mit reiner Natronlauge in einer Platin- oder Silberschale zur Trockne verdampfen. (Hierdurch werden erfahrungsmässig die kieselsauren Verbindungen der Asche vollständig aufgeschlossen, nicht aber, oder nur höchst wenig, etwa beigemengter Sand. — Die Hitze darf zuletzt nicht so weit gesteigert werden, dass die Masse schmilzt.) — Man übergiesst den Rückstand alsdann mit verdünnter Salzsäure, dampft ein, behandelt wieder mit Salzsäure und verfährt mit dem unlöslichen Rückstand (Kieselerde, Kohle und Sand) wie oben in §. 215. A. 1., mit der Lösung wie oben in §. 215. A. 2. Dass in letzterer die Alkalien nicht bestimmt werden können,

sondern dass dieselben in einer besonderen Portion der Asche, nachdem man solche durch Schmelzen mit Barythydrat oder durch Aufschliessen mit Fluorwasserstoff zersetzt hat, geschehen muss, ergiebt sich von selbst.

2. Way und Ogston[146] mischen die Asche mit dem gleichen Gewicht salpetersauren Baryts und tragen sie portionenweise in einen grossen Platintiegel ein. Hierdurch wird die Asche durch Salzsäure leicht zersetzbar und, wenn sie kohlehaltig war, völlig weiss. Die Kieselsäure wird wie in §. 215. A. 1. abgeschieden und der dabei etwa vorhandene und erforderlichenfalls zu bestimmende schwefelsaure Baryt in Rechnung gebracht. Von der salzsauren Lösung verwenden sie eine Portion zur Bestimmung der Alkalien (Verfahren wie in §. 215. A. 2. b.), den Rest fällen sie mit wenig überschüssiger Schwefelsäure aus (aus dem Gewichte des erhaltenen schwefelsauren Baryts berechnen sie, da die Quantität des angewandten salpetersauren Baryts bekannt war, die Menge des ihm etwa anhängenden schwefelsauren Kalkes) theilen das Filtrat in zwei Theile und bestimmen im einen phosphorsaures Eisenoxyd, Kalk und Magnesia (§. 216), im anderen die Phosphorsäure nach §. 106. I. c. γ.

C. Darstellung der Resultate.

§. 218.

Das Streben, die Aschen der Pflanzen im Interesse der Pflanzenphysiologie und Agricultur zu analysiren, gehört, wenn man von vereinzelten früheren Arbeiten absieht, der neueren und neuesten Zeit an. Die Fragen, welche durch die Analysen beantwortet werden sollen, sind der Hauptsache nach folgende:

1. Haben die Pflanzen gewisse Bestandtheile in gewisser Menge absolut nöthig, — und wenn dem so ist,

welche?

2. Können manche dieser Bestandtheile durch andere vertreten werden?

3. Hat jede Pflanze eine bestimmte Sättigungscapacität, d. h. ist die Menge des Sauerstoffs, welcher in ihren Basen enthalten ist, stets dieselbe?

Man sieht leicht ein, dass diese Fragen nur durch eine ausserordentlich grosse Anzahl von Analysen mit völliger Sicherheit beantwortet werden können, und dass daher Viele berufen sind, zu ihrer Lösung beizutragen.

Unter diesen Umständen ist es von der grössten Wichtigkeit, dass die sämmtlichen Resultate auf übereinstimmende Weise dargestellt werden, so dass sie mit Leichtigkeit und ohne Umrechnung vergleichbar sind.

Da wir die Art, wie die Basen und Säuren in den Pflanzen verbunden gewesen sind, aus der Asche doch nicht mit Sicherheit ersehen können, und da die Aschen, wie bereits erwähnt, in Bezug auf die Basicität der Phosphate etc. je nach der Stärke des Glühens verschieden ausfallen, so ist es ohne allen Zweifel am räthlichsten, die gefundenen Gewichtsprocente der Basen und Säuren isolirt aufzuführen. Nur in Bezug auf das Chlor ist zu erinnern, dass man es als Chlornatrium (und, wenn nicht genug Natron vorhanden, Chlorkalium) aufführen, die darin enthaltene Menge Natrium auf Natron berechnen und von der Gesammtmenge des Natrons abziehen muss. — Denn würde man dies nicht thun, so erhielte man jedesmal einen Ueberschuss bei der Analyse, indem man ja das in der Asche enthalten gewesene Chlornatrium nicht als Chlor und Natrium, sondern als Chlor und Natron aufführte. — Etwa vorhandenes Mangan ist als Oxyduloxyd anzuführen, da es als solches in der Asche enthalten ist. —

Als Beispiel mag die Asche des Buchensamens dienen.

S o u c h a y erhielt bei der Analyse desselben:

Kali	18,13
Natron	7,55
Kalk	19,47
Bittererde	9,25
Eisenoxyd	2,12
Manganoxyduloxyd	2,47
Phosphorsäure	16,53
Schwefelsäure	1,75
Chlornatrium	0,69
Kieselerde	1,49
Kohlensäure	9,11
Kohle und Sand	9,39
	97,95

Diese Darstellung genügt jedoch, wie man leicht ersieht, nicht, wenn man die Resultate mit anderen genau vergleichen will, indem dabei an 20 Procent von Substanzen aufgeführt sind, welche ganz unwesentlich sind, nämlich Kohlensäure und ferner Kohle und Sand. Denn die Menge, in der diese Bestandtheile zugegen sind, oder, wenn man will, ihre Anwesenheit überhaupt, ist in der That nur von zufälligen Umständen (sorgfältigem Reinigen der Substanz, Grad und Dauer des Glühens etc.) abhängig.

Will man also vergleichbare Resultate haben, so muss man dieselben frei machen von dem Einfluss dieser unwesentlichen Bestandtheile. Dies geschieht, indem man Kohlensäure, Kohle und Sand wegstreicht, und die wesentlichen Bestandtheile auf 100 Theile berechnet.

Auf diese Art erhält man z. B. bei der oben angeführten Analyse:

Kali	22,82
Natron	9,50
Kalk	24,50
Bittererde	11,64
Eisenoxyd	2,67
Manganoxyduloxyd	3,11
Phosphorsäure	20,81
Schwefelsäure	2,20
Chlornatrium	0,87
Kieselerde	1,88
	100,00

Man hat demnach, wenn man allen Anforderungen genügen will, die Resultate jeder Aschenanalyse nach beiden Weisen aufzuführen. Die erste Zusammenstellung lässt alsdann eine Beurtheilung der Genauigkeit, die letztere eine genaue Vergleichung zu. — Will man ein Uebriges thun, so kann man noch die Sauerstoffmengen der einzelnen Basen berechnen und deren Summe mittheilen.

D. Berechnung der gefundenen Aschenbestandtheile auf die Pflanzen oder Pflanzentheile, denen sie angehört haben.

§. 219.

Man pflegte früher gewöhnlich in einer Portion der sorgfältig getrockneten vegetabilischen Substanz durch vorsichtiges Einäschern eines gewogenen kleineren Theiles die Gesammtmenge der Asche zu bestimmen und dann einen grösseren, weniger sorgfältig getrockneten und nicht gewogenen Theil zu verbrennen, um die zur Analyse nöthige Aschenmenge zu gewinnen. War diese analysirt, so ergab sich die Beziehung zur Pflanze leicht durch eine höchst einfache Rechnung. Es lieferten z. B. die Weizenkörner 3 Proc. Asche und diese enthielt 5O Proc. Phosphorsäure, also enthielten 100 Thle. Weizenkörner 1,5 Phosphorsäure etc.

Man sieht auf den ersten Blick, dass diese Methode sehr bequem ist, aber es muss darauf aufmerksam gemacht werden, dass sie nicht in allen Fällen hinlänglich genaue Resultate liefert, da das Gesammtquantum der Asche, wie sich aus den in §. 213 angeführten Gründen ergiebt, keine constante, sondern eine je nach Dauer, Stärke und Art des Glühens in gewissen Grenzen veränderliche Grösse ist. Sofern man daher meistens nicht darauf rechnen kann, dass die bei der Gewichtsbestimmung der Asche erhaltene kleine Portion in ihrer Menge und Zusammensetzung genau übereinstimmt mit der zur Analyse dienenden grösseren Portion, so ist es jedenfalls vorzuziehen, die Gesammtmenge der zur Einäscherung bestimmten Substanz einerseits und die Gesammtmenge der erhaltenen und zur Analyse bestimmten Asche andererseits zu wägen, wie ich dies schon oben angerathen habe.

Will man dies nicht, so lässt sich der vorliegende Zweck auch dadurch mit Genauigkeit erreichen, dass man zuerst eine grössere ungewogene Menge des Vegetabils einäschert, die Asche analysirt und so das relative Verhältniss ihrer Bestandtheile feststellt. Aeschert man dann auch eine kleinere, bei 100° getrocknete und gewogene Portion ein und bestimmt in der Asche einen von den Bestandtheilen, deren Menge durch die Art der Einäscherung gar keine Veränderung erleiden kann, z. B. den Kalk, so lässt sich alsdann, da man die Beziehung seiner Quantität zur Pflanze, wie zu den übrigen Aschenbestandtheilen kennt, auch das Verhältniss leicht berechnen, in dem die übrigen

Aschenbestandtheile zur eingeäscherten Substanz stehen.

IV. Analyse der Bodenarten[147].

§. 220.

Wenn der Satz wahr ist, dass jede Pflanze zu ihrem Wachsthum und Gedeihen gewisse unorganische Stoffe nöthig hat, und dass ihr diese Stoffe von dem Boden geliefert werden, in welchem sie wurzelt — und wer wollte diesen Satz bestreiten —, so ist es auch gewiss, dass die Kenntniss der Bestandtheile des Bodens für den Landwirth von der grössten Bedeutung sein müsse, sei es, dass er beurtheilen will, welcher Pflanze ein gegebener Boden die nothwendige Nahrung liefern kann, — sei es, dass er für eine bestimmte Pflanze einen Boden durch Zufuhr von düngenden Materien geeignet machen will.

Da nun aber eine Pflanze nur gelöste Substanzen mit ihren Wurzelfasern aufzusaugen und in sich aufzunehmen vermag, so ist es für ihr Gedeihen nicht ausreichend, dass die ihr nothwendigen Bestandtheile überhaupt vorhanden sind, sondern es ist auch erforderlich, dass dieselben in einer Form zugegen sind, in welcher sie von der Pflanze aufgenommen werden können. — Soll daher die Analyse eines Bodens einen praktisch brauchbaren Schluss auf seine Ernährungsfähigkeit für die oder jene Pflanze abgeben, so muss sie nicht nur die Bestandtheile nachweisen, sondern auch die Zustände, in denen sie enthalten sind.

In diesem Sinne kann man die unorganischen Bodenbestandtheile in drei Abtheilungen bringen, nämlich:

1. Bodenbestandtheile, welche sich in Wasser lösen;

2. Bodenbestandtheile, welche sich nicht in Wasser, wohl aber in verdünnten Säuren lösen;

3. Bodenbestandtheile, welche sich weder in Wasser, noch in verdünnten Säuren lösen.

Die ersteren werden den Pflanzen unmittelbar mit dem Wasser, welches sie aufsaugen, zugeführt, — die unter 2. genannten vermögen die Pflanzen ebenfalls aufzunehmen, aber schwieriger, indem sie nur durch Vermittelung von Kohlensäure und sauren Zersetzungsproducten verwesender organischer Substanzen (Humussäuren) in auflöslichen Zustand kommen, — und die letztgenannten endlich müssen erst durch fortschreitende Verwitterung ihre Beschaffenheit ändern, ehe sie überhaupt Einfluss ausüben können.

Die in Wasser löslichen Stoffe dienen also für die nächste Zukunft, die nur in Säuren löslichen sind in ihrer Wirkung nachhaltiger und nur bei gleichzeitiger Anwesenheit verwesender organischer Stoffe wirksam, und die ganz unlöslichen sind zwar für den Augenblick ohne Nährkraft, eröffnen aber meist eine Aussicht für spätere Zeiträume. —

Ausser den unorganischen Bestandtheilen trifft man aber in den meisten, ja fast in allen, Bodenarten auch auf organische Substanzen (pflanzliche und thierische Ueberreste und deren Verwesungsproducte). Dass dieselben auf die Fruchtbarkeit des Bodens von wesentlichstem Einfluss sind, ist eine über jeden Zweifel erhabene Thatsache, und man mag eine Ansicht über die Art ihrer Wirksamkeit haben, welche man will, so viel steht fest, dass es von Wichtigkeit ist, auch über i h r e Art und Menge Aufschluss zu bekommen. —

Wir haben somit das Ziel bezeichnet, welches wir durch die Bodenanalyse zu erreichen wünschen. Im Folgenden wollen wir nun kennen lernen, wie man dieses Ziel auf eine einfache und genaue Art erreicht, und zwar werden wir zuerst von der Analyse sprechen und sodann die Methode angeben, wie man die erhaltenen Resultate zweckmässig zusammenstellt. — Dass ich mich hier nicht darauf einlasse, von der genaueren Bestimmung der physikalischen und mineralogischen Bodenverhältnisse[148], sowie von den Schlüssen zu sprechen, welche aus den analytischen Resultaten für die praktische Landwirthschaft sich ergeben, wird man natürlich finden, wenn man den Zweck des vorliegenden Buches ins Auge fasst.

Dass der quantitativen Analyse eine qualitative vorausgehen muss, bedarf nicht der Erwähnung. Ich verweise in Betreff der Ausführung der letzteren auf §. 203 meiner Anleitung zur qualitativen Analyse, achte Auflage. —

A. Gang der Analyse.

§. 221.

Zur Analyse dient die lufttrockene, nicht zerriebene, aber möglichst gleichförmig gemischte Erde. Man fängt die Bestimmungen a., b. und c. zu gleicher Zeit an und hebt eine weitere Portion der Erde in einem verschlossenen Gefässe für den Fall auf, dass eine oder die andere Bestimmung wiederholt werden soll.

a. Bestimmung des Wassergehaltes.

Man trocknet 10 Grm. der Erde im Wasserbade, bis das Gewicht unverändert bleibt, und bestimmt die Gewichtsabnahme. (Die getrocknete Erde findet noch weitere Verwendung in g.)

b. Bestimmung der in Wasser löslichen Bestandtheile.

Man stellt sich hierzu einen Wasserauszug der Erde dar, und zwar entweder genau nach der in §. 204 der Anleitung zur qualitativen Analyse angegebenen oder aber nach folgender, etwas abgeänderter Weise[149], zu der man einer dreihalsigen W o u l f schen Flasche bedarf, welche auch unten an der Seitenwand noch einen Tubulus hat. In den mittleren Hals passt luftdicht ein weiter, oben offner, unten verjüngter, etwa 1000 Grm. Erde fassender Glascylinder. In den verjüngten unteren Theil desselben bringt man zuerst einen lockeren Pfropfen von Badeschwamm, auf diesen gesiebten reinen Kies, über diesen ausgewaschenen feinen Sand (so dass durch denselben noch ein kleiner Theil des weiteren Röhrentheils erfüllt wird), endlich die auszuziehende Erde. In einen der beiden anderen Tubuli wird ein mit einer Handluftpumpe in Verbindung stehendes Rohr eingepasst, die beiden anderen sind verschlossen. Man befeuchtet die Erde mit Wasser, giesst von Zeit zu Zeit welches nach, lässt so 24 Stunden stehen, verdünnt alsdann die Luft in der Flasche und veranlasst so ein rascheres Ablaufen des aufgegossenen und mit den löslichen Theilen der Erde beladenen Wassers. Ist die Flasche fast angefüllt, so öffnet man den dritten Tubulus oben und entleert sie durch den unteren[150]. Der so erhaltene Wasserauszug ist vollkommen klar; das Extrahiren kann, wenn die Anordnung mit dem Sande richtig getroffen war, beliebig lange fortgesetzt werden.

Wenn aus der Erde nichts Erhebliches mehr ausgezogen wird (ein vollständiges Auswaschen lässt sich meist gar nicht ausführen, am wenigsten bei gypshaltiger Erde) beendigt man die Operation, misst oder wägt den erhaltenen Wasserauszug und theilt denselben in drei Theile, welche α, β und γ heissen mögen, α betrage ½, β und γ je ¼ des Auszugs.

α dampft man in einer Platinschale ein, trocknet den

Rückstand bei 100°, bis er an Gewicht nicht mehr abnimmt, und wägt. Das erhaltene Gewicht notirt man als Gesammtmenge der in Wasser löslichen Bestandtheile. Man glüht den Rückstand alsdann längere Zeit gelinde und wägt wieder. — Die Gewichtsabnahme bringt man als organische Substanzen, Salpetersäure und Ammon in Rechnung, sofern die qualitative Analyse diese Substanzen nachgewiesen hat[151].

Den Rückstand übergiesst man mit ein wenig Salzsäure, verdampft zur Trockne, nimmt wieder mit Salzsäure und Wasser auf und filtrirt. Auf dem Filter bleibt die Kieselsäure, oft gemengt mit etwas Kohle, die aber beim Glühen verbrennt[152]. Das Filtrat versetzt man mit Chlorwasser, dann mit Ammon. Entsteht ein Niederschlag, so kann derselbe Eisenoxyd, Manganoxyd, Phosphorsäure und je nach Umständen auch Kalk und Magnesia enthalten. Man filtrirt ihn ab, löst ihn in Salzsäure und trennt die genannten Körper, wenn die Menge des Niederschlages es zulässt, nach den Methoden, welche in §. 215 oder in §. 216 angegeben sind.

Im Filtrate findet sich in der Regel noch Kalk und Magnesia. Ist dies der Fall, so ist daraus zu ersehen, dass dasselbe keine Phosphorsäure mehr enthält. Man verfährt alsdann zur Bestimmung des Kalkes, der Magnesia, des Kalis und Natrons nach §. 177. 4. b.

Enthält die Flüssigkeit keine alkalischen Erden, dagegen Phosphorsäure in Verbindung mit Alkalien, so ist nach §. 106. II. a. zu verfahren.

In β bestimmt man Schwefelsäure und Chlor (§. 135. b. 1.);

In γ etwa vorhandene Kohlensäure, indem man bis auf einen kleinen Rückstand abdampft und diesen

(Flüssigkeit sammt Niederschlag) nach §. 110. II. b. β. behandelt. Hat die qualitative Analyse kohlensaure Alkalien im Wasserauszug nachgewiesen, so kann es nothwendig werden, die Kohlensäure im Niederschlag und der Lösung getrennt zu bestimmen.

c. Bestimmung der in verdünnter Salzsäure löslichen Bestandtheile.

Man extrahirt 25 Grm. der lufttrockenen Erde mit Wasser nach der in der qualitativen Analyse, bei Bereitung des Wasserauszugs, angegebenen Methode, bringt sie in eine Porzellanschale, fügt Wasser zu, bis die Masse dünn breiartig geworden, und setzt nun allmälig Salzsäure zu (wenn Aufbrausen entsteht, in kleinen Portionen), bis dieselbe in gehörigem Ueberschusse vorhanden ist. Man erhitzt dann noch 1–2 Stunden im Wasserbade, filtrirt[153], wäscht aus, bis das letztablaufende Wasser nicht oder kaum mehr sauer reagirt, misst das mit den Waschwassern vereinigte Filtrat und theilt es in fünf Portionen[154].

In 1 bestimmt man die Schwefelsäure nach §. 105.

In 2 die Phosphorsäure nach §. 106. I. b. β.

In 3 das Eisenoxydul[155] nach §. 89. 2. a.

In 4 das Eisen im Ganzen nach §. 206.

Die Portion 5 verdampft man unter Zusatz von etwas Salpetersäure zur Trockne, scheidet die Kieselsäure ab (§. 111. II. a.), versetzt die salzsaure Lösung mit Chlorwasser, dann mit Ammon, wäscht aus, löst den Niederschlag in Salzsäure, setzt neuerdings Chlorwasser zu und fällt jetzt mit einer Lösung von doppelt kohlensaurem Natron. Der so entstandene Niederschlag wird ausgewaschen, geglüht, gewogen. Er enthält alles Eisen als Oxyd, alle Thonerde, alles Mangan als Oxyduloxyd und alle Phosphorsäure. Zieht man die aus 2 und 4 bekannten Mengen Eisenoxyd und Phosphorsäure ab, so erfährt man Manganoxyduloxyd und Thonerde zusammengenommen, und bestimmt man ersteres nach §. 128. B. 10. c. oder letztere nach §. 128. B. 1., so kennt man die Gewichtsmengen beider.

Mit der von dem Ammonniederschlag abfiltrirten Flüssigkeit verfährt man zur Bestimmung des Kalks, der Magnesia und der Alkalien nach §. 177. 4. b. — Enthält das zweite, von dem durch doppelt kohlensaures Natron erzeugten Niederschlag getrennte Filtrat noch Spuren von Kalk und Magnesia, so bestimmt man sie gesondert und addirt deren Menge zu den Hauptquantitäten.

Zur Bestimmung der Kohlensäure, die in den in Wasser unlöslichen Verbindungen enthalten ist, verwendet man einen beliebigen aber gewogenen Theil der mit Wasser ausgezogenen Erde und verfährt damit nach §. 110. II. b. β.

d. Bestimmung der weder in Wasser noch in verdünnten Säuren löslichen Bestandtheile.

Man trocknet den bei Bereitung des Säureauszugs erhaltenen Rückstand, trennt durch Sieben die gröberen Steine und Steinchen von dem Thon und Sand und behandelt das Gemenge der letzteren nach §. 201, oder unter Umständen auch nach §. 202.

e. Bestimmung der Humussäuren (Ulmin-, Humin-, Geïnsäure).

Man digerirt 10–100 Grm. der Erde (je nachdem die qualitative Analyse viel oder wenig Humussäuren nachgewiesen hat) bei 80–90° einige Stunden lang mit einer Auflösung von kohlensaurem Natron und filtrirt alsdann. — Das Filtrat versetzt man mit Salzsäure bis zur beginnenden schwach sauren Reaction. — Hierdurch werden die Humussäuren in Gestalt brauner Flocken abgeschieden. — Man filtrirt sie auf einem gewogenen Filter ab, wäscht aus, bis das Waschwasser anfängt sich zu färben, trocknet und wägt sie. Alsdann verbrennt man sie, zieht die Asche (nach Subtraction der Filterasche) vom erst erhaltenen Gewicht ab und bringt die Differenz als Humussäuren in Rechnung.

f. Bestimmung der sogenannten Humuskohle (Ulmin und Humin).

Man kocht eine der in e. genommenen Menge gleiche Quantität Erde mit Kalilauge in einer Porzellanschale einige Stunden lang unter Ersetzung des verdampfenden Wassers, verdünnt, filtrirt[156] und wäscht aus. — Im Filtrat bestimmt man die Gesammtmenge der Humussäuren wie in e. — Die Differenz der in e. und f. erhaltenen Gewichte drückt die Quantität der Humussäure aus, welche beim Kochen mit Kali aus Ulmin oder Humin gebildet wurde. Man pflegt sie als Humuskohle in Rechnung zu bringen.

g. Bestimmung der noch nicht in Humussäure, Humuskohle oder ähnliche Producte übergegangenen organischen Ueberreste.

Man erhitzt die in a. erhaltene (10 Grm. frischer Erde entsprechende) getrocknete Erde in einer Platinschale, bis alle organische Substanzen verbrannt sind, befeuchtet den Rückstand mit kohlensaurer Ammonlösung, verdampft, glüht ganz schwach und wägt. — Das, was die Erde jetzt weniger wiegt, kommt auf Rechnung der organischen Substanzen überhaupt. Man zieht von dieser Summe die für Humussäure und Humuskohle erhaltenen Gewichte ab, und führt den Rest als organische Ueberreste auf. Dass diese Bestimmungsweise kein genaues Resultat liefern kann, ersieht man auf den ersten Blick, da alles Wasser, welches die getrocknete Erde beim Glühen abgiebt, das Gewicht der organischen Substanzen vermehrt. — Man bestimmt daher bei genauen Arbeiten besser den Kohlenstoff der Erde durch organische Elementaranalyse, indem man von der erhaltenen Kohlensäure die abzieht, welche in Form kohlensaurer Salze zugegen ist, oder, indem man die Erde durch Behandeln mit verdünnter Salzsäure und vollständiges Auswaschen von allen kohlensauren Salzen befreit[157], dann trocknet und mit Kupferoxyd verbrennt. — Da dies nicht besonders getrocknet zu sein braucht, und die Bestimmung des Wasserstoffs wegbleibt, vereinfacht sich die Bestimmung. — Je 58 Thle. Kohlenstoff entsprechen, nach Fr. Schulze im Durchschnitt 100 Thln. organischer Materie im Boden, je 60 Thle. entsprechen 100 Thln. Humussubstanzen. — Schulze bestimmt den Kohlenstoff der Bodenarten, indem er die, nöthigenfalls von kohlensauren Salzen befreite, Erde mit überschüssigem zweifach chromsauren Kali in einer Retorte schmelzt, die entweichende Kohlensäure über Wasser, auf dem etwas Oel schwimmt, auffängt und misst.

h. Bestimmung des Stickstoffgehaltes der Erde.

Dieselbe geschieht genau nach der §. 155 angeführten Methode der Stickstoffbestimmung. Die Menge der Erde, welche man in Behandlung nehmen muss, richtet sich nach dem grösseren oder kleineren Stickstoffgehalt. — (Da in g. der in der Erde enthaltene Stickstoff schon mitbegriffen ist, so darf dessen Gewicht bei der Zusammenstellung nicht besonders, sondern nur als nähere Bestimmung aufgeführt werden.)

i. Bestimmung wachsartiger und harziger Substanzen.

Will man auch diese Substanzen, welche nur in manchen

Bodenarten (Heideerde, Brucherde etc.) in bemerklicher Menge vorkommen, einer genaueren Bestimmung unterwerfen, so trocknet man 100 Grm. der Erde im Wasserbade, kocht sie zu wiederholten Malen mit starkem Alkohol aus, bringt die Filtrate in einen Kolben und destillirt den Weingeist zur Hälfte ab. — Man lässt jetzt erkalten. Etwa vorhandenes Wachs scheidet sich alsdann ab. Man sammelt es auf einem gewogenen Filter, wäscht es mit kaltem Weingeist aus und bestimmt sein Gewicht. — Das Filtrat verdampft man, zuletzt unter Zusatz von Wasser, bis aller Weingeist entfernt ist, wäscht das ausgeschiedene Harz mit Wasser aus, trocknet und wägt es. — (Sind die Quantitäten des Wachses und Harzes irgend erheblich, so muss deren Summe von dem Gewichte der Humussäuren abgezogen werden, da dieselben oben in Gemeinschaft mit Wachs und Harz gewogen wurden.)

B. Darstellung der Resultate.

§. 222.

Was die Darstellung der Resultate von Bodenanalysen betrifft, so scheinen mir dabei folgende Punkte besondere Berücksichtigung zu verdienen:

a. Die Resultate verschiedener Bodenanalysen müssen sich leicht unter einander vergleichen lassen.

b. Sie müssen sich leicht mit den Resultaten von Aschenanalysen vergleichen lassen.

c. Sie müssen eine möglichst vollständige Vorstellung von der Erde geben.

Diese Zwecke lassen sich durch eine einzige Methode der Anordnung nicht wohl erreichen, sondern es werden zu diesem Behufe drei verschiedene Darstellungen erfordert. — Ich glaube nicht, dass man die daraus hervorgehende Mühe scheuen wird, wenn man bedenkt, wie unendlich gering dieselbe im Vergleich zu der ist, welche auf die Analyse selbst verwendet werden musste, — und ferner, dass durch bequeme Darstellungsweise eine Analyse ausserordentlich viel zugänglicher und somit nutzenbringender wird, als wenn sie, um vergleichbar zu werden, erst umgerechnet werden muss.

Ich schlage daher folgende drei Darstellungsweisen vor:

I. B e i 1 0 0 ° g e t r o c k n e t e E r d e (directes Ergebniss).

A. U n o r g a n i s c h e B e s t a n d t h e i l e.

a. In Wasser lösliche

Kali

Natron

Kalk

Schwefelsäure

etc.

b. In verdünnter Salzsäure lösliche:

Eisenoxyd

Manganoxyd

Thonerde

Kohlensäure

Phosphorsäure

etc.

c. In Wasser und verdünnter Salzsäure unlösliche:

Kieselsäure

Kalk

Thonerde

etc.

B. O r g a n i s c h e B e s t a n d t h e i l e.

Humussäure

Humuskohle

Organische
Ueberreste etc.

enthaltend

Kohlenstoff

Stickstoff (einschliesslich
dessen, der in Form
von Ammon oder
Salpetersäure zugegen ist).

II. Bei 100° getrocknete Erde(berechnetes
Ergebniss)[158].

A. Unorganische Bestandtheile.

a. In Wasser lösliche:

Schwefelsaurer Kalk

Chlorkalium

Chlornatrium

Salpetersaure Magnesia

etc.

b. In verdünnter Salzsäure lösliche:

Kohlensaurer Kalk

Kalk (an Kieselsäure gebunden)

Eisenoxyd (an Kieselsäure und Phosphorsäure
gebunden)

Phosphorsäure

Kieselsäure

etc.

c. In Wasser und verdünnter Salzsäure unlösliche:

Kalk

Thonerde

(an Kieselerde gebunden)

etc.

B. Organische Bestandtheile.

Humussäure
etc. } wie oben.

III. Lufttrockene Erde.

Bei 100° getrocknete Erde z. B.   90
Wasser   10
                                                   ───
                                                  100.

Will man die letzte Darstellung genauer machen, so
bestimmt man durch einen besonderen Versuch die
Quantität der abschlämmbaren Erdtheile, und theilt ferner
die Ergebnisse der mikroskopisch-mineralogischen
Untersuchung des sandigen Rückstandes mit, und bekommt
also auf diese Art z. B.

Abschlämmbare Theile   90
Quarzsand, Grus von Feldspath, Glimmer etc.   80
Wasser   10
                                                   ───
                                                  100.

Glaubt man bei Bodenanalysen auf den Nutzen
verzichten zu können, der aus einer genaueren Kenntniss
der Formen und Zustände der Bestandtheile hervorgeht, so
kann man sich viel Zeit und Mühe sparen, wenn man
sämmtliche Bestandtheile nur in zwei Abtheilungen bringt,
nämlich in aufgeschlossene (d. i. in Wasser oder
verdünnten Säuren lösliche) und in
unaufgeschlossene, — demzufolge die Erde sogleich
mit verdünnter Salzsäure behandelt und die Bestandtheile
des so erhaltenen Auszuges nach den oben angeführten
Methoden bestimmt.

V. Analyse der Düngerarten.

§. 223.

Unter Düngerarten verstehe ich hier diejenigen, welche dem Urin und den Excrementen der Thiere ihren Ursprung verdanken. — Die Untersuchung derselben hat hauptsächlich einen praktischen Zweck und erfordert demgemäss einfache Methoden. Der Werth der Düngerarten ist abhängig von der Natur und dem Zustande seiner Bestandtheile. Diejenigen, auf welche besonderes Gewicht zu legen ist, sind organische Materien (charakterisirt durch ihren Kohlenstoff- und Stickstoffgehalt), Ammonsalze, salpetersaure, phosphorsaure, schwefelsaure, kieselsaure Salze und Chlormetalle mit alkalischer und alkalisch erdiger Basis (Kali, Natron, Kalk, Magnesia). — Weit weniger klar als über die die Wirksamkeit der Düngerarten bedingenden Stoffe sind die Vorstellungen über den Zustand, in welchem sie die günstigste Wirkung thun, und offenbar lässt sich in letzterer Beziehung auch keine allgemein gültige Antwort geben, indem man bald einen Dünger wünscht, der die meisten Stoffe gelöst enthält und somit rasche Wirkung äussert (aber dann auch, in zu grosser Menge, ohne gehörige Verdünnung mit Wasser und bei trockner Witterung angewandt, zarten Pflanzen leicht Nachtheil bringen kann), bald einen solchen, welcher den Boden nur allmälig mit den den Pflanzen nöthigen Stoffen versorgt.

Ich theile im Folgenden erst die Grundzüge einer allgemeinen (für alle Düngerarten anwendbaren) Untersuchungsmethode, sodann ein Verfahren mit, nach dem man den Guano zweckmässig auf seine wesentlichsten Bestandtheile prüft.

A. Allgemeines Verfahren.

§. 224.

Der Dünger wird durch Zerhacken und Zerreiben gleichmässig gemischt, dann die zu den verschiedenen Bestimmungen dienenden Portionen hinter einander abgewogen.

1. *Wasserbestimmung.*

Trockne 10 Grm. im Wasserbade und bestimme den Gesammtverlust (§. 18). (Wohl nur in seltenen Fällen wird es nöthig sein, für das mit dem Wasser entweichende kohlensaure Ammon eine Correction anzubringen)[159].

2. *Fixe Bestandtheile im Ganzen.*

Man äschert einen gewogenen Theil des in 1. erhaltenen Rückstandes in einer Platinschale oder einem grossen schief gelegten Platintiegel bei gelinder Hitze ein und wägt die Asche.

3. *In Wasser lösliche und in Wasser unlösliche Bestandtheile.*

Man digerirt 10 Grm. des frischen Düngers mit 300 C.C. Wasser, filtrirt durch ein gewogenes Filter (§. 33), wäscht den Rückstand aus, trocknet ihn bei 100° und wägt. Man erhält so die Gesammtmenge der in Wasser unlöslichen Bestandtheile und aus der Differenz die Summe der löslichen. — Man äschert jetzt den unlöslichen Rückstand ein, wägt die Asche und erfährt so die im unlöslichen und aus der Differenz auch die im löslichen Theile befindlichen fixen Bestandtheile im Ganzen.

4. Fixe Bestandtheile im Einzelnen.

Man trocknet eine grössere Portion des Düngers und behandelt sie genau nach einer der bei der Darstellung und Analyse der Pflanzenaschen angegebenen Methoden.

5. *Ammon im Ganzen.*

Man behandelt eine abgewogene Menge nach der Schlösing'schen Methode (§. 78. 3.)[160].

6. *Stickstoff im Ganzen.*

Man befeuchtet eine abgewogene Menge des Düngers mit einer verdünnten Oxalsäurelösung, so dass die Masse schwach sauer reagirt, trocknet sie und bestimmt entweder in der ganzen Menge oder in einer abgewogenen Portion den Stickstoff nach §. 155. Zieht man von dem im Ganzen erhaltenen den ab, der dem Ammon und der Salpetersäure entspricht, so erfährt man die Menge des in organischen Substanzen enthaltenen. In der Regel genügt es, den Stickstoffgehalt im Ganzen zu kennen.

7. *Kohlenstoff im Ganzen.*

Man unterwirft einen Theil des in 1. erhaltenen getrockneten Rückstandes einer Elementaranalyse. Enthält der getrocknete Dünger kohlensaure Salze, so ist in einer besonderen Portion die Kohlensäure zu bestimmen. Zieht man alsdann diese von der bei der Elementaranalyse erhaltenen ab, so bleibt die, welche aus dem Kohlenstoff organischer Substanzen entstanden ist.

8. *Salpetersäure.*

Man behandelt eine abgewogene Menge des Düngers mit Wasser, verdampft die Lösung bis zu ziemlicher Consistenz, setzt reine (salpetersäurefreie) Kalilauge zu und kocht bis keine ammoniakalische Dämpfe mehr entweichen. Man bestimmt alsdann in dem Rückstande die Salpetersäure nach der Methode von M a r t i n[161].

B. A n a l y s e   d e s   G u a n o s.

§. 225.

Der Guano, die mehr oder weniger veränderten Excremente von Seevögeln, bekannt als ein ausgezeichnet kräftiger Dünger, kommt nicht allein auf den Inseln, von denen er bezogen wird, von höchst ungleichmässiger Beschaffenheit vor, sondern er wird auch häufig aus gewinnsüchtigen Absichten mit Erde, Ziegelmehl, kohlensaurem Kalk und sonstigen fremdartigen Substanzen vermischt. Dieser Umstand, sowie der weitere, dass der Guano ein bedeutender Handelsartikel ist, erklären es leicht, weshalb der Guano häufiger als andere Düngerarten Gegenstand chemischer Untersuchung wird.

Man mischt zunächst den Guano möglichst gleichmässig und bringt den zur Untersuchung bestimmten Theil in ein zu verschliessendes Pulverglas.

1. W a s s e r b e s t i m m u n g .

Dieselbe wird genau so ausgeführt wie §. 224. 1. — Aechter Guano verliert 7–18 Proc.

2. F i x e B e s t a n d t h e i l e i m G a n z e n .

Man äschert eine gewogene Menge im schief gelegten Porzellan- oder Platintiegel ein und wägt die Asche. — Guter Guano hinterlässt 30–33 Proc., schlechter 60–80 Proc., absichtlich verfälschter noch mehr Asche. Von ächtem Guano ist die Asche weiss oder grau. Gelbe oder röthliche Farbe deutet auf Verfälschung mit Lehm, Sand, Erde. Bei der anfänglichen Zersetzung durch Hitze entwickelt guter Guano starken Ammoniakgeruch und weisse Dämpfe.

3. I n W a s s e r l ö s l i c h e u n d i n W a s s e r u n l ö s l i c h e B e s t a n d t h e i l e .

Man erhitzt 10 Grm. Guano mit etwa 200 C.C. Wasser, filtrirt durch ein gewogenes Filter, wäscht mit heissem Wasser aus, bis dasselbe nicht mehr gelblich gefärbt ist und — auf Platinblech verdampft — keinen merklichen Rückstand mehr lässt, trocknet den Rückstand und wägt ihn. Zieht man die Summe des Wassers und des unlöslichen Rückstandes vom Gewicht des Guanos ab, so bleibt die

Summe der löslichen Bestandtheile, und äschert man den unlöslichen Theil ein und wägt die Asche, so erfährt man aus der Differenz die Summe der fixen löslichen Salze. Bei sehr guten Guanosorten beträgt der in Wasser unlösliche Rückstand 50–55 Proc., bei den schlechteren Sorten dagegen 80–90 Proc. Die braungefärbte wässerige Lösung ächten Guanos entwickelt beim Verdunsten Ammoniak, riecht urinös und hinterlässt eine braune Salzmasse, welche der Hauptsache nach aus schwefelsaurem Natron und Kali, Chlorammonium, oxalsaurem und phosphorsaurem Ammon besteht.

4. *Fixe Bestandtheile im Einzelnen.*

5. *Ammon im Ganzen,*

6. *Stickstoff im Ganzen,*

7. *Kohlenstoff im Ganzen*

werden nach den in §. 224 angegebenen Methoden bestimmt.

8. *Kohlensäure.*

Aechter Guano enthält nur wenig kohlensaure Salze. Zeigt daher ein Guano beim Uebergiesen mit verdünnter Salzsäure starkes Aufbrausen, so kann man daraus auf eine absichtliche Verfälschung desselben mit kohlensaurem Kalk schliessen.

9. *Harnsäure.*

Wünscht man den Gehalt eines Guanos an Harnsäure zu erfahren, so behandelt man den in Wasser unlöslichen Theil desselben mit schwacher Natronlauge in gelinder Wärme, filtrirt, fällt die Harnsäure durch Ansäuern mit Salzsäure, sammelt sie auf einem gewogenen Filter, trocknet und wägt sie.

VI. Analyse der atmosphärischen Luft.

§. 226.

Bei der Analyse der atmosphärischen Luft kommen gewöhnlich nur folgende Bestandtheile derselben in Betracht: Sauerstoff, Stickstoff, Kohlensäure und Wasserdampf. Bestimmungen ihres höchst geringen Gehaltes an Ammoniak und anderen Gasen, von denen manche in unendlich kleinen Spuren wohl stets in derselben enthalten sind, kommen nur ausnahmsweise vor.

Es scheint mir nicht im Einklang mit der Tendenz des vorliegenden Werkes, alle die Methoden aufzunehmen, welche bei den ausgezeichneten neueren Arbeiten von Brunner, Bunsen, Dumas und Boussingault, Regnault und Reiset und Anderen benutzt worden sind, und denen wir die genauere Kenntniss der Zusammensetzung unserer Atmosphäre verdanken. Ich würde denselben Nichts hinzuzufügen haben, und es hat somit wenig Zweck, die sie enthaltenden Originalabhandlungen hier nochmals auszuziehen, zumal treffliche Beschreibungen der fraglichen Methoden sowohl im ausführlichen Handbuche der analytischen Chemie von H. Rose, Bd. II, S. 853, als auch in Graham-Otto's ausführlichem Lehrbuche der Chemie, Bd. II, Abth. 1, S. 102 ff. enthalten sind.

Ich begnüge mich daher hier damit, diejenigen Methoden zu beschreiben, welche man am bequemsten anwenden wird, wenn atmosphärische Luft im Hinblick auf medicinische oder technische Zwecke analysirt werden soll.

A. Bestimmung des

Wassergehaltes und der Kohlensäure.

§. 227.

Man führt gegenwärtig diese Bestimmungen stets nach der Methode aus, welche B r u n n e r zuerst eingeschlagen hat, d. h. man saugt mittelst eines Aspirators ein abzumessendes Volum Luft durch Apparate, welche mit Substanzen gefüllt sind, geeignet den Wasserdampf und die Kohlensäure der Luft zurückzuhalten. Wägt man diese Apparate vor und nach dem Versuche, so giebt ihre Gewichtszunahme die in der durchgeströmten Luft enthalten gewesene Kohlensäure- und Wassermenge an. Dass diese Angaben nur dann richtig sein können, wenn die Luft so langsam durch die Apparate strömt, dass sie Kohlensäure und Wasser vollständig abgeben kann, darf nie vergessen werden.

Fig. 102 stellt einen Aspirator dar, wie er von R e g n a u l t empfohlen ist, mit vollständigem Apparate zur gleichzeitigen Bestimmung des Wassers und der Kohlensäure.

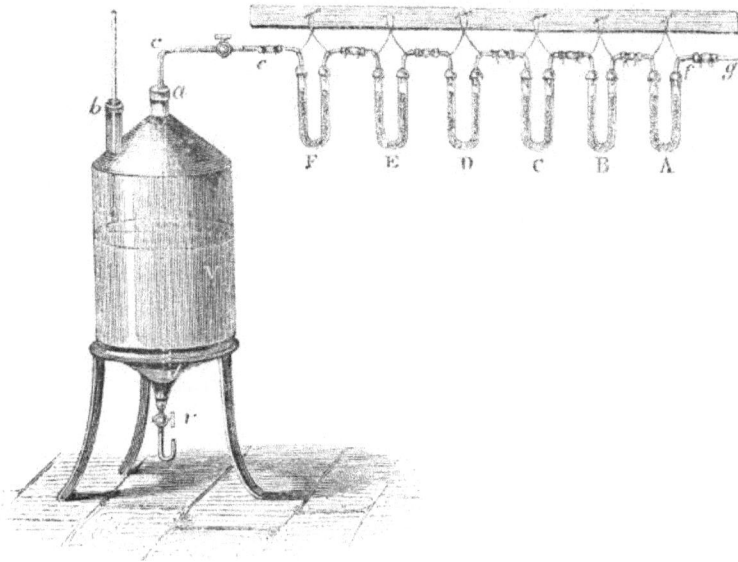

Fig. 102.

Das Gefäss *V* ist von verzinktem Eisenblech oder von Zinkblech; es fasst 50–100 Liter und steht auf einem starken Dreifusse in einer Wanne, welche die ausfliessende Wassermenge vollständig zu fassen vermag. Bei *a* ist die mit einem Hahn versehene Messingröhre *c* fest eingekittet; in der Oeffnung *b*, welche auch zum Füllen des Apparates mit Wasser dient, ist mittelst eines mit Wachs getränkten Korkes ein bis in die Hälfte von *V* ragendes Thermometer luftdicht befestigt.

Die mit einem Hahn versehene Ausflussröhre *r* ist etwas aufwärts gebogen, damit niemals Luft von unten eintreten kann. Die Capacität des ganzen Gefässes ist ein für alle Mal dadurch ermittelt, dass man aus dem ganz gefüllten das Wasser in Messgefässe hat auslaufen lassen. Das Ende der Röhre *c* ist mit der Röhre *F*, ebenso wie die Röhren *A–F* unter einander, durch Kautschukröhren luftdicht verbunden. *A*, *B*, *E* und *F* sind mit grob zerstossenem

Bimsstein angefüllt, welcher mit concentrirter Schwefelsäure getränkt ist, C und D enthalten mit concentrirter Kalilauge getränkte Bimssteinstückchen. Mit A ist endlich ein langes Rohr verbunden, welches bis zu dem Orte führt, von dem die zu analysirende Luft entnommen werden soll. Die Korke der Röhren sind übersiegelt. Die Röhren A und B sind bestimmt, der Luft ihre Feuchtigkeit zu entziehen; sie werden zusammen gewogen. Ebenso werden C, D und E zusammen gewogen. C und D nehmen die Kohlensäure, E den Wasserdampf auf, der durch die trockene Luft der Kalilauge entzogen werden kann. F braucht nicht gewogen zu sein, es dient nur, um E dagegen zu schützen, dass nicht Wasserdampf aus V in die Röhre E gelangt.

Nachdem der Aspirator ganz gefüllt ist, verbindet man c mit F und somit mit dem ganzen Röhrensysteme und lässt dann durch richtiges Oeffnen des Hahns r das Wasser langsam ausfliessen. Da sich die Druckhöhe der Wassersäule fortwährend vermindert, so muss man den Hahn von Zeit zu Zeit ein wenig mehr öffnen, damit das Wasser mit annähernd gleicher Geschwindigkeit abfliesse. Hat sich das Gefäss entleert, so bemerkt man den Stand des Thermometers und Barometers, wägt die Röhren A B und C, D, E wieder und schreitet nun zur Berechnung.

Da die Gewichtszunahme von A B das Wasser, die von C, D, E die Kohlensäure und die Capacität von V (respective das aus V abgeflossene Wasser, denn man kann ja den Versuch auch so abändern, dass man nicht die ganze Wassermenge, sondern nur einen Theil abfliessen lässt und letzteren in einem Messgefässe auffängt) das Volum der durch die Röhren gestrichenen (von Wasser und Kohlensäure befreiten) Luft angiebt, so ist die Berechnung an und für sich höchst einfach; sie wird nur dadurch etwas ausgedehnter, dass man, wenigstens bei genauen Versuchen, folgende Correcturen zu machen hat:

α. Reduction der in *V* befindlichen mit Wasserdampf gesättigten Luft auf trockene; denn solche ist durch *c* eingedrungen (s. §. 166. γ.).

β. Reduction der so gefundenen trockenen Luft auf 0° und Normaldruck (§. 166. α. und β.).

Hat man diese Berechnungen ausgeführt, so ergiebt sich nunmehr das Gewicht der in *V* eingedrungenen Luft (denn 1000 C.C. trockener Luft von 0° und Normaldruck wiegen 1,2932 Grm.), und da auch Kohlensäure und Wasser gewogen worden ist, so lässt sich jetzt deren Menge in Gewichtsprocenten, oder, wenn man sämmtliche Gewichte auf Volumina berechnet, auch in Volumprocenten ausdrücken.

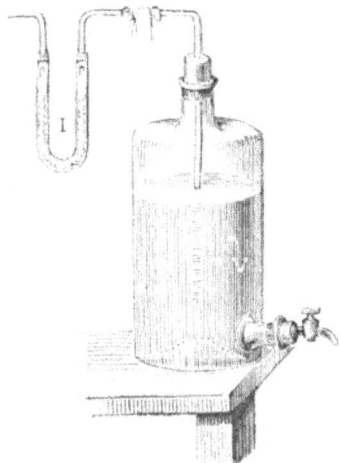

Fig. 103.

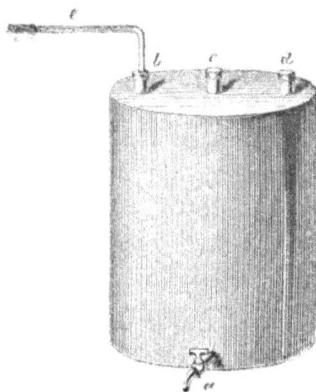

Fig. 104.

Dass man statt eines Aspirators *V* auch eine Flasche, wie sie Fig. 103 (s. v. S.) darstellt, oder ein Blechgefäss von der Form und Einrichtung der Fig. 104 (s. v. S.) anwenden kann, ergiebt sich leicht; doch hat man zu beobachten, dass die Resultate nur dann hinlänglich genau werden, wenn mindestens 25000 C.C. Luft durch die Absorptionsapparate streichen.

B. Bestimmung des Sauerstoffs und Stickstoffs.

Die zu beschreibenden Methoden gründen sich darauf, dass das Gemenge von Sauerstoff und Stickstoff gemessen wird, dass man alsdann den Sauerstoff durch eine geeignete Substanz absorbiren lässt und endlich das rückständige Stickgas wieder misst. Die Volumabnahme ist gleich dem Sauerstoffe. Ich habe schon oben (§. 177. 12.) das Verfahren mitgetheilt, wie man den Sauerstoff durch Phosphor entfernen kann; ich führe jetzt noch zwei andere Methoden an, von denen namentlich die erstere sehr empfehlenswerth ist.

I. Verfahren von Liebig[162].

§. 228.

Dasselbe gründet sich auf die von Chevreul und von Döbereiner gemachten Beobachtungen, dass Gallussäure und Pyrogallussäure in alkalischen Lösungen ein mächtiges Bestreben haben, Sauerstoff zu absorbiren.

1. Man füllt eine 30 C.C. fassende, in ⅕ oder $\frac{1}{10}$ C.C. getheilte starke Messröhre zu ⅔ mit der zu untersuchenden Luft. Der übrige Theil der Röhre ist mit Quecksilber gefüllt und durch solches gesperrt. Letzteres befindet sich in einem hohen oben erweiterten Cylinder.

Fig. 105.

2. Man misst das abgeschlossene Luftvolum (§. 11). — Soll in demselben die Kohlensäure bestimmt werden, was nur dann mit hinlänglicher Genauigkeit geschehen kann, wenn die Quantität derselben einige Procente beträgt, so trocknet man zunächst die Luft durch eine eingebrachte Chlorcalciumkugel (§. 177. 12.) und misst dann wieder. Soll die Kohlensäure nicht bestimmt werden, so bleibt diese Operation weg. — Man bringt nun mit Hülfe einer Pipette mit aufwärts gekrümmter Spitze (Fig. 105) $\frac{1}{40}$ bis $\frac{1}{50}$ des Volums der Luft Kalilauge von 1,4 specif. Gewicht (1 Thl. trockenes Kalihydrat auf 2 Thle. Wasser) in die Messröhre, vertheilt durch rasches Auf- und Niederbewegen derselben die Kalilauge über die ganze innere Fläche der Röhre (§. 152) und liest, wenn keine Raumverminderung mehr erfolgt, die Volumabnahme ab. War die Luft vorher durch Chlorcalcium getrocknet, so giebt das verschwundene Luftvolumen genau die Kohlensäuremenge in der Luft an, im anderen Falle deswegen nicht, weil die starke Kalilauge Wasserdampf absorbirt.

3. Nachdem die Kohlensäure bestimmt ist, bringt man in dieselbe Röhre, vermittelst einer zweiten ähnlichen Pipette,

eine Auflösung von Pyrogallussäure, welche 1 Grm. Pyrogallussäure in 5–6 C.C. Wasser enthält[163], und zwar die Hälfte von dem Volum der Kalilauge. Man verfährt wie vorher bei der Bestimmung der Kohlensäure, d. h. man sucht durch Schütteln die gemengten Flüssigkeiten auf der inneren Oberfläche der Messröhre zu verbreiten, und misst sodann, wenn keine Absorption mehr wahrgenommen wird, die Menge des zurückgebliebenen Stickstoffes.

4. Anstatt der Pyrogallussäure kann man sich mit demselben Erfolge der gewöhnlichen Gallussäure bedienen; ihre Anwendung hat die einzige Unbequemlichkeit, dass die Absorption des Sauerstoffs längere Zeit, mindestens 1½ bis 2 Stunden erfordert, während bei Pyrogallussäure wenige Minuten genügen. Die Gallussäure wendet man in der Form einer kalt gesättigten Lösung von gallussaurem Kali an, welche genau neutral sein muss oder auch einen geringen Ueberschuss an Säure enthalten kann. Ihre Eigenschaft, Sauerstoff aufzusaugen, wird erst wirksam bei einem Ueberschuss an Alkali. — Wenn die Gallussäure mit der Kalilauge in der Messröhre sich gemischt hat, so färbt sich die Flüssigkeit bei Berührung mit der sauerstoffhaltigen Luft dunkelroth; dünne Schichten derselben nehmen eine beinahe blutrothe Farbe an, welche nach einiger Zeit in Braun übergeht. An der Entstehung dieser blutrothen Färbung in der beim Schütteln die Wände der Röhre benetzenden Flüssigkeit kann man sehr deutlich den Gang der Absorption verfolgen; die Operation ist beendigt, wenn diese Färbung sich nicht mehr zeigt. 1 Grm. Gallussäure, in starker Kalilauge gelöst, absorbirt nach Chevreul's Versuchen 290 C.C. Sauerstoffgas.

5. Durch die Mischung der Pyrogallussäure- oder Gallussäurelösung mit der Kalilauge wird diese verdünnt, und es entsteht ein Fehler durch die Verminderung ihrer Tension; aber derselbe ist so klein, dass er ohne

bestimmbaren Einfluss auf das Resultat ist. Derselbe lässt sich übrigens leicht beseitigen, wenn man nach der Absorption des Sauerstoffgases ein dem Wassergehalt der Pyrogallussäurelösung entsprechendes Stückchen festes Kalihydrat in die Röhre bringt.

6. Eine kaum zu beseitigende Ungenauigkeit geht ferner bei dem beschriebenen Verfahren daraus hervor, dass, wegen der Adhäsion der Flüssigkeiten an den Wänden der Messröhre, die Gasvolumina nicht absolut genau abgelesen werden können. Bei vergleichenden Analysen lässt sich der Einfluss dieser Fehlerquelle ziemlich vollständig beseitigen, wenn man nahezu gleiche Luftvolumina der Analyse unterwirft.

7. Die Uebereinstimmung und Genauigkeit der Resultate der beschriebenen Methode ist trotz der genannten kleinen Fehlerquellen in hohem Grade befriedigend. Bei elf Analysen, welche L i e b i g angeführt hat, sind — bei Anwendung von Pyrogallussäure — die grössten Differenzen im Sauerstoffgehalt 20,75–21,03, bei Anwendung von Gallussäure 20,52–21,35. Die grösseren Differenzen bei Anwendung der letzteren rühren hauptsächlich daher, dass bei der längeren Dauer des Versuchs Temperatur und Luftdruck sich bemerklich geändert hatten; denn die angeführten Zahlen drücken das Resultat aus wie es gefunden wurde, ohne alle Correctionen.

II. Verfahren mit durch Salzsäure befeuchtetem Kupfer.

§. 229.

Fig. 106.

Ich führe dies dem in §. 228 beschriebenen Verfahren an Genauigkeit weit nachstehende Verfahren nur deshalb an, weil nicht Jeder, der eine annähernde Analyse atmosphärischer Luft ausführen will, über die zu ersterer Methode nothwendige Menge Quecksilber disponiren kann. Es gründet sich dasselbe darauf, dass mit Salzsäure oder verdünnter Schwefelsäure befeuchtetes Kupfer atmosphärischer Luft ihren Sauerstoff rasch und vollständig entzieht. Die Ausführung verlangt nur folgende Apparate und Vorbereitungen, vorausgesetzt, dass nur ein Gemenge von Sauerstoff- und Stickgas analysirt werden soll.

1. Eine graduirte Röhre von etwa 30 Centimeter Länge und etwa 16–20 Mm. Durchmesser.

2. Ein Streifchen von Kupferblech, welches etwas länger ist, als die graduirte Röhre und folgende Gestalt hat (Fig. 106). Dasselbe wird von oben bis unten mittelst eines gewöhnlichen hänfenen Bindfadens mit Kupferdrehspänen umbunden, so zwar, dass es noch mit grösster Leichtigkeit in die graduirte Röhre eingeschoben werden kann. Ein so vorgerichtetes Kupferstreifchen wirkt besser als ein Streifen glatten Kupferblechs, weil es grössere Oberfläche darbietet und weil die Schnur die Kupferdrehspäne mit Salzsäure befeuchtet erhält.

3. Ein gewöhnlicher, nicht zu enger Glascylinder

(besser einer, der oben erweitert ist (vgl. Fig. 107), welcher einige Zoll höher sein muss als die graduirte Röhre und mit einer Mischung von gleichen Theilen roher Salzsäure und Wasser gefüllt wird.

4. Ein Thermometer.

Die Ausführung ist im höchsten Grade einfach.

Fig. 107.

Man bringt den umbundenen Kupferstreifen in den Cylinder, so zwar, dass er durch die federnden Streifchen *a*, *b* und *c* festgehalten wird, und die Flüssigkeit etwa einen Zoll höher steht als seine Spitze, und lässt ihn einige Zeit darin stehen, so dass alle in dem Bindfaden enthaltene Luft entweichen kann. Gleichzeitig bestimmt man die Temperatur der Flüssigkeit. — Alsdann füllt man die graduirte Röhre mit Wasser, lässt etwa ⅔ auslaufen, taucht sie dann (um der in derselben eingeschlossenen Luft die Temperatur der Salzsäure zu geben) in dem Cylinder ganz unter, hebt sie nun, bis das Niveau innen und aussen gleich ist, misst und notirt das Volum. — Man senkt jetzt die Röhre behutsam über den umwickelten Kupferstreifen (wobei natürlich darauf zu achten, dass aus der Röhre nur Flüssigkeit, nicht aber auch Luft verdrängt werden darf, was geschehen würde, wenn man die Röhre mehr als ⅔ mit Luft gefüllt hätte), lässt das Ganze etwa 1½ bis 2 Stunden stehen (die Anordnung des Apparates zeigt die Fig. 107), misst die rückständige Luft, senkt nochmals über den Streifen und misst nach einer halben Stunde wieder. Hat das Luftvolum zwischen beiden Messungen nicht mehr abgenommen, so ist der Versuch beendigt. — Man bestimmt jetzt nochmals die Temperatur und findet, wenn sie sich nicht geändert hat, die Volumprocente durch folgende einfache Betrachtung:

Die erste Messung ergab die Luft, die zweite den Stickstoff, die Differenz ist der Sauerstoff.

Hätte sich die Temperatur der Sperrflüssigkeit während des Versuches geändert, so müsste natürlicher Weise der Berechnung eine Correction des Stickgases auf die ursprüngliche Temperatur vorhergehen. Kohlensäure enthaltende Luft wird, bevor man sie in die Messröhre bringt, nach der in §. 127 angegebenen Methode von solcher befreit.

Fußnoten:

[91] Vergleiche den betreffenden Abschnitt in meiner Anleitung zur qualitativen Analyse, achte Auflage §. 198.

[92] Da das specifische Gewicht der süssen Gewässer von dem des reinen Wassers nur sehr wenig differirt, so können alle Portionen des Wassers getrost gemessen werden. Es erleichtert die Rechnung, wenn man eine runde Anzahl von C.C. nimmt.

[93] Ist die Menge des Kalks im Wasser gering, so kann man auch den Inhalt der Schale mit Salzsäure erhitzen, bis sich Alles — mit Ausnahme der Kieselsäure — gelöst hat. Man filtrirt alsdann diese ab, wäscht sie aufs Beste aus, trocknet und wägt sie. Mit dem Filtrate verfährt man nach d.

[94] Vergleiche den betreffenden Abschnitt in meiner Anleit. zur qualit. Analyse, achte Aufl. §. 199.

[95] Dass man, sofern in solchen Bleioxyd, Kupferoxyd etc. gefunden wird, mit grösster Sorgfalt prüfen muss, ob diese Oxyde auch wirklich aus dem Wasser stammen und nicht etwa von metallenen Röhren, Hähnen etc. herrühren, habe ich bereits bei der qualitativen Analyse erwähnt.

[96] Vergl. chem. Untersuchung der wichtigsten Mineralwasser des Herzogthums Nassau von Prof. Dr. F r e s e n i u s, III. Die Quellen zu Schlangenbad. Wiesbaden bei C. W. K r e i d e l 1852, und namentlich S c h u l z in den Jahrbüchern des Vereins für Naturkunde im Herzogthume Nassau, Heft VIII.

[97] Dies rasche Verfahren ist namentlich in so fern von hohem Werthe, als man mit Hülfe desselben in kurzer Zeit prüfen kann, um wie viel das Wasser der Quelle an Eisenoxydul abnimmt, bis es in die Reservoirs und aus diesen in die Bäder gelangt, oder um wie viel es beim Aufbewahren in Krügen nach kürzerer oder längerer Zeit verliert. — Die Eisenbestimmungen, welche ich so bei einer vorläufigen Untersuchung der Schwalbacher Quellen ausführte, stimmten fast genau überein mit den Resultaten der Gewichtsanalyse.

[98] Bei blosser Anwesenheit von Schwefelwasserstoff neben Eisenoxydul könnte man vielleicht folgende Modification anwenden, die ich jedoch noch nicht erprobt habe. Man bestimmt, eine wie grosse Menge Jodlösung einer bestimmten Menge übermangansaurer Kalilösung in ihrer Wirkung auf eine gleiche Menge ganz verdünnten reinen Schwefelwasserstoffwassers entspricht; dann prüft man 500 C.C. des Mineralwassers mit Jodlösung und 500 C.C. mit übermangansaurem Kali. Erstere Prüfung liefert den Schwefelwasserstoff, letztere dann den Eisengehalt, wenn man von der verwendeten Chamäleonlösung das Quantum abzieht, welches der verbrauchten Jodlösung in seiner Wirkung auf Schwefelwasserstoff gleichkommt.

[99] Dem Uebelstande, dass die enge Oeffnung der ausgezogenen Röhre den Durchgang des Gases erschwert, lässt sich dadurch abhelfen, dass man einen starken Clavierdraht unter der Sperrflüssigkeit einführt und langsam darin auf- und abbewegt.

[100] Mineralwasser, die lange in Krügen aufbewahrt worden sind, zeigen oft Geruch nach Schwefelwasserstoff, auch wenn sie im frischen Zustande ganz frei davon waren. Es rührt dies daher, dass ein Theil der schwefelsauren Salze, in Berührung mit dem feuchten Korke, zu Schwefelmetallen reducirt wird, aus denen alsdann die freie Kohlensäure Schwefelwasserstoff entwickelt.

[101] Der Zusatz von kohlensaurem Natron bietet Sicherheit, dass sich keine Brom- und Jodwasserstoffsäure aus Brom- und Jodmagnesium verflüchtigt. Sollte ein Wasser gar keine Schwefelsäure enthalten, so setzt man auch ganz wenig schwefelsaures Natron zu.

[102] Die Quantität des Chlormagnesiums erleidet bei dieser Operation eine kleine Verminderung, indem sich ein Theil derselben mit Wasser in der Weise umsetzt, dass Salzsäure entweicht und Magnesia zurückbleibt. Dieselbe ist jedoch ziemlich unbedeutend und kann meist vernachlässigt werden, da die Gesammtsumme der so gefundenen Salze aus Gründen, welche bereits im §. 173. I. 5. angegeben sind, doch nie genau mit der Summe der direct gefundenen einzelnen Bestandtheile übereinstimmen kann. — Will man die genannte Fehlerquelle thunlichst vermeiden, so kann man, nach M o h r's Vorschlag, das Wasser mit einer gewogenen Quantität geglühten kohlensauren Natrons abdampfen.

[103] Wenn auch im Wasser wenig oder keine Thonerde vorhanden ist kann dieser Niederschlag doch welche enthalten, die aus den Gefässen aufgenommen worden ist.

[104] Nachdem der Niederschlag gewogen, ist er genau zu prüfen, ob er keine Magnesia enthält. Man findet solche öfter darin, als man glaubt.

[105] Auf keinen Fall kann aus hier etwa gefundenem Fluor ein Schluss auf dessen Menge gezogen werden, da sich der grössere Theil beim anfänglichen Abdampfen mit Salzsäure als Kieselfluor verflüchtigt hat.

[106] Compt. rend. 36. 814. — Pharmac. Centralbl. 1853. 369.

[107] Näheres über Quellsäure und Quellsatzsäure ergiebt die Arbeit M u l d e r's, Journ. f. prakt. Chem. XXXII. S. 321–344.

[108] Solche Kugeln stellt man dar, indem man geschmolzenes krystallisirtes Kalihydrat in eine Pistolenkugelform von etwa 6 Millim. innerem Durchmesser eingiesst, während das Ende des Platindrahtes bis in die Mitte derselben hineinragt. Nach dem Erkalten sitzen sie an dem Drahte fest. Den angeschmolzenen Hals kann man mit einem Messer entfernen.

[109] Vgl. F r e s e n i u s und W i l l, Chemische Untersuchung der Mineralquelle zu Salzschlirf im Fuldaischen (Annal. der Chem. u. Pharm. LII. 66.) — Um ein Vergleichen des hier Gegebenen mit der Originalabhandlung nicht zu erschweren, und da die Differenzen so gering sind, habe ich die Resultate in diesem Beispiel gelassen, wie sie gedruckt stehen, d. h. ich habe sie nicht nach den berichtigten Atomgewichten umgerechnet.

[110] Diese Controle giebt nur dann ganz gut übereinstimmende Resultate, wenn kohlensaure Magnesia, Chlormagnesium und Kieselsäure nur in geringer Menge vorhanden sind. Die Gründe sind bereits §. 173. I. 5. angegeben. Es ist daher in solchen Fällen zweckmässig, statt dieser oder neben dieser Controle eine Vergleichung der schwefelsauren Salze (Eisen ist als reines Oxyd aufzuführen) mit dem Rückstande vorzunehmen, den man durch Eindampfen des Wassers mit Schwefelsäure und Glühen erhalten hat (§. 177. 1.).

[111] Chemische Untersuchungen der wichtigsten Mineralwasser des Herzogthums Nassau, von Professor Dr. R. F r e s e n i u s, Wiesbaden bei C. W. Kreidel 1850–1852.

[112] Da die Lackmustinctur oft so alkalisch ist, dass eine merkliche Menge Säure nöthig ist, um sie zu röthen, so muss man nöthigenfalls den zu bedeutenden Alkaliüberschuss durch etwas Säure abstumpfen, so dass sie mit Wasser verdünnt eine violette Flüssigkeit liefert, die durch eine Spur Säure roth, durch ein Minimum Alkali blau wird.

[113] Vergleiche: Neue Verfahrungsweisen zur Prüfung der Pottasche und Soda, der Aschen, der Säuren und des Braunsteins auf Gehalt und Handelswerth, von Dr. R. F r e s e n i u s und Dr. H. W i l l. Heidelberg 1843.

[114] Annal. d. Chem. u. Pharm. 86. 129.

[115] Vergl. das S. 456 in der Anmerkung genannte Werkchen, in welchem das was hier kurz gegeben wird, weitläufig beschrieben und erklärt ist.

[116] *Bulletin de la société industrielle de Mulhouse* 1852. Nr. 118, — D i n g l e r's polyt. Journ. 127. 134.

[117] P e n o t hat 4,44 Grm. arsenige Säure angegeben; aber nach den jetzt als richtig anerkannten Aequivalenten und dem

als richtig angenommenen Gewicht eines Liters Chlorgas ist die Zahl auf 4,425 zu setzen, nach folgendem Ansatze:

70,92 (2 Aeq. Chlor) : 99 (1 Aeq. AsO_3) = 3,17007 (Gewicht 1 Liters Chlorgas) : x. x = 4,425, d. h. gleich der Menge arseniger Säure, welche durch 1 Liter Chlorgas oxydirt wird.

[118] Die Differenzen, welche bei der Prüfung der Braunsteine nur zu häufig vorkommen, rühren (wie schon de V r y bemerkte) hauptsächlich von dem wechselnden Feuchtigkeitsgehalte derselben her. Es wäre daher gewiss am besten, wenn man einerseits den zur Analyse bestimmten fein abgeriebenen Braunstein bei 100–120° trocknete, andererseits durch Trocknen einer nur grob zerkleinerten Portion bei derselben Temperatur, den Feuchtigkeitsgehalt des Braunsteins bestimmte.

[119] Wurde der Braunstein in einem eisernen Mörser fein gerieben, so bleiben oft einzelne schwarze Punkte (Eisentheilchen) sichtbar.

[120] Um sich am Anfang, wenn man sich auf die Farbenänderung allein nicht verlassen will, die Ueberzeugung zu verschaffen, ob die Ueberführung wirklich vollendet ist, kann man wohl auch einen Tropfen auf einem Teller mit einem Tropfen Eisenchloridlösung zusammenbringen, der dadurch nicht mehr blau werden darf.

[121] Wirkliches Kochen, namentlich länger fortgesetztes, vermeide man; es löst sich dadurch viel Bleioxyd, was die weitere Prüfung etwas erschwert.

[122] Da das Ferrocyanblei in einer salzsauren Flüssigkeit nur schwer löslich, nicht aber ganz unlöslich ist, so wird die Flüssigkeit erst klar, dann — nach Zusatz einiger weiteren Tropfen — erst rothgelb. Letzterer Punkt muss erreicht werden.

[123] Um den Salpetergehalt auf eine rasche und für technische Zwecke hinlänglich genaue Weise zu ermitteln, kann man sich auch eines Aräometers bedienen, welches die Gewichtsprocente Salpeter anzeigt, wenn eine gewisse Menge Pulver in einer bestimmten Menge Wasser gelöst worden ist. — Eine auf dasselbe Princip sich gründende Methode von U c h a t i u s findet sich in den Wiener acad. Ber.

X. 748, daraus in Annal. d. Chem. u. Pharm. 88. 395.

[124] Briefliche Mittheilung.

[125] Journ. f. prakt. Chem. 57. 65.

[126] Vergleiche meine chemische Untersuchung der wichtigsten Kalksteine des Herzogthums Nassau. Journ. f. prakt. Chem. 54. 85 u. 374.

[127] Auf Kupfer und Arsen ist bei derselben nicht Rücksicht genommen.

[128] Ich nehme gewöhnlich nur etwa 0,4–0,5 Grm. und bestimme den Gehalt mittelst einer Chamäleonlösung, von der 30 C.C. 0,2–0,3 Grm. Eisen entsprechen. Letztere setze ich aus einer in $^1/_{10}$ C.C. getheilten Bürette zu.

[129] Es scheint mir gewiss, dass man mit Hülfe abgewogener Mengen reinen Kupfers und der oben angegebenen Methode den Gehalt der B u n s e n'schen Jodlösung ebensogut feststellen kann, als mit Hülfe von saurem chromsauren Kali (§. 114. Anhang, c. β.).

[130] Vergl. F e h l i n g, über die quantitative Bestimmung von Zucker und Stärkemehl mittelst Kupfervitriols, Annal. der Chem. u. Pharm. Bd. 72, S. 106 und C . N e u b a u e r, Archiv der Pharm. 2. Reihe, Bd. 72, S. 278.

[131] F e h l i n g, welcher diese Vorschrift gegeben hat, lässt auf 1154,4 C.C. verdünnen; in Folge der sehr geringen Abweichung unseres Kupferäquivalentes werden daraus 1155 C.C.

[132] F e h l i n g (a. a. O.) erhielt bei den Resultaten, welche den höchsten Kupferoxydgehalt geliefert hatten, 219,4 Grm. Oxyd.

[133] N e u b a u e r (a. a. O.) fand bei Versuchen mit Stärkemehl, dass 0,05 desselben 0,112 Kupferoxydul entsprechen. Da 90 Stärkemehl 100 Traubenzucker liefern, so entsprechen 0,05 Stärkemehl 0,0555 Traubenzucker. Somit wurden für 100 des letzteren, statt 198,2, 201,62 Kupferoxydul wirklich erhalten.

[134] Verschliesst man den Kolben mit einem Kork, der ein stumpfwinklig gebogenes Glasrohr trägt, das in einen aufwärts gerichteten Kühlapparat führt, so fliesst das verdunstete

Wasser von selbst zurück.

[135] Auch durch einige Stunden fortgesetzte Digestion des in Kleister verwandelten Stärkemehls mit einer abgemessenen Menge Malzaufguss bei etwa 60–70° C. lässt sich dasselbe vollständig in Zucker überführen. Bestimmt man alsdann in einer gleichen Menge eben so lange erhitzten Malzaufgusses den darin schon vorhandenen Zucker, so ergiebt die Differenz den aus Stärke entstandenen.

[136] Archiv der Pharm., 2. Reihe, Bd. 72, S. 293.

[137] Vergl. K r o c k e r, über die Bestimmung des Stärkemehlgehaltes in vegetabilischen Nahrungsmitteln, Annal. der Chem. und Pharm. Bd. 58, S. 212.

[138] Da die Analyse der Aschen thierischer Substanzen nicht so häufig vorgenommen zu werden pflegt, als die der Pflanzenaschen, indem sie fast nur Zwecken der Wissenschaft, weniger solchen der Praxis dient, habe ich die ausführliche Beschreibung derselben im Text weggelassen. Ich bemerke nur kurz, dass man zu ihrer Einäscherung und Analyse sich derselben Verfahrungsweisen bedienen kann, welche im Text angegeben sind. — Die Substanzen, welche schmelzen, erhitzt man, nach H. R o s e, erst in einer Platinschale unter Umrühren, bis sie ihren flüssigen Zustand verloren haben und die organische Materie der Hauptsache nach zerstört ist. Der grösstentheils verkohlte Rückstand wird dann in einen Platintiegel, oder auch jetzt ohne Nachtheil in einen Thontiegel gebracht und mit gut aufgelegtem Deckel bis zur dunkeln Rothgluth erhitzt. Die so erhaltene Kohle verbrennt man mit Hülfe von Platinschwamm. — Auch die im Text beschriebene S t r e c k e r'sche Methode der Einäscherung eignet sich sehr gut für thierische Substanzen. — S t r e c k e r macht in seiner Abhandlung (Annal. der Chem. und Pharm. 73. 370) darauf aufmerksam, dass die Asche thierischer Substanzen in manchen Fällen nicht unbedeutende Mengen von cyansauren Salzen enthält. Man zerstört dieselben am einfachsten, indem man die Aschen mit Wasser befeuchtet und hierauf allmälig zum Glühen erhitzt. In der Regel genügt ein einmaliges Befeuchten zur Verwandlung der cyansauren Salze in kohlensaure. — Specielle Angaben über die Analyse der Asche thierischer Substanzen finden sich in der Abhandlung von F. V e r d e i l, über die Analyse der Asche des Blutes des

Menschen und mehrerer Thiere (Annal. der Chem. und Pharm., 69. 89; — Pharmac. Centralbl. 1849, 198; — L i e b i g und K o p p, Jahresber. 1849, 598), sowie in der von F r. K e l l e r „über die Asche der Fleischbrühe und des Fleisches" (Annal. der Chem. und Pharm., 70. 91; — Pharmac. Centralbl. 1849, 581; — L i e b i g und K o p p, Jahresbericht 1849, 599).

[139] C a i l l a t giebt an, es sei ihm gelungen, krautartigen Gewächsen (Klee, Lucerne, Esparsette) durch Behandlung mit verdünnter Salpetersäure die organischen Bestandtheile so vollständig zu entziehen, dass die leicht verbrennliche rückständige Masse auf 10 Grm. angewendeten Vegetabils nur 18–22 Milligramme aus Kieselsäure und Eisenoxyd bestehende Asche hinterlasse. Diese Behandlung liefere ausserdem eine grössere Menge von Aschenbestandtheilen, namentlich von Schwefelsäure, als man durch Einäscherung der Pflanze gewinnen könne. (Compt. rend. XXIX, 137. — Jahresber. von L i e b i g und K o p p, 1849, 601.)

[140] Ann. d. Chem. u. Pharm. 54. 353.

[141] Ann. d. Chem. u. Pharm. 73. 366.

[142] Briefliche Mittheilung.

[143] F. S c h u l z e bedient sich dieses Mittels auch bei der gewöhnlichen Filtereinäscherung, indem er den Tiegel mit dem Filter in die Schale stellt.

[144] Vergl. auch W a y und O g s t o n, Jahresber. von L i e b i g u. K o p p 1849. 601.

[145] Die Bestimmung derselben, wenn auch an und für sich ohne grosse Bedeutung (s. oben), ist nothwendig, um die Analyse zu vervollständigen und so eine gewisse Controle für deren Richtigkeit zu erlangen.

[146] *Journ. of the Royal Agricult. Soc. of England, VIII, part 1.* — Jahresb. von L i e b i g u. K o p p, 1849. 600.

[147] Ich kann dieses Capitel nicht beginnen, ohne Herrn Professor O tto meinen Dank gesagt zu haben für den Nutzen, den ich aus seiner schönen Arbeit über Bodenanalyse (siehe S p r e n g e l's Bodenkunde) gezogen habe.

[148] Ausgiebige Belehrung über diese Verhältnisse des Bodens und die Art ihrer Bestimmung findet man in der Abhandlung von F r. S c h u l z e, „Anleitung zur

Untersuchung der Ackererden auf ihre wichtigsten physikalischen Eigenschaften und Bestandtheile". — Journ. f. prakt. Chem. Bd. 47. 241.

[149] Briefliche Mittheilung von Prof. F r. S c h u l z e.

[150] Fehlt an der Flasche der untere Tubulus, so entleert man sie mittelst eines Hebers.

[151] Sollten bedeutende Mengen von Ammonsalzen zugegen sein, so bestimmt man die Quantität des Ammons in einem besonderen Theil des Auszugs wie in einem Mineralwasser §. 177. 8.

[152] War der Wasserauszug nicht ganz klar, so ist die so erhaltene Kieselsäure mit Thon gemengt und muss von demselben durch Kochen mit kohlensaurer Natronlösung getrennt werden.

[153] Es ist zweckmässig, zuerst die ungelösten, gröberen Theile auf das Filter zu bringen und dann erst die Flüssigkeit aufzugiessen, da sich anderenfalls das Filter durch die in der Flüssigkeit schwebenden feinen Theilchen leicht verstopft.

[154] Enthält die Erde organische Materien in etwas bedeutender Menge, so erhitzt man die mit Wasser extrahirten 25 Grm. Erde, ehe sie mit Salzsäure behandelt werden, so lange bei Luftzutritt zum gelinden Glühen, bis jene vollständig zerstört sind.

[155] Dieser Versuch ist nur dann statthaft, wenn die Erde, ohne vorher geglüht zu sein, mit Salzsäure ausgezogen worden ist.

[156] Ist die Quantität der Humuskohle sehr bedeutend, so giesst man nur die Flüssigkeit durch das Filter, den Rückstand hingegen kocht man mit frischer Kalilauge und bringt erst dann Alles auf das Filter.

[157] Die hierbei in Lösung übergehende organische Substanz ist meist so gering, dass sie vernachlässigt werden kann.

[158] In dieser Zusammenstellung sind die Säuren und Basen, nach ihren relativen Verwandtschaften zu Salzen verbunden, darzustellen. Nur bei Phosphorsäure und Kieselsäure, desgleichen bei Humussäure, führt man die Säuren und Basen isolirt an, weil man für die

Verbindungsverhältnisse derselben keine hinlänglich festen Normen hat.

[159] Wollte man dies bestimmen, so würde man am einfachsten eine Portion des Düngers unter Zusatz von Wasser in einer geräumigen Retorte längere Zeit kochen und die übergehenden Dämpfe in einer Vorlage auffangen, welche etwas titrirte Schwefelsäure enthält (vergl. §. 177. 8., Methode von B o u s s i n g a u l t).

[160] Für die Bestimmung kleiner Ammonmengen ist es besser, eine schwächere Schwefelsäure anzuwenden, als die in §. 78. 3. angegebene; man bedient sich dann zweckmässig der nach §. 182 bereiteten, welche in 10 C.C. 0,4 Grm. Schwefelsäure enthält.

[161] Diese in der allerneuesten Zeit veröffentlichte Methode beruht auf der Thatsache, dass wenn Wasserstoff im Moment des Freiwerdens auf Salpetersäure einwirkt, diese in Ammoniak umgewandelt wird ($NO_5 + 8H = NH_3 + 5HO$). Diese Umwandlung geschieht nach G e r h a r d t und B a r r a l Aequivalent für Aequivalent. Der Gang der Untersuchung, welchen M a r t i n vorschlägt, ist folgender: Man bringt in ein Glas frisch abgewaschenes Zink (4 bis 5 Thle. auf 1 Thl. vermuthete Salpetersäure), sodann die (nöthigenfalls durch Kochen mit Kali von Ammoniak befreite) Lösung des salpetersauren Salzes, endlich wiederholt kleine Portionen reiner verdünnter Schwefelsäure oder Salzsäure. Wenn die Lösung des Zinks erfolgt ist, bestimmt man die Menge des erzeugten Ammoniaks nach der S c h l ö s i n g'schen Methode (vergl. §. 224. 5.). Compt. rend. 37. 947; — Journ. f. prakt. Chem. 61. 247.

[162] Ann. der Chem. und Pharm. 77. 107.

[163] Die Pyrogallussäure erhält man nach S t e n h o u s e (Ann. der Chem. und Pharm. 45. 1.) am einfachsten durch Sublimation (am besten bei 185°) aus dem trockenen wässerigen Extract der Galläpfel ganz nach der Weise, wie man Benzoësäure aus Benzoë darstellt. Die Ausbeute beträgt über 10 Proc. des angewandten Extracts. — Braungefärbte krystallisirte Pyrogallussäure stellt man auf bequeme Weise dar durch trockene Destillation von sogenannten chinesischen Galläpfeln in kleinen Retorten, welche etwa 150–180 Grm. in groben Stücken fassen. Durch Eindampfen der so

gewonnenen concentrirten Pyrogallussäurelösung im Wasserbade erhält man nahe an 15 Proc. (L i e b i g).